Daniel, Physik III

H. Daniel

Physik III

Optik – Thermodynamik – Quanten

Walter de Gruyter
Berlin · New York 1998

Prof. Dr. H. Daniel
Physik-Department, E 18
Fakultät für Physik
Technische Universität München
James-Franck-Straße
85748 Garching

Das Buch enthält 348 Abbildungen und 33 Tabellen

Die Deutsche Bibliothek – CIP-Einheitsaufnahme

Daniel, Herbert:
Physik / H. Daniel. – Berlin ; New York : de Gruyter

3. Optik – Thermodynamik – Quanten. – 1998
ISBN 3-11-014630-4 brosch.
ISBN 3-11-016142-7 Gb.

Satz, Druck und buchbinderische Verarbeitung: Druckhaus „Thomas Müntzer" GmbH, Bad Langensalza – Reproduktion der Abbildungen: druckpunkt, Berlin – Umschlagentwurf: Hansbernd Lindemann, Berlin
Printed in Germany

Vorwort

Dieses Buch ist der dritte Band eines insgesamt auf vier Bände angelegten Lehrbuches über Physik. Das Lehrbuch sollte in etwa den Stoff des Grundkurses Physik abdecken, wie er an den meisten Hochschulen im deutschsprachigen Raum gehalten wird. Darüber hinaus behandelt es einige Themen, die erst im Hauptstudium zur Sprache kommen werden oder zur Sprache kommen sollten, aber aus Zeit- oder Koordinationsmangel nicht aufgegriffen werden, jedoch zum systematischen Aufbau oder zum grundlegenden Verständnis, auch auf anderen Gebieten, notwendig sind. Ich denke hier an die Einführung des Eikonals und die Entwicklung der Abbildungsfehler auf dem Gebiet der „unmodernen" geometrischen Optik, ferner an die ausführliche Darstellung von Phasendiagrammen und an die Schilderung technischer Details wie z. B. des Reduzierventils. Das relativ umfangreiche Tabellenmaterial soll bei der praktischen Arbeit nützlich sein. Es würde mich besonders freuen, wenn die Tabellen helfen würden, das Buch zu einem Begleiter weit über das Studium hinaus zu machen.

Wie schon im Vorwort zu den Bänden I und II gesagt, wendet sich das Werk in erster Linie, aber keineswegs ausschließlich an Studenten mit dem Studienziel Diplom und an Lehramtskandidaten. Besonderen Dank schulde ich meiner Frau Dipl.-Ing. Gisela Daniel, Prof. Dr. F. Heckelt, Herrn P. Stoeckel, Frau Jutta Winzer, Dr. E. Hechtl und Herrn J. Kressierer. Dr. R. Weber, Frau Gillian Çağlayan, Frau Ingrid Ullrich, Dr. Dagmar Loos und Dipl.-Phys. Dorle Streubel haben mir verlagsseitig geholfen. Dipl.-Inf. D. Daniel und cand. med. Silke Daniel ließen mir Näheres über Kolorimetrie und die Physiologie des Auges zukommen. Meinen Münchner Studenten danke ich für interessiertes Fragen.

Wie in den ersten beiden Bänden weisen römische Ziffern vor den Nummern von Gleichungen, Abschnitten usw. auf den Band hin, in dem das Betreffende steht; Angaben ohne römische Ziffern beziehen sich auf diesen Band.

Garching, im März 1998 H. Daniel

Inhaltsübersicht der Bände I–IV

Band I

Band II

Band III

Band IV

Inhalt

Anhang

Astronomisches Fernrohr des 17. Jahrhunderts. Kupferstich von 1647. – Nach Angaben des Deutschen Museums München.

1 Geometrische Optik

1.1 Wellennatur des Lichts und geometrische Optik

1.1.1 Das elektromagnetische Spektrum

Das *elektromagnetische Spektrum* umfaßt elektromagnetische Wellen in einem nach oben praktisch unbegrenzten Frequenzbereich. Nach unten sind die Erscheinungen natürlich durch die Frequenz $\nu = 0$ entsprechend statischen und stationären elektromagnetischen Vorgängen beschränkt. Abb. 1.1 zeigt den wesentlichen Teil des Gesamtspektrums. Nur ein sehr kleiner Ausschnitt daraus, knapp eine Oktave umfassend, ist sichtbares Licht. Die Frequenzen ν des für den Menschen sichtbaren Lichts erstrecken sich grob über den Bereich

$$7 \times 10^{14}/\mathrm{s} \gtrapprox \nu \gtrapprox 4 \times 10^{14}/\mathrm{s}\,,$$

entsprechend einem Bereich der *Vakuumwellenlänge* λ von

$$0{,}4\ \mu\mathrm{m} \lessapprox \lambda \lessapprox 0{,}7\ \mu\mathrm{m}\,.$$

Abb. 1.2 zeigt schematisch die Zerlegung von Licht mit einem Quarzprisma, Abb. 1.3 einen entsprechenden Versuch. Am kurzwelligen Ende des sichtbaren Bereichs (links in Abb. 1.2) liegen Blau und Violett, am langwelligen Rot. Jenseits von Violett ist Ultraviolett (UV), jenseits (rechts) von Rot Ultrarot (UR), auch Infrarot (IR) genannt. Wir machen uns das Vorhandensein von Strahlung außerhalb des sicht-

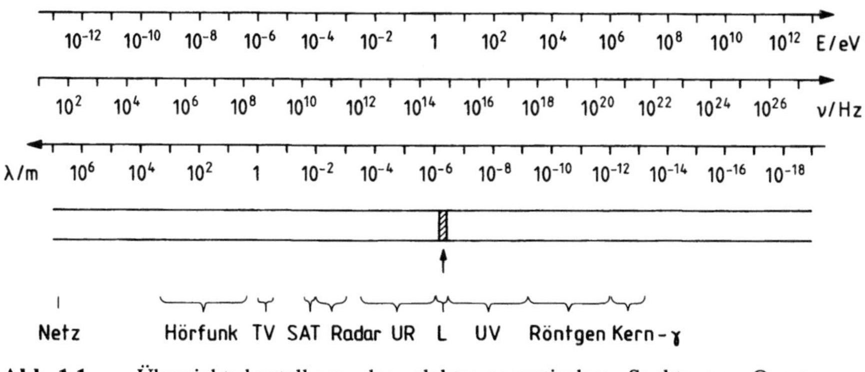

Abb. 1.1 Übersichtsdarstellung des elektromagnetischen Spektrums. Quantenenergie E, Frequenz ν und Wellenlänge λ übereinander aufgetragen. Für das menschliche Auge ist nur der schraffierte Bereich sichtbar. Rechts vom Bereich der Kern-γ-Strahlung liegt der Bereich hochenergetischer natürlicher und künstlich erzeugter γ-Strahlung. Netz: elektrisches Netz in Europa (50 Hz); TV terrestrisches Fernsehen; SAT: Satelliten-Fernsehen; UR: Ultrarot; L: sichtbares Licht; UV: Ultraviolett.

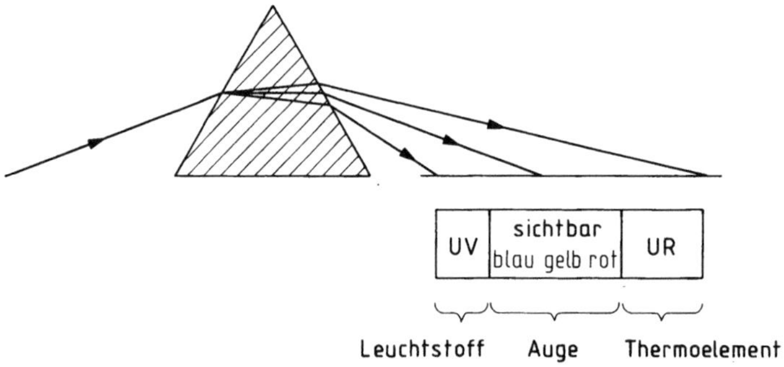

Abb. 1.2 Zerlegung von Licht mit einem Quarzprisma (schematisch). Nachweis der UV-Strahlung mit Leuchtstoff und der UR-Strahlung mit einem Thermoelement.

baren Bereichs durch Erregung eines Leuchtstoffs, ausgelöst durch das UV, und durch Nachweis des UR mit einem Thermoelement klar.

Ungefähr in der Mitte des sichtbaren Bereichs, im Gelbgrünen, hat das Sonnenlicht seine höchste Intensität. Wir haben allen Grund anzunehmen, daß unser Auge sich durch (biologischen) Selektionsdruck so entwickelt hat, daß es bevorzugt den Bereich höchster Lichtintensität des Tageslichts ausnutzt.

Es gibt Tiere, die „mehr sehen“ als Menschen. Ameisenaugen sind auch für UV empfindlich, Bienen erkennen die Polarisation des Lichts (Schwingungsrichtung des Vektors der elektrischen Feldstärke $\boldsymbol{E}$, s. auch Abschn. 2.7.1).

Unser Auge sieht nicht nur Konturen und Lichtintensitäten, sondern auch **Farben.** Farbe als *Empfindung* ist nicht Gegenstand der Physik, sondern der *Physiologie*. In etwas laxer Sprechweise reden Physiker auch von „Farbe“, wenn sie Licht eines bestimmten Frequenzbereiches meinen, das in den Augen aller Sehtüchtigen (vor allem nicht Farbenblinden) die Empfindung oder, vielleicht besser, Assoziation einer be-

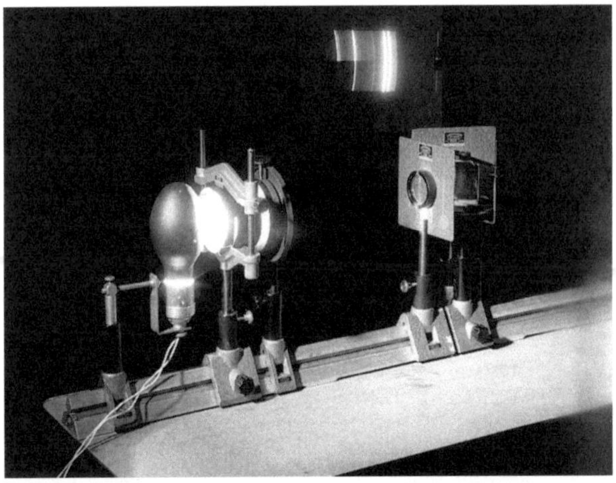

Abb. 1.3 Zerlegung des Lichts einer Quecksilberdampflampe mit einem Quarzprisma. Nachweis der UV-Strahlung mit Leuchtstoffschirm aus Zinksulfid (obere Auffängerhälfte).

stimmten Farbe hervorruft. Insonderheit nennt man Licht einer *einzigen Frequenz*, entsprechend einer einzigen Wellenlänge, **monochromatisch.** Licht hingegen, in dem die Intensität über alle Frequenzen „gleichmäßig" verteilt ist, nennen wir *weiß* oder *grau*.

Monochromatisches Licht ruft in unseren Augen, sofern es in den Bereich des sichtbaren Lichtes fällt und eine genügende Intensität hat, die Empfindung einer ganz bestimmten Farbe hervor („reine Spektralfarbe"). Dieselbe Empfindung kann aber auch durch ein Frequenzgemisch hervorgerufen werden. Daneben gibt es Farbempfindungen, für die das Auge ein Frequenzgemisch braucht, die also nicht durch monochromatisches Licht, welcher Frequenz auch immer, hervorgerufen werden können. Dazu gehören alle Purpurfarben. Wir wollen noch in Parenthese erwähnen, daß eine „Farbe" im Sinne der Maler aus einer „reinen Farbe" und einem „Grauanteil" besteht.

1.1.2 Übergang von Wellenoptik zu Strahloptik

Wir wissen, daß Licht eine elektromagnetische Welle ist. Deshalb zeigt es auch alle wellentypischen Erscheinungen wie Beugung und Interferenz. In vielen Fällen kann man diese Effekte jedoch vernachlässigen, und dann ist es einfacher, von „Lichtstrahlen" anstelle von „Lichtwellenbündeln" zu sprechen.

Wir können erwarten, daß Wellenoptik beim Grenzübergang der Wellenlänge $\lambda \to 0$ in Strahloptik übergeht, jedenfalls soweit die Lichtausbreitung betroffen ist. Dann können wir von einem **Lichtstrahl** sprechen. Derjenige Teil der Optik, der mit Lichtstrahlen betrieben werden kann, heißt *geometrische Optik*.

Aus einem Lichtwellenbündel kann man sich einen Lichtstrahl folgendermaßen konstruieren. Man nimmt den zentralen Wellenvektor $\boldsymbol{k}$ des Bündels als Richtung des Strahls und läßt den Bündeldurchmesser gegen Null gehen.

So praktisch der Begriff des Lichtstrahls in der geometrischen Optik und damit für die Behandlung von Linsen, Fernrohren, Mikroskopen und vielen andern optischen Instrumenten ist, so viele Gefahren birgt er für den Ungeübten. Hat man z. B. irgend-

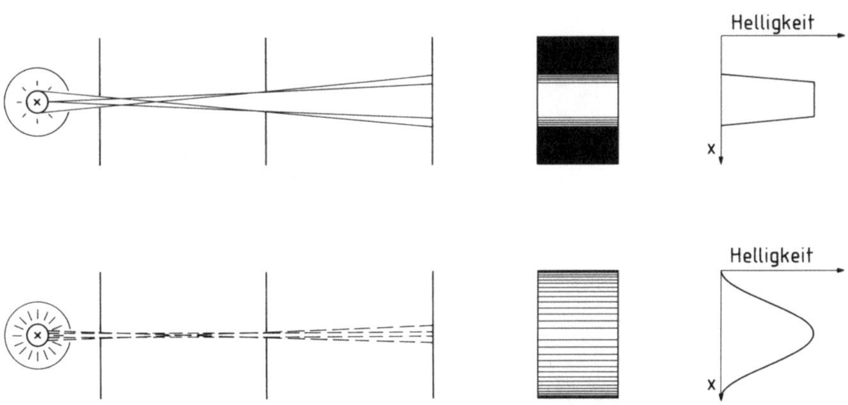

Abb. 1.4 Übergang von der Strahlenoptik zur Wellenoptik (Versuchsskizze). Oben: breiter Spalt, Strahlen (ausgezogen gezeichnet) zur Beschreibung der Intensitätsverteilung (Helligkeit) ausreichend. Unten: schmaler Spalt, Strahlen (gestrichelt gezeichnet) zur Beschreibung der Intensitätsverteilung nicht ausreichend.

einen im Vakuum verlaufenden Lichtstrahl, so nimmt die *Intensität* dieses Strahls mit der Entfernung r von einem passend gewählten Ursprungspunkt für großes r mit $1/r^2$ ab. Der Lichtstrahl ist eben eine (etwas blasse) Abstraktion aus der Wirklichkeit, ein Grenzfall, den es in der Natur so nicht gibt.

Wir wollen uns den Übergang von Wellen- zu Strahloptik noch in einem einfachen Versuch vor Augen führen. In praxi gehen wir dabei umgekehrt vor, nämlich von der uns aus der alltäglichen (unkritischen) Erfahrung her geläufigen Strahloptik hin zur Wellenoptik. Wir verschaffen uns eine kleine Strahlenquelle, in der geometrischen Optik idealisiert als „Punktquelle", indem wir vor eine Lampe eine Blende mit einem kleinen Loch stellen. Diese Quelle beleuchtet einen verstellbaren Spalt (Abb. 1.4; s. auch weiter unten Abb. 1.5). Wir beobachten die Licht- und Schattenverteilung hinter dem Spalt. Bei weit geöffnetem Spalt sehen wir eine ziemlich scharfe Grenze zwischen Schatten und Licht (Abb. 1.4 oben). Mit schmalerem Spalt wird die Grenze zwischen Licht und Schatten schon verwaschen. Bei fast ganz zugedrehtem Spalt ist die Intensität über einen breiten Bereich verteilt (Abb. 1.4 unten). Wir konstatieren

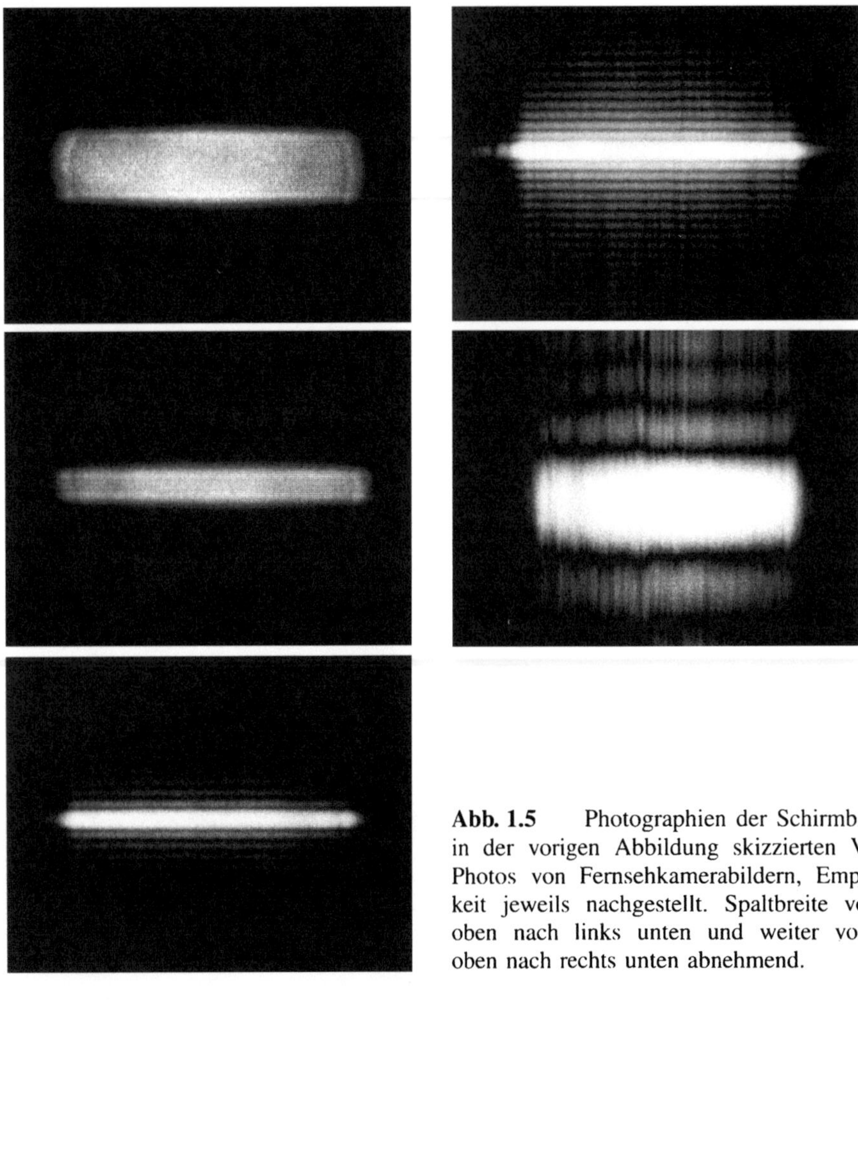

Abb. 1.5 Photographien der Schirmbilder des in der vorigen Abbildung skizzierten Versuchs. Photos von Fernsehkamerabildern, Empfindlichkeit jeweils nachgestellt. Spaltbreite von links oben nach links unten und weiter von rechts oben nach rechts unten abnehmend.

noch, daß die Lichtintensität in der Mitte des bestrahlten Bereichs in Abb. 1.4 maximal ist. In den in derselben Abbildung gezeigten Kurven der Intensitätsverteilung haben wir einen kleinen Trick angewandt, vor allem um überall auf gleiche Maximalwerte der Ordinate zu kommen. Wir haben die beobachtete Intensität durch die bei der jeweiligen Spaltbreite maximale dividiert, also das Verhältnis am Ort x beobachteter Intensität zur maximalen aufgetragen. Die Verbreiterung des beleuchteten Teils in Abb. 1.4 unten ist durch keinerlei Effekte der geometrischen Optik zu erklären. Unsere simple Schlußfolgerung muß also sein, daß für die Verhältnisse der Abbildung 1.4 unten mit dem *schmalen Spalt* die *geometrische Optik nicht ausreicht.*

Abb. 1.5 stellt das Versuchsergebnis durch Photos dar.

1.1.3 Eikonal

Wir wollen den im vorigen Abschnitt qualitativ beschriebenen Grenzübergang von der Wellen- zur Strahloptik nun quantitativ vollziehen. Obgleich wir hier besonders am Fall der Lichtoptik interessiert sind, führen wir ihn allgemein mit einer skalaren Wellengleichung durch. Wir beschränken uns auf das Vakuum und isotrope Medien. Es sei u irgendeine Größe, die der Wellengleichung genügen soll, z. B. E_y für die y-Komponente des elektrischen Feldvektors bei Wellenausbreitung in x-Richtung. Wir schreiben

$$\Delta u + k^2 u = 0 \tag{1.1}$$

mit Δ als dem in Abschn. I, 6.6.4 eingeführten Laplace-Operator. Ferner benützen wir die Wellenzahl k, deren Beziehung zu anderen Größen wie Kreisfrequenz ω, Phasengeschwindigkeit v, Frequenz ν, Wellenlänge λ und durch 2π dividierte Wellenlänge $\lambdabar$ wir uns durch die folgende Gleichung in die Erinnerung zurückrufen:

$$k = \frac{\omega}{v} = \frac{2\pi\nu}{v} = \frac{2\pi}{\lambda} = \frac{1}{\lambdabar}\,. \tag{1.2}$$

Später werden wir den Grenzübergang $\lambda \to 0$ entsprechend $k \to \infty$ machen.

Als Lösung der Gleichung (1.1) machen wir den Ansatz

$$u = A\,\mathrm{e}^{\mathrm{j}k_0 S} \tag{1.3}$$

mit

$$A = A(x, y, z) \tag{1.4}$$

als Amplitudenfaktor (ortsabhängige Amplitudenfunktion), j als imaginärer Einheit und

$$S = S(x, y, z)$$

als *Eikonal,* von griech. eikon = Bild, eine Ortsfunktion. Wenn wir später den Grenzübergang $k_0 \to \infty$ machen, wird u eine schnell veränderliche Ortsfunktion, während sich A und S nur langsam ändern sollen. Die Flächen

$$S = \text{const}$$

sind Flächen konstanter Phase von u, d. h. **Wellenfronten.** Die Normale auf eine Wellenfront gibt die am selben Ort herrschende Strahlrichtung an.

Wir bilden gemäß der Bedeutung des Laplace-Operators $\Delta = \text{div grad}$ die Ortsableitungen von u:

$$\frac{\partial u}{\partial x} = \mathrm{j}k_0 u \frac{\partial S}{\partial x} + u \frac{\partial \ln A}{\partial x}$$

und

$$\frac{\partial^2 u}{\partial x^2} = -k_0^2 u \left(\frac{\partial S}{\partial x}\right)^2 + 2\mathrm{j}k_0 u \left(\frac{1}{2}\frac{\partial^2 S}{\partial x^2} + \frac{\partial \ln A}{\partial x}\frac{\partial S}{\partial x}\right) + \text{Glieder ohne } k_0 \tag{1.5}$$

und analog für y und z. Eingesetzt in die Wellengleichung (1.1) resultiert

$$-k_0^2 u \left[\left(\frac{\partial S}{\partial x}\right)^2 + \left(\frac{\partial S}{\partial y}\right)^2 + \left(\frac{\partial S}{\partial z}\right)^2 - \frac{k^2}{k_0^2}\right] + 2\mathrm{j}k_0 u \left[\frac{1}{2}\Delta S + \text{grad}\,(\ln A)\cdot \text{grad}\, S\right] + O(1) = 0\,, \tag{1.6}$$

wobei $O(1)$ Glieder der Größenordnung 1, also Glieder ohne k_0 bedeutet. Wir definieren jetzt

$$D(S) \stackrel{\text{def}}{=} \left(\frac{\partial S}{\partial x}\right)^2 + \left(\frac{\partial S}{\partial y}\right)^2 + \left(\frac{\partial S}{\partial z}\right)^2 = (\text{grad}\, S)^2 \tag{1.7}$$

und

$$n \stackrel{\text{def}}{=} \frac{k}{k_0}\,. \tag{1.8}$$

Gl. (1.6) ist erfüllt (auch für $k \to \infty$), wenn

$$D(S) = n^2 \tag{1.9}$$

und

$$\text{grad}\,(\ln A)\cdot \text{grad}\, S = -\frac{1}{2}\Delta S \tag{1.10}$$

gilt.

Zur physikalischen Anwendung von Gl. (1.7) gehen wir wie folgt vor. Wir nehmen an, daß der jeweilige n-Wert (in dem wir ohne Schwierigkeiten die optische Brechzahl erkennen werden) überall im Raume bekannt sei. Wir lösen zunächst Gl. (1.9), d. h. suchen ein S, das der Gleichung genügt. Mit dieser Lösung bilden wir den links in Gl. (1.10) stehenden Ausdruck, der die mit $|\text{grad}\, S|$ multiplizierte Projektion von $\text{grad} \ln A$ auf $\text{grad}\, S$ darstellt. Dabei ist wichtig, daß alles „in Strahlrichtung" geschieht; senkrecht zur Strahlrichtung sind Unstetigkeiten erlaubt, also scharfe Schatten.

Wir wollen diese zugegebenermaßen sehr abstrakten Ausführungen durch ein einfaches Beispiel ergänzen. In einem optisch homogenen Medium ist laut Definition $n = \text{const}$. Dann ist eine Lösung von Gl. (1.9)

$$S = n(\alpha x + \beta y + \gamma z) \tag{1.11}$$

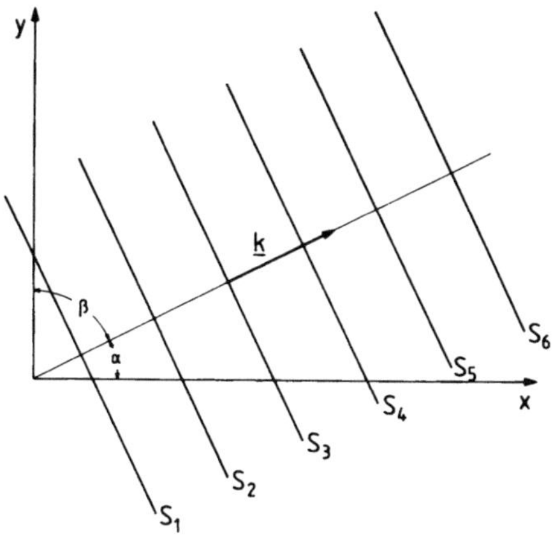

Abb 1.6 Ebene Welle in der xy-Ebene [γ aus Gl. (1.12) hier null]. $\boldsymbol{k}$ Wellenvektor, S_1 bis S_6 Flächen konstanten Werts des Eikonals Gl. (1.11) (Wellenfronten).

mit

$$\alpha^2 + \beta^2 + \gamma^2 = 1 . \tag{1.12}$$

Gl. (1.10) ist dann erfüllt, wenn A keine Ortsfunktion ist. Eine Lösung ist also

$$u = A\,\mathrm{e}^{\mathrm{j}k_0 S} = A\,\mathrm{e}^{\mathrm{j}k(\alpha x + \beta y + \gamma z)}$$

mit k aus Gl. (1.8). Das ist eine ebene Welle mit den Richtungskosinussen α, β und γ (Abb. 1.6). Speziell für $\alpha = 1$ und $\beta = \gamma = 0$ ist es eine ebene Welle in x-Richtung.

Eine andere und nicht ganz so einfache Anwendung der Eikonal-Methode werden wir in Abschn. 1.3.1 kennenlernen.

1.2 Einige Grundtatsachen der Lichtausbreitung

1.2.1 Lichtausbreitung im Vakuum und in homogenen Medien

Es ist eine uns aus dem täglichen Leben wohlbekannte und durch physikalische Messungen erhärtete Tatsache, daß sich Licht im Vakuum, praktisch durch Luft repräsentiert, und in homogenen Medien *geradlinig ausbreitet.* Wir können das in Form eines Merksatzes auch so formulieren:

- *Im Vakuum und in homogenen Medien sind die Lichtstrahlen Gerade.*

Wie wir aus dem täglichen Leben ebenfalls wissen, werden Lichtstrahlen an Grenzflächen meist gebrochen. Es erhebt sich aber die Frage, ob es auch kontinuierlich gekrümmte Lichtstrahlen gibt. Das ist in der Tat der Fall. Wir müssen nur dafür sorgen, daß die die Brechung bestimmende Eigenschaft sich kontinuierlich ändert. Abb. 1.7 zeigt uns einen entsprechenden Versuch. In kosmischen Ausmaßen betrachtet, können auch Lichtstrahlen im Vakuum gekrümmt sein. Das liegt an der allgemeinen Raumkrümmung durch Gravitation (vgl. Abschn. II, 4.4.3). Solche Effekte wollen wir in der hier besprochenen Optik, die sich mit dem Verhalten von Licht vor allem im Laboratorium befaßt, natürlich unberücksichtigt lassen.

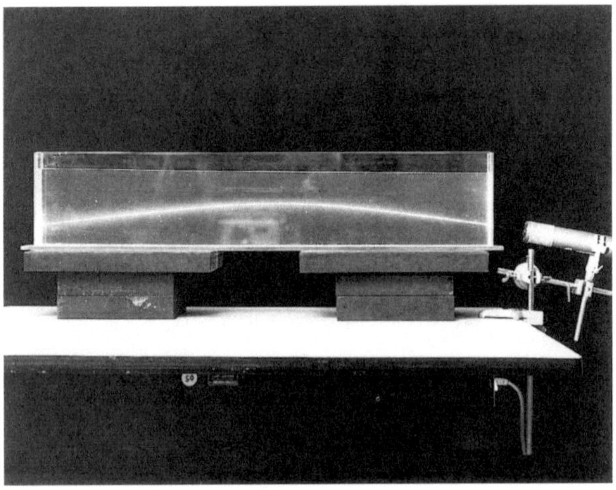

Abb. 1.7 Kontinuierlich gebrochener Lichtstrahl. Lichtquelle (rechts im Bild) Laser, brechendes Medium wäßrige Lösung von Kochsalz (NaCl) mit Dichtegradienten (Dichte nach oben abnehmend), hergestellt durch Unterschichten von (praktisch) reinem Wasser mit gesättigter NaCl-Lösung (Pipette!); zur Sichtbarmachung des Lichtstrahls ist dem Wasser etwas Fluorescin zugesetzt.

Die geradlinige Lichtausbreitung ist nichts vollkommen Selbstverständliches, ja nicht einmal etwas absolut Richtiges. Wir können z. B. zwei Lichtstrahlen kreuzen (Abb. 1.8). Es kann ja sein, daß der von Q nach E verlaufende Strahl mit dem von Q' nach E' laufenden wechselwirkt. Die alltägliche Erfahrung sagt uns zunächst, daß so eine Wechselwirkung nicht eintritt: Die *Streuung von Licht an Licht* findet (praktisch) nicht statt. Wie der deutsche Physiker M. Delbrück (1906–1981) aber ausgerechnet hat (1933), gibt es im Prinzip solche Streuung von Licht an Licht oder allgemeiner von Licht im elektromagnetischen Feld *(Delbrück-Streuung).* Ein entsprechender Feynman-Graph (vgl. Abschn. II, 1.2.2) von den drei wichtigeren Graphen für den experimentell leichter zugänglichen Fall der Streuung von Licht oder γ-Strahlung im statischen Coulomb-Feld eines Atomkerns ist in Abb. 1.9 wiedergegeben. Ein Quant materialisiert sich virtuell in ein Negatron-Positron-Paar. Diese Teilchen sind geladen und kön-

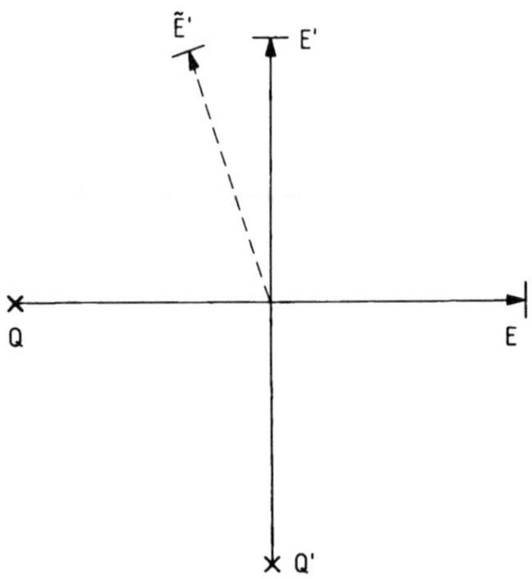

Abb. 1.8 Streuung von Licht an Licht. Durch Wechselwirkung zwischen dem Licht, das von Q nach E läuft, mit dem Licht, das ungestört von Q' nach E' laufen würde, könnte das von Q' in Richtung E' ausgehende Licht nach $\tilde{E}'$ gestreut werden.

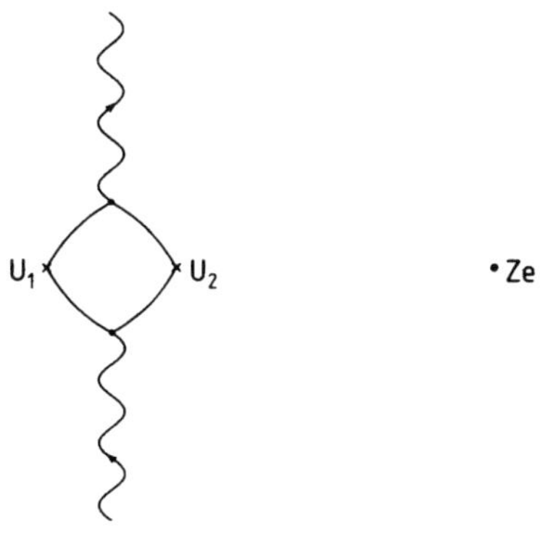

Abb. 1.9 Ein Feynman-Graph für die Streuung von Licht am Coulomb-Feld eines Atomkerns der Ladung *Ze*. U_1 und U_2 zwei verschiedene Werte des Coulomb-Potentials.

nen im Coulomb-Feld gestreut werden. Nach der Streuung vereinigen sich die Teilchen wieder zu einem γ-Quant, das sehr wohl in eine andere Richtung als das ursprüngliche Quant laufen kann. Experimentell ist die Delbrück-Streuung wegen der Kleinheit des Effekts schwer nachzuweisen, jetzt aber als gesichert zu betrachten. Sie wurde nachgewiesen bei der Streuung von γ-Quanten im sehr starken elektrischen Feld eines Atomkerns mit der entsprechenden *Vakuumpolarisation* (vgl. Abschn. II, 1.2.2). Bei der Streuung „Licht an Licht", Abb. 1.8, wird ein Teilchen des Paares, in das das eine Quant dissoziiert ist, im Feld des Paares aus dem andern Quant gestreut. Auch die Delbrück-Streuung wollen wir bei der weiteren Behandlung der Lichtausbreitung vernachlässigen.

Indem wir uns jetzt wieder einfacheren Dingen zuwenden, machen wir von der geradlinigen Lichtausbreitung Gebrauch und benutzen die in Abb. 1.10 skizzierte *Lochkamera.* Wir beginnen mit einem großem Loch. Bei Verkleinern des Lochs wird das „Bild" zunächst schärfer und trivialerweise gleichzeitig dunkler (wir haben hier „Bild" in Anführungsstrichen gesetzt, weil es sich nicht um ein Bild im Sinne der geometrischen Optik handelt; vgl. Abschn. 1.4.1). Bei weiterem Verkleinern wird das „Bild" wieder weniger scharf (Abb. 1.11). Wie wir aus dem vorigen Abschnitt wissen, können wir mit einer Lochkamera kein wirklich scharfes „Bild" erzeugen, da bei einem zu kleinen Loch die geometrische Optik versagt.

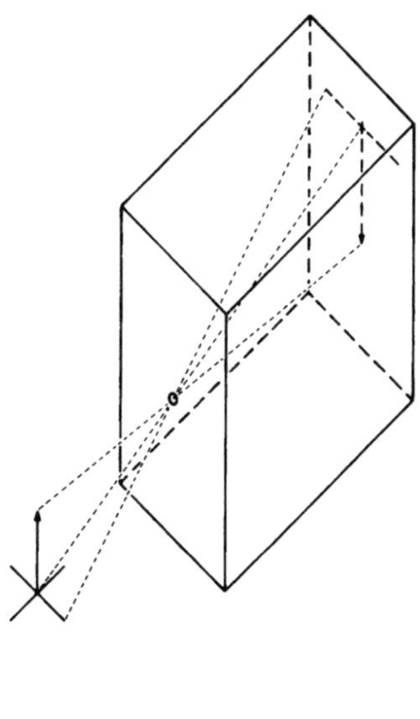

Abb. 1.10 Lochkamera.

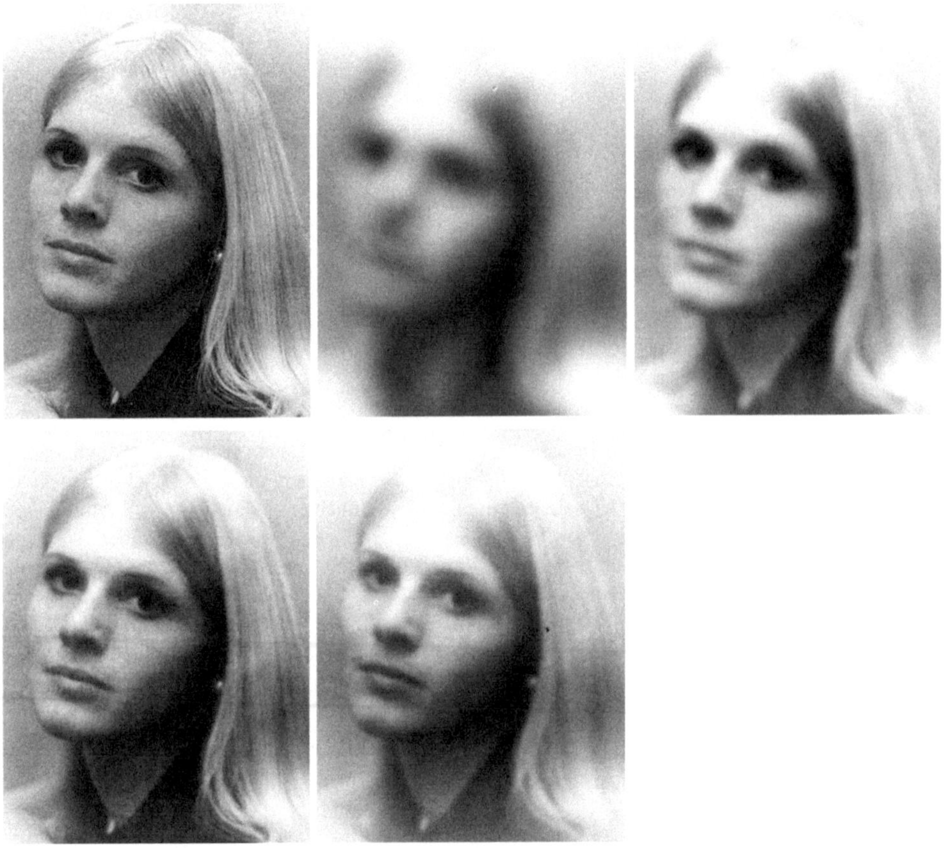

Abb. 1.11 „Abbildung“ mit einer Lochkamera bei Verkleinern des Lochdurchmessers d. Abstand Loch–Film 100 mm. Die geringere Lichtintensität auf dem Film beim Verkleinern von d wurde durch entsprechende Verlängerung der Belichtung kompensiert. Oben links: Originalbild mit Photoobjektiv. Oben Mitte: $d = 3{,}0$ mm. Oben rechts: $d = 1{,}0$ mm. Unten links: $d = 0{,}3$ mm. Unten Mitte: $d = 0{,}15$ mm.

1.2.2 Erscheinungen an Grenzflächen

Im folgenden setzen wir voraus, daß unsere Medien homogen sind, jedoch durch Flächen begrenzt werden. Wir wollen uns vor Augen führen, was mit dem Licht an diesen Grenzflächen geschieht (vgl. auch Abschn. I, 7.5.3). Wir fangen mit einem besonders einfachen Fall an, dem Spiegel.

Reflexion

An der Oberfläche eines *Spiegels* tritt *Spiegelung* oder **Reflexion** auf. Abb. 1.12 zeigt den einfachen Versuch. Wir variieren den Winkel zwischen Spiegelnormalen und einfallendem Lichtstrahl, den *Einfallswinkel,* und erkennen, daß der Winkel zwischen

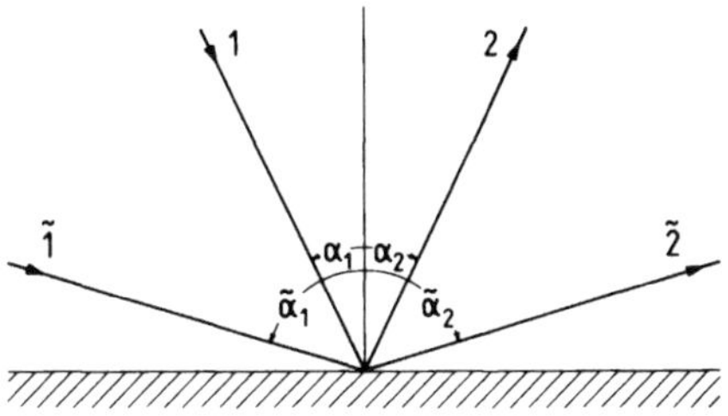

Abb. 1.12 Spiegelung. α_1 Einfallswinkel für Strahl 1, α_2 Ausfallswinkel des durch Spiegelung hervorgehenden Strahls 2; entsprechend $\tilde{\alpha}_1$ und $\tilde{\alpha}_2$.

Spiegelnormalen und ausgehendem Lichtstrahl, der *Ausfallswinkel,* sich in gleicher Weise verändert. In Merkform:

- *Einfallswinkel gleich Ausfallswinkel bei Spiegelung.*

Nennen wir ferner wie in Abschn. II, 3.2.4 die Ebene senkrecht auf der Oberfläche, in der der (schräg) einfallende Strahl liegt, *Einfallsebene* und definieren analog eine *Ausfallsebene,* so gilt:

- *Einfallsebene gleich Ausfallsebene.*

Wir haben im obigen Versuch einen „Spiegel" verwendet, also einen Gegenstand, der eine glatte Oberfläche hat, die nahezu alles Licht reflektiert. Reflexion tritt aber auch ein, wenn das Licht nur sehr unvollständig zurückgeworfen wird. Abb. 1.13 gibt einen entsprechenden Versuch wieder. Auch hier sind natürlich Einfallswinkel und Ausfallswinkel gleich.

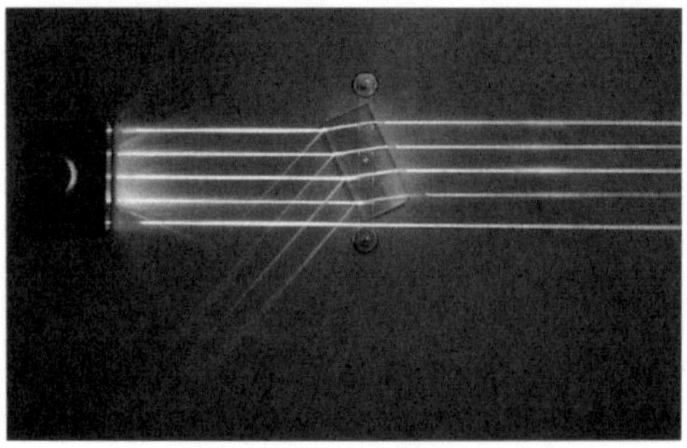

Abb. 1.13 Lichteinfall auf planparallele Glasplatte. Ein Teil des von links kommenden Lichts wird gleich reflektiert, ein Teil wird an der Ein- und der Austrittsfläche gebrochen und parallel versetzt; ein kleiner Teil, in der Abbildung kaum erkennbar, wird an der rechten Fläche der Platte reflektiert.

In Abb. 1.14 ist ein Tripelspiegel dargestellt, bei dem drei spiegelnde Flächen aufeinander senkrecht stehen. Die drei Spiegel bilden also eine körperliche Ecke. Dieser Tripelspiegel reflektiert das Licht so, daß der ausfallende Strahl immer parallel zum einfallenden ist.

Brechung

In Abb. 1.15 lassen wir einen Lichtstrahl aus dem, wie man sagt, *optisch dünneren Medium* mit der Brechzahl n_1 auf ein *optisch dichteres Medium* mit der (größeren) Brechzahl n_2 fallen ($n_2 > n_1$). Zwischen dem Einfallswinkel und dem vom Lot im dichteren Medium zum Strahl im Medium gezählten Ausfallswinkel, die wir hier mit

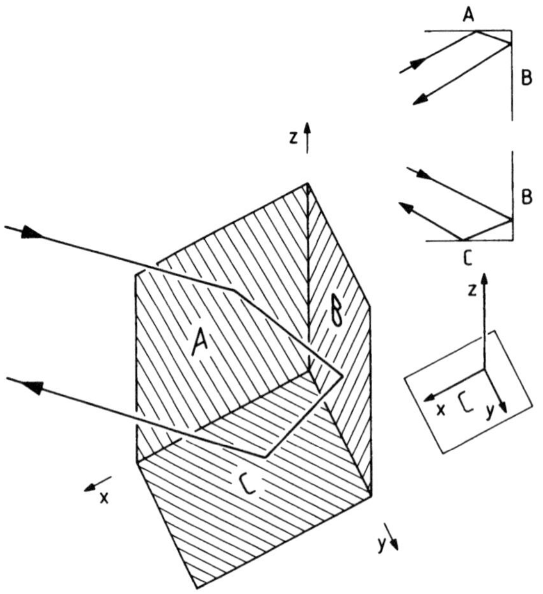

Abb. 1.14 Tripelspiegel. In den Hilfszeichnungen rechts Projektionen auf die *xy*-Ebene (Ebene von Spiegel C) (oben) und auf die *xz*-Ebene (Ebene von Spiegel A) (Mitte), unten das Koordinatensystem.

α_1 bzw. α_2 bezeichnen wollen, gilt das *Snelliussche Brechungsgesetz:*

$$n_1 \sin \alpha_1 = n_2 \sin \alpha_2 \,. \tag{1.13}$$

Dafür wollen wir auch schreiben

$$\frac{\sin \alpha_1}{\sin \alpha_2} = \frac{n_2}{n_1} = n_{21} \,.$$

n_1 und n_2 nennt man **Brechzahl,** veraltet *Brechungsindex,* des Mediums 1 bzw. des Mediums 2; n_{21} ist die relative Brechzahl beim Übergang vom Medium 1 ins Medium 2. Entsprechend ist n_{12} die relative Brechzahl beim Übergang vom Medium 2 ins Medium 1. Man hat sich darauf geeinigt, die *Brechzahl des Vakuums* gleich *1* zu setzen (vgl. Abschn. II, 3.2.3); wenn allgemeine Brechzahlen n angegeben sind, so liegt diese Vereinbarung zugrunde. Ferner ist wie bei der Spiegelung Einfallsebene gleich Ausfallsebene.

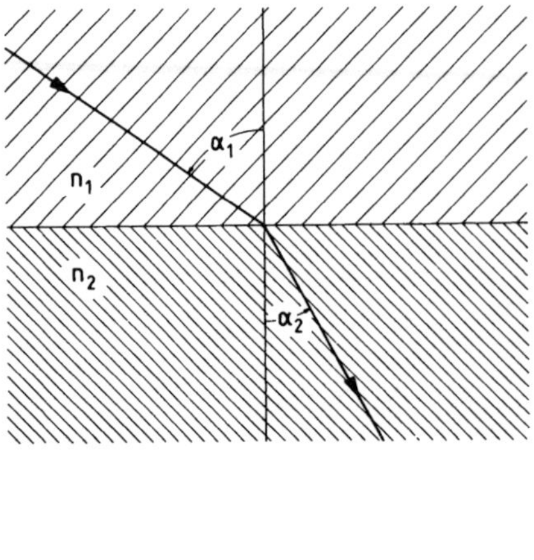

Abb. 1.15 Brechung eines Lichtstrahls. Brechzahl n_1 kleiner als Brechzahl n_2, entsprechend das Verhältnis zwischen Ein- und Ausfallswinkel: $\alpha_1 > \alpha_2$.

Tab. 1.1 Brechzahl *n* für gelbes Licht ($\lambda = 589$ nm); im Fall von Gasen bei Zimmertemperatur (20 °C) und Normdruck ($p = 1{,}01325$ bar)

Stoff	Formel	Zustand	Brechzahl *n*	Stoff	Formel	Zustand	Brechzahl *n*
Eis	H_2O	fest	1,310	Wasser	H_2O	flüssig	1,333
Quarzglas	SiO_2	fest	1,459	Benzol	C_6H_6	flüssig	1,501
Kronglas BK1 (leicht)		fest	1,510	Kohlenstoffdisulfid	CS_2	flüssig	1,628
Flintglas F3 (schwer)		fest	1,613	Luft		gasförmig	1,0003
Diamant	C	fest	2,417	Kohlenstoffdioxid	CO_2	gasförmig	1,0004

In der „normalen" Lichtoptik, mit der wir uns hier befassen, ist die Brechzahl eine *Materialkonstante;* das soll natürlich nicht ausschließen, daß sie z. B. frequenz- und temperaturabhängig ist. Bei sehr hoher Lichtintensität, wie sie mit *Hochleistungslasern* erreichbar ist, beeinflußt das starke elektrische Feld des Lichts das Medium, und die Brechzahl verliert ihre einfache Bedeutung. Der durch $\boldsymbol{D} = \varepsilon \boldsymbol{E}$ ausgedrückte Zusammenhang zwischen dielektrischer Verschiebung $\boldsymbol{D}$ und elektrischer Feldstärke $\boldsymbol{E}$ wird, weil auch ε nicht mehr konstant ist, nichtlinear. Wir sprechen dann von *nichtlinearer Optik.* Wir werden darauf in Abschn. IV, 1.4.10 zurückkommen. Für das zunächst Folgende setzen wir jedoch einen linearen Zusammenhang zwischen $\boldsymbol{D}$ und $\boldsymbol{E}$ voraus.

Einen ersten Überblick über die Werte, die die Brechzahl annehmen kann, gibt Tab. 1.1. Genauere Daten über optische Gläser findet man im Anhang in Tab. A 1.1. Wie man der Tabelle 1.1 entnimmt, hat die uns umgebende Luft praktisch die Brechzahl 1. Insbesondere können wir bei Messungen von *n* zunächst Luft als Vergleichsmedium nehmen und, wenn gewünscht und nötig, das erhaltene Resultat später auf den Vakuumwert umrechnen. Diamant ist der Stoff mit der höchsten bekannten Brechzahl für sichtbares Licht.

Wir führen uns, Abb. 1.16, die *Strahlversetzung* beim schrägen Durchgang durch eine *planparallele Platte,* also eine mit zwei parallelen Seitenflächen versehene durchsichtige Platte, vor Augen. Der Lichtstrahl wird dabei in seiner Richtung *nicht abgelenkt,* sondern erfährt nur eine *Parallelversetzung.* Wir erinnern uns an Abb. 1.13, die die Erscheinung im Versuch demonstriert.

Abb. 1.17 zeigt den scheinbaren Knick eines Stabes an einer Wasseroberfläche.

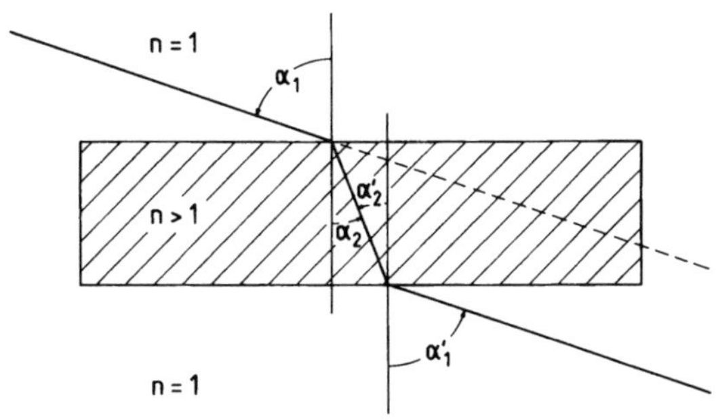

Abb. 1.16 Durchgang eines Lichtstrahls durch eine planparallele Platte. Der Strahl wird im Endeffekt nicht abgelenkt, aber parallel versetzt ($\alpha_1 = \alpha'_1$).

Abb. 1.17 Scheinbarer Knick eines in Wasser eingetauchten Stabes.

Prisma

Ein *optisches Prisma* ist eine Säule aus lichtdurchlässigem Material, deren Querschnittsfläche ein *gleichschenkliges* Dreieck ist (Abb. 1.18); für Spezialzwecke gibt es auch Prismen, die von dieser Form abweichen. Die beiden Seitenflächen eines optischen Prismas, die im Querschnitt die Schenkel des gleichschenkligen Dreiecks bilden, schließen miteinander den *brechenden Winkel* φ ein. Diejenige Seite, die im Querschnitt dem brechenden Winkel gegenüberliegt (Basis des Dreiecks) heißt *Basis* des Prismas. Der Einfallswinkel α des Lichts wird gegenüber dem Lot derjenigen Fläche definiert, in die das Licht einfällt (vgl. Abb. 1.18), entsprechend der Ausfallswinkel α'. Als *Ablenkwinkel* β bezeichnet man den Winkel zwischen einfallendem und austretendem Strahl.

Für kleine Ablenkwinkel, gegeben vor allem bei wenig von 1 abweichender Brechzahl n und kleinem brechenden Winkel φ, ergibt sich für β ein einfacher Ausdruck; es gilt, wenn man noch den Sinus durch den Winkel ersetzt, wie man in einer leichten, hier nicht ausgeführten Rechnung findet,

$$\beta = (n-1)\,\varphi\,,$$

unabhängig von α.

Wie hier ebenfalls ohne Rechnung mitgeteilt sei, ist die *Ablenkung* bei *symmetrischem Strahlengang* ($\alpha = \alpha'$) am kleinsten, und es gilt unabhängig von der Größe von φ und n

$$n = \frac{\sin\dfrac{\beta+\varphi}{2}}{\sin\dfrac{\varphi}{2}}\,.$$

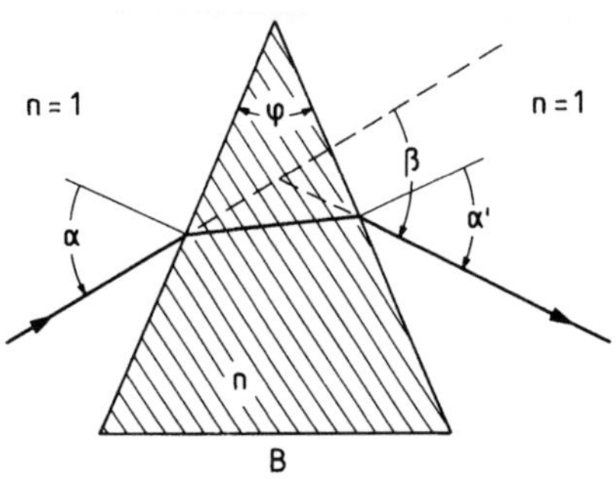

Abb. 1.18 Prisma mit Strahlengang. B Basis, φ brechender Winkel, α Einfallswinkel, α' Ausfallswinkel, β Ablenkwinkel.

Die obige Gleichung gibt uns eine Methode in die Hand, die Brechzahl n zu messen. Im Fall von flüssigen Medien bereitet die „Herstellung" eines Prismas mit bekanntem brechenden Winkel keine Schwierigkeit, wenn man eine entsprechend präparierte Küvette mit Flüssigkeit füllt; die Wände, planparallele Platten aus Glas oder Quarz, ändern den Ablenkwinkel β ja nicht.

Totalreflexion

Wenn wir unser Experiment mit der Brechung, Abb. 1.13, wiederholen und jetzt auch auf den reflektierten Strahl und auf die Intensität des gebrochenen Strahls achten, stellen wir fest: Mit größerem Einfallswinkel nimmt die Intensität des gebrochenen Strahls ab. Bei jedem Einfallswinkel gibt es außerdem einem reflektierten Strahl, dessen Intensität mit wachsendem Einfallswinkel zunimmt. Nennen wir den Winkel zwischen einfallendem Strahl und der Grenzfläche *Glanzwinkel* γ mit

$$\alpha + \gamma = \frac{\pi}{2},$$

so können wir auch sagen, daß die Intensität des gebrochenen Strahls mit abnehmendem Glanzwinkel abnimmt; bei *streifendem Einfall*, $\gamma \approx 0$, wird der gebrochene Strahl unsichtbar.

Wir wollen unser Experiment aber noch weiter ausdehnen und lassen jetzt, s. Abb. 1.19, den Strahl aus dem dichteren in das dünnere Medium eintreten, kehren also den Strahlengang um. Einfallswinkel ist jetzt natürlich der Winkel zwischen der Flächennormalen und dem Strahl im Medium. Wird der Einfallswinkel zu groß, gibt es überhaupt keinen gebrochenen Strahl mehr. Die *gesamte Intensität* wird *reflektiert.* Diese Erscheinung nennt man **Totalreflexion.** Wir können sie sogar gewissermaßen aus dem Snelliusschen Brechungsgesetz Gl. (1.13) ableiten (mit $n_1 > n_2$!). Wird nämlich $\sin\alpha_1$ größer als n_2/n_1, so ergäbe sich $\sin\alpha_2 > 1$, ein Wert, der mit einem (reellen) Winkel α_2 nicht zu erfüllen ist. Ein solcher Prozeß ist also unphysikalisch, d. h. er kann in der Natur nicht stattfinden. Der größte Wert von α_1, der mit dem Snelliusschen Brechungsgesetz noch verträglich ist, ist offenbar derjenige, für den $\alpha_2 = \pi/2$ ist. Wir nennen ihn den *Grenzwinkel der Totalreflexion* α_T, der sich aus Gl. (1.13) zu

$$\sin\alpha_\mathrm{T} = \frac{n_2}{n_1}$$

ergibt.

Die Totalreflexion findet mannigfaltige Anwendungen. Ein *Umkehrprisma,* Abb. 1.20, mit einem brechenden Winkel von 90° vertauscht rechts und links oder oben und unten (der Totalreflexionswinkel für Glas liegt bei ca. 42°). Mit einem *Totalrefraktometer,* dessen Prinzip schon in Abb. 1.19 gezeigt wurde, lassen sich Brechzahlen messen (besonders leicht wieder für Flüssigkeiten). In einem *Lichtleiter,* der meist aus vielen parallelen *Fasern* besteht (Abb. 1.21), läßt sich Licht in einem „Kabel" ähnlich leiten wie elektrischer Strom in einem elektrischen Kabel. Abb. 1.22 zeigt einen entsprechenden Versuch. Da die einzelnen Fasern dünn sind, sind solche Lichtleiter biegsam. Starke Krümmung sollte man jedoch vermeiden, weil sie zu Lichtverlust führt. Auch in der modernen Nachrichtentechnik spielen Lichtleiter in der Form von **Glasfaserkabeln** eine wichtige Rolle, und zwar als *Breitbandkabel* vor

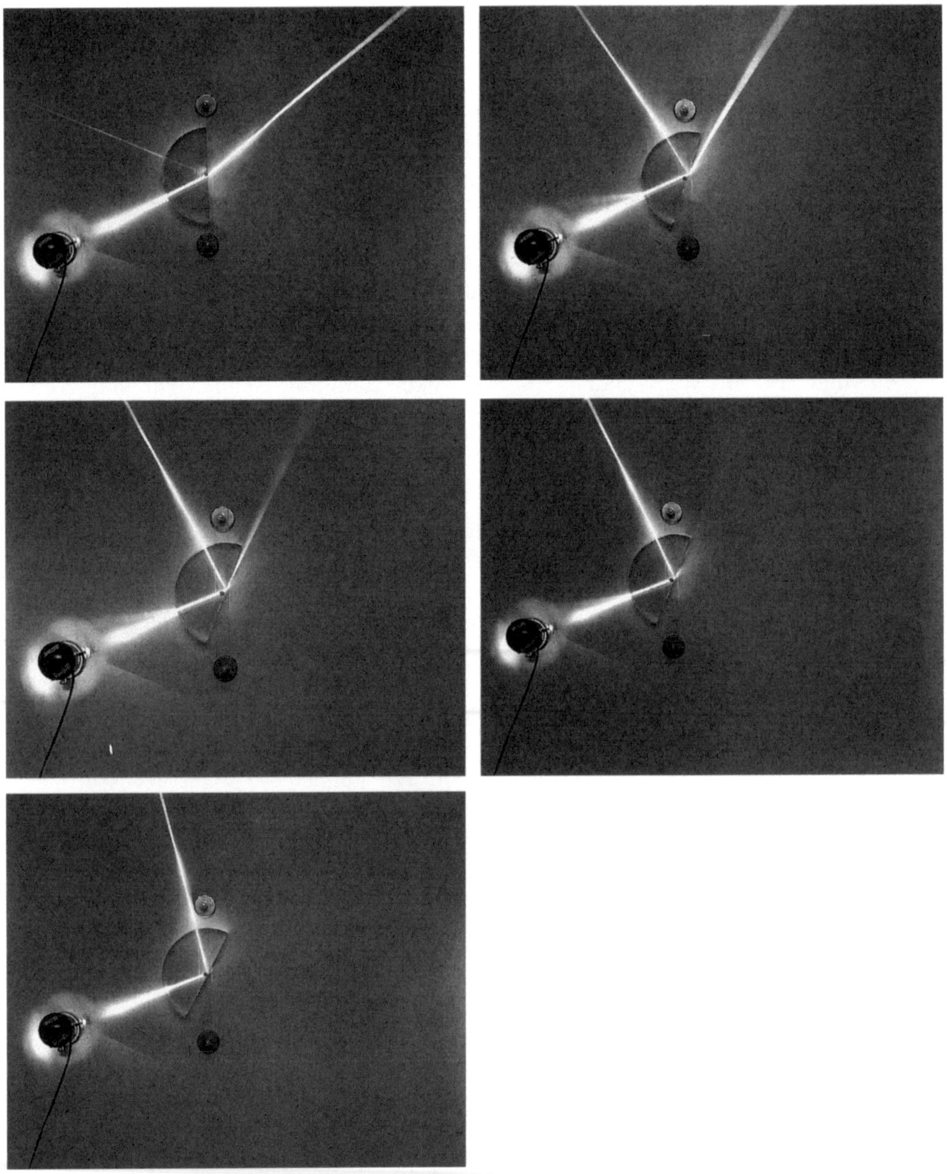

Abb. 1.19 Brechung und Reflexion an der rechten planen Begrenzungsfläche beim Austritt aus dem optisch dichteren Medium. Die Strahlenquelle ist unten links. Der Einfallswinkel nimmt von links nach rechts und von oben nach unten zu. Mit zunehmendem Austrittswinkel α_2 des gebrochenen Strahls wird der gebrochene Strahl immer intensitätsärmer und der gespiegelte, der ungebrochen austritt, immer intensitätsreicher. Mitte rechts ist α_2 beinahe 90°, unten (links) ist der Einfallswinkel α_1 (für den Einfall vom dichteren Medium auf die Begrenzungsfläche zum dünneren!) gerade gleich α_T, und man beobachtet Totalreflexion.

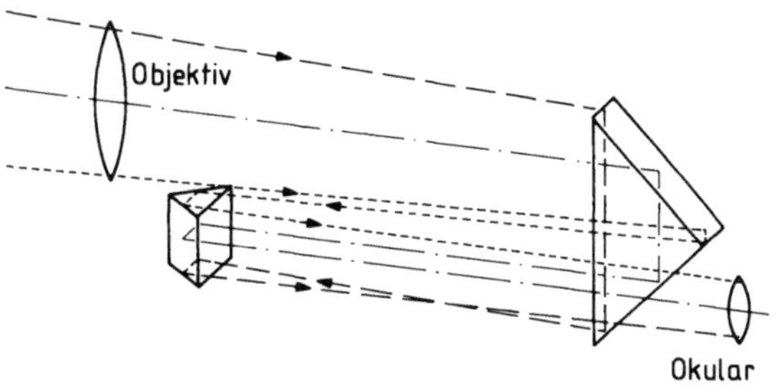

Abb. 1.20 Umkehrprismen. Anwendung im Prismenfernglas (vgl. Abschn. 1.8.3).

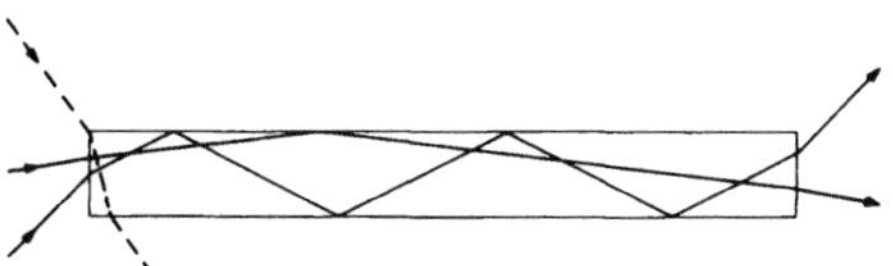

Abb. 1.21 Lichtleiter (Schnitt). Leiter aus homogenem Material. Ausgezogen: Strahlen von im Lichtleiter geführtem Licht. Gestrichelt: Strahl von nicht geführtem Licht. Alle gezeichneten Strahlen gehen durch die Mittellinie des kreisrunden Lichtleiters. Daneben gibt es natürlich zur Mittellinie windschiefe Strahlen.

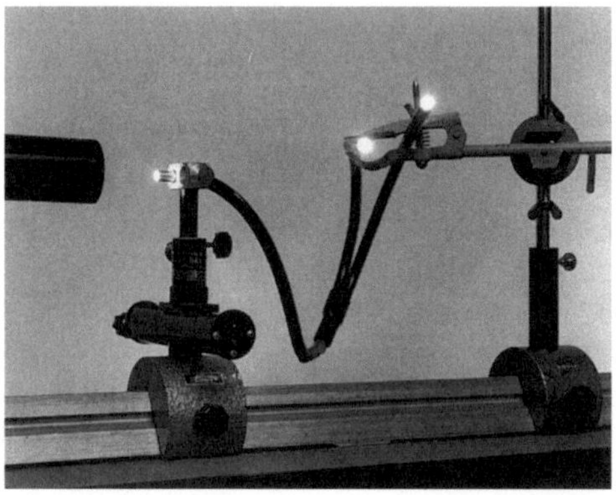

Abb. 1.22 Versuch mit einem kabelartigen Lichtleiter (mit Verzweigung). Lichteintritt links, Licht aus Laser, Lichtaustritt rechts.

allem für Telefon, Fernsehen und Datenübertragung. Ähnlich wie wir es in Abschn. II, 3.2.5 zusammen mit Abschn. II, 3.2.6 für Wellen in elektrischen Wellenleitern kennengelernt haben, können sich auch die optischen Wellen, die ja elektromagnetische Wellen von sehr hoher Frequenz sind, in verschiedenen Typen oder *Moden* ausbreiten; welche Mode im einzelnen entsteht, ist wieder durch die Anregungsbedingungen bestimmt. Nicht alle optischen Wellenleiter setzen sich aus Fasern von homogenem Material zusammen. Man kann z. B. die Brechzahl in radialer Richtung, vor allem diskret, aber auch kontinuierlich, variieren. Die entsprechenden Phänomene sind kompliziert. Die große Bedeutung der Glasfaserkabel liegt in der Möglichkeit, ein *sehr breites Frequenzband* simultan zu übertragen. Deswegen können z. B. viele Telefongespräche oder eine ganze Reihe von Fernsehprogrammen gleichzeitig oder in kurzer Zeit sehr viele Daten mit ein und demselben Kabel übertragen werden.

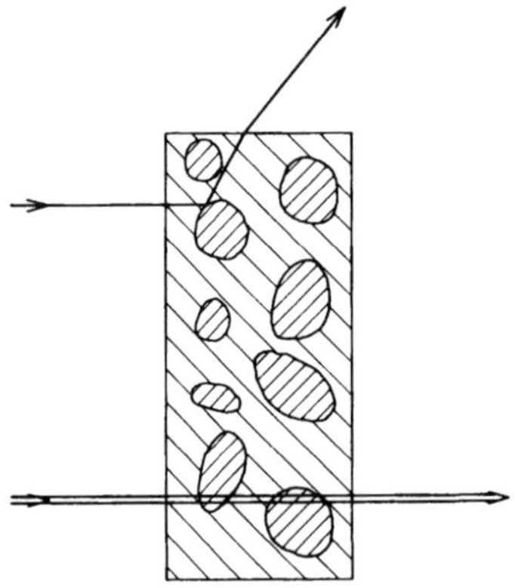

Abb. 1.23 Christiansen-Filter. Licht mit einer Frequenz, für die die Körner und das einbettende Material gleiche Brechzahl haben, geht praktisch unbeeinflußt durch das Filter (unterer Strahl), während Licht, für das die beiden Brechzahlen merklich verschieden sind, herausgestreut oder herausgebrochen wird (oberer Strahl).

Eine Anwendung von Reflexion, sei sie partiell oder total, zum Herausfiltern eines bestimmten kleinen *Frequenzbereichs* stellt das *Christiansen-Filter* (1884) dar, nach dem dänischen Physiker Ch. Christiansen (1843–1917). Abb. 1.23 zeigt das Prinzip. Das Filter besteht aus kleinen Körnern oder Splittern eines Mediums mit der Brechzahl n_1, die in ein anderes Medium mit der Brechzahl n_2 eingebettet sind. Hierbei ist wichtig, daß für einen gewissen Frequenzbereich $\Delta\nu$ um die Frequenz ν_0 herum beide Brechzahlen ungefähr gleich sind, während sie für weiter von ν_0 entfernt liegende Frequenzen verschieden sind. Im ersteren Fall kommt das z. B. normal auffallende Licht praktisch ungeschwächt hindurch, während es im zweiten Fall an den eingelagerten Körpern gestreut wird. So ist aus dem angenähert parallel einfallenden Bündel das nicht in den Bereich $\Delta\nu$ fallende Licht herausgestreut worden.

1.2.3 Lichtausbreitung in inhomogenen Medien

Die Lichtausbreitung in inhomogenen Medien werden wir intuitiv als „Mittelding" zwischen der Ausbreitung im homogenen Medium und der Ausbreitung bei Anwesenheit einer Grenzfläche auffassen. Wie wir aus Abschn. 1.2.1 wissen, ist das in der Tat der Fall: Wir beobachten *kontinuierliche Brechung.*

Lichtausbreitung in inhomogenen Medien hat mehr Bedeutung, als es unser Demonstrationsversuch Abb. 1.7 ermessen läßt. Sie spielt namentlich in der Astronomie (Positionsastronomie) eine Rolle. Die Atmosphäre ist in Erdnähe dichter als in größeren Höhen. Daraus resultiert eine kontinuierliche Brechung *zum optisch dichteren Teil hin.* Ein Sternort, der ja, physikalisch und nicht astronomisch gesprochen, eine Richtung ist, erscheint deshalb höher, als er in Wirklichkeit ist (d. h. wenn er ohne den verfälschenden Einfluß der Erdatmosphäre beobachtet würde). Abb. 1.24 stellt die Verhältnisse dar.

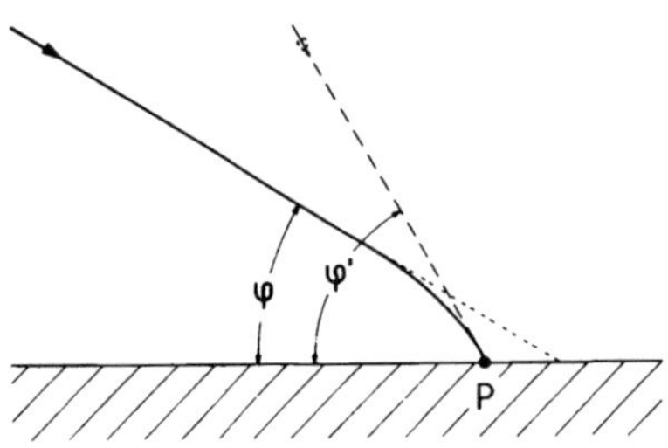

Abb. 1.24 Lichtbrechung in der Erdatmosphäre und daraus resultierende Abweichung zwischen vom Punkt P auf der Erdoberfläche aus gesehener scheinbarer Sternrichtung (Winkel φ' mit der Erdoberfläche) und wirklicher (Winkel φ).

Auf dieselbe Weise erklärt sich auch die scheinbare Abplattung der dicht über dem Horizont stehenden Sonne. Dieser Effekt ist meßbar. Die scheinbare Vergrößerung der tiefstehenden Sonne ist dagegen psychologisch bedingt. Wenn die Sonne dicht über dem Horizont steht, hat man nahe Vergleichsobjekte; steht sie dagegen hoch über dem Horizont, fehlen solche Vergleichsobjekte. Dadurch wird der Eindruck hervorgerufen, die Sonne sei über dem Horizont größer. Dieser Effekt ist nicht meßbar.

1.2.4 Umkehrbarkeit des Strahlenganges

Wie uns aus dem täglichen Leben bekannt ist, ist ein *optischer Strahlengang umkehrbar:* Wenn ein Lichtstrahl von 1 nach 2 (irgendwie) gelangen kann, so kann das Licht auf demselben Strahl, nur mit umgekehrter Richtung, auch von 2 nach 1 laufen. Über die *Intensitäten* ist damit natürlich *nichts ausgesagt.*

Wir wollen diesen Sachverhalt nun erklären und gehen bis auf Adam und Eva zurück, die für die elektromagnetische Theorie beide in James Clerk Maxwell vereinigt sind. Für diese *Zeitumkehrinvarianz* aller durch elektromagnetische Wechselwirkung zustandekommenden Erscheinungen, zu denen auch das Licht gehört, ist es notwendig und hinreichend, daß beim Ersatz der Zeit t durch ihr Negatives, $-t$, wieder etwas herauskommt, das mit den Maxwellschen Gleichungen vereinbar ist. Wir benutzen dazu die Maxwellschen Gleichungen in der Form Gln. (II, 3.10) bis (II, 3.13). Wir nehmen an, daß durch die elektrische Feldstärke $\boldsymbol{E}$, die magnetische Induktion $\boldsymbol{B}$, die Zeit t, die magnetische Feldstärke $\boldsymbol{H}$, die Stromdichte $\boldsymbol{j}$, die dielektrische Verschiebung $\boldsymbol{D}$ und die Ladungsdichte ϱ eine fortschreitende Welle beschrieben wird, die z. B. vom Punkt 1 nach Punkt 2 gehen soll. Wir ersetzen in den Gleichungen (II, 3.10) bis (II, 3.13) t durch $-t$. Dann bleiben Gln. (II, 3.12) und (II, 3.13) unverändert, da sie t nicht explizit enthalten. Wir machen zunächst die Annahme, daß $\boldsymbol{D}$ unverändert bleibt; dann folgt aus Gl. (II, 3.11), daß $\boldsymbol{H}$ und $\boldsymbol{j}$ ihr Vorzeichen umdrehen müssen. Mit $\boldsymbol{H}$ dreht auch $\boldsymbol{B}$ wegen $\boldsymbol{B} = \mu\boldsymbol{H}$ sein Vorzeichen um, nach Gl. (II, 3.10) $\boldsymbol{E}$ also nicht. Das ist wegen $\boldsymbol{D} = \varepsilon\boldsymbol{E}$ im Einklang mit unserer Hypothese über $\boldsymbol{D}$. Wenn wir die Zeit „rückwärts laufen“ lassen, entspricht das natürlich einer Umkehr aller Geschwindigkeiten, insbesondere der einer Lichtwelle. Also gilt:

- *Lichtwege sind umkehrbar.*

Wir haben im Kapitel II, 4.2 etwas in die Korpuskularoptik hineingeschaut. Wir wollen deshalb hier in Parenthese fragen, ob die Umkehrbarkeit des Strahlenganges auch in der Korpuskularoptik gilt. Da, wie wir aus Abschn. I, 3.1.2 wissen, die Newtonsche Mechanik und mit ihr natürlich auch die relativistische Mechanik zeitumkehrinvariant sind, muß wegen der Zeitumkehrinvarianz der Maxwellschen Gleichungen auch die Korpuskularoptik zeitumkehrinvariant sein. Das heißt aber nicht, daß in derselben Apparatur, in der ein Teilchenstrahl von Punkt 1 zu Punkt 2 läuft, auch ein Teilchenstrahl mit denselben elektromagnetischen Feldern von Punkt 2 nach Punkt 1 gelangen kann. Wir müssen nämlich mit der Zeit t auch die Stromdichte $\boldsymbol{j}$ und damit die Magnetfelder $\boldsymbol{B}$ umkehren. Täten wir das nicht, wären wir im Widerspruch zu den Maxwellschen Gleichungen. Man macht sich in der Tat leicht klar, daß im *selben Magnetfeld* die Strahlrichtung nicht einfach umkehrbar ist. Abb. 1.25 illustriert das an einem Beispiel. In rein elektrischen Feldern hingegen ist die Strahlrichtung umkehrbar.

Einen weiteren Beweis für die Umkehrbarkeit des (lichtoptischen) Strahlenganges werden wir in Abschn. 1.3.2 kennenlernen.

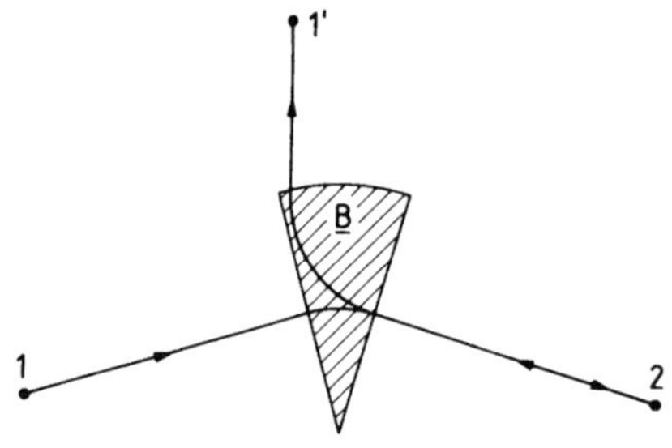

Abb. 1.25 Nichtumkehrbarkeit des Strahlenganges in der Korpuskularoptik. Geladene Teilchen gelangen vom Punkt 1 durch das Magnetfeld ***B*** (senkrecht zur Zeichenebene) nach Punkt 2, aber vom Punkt 2 nicht zurück nach Punkt 1, sondern nach Punkt 1′.

1.3 Fermatsches Prinzip

1.3.1 Formulierung und Beweis des Fermatschen Prinzips

Das *Fermatsche Prinzip,* aufgestellt (1662) von dem französischen Mathematiker P. de Fermat (1601–1665), ist eines von den Integralprinzipien, wie sie namentlich in der theoretischen Mechanik eine große Bedeutung gewonnen haben. Diese Prinzipien sind *teleologisch* (zielgerichtet, von griech. telos = Ziel und logos = Überlegung, Vernunft) und damit in *scheinbarem Widerspruch* zur *Kausalität.* Ähnlich teleologische Prinzipien sind das Hamiltonsche Prinzip, benannt nach dem irischen Mathematiker, Physiker und Astronomen (Sir) W. R. Hamilton (1805–1865), und das Maupertuissche Prinzip, benannt nach dem französischen Mathematiker und Astronomen B. L. M. de Maupertuis (1698–1759). Das Fermatsche Prinzip wird auch *Prinzip der kürzesten Laufzeit,* der *schnellsten Ankunft* oder der *kürzesten optischen Weglänge* genannt.

Wir wollen das Fermatsche Prinzip zunächst folgendermaßen formulieren:

- *In einem einfach überdeckenden Strahlenfeld wählt das Licht diejenige Bahn, für die die Laufzeit am kürzesten ist.*

Unter einem einfach überdeckenden Strahlenfeld wollen wir ein Gebiet im Raum verstehen, in dem mögliche Lichtstrahlen nach folgender Regel verlaufen: Sie kommen von einem Quellpunkt Q, mindestens ein Strahl erreicht einen „Empfängerpunkt“ E, kein Strahl läuft in sich zurück, und zwischen Q und E gibt es keinen Schnittpunkt von Strahlen (Abb. 1.26). Unter **optischer Weglänge** L wollen wir

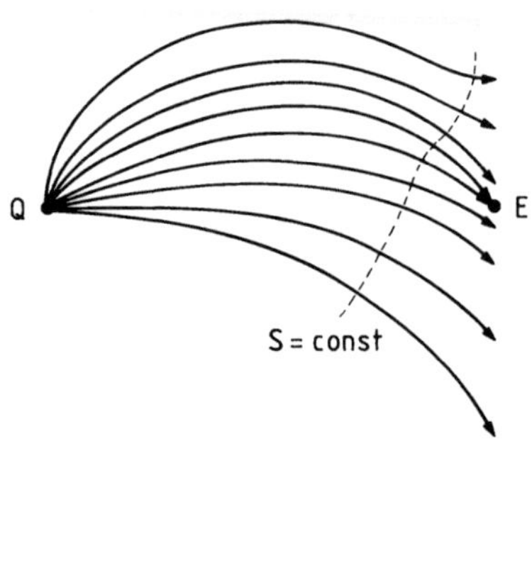

Abb. 1.26 Einfach überdeckendes Strahlenfeld. Q Quellpunkt, E Empfängerpunkt. Eingezeichnet ist eine Linie gleicher Phase (Wellenfront), gekennzeichnet durch konstantes Eikonal S (gestrichelt).

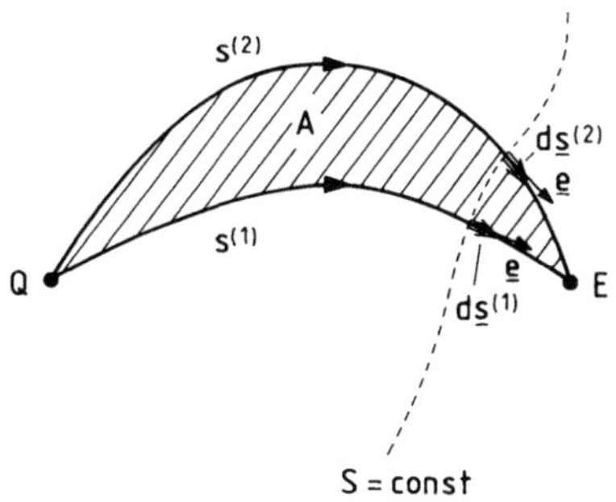

Abb. 1.27 Wirklicher Lichtweg $s^{(1)}$ von Q nach E und hypothetischer Lichtweg $s^{(2)}$ sowie Wellenfront $S = \text{const}$ (gestrichelt); $\boldsymbol{e}$ Einheitsvektor senkrecht auf S.

folgenden Ausdruck verstehen:

$$L \stackrel{\text{def}}{=} \int n \, \mathrm{d}s \,. \tag{1.14}$$

Wir wissen aus Abschn. 1.1.3, daß das Eikonal S der Gleichung (1.9) genügt. Bezeichnen wir mit $\boldsymbol{e}$ einen Einheitsvektor in Richtung von grad S, so folgt

$$\operatorname{grad} S = n\boldsymbol{e} \,.$$

Wir wenden nun auf den wirklichen Lichtweg von Q nach E in Abb. 1.26 und einen zweiten, hypothetischen Lichtweg den Stokesschen Satz an, s. Abb. 1.27, und erhalten

$$\oint n\boldsymbol{e} \, \mathrm{d}\boldsymbol{s} = \int_A \operatorname{rot} n\boldsymbol{e} \cdot \mathrm{d}\boldsymbol{A} = \int_A \operatorname{rot} \operatorname{grad} \boldsymbol{S} \cdot \mathrm{d}\boldsymbol{A} = 0 \,,$$

weil die Rotation eines Gradienten stets verschwindet. Wir zerlegen das Kreisintegral links in obiger Gleichung,

$$\int_Q^E n\boldsymbol{e} \cdot \mathrm{d}\boldsymbol{s}^{(1)} - \int_Q^E n\boldsymbol{e} \cdot \mathrm{d}\boldsymbol{s}^{(2)} = 0 \,, \tag{1.15}$$

wobei sich die Indizes (1) und (2) auf die wirkliche Bahn 1 bzw. die hypothetische 2 beziehen. $S = \text{const}$ ist eine Wellenfront; wie wir aus Abschn. I, 3.3.5 wissen, steht der Gradient von S auf der Fläche $S = \text{const}$ senkrecht. Also sind $\boldsymbol{e}$ und das Element der wirklichen Bahn $\mathrm{d}\mathbf{s}^{(1)}$ zueinander parallel. Das heißt

$$\int_Q^E n\boldsymbol{e} \cdot \mathrm{d}\boldsymbol{s}^{(1)} = \int_Q^E n \, \mathrm{d}s^{(1)} \,. \tag{1.16}$$

Für die Bahn 2, von der wir ja nicht wissen, ob sie eine mögliche oder eine nicht mögliche Bahn ist, können wir diese Aussage nicht machen; statt dessen können wir nur

$$\int_Q^E n\boldsymbol{e} \cdot \mathrm{d}\boldsymbol{s}^{(2)} \leqq \int_Q^E n \, \mathrm{d}s^{(2)} \tag{1.17}$$

schreiben. Wir haben also zusammen mit Gln. (1.14) und (1.15)

$$L^{(1)} - L^{(2)} = \int_Q^E n \, \mathrm{d}s^{(1)} - \int_Q^E n \, \mathrm{d}s^{(2)} \leqq 0 \,. \tag{1.18}$$

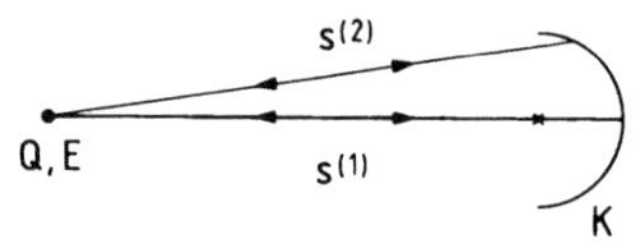

Abb. 1.28 Fermatsches Prinzip: Anwendung auf die Spiegelung am Hohlspiegel. $s^{(1)}$ wirklicher, $s^{(2)}$ hypothetischer nichtwirklicher Lichtweg. In der gezeichneten Geometrie ist $s^{(1)} > s^{(2)}$. Der wirkliche Lichtweg $s^{(1)}$ ist ein Maximum.

Es gibt somit keine optisch kürzere Weglänge, keinen kürzeren optischen Weg als den wirklichen. Mit

$$ds = v\,dt = \frac{c}{n}\,dt$$

erhalten wir auch für die wirkliche Laufzeit $T^{(1)}$ auf dem Wege 1 im Vergleich zu einer anderen, hypothetischen $T^{(2)}$ auf dem Wege 2

$$T^{(1)} = \int_{t(Q)}^{t(E)} dt^{(1)} = t^{(1)}(E) - t^{(1)}(Q) \leqq t^{(2)}(E) - t^{(2)}(Q) = \int_{t(Q)}^{t(E)} dt^{(2)} = T^{(2)}\,.$$

Also ist auch die wirkliche Laufzeit kürzer als jede andere hypothetische.

Bei unserem Beweis des Fermatschen Prinzips haben wir ein einfach überdeckendes Strahlenfeld vorausgesetzt. Geben wir diese Voraussetzung auf, so müssen wir das Prinzip etwas anders formulieren. Wir schreiben statt Gl. (1.18)

$$\delta \int n\,ds = 0\,, \tag{1.19}$$

wobei δ die *Variation* des rechts davon stehenden Ausdrucks bedeutet; über den Begriff Variation vgl. Abschn. I, 3.3.6. Wenn die Variation der optischen Weglänge *verschwindet,* so ist die optische Weglänge selbst ein (relatives) *Extremum* (relatives Minimum oder relatives Maximum, evtl. für einen Teil der Wege ein Minimum und für den andern ein Maximum). Wir können also den Inhalt von Gl. (1.19) etwas lax folgendermaßen in Worte fassen:

- *Ein Lichtweg ist immer ein Extremum.*

Wir wollen uns nicht mit den Komplikationen befassen, die das Abgehen von der Voraussetzung eines einfach überdeckenden Strahlenfeldes für den Beweis des Fermatschen Prinzips in seiner allgemeinen Form Gl. (1.19) mit sich bringt. Statt dessen wollen wir uns fragen, ob es Fälle gibt, in denen der Lichtweg ein (relatives) Maximum ist. Das ist in der Tat der Fall. Abb. 1.28 zeigt ein Beispiel. Hierbei ist geradlinige Ausbreitung im freien Raum vorausgesetzt.

1.3.2 Einfache Anwendungen des Fermatschen Prinzips

Aus dem Fermatschen Prinzip folgt sofort die *Umkehrbarkeit des Lichtwegs.* Wenn der Weg von einem Quellpunkt Q zu einem Empfängerpunkt E dem Fermatschen Prinzip gehorcht, so tut das auch der umgekehrte Weg von E nach Q; denn die optische Weglänge Gl. (1.14) ist unabhängig davon, in welcher Richtung eine vorgegebene Bahn durchlaufen wird.

Im folgenden wollen wir die in Abschn. 1.2.2 angegebenen Gesetzmäßigkeiten für die Lichtausbreitung in homogenen isotropen Medien ableiten. Dazu können wir die Wellenlehre unter Berücksichtigung von $v_{\mathrm{Ph}} = c/n$ [Gl. (II, 3.25)] heranziehen, wie in Abschn. I, 7.5.3 allgemein für Wellen unter Benutzung des Huyghensschen Prinzips ausgeführt wurde. Wir machen uns klar, daß wir für einfachere Fälle wie Spiegelung und Brechung an ebenen Flächen gar nicht des (ja nicht bewiesenen, sondern nur postulierten) Huyghensschen Prinzips bedürfen. Wir wollen aber, auch zur Vorbereitung auf schwierigere Fälle, nicht so vorgehen, sondern das Fermatsche Prinzip anwenden.

In *homogenen isotropen Medien* breitet sich Licht *geradlinig* aus, weil zwischen zwei Punkten Q und E die Gerade immer die kürzeste Verbindung ist; damit ist dem Fermatschen Prinzip Genüge getan. Eine „längste" Verbindung gibt es hingegen nicht. Also breitet sich Licht *nur* geradlinig aus.

Bei der *Reflexion* an einer *spiegelnden Ebene* ist derjenige Strahlengang, bei dem Einfallswinkel und Ausfallswinkel gleich sind, der kürzeste Weg. Wir ersparen uns die einfache Rechnung; sie geht analog der im folgenden Absatz ausgeführten.

Für die *Brechung* an einer ebenen Grenzfläche zweier Medien haben wir folgende Verhältnisse (Abb. 1.29). Die Gesamtlaufzeit ist durch

$$\frac{\overline{QP}}{v_1} + \frac{\overline{PE}}{v_2} = T_1 + T_2 = T$$

gegeben. Dem Fermatschen Prinzip wird durch die Forderung $\mathrm{d}T = 0$ Rechnung getragen, also bei uns mit x als unabhängiger Variabler durch $\mathrm{d}T/\mathrm{d}x = 0$. Indem wir die Laufzeiten durch Vakuumlichtgeschwindigkeit und Brechzahlen ausdrücken, erhalten wir

$$T = \frac{n_1\sqrt{q^2 + x^2}}{c} + \frac{n_2\sqrt{e^2 + (d - x)^2}}{c} .$$

Mit

$$\frac{x}{\sqrt{q^2 + x^2}} = \sin\alpha_1$$

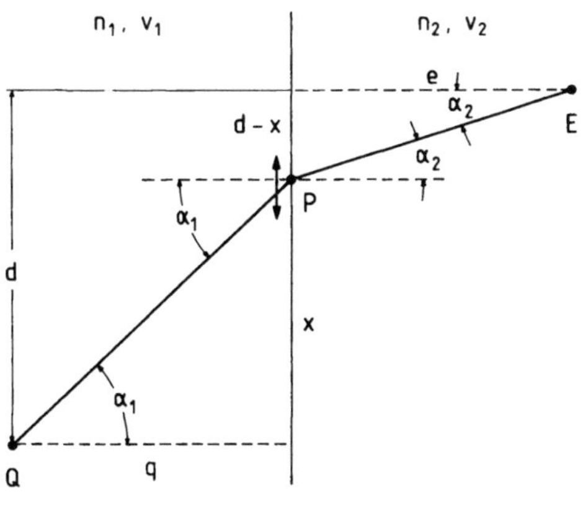

Abb. 1.29 Fermatsches Prinzip: Anwendung auf die Brechung an der Grenzfläche zweier Medien. Das Licht gelangt von Q über den auf der Grenzfläche liegenden Punkt P mit der Ortskoordinate x nach E. Links: Brechzahl n_1, Phasengeschwindigkeit v_1; rechts: Brechzahl n_2, Phasengeschwindigkeit v_2.

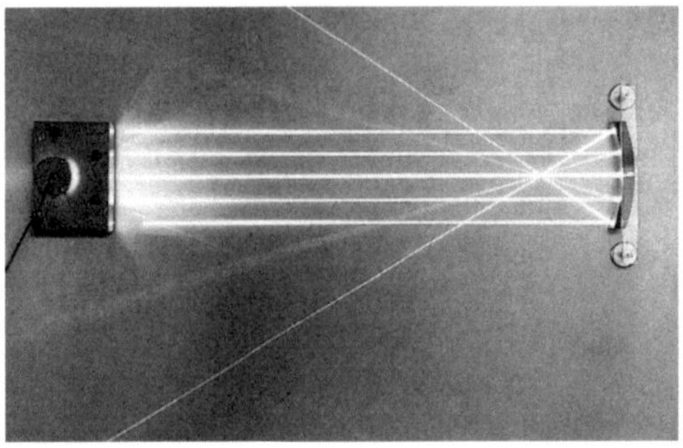

Abb. 1.30 Reflexion parallel einfallender Lichtstrahlen an einem Parabolspiegel.

und

$$\frac{d-x}{\sqrt{e^2+(d-x)^2}} = \sin\alpha_2$$

ergibt sich sofort das Snelliussche Brechungsgesetz Gl. (1.13).

Mit Hilfe des Fermatschen Prinzips wollen wir uns die Spiegelung an einer *Ellipse* oder dreidimensional an einem *Rotationsellipsoid* klarmachen. Die Ellipse ist bekanntlich der geometrische Ort aller derjenigen Punkte, die von zwei festen Punkten, den *Brennpunkten,* die gleiche Abstandssumme haben. Die optische Weglänge von einem Brennpunkt zu irgendeinem festen Punkt der Ellipse und zurück zum anderen Brennpunkt ist also eine Konstante, gleichgültig, welchen Punkt der Ellipse man wählt. Jeder Weg mit geraden Lichtstrahlen zwischen einem Brennpunkt und dem Punkt auf der Ellipse erfüllt also das Fermatsche Prinzip in der Form Gl. (1.18) oder Gl. (1.19). Also muß jeder Lichtstrahl, der von einem Brennpunkt ausgeht, zum andern Brennpunkt reflektiert werden (wenn die Ellipse auch nur etwas spiegelnd gedacht wird). Da jeder Achsenschnitt durch ein Rotationsellipsoid eine Ellipse ist, gilt dasselbe auch für das Rotationsellipsoid.

Eine *Parabel* ist bekanntlich der Grenzfall einer Ellipse, bei dem der eine Brennpunkt ins Unendliche gerückt ist. An einer Parabel wird also alles Licht, das achsenparallel aus dem Unendlichen einfällt, in den Brennpunkt reflektiert (Abb. 1.30); ebenso wird alles Licht, das aus dem Brennpunkt kommt, in eine Richtung parallel zur Achse reflektiert. Dasselbe gilt für ein *Rotationsparaboloid.* Läßt man das Licht aus dem Unendlichen einfallen, so stellt der **Parabolspiegel** das wesentliche Element eines Spiegelteleskops dar; Näheres in Abschn. 1.7.3. Setzt man in den Brennpunkt eines Parabolspiegels eine (möglichst punktförmige) Lichtquelle, so verläßt das Licht den Spiegel nahezu achsenparallel, und man hat einen *Scheinwerfer.*

1.4 Brechende und spiegelnde Kugelflächen

1.4.1 Brechung an einer Kugelfläche

Im folgenden wollen wir die Brechung des Lichts an einer einzigen Kugelfläche studieren. Das ist eine Vorstudie für die Lichtbrechung durch eine Linse, die ja von zwei brechenden Flächen begrenzt wird, einer Eintrittsfläche und einer Austrittsflä-

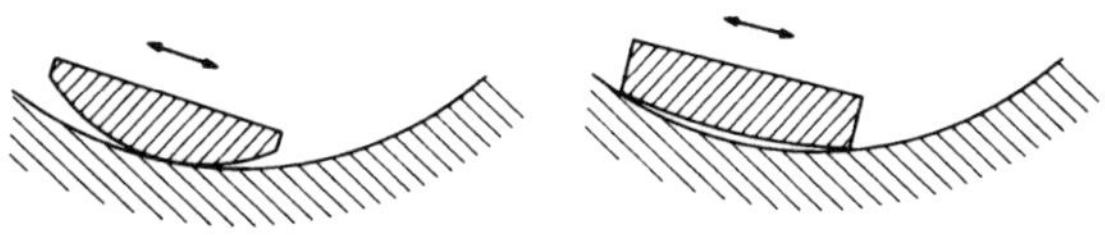

Abb. 1.31 Schleifen einer Linse in einer Schleifform (Schnittzeichnung). Von der Linse wird offenbar in der Mitte (linkes Bild) bzw. am Rande (rechtes Bild) so lange Material abgeschliffen, bis die Linse genau der Schleifform angepaßt ist. In der Zeichnung: Herstellung einer konvexen Linsenoberfläche in einer konkaven Schleifform; nicht gezeichnet: Herstellung einer konkaven Linsenoberfläche auf einer konvexen Schleifform.

che. Wir werden bei der Behandlung der Linsen sehen, daß es Abbildungsfehler gibt, die man vermeiden könnte, wenn man als begrenzende Flächen keine Kugelflächen nähme. Trotzdem haben fast alle wirklich verwendeten Linsen Oberflächen, die Teil einer Kugelfläche sind. Das hat eine Reihe von Gründen. Einmal ist eine Kugelfläche im Kleinen eine gute Darstellung irgendeiner Rotationsfläche. Zum anderen, und das ist der weitaus wichtigere Grund, ist die Herstellung solcher Linsen einfacher. Nicht kugelflächige Linsen *(asphärische Linsen)* lassen sich unter Einsatz von Computersteuerung maschinell herstellen.

Für die meisten Linsen wird Glas verwendet. Glas läßt sich zwar in Formen pressen, ist aber als Preßglas (optisch) nicht genügend homogen; außerdem wäre es sicher schwer, genau die gewünschte Form zu erhalten. Man stellt Linsen vielmehr durch *Schleifen* her. Man erhält eine Kugelfläche, wenn man die Linse in der (Teil einer Kugelfläche bildenden) Schleifform bewegt (Abb. 1.31). Für kompliziertere Oberflächen ist das Verfahren offenbar nicht geeignet.

Zur Brechung an einer Kugelfläche wollen wir annehmen, daß links Vakuum und rechts ein Medium, z. B. Glas, ist; genauer gesagt brechen wir an einer Oberfläche, die Teil einer Kugelfläche ist, und rechts dieses Teiles der Kugelfläche soll sich das Medium mit der einheitlichen Brechzahl n befinden. Wir werden, soweit Verwechslungen möglich wären, für Größen im Vakuum ungestrichene Symbole (z. B. Q für den Quellpunkt) und für Größen im Medium gestrichene Symbole (z. B. Q' für den dem Punkt Q analogen Punkt) verwenden. Abb. 1.32 stellt die Verhältnisse dar.

Wir betrachten zwei Lichtstrahlen: Der von Q ausgehende trifft bei V senkrecht auf die Kugelfläche und verläuft über den Kugelmittelpunkt O' weiter nach rechts; der zweite wird bei einem beliebigen Punkt P, der aber nicht mit V zusammenfallen möge, gebrochen und pflanzt sich dann geradlinig im Medium fort. Den ersten

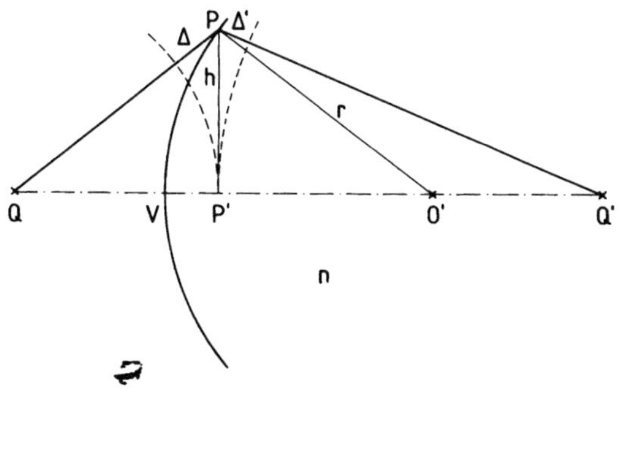

Abb. 1.32 Brechung an Kugeloberfläche; s. Text.

Strahl, der offenbar durch seine geradlinige Fortpflanzung vom Vakuum ins Medium hinein ausgezeichnet ist, nennen wir die **optische Achse** oder auch kurz *Achse.* Der zweite Strahl möge so stark gebrochen werden, daß er die optische Achse irgendwo schneidet; die Fälle, in denen das nicht so ist, werden wir später besprechen. Der Schnittpunkt sei Q'.

Wenn die gestrichelten Linien in Abb. 1.32 Kreise um Q bzw. Q' durch P' sind, gelten die folgenden Beziehungen:

$$\overline{QP} = \overline{QP'} + \Delta\,, \qquad \overline{Q'P} = \overline{Q'P'} + \Delta\,, \qquad \overline{QP'} = \overline{QV} + \overline{VP'}\,. \tag{1.20}$$

Wegen des Fermatschen Prinzips müssen für die beiden ins Auge gefaßten Strahlen die Lichtwege gleich sein, da die beiden Strahlen reell sind:

$$\overline{QP} + n\overline{QP} = \overline{QV} + n\overline{VQ'}\,. \tag{1.21}$$

Der Elementarmathematik (Pythagoras) entnehmen wir

$$(\overline{QP'} + \Delta)^2 = h^2 + \overline{QP'}^2\,, \tag{1.22}$$

wobei P' der Lotpunkt von P auf die Achse ist. Wir machen jetzt einen mathematisch einfachen, aber gedanklich sehr wichtigen Schritt: Wir betrachten die Lotlänge h als eine *kleine Größe*. Geht h gegen Null, so geht offensichtlich Δ ebenfalls gegen Null. Δ ist proportional h^2. Aus Gl. (1.22) erhalten wir somit, wenn wir Δ^2 vernachlässigen,

$$\Delta = \frac{h^2}{2\overline{QP'}}\,. \tag{1.23}$$

Genauso ergibt sich

$$\Delta' = \frac{h^2}{2\overline{Q'P'}}\,. \tag{1.24}$$

Aus dem Höhensatz für rechtwinklige Dreiecke folgt, angewandt auf das über dem Kreisdurchmesser durch P' durch die Höhe h aufgespannte Dreieck, wenn h und damit $\overline{VP'}$ klein wird,

$$\overline{VP'} = \frac{h^2}{2r}\,. \tag{1.25}$$

Wir gehen mit Gln. (1.20) und (1.23) bis (1.25) in Gl. (1.21) ein:

$$\overline{QV} + \frac{h^2}{2r} + \frac{h^2}{2\overline{QP'}} + n\left(\overline{Q'P'} + \frac{h^2}{2\overline{Q'P'}}\right) = \overline{QV} + n\,\frac{h^2}{2r} + nQ'P'$$

oder zusammengefaßt mit

$$\lim_{h\to 0} \overline{QP'} = a\,, \qquad \lim_{h\to 0} \overline{Q'P'} = b$$

$$\frac{1}{a} + \frac{n}{b} = \frac{n-1}{r}\,. \tag{1.26}$$

Wir nennen a **Gegenstandsweite** und b **Bildweite.** Wir merken uns, daß Gegenstandsweite und Bildweite als *Grenzwerte* für $h \to 0$ definiert sind.

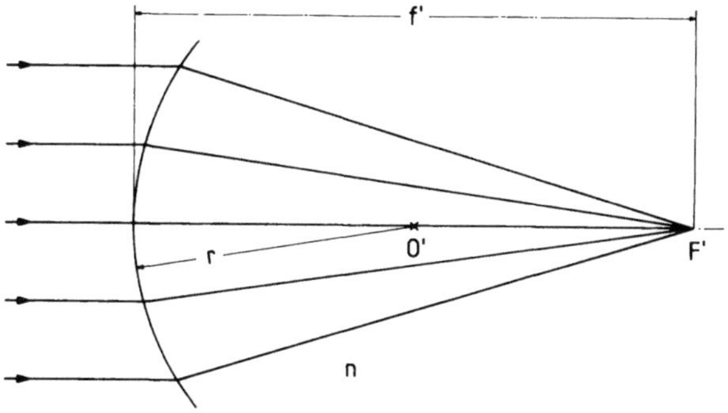

Abb. 1.33 Brechung achsenparallel einfallender Lichtstrahlen an konvexer Kugelfläche mit Radius r, Brechzahl rechts von Oberfläche n. Sammlung aller achsennahen Strahlen im (bildseitigen) Brennpunkt F'.

Wir wollen nun einige Spezialfälle betrachten. Zunächst lassen wir die Gegenstandsweite a gegen unendlich gehen. Die dann entstehende Bildweite nennen wir *bildseitige* **Brennweite** und bezeichnen sie mit f'. Sie ergibt sich zu

$$f' = \frac{n}{n-1}\, r\,. \tag{1.27}$$

Abb. 1.33 zeigt den Strahlengang. Der Deutlichkeit halber sei der Strahlengang noch einmal verbal erläutert: Strahlen, die im Vakuum aus dem Unendlichen kommend parallel auf eine Kugel mit der Brechzahl n treffen, werden (im Rahmen unserer oben erläuterten Näherung) so gebrochen, daß sie in einem einzelnen Punkt auf der Achse zusammentreffen. Dieser gemeinsame Schnittpunkt heißt *bildseitiger* **Brennpunkt** F'. Seine Entfernung von der Kugeloberfläche auf der Achse ist die bildseitige Brennweite f'.

Als zweiten Spezialfall lassen wir die Bildweite $b \to \infty$ gehen. Die Strahlen im Medium müssen also alle *achsenparallel* verlaufen (Abb. 1.34). Damit das der Fall sein kann, immer im Rahmen unserer Näherung, müssen sie alle von einem Punkt auf der Achse vor der brechenden Kugelfläche kommen. Dieser Punkt hat den Abstand auf der Achse von der Kugelfläche, der sich aus Gl. (1.26) für $b \to \infty$ ergibt. Den entsprechenden Grenzwert von a nennen wir *gegenstandsseitige* oder objektsei-

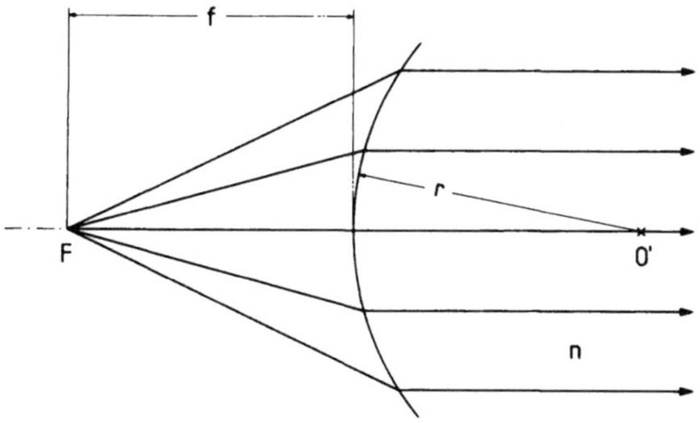

Abb. 1.34 Brechung achsenparallel ausfallender Lichtstrahlen an konvexer Kugelfläche. Alle Strahlen kommen vom (gegenstandsseitigen) Brennpunkt F.

tige *Brennweite* und bezeichnen sie mit f:

$$f = \frac{r}{n-1} \,. \tag{1.28}$$

Den Punkt selbst nennen wir *gegenstandsseitigen* oder objektseitigen *Brennpunkt F.* Für das Verhältnis der beiden Brennweiten gilt nach Gln. (1.27) und (1.28)

$$\frac{f'}{f} = n \,.$$

Diese Formel haben wir nur für eine brechende Kugelfläche abgeleitet. Sie gilt aber allgemein, d. h. wenn man eine beliebige Anzahl von Kugelflächen, die ihre Zentren alle auf der Achse haben, hintereinander stellt. Bei irgendwelchen optischen Systemen, die man für praktische Anwendungen baut, ist meist dasselbe Medium (Luft) bei F und F'; dann sind beide Brennweiten gleich:

$$f' = f \,.$$

Mit Gl. (1.28) folgt aus Gl. (1.26) die **Abbildungsformel**

$$\frac{1}{a} + \frac{n}{b} = \frac{1}{f} \,.$$

Was sagt diese Formel für den Fall $a < f$ aus? Dann muß $b < 0$, also negativ sein. Wir hatten diesen Fall aus unseren Betrachtungen zunächst ausgeschlossen. Abb. 1.35 zeigt den Strahlengang. Wie man dieser Abbildung entnimmt, können sich die Strahlen im Medium rechts von der Kugeloberfläche nicht in einem Punkt schneiden. Dagegen *schneiden sich* offenbar die *rückwärtigen Verlängerungen* der Strahlen.

Wir sprechen bei einem Schnittpunkt der Strahlen selbst, Abb. 1.32 und 1.33, von einem **reellen Bild,** im Fall von Schneiden der rückwärtigen Verlängerungen von einem **virtuellen Bild.** Im ersten Fall ist Q' das reelle Bild von Q, im zweiten Fall $\tilde{Q}$ das virtuelle. Ein *reelles Bild* kann man auf einem *Schirm auffangen,* ein *virtuelles nicht.*

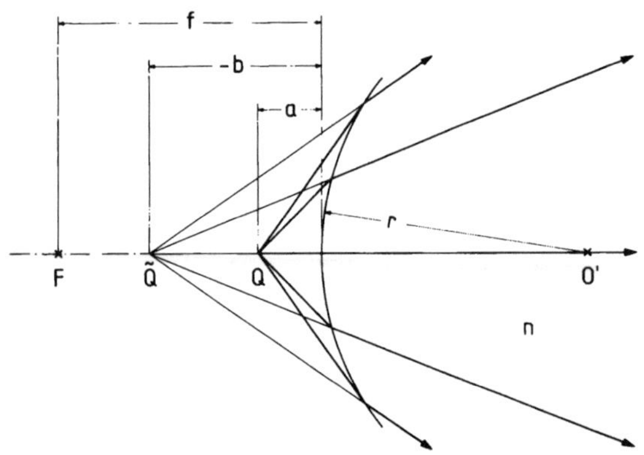

Abb. 1.35 Brechung an einer Kugelfläche, wenn die Lichtquelle Q näher an der Kugelfläche liegt als der gegenstandsseitige Brennpunkt F. Im Medium der Brechzahl n verlaufen die Strahlen so, als ob sie ungebrochen vom Punkt $\tilde{Q}$ kämen (Schneiden der rückwärtigen Strahlverlängerungen in $\tilde{Q}$).

1.4.2 Spiegelung an einer Kugelfläche

Die Spiegelung an einer Kugelfläche können wir analog zur Brechung mit dem Fermatschen Prinzip behandeln. Da sich dabei, hat man die Brechung verstanden, keine Schwierigkeiten ergeben können, wollen wir das hier unterlassen. Statt dessen werden wir einen eleganteren, wenn auch etwas formalen Weg einschlagen.

Zunächst schauen wir uns die Spiegelung an einer *Ebene* an (Abb. 1.36). Wir können die Spiegelung mit Einfallswinkel gleich Ausfallswinkel als „Brechung" mit der Brechzahl $n_2 = -1$ und

$$-\alpha_2^{\text{Spiegelung}} = \alpha_2^{\text{Brechung}} = \alpha_1$$

auffassen. Wir wenden formal das Snelliussche Brechungsgesetz Gl. (1.13) an:

$$n_1 \sin \alpha_1 = n_2 \sin \alpha_2^{\text{Brechung}} = -n_2 \sin \alpha_2^{\text{Spiegelung}} .$$

n_2 selber ist natürlich (wenn die spiegelnde Kugelfläche in Vakuum oder Luft steht) gleich 1. Aus der Abbildungsgleichung für eine brechende Kugelfläche, Gl. (1.26), geht also die *Abbildungsgleichung* für eine *spiegelnde Kugelfläche* (Kugelspiegel) durch Ersetzen von n durch -1 hervor; hierbei wollen wir generell, wenn nicht anders angegeben, auch für Linsen, die folgende Festsetzung treffen: Das Licht fällt von links ein, alles, was nahezu in Einfallsrichtung durchlaufen wird, ist positiv zu zählen und Kugelradien sind positiv, wenn der Mittelpunkt rechts von der Fläche liegt. Man erhält so

$$\frac{1}{a} - \frac{1}{b} = -\frac{2}{r} . \tag{1.29}$$

Mit $a \to \infty$ bzw. $b \to \infty$ ergeben sich die Brennweiten zu

$$f' = \frac{r}{2} , \qquad f = -\frac{r}{2} .$$

Für einen *Sammelspiegel* mit *reellem Bild* ist r, da der Kugelmittelpunkt links vom Punkt V in Abb. 1.32 liegt, *negativ* zu nehmen (Abb. 1.37), für einen *Zerstreuungsspiegel* mit *virtuellem Bild* dagegen *positiv*. Insgesamt erhalten wir also eine negative Bildweite b für das reelle Bild bei aus dem Unendlichen einfallendem Licht ($a = \infty$, $b = f'$), wie in Abb. 1.37 gezeigt. Das muß so sein, weil das Bild links von der Kugelfläche liegt; man vergleiche auch später Abb. 1.42, bei der ein entsprechender Versuch als „Nebenprodukt" zu sehen ist. Umgekehrt ist es beim Zerstreuungsspiegel.

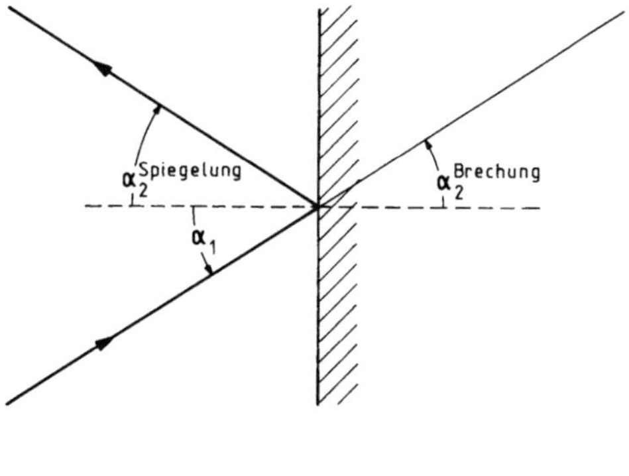

Abb. 1.36 Spiegelung an einer Ebene, formal als Brechung behandelt; s. Text.

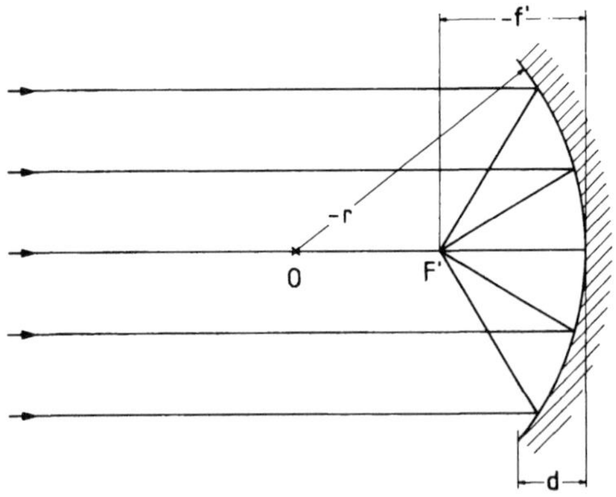

Abb. 1.37 Strahlengang beim Kugelspiegel für aus dem Unendlichen kommendes Licht (achsennahe Strahlen). Die Dicke d der Kalotte kennzeichnet den von den Strahlen ausgenutzten Bereich.

Die Herleitung der Abbildungsgleichung für einen Sammelspiegel durch Setzen von $n = -1$ in Gl. (1.26) ist für die geometrische Optik formal korrekt. Betrachten wir dagegen den physikalischen Vorgang, nämlich Reflexion einer elektromagnetischen Welle, so ist das anders: Wie wir aus Abschn. II, 3.2.4 wissen, kann man vollständige Reflexion (entsprechend idealer Spiegelung) durch eine unendlich große Dielektrizitätszahl ε_r beschreiben, was wegen $n = \sqrt{\varepsilon_r \mu_r}$ auch $n = \infty$ bedeutet.

Viele abbildenden Spiegel werden nicht als Kugelspiegel, sondern als Parabolspiegel ausgeführt. In die Abbildungsgleichung (1.29) hat man dann für r den Krümmungsradius der Schmiegekugel am Scheitel der Parabel zu nehmen. Parabolspiegel haben, wie in Abschn. 1.3.2 gezeigt, die Eigenschaft, alles achsenparallel einfallende Licht im Brennpunkt zu sammeln; man ist für eine gute Abbildung des unendlich fernen Quellpunkts auf der Achse also im Gegensatz zum Kugelspiegel nicht auf achsennahe Strahlen beschränkt.

1.4.3 Dünne Linsen

Im allgemeinen verwenden wir in der Optik Linsen. Eine *Linse* ist ein von *zwei Kugelflächen* begrenzter Körper (Abb. 1.38). In praxi sind es fast nie ganze, halbe oder nur annähernd halbe Kugelflächen, sondern Ausschnitte davon, wie in Abb. 1.38 gezeigt. Ist die *Dicke d* wesentlich kleiner als die Brennweite f (und f'), so sprechen wir von einer *dünnen Linse,* ist das nicht der Fall, von einer *dicken Linse*. Analog zur Behandlung der Kugelfläche, vgl. vorigen Abschnitt, erschließen wir

$$\frac{h^2}{2a} + \frac{h^2}{2b} = (n-1)\,d$$

und

$$d = \frac{h^2}{2r_1} - \frac{h^2}{2r_2}\,.$$

Aus diesen beiden Gleichungen folgt

$$\frac{1}{a} + \frac{1}{b} = (n-1)\left(\frac{1}{r_1} - \frac{1}{r_2}\right). \tag{1.30}$$

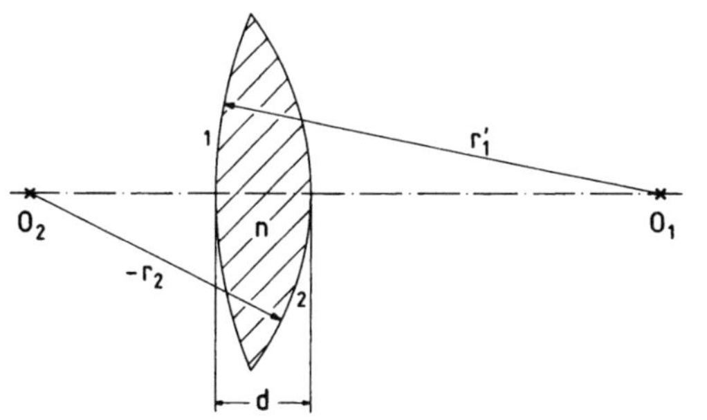

Abb. 1.38 Linse (Schnitt). Begrenzung durch zwei Kugelflächen 1 und 2 mit den Radien r_1 und r_2 ($r_2 < 0$!). Dicke d auf der Achse gemessen.

Indem wir wie im vorigen Abschnitt einmal a, das andere Mal b gegen unendlich gehen lassen, gewinnen wir für die gegenstandsseitige Brennweite f und die bildseitige Brennweite f' den Ausdruck

$$\frac{1}{f} = \frac{1}{f'} = (n-1)\left(\frac{1}{r_1} - \frac{1}{r_2}\right). \tag{1.31}$$

In Parenthese vermerken wir: Der Optiker, der uns Brillen verkauft, spricht nicht von Brennweite, sondern von *Brechkraft D*, die folgendermaßen definiert ist:

$$D \overset{\text{def}}{=} \frac{1}{f}.$$

Mißt der Physiker seine Brennweiten f in Metern, so mißt der Optiker seine Brechkraft in *Dioptrien*, Symbol dpt:

$$\text{dpt} \equiv \frac{1}{m} \quad \text{(bei Linsen)}.$$

Eine Linse mit $f = 0,2$ m hat also eine Brechkraft von

$$D = \frac{1}{0{,}2\,\text{m}} = 5\,\text{dpt}.$$

Wir veranschaulichen uns die Abbildung durch eine dünne Linse (Abb. 1.39).

Bevor wir weitergehen, wollen wir die Gleichungen (1.30) und (1.31) zur *Abbildungsgleichung* der *dünnen Linse,* kurz manchmal auch *Linsengleichung* genannt,

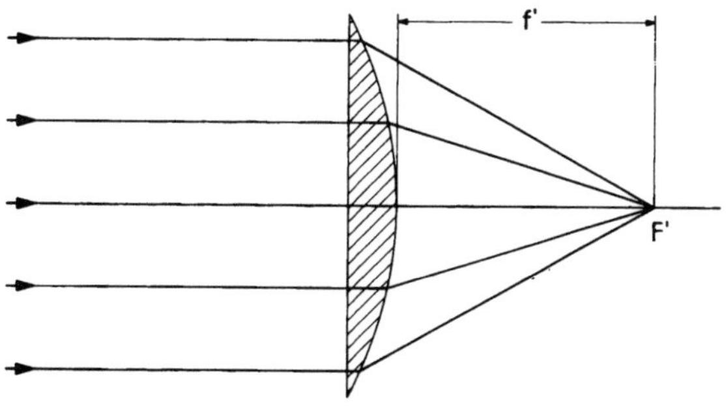

Abb. 1.39 Strahlengang bei dünner Linse für aus dem Unendlichen kommendes Licht (achsennahe Strahlen). Die Strahlen werden im bildseitigen Brennpunkt F' vereinigt, der um die (bildseitige) Brennweite f' hinter der Linse liegt.

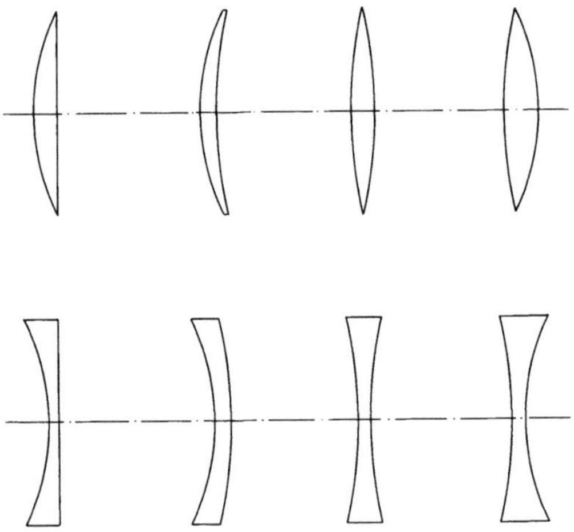

Abb. 1.40 Verschiedene Ausführungsformen von Linsen. Oben: Sammellinsen; unten: Zerstreuungslinsen. Jeweils von links nach rechts: plankonvex bzw. plankonkav; konvexkonkav; konvexkonvex bzw. konkavkonkav symmetrisch; konvexkonvex bzw. konkavkonkav unsymmetrisch.

zusammenfassen:

$$\frac{1}{a}+\frac{1}{b}=\frac{1}{f}\,. \tag{1.32}$$

Was passiert, wenn wir „zu dicht" mit dem Gegenstand an die Linse heranrücken, können wir ohne weiteres aus dem in Abschn. 1.4.1 Gesagten schließen: Für $a < f$ wird die Bildweite negativ, wir erhalten ein *virtuelles Bild,* das auf derselben Seite wie der Gegenstand liegt.

Bisher haben wir nur dünne Linsen behandelt, bei denen für $a > f$ ein reelles Bild entsteht. Solche Linsen nennen wir **Sammellinsen.** Sie müssen, natürlich $n > 1$ vorausgesetzt, mindestens eine *konvexe Fläche* enthalten. Ist die andere Fläche auch konvex, ist die Linse in jedem Fall eine Sammellinse. Ist die andere Linsenfläche konkav, so muß nach Gl. (1.31) r_1 kleiner als r_2, die „fokussierende" Grenzfläche also stärker gekrümmt als die „defokussierende" sein. Liegen die Verhältnisse umgekehrt oder sind beide Grenzflächen konkav, so ist die Brennweite f' auf jeden Fall negativ (bei $n > 1$). Eine *negative Brennweite* führt zu keinem reellen, sondern stets zu einem *virtuellen Bild.* Das ist formal aus Gl. (1.32) ersichtlich, bei der (positive

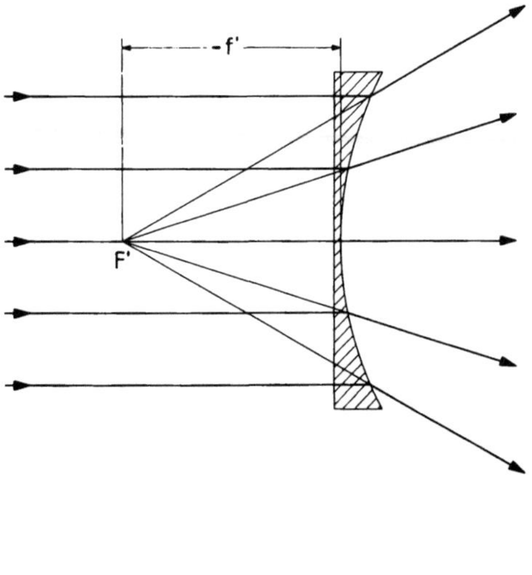

Abb. 1.41 Strahlengang bei Zerstreuungslinse für aus dem Unendlichen kommendes Licht (achsennahe Strahlen). Die rückwärtigen Verlängerungen der auslaufenden Strahlen schneiden sich im bildseitigen Brennpunkt F', der um die Brennweite f' links von der Linse liegt ($f' < 0$!).

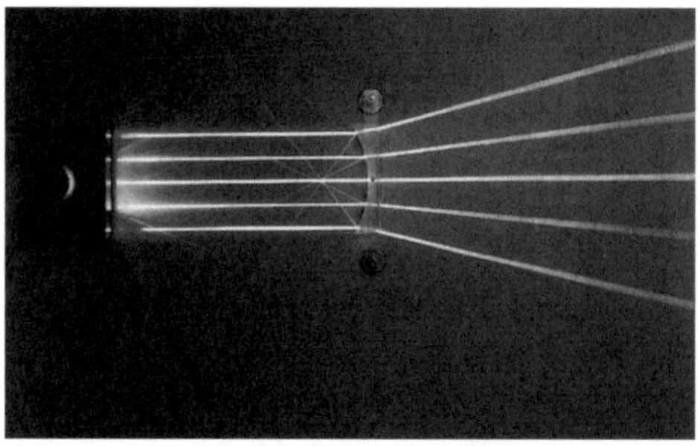

Abb. 1.42 Versuch: Strahlengang für parallel von links auf eine Zerstreuungslinse einfallendes Licht. Als „Nebenprodukt" manifestiert sich die Fokussierung des gespiegelten Lichts links von der Linse auf der Achse.

Gegenstandsweite a vorausgesetzt) b dann nie größer als null sein kann. Abb. 1.40 stellt verschiedene Typen dünner Linsen dar. Die Abbildung durch eine Zerstreuungslinse sehen wir in Abb. 1.41 schematisch und in Abb. 1.42 im Versuch dargestellt.

1.4.4 Bildkonstruktion bei dünner Linse und flachem Kugelspiegel

Wenn wir zu Bildkonstruktionen bei dünnen Linsen und bei flachen Kugelspiegeln übergehen, d. h. bei denen die Dicke d der von den Strahlen ausgenutzten Kalotte in Abb. 1.37 klein gegenüber dem Radius r ist, so wollen wir uns dabei auch auf *Strahlen beschränken,* die *achsennah* verlaufen. Dadurch können wir die in den vorigen Abschnitten benutzte Näherung beibehalten. Dagegen lassen wir durchaus zu, daß das Licht von nicht auf der Achse liegenden Punkten ausgeht. Die Optik, die wir so betreiben können, ist eine „Optik erster Näherung" oder **Gaußsche Optik,** auch *Gaußsche Dioptrik* genannt. Das Bild, das durch diese Strahlen erzeugt wird, heißt *Gaußsches Bild.*

In Abb. 1.43 sehen wir die Bildkonstruktion im Fall einer Sammellinse mit reellem Bild. Vom Quellpunkt Q, der außerhalb der Achse liegen möge, gehen Licht-

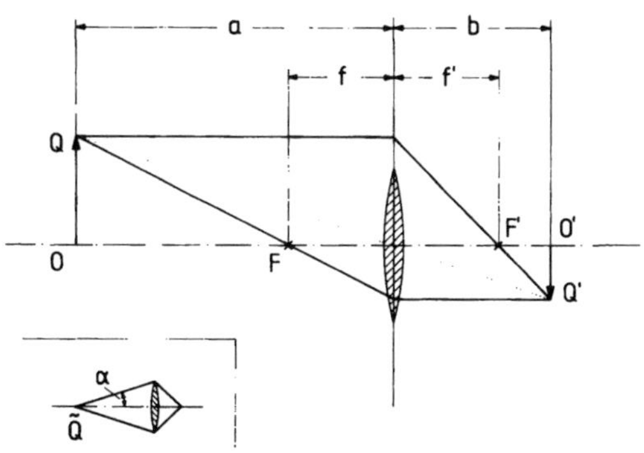

Abb. 1.43 Bildkonstruktion im Fall einer dünnen Sammellinse und eines reellen Bildes. Der Strahl durch die Linsenmitte bleibt ungebrochen (punktiert gezeichnet). Es ist völlig unerheblich, ob die konstruierten Strahlen die Linse durchsetzen, wie im Fall des durch F gehenden Strahls, oder sie verfehlen, wie im Fall des durch F' gehenden Strahls (s. unten im Text). Im Eckeinsatz Skizze zur Erklärung des Öffnungswinkels α für eine Quelle $\tilde{Q}$ auf der Achse.

strahlen aus, von denen wir zwei herausgreifen. Ein *achsenparallel einfallender Strahl* wird so gebrochen, daß er durch den *bildseitigen Brennpunkt* F' geht. Ein *Strahl,* der durch den *gegenstandsseitigen Brennpunkt F geht, verläßt* die Linse *achsenparallel.* Beide Strahlen schneiden sich im Bildpunkt Q'. Statt eines von diesen beiden Strahlen hätten wir auch den *ungebrochen* durch die Linsenmitte gehenden Strahl wählen können, der Punkt Q' wäre derselbe gewesen. Wir behaupten nun, daß, immer in der Näherung der Gaußschen Optik, *alle* von Q ausgehenden Strahlen sich in Q' *vereinigen.* Warum ist das so? Wir wissen, daß die Gerade von Q nach Q' innerhalb unserer Näherung die optische Weglänge für eine wirkliche Bahn darstellt. Dann ist das aber auch für Bahnen in der Nähe dieser Geraden der Fall, da die entsprechenden optischen Weglängen sich von der der Geraden höchstens um Glieder der Ordnung α^2 unterscheiden, wenn α der Öffnungswinkel des Strahlenbündels ist (Eckeinsatz von Abb. 1.43). Betrachten wir die Ebenen durch Q und Q', die auf der Achse senkrecht stehen, so wird ein beliebiger Punkt in der Ebene durch Q auf einen bestimmten Punkt in der Ebene durch Q' abgebildet. Wir nennen daher die durch Q gehende Ebene die *Gegenstandsebene,* die durch Q' gehende die *Bildebene.* Das Verhältnis $\overline{O'Q'}$ zu $\overline{OQ}$ nennen wir (laterale) **Vergrößerung** oder auch Abbildungsmaßstab M. Wenn, wie in Abb. 1.43, das reelle Bild im Verhältnis zum Gegenstand „auf dem Kopf steht“, so nehmen wir als Vergrößerung das Verhältnis der Längen, also eine nichtnegative Zahl. Man kann das Umdrehen des Bildes dadurch zum Ausdruck bringen, daß man von einem negativen Abbildungsmaßstab spricht; das ist natürlich auch legitim.

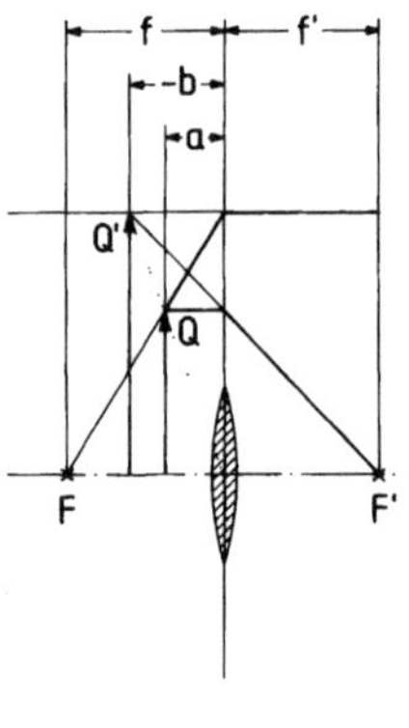

Abb. 1.44 Bildkonstruktion im Fall einer dünnen Sammellinse und eines virtuellen Bildes ($b < 0$!).

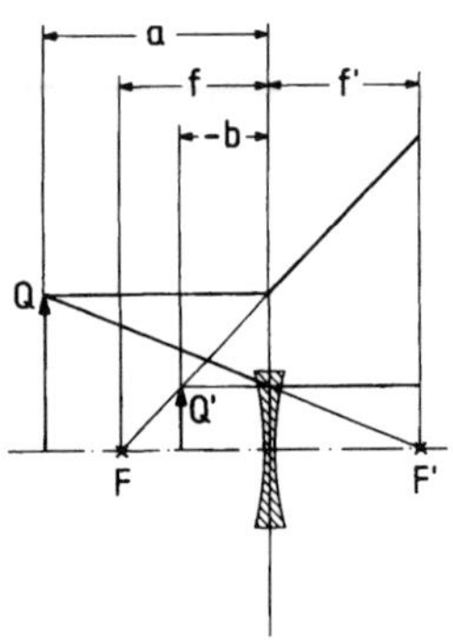

Abb. 1.45 Bildkonstruktion im Fall einer dünnen Zerstreuungslinse. Virtuelles Bild ($b < 0$!).

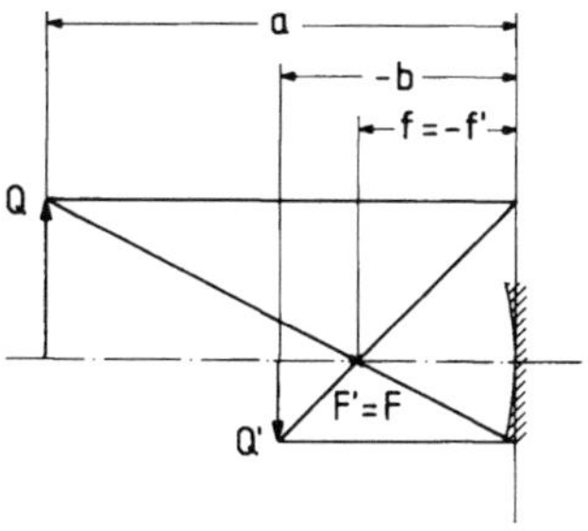

Abb. 1.46 Bildkonstruktion im Fall eines flachen Sammelspiegels und eines reellen Bildes ($b < 0, f' < 0$!).

Abb. 1.44 zeigt die Bildkonstruktion für eine (dünne) Sammellinse im Falle eines virtuellen Bildes, Abb. 1.45 die Bildkonstruktion für eine Zerstreuungslinse.

Analog zu den Konstruktionen mit dünnen Linsen gehen die Konstruktionen im Fall eines flachen Kugelspiegels vor sich. Abb. 1.46 zeigt die Konstruktion eines reellen Bildes für einen Sammelspiegel.

Bei der Bildkonstruktion nach dem oben beschriebenen Verfahren kommt man häufig, und sei es der Zeichengenauigkeit halber, zu Strahlen, die nicht achsennah sind. Solange man sie nur zur Konstruktion benutzt, ist das völlig in Ordnung. Wir dürfen aber nie vergessen, daß diese so konstruierten Strahlen keine wirklichen Strahlen sind; bei wirklichen achsenfernen Strahlen müssen wir mit Abbildungsfehlern rechnen. Alle wirklichen Strahlen der Gaußschen Optik sind achsennah.

1.4.5 Dicke Linsen und Linsensysteme

Während bei dünnen Linsen die zwei brechenden Kugelflächen so dicht beieinander liegen, daß der Weg dazwischen für die Bildkonstruktion vernachlässigbar ist, sind bei einer *dicken Linse* die beiden brechenden Kugelflächen so weit voneinander entfernt, daß der Weg dazwischen für die Bildkonstruktion *nicht vernachlässigbar* ist. Die Frage, ob eine Linse als dünn oder dick zu behandeln ist, wird also eigentlich nicht durch eine Eigenschaft der Linse, sondern durch unsere Genauigkeitsanforderung beantwortet.

Unter einen *Linsensystem* oder allgemeiner einem System brechender Kugelflächen wollen wir eine Folge brechender Kugelflächen verstehen, deren *Mittelpunkte* auf einer *Geraden* liegen. Diese Gerade ist die *optische Achse.*

Abbildungen durch dicke Linsen und Linsensysteme lassen sich nach dem gleichen „Rezept" ermitteln; sind sie doch beide Systeme von brechenden Kugelflächen! Das allgemeine Rezept ist im Prinzip einfach: Man konstruiert das *Bild,* das durch die Abbildung der ersten Kugelfläche vom Gegenstand entsteht, und nimmt es als *Gegenstand* für die Abbildung durch die zweite Kugelfläche, und so fort. Dabei ist es gleichgültig, ob das Bild reell oder virtuell ist. Abb. 1.47 zeigt ein Beispiel.

In praxi geht man anders vor. Für die praktische Verfahrensweise brauchen wir den Begriff der **Hauptebene.** Implizit haben wir schon mit Hauptebenen gearbeitet. Die Ebenen, an denen der Strahl bei unserer Bildkonstruktion etwa im Fall einer dünnen Linse, Abbn. 1.43 bis 1.45, gebrochen wird, sind solche Hauptebenen. Wir erweitern den Begriff der Hauptebene aber auf dicke Linsen und Linsensysteme und behaupten zunächst folgendes *Theorem:*

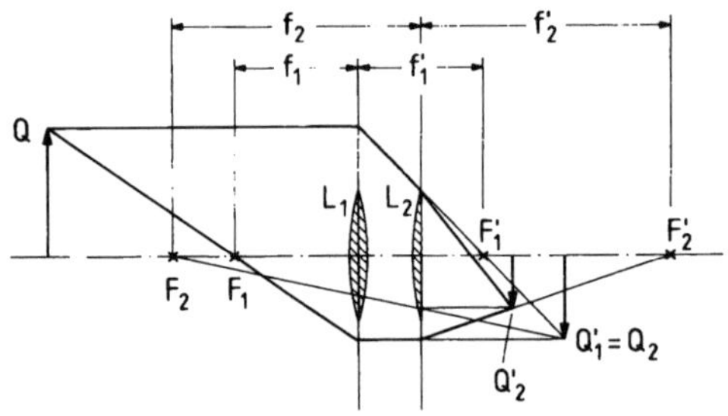

Abb. 1.47 Schrittweise Bildkonstruktion im Fall zweier dünner Sammellinsen. Die erste Linse L_1 erzeugt ein reelles Bild Q_1' des Gegenstands (Punkt Q), das als Gegenstand (Punkt $Q_2 \equiv Q_1'$) für die Abbildung durch die zweite Linse L_2 wirkt. Linse L_2 erzeugt ein reelles Bild Q_2' von Q_1'. Q_1' und Q_2' liegen in der Zeichnung beide rechts von Linse L_2.

- *Jedes Linsensystem hat genau zwei Hauptebenen H, H' und Brennpunkte F, F' mit folgenden Eigenschaften: Achsenparallel aus dem Unendlichen einfallende Strahlen oder ihre rückwärtigen Verlängerungen schneiden die optische Achse in F' oder F in einem Winkel, als ob sie in H' oder H geknickt wären.*

Der Beweis, den wir für den Fall eines reellen Bildpunktes durchführen wollen (Abb. 1.48), ist fast trivial. Vor Erreichen der ersten brechenden Kugelfläche verlaufen die einfallenden Strahlen achsenparallel. Nach Verlassen der letzten brechenden Kugelfläche verläuft der in Höhe h_1 eingefallene Strahl geradlinig und so, daß er durch den (hiermit definierten) Punkt F' auf der Achse läuft. Dasselbe gilt dann nach dem Fermatschen Prinzip auch für benachbarte Strahlen und folglich für alle Strahlen der Gaußschen Optik. Ebenso läuft alles von rechts achsenparallel einfallende Licht durch F. Die so definierten Ebenen H und H', die Hauptebenen, schneiden die Achse in den **Hauptpunkten** HP und HP', die Hauptebenen werden durch

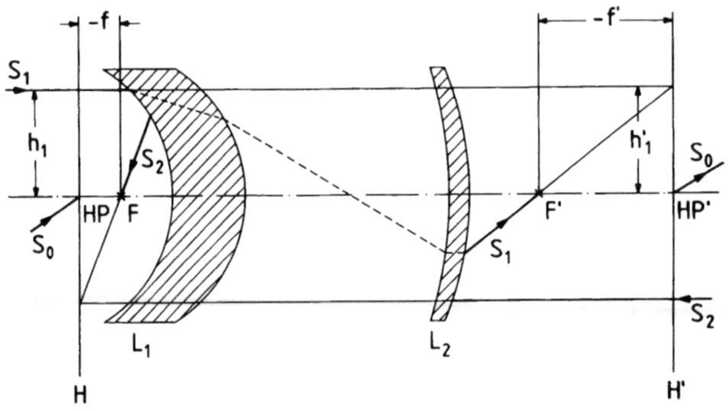

Abb. 1.48 Zur Definition der Hauptebenen H und H', gezeichnet für den Fall zweier Sammellinsen. Wirkliche Strahlen S_0, S_1 und S_2 außerhalb des Linsensystems stark ausgezogen gezeichnet. S_0 durch die Hauptpunkte HP und HP', S_1 von links achsenparallel einfallend und S_2 von rechts achsenparallel einfallend. Für die Bildkonstruktion wichtige Verlängerungen dieser Strahlen dünn ausgezogen dargestellt. Wirklicher Verlauf von S_1 innerhalb des Linsensystems gestrichelt (für die Bildkonstruktion ohne Bedeutung!).

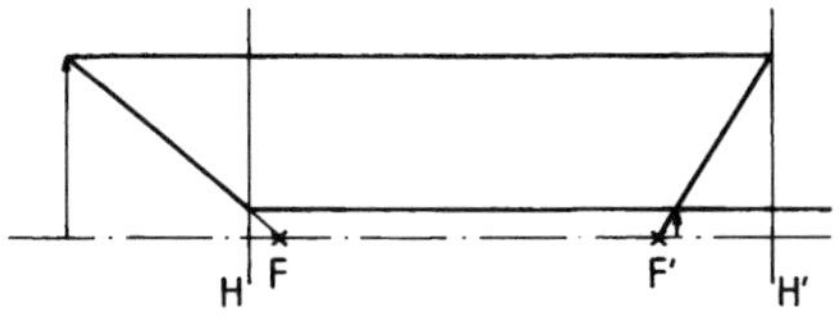

Abb. 1.49 Bildkonstruktion für ein abbildendes System mit gegenstandsseitiger Hauptebene H, gegenstandsseitigem Brennpunkt F, bildseitiger Hauptebene H' und bildseitigem Brennpunkt F'. Ein vom Gegenstand (Pfeilspitze links) achsenparallel einfallender Strahl wird in H' so abgeknickt, daß er durch F' geht, und ein vom Gegenstand durch F gehender Strahl wird in H so abgeknickt, daß er achsenparallel wird; am Schnittpunkt beider abgeknickter Strahlen liegt der Bildpunkt (Pfeilspitze rechts).

die (gedachten geradlinigen) Strahlen im Maßstab 1 : 1 ($M = +1$) aufeinander abgebildet.

Abb. 1.49 zeigt die Bildkonstruktion für die Verhältnisse aus Abb. 1.48, und Abb. 1.50 gibt die Bildkonstruktion im Falle eines reellen Bildes für ein Linsensystem aus zwei gleichen dünnen Sammellinsen wieder. In dieser Darstellung ist einerseits die Abbildung durch die beiden Linsen einzeln konstruiert, andererseits ist die Gesamtabbildung mit den Hauptebenen H und H' und den Brennpunkten F und F' des Systems dargestellt. H, H', F und F' sind hier aus den Einzelabbildungen gewonnen.

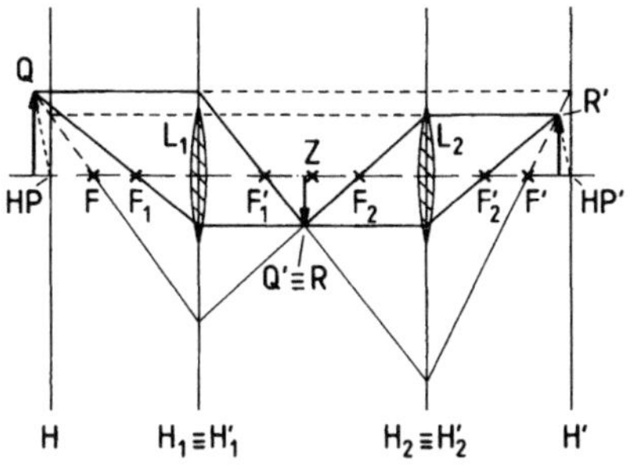

Abb. 1.50 Bildkonstruktion bei Abbildung durch zwei dünne Linsen L_1 und L_2, die die Hauptebenen $H_1 \equiv H_1'$ bzw. $H_2 \equiv H_2'$ sowie die Brennpunkte F_1 und F_1' bzw. F_2 und F_2' aufweisen. Das Gesamtsystem hat die Hauptebenen H und H', die Hauptpunkte HP und HP' sowie die Brennpunkte F und F', die hier mit Hilfe der Einzelabbildungen konstruiert sind. Abbildungen durch die Einzellinsen: Gegenstandspunkt Q durch L_1 nach Q' (Zwischenbild) und Gegenstandspunkt R, identisch mit Q', durch L_2 nach R', hierzu benötigte Geraden stark ausgezogen gezeichnet. Abbildung durch das Gesamtsystem: Gegenstandspunkt Q direkt nach R', hierzu benötigte Geraden gestrichelt gezeichnet. Konstruktion von F' aus der Forderung, daß der von Q achsenparallel ausgehende Strahl durch F' (Definition!) und R' (Abbildung!) gehen muß; analog F mit R' als Ausgangspunkt. F und F' sowie H und H' liegen, wie es bei dem zugrundeliegenden symmetrischen System (L_1 mit gleichen Brennweiten wie L_2) sein muß, zum Linsenzentrum Z symmetrisch. Der gestrichelte Strahl von Q über HP und HP' nach R' entspricht dem durch die Mitte der dünnen Linse gehenden Strahl in Abb. 1.43 (kurz gestrichelt gezeichnet).

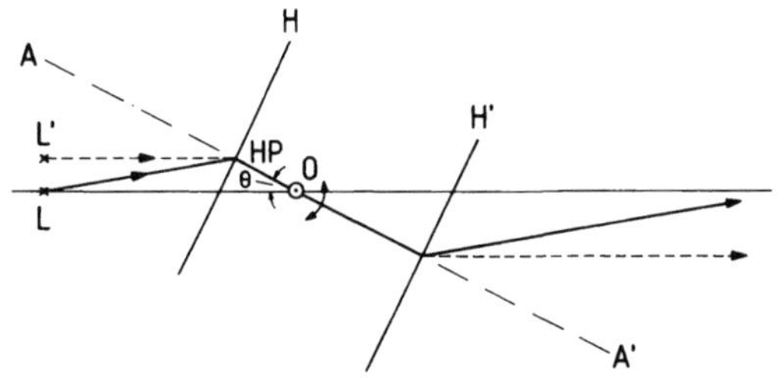

Abb. 1.51 Skizze zur experimentellen Bestimmung von Hauptebenen, hier für die Bestimmung von H. In der (nicht gezeichneten) Stellung mit waagerechter optischer Achse AA' befindet sich die Lichtquelle L im gegenstandsseitigen Brennpunkt F, der dort liegt, wo L eingezeichnet ist. In der (gezeichneten) Stellung würde eine im gegenstandsseitigen Brennpunkt befindliche Lichtquelle in Richtung AA' abgebildet; wäre die Quelle in L′, würde sie parallel zur waagerechten Geraden abgebildet (gestrichelt gezeichnet). Da sie sich in L befindet, wird sie entsprechend in anderer Richtung abgebildet (ausgezogener Strahl). Würde das System um den Hauptpunkt HP statt um O gedreht, würde der ausgehende Strahl waagerecht (in der Richtung unabhängig vom Drehwinkel θ) verlaufen. Man findet HP und damit H also, indem man O so lange waagerecht verschiebt, bis die Richtung des ausgehenden Strahls unabhängig von θ wird.

Die Hauptebenen lassen sich experimentell bestimmen. In Abb. 1.51 ist ein entsprechender Versuch skizziert. Die experimentelle Bestimmung der Brennpunkte geschieht mit parallel von links bzw. rechts einfallendem Licht.

Bei dünnen Linsen fallen die beiden Hauptebenen H und H' zusammen; man tut bei Linsen mit einer Symmetrieebene senkrecht zur Achse gut daran, als Hauptpunkt die Linsenmitte auf der Achse zu nehmen. Bei dicken Linsen kann sehr wohl die *Reihenfolge* von H und H' *invertiert* sein, also H' links von H liegen, und es können z. B. die Brennpunkte und Hauptpunkte folgendermaßen auf der Achse positioniert sein (von links nach rechts): F, HP', HP und F'. Abb. 1.52 zeigt einige Linsenprofile mit ihren Hauptebenen. Wie man sieht, können beide Hauptebenen sehr wohl außerhalb der Linsen liegen.

Ohne Beweis sei hier eine Formel für die Brennweite f zweier dünner Linsen mit Einzelbrennweiten f_1 und f_2 angegeben, die im Abstand $d > 0$ voneinander

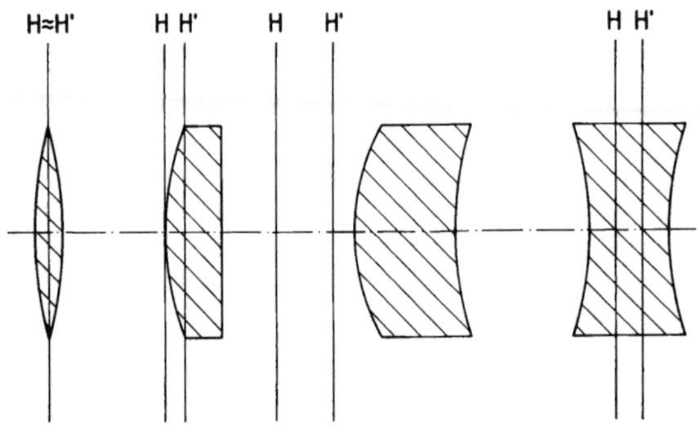

Abb. 1.52 Einige Linsen mit ihren Hauptebenen H und H'.

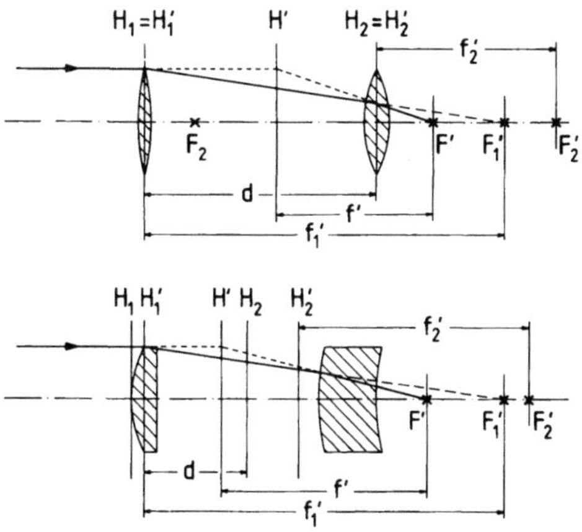

Abb. 1.53 Brennweite f' einer Kombination aus zwei Sammellinsen. Oben: zwei dünne Linsen; unten: zwei dicke Linsen.

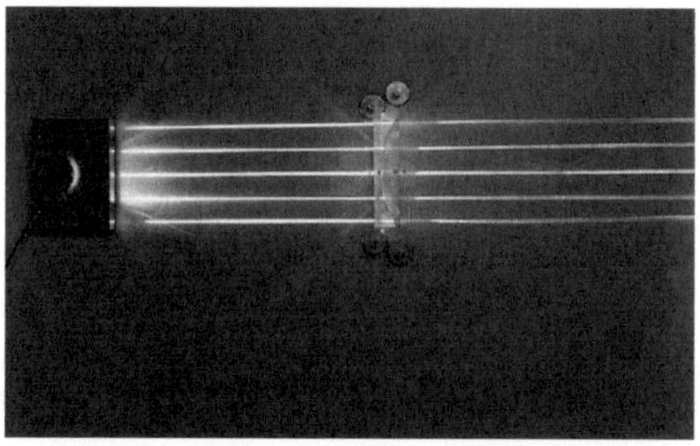

Abb. 1.54 Zwei Linsen aus gleichem Material (gleiche Brechzahl n), die linke plankonkav und die rechte plankonvex mit gleichen Krümmungsradien aneinandergesetzt, also mit im Betrage gleichen Brennweiten. Die Hauptebenen H_1' und H_2 fallen zusammen. Die zusammengefügten Linsen brechen achsenparallel einfallendes Licht überhaupt nicht; sie bilden zusammen eine planparallele Platte.

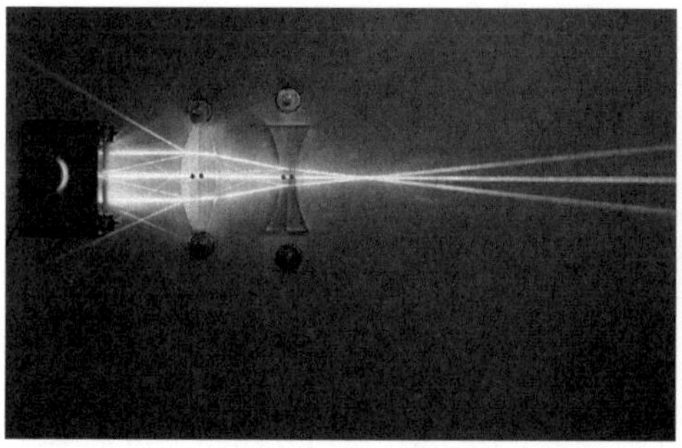

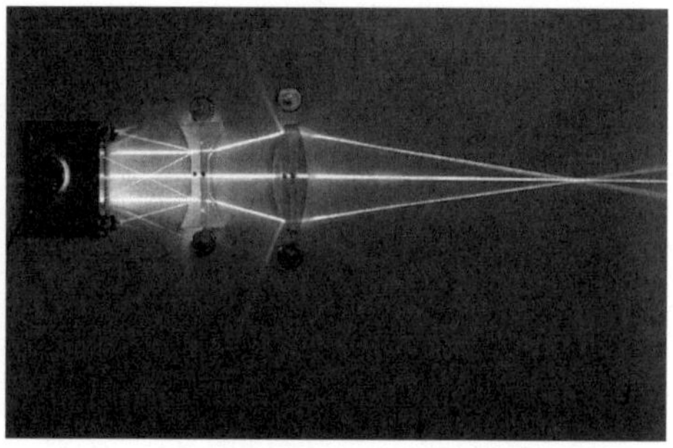

Abb. 1.55 Kombination von (dicken) Sammel- und Zerstreuungslinsen mit Brennweiten gleichen Betrags, Reihenfolge der Linsen rechts gegenüber links invertiert. Wegen des nichtverschwindenden Abstands resultiert in beiden Fällen Fokussierung; zugleich experimentelle Demonstration der starken Fokussierung (vgl. Abschn. II, 4.3.3).

stehen ($f = f'$!):

$$\frac{1}{f} = \frac{1}{f_1} + \frac{1}{f_2} - \frac{d}{f_1 f_2}\,.$$

Abb. 1.53 erläutert die Geometrie. Eine analoge Formel gilt auch für dicke Linsen, wenn $\pm d$ der Abstand von H_1' nach H_2' ist (Vorzeichen beachten!):

$$\frac{1}{f'} = \frac{1}{f_1'} + \frac{1}{f_2'} - \frac{d}{f_1' f_2'}\,;$$

die Geometrie ist ebenfalls in Abb. 1.53 dargestellt.

Wir sehen uns das Abbildungsverhalten von Linsenkombinationen noch experimentell an (Abbn. 1.54 und 1.55).

1.5 Abbildungsfehler und Abbildungsbegrenzung

1.5.1 Abbesche Sinusbedingung

In diesem Abschnitt wollen wir die Gaußsche Optik verlassen und fragen nach den Bedingungen für eine „gute" Abbildung durch ein **weit geöffnetes Bündel.** Ein kleines, senkrecht auf der Achse stehendes Element $\mathrm{d}h$ des Gegenstands (Abb. 1.56) soll in ein entsprechendes, ebenfalls senkrecht auf der Achse stehendes $\mathrm{d}h'$ des Bildes abgebildet werden. Wenn $\mathrm{d}h$ senkrecht auf der Achse steht, muß das übrigens auch für $\mathrm{d}h'$ gelten, wie man bei Ersetzen von $\mathrm{d}h$ durch $-\mathrm{d}h$ und entsprechend $\mathrm{d}h'$ durch $-\mathrm{d}h'$ unter Berücksichtigung von Stetigkeitsforderungen auf der Achse in den Punkten 1 und 1' in Abb. 1.56 sieht. Nun wählen wir zur Abbildung speziell ein eng begrenztes Bündel aus, das längs $\mathrm{d}h$ die gleiche Phase hat (Eikonal $S = \text{const}$). Dann

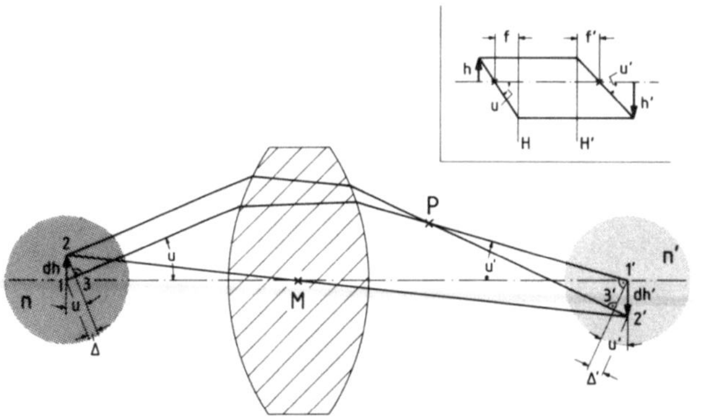

Abb. 1.56 Zur Abbeschen Sinusbedingung (s. Text). Man stoße sich nicht daran, daß die Winkelsumme im Dreieck $P3'1'P$ größer als 180° ist: Im Grenzfall $\mathrm{d}h' \to 0$, den wir ja betrachten, löst sich der Widerspruch auf. Im Eckeinsatz zur Tangensbedingung: die Abbildungskonstruktion mit den Brennweiten f und f', den Hauptebenen H und H' sowie den großen Öffnungswinkeln u und u' für einen großen Gegenstand h in ein großes Bild h' (hier Brechzahlen $n = n' = \text{const}$ im ganzen Raum).

muß längs $\mathrm{d}h'$ ebenfalls $S = \text{const}$ sein. Für die optische Weglänge auf dem Weg von Punkt 1 über Punkt M bis zum Punkt $1'$, die wir mit $L(1 - M - 1')$ bezeichnen wollen (und sinngemäß für andere optische Weglängen), gilt dann

$$L(1 - M - 1') = L(2 - M - 2') . \tag{1.33}$$

Nun betrachten wir ein zweites enges Bündel, das in $\mathrm{d}h$ mit dem (nicht notwendig infinitesimal kleinen) Winkel u und in $\mathrm{d}h'$ mit dem Winkel u' gegenüber der optischen Achse geneigt sei. Für dieses Bündel, das auch in dem weit geöffneten Bündel der gesamten Abbildung enthalten sei, gilt nach dem Fermatschen Prinzip

$$L(1 - M - 1') = L(1 - P - 1')$$

und

$$L(2 - M - 2') = L(2 - P - 2') ,$$

mit Gl. (1.33) folglich

$$L(1 - P - 1') = L(2 - P - 2') .$$

Die Wellenfront 2—3 steht senkrecht auf dem Strahl durch P und ebenso die Wellenfront $1'$—$3'$. Also gilt

$$L(2 - P - 3') = L(3 - P - 1') .$$

Ferner ist

$$L(1 - P - 1') = L(1 - 3) + L(3 - P - 1')$$

und

$$L(2 - P - 2') = L(3' - 2') + L(2 - P - 3') ,$$

mithin

$$0 = L(1 - 3) - L(3' - 2') . \tag{1.34}$$

Der Abbildung 1.56 entnimmt man

$$\Delta \equiv L(1 - 3) = n\, \mathrm{d}h \sin u \tag{1.35}$$

und

$$\Delta' \equiv L(3' - 2') = n'\, \mathrm{d}h' \sin u' , \tag{1.36}$$

wobei n und n' die Brechzahlen der Medien sind, in denen $\mathrm{d}h$ plus Umgebung bzw. $\mathrm{d}h'$ plus Umgebung eingebettet sind. Aus Gln. (1.34) bis (1.36) folgt die wichtige Beziehung

$$n\, \mathrm{d}h \sin u = n'\, \mathrm{d}h' \sin u' . \tag{1.37}$$

Das ist die **Abbesche Sinusbedingung** für die Abbildung von $\mathrm{d}h$ in $\mathrm{d}h'$ durch ein weit geöffnetes Bündel, aufgestellt (1873) von dem deutschen Physiker und Industriellen Ernst Abbe (1840—1905); eine solche Abbildung nennt man *aplanatisch*. In Parenthese sei hinzugefügt: Für kleine Winkel u und u' ist, wie aus der obigen Ableitung hervorgeht, Gl. (1.37) immer erfüllt.

Aus der Bildkonstruktion mit Hauptebenen leitet man für eine *ideale Abbildung*, die eine beliebig lange Strecke h in eine entsprechende Bildstrecke h' durch ein beliebig weit geöffnetes Bündel mit den Öffnungswinkeln u und u' abbildet, die folgende Bedingung elementar her (wir ersparen uns hier die explizite Ableitung):

$$nh \tan u = n'h' \tan u' . \tag{1.38}$$

Diese Bedingung, manchmal *Tangensbedingung* genannt, ist der *Satz von Helmholtz-Lagrange* (ab 1803), benannt nach Hermann von Helmholtz und dem französischen Mathematiker, Physiker und Astronomen J. L. de Lagrange (1736–1813).

Lassen wir in Gl. (1.38) speziell h in $\mathrm{d}h$ und h' in $\mathrm{d}h'$ übergehen, so erkennen wir durch Vergleich mit Gl. (1.37), daß $\cos u = \cos u'$ gelten muß, also $u = \pm u'$ sein muß. Wir erinnern uns, daß wir eine ideale Abbildung durch weit geöffnete Bündel gefordert haben. Dafür gibt es nur die beiden Möglichkeiten

$$u = u'$$

und

$$u = -u' .$$

Die erste ist die *Identität,* die zweite die *Spiegelung* an einem Planspiegel. Beides ist *uninteressant.*

Für kleine Öffnungswinkel u, also innerhalb der Gaußschen Optik, können wir die Unterschiede zwischen $\sin u$, $\tan u$ und u vernachlässigen. Dann geht sowohl aus dem Satz von Abbe [Gl. (1.37)] als auch aus dem von Helmholtz-Lagrange [Gl. (1.38)]

$$n \,\mathrm{d}h\, u = n' \,\mathrm{d}h'\, u' \tag{1.39}$$

hervor. Dasselbe gilt natürlich auch für ein Gegenstandselement $\mathrm{d}b$, ein Bildelement $\mathrm{d}b'$ und Öffnungswinkel v und v', wobei $\mathrm{d}b$ auf $\mathrm{d}h$ und der Achse senkrecht stehen soll; Analoges gelte für $\mathrm{d}b'$. Das Flächenelement $\mathrm{d}A = \mathrm{d}h\,\mathrm{d}b$ im Gegenstandsraum und sein Bild $\mathrm{d}A' = \mathrm{d}h'\,\mathrm{d}b'$ im Bildraum stehen dann ebenfalls auf der Achse senkrecht. Das Raumwinkelelement auf der Gegenstandsseite ist durch $\mathrm{d}\Omega = \mathrm{d}u\,\mathrm{d}v$ und das auf der Bildseite durch $\mathrm{d}\Omega' = \mathrm{d}u'\,\mathrm{d}v'$ gegeben. Wir haben also

$$n^2 \,\mathrm{d}A\, \mathrm{d}\Omega = n'^2 \,\mathrm{d}A'\, \mathrm{d}\Omega' . \tag{1.40}$$

Ist $\mathrm{d}A$, repräsentiert durch seine Normale, gegen die Achse um den Winkel ϑ gekippt und entsprechend $\mathrm{d}A'$ um ϑ', so entsteht aus Gl. (1.40)

$$n^2 \,\mathrm{d}A \cos\vartheta \,\mathrm{d}\Omega = n'^2 \,\mathrm{d}A' \cos\vartheta' \,\mathrm{d}\Omega' . \tag{1.41}$$

Das ist der *Satz von Helmholtz-Clausius* (1864), benannt nach H. von Helmholtz und dem deutschen Physiker R. Clausius (1822–1888).

1.5.2 Öffnungsfehler (sphärische Aberration)

In diesem Abschnitt wollen wir damit beginnen, die Fehler bei der Abbildung explizit zu behandeln. Die **Abbildungsfehler** werden bei Spezialisierung auf Linsen auch (weniger zutreffend, da ja die „fehlerhafte" Linse ideal durch Kugelflächen begrenzt sein kann) *Linsenfehler* genannt. Sie zerfallen in zwei Klassen: *geometrische Fehler* und *chromatische Fehler;* gemischte Fehler gibt es in der Näherung, auf die wir uns

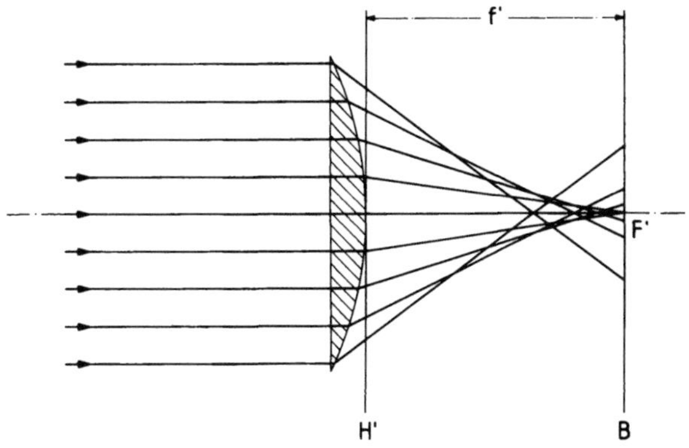

Abb. 1.57 Öffnungsfehler bei einer plankonvexen Linse. Achsenparalleler Strahleinfall. Achse, in der Mitte, strichpunktiert. H' bildseitige Hauptebene, f' bildseitige Brennweite, F' bildseitiger Brennpunkt, B Gaußsche Bildebene.

hier beschränken wollen, nicht. Geometrische Fehler treten schon bei monochromatischem Licht auf, erfordern jedoch bis auf die Verzeichnung, s. nächsten Abschnitt, weit geöffnete Bündel. In erster Näherung, also in der Gaußschen Optik, treten sie nicht auf. Chromatische Fehler oder Farbfehler treten auch in der Gaußschen Optik, also bei nur infinitesimal geöffneten Bündeln, auf: nämlich dann, wenn für zwei verschiedene Frequenzen oder Wellenlängen, also für zwei verschiedene Farben, die Gaußschen Bilder nicht zusammenfallen.

Indem wir uns im Anschluß an die vorherigen Abschnitte nun den geometrischen Fehlern zuwenden, fassen wir zunächst den wichtigsten davon ins Auge, die *sphärische Aberration* oder den *Öffnungsfehler.* Er ist übrigens der wichtigste Abbildungsfehler überhaupt, da der Farbfehler leicht korrigierbar ist. Der Öffnungsfehler ist zugleich der einzige geometrische Fehler für Objektpunkte (und damit auch für Bildpunkte), die sich auf der optischen Achse befinden.

Der Öffnungsfehler kommt (bei Linsen) durch *zu starke Brechung* achsenferner Strahlen zustande. Abb. 1.57 skizziert die Verhältnisse. Ein entsprechender Versuch ist in Abb. 1.58 wiedergegeben.

Der Versuch in Abb. 1.58 zeigt auch, daß die sphärische Aberration (bei gegebener Linse und gegebenen einfallenden Strahlen) keine Konstante ist, sondern von der Aufstellung der Linse abhängt: Im oberen Bild haben wir eine stärkere sphärische Aberration als im unteren. Ohne uns in komplizierte Rechnungen über die sphärische Aberration zu verlieren, können wir die Unterschiede qualitativ leicht feststellen: Im unteren Fall werden Randstrahlen weiter rechts, also später gebrochen als achsennahe, was den Schnittpunkt mit der Achse etwas nach rechts, also nach hinten verschiebt, und außerdem ähnelt ihr Strahlengang mehr dem symmetrischen Strahlengang (vgl. Abschn. 1.2.2), der ja einen minimalen Ablenkwinkel hat.

Der oben beschriebene Versuch zeigt uns gleichzeitig einen Weg, um durch *Linsenkombinationen* den *Öffnungsfehler* und analog dazu auch andere Abbildungsfehler zu *korrigieren.* Wir kombinieren etwa eine Sammellinse kurzer Brennweite und relativ geringer sphärischer Aberration mit einer Zerstreuungslinse relativ großer Brennweite, aber starker sphärischer Aberration. Bei der Zerstreuungslinse mit starker sphärischer Aberration liegt der Kreuzungspunkt der rückwärtigen Verlängerung ach-

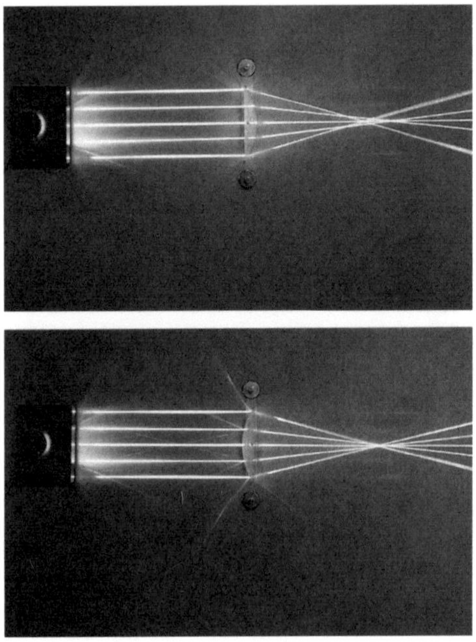

Abb. 1.58 Strahlengang unter Einschluß achsenferner Strahlen bei einer plankonvexen Linse in zwei verschiedenen Montierungen. Achsenparalleler Strahleinfall. Oben: Montierung mit der konvexen Seite zum Bild (wie in der vorigen Abbildung), starke sphärische Aberration. Unten: Montierung mit der planen Seite zum Bild, schwache sphärische Aberration.

senferner Strahlen natürlich näher an der Linse. Insgesamt entsteht so eine Sammellinse mit praktisch verschwindender sphärischer Aberration.

Wie in Abb. 1.57 angedeutet und in Abb. 1.59 deutlicher gezeigt, schneiden sich benachbarte achsenferne Strahlen, etwa die Strahlen 1 und 2 in Abb. 1.59, bei verschiedenem auf die Achse projiziertem Abstand von der Bildebene. Dieser Abstand liegt umso näher an der Linse, also umso weiter von der Bildebene entfernt, desto

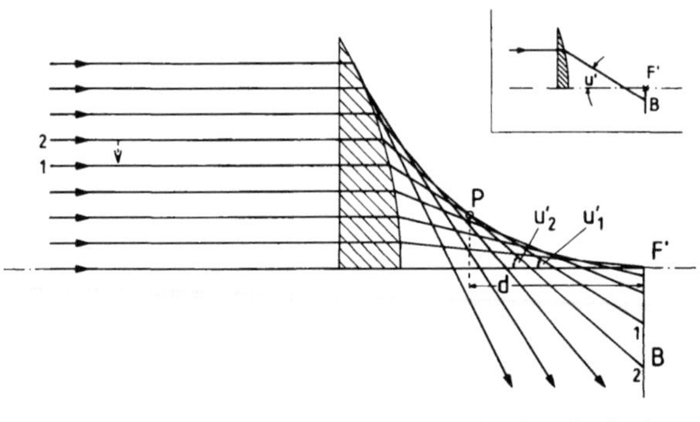

Abb. 1.59 Entstehung der Kaustik durch sphärische Abberration. Wenn der achsenparallele achsenferne Strahl 2 mit dem bildseitigen Winkel u_2' zur Achse zum achsenparallelen achsenfernen Strahl 1 mit dem Winkel u_1' wandert, wandert der Schnittpunkt P beider Strahlen hinter der Linse zu einem Punkt hin, der den auf die Achse projizierten Abstand d von der Gaußschen Bildebene B hat und der einen Punkt der Kaustik bildet. Der Eckeinsatz dient der Verdeutlichung der Geometrie bei einem einzelnen Strahl.

größere Werte ihr Öffnungswinkel u'_1 bzw. u'_2 annimmt. Läßt man Strahl 2 immer näher an Strahl 1 heranrücken, also die Winkeldifferenz $u'_2 - u'_1$ für die zwei verschiedenen achsenfernen Strahlen gegen Null gehen, erhält man für diesen Grenzfall einen wohldefinierten Punkt. Die Menge all dieser Schnittpunkte bildet die *Kaustik* oder Brennlinie (Abb. 1.59). Die Kaustik ist gleichzeitig die *Einhüllende* oder *Enveloppe* des Strahlenbündels.

1.5.3 Weitere geometrische Abbildungsfehler

Neben der *sphärischen Aberration* gibt es in der Lichtoptik in niedrigster Ordnung noch vier weitere geometrische Abbildungsfehler. Es sind dies *Astigmatismus, Koma, Bildfeldwölbung und Verzeichnung*.

Astigmatismus

Unter eine *stigmatischen Abbildung,* von griech. stigma = Punkt, versteht man eine Abbildung, die einen *Punkt* wieder in einen *Punkt* überführt. Eine astigmatische Abbildung führt einen Punkt nicht wieder in einen Punkt, sondern im besten Fall in einen geraden Strich in der Bildebene über.

Astigmatismus tritt nur bei Gegenständen außerhalb der Achse auf. Das ist sofort verständlich: Ein Strich als Bild eines Punktes auf der Achse wäre nicht rotationssymmetrisch bezüglich Rotation um die Achse, anders als der entsprechende Gegenstand, der Punkt auf der Achse, und die abbildende Linse.

Etwas lax kann man Astigmatismus durch zwei verschiedene Brennweiten für Strahlen in einer Ebene durch die Achse und in einer Ebene senkrecht dazu bezeichnen (Abb. 1.60).

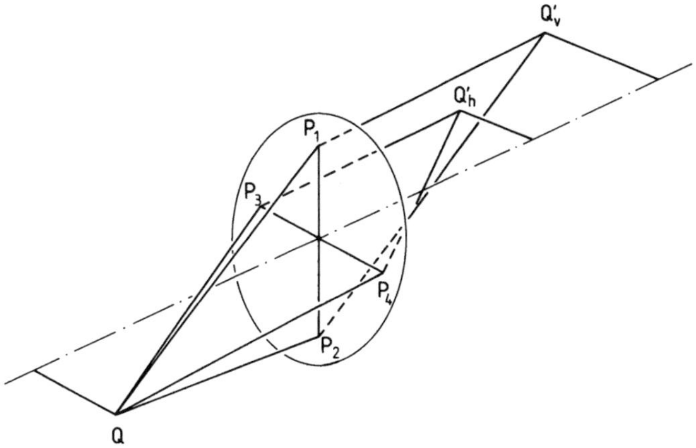

Abb. 1.60 Astigmatismus, dargestellt durch vier ausgewählte Strahlen. Von dem achsenfernen Gegenstandspunkt Q verlaufen Lichtstrahlen einmal in der vertikalen Ebene über die Punkte P_1 und P_2 zum vertikalen Bildpunkt Q'_v und zum andern in der horizontalen Ebene über die Punkte P_3 und P_4 zum horizontalen Bildpunkt Q'_h. Der Astigmatismus äußert sich darin, daß die beiden Bildpunkte Q'_v und Q'_h nicht zusammenfallen.

„Lax“ ist diese Bezeichnungsweise deshalb, weil die bildseitigen Brennweiten, um die es sich hier handelt, für achsenparallel, also von einem unendlich fernen Punkt auf der Achse einfallendes Licht definiert sind, und in diesem Fall gibt es keinen Astigmatismus. Wir erinnern uns, daß wir bei unsern Linsen stets brechende Kugelflächen vorausgesetzt haben. Der Augenfehler „Astigmatismus“ beruht hingegen auf einer Abweichung der brechenden Flächen von der Rotationssymmetrie; er wird durch eine Brille korrigiert, deren Linse ebenfalls nicht von zwei Rotationsflächen begrenzt wird. Photographische Objektive, die eine stigmatische Abbildung liefern, also den Fehler des Astigmatismus nicht aufweisen, werden *Anastigmat* genannt.

Abb. 1.61 zeigt Astigmatismus im Versuch.

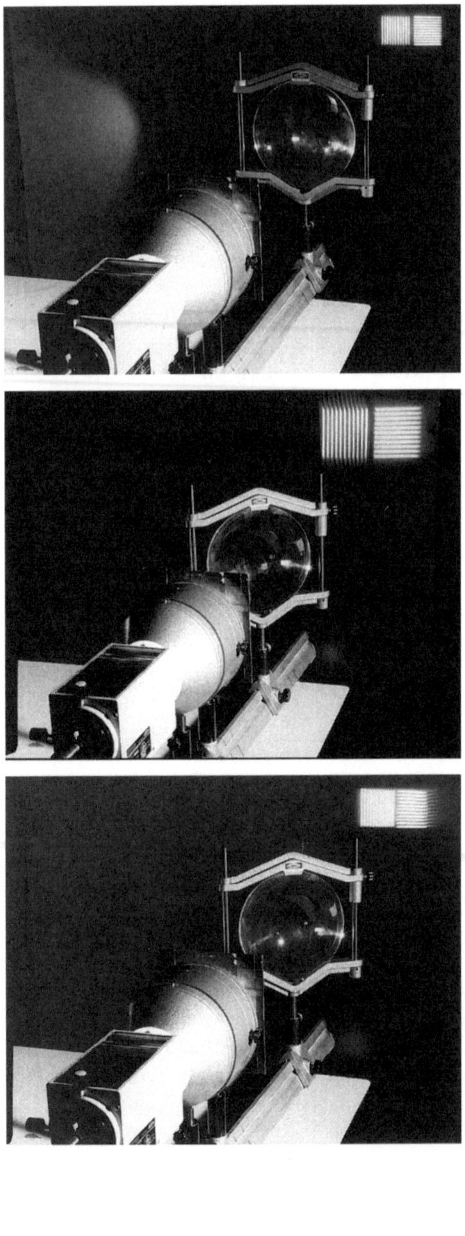

Abb. 1.61 Astigmatismus im Experiment. Oben: Linse senkrecht zum Lichtbündel, optische Achse (= Linsenachse) geht durch Gegenstands- und Bildzentrum; vertikales und horizontales Streifenmuster werden beide scharf abgebildet (kein Astigmatismus erkennbar). Mitte und unten: Linse gedreht, optische Achse der Linse geht nicht mehr durch Gegenstands- und Bildzentrum; es wird entweder das vertikale Muster (in etwa) scharf abgebildet (Mitte) oder das horizontale (unten) (Astigmatismus). Man beachte auch die Änderung der Bildgröße (Längsverschiebung der Linse, um jeweils scharf abzubilden).

Abb. 1.62 Koma. Gegenstand: mit kreisförmigen Löchern versehenes Blech. Der Abbildungsfehler nimmt nach außen stark zu.

Koma

Die Koma äußert sich im Auftreten eines Gebildes im Bild eines nicht auf der Achse liegenden Punktes, das an einen Kometenschweif (Koma) erinnert. Abb. 1.62 stellt das Phänomen dar.

Koma tritt nicht auf, wenn die Sinusbedingung erfüllt ist.

Bildfeldwölbung

Bei Bildfeldwölbung liegen die Bildpunkte, die sich durch die Abbildung von Punkten in der Gegenstandsebene senkrecht zur optischen Achse ergeben (Abb. 1.63), nicht in einer Ebene, sondern auf einer gewölbten Rotationsfläche, die von der Achse senkrecht geschnitten wird.

Abb. 1.64 zeigt einen entsprechenden Versuch.

Verzeichnung

Bei Verzeichnung hat die Abbildung einen ortsabhängig verschiedenen Maßstab. Der Fehler läßt sich am besten mit einem Netz als Gegenstand demonstrieren (Abb. 1.65); vgl. auch den später in anderem Zusammenhang gebrachten Versuch Abb. 1.76.

In der *Teilchenoptik* (Korpuskularoptik) mit *magnetischen Linsen* gibt es drei weitere geometrische Bildfehler dritter Ordnung: *anisotroper Astigmatismus, anisotrope Koma* und *anisotrope Verzeichnung* (Zerdrehung); die normale Bildfelddrehung in einer magnetischen Linse ist ein

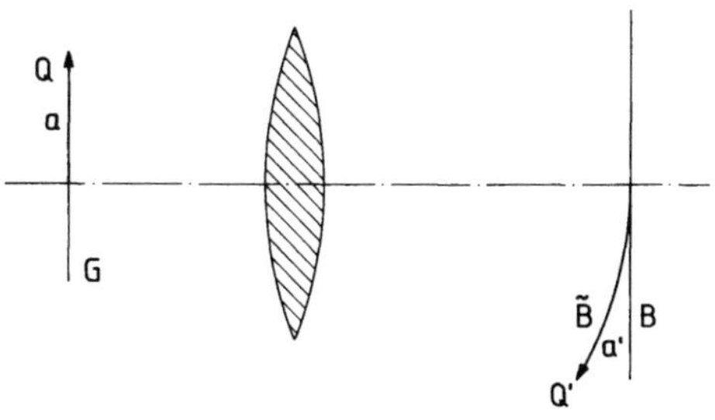

Abb. 1.63' Bildfeldwölbung, schematisch. Der Gegenstand, ein Pfeil der Länge a mit der Spitze Q, wird in eine gebogene Linie a' mit der Spitze Q' abgebildet. G Gegenstandsebene, B Gaußsche Bildebene, $\tilde{B}$ gewölbte Bildfläche (im Schnitt). $\tilde{B}$ ist näherungsweise ein Teil einer Kugel (eine Kalotte).

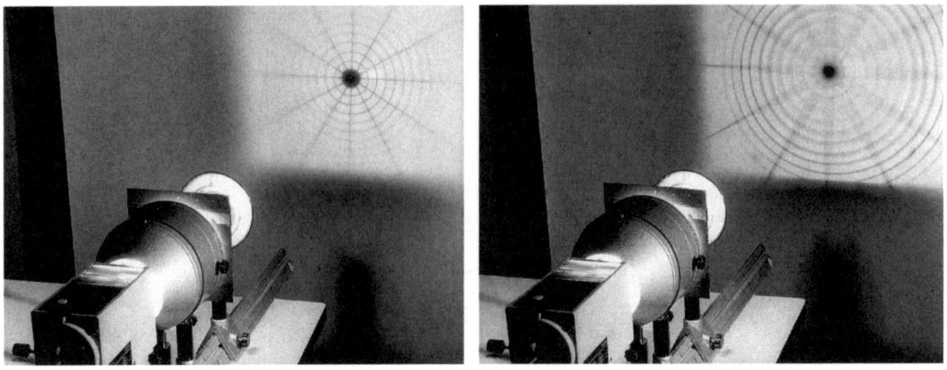

Abb. 1.64 Bildfeldwölbung im Experiment. Es wird auf einem ebenen Schirm entweder das Bildzentrum (links) oder ein mehr peripheres Gebiet (rechts) scharf abgebildet.

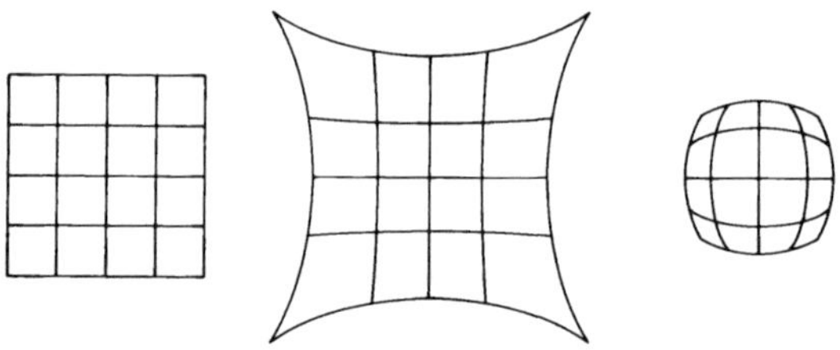

Abb. 1.65 Verzeichnung. Links: Gegenstand; Mitte: kissenförmige Verzeichnung; rechts: tonnenförmige Verzeichnung. Man beachte den gleichen Abbildungsmaßstab $M = 1$ des Gaußschen Bildes, abzuschätzen an den zentrumnahen Gegenstands- und Bildteilen.

Effekt erster Ordnung und kein Abbildungsfehler. Die anisotropen Fehler kommen von der Anisotropie der Lorentzkraft, s. Gl. (II, 2.39). Die elektrische Kraft, Gl. (II, 1.7), zeigt keine solche Anisotropie. Deshalb gibt es in der *elektrischen Teilchenoptik* nur die auch in der Lichtoptik bekannten Abbildungsfehler.

1.5.4 Rechnerische Behandlung der geometrischen Abbildungsfehler

Bevor wir die Abbildungsfehler mathematisch behandeln können, wollen wir noch einen neuen Begriff einführen. Wir sprechen von **paraxialen Strahlen,** wenn die Strahlen im abbildenden System **achsennah und näherungsweise parallel zur Achse** verlaufen. Wählt man Koordinaten wie in Abb. 1.66, so lassen sich die Bedingungen für paraxiale Strahlen durch

$$y \ll f' \tag{1.42}$$

und

$$\frac{dy}{dz} = \tan\alpha \ll 1 \tag{1.43}$$

in Linsennähe charakterisieren. Bei dünnen Linsen ergibt sich die Forderung Gl. (1.43) offenbar aus Gl. (1.42).

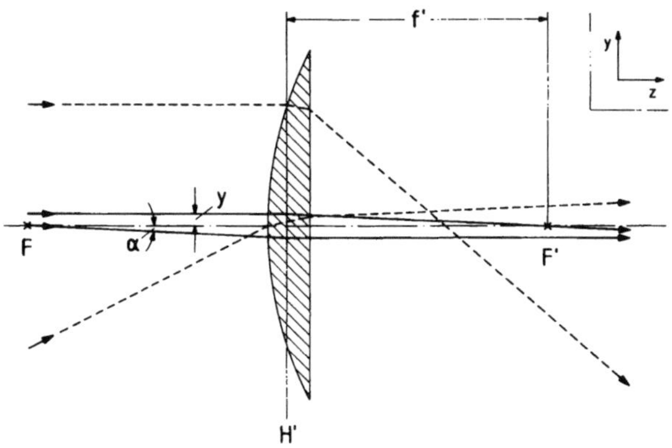

Abb. 1.66 Zur Definition paraxialer Strahlen. Paraxiale Strahlen: Stark ausgezogene Linien; nichtparaxiale Strahlen: gestrichelte Linien. Im Eckeinsatz das Koordinatensystem.

Der Leitgedanke bei der Behandlung von Abbildungsfehlern, wie wir sie hier, natürlich in Anlehnung an erprobte Verfahren, vornehmen wollen, ist nun folgender. Man benutzt paraxiale Strahlen und führt eine Taylor-Entwicklung durch. Dann läßt sich die Strecke von der optischen Achse zum Bildpunkt mit der y-Koordinate y_b als Reihe mit festen Koeffizienten darstellen, in die als unabhängige Variable die Strecke y_a von der optischen Achse zum Gegenstandspunkt sowie die Emissionswinkel φ und ψ gegenüber einer Parallelen durch den Gegenstandspunkt zur optischen Achse eingehen (Abb. 1.67). Es sei hier ausdrücklich betont, daß y_a und y_b Koordinaten in einem kartesischen System sind; Entsprechendes gilt für φ und ψ. Charakteristisch für die *Theorie* der *Abbildungsfehler* sind *Symmetriebetrachtungen*. Man nutzt die Symmetrien, in unserem Falle Rotationssymmetrie bei Drehung um die optische

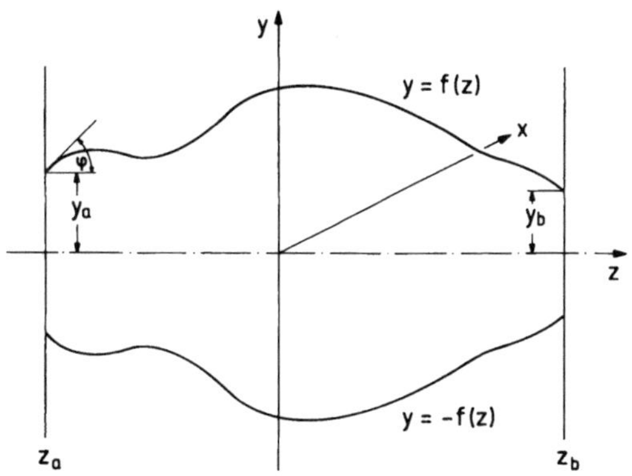

Abb. 1.67 Zur Theorie der Abbildungsfehler. Der Emissionswinkel ψ zwischen der Projektion der Bahntangente in die xz-Ebene und der im Text genannten Parallelen durch den Gegenstandspunkt ist nicht eingezeichnet; vielmehr ist der Einfachheit halber angenommen, daß der Strahl in der yz-Ebene verläuft. Der ursprüngliche Strahl ist $y = f(z)$ und seine Spiegelung an der optischen Achse (z-Achse) $y = -f(z)$; kartesische Koordinaten x, y, z.

Achse um 180°, aus, um daraus wichtige Schlüsse zu ziehen. In Parenthese sei gesagt: Bei magnetischen Teilchenlinsen mit ihrer Bilddrehung wird grundsätzlich genauso verfahren, nur muß man auch die Bilddrehung infolge der Abbildung berücksichtigen. Der Gegenstandspunkt liege in der yz-Ebene. Wir machen folgenden Ansatz mit von z abhängigen Koeffizienten $\tilde{a}_{\lambda\mu\nu} = \tilde{a}_{\lambda\mu\nu}(z)$:

$$y_b = \sum_{\lambda,\mu,\nu=0}^{\infty} \tilde{a}_{\lambda\mu\nu} y_a^\lambda \varphi^\mu \psi^\nu .$$

Für das Spiegelbild ist

$$-y_b = \sum_{\lambda,\mu,\nu=0}^{\infty} \tilde{a}_{\lambda\mu\nu} (-y_a)^\lambda (-\varphi)^\mu (-\psi)^\nu .$$

Durch Addition der beiden Gleichungen entsteht

$$0 = \sum_{\lambda,\mu,\nu=0}^{\infty} \tilde{a}_{\lambda\mu\nu} [y_a^\lambda \varphi^\mu \psi^\nu + (-1)^{\lambda+\mu+\nu} y_a^\lambda \varphi^\mu \psi^\nu] .$$

Für ungerades $k = \lambda + \mu + \nu$ verschwindet die eckige Klammer, für gerades k dagegen nicht allgemein. Da y_a, φ und ψ frei wählbar sind, müssen also die Koeffizienten $\tilde{a}_{\lambda\mu\nu}$ mit geradem $k = \lambda + \mu + \nu$ verschwinden. Wir fassen in Worten zusammen:

- *Es gibt keine geometrischen Abbildungsfehler gerader Ordnung in* $k = \lambda + \mu + \nu$.

Für das Folgende führen wir noch $\vartheta = \sqrt{\varphi^2 + \psi^2}$ und den Exponenten $\varkappa$ des Terms $\vartheta^\varkappa$ ein. Wir schreiben $y_b = y_b(y_a, \varphi, \psi)$ um in $y_b = y_b(y_a, \vartheta)$ mit $a_{\mu\varkappa} = a_{\mu\varkappa}(z)$:

$$y_b = \sum_{\lambda,\varkappa=0}^{\infty} a_{\mu\varkappa} y_a^\lambda \vartheta^\varkappa . \tag{1.44}$$

Wir sortieren nach Ordnungen:

Erste Ordnung

$k = \lambda + \varkappa = 1$.

a) $\lambda = 0$, $\varkappa = 1$.

y hängt im allgemeinen linear von ϑ ab. Wir wissen aber, daß speziell in der Bildebene y_b nicht von der ersten Potenz von ϑ abhängt. Für die Bildebene ist also

$$a_{01} = 0 .$$

b) $\lambda = 1$, $\varkappa = 0$.

In diesem Fall ist

$$y_b = a_{10} y_a .$$

a_{10} ist der uns schon bekannte (laterale) Abbildungsmaßstab M.

Dritte Ordnung

In dieser Ordnung, mit $k = \lambda + \varkappa = 3$, haben wir die *geometrischen Abbildungsfehler dritter Ordnung.*

a) $\lambda = 0,\ \varkappa = 3$.

Gemäß unserer Entwicklung Gl. (1.44) ist jetzt

$$y_b = a_{03}\vartheta^3 .$$

Wir haben also bei $\vartheta \neq 0$ $y_b \neq 0$ unabhängig von y_a, speziell also auch bei $y_a = 0$. Das ist die unabhängig von y_a auftretende, uns schon aus dem vorigen Abschnitt bekannte *sphärische Aberration.*

b) $\lambda = 1,\ \varkappa = 2$.

Hier ist

$$y_b = a_{12} y_a \vartheta^2 .$$

Für eine Punktquelle außerhalb der Achse, $y_a = \text{const} \neq 0$, stellt dieser Ausdruck ein Gebilde mit einem punktförmigen „Kopf", entsprechend $\vartheta = 0$, und einem durch den Faktor ϑ^2 erzeugten „Schweif" dar, die *Koma* (hier und bei den folgenden Fehlern vgl. den vorigen Abschnitt).

c) $\lambda = 2,\ \varkappa = 1$.

Man hat

$$y_b = a_{21} y_a^2 \vartheta .$$

Wie man sich leicht überlegt, stellt der Faktor y_a^2 auf der rechten Seite obiger Gleichung bei konstantem ϑ die *Bildfeldwölbung* dar, während die Variation von ϑ bei festgehaltenem y_a den *Astigmatismus* widerspiegelt. Es ist ferner plausibel, daß Astigmatismus und Bildfeldwölbung quadratisch in y_b, also (wegen der Abbildung erster Ordnung) auch in y_a gehen müssen: Die Wölbung ist für y_b und $-y_b$ dieselbe.

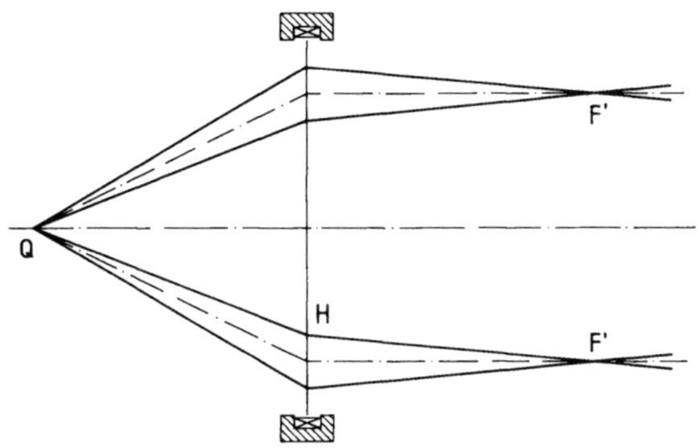

Abb. 1.68 Ringfokus. Die innerhalb eines Konusbereichs von Q ausgehenden Strahlen schneiden sich hinter der Linse auf einem Ring. Im Mittel verlaufen die Strahlen hinter der Linse, hier symbolisiert als magnetische Linse (Abschn. II, 4.2.5), in gleichem Abstand zur Symmetrieachse (d. h. auf einem Zylinder). Zylinder und begrenzende Strahlen erscheinen in der Zeichnung als Gerade. Die zur langstrichpunktiert gezeichneten Symmetrieachse senkrechte Koordinate ist als Abstand von der Symmetrieachse zu verstehen (Bilddrehung in der magnetischen Linse, s. vorigen Abschnitt). Die kurzstrichpunktiert gezeichneten Geraden spielen die Rolle der optischen Achse der normalen Lichtoptik. Ein Ringfokus ist natürlich auch in der Lichtoptik möglich (sphärische Aberration!).

d) $\lambda = 3,\ \varkappa = 0.$

Hier ist

$$y_b = a_{30} y_a^3 \,.$$

Der noch verbliebene geometrische Fehler dritter Ordnung, die *Verzeichnung*, muß kubisch in y_a gehen: Die Streckung bzw. Stauchung von y_b und $-y_b$ muß in entgegengesetzter Richtung sein.

Alle in diesem Abschnitt genannten Abbildungsfehler hängen noch von der Brechzahl n und damit von der Kreisfrequenz ω oder der Wellenlänge λ des Lichts ab. Diese Abhängigkeiten würden aber, wenn man z. B. eine Abweichung Δn von einer für eine gewisse Wellenlänge λ_0 geltende Brechzahl n_0 als kleine Größe einführt, insgesamt von höherer als dritter Ordnung sein. Ebenso gibt es natürlich, wie schon weiter oben ausgeführt, rein geometrische Fehler fünfter und höherer Ordnung.

Es ist in der Lichtoptik nicht, in der Teilchenoptik aber sehr gebräuchlich, mit einem *Ringfokus* zu arbeiten. Abb. 1.68 erläutert den Begriff. Im Falle eines Ringfokus führen Symmetriebetrachtungen, wie wir sie oben angestellt haben, zu keinem brauchbaren Resultat. In der Tat hat man bei Vorliegen eines Ringfokus schon mit einem Öffnungsfehler zweiter Ordnung zu rechnen.

1.5.5 Farbfehler (chromatische Aberration)

Von einem *Farbfehler* oder einer *chromatischen Aberration*, von griech. chroma = Farbe, sprechen wir, wenn die Brennweiten für Licht verschiedener Frequenzen und Wellenlängen, d. h. verschiedener Farbe, verschieden sind. Im optischen Bereich ist die *Brechung* von *kurzwelligem Licht stärker* als von langwelligem, also von blauem Licht stärker als von rotem. Entsprechend ist die „blaue" Brennweite kürzer als die „rote". Abb. 1.69 zeigt die Verhältnisse schematisch.

Der Farbfehler galt lange Zeit als prinzipiell unkorrigierbar. Wir wollen hier ausnahmsweise etwas in die Geschichte der Physik blicken, die in diesem Punkt besonders lehrreich ist. Der große Newton, selbst zunächst mit der Beseitigung des Farbfehlers beschäftigt, kam aufgrund seiner Arbeiten schließlich zu der Auffassung, die Herstellung eines achromatischen, also vom Farbfehler freien Objektivs (s. Abschn. 1.7.2) sei unmöglich. 1729 gelang es dem englischen Advokaten und Erfinder Ch. M. Hall (1703–1771), ein achromatisches Objektiv zu bauen; er

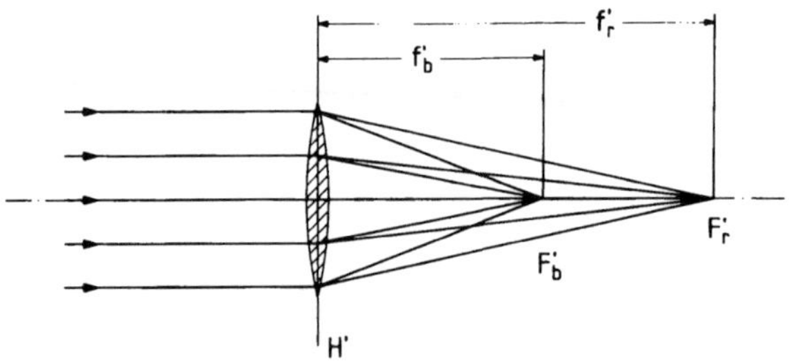

Abb. 1.69 Farbfehler. Die Brennweite f'_b für blaues Licht ist kürzer als die Brennweite f'_r für rotes; die Brennpunkte F'_b für blaues und F'_r für rotes Licht fallen nicht zusammen.

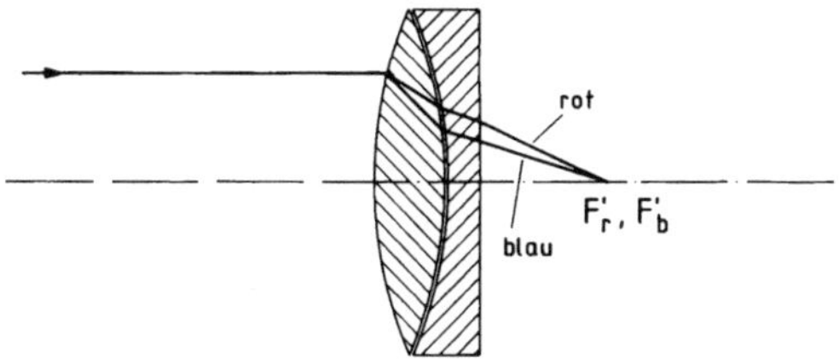

Abb. 1.70 Linsenkombination zur Beseitigung (genauer: starken Reduzierung) des Farbfehlers. In Wirklichkeit sind die beiden Einzellinsen häufig miteinander verkittet (Kitt in der Abbildung nicht gezeichnet). Die Brennpunkte F'_b für blaues und F'_r für rotes Licht fallen zusammen.

veröffentlichte aber nichts über seine Erfindung. 1758 erfand der englische Optiker J. Dollond (1706–1761) unabhängig von Hall erneut das achromatische Objektiv, nachdem er sich seinem Sohn, dem englischen Optiker P. Dollond (1730–1820), als Optiker zugesellt hatte (er selbst war gelernter Seidenweber). Er stellte eine Reihe achromatischer Linsen her und verbreitete sie.

Das Rezept, achromatische Objektive zu bauen, ist im Prinzip dasselbe wie das, das wir schon in Abschn. 1.5.2 bei der Beseitigung der sphärischen Aberration kennengelernt haben. Man kombiniert eine stark brechende Sammellinse aus einem (schwächer brechenden) wenig Dispersion zeigenden Glas mit einer schwach zerstreuenden Linse aus einem (stark brechendem) eine starke Dispersion aufweisendem Glas (Abb. 1.70). Dadurch erreicht man gleiche Brennweite für zwei Wellenlängen, also zwei Farben. Typische Materialien sind für die Sammellinse *Kronglas* und für die Zerstreuungslinse *Flintglas*. Man wählt die Kombination gern so, daß beide Linsen „ineinander passen", und verkittet die Berührungsflächen, etwa mit *Kanadabalsam*. Durch die Vermeidung freier Oberflächen *reduziert* man auf einfache Weise die *Reflexion* innerhalb der Linsenkombination sehr stark.

Wählt man die geeigneten Glassorten, so lassen sich auch bei nur zwei Komponenten die Brennweiten bei mehr als zwei Lichtwellenlängen gleichmachen. Bei Systemen aus mehr als zwei Komponenten läßt sich der Farbfehler im gesamten Bereich des sichtbaren Lichts praktisch beseitigen. Auch die Reflexionen sind kein ernstes Problem dank der *Vergütung* (vgl. Abschn. 2.1.5).

Einige Angaben über die Brechzahlen optischen Gläser bei verschiedenen Wellenlängen findet man im Anhang A 1.1.

1.5.6 Bündelbegrenzungen

Bündelbegrenzungen werden durch *Blenden* oder *als Blenden wirkende Bauteile* wie z. B. Linsenfassungen erreicht. Blenden sind etwas Materielles, im allgemeinen für das Licht (oder im Falle von Korpuskularoptik für die Teilchen) Undurchdringliches. Sie dienen vor allem der Begrenzung des Raumwinkels, in dem das Licht das optische System erreicht, und des Bildes.

Es ist in der Optik üblich, die Bündelbegrenzung nicht durch Blenden anzugeben, sondern durch Pupillen. Eine *Pupille* ist etwas Immaterielles, eine *Öffnung* mit *definierter Umgrenzung:* Alle Lichtstrahlen, die in diese Öffnung fallen, werden ungeändert durchgelassen, alle andern werden nicht durchgelassen. In der Lichtoptik, die

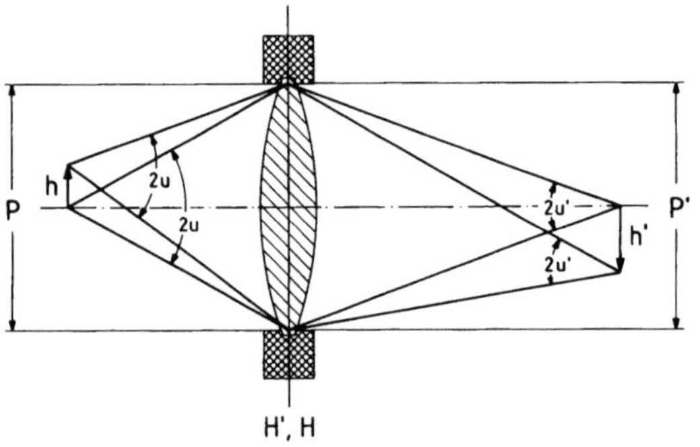

Abb. 1.71 Abbildende dünne Sammellinse, $H' \equiv H$, Gegenstand $h \rightarrow$ Bild h', voller Öffnungswinkel $2u$ auf der Gegenstandsseite, $2u'$ auf der Bildseite; Eintrittspupille $P \equiv$ Austrittspupille P' (aber $2u \neq 2u'$). Kreisscheibenförmige Pupillen P und P' durch Linsenfassung bestimmt (Linsenfassung $\equiv$ Blende).

wir hier behandeln, sind die Pupillen meist kreisscheibenförmig. Es gibt stets *zwei Pupillen: Eintrittspupille* und *Austrittspupille.* Die Eintrittspupille bestimmt das Bündel, das wirklich in das optische System eintritt. Die Austrittspupille bestimmt das Bündel, das aus dem System austritt. Eine Pupille ist aber nicht notwendig mit einem materiellen Rand umgeben. Die Blende, die die Pupille bestimmt, kann im optischen System ganz woanders sitzen. Eintrittspupille und Austrittspupille können identisch sein.

Wir wollen diese etwas abstrakten Ausführungen durch zwei Beispiele beleben und erläutern. In Abb. 1.71 ist eine abbildende Sammellinse gezeigt. Ein- und Austrittspupille sind identisch. Die Blende, die beide bestimmt, ist die Linsenfassung. Der (volle) *Öffnungswinkel* auf der Gegenstandsseite, $2u$, ist aber nicht identisch mit dem (vollen) Öffnungswinkel auf der Bildseite, $2u'$. In Abb. 1.72 ist unter sonst gleichen Verhältnissen die Abbildung bei zusätzlich eingebauter Blende dargestellt. Offensichtlich ist die Blendenöffnung die Austrittspupille. Die Eintrittspupille ist das Bild der Blendenöffnung. Es ist hier ein virtuelles Bild. Wir überzeugen uns zunächst von der Richtigkeit der Bildkonstruktion: Die rückwärtige Verlängerung des

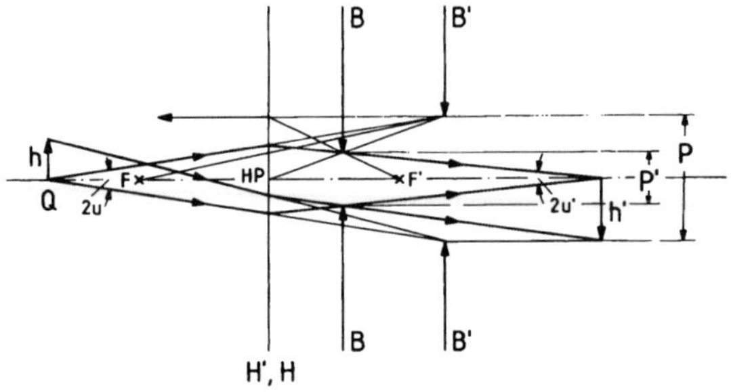

Abb. 1.72 Abbildung durch eine große dünne Sammellinse (nicht eingezeichnet). Hauptebene $H' \equiv H$, Hauptpunkt HP, Bündelbegrenzung durch Blende B, sonst wie Abb. 1.71. Die Pupillen werden beide durch B bestimmt. Die Blendenöffnung stellt auch die Austrittspupille P' dar. Die Eintrittspupille P wird durch das (virtuelle) Bild B' der Blendenöffnung dargestellt.

Strahls durch F', der die obere Blendenkante tangiert und die Linse nach links achsenparallel verläßt, schneidet sich mit der Verlängerung der Linie Hauptpunkt – obere Blendenkante und bestimmt so das virtuelle Bild des oberen Blendenrands. Wir betrachten nun einen Lichtstrahl, der von einem Punkt Q des Gegenstands ausgeht und den oberen Blendenrand tangiert. Er trägt also (gerade noch) zur Abbildung (Erzeugung des Bildes h') bei. Da es sich bei dem hier betrachteten Gaußschen Bild um eine Abbildung der Blende in ihr (virtuelles) Bild durch alle Lichtstrahlen handelt, die den oberen Blendenrand tangieren, muß die geradlinige Verlängerung des betrachteten Lichtstrahls den Punkt B' tangieren (geradlinige Verlängerung deshalb, weil es sich um ein virtuelles Bild handelt). Das (virtuelle) Bild der Blende bestimmt also die Eintrittspupille: die Öffnung dieses Bildes.

Die *Wirkung von Blenden* ist je nach Position *verschieden*. Das wollen wir durch zwei Extremfälle illustrieren. Einmal stehe die Blende direkt in der *Gegenstandsebene* oder in der *Bildebene*. Dann wirkt die Blende nur als *Bildfeldbegrenzung*. Diese Begrenzung ist *scharf* (nicht verwaschen). Zum anderen stehe die Blende direkt „in" der Linse, z. B. in der Hauptebene einer dünnen Linse. Dann wirkt sie nur als *Öffnungsbegrenzung*.

Im allgemeinen macht es nicht viel Sinn, eine Blende als Teil eines optischen Systems direkt in die Gegenstandsebene oder direkt in die Bildebene zu setzen. Wählt man eine Mittelstellung, so wird das Bild, außer bei Vorliegen spezieller Verhältnisse, am *Rand dunkler* und die *Begrenzung unscharf*. Abb. 1.73 stellt ein Beispiel dar. Man kann jedoch eine scharfe Bildfeldbegrenzung mit einer Blende innerhalb eines optischen Systems erreichen, wenn das System ein *reelles Zwischenbild* hat und man die Blende an den Ort dieses Zwischenbilds stellt. Abb. 1.74 zeigt einen entsprechenden Strahlengang.

Die Lage der Blende und die Größe der Blendenöffnung haben entscheidenden Einfluß auf die Abbildungsfehler. Den Einfluß der Blendenlage wollen wir uns zunächst an einem Versuch anschauen, dessen Ergebnis verblüffen mag. Wir sehen in Abb. 1.75 zwei entsprechende Geo-

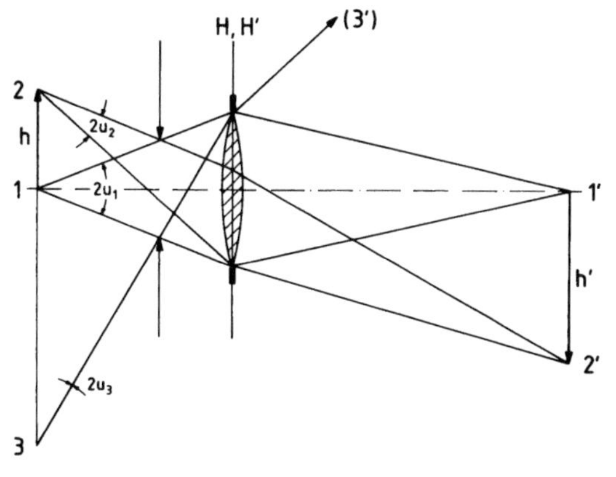

Abb. 1.73 Blende zwischen Gegenstand h und der Linse (Hauptebenen H und H'). Blendenrand in Bildebene (in der h' liegt) unscharf (die Pfeilspitzen werden nicht gaußisch abgebildet). Bild am Rand dunkler: Gegenstandspunkt 1 wird mit voller Öffnung in $1'$ abgebildet, Gegenstandspunkt 2 mit reduzierter Öffnung in $2'$. Punkt 3 weit außerhalb der Achse wird mit verschwindender Intensität nach $3'$ abgebildet.

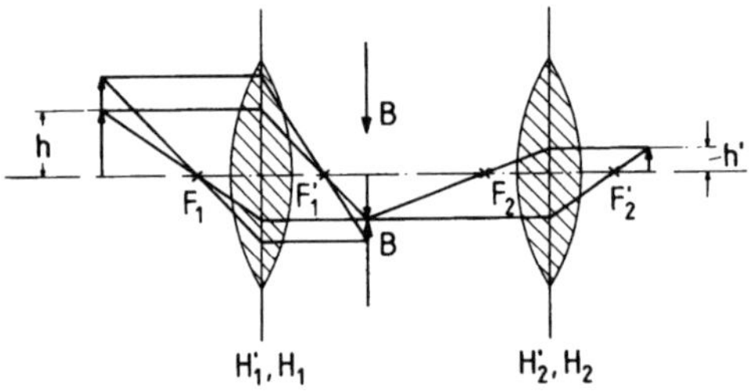

Abb. 1.74 Blende B am Ort des Zwischenbildes, in das die erste Linse mit den Hauptebenen $H_1' \equiv H$ den Gegenstand h abbildet. Zwischenbild und Blende werden durch die zweite Linse mit den Hauptebenen $H_2' \equiv H_2$ abgebildet; das Bild von h durch das System aus beiden Linsen ist h'. Die beiden von der Spitze von h ausgehenden eingezeichneten Strahlen begrenzen den Gegenstandsbereich, der noch abgebildet wird, das „Gesichtsfeld“ (streifende Passage des unteren Blendenrands). Ein größerer Gegenstand als h, charakterisiert durch den auf h aufgesetzten Pfeil, wird nicht mehr abgebildet; die entsprechenden Strahlen enden auf der Blende B.

metrien skizziert und im Versuch in Abb. 1.76 die Bilder eines Netzes dargestellt. Jeweils links haben wir eine kissenförmige und jeweils rechts eine tonnenförmige Verzeichnung, wobei der einzige Unterschied im Abbildungssystem in der Aufstellung der Blende liegt.

Ausgangspunkt unserer Erklärung ist eine Bildunschärfe, wobei ohne Bündelbegrenzung außer durch die Linsenfassung, d. h. ohne extra Blende, sowohl Strahlen für kissenförmige als auch für tonnenförmige Verzeichnung vorhanden sind. Wie Abb. 1.75 links mit einer Blende hinter der Linse zeigt, wächst die differentielle Vergrößerung $m = \mathrm{d}h'/\mathrm{d}h$ mit wachsender Entfernung von der Achse: Bei der vorhandenen sphärischen Aberration werden durch die Blende bei wachsendem Abstand von der Achse in der Gegenstandsebene überproportional immer achsenfernere Bereiche der Linse zur Abbildung und damit immer stärker zur optischen Achse geneigte Strahlen herausgesucht; das zeigt sich in zunehmender differentieller Vergrößerung. Umgekehrt ist es bei vor der Linse aufgestellter Blende (Abb. 1.75 rechts). Hier führt dieselbe sphärische Aberration zu einer Verkleinerung des Abbildungsmaßstabs M. Dasselbe demonstriert der Versuch Abb. 1.76. Daraus ist ersichtlich, wie wichtig es ist, Blenden „richtig“ zu positionieren; wie das im einzelnen zu geschehen hat, ist ein Spezialgebiet der technischen Optik, das wir hier natürlich nicht behandeln können.

Besondere Bedeutung hat die Größe der Blendenöffnung (bei entsprechender Blendenpositionierung) für die Begrenzung des Öffnungswinkels und damit für die *Redu-*

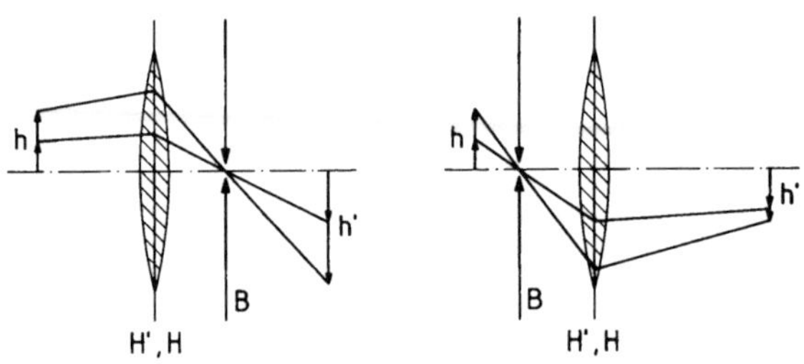

Abb. 1.75 Geometrie und Strahlengang für den Versuch Abb. 1.76. Gegenstand h, Bild h', Hauptebenen $\mathrm{H}' \equiv \mathrm{H}$. Links Blende B hinter der Linse mit sphärischer Aberration, rechts davor. Links resultiert kissenförmige, rechts tonnenförmige Verzeichnung (vgl. Abb. 1.65).

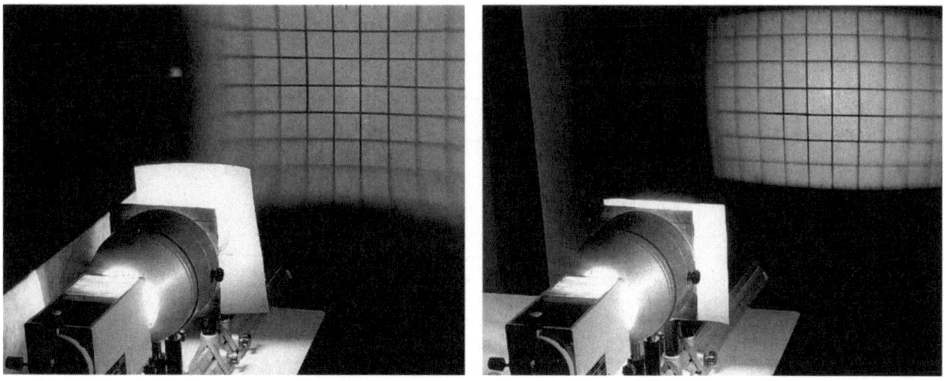

Abb. 1.76 Kissenförmige Verzeichnung (links) und tonnenförmige (rechts) bei bis auf die Blendenposition identischer Apparatur. Gegenstand Netz. Abbildende Linse mit starker sphärischer Aberration. Geometrie für linkes Bild wie in Abb. 1.75 links skizziert und für rechtes Bild wie in Abb. 1.75 rechts skizziert.

zierung der geometrischen *Bildfehler.* Wie wir aus Abschn. 1.5.4 wissen, geht die sphärische Aberration mit der dritten Potenz des Öffnungswinkels u, die Koma mit der zweiten und Bildfeldwölbung und Astigmatismus mit der ersten. Alle diese Bildfehler können wir, wenn auch unterschiedlich wirkungsvoll, durch Verkleinerung des Öffnungswinkels verringern. Nur die Verzeichnung läßt sich so nicht reduzieren. Bei *Kameras* regelt man die Blendenöffnung mit einer *Irisblende.*

1.6 Zonenlinsen, Zylinderlinsen und Zylinderspiegel

1.6.1 Zonenlinsen

Große Linsen mit geringer Brennweite sind nicht nur schwer herzustellen, sondern auch notwendigerweise recht dick. Läßt man Unstetigkeiten zu, so kann man eine solche Linse aus einzelnen Zonen zusammensetzen (Abb. 1.77). Besonders geeignet sind *Zonenlinsen* für Abbildungen bei einer *festen Gegenstandsweite,* z. B. für die Abbildung einer punktförmigen Lichtquelle ins Unendliche, d. h. zur Erzeugung eines in etwa parallelen Lichtbündels (Scheinwerfer). Natürlich darf man keine zu hohen Erwartungen an die Präzision stellen.

Zonenlinsen ganz anderer Art werden uns später in Abschn. 2.3.4 begegnen.

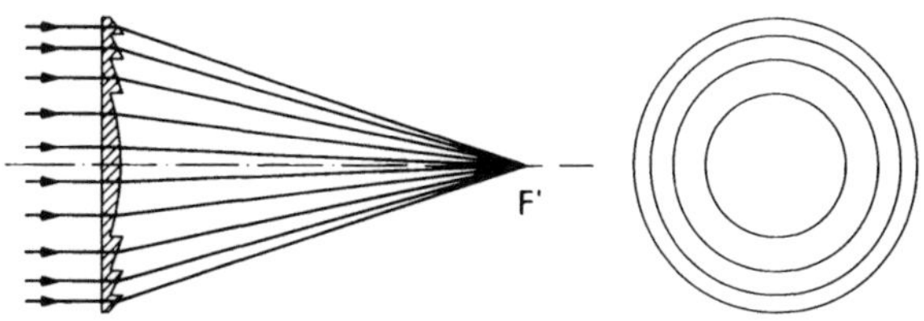

Abb. 1.77 Zonenlinse mit Diskontinuitäten zwischen den einzelnen Zonen, links im Schnitt mit Strahlengang, rechts in der Aufsicht.

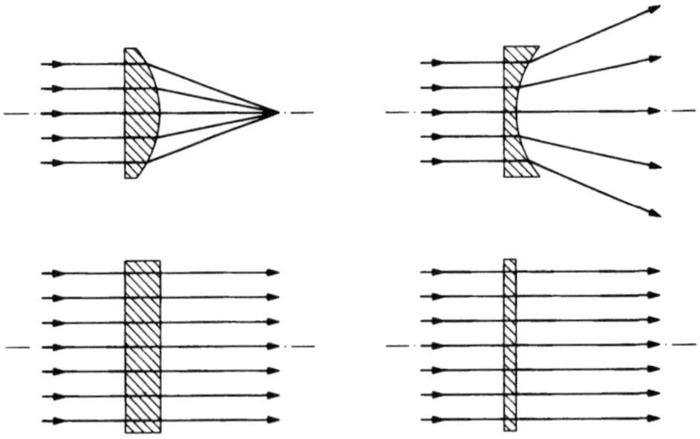

Abb. 1.78 Zylinderlinsen im Schnitt mit Strahlengang, oben mit der Zylinderachse senkrecht zur Zeichenebene, unten mit der Zylinderachse parallel zur Zeichenebene. Links Sammel-, rechts Zerstreuungslinse.

1.6.2 Zylinderlinsen und Zylinderspiegel

Zylinderlinsen werden auf mindestens einer Seite durch eine *Zylinderfläche begrenzt;* in den meisten Fällen wird auch die andere „gegenüberliegende" Fläche eine Zylinderfläche (einschließlich des Grenzfalls einer planen Fläche) sein. Abb. 1.78 zeigt zwei typische Ausführungsformen. Ist die Zylinderlinse dünn, braucht man nur die Brechung in der Ebene senkrecht zur Zylinderachse zu berücksichtigen. Zylinderlinsen, die in einer Ebene durch die Achse als Sammellinse und in einer dazu senkrechten als Zerstreuungslinse wirken, haben wir schon in den *Quadrupollinsen* der *Teilchenoptik* in Abschn. II, 4.2.6 kennengelernt.

Zylinderspiegel haben eine Zylinderfläche als spiegelnde Fläche. Sie finden einige Anwendung in der technischen Optik, z. B. bei Lampen und bei *Sonnenkollektoren,* die das Licht konzentrieren (Abb. 1.79).

1.7 Abbildende optische Instrumente

1.7.1 Auge

In diesem und dem folgenden Kapitel wollen wir die optischen Instrumente nur insoweit behandeln, als es mit den Mitteln der geometrischen Optik möglich ist. Mit Einflüssen der eigentlichen Wellenoptik, die sich im wesentlichen als Verminderung der Leistungsfähigkeit bemerkbar machen, werden wir uns später befassen (Abschn. 2.5.3).

Die optischen Instrumente lassen sich in zwei Klassen einteilen: abbildende und visuelle. Bei *abbildenden Instrumenten* lassen sich die *Bilder* auf einem *Schirm* auffangen, bei den *visuellen Instrumenten* bedarf es der *Mitarbeit des Auges,* um das Instrument zu benützen. Die Grenzen zwischen beiden Klassen sind keineswegs scharf, viele Instrumente lassen sich abbildend und visuell benutzen.

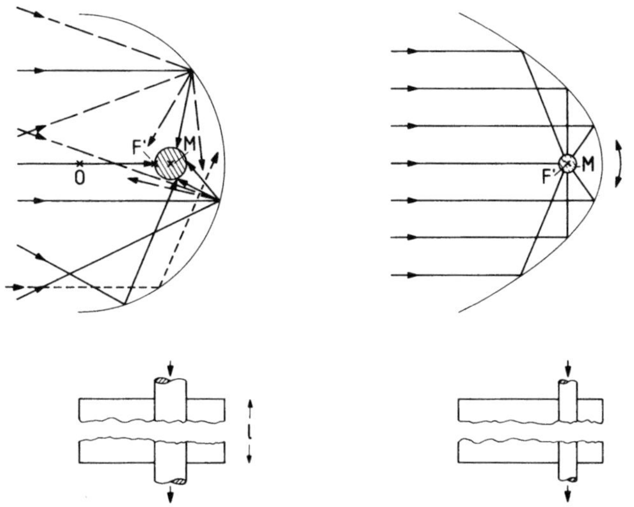

Abb. 1.79 Sonnenkollektoren mit Lichtkonzentration, oben im Schnitt und unten in der Seitenansicht. *M* zu erwärmendes strömendes Medium, F' Brennpunkt, *l* Länge des Kollektors. Links: kreisförmiger Zylinderspiegel mit Kreismittelpunkt *O*, rechts parabelförmiger Zylinderspiegel. Der parabelförmige Spiegel muß der Sonnenhöhe nachgeführt werden, während der kreisförmige das Licht in einem weiten Winkelbereich sammelt und nicht unbedingt nachgeführt werden muß. Die lang gestrichelten Strahlen (links) erreichen das Medium wegen falscher Einfallsrichtung nicht, der kurz gestrichelte verfehlt es wegen des Öffnungsfehlers. Der Spiegel links benötigt zum effektiven Sammeln der Sonnenwärme einen Mediumskanal größeren Querschnitts als der Spiegel rechts.

Wichtigstes „optisches Instrument" für den Physiker ist sein Sehorgan, das *Auge*. Soweit die geometrische Optik betroffen ist, ist es ein optisches System, das ein (relativ scharfes) Bild auf die Netzhaut projiziert. Die *Netzhaut* enthält die *farbempfindlichen Zäpfchen* und die farbunempfindlichen, *helligkeitsempfindlichen Stäbchen*. Die Stäbchen sprechen bei geringerer Helligkeit als die Zäpfchen an. Abb. 1.80 zeigt einen vereinfachten Schnitt durch das Auge.

Das menschliche Auge (wie überhaupt das Auge der Wirbeltiere) ist ein in vielerlei Hinsicht ungewöhnliches optisches System. Gegenstand und Bild befinden sich in Medien verschiedener Brechzahl ($n = 1$ für den Gegenstand und $n = 1{,}3$ für das Bild). Der größere Teil der Strahlenablenkung wird nicht durch die Linse, sondern durch das Kammerwasser mit der begrenzenden Hornhaut hervorgerufen. Die *Scharfeinstellung* geschieht durch Verändern der Brechkraft der Linse (größere Brechkraft durch stärkere Krümmung infolge inhärenter Krümmungstendenz der Linse, Krümmung ermöglicht durch Wegfall des radialen Zugs der „Linsenhalterung", bewirkt durch das komplizierte Zusammenspiel der verschiedenen Stränge des Ziliarmuskels). Das *Bildfeld* auf der *Netzhaut* ist *gewölbt*. Die *Pupille* des Auges, die praktisch als *Eintrittspupille* im Sinne von Abschn. 1.5.6 wirkt, stellt sich automatisch auf die Helligkeit ein.

Auf der Netzhaut endet die geometrische Optik. Die Weiterverarbeitung der Reize, die die Zäpfchen und Stäbchen empfangen, geschieht nach Weiterleitung durch die Nerven im *Hirn*. Dort entsteht auch das eigentliche Bild, das wir uns von der Außenwelt machen, die wir mit dem Auge betrachten. Das sei hier nur durch einen einzigen von den zahlreichen Versuchen erläutert, die die Neurologen, Physiologen und Psychologen angestellt haben (nachdem die Philosophen jahrhunderte-, wenn nicht jahrtausendelang über diese Problematik nachgedacht haben, im wesentlichen ohne wissenschaftlich brauchbare Ergebnisse zu erzielen): Setzt man

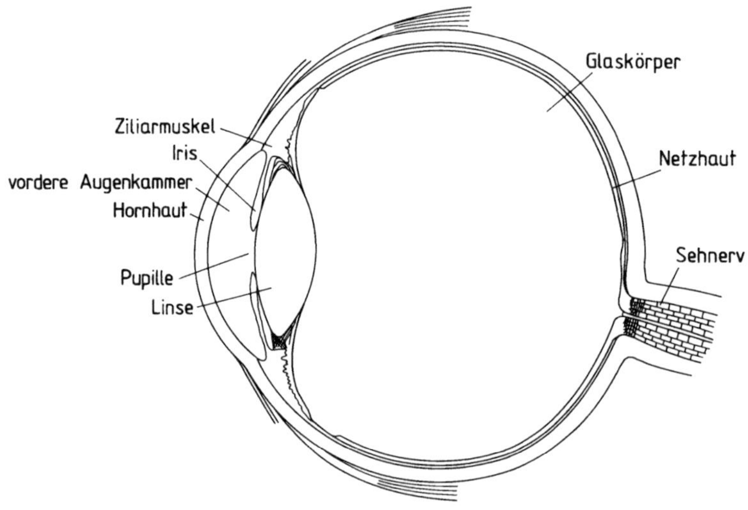

Abb. 1.80 Schnitt durch das menschliche Auge. Vordere Augenkammer mit Kammerwasser gefüllt. Der Ziliarmuskel liegt als Ringmuskel um die Linse.

vor seine Augen ständig ein invertierendes Gerät, z. B. ein Umkehrprisma, so sieht man die Welt zunächst auf den Kopf gestellt; nach einigen Wochen hat man aber „gelernt", alles wieder „richtig herum" zu sehen, also die Erde unten und den Himmel oben (nimmt man dann das invertierende Gerät wieder ab, so steht nachher natürlich wieder alles zunächst auf dem Kopf). Abb. 1.81 zeigt einen vereinfachten Schnitt durch die Netzhaut.

Unser Auge ist ein optisches System mit vielen Abbildungsfehlern. Unsere „Datenverarbeitung" im Hirn hat aber gelernt, die „Rohdaten" dermaßen effektiv zu manipulieren, daß wir uns die Abbildungsfehler nur unter Anwendung wissenschaftlicher Akribie bewußt machen können. Hierbei ist das mit voller Sehkraft versehene normalsichtige Auge gemeint; dazu kommen noch bei sehr vielen Menschen die Augenfehler. Das Lernen der Datenverarbeitung ist wohl im wesentlichen während der stammesgeschichtlichen Entwicklung der Art geschehen, nicht während der Entwicklung des Individuums; die entsprechende Fertigkeit ist also „angeboren", wenngleich nicht sofort nach der Geburt nutzbar.

Durch Kontrasterhöhung an Grenzflächen bei der Datenverarbeitung „sehen" wir Grenzen schärfer, als es dem Bild auf der Netzhaut entspricht (vgl. dazu Anhang A 1.2). Ebenso korrigiert unsere „Datenverarbeitung" Verzeichnungen, wie sie das Bild auf der Netzhaut enthält. Unser Sehapparat, also Auge und Hirn, arbeitet in starkem Maße im Sinne von *Mustererkennung:* Bestätigung (oder Nichtbestätigung) von schon vorher gespeicherten Mustern. Über das Sehen und Empfinden von Farben ist in Abschn. 1.1.1 bereits einiges gesagt worden.

Verglichen mit den Augen mancher besonders auf ihre Sehfähigkeit angewiesener Tiere ist das menschliche Auge keineswegs Spitze, steht jedoch im Vergleich mit dem „Mittelwert" aller Wirbeltieraugen, wie schwierig der im einzelnen auch zu definieren und zu bestimmen ist, nicht schlecht da. Gegenüber höchst empfindlichen elektronischen Instrumenten gerät es ins Hintertreffen: Wir benötigen je nach Farbe und individuellen Unterschieden fünf bis zehn Lichtquanten (innerhalb der „Auflösezeit" unseres Auges von der Größenordnung einer zehntel Sekunde) auf einer Stelle, etwa einem einzigen Stäbchen, um einen schwachen Lichteindruck bei auf Dunkelheit eingestelltem (adaptiertem) Auge hervorzurufen; demgegenüber können höchst empfindliche Zähler unter Anwendung von „Tricks" einzelne Quanten des sichtbaren Lichts, allerdings aus einem gewissen Rauschpegel heraus, erkennen.

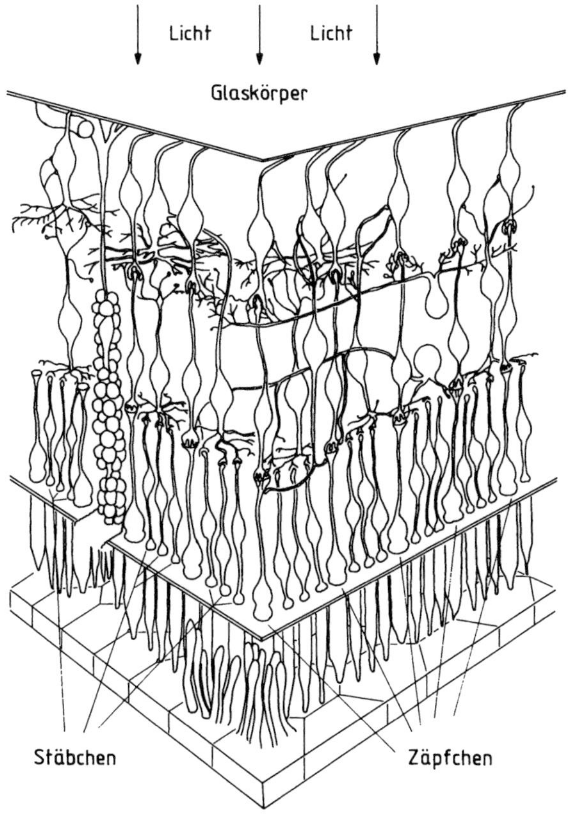

Abb. 1.81 Schnitt durch die Netzhaut.

Der häufigste *Augenfehler* ist *Kurzsichtigkeit.* Er wird hervorgerufen durch einen zu großen Abstand Linse–Netzhaut (nicht durch zu kurze Brennweite der Augenlinse). Die Korrektur durch eine Zerstreuungslinse liegt auf der Hand. Bei der (allgemeinen) *Weitsichtigkeit* ist dagegen der Abstand Linse–Netzhaut zu klein; Korrektur erfolgt durch eine Sammellinse. Dagegen ist die *Altersweitsichtigkeit* kein direkter Augenfehler, sondern beruht auf mangelnder Fähigkeit zur Anpassung (Akkommodation) des Auges an kürzere Gegenstandsweiten, also zur Erzielung kürzerer Brennweiten, wegen nachlassender Elastizität und damit Krümmungstendenz der Augenlinse. Dieser Leistungsabbau ist ein natürlicher Alterungsprozeß (Abhilfe: „Lesebrille"). Über die Korrektur des Augenfehlers Astigmatismus s. Abschn. 1.5.3.

Der „Gebrauch" des Auges im Zusammenhang mit visuellen optischen Instrumenten ist nicht selbstverständlich. Im allgemeinen soll man Fernrohr und Mikroskop so einstellen, daß das *entspannte Auge,* d. h. das auf unendlich eingestellte, scharf sieht. Die *deutliche Sehweite,* das ist die Entfernung, in der man z. B. ein Buch beim Lesen vor die Augen bringt, wird beim normalsichtigen Auge meist mit $s_0 = 25$ cm angesetzt.

Insektenaugen sind *Facettenaugen.* Jede Facette ist auf einen kleinen Teil der gesamten Sehfeldes ausgerichtet, und zwar durch einfaches Ausblenden ohne Fokussierung.

1.7.2 Photographische Kamera

Bei der *Kamera* ist das **Objektiv,** das ein Bild vom Gegenstand (Objekt) auf Film, Platte oder optoelektronischen Detektor wirft, das wichtigste und im allgemeinen auch teuerste Teil. Moderne photographische Objektive für anspruchsvollere Kameras sind aus mehreren (mindestens vier, aber auch sechs bis sieben, bei Variooptik noch mehr, s. u.) Einzellinsen zusammengesetzt. Ihre Leistungsfähigkeit wird, außer durch die mehr oder weniger weitgehende Korrektur der Abbildungsfehler, vor allem durch die *Lichtstärke*

$$L \stackrel{\text{def}}{=} \frac{D}{f} \tag{1.45}$$

ausgedrückt, wobei D der wirksame Linsendurchmesser und f die Brennweite ist ($f = f'$!). Eine Lichtstärke z. B. von $L = 1:1{,}4$ heißt, daß die Brennweite das 1,4fache des wirksamen Linsendurchmessers beträgt. Da die Eintrittspupille durch die Fläche $\pi D^2/4$ gegeben ist, bedeutet eine Verringerung der Lichtstärke um den Faktor $\sqrt{2}$ eine Verringerung der Eintrittspupille, einer Fläche, um den Faktor 2 und erfordert somit die doppelte Belichtungszeit. Die Grenze liegt heutzutage bei etwa $L = 1 : 0{,}8$.

Bei gebräuchlichen Photoapparaten ist die Brennweite etwa gleich der Bilddiagonalen oder wenig geringer, bei „Taschenkameras" meist noch etwas kleiner. Objektive wesentlich kürzerer Brennweite nennt man *Weitwinkelobjektive,* Objektive wesentlich längerer Brennweite *Teleobjektive.* Aus praktischen Gründen ist es vorteilhaft, Teleobjektive physisch wesentlich kürzer zu machen als ihre Brennweite. Abb. 1.82 zeigt das Prinzip, Abb. 1.83 einen photographierten Strahlengang.

In den 80er Jahren sind Objektive mit kontinuierlich verstellbarer Brennweite aufgekommen. Diese *Variooptik,* auch Zoomlinse oder Gummilinse genannt, arbeitet nach einem Prinzip, das in Abb. 1.84 skizziert ist.

In praxi sind die Objektive meist viel komplizierter als es in den Abbildungen 1.70, 1.82 und 1.84 zum Ausdruck kommt. Die Abbildungen 1.85 bis 1.87 zeigen Schnitte durch reale Photoobjektive. Neuerdings beginnt man, asphärische Linsen zu verwenden.

Die meisten photographischen Aufnahmen werden zunächst auf einem kleinen Negativfilm registriert, von dem dann Vergrößerungen hergestellt werden. Die fertigen Bilder müssen von einem bestimmten Abstand l aus betrachtet werden, wenn die Perspektive stimmen soll. Wie

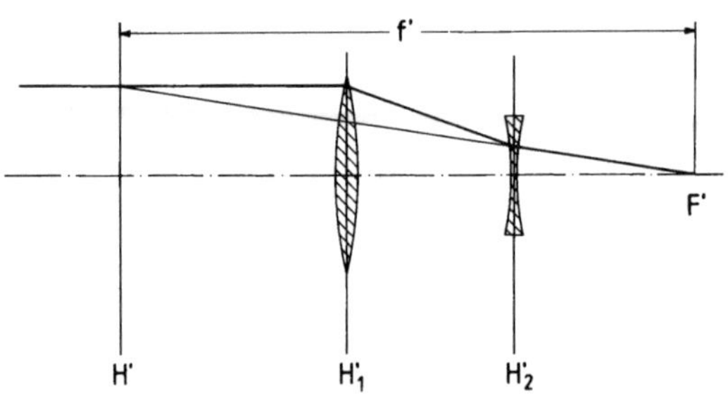

Abb. 1.82 Prinzip des Teleobjektivs; Hauptebene H', Brennweite f', Brennpunkt F'. f' ist wesentlich länger als der Abstand zwischen der ersten Linse mit Hauptebene H'_1 und F'.

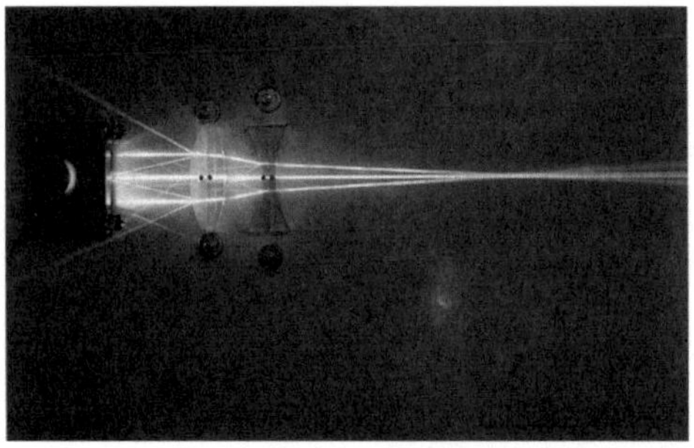

Abb. 1.83 Im Experiment gezeigter Strahlengang in einem einfachen Teleobjektiv.

man sich leicht überlegen kann, ist dieser Abstand gegeben durch

$$l = fM\,, \tag{1.46}$$

wobei M die Vergrößerung vom Negativ auf das Positiv bezeichnet. Diese Formel gilt sinngemäß auch für Diaprojektionen. Zumeist wird, vor allem bei der Betrachtung von Papierbildern, dieser Abstand nicht eingehalten; man betrachtet das Bild aus zu großer Entfernung, und deswegen ist es *perspektivisch überzeichnet* (Gegenstände erscheinen im Vordergrund zu groß und im Hintergrund zu klein); diese Überzeichnung führt aber auch zu einer Verbesserung des räumlichen Eindrucks.

Wie man den Ausführungen des Kapitels 1.4 und vor allem den Abschnitten 1.4.3 und 1.4.5 entnimmt, gehört zu jeder Gegenstandsweite a eine bestimmte Bildweite b. Objekte, die nicht in der Gegenstandsebene liegen, werden auch nicht auf die Bildebene abgebildet. Insonderheit erscheint ein Gegenstandspunkt (auch bei vollkommener Korrektur aller Abbildungsfehler) nicht als Punkt auf der Bildebene, sondern als kleine Kreisfläche. Abb. 1.88 stellt die Verhältnisse dar, wobei wir hier und in der nachfolgenden Rechnung der Einfachheit halber eine dünne Linse und große Gegenstandsweite angesetzt haben. Wie man der Abbildung entnimmt, besteht zwischen dem Radius δy_b dieser Kreisfläche oder, wie man auch sagt, des *Zerstreuungskreises* und der Verschiebung der Bildebene δb näherungsweise der Zusammenhang

$$\frac{2\,\delta y_\mathrm{b}}{D} = \frac{\delta b}{z_0} = \frac{\delta b}{b + \delta b} = \frac{\delta b}{b} + \ldots\,,$$

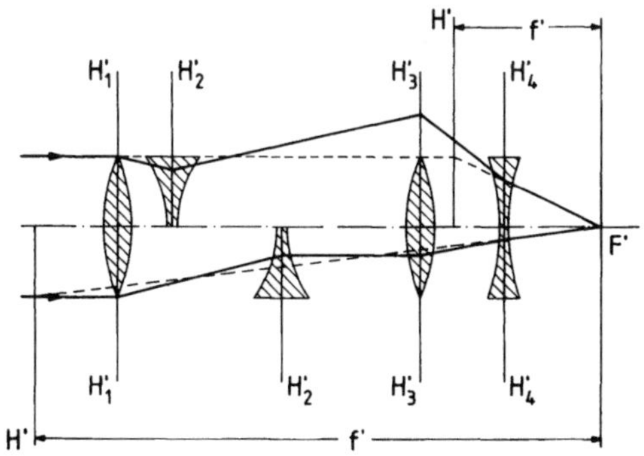

Abb. 1.84 Prinzip der Variooptik. Zweite Linse mit der Hauptebene H_2' jeweils hälftig in zwei verschiedenen Stellungen gezeigt, oben für kurze Brennweite f', unten für lange. Wirkliche Strahlen dick ausgezogen, Strahlen zur Bildkonstruktion mit Hauptebene H' des Objektivs (der Linsenkombination) gestrichelt gezeichnet.

Abb. 1.85 „Gewöhnliches" Photoobjektiv für überdurchschnittliche Ansprüche 1 : 2,8 / 80 mm (Zeiss Planar, 7 Linsen, 2 davon miteinander verkittet).

Abb. 1.86 Teleobjektiv 1 : 8 / 500 mm (Zeiss Tele-Apotessar, 5 Linsen).

Abb. 1.87 Vario-Objektiv 1 : 1,8 / 10 – 100 mm (Zeiss Vario-Sonnar, 19 Linsen).

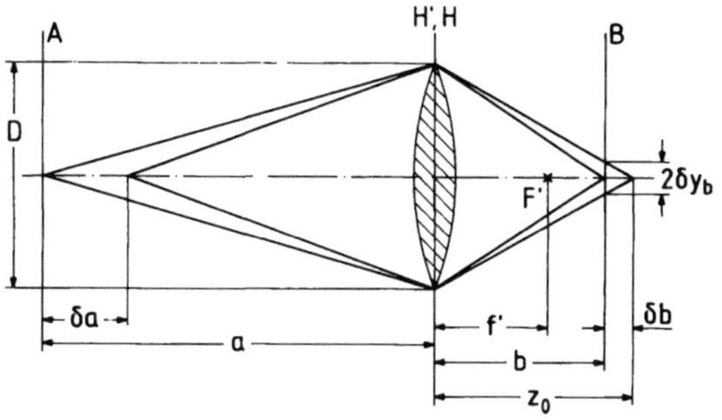

Abb. 1.88 Zur Tiefenschärfe. Die Gegenstandsebene A im Abstand a von der Hauptebene H' wird (scharf) in die Bildebene B im Abstand b von H' abgebildet (Gaußsches Bild). Ein um δa näher an H' liegender Gegenstand wird bei z_0 um δb verschoben scharf abgebildet; die Randstrahlen, gegeben durch den Linsendurchmesser D, schneiden B in einem Kreis mit dem Durchmesser $2\,\delta y_b$.

wobei die Punkte fortgelassene Glieder höherer Ordnung in δb bedeuten. Aus der Linsengleichung (1.32) gewinnen wir durch Differentiation

$$-\frac{\delta a}{a^2} = \frac{\delta b}{b^2} = \frac{\delta b}{f^2} + \ldots .$$

Zusammen mit Gl. (1.45) resultiert also

$$\frac{2\,\delta y_b}{f} = \frac{2L\,\delta y_b}{D} = -\frac{fL}{a}\frac{\delta a}{a} .$$

Die links stehende Größe ist offenbar die relative „Unschärfe", die bei einem Papierbild fester Größe verbleibt, unabhängig davon, mit welcher Brennweite f und bei welcher nachfolgenden Vergrößerung das Papierbild erhalten worden ist. Wir ersehen aus dieser Gleichung mehrerlei: Die Unschärfe ist proportional der Lichtstärke L, was „selbstverständlich" ist, proportional der Brennweite f, was vielleicht überrascht, und umgekehrt proportional der Gegenstandsweite a, alles bezogen auf dieselbe relative Entfernungsänderung $\delta a/a$. Üblicherweise definiert man als „scharf", was einen Wert der Größe $2\,\delta y_b M$ unter 0,1 mm auf dem fertigen Papierbild hat. Betrachtet man die (fertigen) Bilder im Abstand der deutlichen Sehweite s_0, so erkennt man aus Gl. (1.46) mit $l = s_0$, daß s_0/f für M zu nehmen ist. Mit der obigen Definition der Schärfe kann man die *„Tiefenschärfe"* $2\,|\delta a|$ ausrechnen, die bei vorgegebenen Werten von f, L und a vorhanden ist. Es resultiert

$$2\,|\delta a| = 0{,}1\ \text{mm}\ \frac{a^2}{s_0 fL} .$$

Diese Tiefenschärfe ist also proportional zu a^2 und umgekehrt proportional zu f und L. Auf eine einfache Regel gebracht gilt also:

- *Die Tiefenschärfe ist unter sonst gleichen Bedingungen umgekehrt proportional zur Brennweite.*

Man sollte also von diesem Gesichtspunkt aus ein möglichst kleinformatiges Negativ mit dazu passendem Objektiv geringer Brennweite f wählen, zum mindesten dann, wenn, wie meistens, große Tiefenschärfe erwünscht ist. Dem stellen sich natürlich andere Unschärfequellen entgegen, z. B. das „Korn" eines Schwarz-Weiß-Negativs.

1.7.3 Spiegelteleskop (abbildend)

„Photoapparate" mit einem großen Spiegel als Objektiv finden in der *Astronomie* weit verbreitete Anwendung. Hauptgrund für die Verwendung eines Spiegels anstelle einer Linsenkombination ist die Möglichkeit, Spiegel mit sehr großem Durchmesser herzustellen. Glas als „eingefrorene Flüssigkeit" fließt etwas. Einen Spiegel kann man durch ein rückwärtiges Stützgerüst halten, während etwas Ähnliches bei einer Linse offensichtlich nicht möglich ist. Zudem ist ein Parabolspiegel auch bei großer Lichtstärke für Gegenstände im Unendlichen praktisch *abbildungsfehlerfrei* in Brennpunktnähe.

Aus einer Reihe von Gründen braucht man photographische Negative, die nicht zu klein sind, d. h. zwei punktförmige Objekte am Himmel mit einem gewissen Winkelabstand sollen nicht zu nahe beieinander auf der Platte abgebildet werden. Da die meisten astronomischen Objekte von Interesse *lichtschwach* sind, ist es notwendig, möglichst viel Licht zu sammeln. Deswegen muß das Objektiv eine *große Eintrittspupille,* also einen *großen Durchmesser* haben.

Das Prinzip eines solchen astronomischen abbildenden Spiegelteleskops ist einfach: Man setzt eine photographische Platte in die Brennebene eines großen Parabolspiegels und richtet die Spiegelachse auf das gewünschte Objekt aus. Für längere Belichtungszeiten, wie sie fast immer nötig sind, „führt" man das Teleskop „mit",

Abb. 1.89 Mt.-Palomar-Teleskop des California Institute of Technology. Man erkennt vorne die mechanischen Bauteile (parallaktische Montage), im Mittelteil das Gitterwerk des eigentlichen Teleskops und im Hintergrund Teile der Dachkuppel.

d. h. bewegt das Teleskop gegenüber der sich drehenden Erde so, daß es immer auf dasselbe Objekt zeigt. Dafür ist die *parallaktische Montage,* bei der die Drehachse parallel zur Erdachse steht, günstig.

Fixsterne sind so „klein", d. h. erscheinen von der Erde aus gesehen unter einem so kleinen Winkel, daß sie nach den Regeln der geometrischen Optik immer als *Punkt* abgebildet werden; in praxi sieht man eine kleine *Beugungsfigur,* die vom Wellencharakter des Lichts herrührt und nichts mit der Sternausdehnung zu tun hat. Der unterliegende „Hintergrund" des Sterns, dessen Licht vom Streulicht der Atmosphäre stammt (wenn das Teleskop auf der Erde und nicht auf einem Satelliten steht), erscheint dagegen bei zunehmender Vergrößerung immer dunkler; dasselbe gilt für *flächenhafte astronomische Objekte* wie (echte) *Nebel* oder (unechte) „Nebel", die in Wirklichkeit aus vielen unaufgelösten Sternen bestehen *(„Spiralnebel").*

Das lange Zeit größte existierende Spiegelteleskop steht auf dem Mount Palomar in der Nähe von San Diego in Kalifornien, USA. Der Spiegeldurchmesser beträgt 5,1 m. Abb. 1.89 zeigt ein Bild des Teleskops. Neuerdings ist man zu einem Teleskoptyp übergegangen, dessen „Spiegel" aus mehreren Einzelstücken zusammengesetzt ist (Abb. 1.90).

Spiegelteleskope mit einem *Parabolspiegel* haben den Nachteil eines *kleinen Bildfeldes,* ausgedrückt durch den Öffnungswinkel des Kegels, der den hinreichend

Abb. 1.90 Im Bau befindliches ESO-Teleskop (VLT: Very Large Telescope) (Modell) für die Europäische Südsternwarte (ESO: European Southern Observatory). Vier zusammengeschaltete Spiegel mit je 8 m Durchmesser, äquivalent einem Einzelspiegel von 16 m Durchmesser. Aufstellungsort: 130 km südlich von Antofagasta, Chile, in 2600 m Höhe.

scharf abgebildeten Bereich einschließt. Hauptgrund ist die Koma. Parabolspiegel sind daher nicht für Aufnahmen geeignet, bei denen ein großer Teil des Himmels auf einmal erfaßt werden soll.

Dazu ist der *Schmidt-Spiegel* besser geeignet, erfunden (1931), berechnet und vor allem erfolgreich gebaut von dem deutschen Optiker und Astronomen B. Schmidt (1879–1935). Unbedingt zugehörig zum Schmidt-Spiegel ist die *Schmidt-Platte*, eine Korrekturplatte, die zusammen mit dem verwendeten *Kugelspiegel* des Radius r eine genügend fehlerfreie Abbildung eines großen Himmelsteils ermöglicht. Abb. 1.91 zeigt das Prinzip des Strahlengangs. Um die Wirkungsweise des Schmidt-Spiegels zu verstehen, wollen wir zunächst ein enges Parallelbündel betrachten, dessen Mittelstrahl senkrecht auf den Spiegel trifft. Der Bildpunkt dieses Bündels liegt auf dem Mittelstrahl, und dieser geht natürlich durch den Mittelpunkt des Spiegels. Der Bildpunkt liegt auf der halben Entfernung zwischen Kugelmittelpunkt und Oberfläche. Jetzt betrachten wir die Menge aller Bündel, deren Achsen innerhalb eines gewissen Konus liegen. Die Menge aller Bildpunkte, die Bildfläche, liegt dann auf einer Kugelfläche mit dem Radius $r/2$. Lassen wir nun als nächsten Schritt für die einzelnen Parallelbündel größere Durchmesser zu, so erhalten wir trotzdem eine von Koma und Astigmatismus (und natürlich auch vom Farbfehler) freie Abbildung, da jeder Bündelmittelstrahl als optische Achse betrachtet werden kann und aus Symmetriegründen dann diese Abbildungsfehler verschwinden. Für die sphärische Aberration trifft das allerdings nicht zu; sie ist ja auch bei Objekten auf der Achse vorhanden. Um die sphärische Aberration zu korrigieren, bringt man nach Schmidt eine Korrekturplatte an, die durch den Mittelpunkt O des Spiegels geht und auf der Symmetrieachse des Teleskops (OO' in Abb. 1.91) senrecht steht. Dazu müssen wegen der starken sphärischen Aberration eines Kugelspiegels (Randstrahlen schneiden die optische Achse in kürzerer Entfernung vom Spiegel als paraxiale Strahlen) vor allem Randstrahlen nach außen abgelenkt werden. Das erreicht man mit einer (nichtsphärisch) geschliffenen, um $\overline{OO'}$ rotationssymmetrischen Glasplatte, deren Profil in Abb. 1.91 der Deutlichkeit halber stark überzeichnet dargestellt ist. Der Mittelteil dieser Platte ist uninteressant, da er nicht zur Abbildung beiträgt (Abdeckung

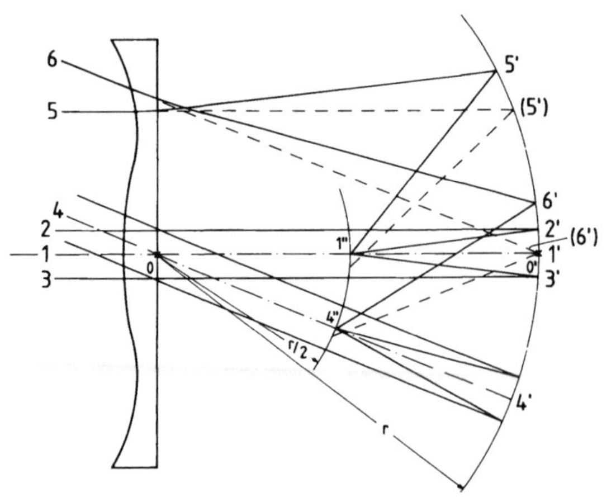

Abb. 1.91 Schmidt-Spiegel mit Korrekturplatte (schematisch). Kugelspiegel (rechts), Radius r, mit Zentrum in O, Korrekturplatte (links). Wirkliche Strahlen dick ausgezogen, Strahlen ohne Korrekturplattenwirkung gestrichelt, Mittelstrahlen von Bündeln (Achsen) strichpunktiert. Strahlen numeriert, Spiegelpunkte mit gestrichenen Nummern, im Falle von gestrichelten Strahlen in Klammern, Bildpunkte auf Bildfläche mit Radius $r/2$ um O doppelt gestrichen gekennzeichnet.

durch die Bildfläche). In praxi befindet sich die sphärische Bildfläche nicht genau bei $r/2$; ihre Lage ist vielmehr in Zusammenhang mit der Korrekturplatte zu sehen.

Schmidt-Spiegel haben mannigfaltigen Eingang in die Sternwarten gefunden.

Bisher haben wir nur das häufigste Hilfsmittel zur Bildregistrierung erwähnt, die photographische Platte oder, im Fall des Schmidt-Spiegels wegen der Bildfeldwölbung erforderlich, den Film. Neuerdings benutzt man zur Empfindlichkeitserhöhung sowie zur Ausweitung des nutzbaren Wellenlängenbereichs auch *optoelektronische Detektoren,* das sind Detektoren, die elektrische Signale bei Bestrahlung mit Licht abgeben.

1.7.4 Projektionsapparat

Bei der Besprechung von Projektionsapparaten wollen wir uns auf den **Dia-Projektor** beschränken. Im Prinzip ist ein Dia-Projektor eine „umgedrehte" Kamera. Allerdings ist die Qualität des Objektivs beim Projektor nicht so wichtig. Wichtig ist hingegen die *richtige Ausleuchtung* des Diapositivs. Wir behandeln hier den Dia-Projektor relativ ausführlich, weil er am klarsten einen Problemkreis aufzeigt, der sich immer wieder manifestiert, auch in verwickelteren physikalischen Problemen, so in der Korpuskularoptik, der Kernspektroskopie oder der Elektronenmikroskopie.

Wir wollen ausnahmsweise mit einer schlechten Lösung der Aufgabe anfangen, ein Dia-Positiv auf einen Schirm zu projizieren. Abb. 1.92 zeigt den Strahlengang in einem solchen mit einer gewissen Konsequenz, aber dennoch falsch konstruierten Projektor. Zwar entwirft das Objektiv (bei richtiger Positionierung des Dias) ein scharfes Bild auf dem Schirm, aber das Lampenlicht wird schlecht ausgenutzt und insbesondere muß das Objektiv groß sein; zudem erhält man ein (wenn auch unscharfes) Bild der Lampe auf dem Schirm, d. h. im Dia gleich helle Stellen erscheinen auf dem Schirm verschieden hell.

Abb. 1.93 skizziert die richtige Lösung. Neu hinzugetreten ist hier ein *Reflektor* und vor allem ein *Kondensor,* wie meist gebräuchlich in Form eines Doppelkondensors.

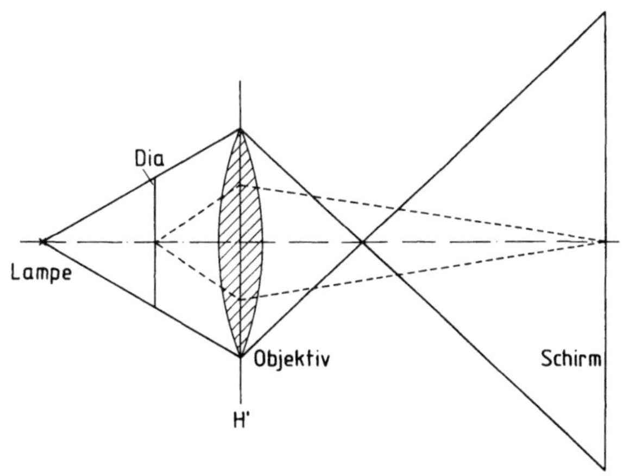

Abb. 1.92 Geometrie eines falsch konstruierten hypothetischen Projektors ohne Spiegel und Kondensor. Bündelbegrenzung (dick ausgezogen) und zwei abbildende Strahlen aus dem Dia (gestrichelt dargestellt).

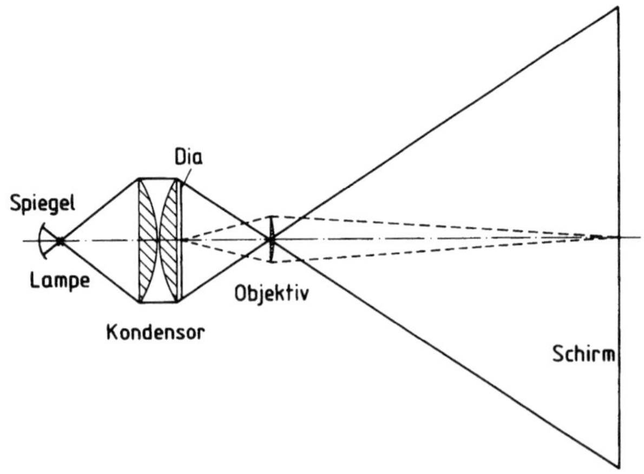

Abb. 1.93 Geometrie eines richtig konstruiertem Projektors. Bündelbegrenzung (dick ausgezogen) und zwei abbildende Strahlen (gestrichelt dargestellt). Kondensor in Form eines symmetrischen Doppellinsenkondensors, Linsen mit den zwei Konvexflächen zueinandergekehrt zwecks Verminderung der sphärischen Aberration des Kondensors.

Wichtig ist, daß der Kondensor die *Lampe* in das *Objektiv abbildet*. Der Kondensor, bei dem erhebliche Abbildungsfehler zugelassen werden können, muß so groß sein, daß er wie in Abb. 1.93 das ganze Dia ausleuchtet. Da das Licht im Dia nur wenig gestreut wird, kann das *Objektiv* relativ *lichtschwach* sein; da keine sehr achsenfernen Strahlen benutzt werden, sind an seine optische Qualität ebenfalls keine hohen Ansprüche (außer Achromasie) zu stellen.

Die meisten Dia-Projektoren enthalten noch ein *Filter*, das die für die lichtoptische Abbildung wertlosen Wärmestrahlen wegfiltert und so vom Dia fernhält.

1.7.5 Prismenspektrograph

In Abschn. 1.2.2 haben wir ein optisches Prisma kennengelernt, und aus Abschn. 1.5.5 wissen wir, daß blaues Licht stärker gebrochen wird als rotes. Die Zerlegung des Lichtes kann man mit einem *Prismenspektrographen*, auch Spektralapparat genannt, vornehmen. Entscheidend ist dabei, das zu untersuchende Bündel *auszublenden* und *richtig abzubilden* (was Goethe nicht beachtete, weshalb er falsche Resultate erhielt und deswegen die Wellentheorie des Lichts und der Farben verwarf). Abb. 1.94 zeigt den Strahlengang in einem Prismenspektrographen. Anstelle des Spaltes vor einer ausgedehnten Lichtquelle, wobei die Spaltöffnung als selbstleuchtender Gegenstand anzusehen ist, kann man auch eine fadenförmige Lichtquelle selber verwenden. In vielen Fällen ist es günstiger, die Lichtquelle mit einer weiteren Sammellinse auf die Spaltöffnung abzubilden. Beim Spektralapparat soll Licht *jeder* Farbe das Prisma *parallel* durchsetzen. Dafür muß der Spalt in die gegenstandsseitige Brennebene der ersten Sammellinse L_1 gesetzt werden. Der Schirm steht in der bildseitigen Brennebene der zweiten Sammellinse L_2. Diese Linse transformiert verschiedene Richtungen wieder in verschiedene Orte.

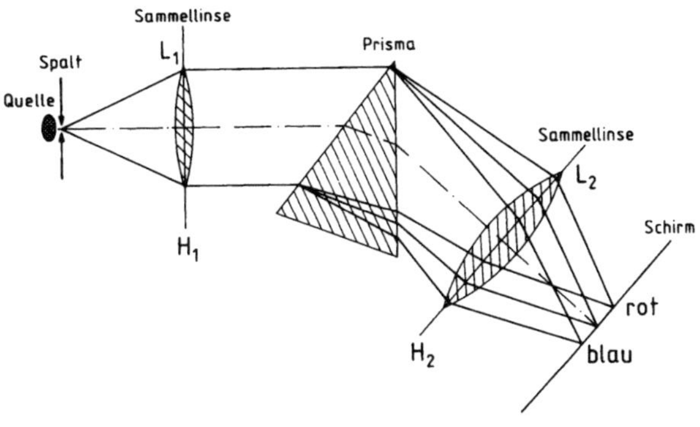

Abb. 1.94 Geometrie und Strahlengang eines Prismenspektrographen; s. Text.

Die Linse L_2 ist bei großem Schirmabstand zur Not entbehrlich. Man muß dann den Spalt mit der Linse L_1 durch das Prisma auf den Schirm abbilden.

1.7.6 Schlierenverfahren

Schlieren kann man z. B. als sich ändernde Licht- und Schattenfiguren auf einer Wand (Schirm) beobachten, wenn direktes Sonnenlicht (oder anderes gerichtetes Licht) eine inhomogene Luftschicht, z. B. oberhalb einer brennenden Kerze, durchsetzt. Ebenso lassen sich häufig mit dem bloßen Auge Schlieren als unregelmäßige Stellen in Glas, z. B. Fensterglas, beobachten.

Der Physiker bleibt nicht bei den Beobachtungen des täglichen Lebens stehen. Er baut eine Apparatur, um Schlieren gut sichtbar zu machen, und entwickelt daraus die Schlierenverfahren. Wir wollen nur ein einziges davon beschreiben, das aber alles Wesentliche enthält.

In Abb. 1.95 bildet die Linse L_1 eine praktisch punktförmige Lichtquelle S auf eine sehr *kleine* Abdeckplatte D ab, die in der Bildebene B_1 steht und bei ungestörten Lichtstrahlen kein Licht vorbeiläßt. Eine zweite Linse L_2 bildet eine Ebene A_2 zwischen der ersten Linse und der Abdeckplatte auf einen Schirm ab, der in der Bildebene B_2 aufgestellt ist. Befindet sich in der Gegenstandsebene A_2 der zweiten Linse ein Gegenstand G, der das Licht merklich ablenkt, so daß es an der Abdeckung vorbeigeht, sehen wir diesen Gegenstand hell auf dem Schirm abgebildet. Als „Gegenstand" kann z. B. eine Stelle heißer, also dünnerer Luft fungieren, deren kleinere Brechzahl die Lichtablenkung bewirkt (vgl. Abschn. 1.2.3). Wir können die Gegenstandsebene auch in die erste Linse legen; dann erkennen wir direkt Schlieren in dieser Linse (ein Verfahren zur Linsenprüfung).

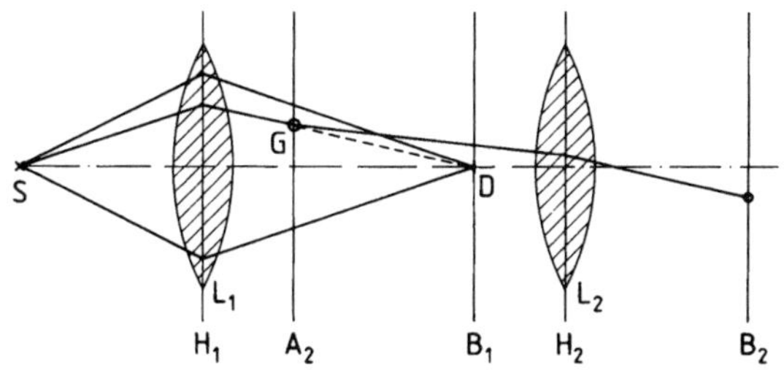

Abb. 1.95 Schlierenverfahren; s. Text.

Schlierenverfahren haben eine große Bedeutung zur Abbildung von Druckwellen erlangt, vor allem bei Überschallgeschwindigkeiten. Die Abbildung I, 7.41 ist mit einem Schlierenverfahren gewonnen worden.

1.8 Visuelle optische Intrumente

1.8.1 Lupe

Wie in Abschn. 1.7.1 angegeben, benutzt man visuelle optische Instrumente so, daß das auf unendlich eingestellte Auge ein scharfes Bild erhält. Deswegen müssen die Lichtstrahlen, die auf einen gewissen Punkt der Netzhaut fokussiert werden sollen, das optische Instrument *parallel* verlassen.

Für viele visuelle optische Instrumente ist die **Vergrößerung** ein wichtiger Begriff. Es hat jedoch keinen Sinn, mit der in Abschn. 1.4.4 eingeführten lateralen Vergrößerung zu arbeiten, weil wir dann die nicht direkt zugängliche Bildgröße auf der Netzhaut benutzen müßten. Statt dessen gebrauchen wir die *Angularvergrößerung* oder Winkelvergrößerung, kurz manchmal auch nur Vergrößerung genannt. Darunter verstehen wir folgendes. Wir betrachten einen Gegenstand zunächst mit bloßem Auge. Er erscheint dem *bloßen Auge* unter einem *Sehwinkel* ε_o. Für kleine Gegenstände, bei denen wir die Gegenstandsweite a frei wählen können, setzen wir a gleich der *deutlichen Sehweite* s_0. Man hat sich geeinigt, s_0 mit 25 cm festzulegen.

Nehmen wir nun ein optisches Instrument zu Hilfe, so ist der *Sehwinkel mit Instrument* ε_m (Abb. 1.96). Als Angularvergrößerung A bezeichnen wir das Verhältnis

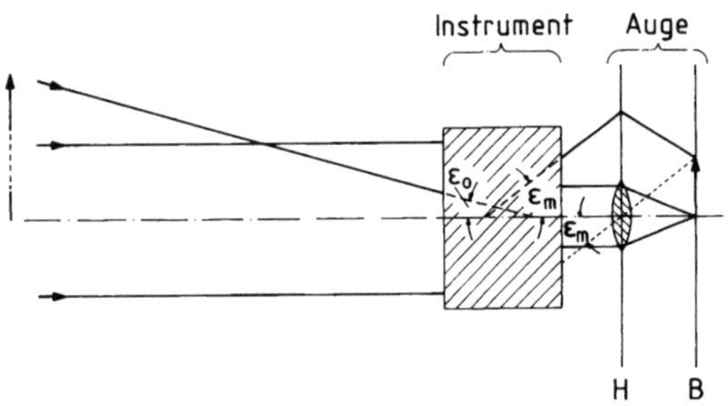

Abb. 1.96 Vergrößerung visueller optischer Instrumente. Der Gegenstand erscheint ohne Instrument unter dem Sehwinkel ε_o (mit dem Auge an dem Ort, wo in der Abbildung das Instrument gezeichnet ist) und mit Instrument unter dem Sehwinkel ε_m. In der Bildebene B des Auges gibt es mit Instrument ein reelles Bild (Pfeil) des Gegenstandes (kurzgestrichelt unterbrochener Pfeil). Verlängerung des eingezeichneten Strahls im Instrument mit langgestrichelter Geraden. Da das Auge beim richtigen Instrumentengebrauch entspannt ist, sind Strahlen mit Instrument, die von einem Gegenstandspunkt auf der Achse kommen, zwischen Instrument und Auge achsenparallel, und Strahlen, die von irgendeinem Gegenstandspunkt kommen, zueinander parallel. Der kurzgestrichelt eingezeichnete Teil eines Strahls durch das Zentrum der Hauptebene H des Auges bestimmt ε_m.

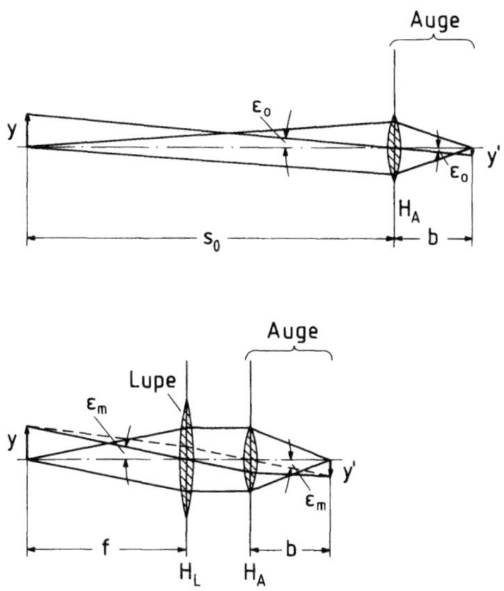

Abb. 1.97 Vergrößerung der Lupe. Oben: Strahlengang beim Betrachten eines Gegenstandes mit bloßem Auge. s_0 Abstand, ε_o Sehwinkel, b Bildweite im Auge. H_A Hauptebene des Auges. Unten: Strahlengang und Bildkonstruktion bei Verwendung einer Lupe. H_L Hauptebene der Lupe, ε_m Sehwinkel.

des Sehwinkels mit Instrument zu dem ohne Instrument:

$$A \stackrel{\text{def}}{=} \frac{\varepsilon_m}{\varepsilon_o} .$$

Es sei daran erinnert, daß ε_m bei entspanntem Auge bestimmt wird. Wird durch unser visuelles optisches Instrument der Sehwinkel um den Faktor A vergrößert, so wird, wie leicht einzusehen ist, auch das Netzhautbild um den Faktor A vergrößert.

Die Konstruktion visueller optischer Instrumente sollte unserem Auge angepaßt sein. So ist es z. B. sinnlos, ein Instrument zu bauen, dessen Ausstrittspupille größer als die Eintrittspupille unseres Auges ist: Das durch die äußeren Zonen der Austrittspupille gehende Licht würde ja dann unserem Auge entgehen (wichtig z. B. für lichtstarke Feldstecher, sogenannte Nachtgläser; vgl. Abschn. 1.8.3).

Das einfachste visuelle optische Instrument ist die **Lupe.** Wie Abb. 1.97 zeigt, sind ε_o und ε_m durch

$$\varepsilon_o = \frac{y}{s_0}$$

und

$$\varepsilon_m = \frac{y}{f}$$

gegeben. Die Angularvergrößerung ist also

$$A = \frac{s_0}{f} .$$

Hierbei geht der Abstand zwischen Lupe und Auge nicht ein. Das ist auch verständlich, weil die von einem Gegenstandspunkt ausgehenden Strahlen zwischen Lupe und Auge parallel verlaufen *(telezentrisches Bündel)*.

Der Gebrauch von *Uhrmacherlupen* ist nicht jedermanns Sache. Nervenschonender sind Lupen (oder sollte man starke Brillen sagen?), die man mit einem Kopfreif trägt (Abb. 1.98).

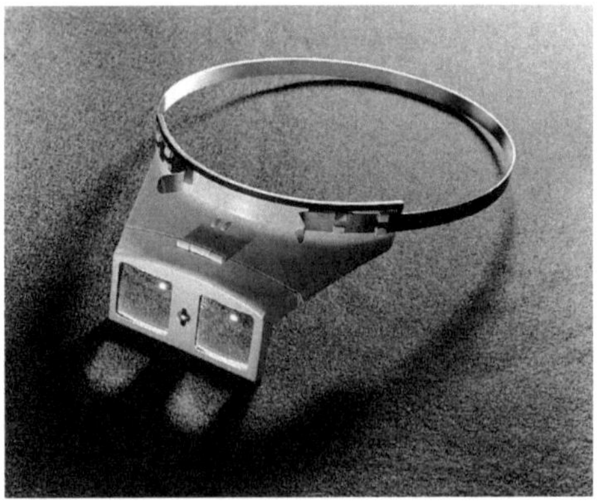

Abb. 1.98 Zweiäugige Lupenanordnung, mit Kopfreif zu tragen.

1.8.2 Mikroskop

Nachdem wir Projektionsapparat und Lupe kennengelernt haben, liegt es nahe, das *Mikroskop* zu erfinden [nur schade, daß uns der holländische Brillenmacher Zacharias Janssen (1580–ca. 1638) um 1590, also im Alter von ungefähr zehn Jahren, zuvorgekommen ist]. Mit dem Projektionsapparat werfen wir ein reelles Bild z. B. auf eine Mattscheibe und betrachten es von „hinten" mit einer Lupe (Okular). Dann lassen wir die Mattscheibe fort und haben ein Mikroskop.

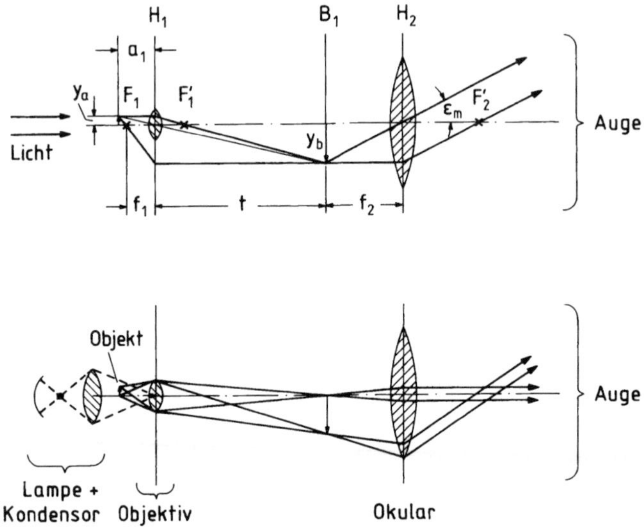

Abb. 1.99 Bildkonstruktion (oben) und Strahlengang (unten) beim Mikroskop. y_a Gegenstandsausdehnung, a_1 Gegenstandsweite, F_1 gegenstandsseitiger Brennpunkt der ersten „Linse" (Objektiv), f_1 Brennweite und H_1 Hauptebene dazu, F_1' bildseitiger Brennpunkt, B_1 Bildebene des Zwischenbildes, t Tubuslänge, y_b Ausdehnung des Zwischenbildes, f_2 Brennweite der zweiten „Linse" (Okular), H_2 Hauptebene dazu, F_2' bildseitiger Brennpunkt der zweiten „Linse". Abbildende Strahlen des Kondensors gestrichelt (unten).

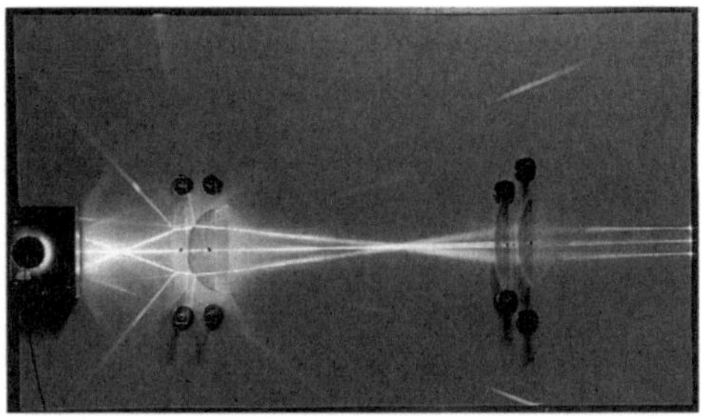

Abb. 1.100 Experimentelle Demonstration von drei Strahlen durch einen Gegenstandspunkt auf der Achse im Modellmikroskop.

Abb. 1.99 zeigt die Bildkonstruktion und das Prinzip des Strahlengangs im Mikroskop, Abb. 1.100 den Gang einiger Strahlen im Experiment. In praxi ist die Tubuslänge t wesentlich größer als die Objektivbrennweite f_1. Man kann daher näherungsweise die Gegenstandsweite a_1 gleich f_1 setzen. Für die Angularvergrößerung A hat man

$$A = \frac{\varepsilon_m}{\varepsilon_o} = \frac{y_b}{f_2}\frac{s_0}{y_a} = \frac{y_a t}{f_1 f_2}\frac{s_0}{y_a} = \frac{t s_0}{f_1 f_2},$$

wobei der erste Quotient nach dem zweiten Gleichheitszeichen ε_m und der zweite der Kehrwert von ε_o ist.

Unser Mikroskop ist so noch nicht vollständig; es fehlt noch die uns ebenfalls vom Projektionsapparat her bekannte Beleuchtungseinrichtung. Sie besteht meist aus einem Kondensor als wesentlichem Teil, wie in Abschn. 1.7.4 beschrieben; natürlich ist ein Mikroskopkondensor kleiner als der eines Projektionsapparates. Gelangt das Licht aus dem Kondensor bei Abwesenheit des Gegenstands (Objekts) in das Objektiv, so spricht man von *Hellfeldbeleuchtung*. Beleuchtet der Kondensor das Objekt so, daß nur am Objekt gestreutes Licht ins Objektiv kommt, liegt *Dunkelfeldbeleuchtung* vor. Dunkelfeldbeleuchtung läßt auch sehr kleine Objekte erkennen, erhöht aber nicht die Auflösung (vgl. Abschn. 2.5.3). Für hohe Auflösung füllt man den Raum zwischen Objekt bzw. Objektträger (häufig eine geschliffene Glasplatte mit einer Abdeckung aus einer zweiten geschliffenen Glasplatte, die sehr dünn ist) und Objektiv mit einer Flüssigkeit hoher Brechzahl n und spricht dann von *Ölimmersion*. Ihre Bedeutung wird in Abschn. 2.5.3 erklärt werden.

1.8.3 Fernrohr und Fernglas

Das *astronomische Fernrohr,* auch Keplersches oder holländisches Fernrohr genannt, ist eng mit dem Mikroskop verwandt: Man hat ebenfalls ein Objektiv, das ein „großes" reelles Zwischenbild entwirft, welches mit einem Okular betrachtet wird. Im Gegensatz zum Mikroskop liegt das Objekt des Fernrohrs natürlich in der Ferne. Abb. 1.101 zeigt Strahlengang und Bildkonstruktion, Abb. 1.102 ein Experiment.

Die *Vergrößerung* des astronomischen Fernrohres ergibt sich zu

$$A = \frac{\varepsilon_m}{\varepsilon_o} = \frac{y_b}{f_2}\frac{a}{y_a} = \frac{y_b}{f_2}\frac{f_1}{y_b} = \frac{f_1}{f_2}. \tag{1.47}$$

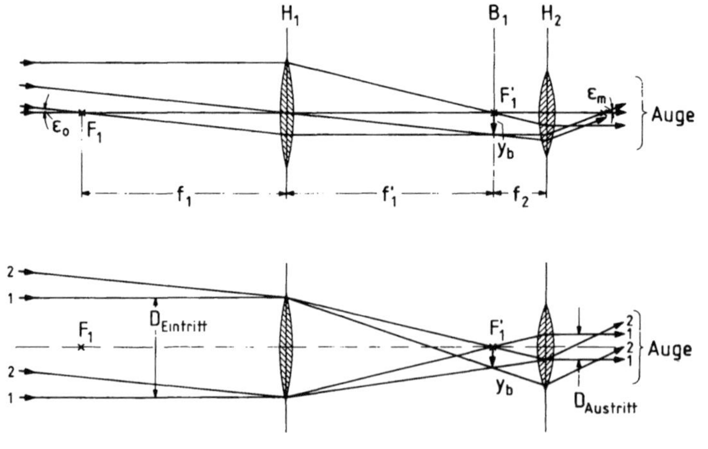

Abb. 1.101 Bildkonstruktion (oben) und Strahlengang (unten) beim astronomischen Fernrohr; für die Bezeichnungen vgl. vor allem Abb. 1.99. D_{Eintritt} Durchmesser der Eintrittspupille und D_{Austritt} Durchmesser der Austrittspupille.

Aus Abb. 1.101 folgt für das Verhältnis des Durchmessers der Austrittspupille zu dem der Eintrittspupille

$$\frac{D_{\text{Austritt}}}{D_{\text{Eintritt}}} = \frac{f_2}{f_1} .$$

Im astronomischen Fernrohr „stehen die Bilder auf dem Kopf". Das stört in der Astronomie überhaupt nicht; Bilder z. B. von der Mondoberfläche werden so reproduziert, daß der Mond-„Nordpol" unten und der „Südpol" oben ist. Für den terrestrischen Gebrauch stört die Umkehrung der Bilder. Man kann dem abhelfen, indem man eine weitere Sammellinse einschaltet, die ein zweites reelles Zwischenbild erzeugt. Diese Lösung ist insofern unpraktisch, weil sie zu einer sehr großen Gesamtlänge führt. Wie aus der Schulphysik bekannt, ist es bei *Ferngläsern* gebräuchlich, durch Prismen Bildumkehr und gleichzeitig Verringerung der Gesamtlänge des Systems zu erzielen. Am Ort des Zwischenbildes wird eine *Blende* zur *Begrenzung* des *Gesichtsfeldes* eingebaut (vgl. Abschn. 1.5.6). Abb. 1.103 zeigt ein modernes Fernglas.

Ferngläser *(„Feldstecher")* werden meist *binokular*, d. h. für beide Augen, gebaut. Trotzdem ist das Gesichtsfeld eine (einzige) Kreisscheibe; die Darstellung des Gesichtsfeldes eines Fern-

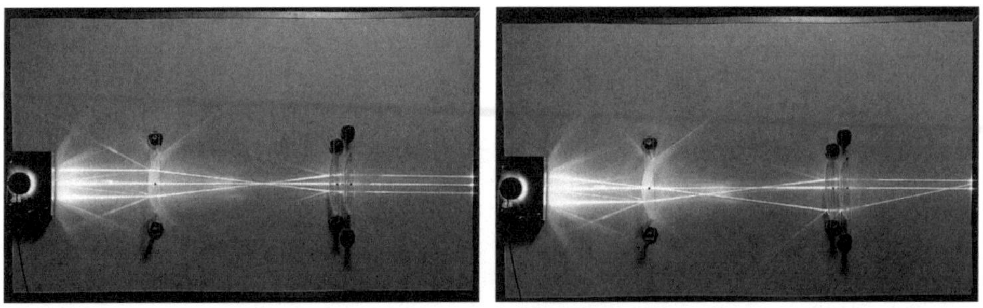

Abb. 1.102 Astronomisches Fernrohr im Demonstrationsexperiment. Links: Gang von drei achsenparallel ein- und austretenden Strahlen. Rechts: Angularvergrößerung, am schräg ein- und auslaufenden Strahl erkennbar.

Abb. 1.103
Neuzeitliches Fernglas.

glases durch sich nur teilweise überlappende Kreisscheiben in Filmen ist rational nicht zu begründen.

Anders als das astronomische Fernrohr arbeitet das *Galileische Fernrohr* mit einer *Zerstreuungslinse* als *Okular.* Abb. 1.104 zeigt die Bildkonstruktion und den Strahlengang, Abb. 1.105 einen entsprechenden Versuch. Für die Vergrößerung des Galileischen Fernrohrs gilt ebenfalls Gl. (1.47); der (einfache) Beweis sei hier unterdrückt. Da das Okular keine reelles Zwischenbild abbildet, ist keine scharfe Bildfeldbegrenzung möglich. Aus Abb. 1.104 geht hervor, daß das Galileische Fernrohr bei gleicher Vergrößerung kürzer als das entsprechende astronomische ist; das macht es in binokularer Ausführung als *Theaterglas* geeignet.

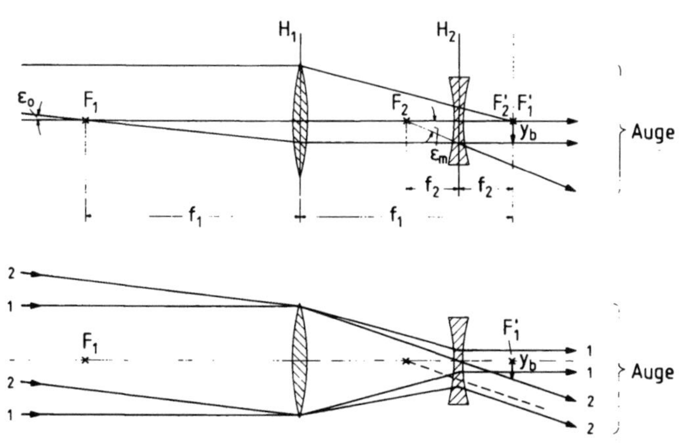

Abb. 1.104 Bildkonstruktion (oben) und Strahlengang (unten) beim Galileischen Fernrohr; für die Bezeichnungen vgl. vor allem Abb. 1.99.

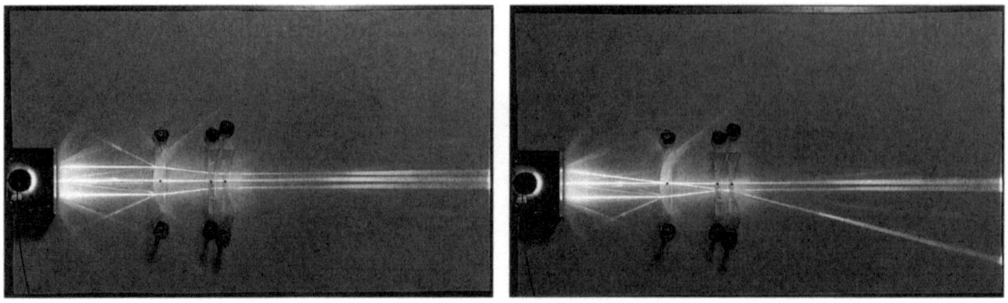

Abb. 1.105 Galileisches Fernrohr im Demonstrationsexperiment, analog zu Abb. 1.102.

1.8.4 Spiegelteleskop (visuell)

Beim abbildenden Spiegelteleskop konnten wir die Aufzeichnungsapparatur, meist eine Photoplatte oder einem Photofilm, ohne Schwierigkeiten in die Brennebene (beim Schmidt-Spiegel in die Brennfläche) legen, weil die Aufzeichnungsapparatur relativ klein ist. Ein visueller Beobachter würde einen zu großen Teil des Spiegels abdecken. Man bedient sich eines *Hilfsspiegels,* für dessen Konstruktion und Wirkungsweise verschiedene Möglichkeiten erdacht und erprobt worden sind. Hier sollen nur zwei skizziert werden.

Newtonsches Spiegelteleskop

Newton setzte (1668) einen kleinen *Planspiegel,* der um 45° gegen die optische Achse gekippt ist, nahe vor den Fokus des Parabolspiegels. Das entstehende reelle Zwischenbild wird mit einem Okular, das z. B. in der zylindrischen Spiegelhalterung montiert ist, betrachtet (Abb. 1.106).

Cassegrainsches Spiegelteleskop

Der französische Arzt und Astronom G. Cassegrain (1625–1712) plazierte (1672) einen kleinen *Zerstreuungsspiegel* dicht vor den Brennpunkt des Parabolspiegels und führte die gespie-

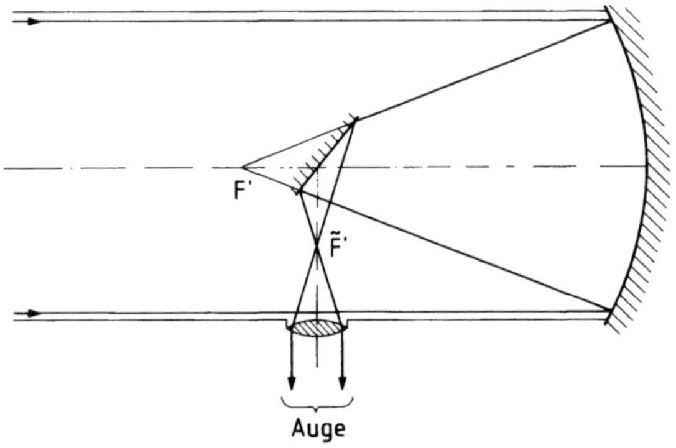

Abb. 1.106 Newtonsches Spiegelteleskop. Der eingesetzte kleine Planspiegel verlagert den Brennpunkt von F' nach $\tilde{F}'$.

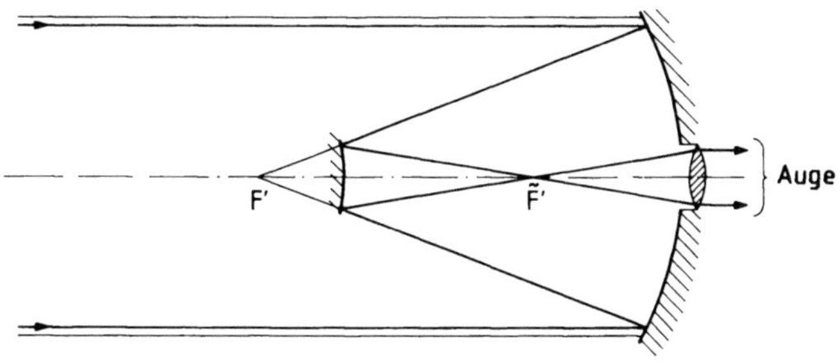

Abb. 1.107 Cassegrainsches Spiegelteleskop. Der eingesetzte kleine Zerstreuungsspiegel verlagert unter Brennweitenvergrößerung den Brennpunkt von F' nach $\tilde{F}'$.

gelten Strahlen durch ein zentrales Loch im Parabolspiegel hinaus (Abb. 1.107). Das durch beide Spiegel erzeugte reelle Zwischenbild wird mit einem Okular betrachtet.

Visuelle Spiegelteleskope spielen in der Wissenschaft schon lange keine große Rolle mehr, nämlich von dem Zeitpunkt an, als man gelernt hatte, achromatische Linsen herzustellen. Dagegen sind sie in der Amateurastronomie populär geworden. In der Wissenschaft besteht dagegen die Tendenz, visuelle Apparaturen gegen automatisch registrierende auszutauschen.

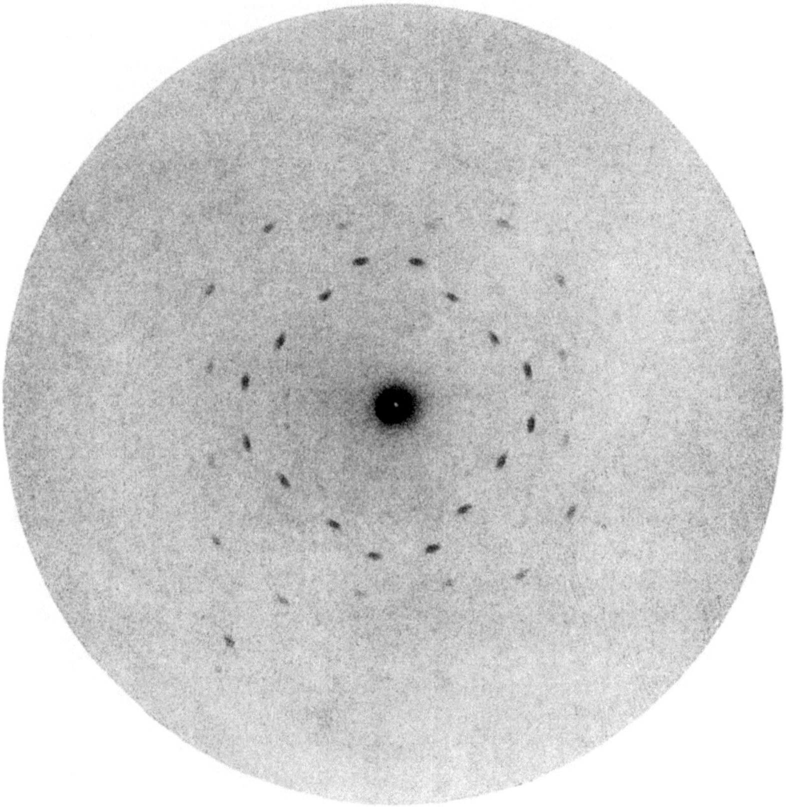

Abb. 2.0 Laue-Diagramm. Bild aus der Originalarbeit. Planparallele Platte aus Zinkblende (ZnS), parallel zur (100)-Ebene geschnitten, senkrechter Einfall. Vgl. Abschn. IV, 3.1.2.

2 Wellenoptik

2.1 Intensität und Kohärenz

2.1.1 Intensität

In der geometrischen Optik haben wir uns mit Lichtstrahlen beschäftigt. Einen Lichtstrahl können wir auffassen als „Bahn“ eines Photons oder auch als Bahn, auf der sich ein Wellenvektor fortbewegt, wie in Abb. 2.1 gezeigt. Lichtstrahlen sind zur Beschreibung der Intensität nicht gut geeignet, z. B. der Helligkeit einer Fläche, die durch eine Lampe beleuchtet wird. Man könnte daran denken, sich ähnlich zu behelfen, wie man es bei den Feldlinien tut. Die Dichte der Feldlinien, d. h. die Anzahl der Feldlinien pro senkrecht gestelltes Flächenelement, ist ein Maß für die Feldstärke; vgl. Abschn. I, 3.3.5. Wir kämen jedoch in Schwierigkeiten bei der Reflexion an Oberflächen mit teilweiser Transmission, ganz abgesehen davon, daß die geometrische Optik zur Berechnung der Intensität bei teilweiser Absorption überhaupt nicht zu gebrauchen ist.

Wir haben eben und auch schon wiederholt in der Vergangenheit mit dem Begriff **Intensität** operiert, ohne ihn genau zu definieren. Das soll jetzt geschehen. In der Tat hat das Wort „Intensität“ eine mehrfache Bedeutung. Insbesondere müssen wir unterscheiden zwischen der Intensität der *Bestrahlung (einfallende Intensität)* und Intensität der *Strahlungsemission (emittierte Intensität);* dazwischen liegt die Intensität des „Strahls“.

Als einfallende Intensität oder *Bestrahlungsstärke*, bei Licht auch Beleuchtungsstärke genannt, wollen wir die *Energieflußdichte* nehmen, die in der Optik Strahlungsflußdichte genannt wird (bei Teilchenstrahlen, vgl. Abschn. II, 3.7.1, nimmt man als Intensität der einfallenden Strahlung gern die Anzahl der Teilchen dividiert durch Fläche und Zeit) (Abb. 2.2). Bezeichnen wir mit W die Arbeit, mit $\dot{W}$ die Leistung und mit A eine Fläche, so haben wir also als Bestrahlungsstärke

$$E = E_e = \frac{d\dot{W}}{dA} = \lim_{A \to 0} \frac{\dot{W}}{A}\,, \tag{2.1}$$

wobei wir unter $\dot{W}$ und $d\dot{W}$ diejenige Leistung verstehen, die auf die Fläche A bzw. das Flächenelement dA fällt. Abb. 2.3 verdeutlicht den einfachen Zusammenhang. Die Bestrahlungsstärke ist also eine *Eigenschaft der Quelle* und der *Geometrie* (sowie eventuell des Mediums zwischen Quelle und Fläche A), aber keineswegs eine

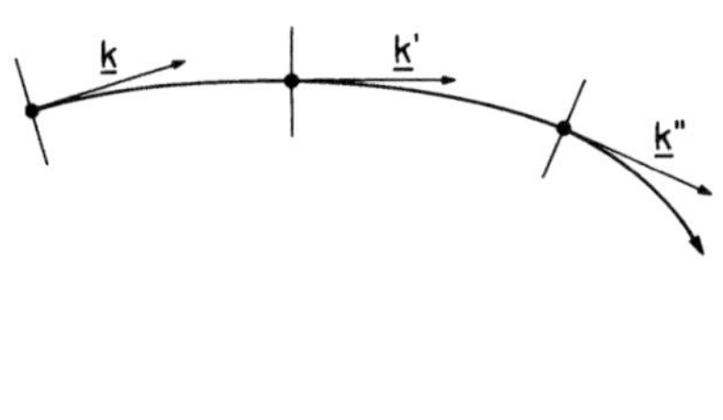

Abb. 2.1 Lichtstrahl, als Wellenvektor $\boldsymbol{k}$ aufgefaßt, der sich auf einer gekrümmten Bahn fortbewegt. Übergang von $\boldsymbol{k}$ in $\boldsymbol{k}'$, von $\boldsymbol{k}'$ in $\boldsymbol{k}''$. Die Wellenfront, auf der der Wellenvektor senkrecht steht, ist eingezeichnet.

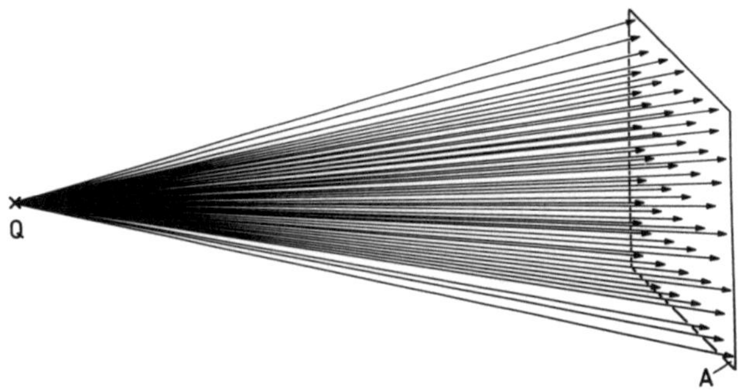

Abb. 2.2 Intensität eines Teilchenstrahls, hier für (im wesentlichen) senkrechten Einfall auf die Fläche A. Q (in diesem Beispiel punktförmige) Quelle.

Eigenschaft der bestrahlten Fläche. Steht die Fläche A senkrecht auf der Strahlrichtung, so ist die Bestrahlungsstärke Gl. (2.1) gleich der Intensität des „Strahls".

Indem wir die Geometrie außer acht lassen (und ebenso eventuelle Einflüsse eines zwischengeschalteten Mediums), wollen wir nun unmittelbar die von der Quelle emittierte Strahlung betrachten. Wir lassen durchaus zu, daß die Quelle anisotrop strahlt; eine solche anisotrop strahlende Quelle ist z. B. der Hertzsche Dipol, vgl. Abschn. II, 3.6.1. Wir definieren als *Strahldichte* die Größe

$$L = \frac{\mathrm{d}^2 \dot{W}_{\vartheta\varphi}}{\mathrm{d}\Omega\,\mathrm{d}A} = \lim_{\substack{\Omega \to 0 \\ A \to 0}} \frac{\dot{W}_{\langle\vartheta\rangle\,\langle\varphi\rangle}}{\Omega A}\,,$$

wobei ϑ und φ „geographische Breite" bzw. „geographische Länge" (Azimut) in einem Kugelkoordinatensystem, $\mathrm{d}A$ ein Flächenelement der Strahlungsquelle und $\mathrm{d}\Omega$ ein Raumwinkelelement sind. Integrieren wir über die ganze Senderfläche, so erhalten wir die *Strahlstärke*

$$I_\mathrm{e} = \int\limits_A L\,\mathrm{d}A = \frac{\mathrm{d}\dot{W}_{\vartheta\varphi}}{\mathrm{d}\Omega}\,.$$

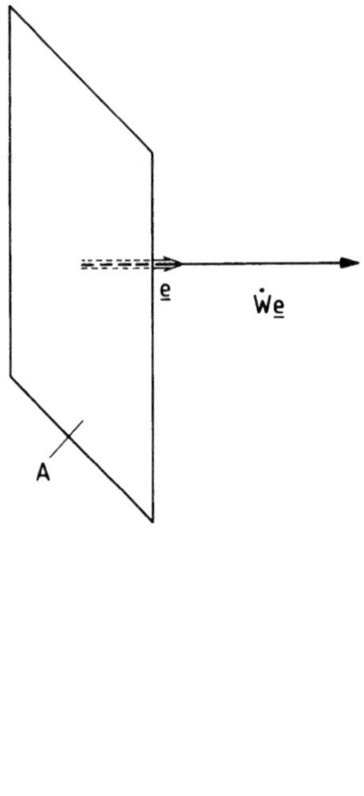

Abb. 2.3 Bestrahlungsstärke bei senkrechtem Einfall. Die Leistung $\dot{W}$ fällt auf die Fläche A. $\boldsymbol{e}$ Einheitsvektor in Richtung des Energieflusses. $\dot{W}\boldsymbol{e}$ ist am Fußpunkt des Vektors auf der „linken Seite" der Fläche A zu nehmen und durchstößt deshalb A nach rechts.

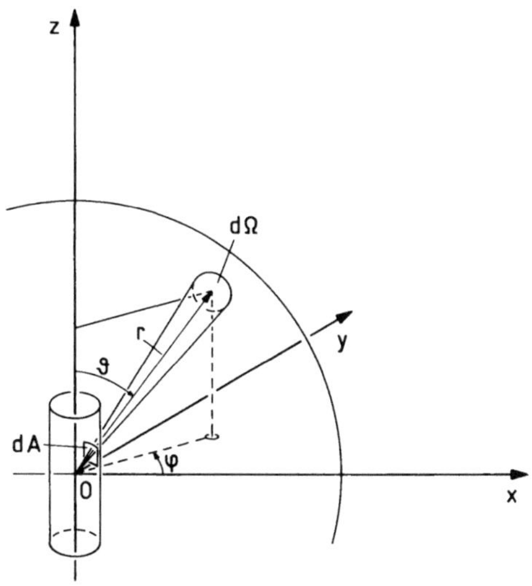

Abb. 2.4 Zur Definition der Strahlungsgrößen. Strahlungsquelle Oberfläche des um O gezeichneten Zylinders. Das Flächenelement dA dieser Oberfläche emittiert in den Kegel mit dem Raumwinkelelement dΩ, der Achse r und den auf O bezogenen Koordinaten ϑ und φ Strahlung der Strahldichte L und der doppelt differentiellen Strahlungsleistung $\mathrm{d}^2\dot{W}_{\vartheta\varphi} = L\,\mathrm{d}\Omega\,\mathrm{d}A$.

Eine nochmalige Integration über den gesamten Raumwinkel ergibt die *Strahlungsleistung* oder *emittierte Intensität,* auch Strahlungsfluß genannt,

$$\Phi = \int_{\Omega}\int_{A} L\,\mathrm{d}A\,\mathrm{d}\Omega = \dot{W}\,.$$

Abb. 2.4 veranschaulicht die Verhältnisse.

In Abschn. II, 3.5.1 haben wir als Vektor der Energieflußdichte für elektromagnetische Strahlung den *Poynting-Vektor* $\boldsymbol{S} = \boldsymbol{E} \times \boldsymbol{H}$ mit $\boldsymbol{E}$ als elektrischer und $\boldsymbol{H}$ als magnetischer Feldstärke kennengelernt. Erhöhen wir $\boldsymbol{E}$, ohne an Geometrie oder Material etwas zu ändern, so wächst damit proportional auch $\boldsymbol{H}$. Wir haben also zusammen mit Gln. II, (3.82), (II, 3.84), (II, 3.85) und (2.1)

$$\langle|\boldsymbol{S}|\rangle = \frac{1}{2}\,|\boldsymbol{S}_{\max}| = \frac{1}{2}\,E_0 H_0 = \frac{1}{2}\,\sqrt{\frac{\varepsilon}{\mu}}E_0^2 = E_{\mathrm{e}}\,, \tag{2.2}$$

wobei E_0 und H_0 die Amplituden der sinusförmigen Schwingungen der elektrischen Felstärke $\boldsymbol{E}$ und der magnetischen Feldstärke $\boldsymbol{H}$ sind. Das letzte Gleichheitszeichen ergibt sich aus der Definition der Bestrahlungsstärke E_{e}. Wichtig ist für uns vor allem die Proportionalität zwischen Bestrahlungsstärke und dem Quadrat der elektrischen Feldamplitude:

- *Die Intensität der einfallenden Strahlung (Bestrahlungsstärke) ist dem Quadrat der elektrischen Feldstärke proportional.*

2.1.2 Interferenz bei zwei kohärenten Punktlichtquellen

In Abschn. I, 7.5.1 haben wir uns das Phänomen der *Interferenz* in einem Modellversuch und in einem „echten" Versuch angeschaut. Der „echte" Versuch wurde mit Wasserwellen ausgeführt. In diesem Abschnitt wollen wir uns vor Augen führen, was

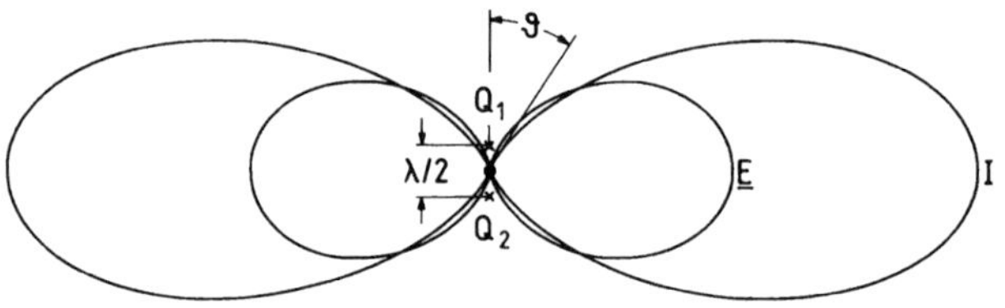

Abb. 2.5 Elektrische Feldstärke E und emittierte Intensität I. Zwei Sender Q_1 und Q_2 mit sinusförmiger Strahlung, Abstand $\lambda/2$, in Phase. Polarkoordinatendiagramm: Die Länge des Pfeils vom Zentrum in Richtung ϑ gibt die jeweilige Feldstärke bzw. Intensität an. Diagramm rotationssymetrisch für Rotation um Achse Q_1-Q_2.

bei der Interferenz von Lichtwellen oder allgemein von elektromagnetischen Wellen passiert. Wir betrachten zunächst einige Spezialfälle qualitativ. Wir fangen mit einem einzelnen Sender an.

Ein einzelner Sender

Den (punktförmigen) Sender können wir uns als Hertzschen Dipol vorstellen. Steht der Dipol senkrecht auf einer Ebene, die durch ihn geht, also in Abb. II, 3.46 senkrecht zur Zeichenebene, so ist seine Richtcharakteristik, bei der z. B. die Feldstärke oder auch die Intensität in Kugelkoordinaten aufgetragen wird, ein Kreis (vgl. Abschn. II, 3.6.1). Betrachtet man hingegen Feldstärke und Intensität in einer Ebene, die durch den Dipol geht, so ist die Feldstärke durch zwei Kreise und die Intensität (Strahlungsdichte) durch eine von einem Kreis abweichende Figur gegeben, wie in Abb. II, 3.47 dargestellt.

Zwei Sender, Abstand $\lambda/2$, in Phase

Wir wollen uns nun auf die Feldstärken- und Intensitätsverteilung in einer Ebene, auf der die Dipole senkrecht stehen, beschränken. Dann erhalten wir für den Fall zweier gleich starker Sender im Abstand einer halben Wellenlänge, die in Phase schwingen, das in Abb. 2.5 gezeigte Bild. Da wir uns nur für die Verhältnisse in der Fernzone interessieren, können wir die Wellenvektoren $\boldsymbol{k}$ für diejenige Strahlung beider Sender, die einen vorgegebenen Empfänger erreicht, als parallel ansehen. Wir überblicken sofort die Verhältnisse in Extremfällen: In der Richtung senkrecht zur Verbindungslinie beider Sender (in der Richtung der Waagerechten in Abb. 2.5) *verdoppelt* sich die *Feldstärke* $\boldsymbol{E}$, also *vervierfacht* sich die *Intensität* $I = I_e$; in der Richtung der Geraden, die beide Sender verbindet (die Senkrechte in Abb. 2.5), *löschen* sich die Wellen durch *Interferenz aus*, und *Feldstärke* und *Intensität verschwinden.*

Zwei Sender, Abstand $\lambda/2$, Phasendifferenz π

Wie man sich leicht überlegt, haben wir hier diejenigen Verhältnisse, die man erhält, wenn man das in Abb. 2.5 gezeigte Diagramm um 90° dreht: In Richtung der Verbindungsgeraden addieren sich die Feldstärken maximal, während sie sich in Richtung senkrecht zur Verbindungsgeraden auslöschen.

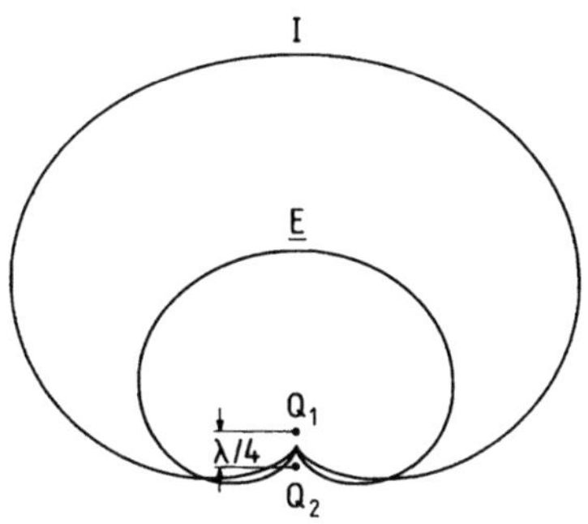

Abb. 2.6 Wie Abb. 2.5, aber Abstand $\lambda/4$ und Phasendifferenz $\pi/2$.

Zwei Sender, Abstand $\lambda/4$, Phasendifferenz $\pi/2$

Wenn Q_2 in Abb. 2.6 vorauseilt, haben wir offenbar nach unten totale Auslöschung (Phasendifferenz $\pi/2$ zwischen den Sendern, weitere Phasendifferenz $\pi/2$ durch den Abstand $\lambda/4$ der Sender untereinander) und nach oben maximale Verstärkung, also zweifache Feldstärke und vierfache Intensität. Nach beiden Seiten hat man eine gewisse Verstärkung. Insgesamt resultieren die in Abb. 2.6 gezeigten Charakteristiken.

Aus den obigen Betrachtungen erkennen wir die Bedeutung der Phase für die Richtcharakteristik. Man wird bei der *destruktiven Interferenz,* die zur Schwächung oder Auslöschung der Strahlung in bestimmten Richtungen führt, an die Korfsche Tag-Nacht-Lampe erinnert, die, nach dem deutschen Dichter Christian Morgenstern (1871–1914), „selbst den hellsten Tag in Nacht verwandelt". Wir Physiker wissen uns allerdings hier, vielleicht ausnahmsweise, mit den „nach dem gesunden Menschenverstand" Urteilenden einig: So etwas passiert mit Tageslicht nicht und kann nicht passieren. Wir können auch den physikalischen Grund angeben: Die Phasenbeziehungen, die zur Auslöschung notwendig sind, sind gegenüber dem Tageslicht nicht zu verwirklichen.

Quantitative Behandlung

Zur *quantitativen Behandlung* nehmen wir der Einfachheit halber zwei Sender gleicher Amplitude und ungefähr gleicher Frequenz, aber verschiedenen Phasen beim Zeitnullpunkt $t = 0$ an. Wir lassen also im Gegensatz zu den oben behandelten Beispielen explizit zu, daß die Frequenzen beider Sender nicht genau gleich sind, schließen Gleichheit allerdings keineswegs aus. Ferner nehmen wir, jedenfalls innerhalb des ins Auge gefaßten kleinen Raumwinkelbereichs, Kugelwellen an. Indem wir mit dem Index $\nu = 1$ oder 2 auf den Sender 1 oder 2 hinweisen, schreiben wir für die elektrische Feldstärke E im Abstand r vom Sender

$$E_\nu = \frac{A}{r_\nu} \cos(\omega_\nu t - k_\nu r_\nu + \varphi_\nu) \qquad (\nu = 1, 2), \tag{2.3}$$

wobei A ein noch richtungsabhängiger Amplitudenfaktor (für beide Sender als gleich angenommen), ω die Kreisfrequenz und k den Wellenvektor bedeuten. Am betrachteten Ort ist natürlich (bei gleicher Richtung der $\boldsymbol{E}_\nu$)

$$E = E_1 + E_2, \tag{2.4}$$

und nach Voraussetzung gilt

$$\omega_1 \approx \omega_2, \qquad k_1 \approx k_2.$$

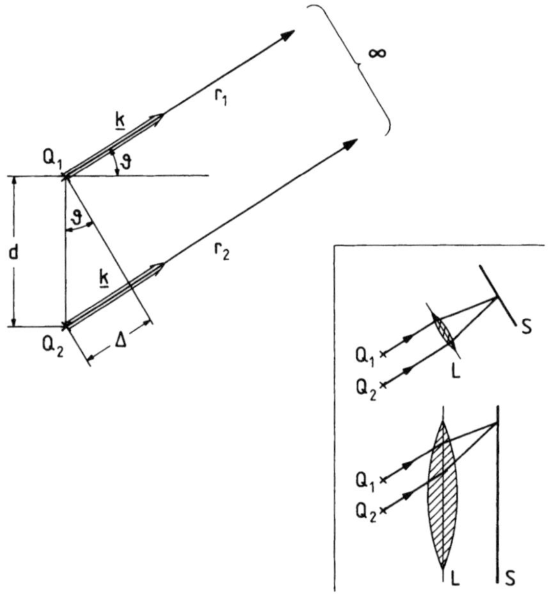

Abb. 2.7 Zwei Sender, Q_1 und Q_2, im Abstand d strahlen in die Richtung ϑ. Wegunterschied Δ. Beobachtung im Unendlichen ($r_1 \to \infty$, $r_2 \to \infty$). Wellenvektoren $\boldsymbol{k}$ für beide Sender hier als gleich angesetzt. Im Eckeinsatz zwei Beobachtungsmöglichkeiten im Labor, die der Beobachtung im Unendlichen entsprechen; L Linse, S Schirm.

Wir interessieren uns für die Fernzone (am besten durch den Grenzübergang $r_\nu \to \infty$ konkretisiert) (Abb. 2.7). Dort gilt mit genügender Genauigkeit

$$\frac{A}{r_1} = \frac{A}{r_2} = \frac{A}{r} \tag{2.5}$$

mit $r = (r_1 + r_2)/2$. Es wäre jedoch ein ausgesprochener Fehler,

$$k_1 r_1 - k_2 r_2 \ll 2\pi \tag{2.6}$$

für $k_1 = k_2$ oder $k_1 \neq k_2$ zu setzen; die Ungleichung (2.6) ist also falsch.

Der physikalische Sinn unserer Näherung Gl. (2.5), aber dem Verwerfen der Ungleichung (2.6) ist folgender: Wir vernachlässigen die Differenz $r_1 - r_2$ im *langsam ortsveränderlichen Amplitudenfaktor,* nicht aber im *schnell ortsveränderlichen Phasenfaktor.* Gemäß Gln. (2.4) und (2.5) schreiben wir also

$$E = \frac{A}{r}\,[\cos(\omega_1 t - k_1 r_1 + \varphi_1) + \cos(\omega_2 t - k_2 r_2 + \varphi_2)]\,,$$

was unter Anwendung eines bekannten Additionstheorems übergeht in

$$\begin{aligned} E = \frac{2A}{r} \cos\left(\frac{\omega_1 - \omega_2}{2}\,t + \frac{k_2 r_2 - k_1 r_1}{2} + \frac{\varphi_1 - \varphi_2}{2}\right) \\ \times \cos\left(\frac{\omega_1 + \omega_2}{2}\,t - \frac{k_2 r_2 + k_1 r_1}{2} + \frac{\varphi_1 + \varphi_2}{2}\right). \end{aligned} \tag{2.7}$$

Der zweite Kosinusterm, mit seiner schnellen Zeit- und starken Ortsabhängigkeit, ist dabei der Phasenfaktor. Den ganzen davorstehenden Ausdruck, mit seiner langsamen Ortsabhängigkeit und seiner langsamen oder verschwindenden Zeitabhängigkeit, interpretieren wir als Amplitudenfaktor.

Bis hierher haben wir für spätere Anwendungen den Fall etwas verschiedener Frequenzen nicht ausgeschlossen. Nun wollen wir uns auf

$$\omega_1 = \omega_2 = \omega\,, \qquad k_1 = k_2 = k \tag{2.8}$$

beschränken. Dann resultiert

$$\begin{aligned} E &= \frac{2A}{r}\cos\left(k\,\frac{r_2 - r_1}{2} + \frac{\varphi_1 - \varphi_2}{2}\right)\cos\left(\omega t - kr + \frac{\varphi_1 + \varphi_2}{2}\right) \\ &= E_0\cos\left(\omega t - kr + \frac{\varphi_1 + \varphi_2}{2}\right), \end{aligned} \tag{2.9}$$

wobei die Amplitude E_0 durch diese Gleichung definiert sei. Der Gang- oder Wegunterschied Δ ergibt sich nach Abb. 2.7 zu

$$\Delta = r_2 - r_1 = d\sin\vartheta\,. \tag{2.10}$$

Unter Benutzung von Gl. (2.2), wobei E_{e1} die von einem einzelnen Sender stammende einfallende Intensität ist, erhalten wir aus Gln. (2.9) und (2.10)

$$E_e = 4E_{e1}\cos^2\left(\frac{kd\sin\vartheta}{2} + \frac{\varphi_1 - \varphi_2}{2}\right). \tag{2.11}$$

Hierbei ist der links stehende Ausdruck E_e die Intensität, die von beiden Sendern herrührt, von denen jeder einzeln bei $\vartheta = 0$ die Intensität E_{e1} erzeugen würde. Abb. 2.8 stellt E_e/E_{e1} als Funktion von $\sin\vartheta$ auf einem planen „Schirm“ im Unendlichen für zwei relativ weit voneinander aufgestellte Sender dar; in praxi brauchen wir nicht ins Unendliche zu gehen, sondern können, wie im Eckeinsatz von Abb. 2.7 skizziert, die Parallelstrahlen durch eine Sammellinse auf einen Punkt abbilden. Ein langsamer Abfall der höheren Maxima von E_e bei größerer Entfernung von der Richtung $\vartheta = 0$ ist aus dem Abfall von E_{e1} mit dann wachsendem r begründet (in Abb. 2.8, in der E_e/E_{e1} dargestellt ist, ist das natürlich nicht zu erkennen).

Im folgenden wollen wir die r-Abhängigkeit bei der Bestimmung der Lage der Maxima von E_e vernachlässigen.

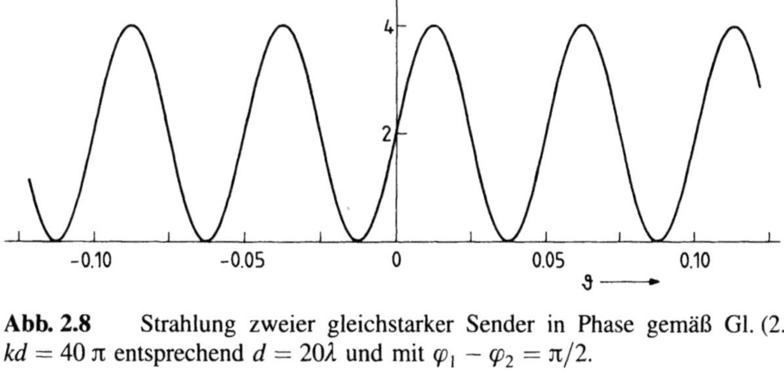

Abb. 2.8 Strahlung zweier gleichstarker Sender in Phase gemäß Gl. (2.11) mit $kd = 40\,\pi$ entsprechend $d = 20\lambda$ und mit $\varphi_1 - \varphi_2 = \pi/2$.

Maxima

Unter unseren Voraussetzungen wird die Lage der Maxima bei der Phasendifferenz $\varphi_1 - \varphi_2 = 0$ durch

$$\frac{kd \sin \vartheta}{2} = 0, \pm\pi, \pm 2\pi, \ldots n\pi$$

gegeben, wobei im allgemeinen Fall n eine ganze Zahl ist. Mit Gl. (I, 7.36), $k = 2\pi/\lambda$, können wir den Winkel, unter dem ein Maximum erscheint, so ausdrükken:

$$\sin \vartheta = \frac{n\lambda}{d} .$$

Minima

Minima, in unserem Falle sogar *Intensität null,* erhalten wir für

$$\frac{kd \sin \vartheta}{2} = \frac{2n+1}{2} \pi$$

oder

$$\sin \vartheta = \frac{\left(n + \frac{1}{2}\right) \lambda}{d} .$$

Die Minima sind immer um die Phase $\pi/2$ gegen die Maxima versetzt; das gilt offensichtlich auch für $\varphi_1 \neq \varphi_2$.

Um die Aussage von Gl. (2.11) in neuem Licht zu sehen, wollen wir die Gleichung etwas umschreiben. Dazu machen wir von

$$\cos^2 \frac{\alpha}{2} = \frac{1}{2} (1 + \cos \alpha)$$

Gebrauch. Ferner teilen wir $2E_{e1}$ einmal in $E_{e1} + E_{e2}$, das andere Mal in $2\sqrt{E_{e1}E_{e2}}$ auf; in unserem Fall ist natürlich $E_{e1} = E_{e2}$. Damit erhalten wir aus Gl. (2.11)

$$E_e = E_{e1} + E_{e2} + 2\sqrt{E_{e1}E_{e2}} \cos (kd \sin \vartheta + \varphi_1 - \varphi_2) . \tag{2.12}$$

Wir wollen E_{e1} als die von dem Sender 1 einfallende Intensität und E_{e2} als die vom Sender 2 einfallende auffassen. Im Ausdruck Gl. (2.12) ist die Gesamtintensität als Summe der beiden Einzelintensitäten plus einem *Interferenzterm* ausgedrückt, eine Schreibweise, die die Wirkung der Interferenz besonders klar aufzeigt. Wir haben diese Formel unter der Voraussetzung $E_{e1} = E_{e2}$ abgeleitet; ohne Beweis sei mitgeteilt, daß sie allgemein, also auch im Fall $E_{e1} \neq E_{e2}$ gilt.

2.1.3 Kohärentes und inkohärentes Licht

Kohärentes Licht

Der Begriff der *Kohärenz* ist in der Optik sehr wichtig. Das Wort kommt von lat. cohaerere = zusammenhängen. Philologen und Philosophen würden daraus den Begriff der Kohärenz ableiten. Wir müssen natürlich physikalisch vorgehen.

Zunächst wollen wir den Begriff Kohärenz auf vorläufige Art und Weise definieren. Wir sagen, Licht von zwei Sendern 1 und 2 ist dann kohärent, wenn die Frequenzen gleich sind, wenn also Gl. (2.8) gilt.

Diese Definition hat einen Nachteil. Die Sender müßten ewig senden. Schalten wir z. B. zur Zeit $t = t_0$ ein und zur Zeit $t = t_1$ wieder aus, so haben wir einen *aperiodischen Vorgang,* der nach Abschn. I, 7.1.6 in ein *Fourier-Integral* zerlegt werden kann. Die Frequenzen erstrecken sich dabei von Null bis Unendlich.

Wir wenden die komplexe Methode an, wie sie in Abschn. II, 2.12.7 eingeführt worden ist. Wir nehmen an, daß für $t < 0$ kein Sender angeregt ist und daß für $t \geqq 0$ jeder Sender gedämpfte freie Schwingungen ausführt:

$$f(t) = 0\,, \qquad (t < 0)\,,$$
$$f(t) = A\,\mathrm{e}^{-\gamma t}\,\mathrm{e}^{\mathrm{i}\omega_0 t}\,, \qquad (t \geqq 0)$$

mit $\mathrm{i} = \sqrt{-1}$, A als einer Normierungskonstante proportional zur elektrischen Feldstärke und $1/\gamma$ als Zeitkonstante der Amplitude. A ergibt sich aus

$$\int_0^\infty |f(t)|^2\,\mathrm{d}t = W_\mathrm{g}$$

mit W_g als der Gesamtenergie, die der Sender nach einmaliger Erregung ausstrahlt:

$$\int_0^\infty |f(t)|^2\,\mathrm{d}t = A^2 \int_0^\infty \mathrm{e}^{-2\gamma t}\,\mathrm{d}t = -\frac{A^2}{2\gamma}\,\mathrm{e}^{-2\gamma t}\Big|_0^\infty = \frac{A^2}{2\gamma}\,.$$

Daraus folgt

$$A = \sqrt{2\gamma W_\mathrm{g}}\,.$$

Die Fouriertransformierte kann dann als

$$F(\omega) = A\,\frac{1}{\sqrt{2\pi}} \int_{-\infty}^{\infty} f(t)\,\mathrm{e}^{-\mathrm{i}\omega t}\,\mathrm{d}t$$

geschrieben werden. Wir zerlegen das Integral in die Bereiche $-\infty < t < 0$ und $0 \leqq t \leqq \infty$ und erhalten

$$\begin{aligned} F(\omega) &= 0 + A\,\frac{1}{\sqrt{2\pi}} \int_0^\infty \mathrm{e}^{\mathrm{i}(\omega_0 - \omega + \mathrm{i}\gamma)\,t}\,\mathrm{d}t \\ &= A\,\frac{1}{\sqrt{2\pi}}\,\frac{1}{\mathrm{i}(\omega_0 - \omega + \mathrm{i}\gamma)}\,\mathrm{e}^{\mathrm{i}(\omega_0 - \omega + \mathrm{i}\gamma)\,t}\Big|_0^\infty \\ &= -A\,\frac{1}{\sqrt{2\pi}}\,\frac{1}{\mathrm{i}(\omega_0 - \omega + \mathrm{i}\gamma)}\,. \end{aligned}$$

Das Energiespektrum $I = I(\omega)$ wird durch $|F(\omega)|^2 = F(\omega)\,F^*(\omega)$ mit $F^*(\omega)$ als dem konjugiert Komplexen wiedergegeben:

$$I(\omega) = \frac{A^2}{2\pi}\,\frac{1}{(\omega_0 - \omega)^2 + \gamma^2} = \frac{2\gamma W_\mathrm{g}}{2\pi[(\omega_0 - \omega)^2 + \gamma^2]} = \frac{2\gamma W_\mathrm{g}}{2\pi[(\omega - \omega_0)^2 + \gamma^2]}$$

oder mit $1/\Gamma = 1/2\gamma$ als Zeitkonstanten der Energie (s. Abschn. I, 7.1.2)

$$I(\omega) = \frac{W_g}{2\pi} \frac{\Gamma}{(\omega - \omega_0)^2 + \Gamma^2/4} .$$

$I(\omega)\,d\omega$ ist die Energie, die in der Zeit $0 \leqq t < \infty$ mit Kreisfrequenzen zwischen ω und $\omega + d\omega$ ausgestrahlt wird. Die Verteilung $I(\omega)$ nennt man eine **Lorentz-Verteilung,** nach H. A. Lorentz, die entsprechende Kurve *Lorentz-Kurve;* s. auch Abschn. 4.3.8.

In praxi müssen wir ein- und ausschalten. Wir wollen nun die Zeitspanne $T = t_1 - t_0$ betrachten, in der die beiden Sender Licht emittieren oder wir dies beobachten. Dabei setzen wir voraus, daß für irgendzwei Kreisfrequenzen ω_1 und ω_2 mit nicht vernachlässigbarer Amplitude der Fourier-Zerlegung gilt:

$$\frac{\omega_1 - \omega_2}{2} T \ll 1 . \tag{2.13}$$

Für diese Frequenzen soll sich innerhalb T die Phasendifferenz nur wenig ändern:

$$\delta \frac{\varphi_1 - \varphi_2}{2} \ll 1 . \tag{2.14}$$

Wir gehen jetzt auf Gl. (2.7) zurück und erhalten daraus unter Beachtung von Gln. (2.13) und (2.14)

$$E = \frac{2A}{r} \cos\left(\frac{k_2 r_2 - k_1 r_1}{2} + \frac{\varphi_1 - \varphi_2}{2}\right) \cos\left(\omega t - \frac{k_2 r_2 + k_1 r_1}{2} + \frac{\varphi_1 + \varphi_2}{2}\right), \tag{2.15}$$

wobei ω der Mittelwert von ω_1 und ω_2 sei. Der zweite Kosinusterm in Gl. (2.15) ist wieder der Phasenfaktor, alles davor die Amplitude. Indem wir ähnlich wie im vorigen Abschnitt die Ortsabhängigkeit im ersten Kosinusterm durch eine Funktion von r und ϑ, $f(r, \vartheta)$, ausdrücken, erschließen wir aus Gl. (2.15) die Intensität

$$E_e = E_{e1} + E_{e2} + 2\sqrt{E_{e1} E_{e2}} \cos\left[f(r, \vartheta) + \varphi_1 - \varphi_2\right] . \tag{2.16}$$

Davon wollen wir das zeitliche Mittel über T bilden. Unter gewissen Voraussetzungen, die wir hier nicht spezifizieren wollen, gibt das mit $T = t_1 - t_0$

$$\begin{aligned} \langle E_e \rangle &= \frac{1}{T} \int_{t_0}^{t_1} E_e \, dt \\ &= \langle E_{e1} \rangle + \langle E_{e2} \rangle + 2\sqrt{\langle E_{e1} \rangle \langle E_{e2} \rangle} \cos\left[\langle f(r, \vartheta) \rangle + \varphi_1 - \varphi_2\right] . \end{aligned} \tag{2.17}$$

Wir erinneren uns, daß Gln. (2.16) und (2.17) auch gelten, wenn E_{e1} und E_{e2} nicht gleich sind.

Wir kommen nun zu einer endgültigen *Definition der Kohärenz.* Wir nennen *Licht* oder, allgemeiner, die Strahlung zweier Strahlenquellen *kohärent,* wenn Gl. (2.17) mit zeitlich konstantem $f(r, \vartheta) = \langle f(r, \vartheta) \rangle$ *innerhalb der gewünschten Genauigkeit* gilt. Streng gilt sie nie! Das liegt u. a. daran, daß keine Strahlenquelle unendlich lange strahlt. Der dritte Summand auf der rechten Seite von Gl. (2.17) ist der *Interferenzterm.*

Inkohärentes Licht

Wir nennen *Licht* oder, allgemeiner, die Strahlung zweier Strahlenquellen *inkohärent,* wenn der *Interferenzterm verschwindet* oder, was auf dasselbe hinauskommt, die *Summenintensität gleich* der *Summe der Intensitäten* ist. Für das Verschwinden des Interferenzterms wollen wir auf Gl. (2.16) zurückgehen:

$$2\sqrt{E_{e1}E_{e2}}\cos\left[f(r,\vartheta)+\varphi_1-\varphi_2\right]=0\,.$$

Dann gilt sofort

$$E_e = E_{e1} + E_{e2}$$

und

$$\langle E_e\rangle = \langle E_{e1}\rangle + \langle E_{e2}\rangle\,.$$

Die Unterscheidung zwischen „kohärent" und „inkohärent" ist nicht disjunktiv. Vielmehr gibt es dazwischen alle Grade von *teilweiser Kohärenz.* Die Frage, ob Strahlung kohärent ist, ist sowohl eine Frage der gewünschten Genauigkeit als auch, wie man Gl. (2.17) entnimmt, eine Frage des *Beobachtungszeitraums T.* In vielen Fällen ist T durch die Trägheit des Meßinstruments gegeben.

Bisher haben wir den Begriff der Kohärenz nur für die Strahlung von zwei Punktquellen betrachtet. Man wird ihn auf andere Fälle, z. B. ebene Wellen aus verschiedenen Quellen, ausdehnen. Der physikalische Zusammenhang ist immer der gleiche: Gibt es einen Interferenzterm oder gibt es ihn (stets innerhalb der gewünschten Genauigkeit) nicht?

Interferenz spielt in der Physik bei allen möglichen Strahlungen eine große Rolle. Auch in der Technik ist sie von Bedeutung, nicht nur in der Elektrotechnik, sondern auch auf andern Gebieten, z. B. beim Schiffsbau (vgl. Abschn. I, 6.6.7). In der Physik spricht man auch von Interferenz, wenn nur ein einziger Prozeß da ist, der jedoch verschiedene Ursachen haben kann, z. B. bei β-Strahlung Interferenz zwischen dem Beitrag mit „Fermi-" und dem mit „Gamow-Teller-Matrixelement", was an dieser Stelle nicht weiter erklärt sei (s. Abschn. IV, 4.2.5).

Wie man Gl. (2.16) oder (2.17) ansieht, ist bei kohärentem Licht die Summenintensität nicht allgemein gleich der Summe der Einzelintensitäten. Es gibt eben noch den Interferenzterm. Wenn wir jedoch die gesamte in den Raum emittierte Intensität ϕ messen oder ausrechnen, fällt der Interferenzterm heraus. Das folgt z. B. aus Gründen der Energiebilanz. Wir fassen zusammen:

- *Bei inkohärenten Strahlungsquellen ist die Summenintensität gleich der Summe der Einzelintensitäten, bei kohärenten gibt es einen Interferenzterm.*

Indem wir uns nun speziell dem Licht zuwenden, betrachten wir zunächst das Licht, das uns im täglichen Leben umgibt. Alles dieses Licht, sei es Sonnenlicht, Mondschein oder Licht von einer Flamme, Glühlampe oder Leuchtstofflampe, ist inkohärent. Wir können alle Quellen solchen Lichts als Konglomerat von „Elementarquellen", die wir in diesem und im vorigen Abschnitt „Sender" genannt haben, auffassen, die „regellos" im Raum verteilt sind und *keine festen Phasenbeziehungen* zueinander haben. Kohärentes Licht müssen wir uns durch spezielle Lichtquellen herstellen oder durch Kunstgriffe verschaffen. Eine typische *Quelle kohärenten Lichts* ist der *Laser.* Ein typischer Kunstgriff ist die intensitätsmäßige *Aufspaltung* eines Bündels in *Teilbündel*. Diese Aufspalttechnik wollen wir uns im nächsten Abschnitt detaillierter ansehen. Dabei werden wir weitere Einsichten zum Thema „Kohärenz“ gewinnen.

2.1.4 Herstellung kohärenten Lichts aus inkohärentem Licht

Hier sollen drei Methoden zur Erzeugung kohärenten Lichts aus inkohärentem angegeben werden, die alle auf der Aufspaltung eines inkohärenten Bündels in zwei miteinander kohärente Teilbündel beruhen (das Licht jedes Teilbündels ist dann natürlich immer noch in sich inkohärent). Die drei Methoden beruhen auf der Anwendung eines Doppelspalts, eines Doppelspiegels und eines Biprismas. Alle drei sind ähnlich; besonders ähnlich sind die zweite und die dritte Methode.

Doppelspalt

Abb. 2.9 zeigt das Prinzip der Anordnung. S ist eine Lichtquelle, deren Licht den Doppelspalt, bestehend aus den Einzelspalten S_1 und S_2, bestrahlt. Wir nehmen der

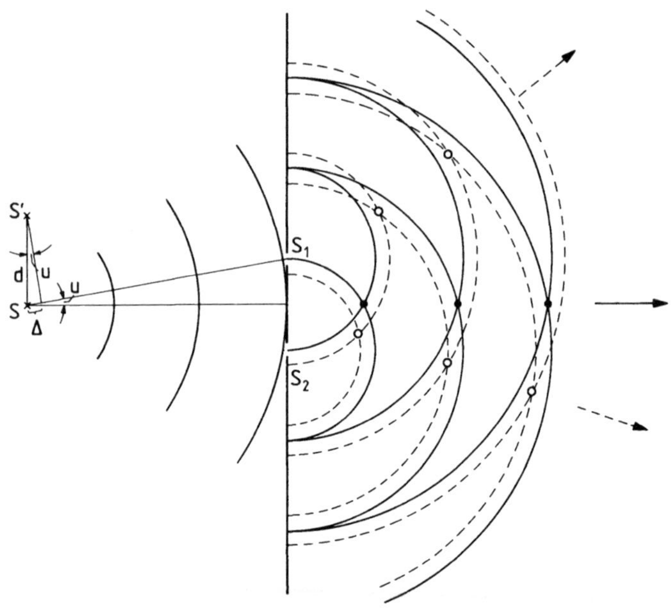

Abb. 2.9 Doppelspalt. Punktförmige Lichtquelle S: S_1 und S_2 schmale Spalte, die als kohärente Sender mit gleicher Phase aufgefaßt werden können; Ausbreitung des Lichts in der Zeichenebene in Form von Kreisen (Linien gleicher Phase; hier: Maxima der Feldstärke $\boldsymbol{E}$). Überlagerung zu maximalen Gesamtfeldstärken in den als volle Kreisscheibchen gezeichneten Punkten. Maximale Emissionsrichtung: ausgezogener Pfeil. Bei verschobener Lichtquelle S′: S_1 und S_2 zwei Sender mit einer der Weglängendifferenz Δ entsprechenden Phasendifferenz; Linien gleicher Phase (Maxima) gestrichelte Kreise; Maxima der Gesamtfeldstärke durch offene Kreisscheibchen gekennzeichnet. Maximale Emissionsrichtungen: gestrichelte Pfeile. Für d und u s. Text.

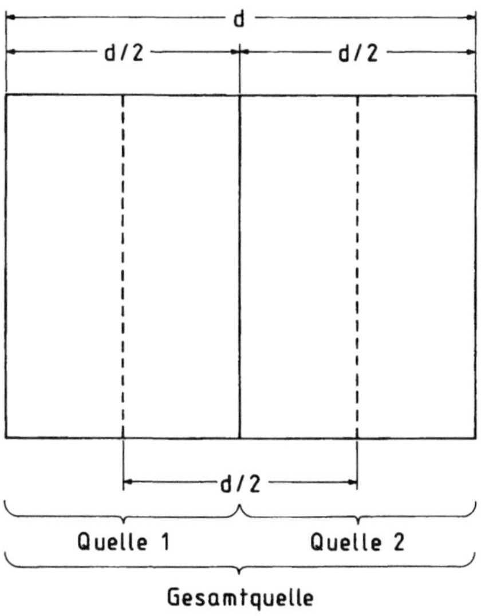

Abb. 2.10 Gesamtquelle als aus zwei aneinandergestellten Einzelquellen bestehend gedacht; s. Text.

Einfachheit halber an, daß jeder Einzelspalt schmal ist. Dann können wir jeden Einzelspalt als praktisch strichförmigen, für die Zeichenebene also punktförmigen Sender betrachten. Die Phasenbeziehung zwischen den beiden Sendern S_1 und S_2 ergibt sich aus der Weglängendifferenz von der zunächst als monochromatisch gedachten Lichtquelle S zu den Einzelspalten. Wir setzen anfangs voraus, daß S eine *Punktquelle* ist. Dann werden beide Sender S_1 und S_2 mit fester Phasenbeziehung und natürlich gleicher Frequenz erregt und senden dementsprechend. Das von ihnen ausgehende Licht ist also in jedem Fall kohärent.

Wir gehen einen Schritt weiter und nehmen an, daß sich in der Lichtquelle S, die immer noch punktförmig sein soll, viele kleine monochromatische „Einzelsender" gleicher Frequenz befinden. Auch in diesem Fall können wir die beiden Spalten wie früher als Sender S_1 und S_2 behandeln. Die *Interferenzmuster* werden nur durch die Überlagerung der von S_1 und S_2 ausgehenden Strahlung bestimmt. Es kommt nur auf die *Phasendifferenz* $\varphi_1 - \varphi_2$ an, und deshalb sind alle diese einzelnen Interferenzmuster gleich.

Nun denken wir uns die punktförmige Quelle S etwas verschoben, z. B. nach oben (S′ in Abb. 2.9). Dadurch wird sich (wegen Änderung der Differenz der Weglängen von S nach S_1 bzw. S_2 auf die von S′ nach S_1 bzw. S_2) auch das hinter dem Doppelspalt entstehende Interferenzmuster etwas ändern. Damit das Muster in etwa erhalten bleibt, muß die Weglängendifferenz Δ, vgl. Abb. 2.9, wesentlich kleiner als $\lambda/2$ sein (bei $\Delta = \lambda/2$ findet bei gleichen Sendestärken gerade totale Auslöschung statt). Aus Abb. 2.9 ersehen wir, daß $\Delta = d \sin u$ für den Fall von Parallelverschiebung gilt. Wir wollen d nun in den doppelten mittleren seitlichen Abstand von zwei aneinanderstoßenden Quellen je der Breite $d/2$ uminterpretieren. Die gesamte Quellenbreite, s. Abb. 2.10, ist dann gerade d. Wir erkennen sofort als **Kohärenzbedingung**

$$d \sin u \ll \lambda \,. \tag{2.18}$$

Daß wir in der Tat so ein Interferenzbild mit einer einzigen etwas ausgedehnten, inkohärentes Licht emittierenden Quelle erhalten, sehen wir im Versuch Abb. 2.11,

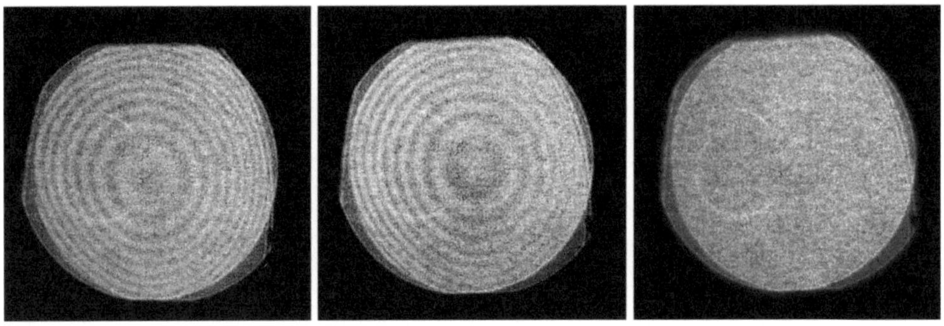

Abb. 2.11 Kohärenz von Glühlampenlicht. Licht durch Orangefilter monochromatisiert. Versuch mit einem Michelson-Interferometer. Links: maximal ausgebildete Interferenzstruktur, Wegdifferenz $\Delta = 0$. Mitte: Verschiebung eines Spiegels gegenüber der Geometrie im linken Bild um 0,05 mm entsprechend $\Delta = 0{,}10$ mm, Interferenzstruktur etwas verwaschener. Rechts: Verschiebung um 0,08 mm entsprechend $\Delta = 0{,}16$ mm, Interferenzstruktur verschwunden. Die Kohärenzlänge Δ_{koh} beträgt also etwas mehr als 0,10 mm, entsprechend etwas mehr als 150 Wellenlängen.

der mit einem Michelson-Interferometer (s. Abschn. 2.2.1) ausgeführt wurde. Zugleich messen wir die Kohärenzlänge (s. u.) des aus den Quellen S_1 und S_2 kommenden Lichts. Hierbei machen wir von der im Eckeinsatz von Abb. 2.7 gezeigten Technik Gebrauch, ein „an sich" im Unendlichen aufscheinendes Muster mit einer Sammellinse auf einem Schirm in der Brennebene dieser Linse abzubilden. Die Kohärenzbedingung Gl. (2.18) ist für die verwendete Lichtquelle S erfüllt. Verschieben wir nun einen Spiegel, so verändern wir die Wegdifferenz Δ zwischen den beiden als Sender wirkenden Spiegeln S_1 und S_2, und entsprechend verändert sich das Interferenzbild. Bei etwas vergrößertem Δ wird das Interferenzbild verwaschener. Bei relativ großem Wegunterschied Δ schließlich ist ein Interferenzbild nicht mehr erkennbar.

Indem wir wieder zu einer punktförmigen Quelle S zurückgehen, lassen wir jetzt zu, daß die in S befindlichen vielen kleinen Einzelsender *etwas* verschiedene Frequenzen haben, jeder einzelne aber monochromatisch strahlt. Dann sind die von den einzelnen Sendern herrührenden Interferenzmuster etwas verschieden, da die Wellenzahlen k und also die Funktionen $f(r, \vartheta)$ etwas verschieden sind. Für große Gangunterschiede Δ, Gl. (2.10), mitteln sich, wie man aus Gl. (2.12) ersieht, alle Interferenzterme heraus, und es verbleibt $E_e = E_{e1} + E_{e2}$, also *inkohärentes Licht* aus beiden Spalten. Für kleine Δ-Werte ist das Interferenzmuster noch, wenn auch etwas verwaschen, zu erkennen. Die Größe, mit der man das Verwaschen des gesamten Interferenzmusters beschreiben kann, ist die **Kohärenzlänge** Δ_{koh}, z. B. dadurch zu charakterisieren, daß der Interferenzterm noch den e-ten Teil des Wertes für monochromatisches Licht hat. So definiert ist die Kohärenzlänge ein Gangunterschied.

Einen andern Zugang zum Begriff Kohärenzlänge erlangt man durch folgendes Bild. Man nimmt an, die einzelnen Sender seien nicht monochromatische Oszillatoren, sondern durch die Abstrahlung *gedämpfte Oszillatoren,* die mit einer gewissen Frequenzbreite strahlen; vgl. Abschnitte I, 7.1.2 und I, 7.1.3 zum Zusammenhang zwischen Frequenzbreite, Abklingzeit (Zeitkonstante der Energie) und Dämpfung. Alle Oszillatoren seien untereinander gleich, werden aber „zufällig" erregt und verlie-

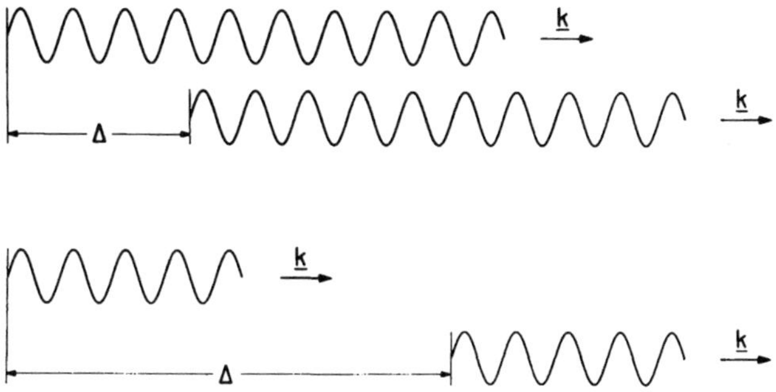

Abb. 2.12 Vereinfachte Veranschaulichung der Kohärenz. Gangunterschied Δ. Oben: Wellenzüge teilweise überlappend, partielle Kohärenz. Unten: Wellenzüge nicht überlappend, Inkohärenz.

ren ihre Energie wieder durch Strahlung. Ist die Abklingzeit τ, so ist die Kohärenzlänge die optische Weglänge, die das Licht in der Zeit τ zurücklegt; im Vakuum gilt

$$\Delta_{\mathrm{koh}} = c\tau \, .$$

Nach dieser Definition ist die Kohärenzlänge eine Eigenschaft der Lichtquelle. Natürlich sind die beiden Definitionen äquivalent. Aus der zweiten Definition erkennt man sofort, daß der Gangunterschied nicht größer als die Kohärenzlänge sein darf, um ein definiert erkennbares Interferenzbild zu erhalten. Man kann sich, stark simplifiziert, die einzelnen „Lichtwellen" als „Wellenzüge" der Länge Δ_{koh} vorstellen, und zwei Wellenzüge müssen sich (zumindest etwas) überlappen, damit Interferenz auftritt (Abb. 2.12).

Doppelspiegel

Beim Doppelspiegel, für den zwei Anordnungen in Abb. 2.13 gezeichnet sind, können die beiden Spiegel sehr wohl ausgedehnt sein; wichtig ist nur geringe seitliche Ausdehnung der primären Lichtquelle S. Als (kleine) Sender wirken die Spiegelbilder S_1 und S_2 der Lichtquelle S.

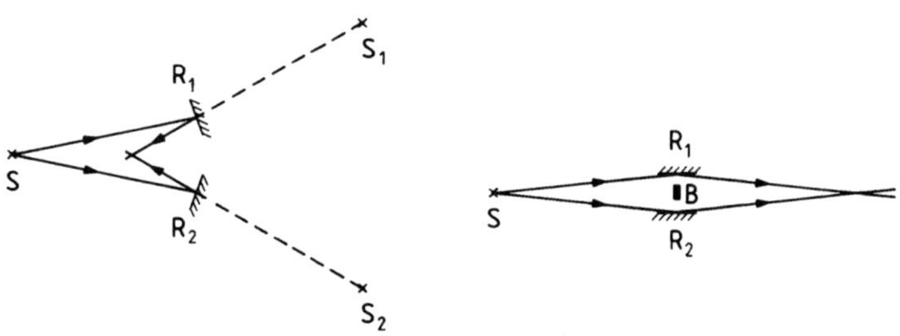

Abb. 2.13 Zwei Anordnungen für einen Doppelspiegel. Lichtquelle S, Spiegel R_1 und R_2. Die als Sender wirkenden Spiegelbilder S_1 und S_2 nur links gezeichnet. Im rechten Bild Blende B zur Absorption der direkten Strahlung.

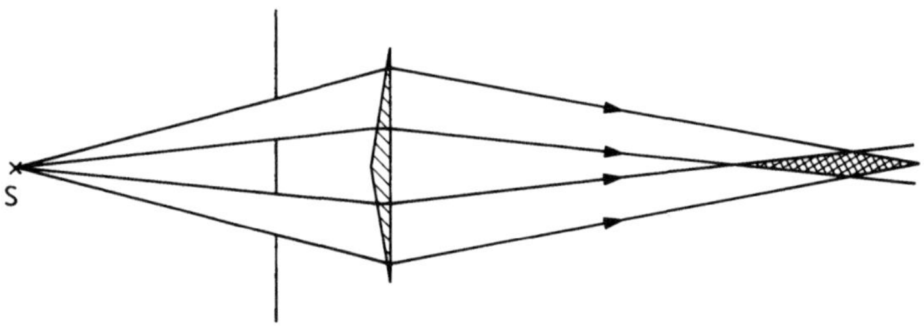

Abb. 2.14 Biprisma. Lichtquelle S. Das Gebiet, in dem Interferenz auftritt, gekreuzt schraffiert.

Biprisma

Abb. 2.14 zeigt das Prinzip des Biprismas, wie es zur Erzeugung kohärenten Lichts benutzt wird.

Mit einem Biprisma ist *Neutroneninterferenz* nachgewiesen worden. Dabei interferiert ein einzelnes Neutron mit sich selbst. Das Neutron ist hier als *Welle* zu behandeln (vgl. dazu Abschn. III, 4.2.3). Ein einzelnes Neutron erzeugt natürlich kein Interferenzmuster, so wenig wie ein einzelnes Photon. In beiden Fällen entsteht das Interferenzmuster als *Häufigkeitsverteilung* aus sehr vielen Einzelereignissen. Was man ausrechnet, ist ein *Wahrscheinlichkeitsfeld.* Der Unterschied zwischen Licht und Neutronenstrahlung liegt nur in unserer Gewohnheit, elektromagnetische Strahlung als etwas Kontinuierliches und Teilchenstrahlung als Summe über Diskretes (Summe von Einzelereignissen) aufzufassen. Wirkliche wesentliche Unterschiede gibt es nicht. Abb. 2.15 zeigt ein Interferometer für Neutronen und ein damit gewonnenes Interferenzbild.

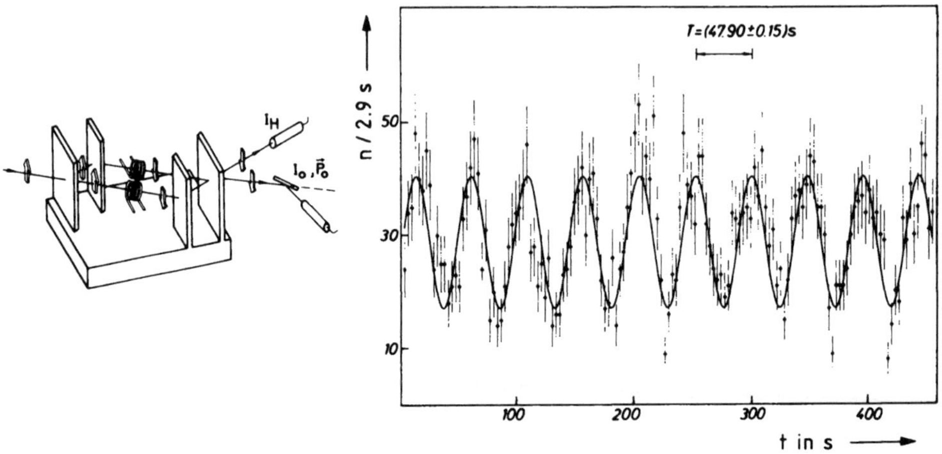

Abb. 2.15 Interferenz mit Neutronen. Links: Skizze der Apparatur (Jamin-Interferometer, s. Abschn. 2.2.4). Die Neutronenwellen werden durch Reflexion im Kristall (linke Platte) aufgespalten, durch mit Hochfrequenz bei geringem Frequenzunterschied beschickte Spulen in ihrer Polarisationsrichtung (Pfeile) zeitabhängig geändert und nachher wieder vereinigt. Rechts: das entstehende Schwebungsmuster, Intensität als Funktion der Zeit (Zahl der Neutronen n dividiert durch die Meßzeit von je 2,9 s). Die Schwebungsperiode von $T = 47{,}9$ s entspricht hier einer Energiedifferenz von $8{,}6 \times 10^{-17}$ eV auf den beiden Trajektorien.

2.1.5 Einfache Interferenzanordnungen

Im vorigen Abschnitt haben wir die Erzeugung kohärenten Lichts aus inkohärentem behandelt. Wir haben die Kohärenz des Lichts durch Interferenz nachgewiesen. In diesem Sinne handelte es sich also um (einfache) Interferenzanordnungen. Bei den in diesem Abschnitt zu behandelnden Geräten steht nicht die Erzeugung kohärenten Lichts, sondern die Interferenzerscheinung im Vordergrund; es besteht aber kein grundlegender Unterschied zu den im vorigen Abschnitt besprochenen Phänomenen. Dagegen werden wir weitere Einsichten in das Wesen von Kohärenz und Interferenz bekommen. So werden wir Interferenzen mit einer ausgedehnten Lichtquelle erhalten, die keineswegs in großer Entfernung vom Beobachtungsort steht. Im einzelnen wollen wir uns die planparallele Platte und ihre „Tochter“, die Vergütungsschicht für optische Linsen, den Schichtspiegel und die Kombination aus Platte und Kalotte zur Erzeugung Newtonscher Ringe anschauen.

Planparallele Platte

Auf die planparallele Platte, im allgemeinen eine beidseitige geschliffene Glasplatte, wollen wir aus einer *ausgedehnten Quelle* S Licht fallen lassen. Das Licht erfährt sowohl an der Eintrittsfläche als auch an der Austrittsfläche der Platte eine Reflexion. Abb. 2.16 zeigt schematisch einige Strahlen. Wir betrachten zunächst einen von P nach O gehenden Lichtstrahl (Primärstrahl). Da die Plattenflächen parallel sind, sind die durch die Reflexionen entstehenden beiden Lichtstrahlen ebenfalls parallel. Sie werden durch eine Sammellinse auf einen Punkt P' in der Brennebene dieser Sammellinse abgebildet. Für den Primärstrahl, der mit dem Einfallswinkel α_1 auf die Platte fällt, wirken die beiden Spiegelbilder des in O und R gespiegelten Strahls als virtuelle Quellen kohärenten Lichts. Die Differenz Δ der optischen Weglängen zwischen beiden Strahlen ist offenbar, vgl. Abb. 2.16,

$$\Delta = 2nl - a\,.$$

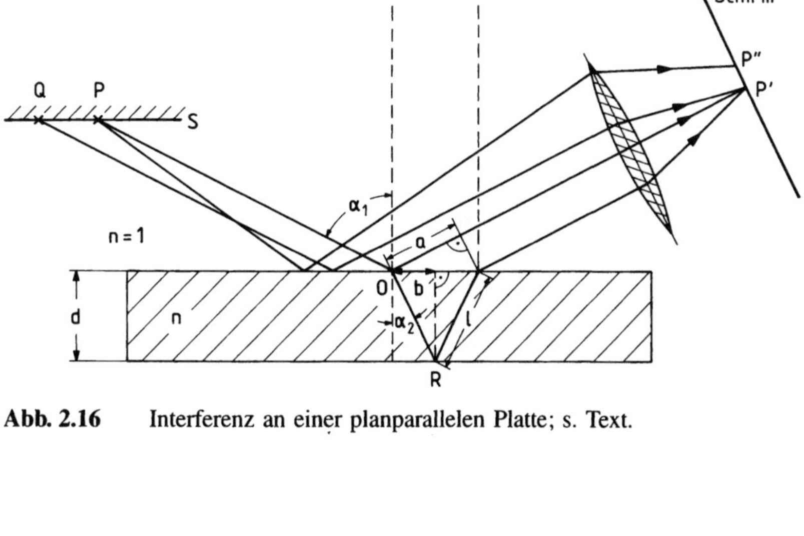

Abb. 2.16 Interferenz an einer planparallelen Platte; s. Text.

Das läßt sich durch einige Rechenoperationen, die hier unterdrückt seien, in

$$\Delta = 2d\sqrt{n^2 - \sin^2\alpha_1}$$

umformen.

Betrachten wir nun einen zweiten Quellpunkt Q, von dem ein zum ersten Primärstrahl paralleler Primärstrahl ausgehen möge, so werden auch seine reflektierten Strahlen denen des ersten Primärstrahls parallel sein, also durch die Sammellinse im selben Punkt P' auf der Brennebene abgebildet werden. Von P oder Q ausgehende Primärstrahlen mit einem anderen Einfallswinkel werden dagegen in eine andere Richtung reflektiert und auf einen anderen Punkt der Bildebene, z. B. P'', fokussiert.

Maximale Intensität haben wir auf dem Schirm, wenn

$$\Delta = m\lambda + \frac{\lambda}{2}$$

ist, wobei m eine ganze Zahl bezeichnet; der Term $\lambda/2$ kommmt vom **Phasensprung** um 180° bei der Reflexion am optisch dichteren Medium (vgl. Abschn. II, 3.2.4).

Bisher haben wir nur Strahlen in einer einzigen Ebene, der Zeichenebene, betrachtet. Lassen wir auch Strahlen außerhalb dieser Ebene zu, so ergeben sich natürlich wieder jeweils Punkte, die aber im allgemeinen nicht in der Zeichenebene liegen. Ist z. B. der Primärstrahl um den Winkel β gegen die Zeichenebene gekippt, so ist es auch der Sekundärstrahl. Wir können jedoch den Strahlengang von Abb. 2.16 direkt für diesen um den Winkel β gekippten Primärstrahl und seine Sekundärstrahlen übernehmen, wenn wir uns die Sammellinse um den gleichen Winkel gegenüber der Zeichenebene herausgedreht denken. Das verändert, Linsenfehler natürlich ausgenommen, ihre abbildenden Eigenschaften überhaupt nicht. Indem wir jetzt solche Primärstrahlen (in der Zeichenebene oder auch nicht) betrachten, die einen festen Einfallswinkel α_1 haben, erkennen wir, daß die Maxima auf Kreisen liegen. Man nennt die so entstehenden Kurven **Kurven gleicher Neigung.**

Statt einer planparallelen Platte können wir auch einen mit planen Flächen versehenen **Keil** wählen. Dann verlassen die durch Aufspaltung (Reflexion an der vorderen und an der hinteren Grenzfläche) entstandenen Sekundärstrahlen die Platte nicht

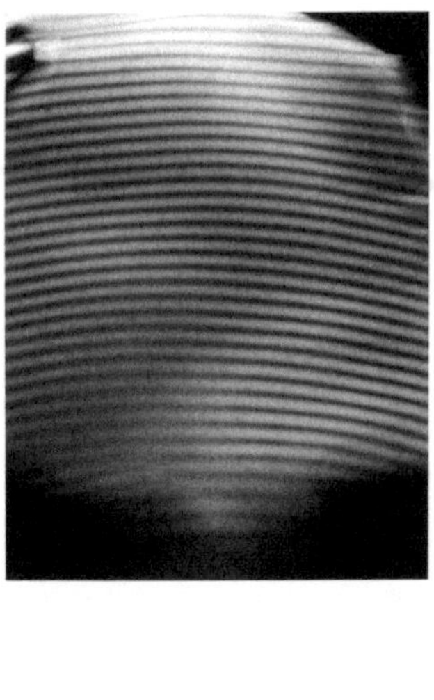

Abb. 2.17 Interferenz an einem Glimmerblatt, das hier als (annähernd) planparallele Platte wirkt; monochromatisches Licht.

mehr parallel, sondern konvergent oder divergent, je nachdem, ob der Keil sich, für die Verhältnisse von Abb. 2.16 zugeschnitten, nach rechts oder nach links verjüngt. Die konvergenten oder divergenten Sekundärstrahlen können wir mit einer geeigneten Sammellinse (bei divergentem Bündel: keiner zu großen Brennweite) auf einem Schirm abbilden, der allerdings nicht mehr in der Brennebene steht.

Bei der obigen Behandlung der planparallelen Platte und des Keils haben wir *Mehrfachreflexionen vernachlässigt.* Das ist eine gute Näherung bei schwacher Einzelreflexion, wie sie in unserem Fall einer Glasplatte und nicht zu großem Einfallswinkel α_1 vorhanden ist. Wir werden später in den Abschnitten 2.2.2 und 2.2.3 den Fall der Mehrfachreflexion bei Geräten mit starker Einzelreflexion behandeln. Wir werden dort ein schärferes Interferenzbild vorfinden.

In Abb. 2.17 ist ein Versuch zur Interferenz am Glimmerblatt wiedergegeben (monochromatisches Licht). Wenn wir hier nicht mit monochromatischem, sondern polychromatischem, also aus vielen Farben zusammengesetztem, Licht arbeiten würden, machte sich die Veränderung der Brechzahl n mit der Wellenlänge, also der „Farbe", bemerkbar.

Vergütete Optik

Die Vergütungsschicht, wie wir sie z. B. von Photoobjektiven her kennen, können wir als „planparallele Platte" auffassen. Wir sind hier allerdings nicht an Kurven gleicher Neigung interessiert, sondern an einer *Verminderung* der *Reflexion.*

Abb. 2.18 stellt den Querschnitt durch Linse, Vergütungsschicht und „Lichtquellen" sehr stark vergrößert dar. Das Licht fällt von links (so ist das genormt!) aus Luft mit der Brechzahl $n_1 = 1$ ein und wird an der Vergütungsschicht mit der Brechzahl $n_s > 1$ teilweise reflektiert, teilweise durchgelassen. Die durchgelassene Welle

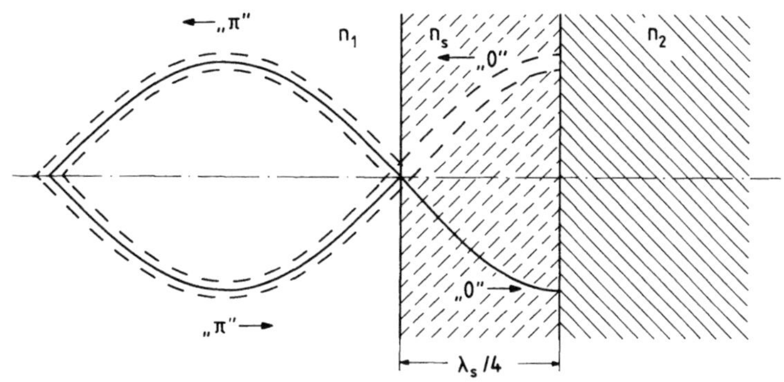

Abb. 2.18 Vergütete Optik. Laufrichtung der Wellen jeweils durch Pfeil angegeben. Die mit „0" gekennzeichnete und ausgezogen gezeichnete Welle, Phase $\varphi = 0$, kommt von links und wird an der Grenzfläche zum Medium mit der Brechzahl n_2 (hinten) reflektiert (gestrichelt gezeichnet; Phasensprung). Von dort läuft sie zurück. Sie überlagert sich mit der wegen der Laufzeitdifferenz mit der Phase $\varphi = \pi$ ankommenden, an der Grenzfläche zu n_s (vorne) reflektierten, mit „π" gekennzeichneten Welle (ebenfalls gestrichelt gezeichnet; ebenfalls Phasensprung). Beide reflektierten (gestrichelt gezeichneten) Wellen heben sich im Medium mit der Brechzahl n_1 (links) auf, und es findet per Saldo keine Reflexion statt.

wird an der Linse (Glas) mit der Brechzahl $n_2 > n_s$ reflektiert. Bei beiden Reflexionen tritt ein Phasensprung von π (180°) ein. Ist die Dicke der Vergütungsschicht $\lambda_s/4$, wobei λ_s die Wellenlänge in der Schicht mit der Brechzahl n_s ist, so sind beide reflektierten Wellen um *180° phasenverschoben.* Damit sie sich *auslöschen,* müssen ihre *Amplituden* in Luft *gleich* sein. Wir wollen dabei nicht auf die uns bekannten Formeln für senkrechte Inzidenz zurückgreifen, vgl. Abschn. II, 3.2.4, sondern „fundamental“ vorgehen. Das hat den Vorteil, auch für schräge Inzidenz zu gelten (allerdings entsteht dann ein Kosinusfehler bei der optischen Weglänge). Wir wollen uns auf den Fall *schwacher Reflexion* beschränken,

$$\frac{I_{\text{refl}}}{I_{\text{einf}}} \ll 1\,,$$

wobei I_{refl} die reflektierte und I_{einf} die einfallende Intensität bedeuten. Dann kann man die auf die Glasoberfläche einfallende Intensität ohne großen Fehler gleich der auf die äußere Oberfläche der Vergütungsschicht einfallenden setzen. Für eine Auslöschung im Luftraum muß also das Reflexionsvermögen in beiden Fällen dasselbe sein. Übrigens könnten wir unsere Rechnung auch für beliebige Reflexionen, also ohne Beschränkung auf schwache Reflexion, durchführen. Das bringt keine grundsätzlichen Schwierigkeiten, aber auch nichts grundsätzlich Neues, so daß wir es hier weglassen.

Das Reflexionsvermögen R_{1s} an der Grenzfläche Luft – Vergütungsschicht ist auf jeden Fall nur eine Funktion des *Verhältnisses beider Brechzahlen:*

$$R_{1s} = f\left(\frac{n_s}{n_1}\right).$$

Ebenso gilt

$$R_{2s} = f\left(\frac{n_2}{n_s}\right)$$

mit *derselben Funktion f* für die Reflexion an der Grenzfläche zwischen Vergütungsschicht und Glas. Damit das Reflexionsvermögen in beiden Fällen gleich ist, muß also für jede beliebige Funktion f

$$\frac{n_s}{n_1} = \frac{n_2}{n_s} \tag{2.19}$$

gelten. Dafür schreibt man üblicherweise

$$n_s = \sqrt{n_1 n_2}\,. \tag{2.20}$$

Wie aus der Ableitung ersichtlich, gilt die Bedingung Gl. (2.19) oder (2.20) streng genommen nur für eine einzige Wellenlänge, senkrechte Inzidenz und, bezogen auf eine einzige Grenzfläche, schwache Reflexion. Wir bemerken noch: Die Wirkungsweise der vergüteten Optik hat nichts, aber auch gar nichts mit dem „elektrischen Sumpf“ zu tun, dessen Prinzip ja der Abschluß des „Vakuums“ durch einen ohmschen Verbraucher mit dem Wellenwiderstand des Vakuums ist (vgl. Abschn. II, 3.3.5).

Die Vergütungsschicht wirkt über die Reflexion. Wir haben oben implizit vorausgesetzt, daß das Licht nicht absorbiert wird. Wo bleibt bei fehlender Reflexion dann

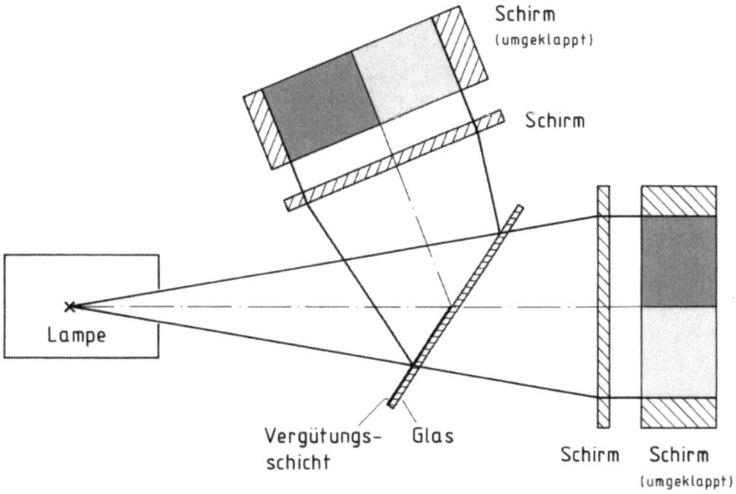

Abb. 2.19 Versuch zur optischen Vergütung (Skizze). Das Licht aus der Lampe fällt auf eine Glasscheibe, die auf der unteren Hälfte vorne eine Vergütungsschicht trägt. Durchgelassenes Licht (rechts) und reflektiertes (oben) fallen auf je einen Schirm; die Schirme zeigen umgeklappt komplementäre Helligkeitsverteilungen.

das Licht, das ohne Vergütungsschicht reflektiert würde? Antwort: Es wird durchgelassen, die Transmission wird also erhöht. Wir sehen es auch explizit: Das an der Grenzfläche Vergütungsschicht – Glas reflektierte Licht wird an der Grenzfläche Vergütungsschicht – Luft *teilreflektiert.* Der reflektierte Teil befindet sich *in Phase* mit dem primär *einfallenden Licht* ($\Delta = \lambda$). Wir ersparen es uns, die unendliche Reihe aufzusummieren, die durch fortlaufendes Reflektieren entsteht.

Abb. 2.19 skizziert einen kleinen Versuch mit einer vergüteten Glasscheibe.

Schichtspiegel

Wenn die optische Weglängendifferenz Δ nicht $\lambda/2$, sondern λ beträgt, die Dicke der Vergütungsschicht also $\lambda/2$, so hat man ersichtlich *konstruktive Interferenz* des *re-*

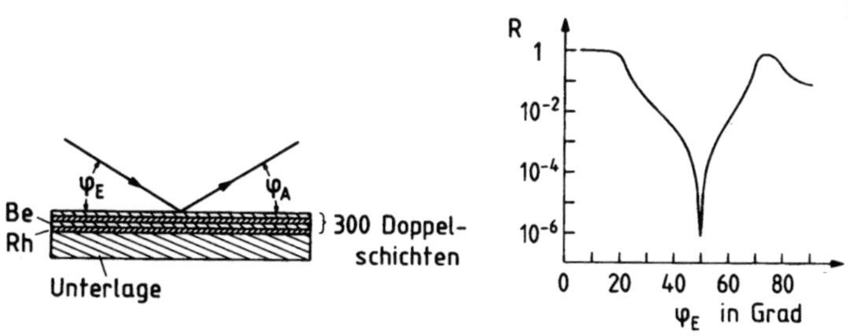

Abb. 2.20 Röntgenspiegel (links) und Reflexionskoeffizient R der Intensität (rechts); Wellenlänge der Röntgenstrahlung $\lambda = 12{,}4$ nm (weiche Röntgenstrahlung). Doppelschicht aus Beryllium (Be) und Rhodium (Rh). Glanzwinkel des Einfalls φ_E auch hier gleich dem Glanzwinkel des Ausfalls φ_A.

flektierten Lichts. So lassen sich *Schichtspiegel* herstellen. Sie ergeben für Licht einen sehr hohen Reflexionskoeffizienten, haben in letzter Zeit aber auch große Bedeutung für die Reflexion von *Röntgenlicht* gewonnen. Da die Brechzahl für Röntgenlicht in allen Medien sehr nahe eins ist (vgl. Abschn. 2.9.1), lassen sich nur Schichten geringer Reflexion herstellen. Mit einer Anordnung ähnlich der in Abb. 2.18 läßt sich dann auch nur ein geringer Reflexionsgrad erreichen. Man kann jedoch viele Schichten hintereinander stellen (Abb. 2.20) und so eine hohe Reflexion erreichen; zur Reflexion vieler Schichten vgl. Abschn. 2.8.3.

Verhinderung oder Verstärkung der Reflexion sind zunächst nur für eine einzige Wellenlänge und eine bestimmte Inzidenz erzielbar. Reflexion mit Interferenzspiegeln, wie man diese Anordnungen auch nennt, hat also eine *Filterwirkung.* In Parenthese: Bei Röntgenteleskopen, die ja ein breites Frequenzband erfassen sollen, arbeitet man ohne Vielfachschichten, aber mit streifender Inzidenz.

Newtonsche Ringe

Newtonsche Ringe sind *Interferenzerscheinungen* in *dünnen Schichten* wechselnder Dicke; die Interferenzkurven sind nicht notwendig genau kreisförmig. Wir wollen hier die Verhältnisse an einer dünnen Luftschicht zwischen einer planparallelen Platte und einem Teil einer Kugel (Kalotte) betrachten (Abb. 2.21).

Für die in Abb. 2.21 gezeigte Geometrie und die dort eingeführten Bezeichnungen gilt nach der Elementargeometrie (Höhensatz)

$$r^2 = (2R - d)\,d = 2Rd + O(d^2)\,. \tag{2.21}$$

Für destruktive Interferenz ist ein Gangunterschied

$$\Delta = 2d = m\lambda$$

notwendig (Phasensprung am dichteren Medium 2!), wobei m eine ganze Zahl bezeichnet. Nach dieser Formel hat man an der Berührungsstelle, die wegen der Elastizität der verwendeten Materialien nie ein „Punkt“, sondern eine kleine Kreisscheibe ist, Dunkelheit, entsprechend $d = 0$. Das ist auch das, was man beobachtet (Abb. 2.22). Der physikalische Grund für die Dunkelheit im Zentrum ist aber ein ganz anderer. Genau betrachtet ist zur Reflexion immer eine Grenz-*Schicht* und keine Grenz-*Fläche* nötig; die Dicke dieser Grenzschicht hat ungefähr die Größenordnung der Wellenlänge λ. Wir werden auf diesen Punkt in Abschn. 2.9.3 noch einmal zurückkommen.

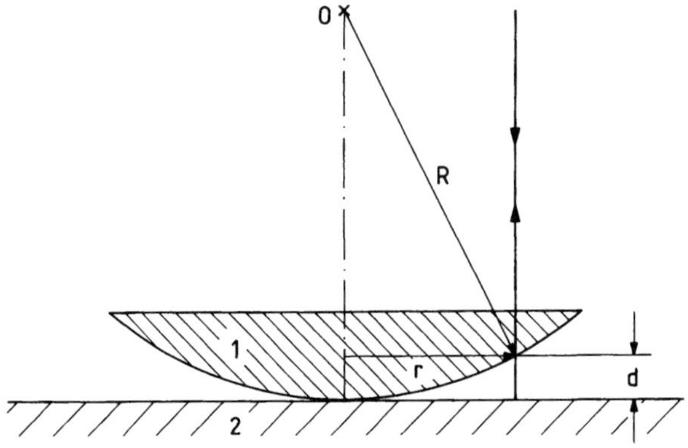

Abb. 2.21 Newtonsche Ringe. Skizze der Geometrie; s. Text.

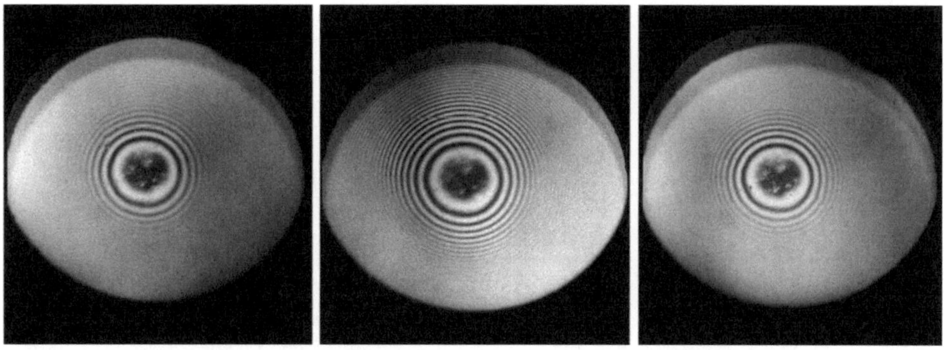

Abb. 2.22 Newtonsche Ringe. Glühlampenlicht. Links ohne Filter, Struktur außen verwaschen. Mitte mit Rotfilter und rechts mit Blaufilter, Strukturen deutlicher, Ringe bei Rotlicht größer als bei Blaulicht.

Für wachsenden Radius r und damit wachsende Dicke d der Luftschicht erhalten wir gemäß Gl. (2.21) eine Reihe dunkler Ringe, zwischen denen helle Ringe (bei natürlich stetigem Übergang) liegen. Das Interferenzmuster ist von der Wellenlänge abhängig: Bei größerer Wellenlänge sind die Ringe nach außen verschoben. Wir veranschaulichen das in Abb. 2.22 durch die bei Blaulicht und bei Rotlicht aufgenommenen Interferenzbilder.

Newtonsche Ringe sind oft störend. Man beobachtet sie häufig bei der Projektion von durch Glasplättchen abgedeckten Diapositiven. Eine gewisse praktische Bedeutung haben sie in der *Materialprüfung*. So kann man Unebenheiten durch die Ringdeformationen sichtbar machen.

Ähnliche Vorgänge, wie sie zu den Newtonschen Ringen führen, erzeugen die *Farben dünner Blättchen*. Sie sind uns aus dem täglichen Leben bekannt, z. B. bei einem dünnen Ölfilm auf Wasser.

2.2 Interferometer

2.2.1 Michelson-Interferometer

Das Michelson-Interferometer, nicht zu verwechseln mit dem in Abschn. 2.2.5 zu besprechenden Michelson-Stellarinterferometer, wurde von Michelson und Morley bei dem berühmten **Michelson-Versuch** benutzt. Das Grundsätzliche über Interferometer und Versuch haben wir bereits in Abschn. II, 4.1.3 kennengelernt. Bei der Spektrometerskizze in Abb. II, 4.1 haben wir allerdings nur Strahlen betrachtet, die auf der optischen Achse des Beobachtungsfernrohrs, parallel dazu und senkrecht dazu verlaufen. In der Realität treten immer auch Parallelstrahlen und vor allem auch Strahlen auf, die etwas geneigt zu den in Abb. II, 4.1 gezeigten verlaufen. Auf diese Strahlen können wir im übrigen nicht verzichten. Wie in den Abschnitten 1.1.2, 2.1.1 und 3.6.3 ausgeführt, braucht man bei jedem „Lichtstrahl" in Wirklichkeit ein (vielleicht schmales und kaum divergierendes) *Strahlenbündel;* in einem einzelnen Lichtstrahl ist keine Intensität enthalten. Wir können die Luft und den halbdurchlässigen Spiegel S_h, die das Licht auf seinem Weg zwischen Quelle S und Beobachtungsfernrohr E durchläuft, als eine einzelne *„planparallele Luftplatte"* auffassen.

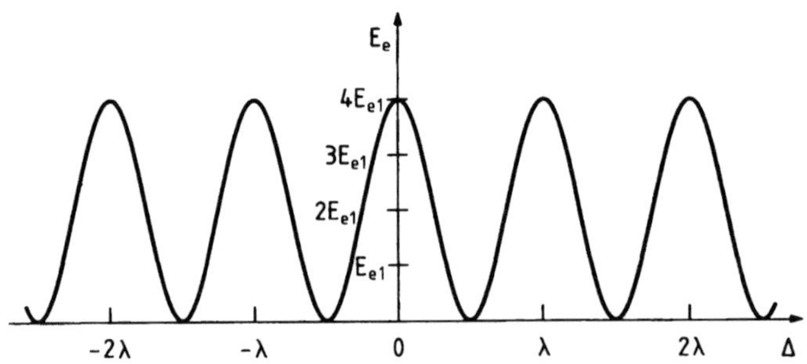

Abb. 2.23 Beobachtete Intensität E_e als Funktion des Gangunterschieds Δ im Michelson-Interferometer. Eine einzige monochromatische Quelle.

Nach dem vorigen Abschnitt werden wir als Interferenzbild *Kurven gleicher Neigung* (Ringe) beobachten; vgl. Abb. II, 4.2. Das ist auch noch dann gültig, wenn wir, wie es beim Versuch von Michelson und Morley der Fall war, durch Mehrfachreflexion 11 m Weglänge zwischen Quelle S und Beobachtungsfernrohr bei ca. 1 m Abstand zwischen Quelle und Spiegel 1 haben.

Auf die Bedeutung des Michelson-Versuchs, der als Ergebnis eine *konstante Lichtgeschwindigkeit* ergab, wurde bereits in Abschn. II, 4.1.3 hingewiesen. Wir wollen hier das Michelson-Interferometer und den Fall von zwei benachbarten „monochromatischen“ Linien benutzen, um die **Fourier-Spektroskopie** zu erläutern; zur Fourier-Analyse vgl. Abschn. I, 7.1.6.

Zunächst wollen wir uns auf eine einzelne Strahlung aus einem einzelnen Sender beschränken. Das Interferometer spaltet den Strahl auf, so daß wir es effektiv mit zwei Quellen, also zwei Sendern, je mit der Intensität E_{e1} zu tun haben (Spiegelbilder der Quelle Q in Spiegel S_1 und Spiegel S_2). Unter unseren Voraussetzungen sind die Strahlen aus den beiden effektiven Sendern vollständig kohärent. Wir erhalten also Interferenzringe gleicher Neigung im Fernrohr. Verschieben wir jetzt den Spiegel S_1 in seiner Normalen, so ändern wir das Interferenzbild. Um die Intensitätsänderung auszurechnen, benutzen wir Gl. (2.12) mit $E_{e1} = E_{e2}$ und erhalten für $\vartheta = \pi/2$ sowie $\varphi_1 = \varphi_2$ (weil es derselbe wirkliche Sender ist)

$$E_e = 2E_{e1}[1 + \cos(kd)]\,,$$

wobei $d = 0$ dem Fall gleicher Lichtweglängen entspricht. Maxima sind bei $kd = m\,2\pi$ (m ganzzahlig) entsprechend

$$d = \frac{2\pi}{k}\,m = \lambda m\,.$$

Abb. 2.23 zeigt E_e als Funktion von d, Abb. 2.24 zwei Interferenzbilder bei verschiedener Weglängendifferenz (Laserlicht).

Wir gehen jetzt zu unserem eigentlichen Problem über und setzen *zwei reelle Lichtquellen* (Sender) Q_1 und Q_2 mit verschiedenen, aber ähnlichen Wellenzahlen ($k_1 \neq k_2$, $k_1 \approx k_2$) voraus, die jede für sich *inkohärent* strahlen sollen. Das Interferometer spaltet die einzelnen Strahlengänge wieder auf, so daß wir vier effektive Sender haben (Spiegelbilder von Q_1 in den Spiegeln S_1 und S_2, Wellenzahl jeweils k_1, und Spiegelbilder von Q_2 ebenfalls in den Spiegeln S_1 und S_2, Wellenzahl jeweils

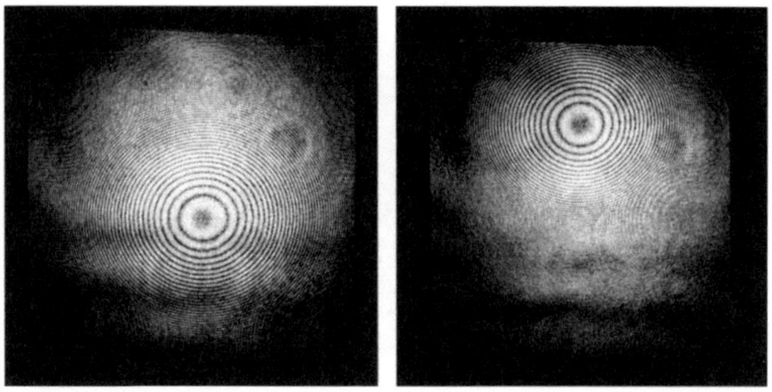

Abb. 2.24 Interferenzbild im Michelson-Interferometer. Eine einzige monochromatische Quelle (Laser). Links: Gangunterschied $\Delta = 0$. Rechts: $\Delta = 2$ mm.

k_2). Die beiden effektiven Sender mit k_1 sind untereinander kohärent und ebenso die beiden mit k_2. Wir haben also

$$\begin{aligned} E_\mathrm{e} &= E_\mathrm{e}^{(k_1)} + E_\mathrm{e}^{(k_2)} \\ E_\mathrm{e}^{(k_1)} &= 2E_\mathrm{el}^{(k_1)}[1 + \cos(k_1 d)] \\ E_\mathrm{e}^{(k_2)} &= 2E_\mathrm{el}^{(k_2)}[1 + \cos(k_2 d)]\,. \end{aligned} \tag{2.22}$$

Fassen wir den Inhalt der drei letzten Gleichungen zusammen, so ergibt sich das typische Bild einer Schwebung (in Abb. 2.25 für den Sonderfall $E_\mathrm{e}^{(k_1)} = E_\mathrm{e}^{(k_2)}$ gezeigt). Aus der Wellenlänge λ_Schw der Schwebungsfigur, die natürlich *nicht wandert,* kann offenbar die *Wellenlängendifferenz* $\lambda_1 - \lambda_2$ deduziert werden. Das geschieht ganz ähnlich wie bei den gekoppelten Pendeln (vgl. Abschn. I, 7.1.4).

In der Verallgemeinerung, also der Anwendung auf beliebige Spektren, müssen wir uns der mathematischen „Datenverarbeitung" bedienen, der *Fourier-Analyse.* Die Fourier-Analyse bietet den Vorteil hoher „Auflösung" $\lambda/\Delta\lambda$; hierbei ist

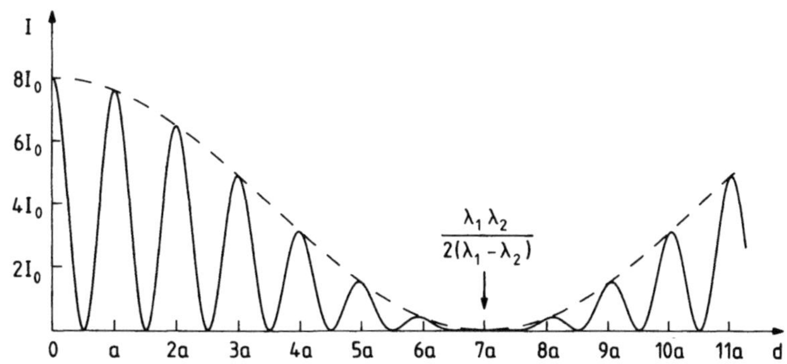

Abb. 2.25 Schwebung. Intensität $I = E_\mathrm{e}$ bei zwei Sendern in Einheiten der Einzelintensität $I_0 = E_\mathrm{e}^{(k_1)} = E_\mathrm{e}^{(k_2)}$ eines effektiven Senders als Funktion der Weglängendifferenz d, gemessen in Einheiten von $a = \lambda_1\lambda_2/(\lambda_1 + \lambda_2)$, gezeichnet für $\lambda_1/\lambda_2 = 15/13$. Umhüllende (Schwebungsfigur) mit Wellenlänge $\lambda_\mathrm{Schw} = \lambda_1\lambda_2/(\lambda_1 - \lambda_2)$, hier $\lambda_\mathrm{Schw} = 14a$.

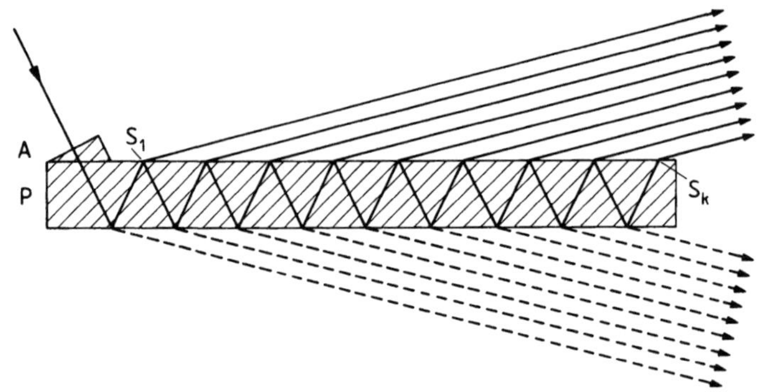

Abb. 2.26 Lummer-Gehrcke-Platte. P planparallele Platte, A Aufsatz. Das austretende Licht kann in Reflexion (ausgezogene Pfeile nach rechts) oder Transmission (gestrichelte Pfeile nach rechts) beobachtet werden; s. auch Text.

$\Delta\lambda = \lambda_1 - \lambda_2$ der kleinste Unterschied zwischen zwei Wellenlängen, die noch als getrennt erkannt werden; Näheres über Auflösung in allgemeinerem Zusammenhang in Kap. 2.5.

2.2.2 Lummer-Gehrcke-Platte

Die *Lummer-Gehrcke-Platte,* benannt nach den deutschen Physikern O. Lummer (1860–1925) und E. Gehrcke (1878–1960), genau genommen eine Lummer-Platte (1901) mit Gehrckeschem Aufsatz (1902), ist im wesentlichen eine *planparallele Platte,* aus der das Licht *streifend austritt* (Abb. 2.26). Da die Reflexionen in der Platte beinahe bei Totalreflexion erfolgen, bleibt bei jeder einzelnen Reflexion praktisch die gesamte vor dieser Reflexion vorhandene Intensität in der Platte erhalten, so daß *viele Reflexionen* stattfinden. Wir haben also viele effektive kohärente Sender und erhalten somit *sehr scharfe Spektrallinien.* Wie in Abschn. 2.1.5 gibt es ein Maximum immer dann, wenn der Gangunterschied Δ gleich $m\lambda$ ist (m eine natürliche Zahl). Ist z. B. Δ etwas kleiner als $m\lambda$, so geht bei großem m die aufsummierte Amplitude schon sehr stark herunter; denn zwischen entfernten „Sendern" (z. B. S_1 und S_k) hat man bei großem k einen großen Weglängenunterschied. Was wir hier nur qualitativ abgehandelt haben, werden wir später beim Beugungsgitter (Abschn. 2.3.2) quantitativ erfassen. Auf jeden Fall haben wir bei der Lummer-Gehrcke-Platte *scharfe* helle Spektrallinien (Ringe gleicher Neigung) bei einer monochromatischen Quelle.

2.2.3 Perot-Fabry-Interferometer

Das *Perot-Fabry-Interferometer,* manchmal auch Fabry-Perot-Interferometer genannt, entwickelt (1897) von den französischen Physikern A. Pérot (1863–1925) und Ch. Fabry (1867–1945), bedient sich ebenfalls der *Vielfachreflexion* zur Erhöhung der Auflösung. Die Reflexion findet an *Metallspiegeln* statt, die *etwas lichtdurchlässig* sind (Abb. 2.27). Strahlen, die vom Brennpunkt der linken „Kondensorlinse" ausgehen, durchsetzen das Gebiet zwischen beiden Spiegeln achsenparallel (in Richtung der Spiegelnormalen), etwas exzentrisch ausgehende Strahlen etwas zur Achse ge-

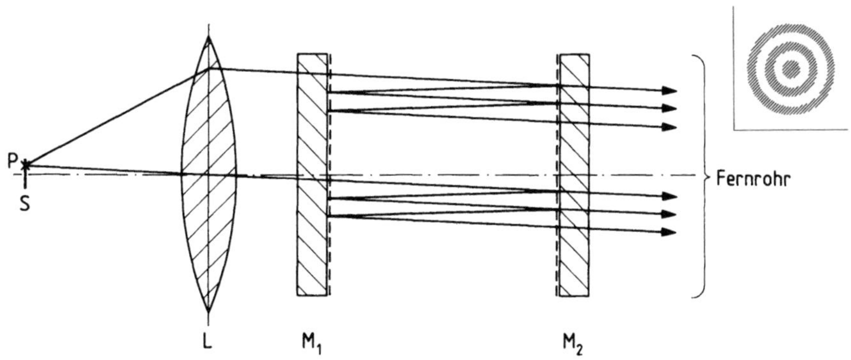

Abb. 2.27 Perot-Fabry-Interferometer. S scheibchenförmige Quelle, P betrachteter Quellpunkt der Strahlen, L Linse, M_1 und M_2 Metallspiegel mit etwas Transparenz (Glasplatten mit Metallbedampfung). Im Eckeinsatz das im Fernrohr beobachtete Ringmuster.

neigt. Das Gebiet zwischen den Spiegeln ist eine „planparallele Luftplatte“. Wir sehen im Fernrohr also *Ringe gleicher Neigung*.

Das Perot-Fabry-Interferometer wird auf zwei Arten betrieben: Entweder verschiebt man eine Platte, z. B. Platte M_2 in Abb. 2.27, längs der Achse mit einer Mikrometerschraube und zählt, wieviele Ringe pro Millimeter Verschiebung aus dem Zentrum hervorquellen (bei Abstandsvergrößerung) oder hineinsinken (bei Abstandsverminderung); oder man mißt bei festem Plattenabstand den Durchmesser des ersten Rings aus. Die zweite Methode ist nur anwendbar, wenn die Wellenlänge λ ungefähr bekannt ist, z. B. aus einer anderen Messung geringerer Auflösung. Bei Geräten mit festem Abstand spricht man auch von einem *Luftetalon*. In praxi ist der Zwischenraum häufig ausgepumpt, also ein „Vakuumetalon“. Durch besondere konstruktive Maßnahmen, z. B. die Verwendung des gegenüber Wärmeänderungen in der Ausdehnung „invarianten“ Materials Invar, lassen sich störende äußere Einflüsse verringern.

Um die sehr hohe Auflösung des Perot-Fabry-Interferometers voll auszunützen, müssen die Messungen mit entsprechend hoher Genauigkeit ausgewertet werden. Zum Beispiel ist zu berücksichtigen, daß der *Phasensprung* bei der Reflexion *nicht genau 180°* beträgt und zusätzlich frequenzabhängig ist.

Das Perot-Fabry-Interferometer ist das wichtigste klassische Spektrometer hoher Auflösung für Licht. Wegen der hohen Auflösung ist der überspannte Wellenbereich $\Delta\lambda = \lambda_o - \lambda_u$ zwischen der größten erfaßten Wellenlänge λ_o und der kleinsten λ_u gering. Um Mehrdeutigkeiten zu vermeiden, muß man deswegen den eintretenden Wellenlängenbereich durch *Vorausblendung* einengen. Die Abweichung des Phasensprungs von 180° bei der Reflexion kann man sich mit einem elektrischen Modell veranschaulichen. Bei der Behandlung in Abschn. II, 3.2.4 haben wir den Leiter als vollkommen leitend (spezifischer Widerstand $\varrho = 0$, auch für Wechselstrom) idealisiert. Damit ergab sich ein Phasensprung von 180°. In Wirklichkeit müssen aber im Leiter Elektronen beschleunigt werden, um die tangentiale Feldstärke (praktisch) zum Verschwinden zu bringen (Wechselfeld!). Für diese Elektronenbeschleunigung ist ein Restfeld nötig. Also können sich, auch bei Leistungsaufnahme null im Leiter, einfallende und reflektierte elektrische Feldstärke nicht vollständig kompensieren; im übrigen ist, außer bei Supraleitung von Gleichstrom, die Elektronenleitung allgemein im Leiter, hier bei der metallverspiegelten Glasplatte, nicht vollständig verlustfrei, und auch deswegen ist eine nichtverschwindende Transversalfeldstärke nötig.

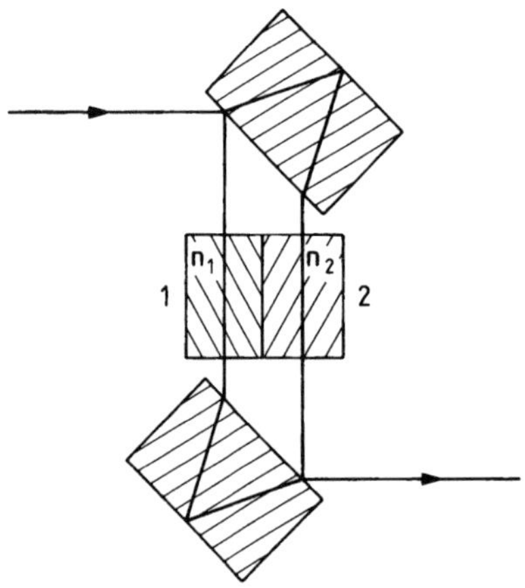

Abb. 2.28 Jamin-Interferometer; s. Text.

2.2.4 Jamin-Interferometer

Im *Jamin-Interferometer,* erfunden (1856) von dem französischen Physiker J.-C. Jamin (1818–1886), wird das Licht in zwei meist in größerem Abstand voneinander geführte Parallelstrahlen aufgeteilt, die anschließend wieder vereinigt werden (Abb. 2.28). Das Spektrometer eignet sich besonders zur Messung *kleiner Differenzen* von *Brechzahlen.* So kann man z. B. in die eine der in Abb. 2.28 gezeigten Kammern ein Gas bekannter Brechzahl, etwa Luft, einfüllen und in die andere ein Gas, dessen Brechzahl man messen möchte.

2.2.5 Michelsonsches Stellar-Interferometer

Das *Michelsonsche Stellar-Interferometer* hat nichts mit dem in Abschn. 2.2.1 beschriebenen Michelson-Interferometer des Michelson-Versuchs zu tun. Das Stellar-Interferometer dient vielmehr in der Astronomie zur *direkten Messung* von *Sterndurchmessern* (wenn die Astronomen von Sternen sprechen, meinen sie immer Fixsterne). Sterne mit Ausnahme der Sonne sind, wie in Abschn. 1.7.3 ausgeführt, so weit entfernt, daß sie nicht als flächenhafte Objekte abgebildet werden können. Dennoch gelingt es mit dem von Michelson genial erdachten und fachmännisch gebauten Stellar-Interferometer, die Lateralausdehnung einiger großer naher Fixsterne zu messen.

Zur Erklärung der Wirkungsweise des Interferometers, dessen Prinzip in Abb. 2.29 dargestellt ist, wollen wir vereinfachend annehmen, daß die „linke“ Sternhälfte durch eine Punktquelle S_1 im Schwerpunkt der linken Hälfte der Sternquerschnittsfläche und die rechte Sternhälfte durch eine zweite Punktquelle S_2 im Schwerpunkt der rechten Hälfte der Sternquerschnittsfläche repräsentiert werde; beide Quellen sind natürlich zueinander inkohärent. Das Interferometer sei auf S_1 so ausgerichtet, daß der Gangunterschied zwischen den beiden Strahlen I und I′ null sei. Der Stern sei so groß, daß der entsprechende Gangunterschied zwischen den Strahlen von S_2, II und II′, gerade $\lambda/2$ ist. Für die Strahlen I und I′ ist die Kohärenzbedingung Gl. (2.18) wegen der geringen Größe von u erfüllt, s. Abb. 2.9, ebenso für II und II′. Auf dem

Schirm des Interferometers erhalten wir also *zwei Interferenzfiguren,* die zueinander *komplementär* sind. Beide Bilder erscheinen auf dem Schirm an derselben Stelle (genau genommen: so wenig gegeneinander verschoben, daß man es nicht messen kann; wäre es anders, könnte man den Sterndurchmesser geometrisch, d. h. ohne Interferenz bestimmen). Durch Überlagerung beider Figuren entsteht ein konturloses Feld.

Wie kann überhaupt ein Interferenzbild *(Ringe)* bei einem einzelnen punktförmigen Stern entstehen? Warum erscheint nicht nur ein Punkt auf dem Schirm? Dafür gibt es im wesentlichen zwei Gründe. Einerseits hat man *Luftunruhe,* d. h. wechselnde Inhomogenitäten der Luft, die das Licht auf dem Wege vom Stern zum Interferometer durchläuft. Dadurch gibt es etwas verschiedene Einfallsrichtungen, aber das Licht bleibt kohärent. Andererseits tritt auch Beugung an Blenden auf (über Beugung vgl. Abschn. 2.3.4).

Man kann das Interferometer folgendermaßen betreiben. Man startet mit kleiner Armlänge (kleinem d) und sieht zunächst nur eine einzige Gesamt-Interferenzfigur, weil der Gangunterschied Δ (Abb. 2.29) klein ist, also die einzelnen Interferenzfiguren von S_1 und S_2 praktisch identisch sind. Nun vergrößert man d kontinuierlich. Wenn die Gesamt-Interferenzfigur (zum erstenmal) verschwindet, hat man das Interferometer auf einen Gangunterschied Δ von $\lambda/2$ eingestellt.

Bei zu großer Armlänge, also zu großem d, wird man nie eine Interferenzfigur beobachten, weil immer alles verschwimmt. Man limitiert d aber so, daß das nicht auftritt. In praxi verwendet man $d \lessapprox 6$ m.

Als Beispiel sei genannt: Bei Beteigeuze (roter Riesenstern im Sternbild des Orion) mißt man einen Winkel α (Abb. 2.29) von $0{,}0047''$. Mit der bekannten Entfer-

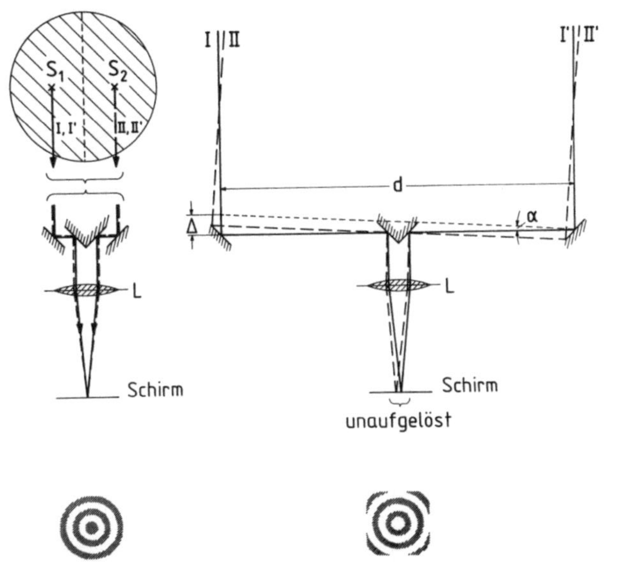

Abb. 2.29 Michelsonsches Stellar-Interferometer. Linke Anordnung: geringer Armabstand; rechte Anordnung: großer Armabstand (großes d). Interferenzbilder unten gezeichnet. Linkes Interferenzbild: Licht aus S_1 (und S_2). Rechtes Interferenzbild: Licht nur aus S_2. Für die Anordnung ist das Gesamtbild als Überlagerung beider Interferenzbilder aus S_1 und S_2 konturlos. S. auch Text.

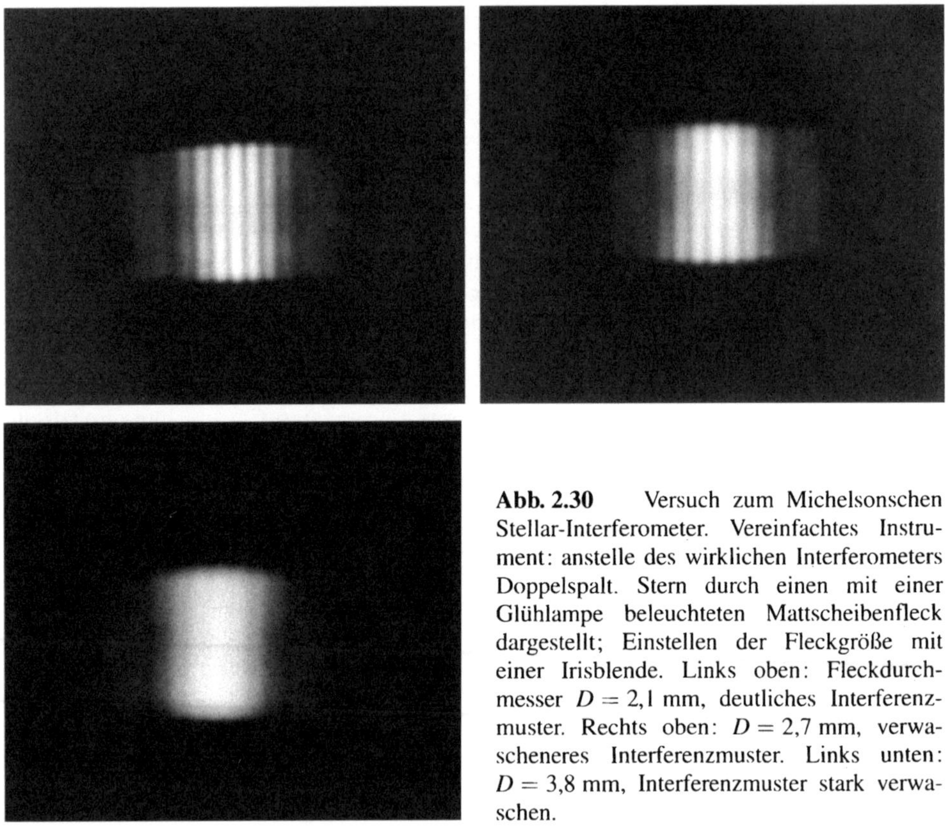

Abb. 2.30 Versuch zum Michelsonschen Stellar-Interferometer. Vereinfachtes Instrument: anstelle des wirklichen Interferometers Doppelspalt. Stern durch einen mit einer Glühlampe beleuchteten Mattscheibenfleck dargestellt; Einstellen der Fleckgröße mit einer Irisblende. Links oben: Fleckdurchmesser $D = 2{,}1$ mm, deutliches Interferenzmuster. Rechts oben: $D = 2{,}7$ mm, verwascheneres Interferenzmuster. Links unten: $D = 3{,}8$ mm, Interferenzmuster stark verwaschen.

nung ergibt sich ein Durchmesser von $D = 3{,}9 \times 10^{11}$ m (Sonne: $D = 1{,}4 \times 10^{9}$ m). Damit hat Beteigeuze grob das 10^7-fache Sonnenvolumen.

Abb. 2.30 zeigt einen Versuch mit einem vereinfachten „Stellar-Interferometer".

2.3 Beugung von Licht

2.3.1 Qualitatives zur Beugung

Beugung haben wir bei Wasserwellen in Abschn. I, 7.5.3 und bei Lichtwellen in Abschn. 1.1.2 kennengelernt; bei Wasserwellen haben wir sie mit dem Huyghensschen Prinzip erklärt. Natürlich eignet sich das Huyghenssche Prinzip auch gut zur halbquantitativen Erklärung von Beugungserscheinungen des Lichts und von anderen Phänomenen der Lichtausbreitung (Spiegelung, Brechung). Die strenge Behandlung der Beugung von Licht würde die Lösung der Maxwellschen Gleichungen unter Beachtung ihrer Randbedingungen erfordern, ein Unterfangen, das meist nicht ausführbar ist.

Zur weiteren, über den in Abschn. 1.1.2 beschriebenen Versuch hinausgehenden Veranschaulichung des Phänomens Beugung von Licht sehen wir uns in Abb. 2.31 die

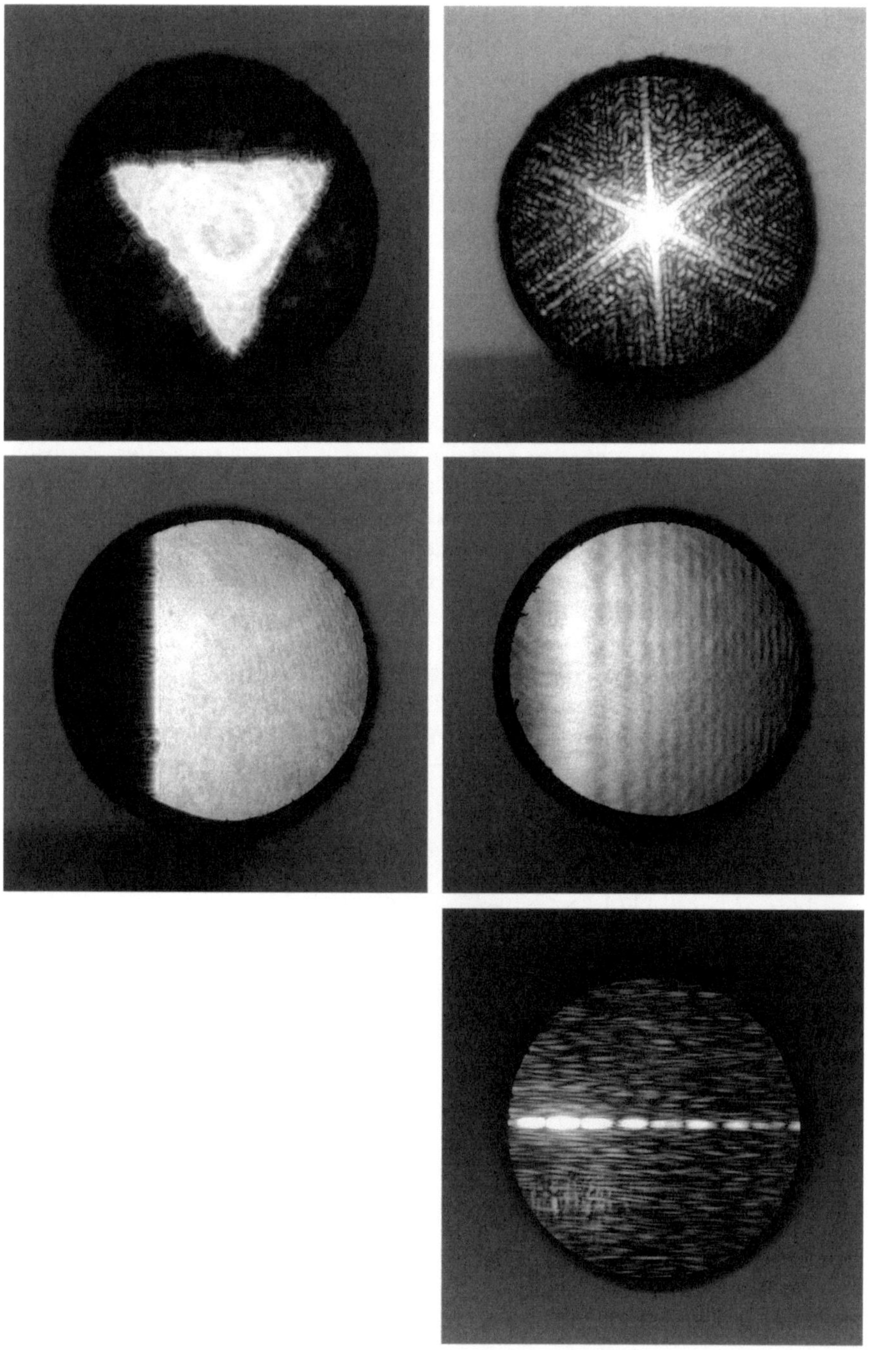

Abb. 2.31 Beugung an verschiedenen Objekten. Objekte: Dreieckloch, Kantenlänge 1,2 mm (oben links); Schneide (Mitte links); Doppelspalt, Breite je Einzelspalt 0,1 mm, Abstand Spaltmitte zu Spaltmitte 0,2 mm (nicht abgebildet). Beugungsbilder der drei Objekte rechts: Dreieck (oben); Schneide (Mitte); Doppelspalt (unten).

Beugungsfiguren verschiedener Objekte an; dabei sparen wir geometrisch ganz einfache Objekte aus, deren Beugungsbild wir später quantitativ behandeln wollen. In Abb. 1.11 sind verschiedene Aufnahmen wiedergegeben, die wir mit einer Lochkamera, wie sie in Abb. 1.10 skizziert ist, erhalten haben. Wir sind bei dem in Abschn. 1.2.1 geschilderten Versuch (Veränderung der Schärfe der Abbildung durch Ändern des Lochdurchmessers) auch zu sehr kleinen Lochdurchmessern übergegangen und haben beobachtet, daß weiteres Verkleinern des Durchmessers wieder zu einer Vergrößerung der Unschärfe der Abbildung führt. Das ist eine direkte Folge der Beugung.

2.3.2 Beugung am Strichgitter mit schmalen Spalten

Indem wir uns nun der quantitativen Behandlung von Beugungsphänomenen zuwenden, beginnen wir mit dem offenbar einfachsten nichttrivialen Fall. Das ist die Beugung am Strichgitter mit so schmalen Einzelspalten, daß bei der gewählten Beobachtungsrichtung kein merklicher Gangunterschied für „Elementarsender" innerhalb eines Spalts entsteht (Abb. 2.32); allgemein ist ein *optisches Gitter* ein Gebilde mit einer *räumlichen Periode,* der **Gitterkonstanten** *d.* In der Zeichenebene können alle Spalten durch je einen *punktförmigen Elementarsender* repräsentiert werden. Der Einfachheit halber nehmen wir zunächst an, daß das Gitter durch eine ebene Welle in senkrechter Inzidenz, also mit dem Einfallswinkel null, beleuchtet werde. Das Gitter sei senkrecht zur Zeichenebene unendlich ausgedehnt.

Indem wir die $1/r$-Abhängigkeit der Intensität vom Abstand r zwischen Gitter und Detektor vernachlässigen, erkennen wir aus Abb. 2.32, daß man ein (absolutes) Ma-

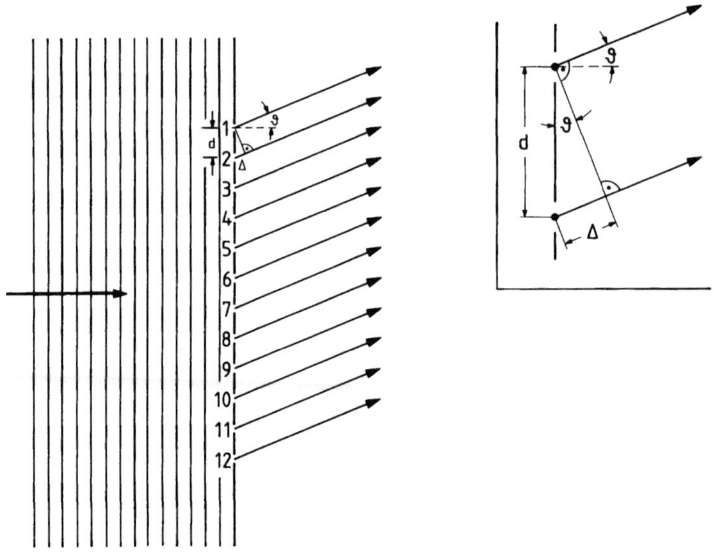

Abb. 2.32 Strichgitter mit schmalen Spalten; durch senkrecht auftreffende ebene Welle „erregte Elementarsender" Spalt 1 bis Spalt 12. Beobachtung des von den einzelnen Spalten in derselben Richtung ausgehenden Lichts. Im Eckeinsatz Verdeutlichung der Geometrie im Detail. S. auch Text.

ximum genau dann erhält, wenn der Weglängenunterschied Δ zwischen benachbarten Strahlen ein ganzzahliges Vielfaches der Wellenlänge λ beträgt:

$$\Delta = m\lambda = d \sin \vartheta \,, \tag{2.23}$$

wobei m eine ganze Zahl ist. Einige, aber beileibe nicht alle absoluten Minima (Intensität null) erhält man, jedenfalls bei gerader Anzahl N aller Spalte (Strichzahl), wenn man in obiger Gleichung m durch $m + 1/2$ ersetzt. Weitere Minima, die teils im strengen Sinne absolute Minima sind, teils nur für den Grenzfall beliebig großer Strichzahl N ($N \to \infty$), erhält man durch destruktive Interferenz zwischen entfernten (nicht benachbarten) Spalten. Das erste Minimum liegt bei geradem N offenbar dann vor, wenn zwischen dem äußerstem Spalt links und dem ersten Spalt rechts von der Mitte die Gangdifferenz $\lambda/2$ ist; dann ist zwischen dem zweitäußersten Spalt links und dem zweiten Spalt rechts von der Mitte der Gangunterschied ebenfalls $\lambda/2$, usw. Wenn man die Spalte auf diese Art paarweise zusammenfaßt, trägt kein einziges Spaltpaar zur Intensität bei. Abb. 2.33 stellt das dar. Ist N wie vorausgesetzt gerade, lassen sich alle Spalte in solche Spaltpaare zusammenfassen, und wir haben ein absolutes Minimum (Intensität null). Ist N ungerade, verbleibt ein „ungepaarter" Spalt, der natürlich zu einer gewissen Intensität führt. Für $N \to \infty$ geht dieser Beitrag aber gegen null.

Ähnliche Konstruktionen lassen sich für Spalte eines Paars ausführen, deren Abstand ein Drittel der vollen Spaltbreite beträgt, und weitere für ein Viertel, ein Fünftel bis hinab zu $1/(N-1)$; letzteres entspricht der Zusammenfassung benachbarter Spalte.

Indem wir zu den Maxima Gl. (2.23) zurückkehren, vereinbaren wir folgende Terminologie. Wir nennen m die *Ordnung* des *Maximums* und sprechen von einem *Maximum m-ter Ordnung*. Gerader Durchgang entsprechend $\vartheta = 0$ und $m = 0$ führt also zum Maximum nullter Ordnung (und nicht etwa zum ersten Maximum oder Maximum erster Ordnung); für $m = 1$ hat man das Maximum erster Ordnung, usw. Zwischen

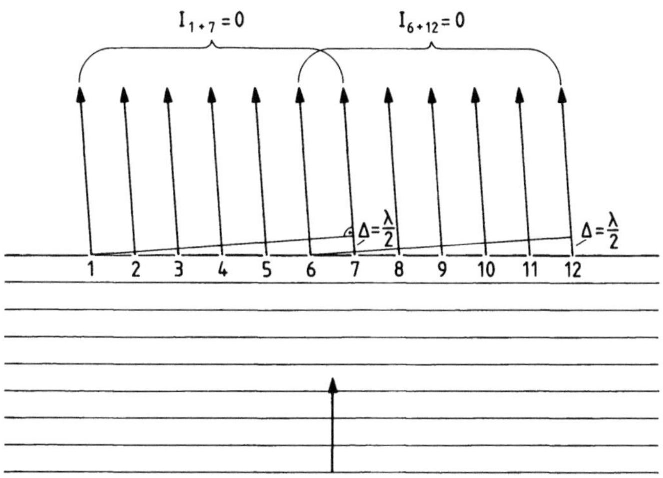

Abb. 2.33 Strichgitter mit schmalen Spalten. Gerade Anzahl von Strichen ($N = 12$). Zusammenfassung jeweils zweier geeigneter Spalte an zwei Beispielen dargestellt, so daß sich das erste Minimum ergibt (absolutes Minimum).

zwei benachbarten [durch Gl. (2.23) beschriebenen] absoluten Maxima liegen die durch Zusammenfassung nichtbenachbarter Spalte erschlossenen (absoluten oder relativen) Minima. Natürlich liegt zwischen zwei Minima immer ein Maximum. Da es zwischen zwei benachbarten absoluten Maxima liegt, kann es aber kein absolutes Maximum sein, sondern nur ein relatives Maximum ohne die volle Intensität. Wie aus dem Obigen ersichtlich, sind die Minima bei großer Strichzahl N in guter Näherung durch

$$\frac{N}{p}\, d \sin\vartheta = \left(m + \frac{1}{2}\right)\lambda \qquad (2.24)$$

bestimmt, wobei m und p ganzzahlig sind und p die Werte

$$p = 2,\, 3, \ldots, N \qquad (2.25)$$

annehmen kann. Der Fall $p = N$ entspricht der Auslöschung der Strahlen aus benachbarten Spalten. Zwischen dem Maximum nullter Ordnung und dem Maximum erster Ordnung hat man gemäß Gln. (2.24) und (2.25) $N - 1$ Minima, also gibt es hier ($\Delta = 0$ und $\Delta = \lambda$ eingeschlossen) N Maxima.

2.3.3 Beugung am Spalt

Zur Untersuchung der Beugung am (einzelnen) Spalt wollen wir die im vorigen Abschnitt gemachte Annahme fallen lassen, daß die Spaltbreite klein gegen den

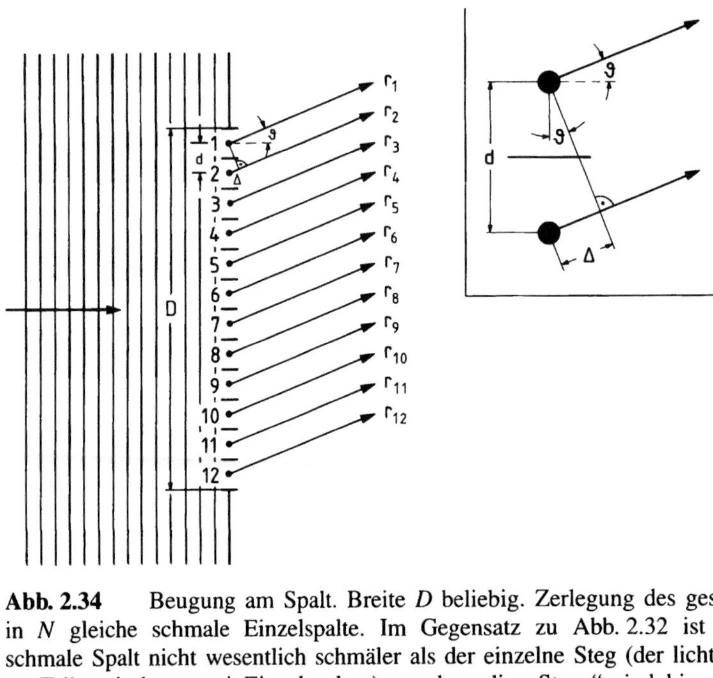

Abb. 2.34 Beugung am Spalt. Breite D beliebig. Zerlegung des gesamten Spalts in N gleiche schmale Einzelspalte. Im Gegensatz zu Abb. 2.32 ist der einzelne schmale Spalt nicht wesentlich schmäler als der einzelne Steg (der lichtundurchlässige Teil zwischen zwei Einzelspalten), sondern die „Stege" sind hier nur gedachte Trennlinien von verschwindender Breite. Im Eckeinsatz die Geometrie bei zwei benachbarten Spalten vergrößert herausgezeichnet.

auftretenden Gangunterschied sein soll. Wir lassen vielmehr einen beliebig breiten Spalt zu.

Für die Rechnung unterteilen wir den Spalt in Gedanken in N schmale Teilspalte, die untereinander gleich sein sollen; entsprechend wird jeder durch einen einzelnen punktförmigen Sender ersetzt, wobei alle diese Sender gleich stark, äquidistant und (für normal einfallende ebene Welle) in Phase sind. Wir beschränken uns, wie im vorigen Abschnitt, auf die Behandlung von Strahlen, die den Spalt als *Parallelbündel* verlassen, entsprechend einem im Unendlichen aufgestellten Schirm oder einem Schirm in der Brennebene einer Sammellinse (Abb. 2.34). Im Gegensatz zum vorigen Abschnitt wollen wir nicht nur die Lage der Maxima und Minima bestimmen, sondern auch die Intensität, und das im ganzen Bereich. Wir veranschaulichen uns die vektorielle Addition der Feldstärken der einzelnen „Sender“ entsprechend den gedachten Einzelspalten in Abb. 2.35. Zur quantitativen Behandlung rechnen wir komplex (vgl. Abschn. II, 2.12.7).

In einem ins Auge gefaßten Punkt auf dem Schirm steuert der m-te Sender die *elektrische Feldstärke*

$$E_{\mathrm{m}} = A(r_{\mathrm{m}})\,\mathrm{e}^{\mathrm{j}(kr_{\mathrm{m}} - \omega t)} \tag{2.26}$$

bei $(j = \sqrt{-1})$. Die *physikalische Feldstärke* ist dabei der Realteil von E_{m} $[\mathrm{Re}\,(E_{\mathrm{m}})]$. Die Gesamtfeldstärke ist dann

$$E = \sum_{1}^{N} E_{\mathrm{m}}\,. \tag{2.27}$$

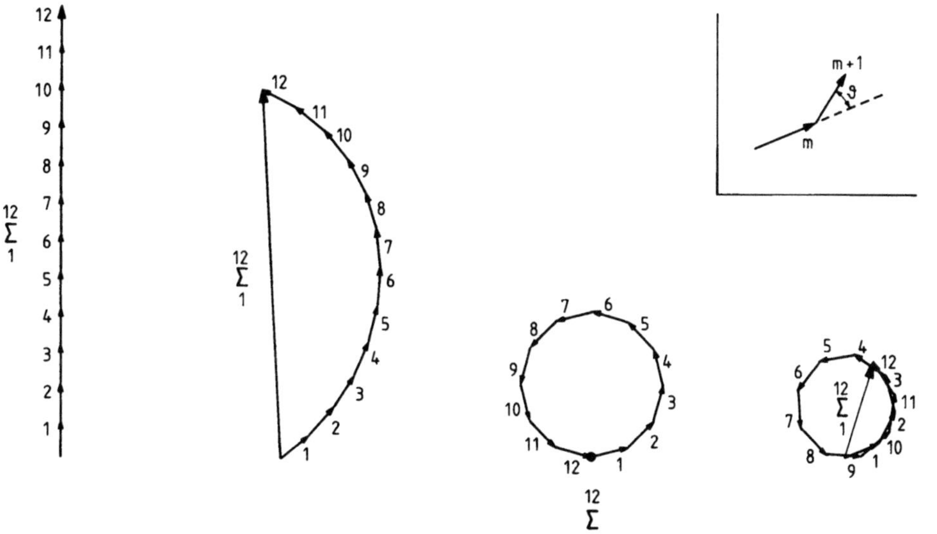

Abb. 2.35 Beugung am Strichgitter. Vektorielle Aufsummierung der Beiträge (Vektoren) der einzelnen N Spalte; hier $N = 12$. Diagramm links: Maximum nullter Ordnung. Diagramm Mitte links: etwas geringere Amplitude. Diagramm Mitte rechts: Minimum erster Ordnung [Nullvektor durch Punkt (vollen Kreis) symbolisiert]. Diagramm rechts: Maximum erster Ordnung. Eckeinsatz: Winkel ϑ, s. die vorige Abbildung, zwischen zwei aufeinander folgenden Vektoren (m und $m+1$); ϑ ist gleichzeitig die Phasenverschiebung zwischen diesen Vektoren entsprechend einer Wegdifferenz Δ in Abb. 2.34.

Aus Abb. 2.34 entnehmen wir

$$r_2 = r_1 + \varDelta\,, \qquad r_3 = r_1 + 2\varDelta, \ldots, \qquad r_N = r_1 + (N-1)\,\varDelta$$

mit

$$\varDelta = d \sin\vartheta\,. \tag{2.28}$$

Da r_1 bedeutend größer als D ist, können wir in Gln. (2.26) und (2.27) alle Amplituden $A(r_\mathrm{m})$ gleichsetzen, so daß

$$\begin{aligned} E &= A(r)\,\mathrm{e}^{\mathrm{j}(kr_1 - \omega t)}\,\left(1 + \mathrm{e}^{\mathrm{j}k\varDelta} + \ldots \mathrm{e}^{\mathrm{j}(N-1)\,k\varDelta}\right) \\ &= A(r)\,\mathrm{e}^{\mathrm{j}(kr_1 - \omega t)}\,\frac{\mathrm{e}^{\mathrm{j}Nk\varDelta} - 1}{\mathrm{e}^{\mathrm{j}k\varDelta} - 1} \\ &= A(r)\,\mathrm{e}^{\mathrm{j}(kr_1 - \omega t)}\,\frac{\mathrm{e}^{\mathrm{j}Nk\varDelta/2}\,\left(\mathrm{e}^{\mathrm{j}Nk\varDelta/2} - \mathrm{e}^{-\mathrm{j}Nk\varDelta/2}\right)}{\mathrm{e}^{\mathrm{j}k\varDelta/2}\,\left(\mathrm{e}^{\mathrm{j}k\varDelta/2} - \mathrm{e}^{-\mathrm{j}k\varDelta/2}\right)} \\ &= A(r)\,\mathrm{e}^{\mathrm{j}(kr_1 - \omega t)}\,\mathrm{e}^{\mathrm{j}(N-1)\,k\varDelta/2}\,\frac{\sin\dfrac{Nk\varDelta}{2}}{\sin\dfrac{k\varDelta}{2}} \end{aligned}$$

mit

$$r = r_1 + (N-1)\,\frac{\varDelta}{2}$$

gilt. Daraus wird

$$E = A(r)\,\mathrm{e}^{\mathrm{j}(kr - \omega t)}\,\frac{\sin\dfrac{Nk\varDelta}{2}}{\sin\dfrac{k\varDelta}{2}}\,. \tag{2.29}$$

Nun machen wir den Grenzübergang $N \to \infty$, $d \to 0$ und folglich $\varDelta \to 0$, mit der Maßgabe $Nd = D = \text{const}$, $NA(r) = C(r) = \text{const}$. $C(r)$ ist also proportional zur Spaltbreite D. Unter Beachtung von Gl. (2.28) wird so aus Gl. (2.29)

$$E = C(r)\,\mathrm{e}^{\mathrm{j}(kr - \omega t)}\,\frac{\sin\left(kD\,\dfrac{\sin\vartheta}{2}\right)}{kD\,\dfrac{\sin\vartheta}{2}}\,. \tag{2.30}$$

Bezeichnen wir mit E_0 die Amplitude der elektrischen Feldstärke E, so erhalten wir nach Gl. (2.2) aus Gl. (2.30) die einfallende Intensität zu

$$\begin{aligned} E_\mathrm{e} &= \frac{1}{2}\,\sqrt{\frac{\varepsilon}{\mu}}\,C^2(r)\,\frac{\sin^2\left(kD\,\dfrac{\sin\vartheta}{2}\right)}{k^2D^2\,\dfrac{\sin^2\vartheta}{4}} \\ &= E_{\mathrm{e}0}(r)\,\frac{\sin^2\left(kD\,\dfrac{\sin\vartheta}{2}\right)}{k^2D^2\,\dfrac{\sin^2\vartheta}{4}}\,. \end{aligned} \tag{2.31}$$

Dafür können wir mit $k = 2\pi/\lambda$ auch

$$E_e = E_{e0}(r) \frac{\sin^2 \dfrac{\pi D \sin\vartheta}{\lambda}}{\dfrac{\pi^2 D^2}{\lambda^2} \sin\vartheta} \tag{2.32}$$

schreiben.

Speziell für kleine Winkel ϑ vereinfachen sich Gln. (2.31) und (2.32) zu

$$E_e = E_{e0}(r) \frac{\sin^2 \dfrac{kD\vartheta}{2}}{k^2 D^2 \dfrac{\vartheta^2}{4}} = E_{e0}(r) \frac{\sin^2 \dfrac{\pi D\vartheta}{\lambda}}{\pi^2 D^2 \dfrac{\vartheta^2}{\lambda^2}} . \tag{2.33}$$

Absolute Minima erhält man bei Verschwinden des Sinusterms und gleichzeitigem Nichtverschwinden des Nenners, also für

$$D\vartheta = \pm n\lambda ,$$

wobei n eine natürliche Zahl ist. Bei $\vartheta = 0$ liegt ein Maximum, das Maximum nullter Ordnung. Das Maximum n-ter Ordnung liegt ungefähr da, wo der Zähler im Quotienten von Gl. (2.33) ein Maximum hat, also ungefährt bei

$$D\vartheta = \pm \left(n + \frac{1}{2}\right)\lambda , \tag{2.34}$$

wobei n wieder eine natürliche Zahl ist; wegen der, wenn auch geringen, ϑ-Abhängigkeit des Nenners liegt das Maximum nicht genau bei dem durch Gl. (2.34) angegebenen Wert.

Abb. 2.36 zeigt die Intensitätsverteilung. Daß kein Maximum bei $D\vartheta = \lambda/2$, also für $n = 0$ in Gl. (2.34) auftritt, erkennt man folgendermaßen. Für ein Maximum ist

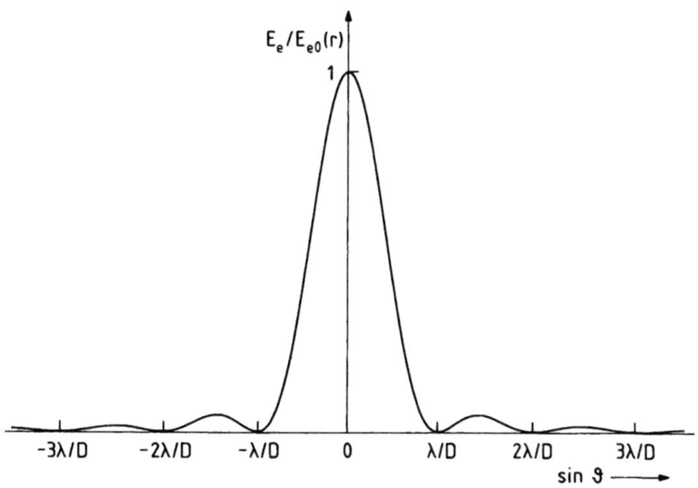

Abb. 2.36 Intensitätsverteilung von Licht der Wellenlänge λ hinter einem Spalt der Breite D in Richtung ϑ zur Spaltnormalen gemäß Gl. (2.32).

nach Gl. (2.33) erforderlich, daß die Ableitung nach ϑ verschwindet. Mit der Abkürzung $\alpha = \pi D\vartheta/\lambda$ ist $\alpha = \tan\alpha$ erforderlich. Das ist erfüllt bei $\alpha = 0$, aber nicht in der Nähe von $\alpha = \pi/2$; dagegen ist es sehr wohl erfüllt in der Nähe von z. B. $\alpha = 3\pi/2$.

2.3.4 Beugung an Lochblende und Scheibe; Babinetsches Theorem

Beugung an einer Lochblende

Neben der Beugung am Spalt ist die Beugung an einer Lochblende mit *kreisscheibenförmiger Öffnung* und an einer *Kreisscheibe* von besonderer Bedeutung. In beiden Fällen soll mit ebenen Wellen bestrahlt werden, wobei der Wellenvektor $\boldsymbol{k}$ parallel zur Normalen auf der Blende stehe. Beobachtet werde, wie in den beiden vorigen Abschnitten, im ausgehenden *Parallelstrahl.*

Zunächst wollen wir uns die Beugung an der Lochblende plausibel machen. Dazu ersetzen wir die Kreisscheibe durch ein Quadrat. Wir können dann bei Beobachtung in den zwei zueinander senkrechten, zu den Seiten des Quadrats parallelen Ebenen durch das Zentrum jeweils dasselbe Beugungsbild wie beim in einer Richtung unendlich ausgedehnten Spalt erwarten; natürlich ist die Intensität in der zur Beobachtungsebene senkrechten Ebene durch die Beugung am andern Kantenpaar modifiziert. Bei der realen Lochblende mit Kreisloch können wir etwas Ähnliches erwarten wie in jeder der beiden oben genannten Symmetrieebenen. Die quantitative Behandlung erfordert die Benutzung von *Bessel-Funktionen.* Das ist zuviel Mathematik für ein experimentorientiertes Lehrbuch. Hier seien die Ergebnisse numerisch mitgeteilt (Tab. 2.1). Ein Zahlenbeispiel ist in Tab. 2.2 aufgeführt. Es erscheint plausibel, daß $\sin\vartheta_1$ für das Minimum erster Ordnung größer als λ/D ist: Der Abstand der Schwerpunkte zweier Kreishälften, s. Abb. 2.29, ist geringer als der Abstand der Schwerpunkte zweier Hälften eines flächengleichen Quadrats, s. Abb. 2.10. Abb. 2.37 zeigt Photos der Beugungsfigur hinter einer Lochblende. Bei zwei Aufnahmen ist

Tab. 2.1 Beugung an einem kreisförmigen Loch mit dem Durchmesser D für Licht der Wellenlänge λ. Winkel ϑ gebenüber der Symmetrieachse. Sin ϑ_n in Einheiten von λ/D für Extremum n-ter Ordnung

Ordnung n	0	1	1	2	2	3	3
sin ϑ_n bei Maximum	0		1,64		2,69		3,70
sin ϑ_n bei Minimum		1,22		2,23		3,24	

Tab. 2.2 Beugung an einem kreisförmigen Loch; s. Tab. 2.1. Ablenkwinkel ϑ_n für Extremum der Ordnung n, Intensität I_n relativ zur Intensität I_0 bei $\vartheta = \vartheta_0 = 0$. $D/\lambda = 100$

Ordnung n	0	1	1	2	2	3	3
ϑ_n in Grad	0	0,69	0,93	1,28	1,53	1,86	2,12
I_n/I_0	1	0	0,0175	0	0,0042	0	0,0016

Abb. 2.37 Beugung an einer Lochblende. Monochromatisches Licht (Laser). Links oben: Gegenstand (Lochblende mit 0,5 mm Durchmesser). Andere Aufnahmen: Beugungsbilder, Abstand von Gegenstand von rechts oben über links unten nach rechts unten wachsend. Rechts oben: am Ort des ersten Intensitätsminimums im Zentrum (gleicher Abstand wie rechts oben in Abb. 2.38). Links unten: am Ort des ersten Maximums im Zentrum (gleicher Abstand wie links unten in Abb. 2.38). Rechts unten: in großer Entfernung, praktisch wie unendlich.

der Abstand zwischen dem Schirm, der die Beugungsfigur aufnimmt, und dem beugenden Gegenstand endlich, das auf dem Schirm in einem Punkt konzentrierte Licht also nicht parallel; bei der dritten Aufnahme ist das Licht praktisch parallel.

Beugung an einer Scheibe; Babinetsches Theorem

Die Beugung an einer Kreisscheibe bei senkrechter Inzidenz ist komplizierter zu behandeln als die an einer Lochblende. Wir gehen deswegen indirekt vor und wenden das *Babinetsche Theorem* an, aufgestellt (1837) von dem französischen Physiker und Astronomen J. Babinet (1794–1872). Wir wollen es zunächst formulieren und dann beweisen:

- *Die Beugungsbilder einer Blende mit einem bestimmten Loch und einer am gleichen Platz befindlichen gleichgestalteten Scheibe sind gleich.*

Der Beweis des Babinetschen Theorems ist trivial: Ohne Lochblende und ohne Scheibenblende gibt es keine Beugung. Wir denken uns jetzt eine „Momentaufnahme" des Beugungsbildes einer Lochblende, genauer der elektrischen Feldstärke zu einem bestimmten Zeitpunkt, und „frieren es ein". Dann ersetzen wir die Lochblende durch die Scheibenblende, machen eine zweite „Momentaufnahme" bei derselben Phase der einlaufenden Welle und frieren auch dieses Bild ein. Zusammen müssen

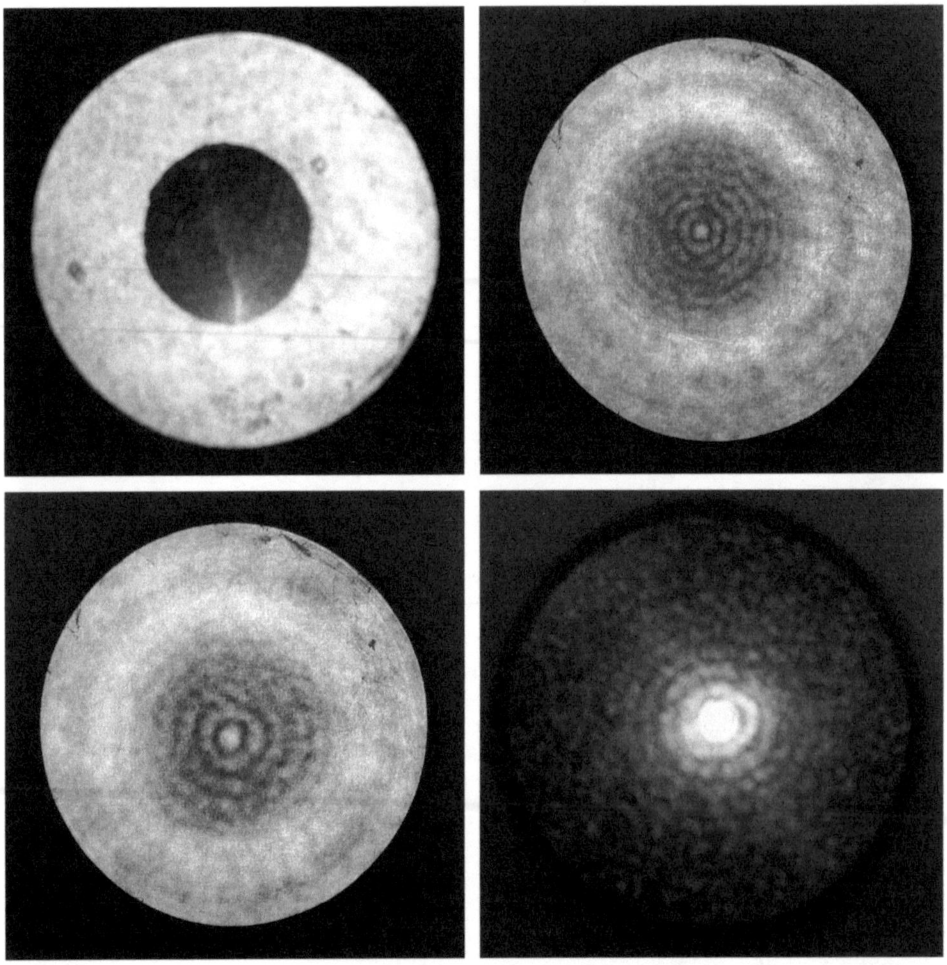

Abb. 2.38 Beugung an einer Kreisscheibe. Durchmesser der Scheibe 0,5 mm. Links oben: Gegenstand. Die Geometrie bei den Aufnahmen vollständig analog zu Abb. 2.37. Man beachte, daß – entgegen der naiven Erwartung – im Zentrum der Beugungsbilder stets ein Intensitätsmaximum liegt.

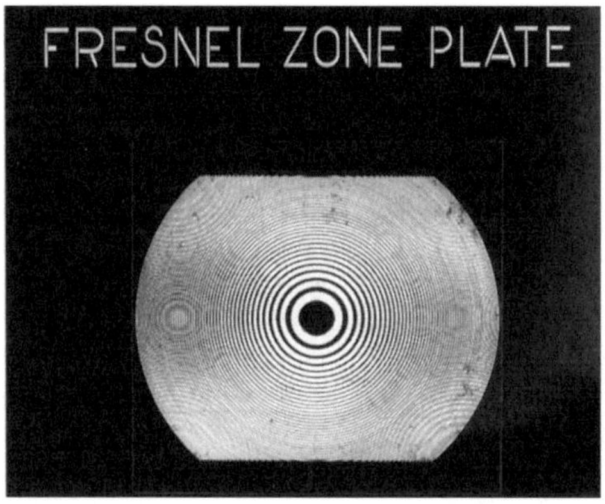

Abb. 2.39 Fresnelsche Zonenlinse.

sie sich durch Interferenz auslöschen; insonderheit müssen sie je am selben Ort dieselbe Intensität (Quadrat der elektrischen Feldstärke!) geben.

Die praktische Anwendung des Babinetschen Theorems birgt gewisse Gefahren in sich, wenn man nicht aufpaßt. Das Theorem macht Aussagen nur über die *Beugungsbilder*, nicht dagegen über den direkten Strahl. Beobachtet man das Beugungsbild in Gebieten, die auch durch den direkten Strahl erreicht werden, so kann es zwischen beiden Interferenz geben, auf jeden Fall eine irgendwie geartete Feldstärkenaufsummierung. Darüber macht das Babinetsche Theorem keine Aussage.

Aus dem Babinetschen Theorem können wir das Beugungsbild einer kreisförmigen Scheibenblende leicht aus dem für eine entsprechende Lochblende konstruieren. Aber Vorsicht: Das Maximum nullter Ordnung der Lochblende ist immer durch den direkten Strahl beleuchtet! Abb. 2.38 zeigt Beugungsbilder, wie sie hinter einer Scheibenblende aufgenommen wurden.

Wenn wir jetzt einen Schirm in endlichem Abstand hinter der Blende plazieren, stellen wir durch Beobachtung fest, daß hinter der Lochblende auf der Achse je nach

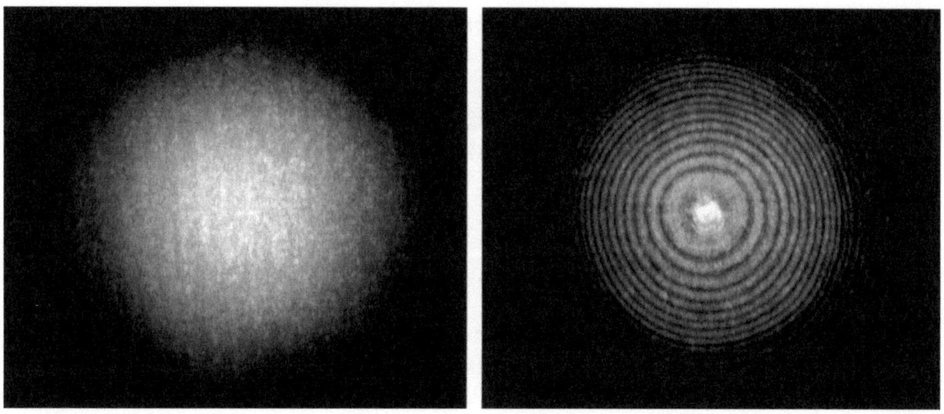

Abb. 2.40 Bild einer Lochblende, links ohne und rechts mit der Fresnelschen Zonenlinse aus Abb. 2.39 aufgenommen. Laserlicht. Lochblende 0,6 mm Durchmesser, Abstand Lochblende – Mattscheibe 3,52 m, Mattscheibenbild von hinten photographiert. Rechts: Abstand Zonenlinse – Mattscheibe 1,24 m.

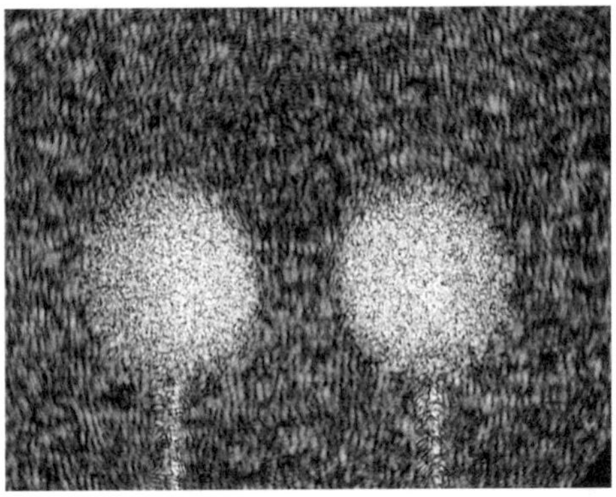

Abb. 2.41 Zwei Stecknadelköpfe, mit der Fresnelschen Zonenlinse aus Abb. 2.39 aufgenommen. Abstand der Stecknadelköpfe 10 mm, Durchmesser je 6 mm. Abstand Stecknadelköpfe – Zonenlinse 1,78 m, Abstand Zonenlinse – Film 1,74 m.

Geometrie sowohl Helligkeit als auch relative Dunkelheit herrschen kann, im Gegensatz zur Scheibenblende, wo wir auf der Achse immer Helligkeit haben.

Beugung kann zur *Linsenkonstruktion* ausgenutzt werden. Man läßt das Licht auf konzentrische Kreisringe geeigneter Breiten fallen, zwischen denen sich jeweils undurchsichtige Ringe befinden (Abb. 2.39): *Fresnelsche Zonenlinse* oder -platte. Die ganze Anordnung ist plan. Die Geometrie ist dabei z. B. dergestalt gewählt, daß sich für einen Bildpunkt auf der Achse die optischen Weglängen mit jedem weiteren Ring um λ erhöhen; dann tritt konstruktive Interferenz auf. Man beachte die abnehmende Ringbreite bei zunehmendem Radius. Abb. 2.40 gibt das Bild einer Lochblende wieder, das mit der in Abb. 2.39 gezeigten Zonenlinse gemacht wurde; zum Vergleich ist auch das Beugungsbild ohne Linse dargestellt. In Abb. 2.41 ist das Bild zweier Stecknadelköpfe zu sehen, das ebenfalls mit der Linse aus Abb. 2.39 aufgenommen wurde. Die Abbildungen 2.40 und 2.41 wurden mit Laserlicht gemacht.

Fresnelsche Zonenlinsen wirken, wie oben ausgeführt, nicht mittels verschiedener Brechzahl, sondern durch Interferenz und sind deshalb auch bei Wellenlängen verwendbar, bei denen die Brechzahl für alle Materialien praktisch gleich 1 ist (Röntgenlicht!). Sie haben im übrigen nichts mit den in Abschn. 1.6.1 behandelten Zonenlinsen zu tun.

2.3.5 Beugung am Gitter (allgemein)

Nachdem wir die Beugung am Strichgitter mit schmalen Spalten in Abschn. 2.3.2 schon behandelt haben, lassen wir jetzt allgemeinere Gittertypen zu.

Wir wollen ein *Gitter* als eindimensionale, d. h. in einer Richtung unendlich ausgedehnte Mannigfaltigkeit definieren, bei der N untereinander gleiche *Elementarbereiche* mit $2 \leq N < \infty$ *aneinandergereiht* sind. Insonderheit werden wir die Unterscheidung in „Spalt" (vollständig durchlässig) und „Steg" (vollständig undurchlässig) nicht treffen, weil wir auch Gitter behandeln wollen, die Spalte und Stege im obigen Sinne nicht aufweisen.

Betrachten wir zunächst einen einzelnen Elementarbereich, so wird er ein gewisses Beugungsbild ergeben. Insbesondere für Beobachtung im ausgehenden Parallelstrahl kann man die Amplitude als Funktion des Winkels ϑ bezüglich des einfallenden Strahls bestimmen und erhält so den *Formfaktor der Amplitude;* analog sind die Formfaktoren der Intensität und der Phase definiert. Das Rezept zur Ermittlung der *Beugung* bei vorgegebener Richtung ϑ ist, die *Überlagerung* aller einzelnen Amplituden auszurechnen und daraus die *Gesamtamplitude* und *Gesamtintensität* zu erhalten.

Das Konzept des Formfaktors wird besonders einsichtig für den Fall, daß der Formfaktor der Amplitude in eine bestimmte Richtung ϑ verschwindet. Dann verschwindet auch die Gesamtintensität in dieser Richtung, selbst wenn z. B. Gl. (2.23), für sich genommen, ein Maximum anzeigt.

Im folgenden wollen wir einige Beispiele für eindimensionale Gitter geben.

Strichgitter

Beim Strichgitter besteht der Elementarbereich aus einem Steg und einem Spalt. Das Gitter wird in *Transmission* benutzt. Abb. 2.42 zeigt drei Strichgitter in praktischer Ausfertigung.

Für den Sonderfall Spaltbreite = Stegbreite entfallen alle Maxima gerader Ordnung, Gl. (2.23), weil der Formfaktor in dieser Richtung gleich null ist. Das sieht man aus Gl. (2.31) oder direkt durch Repräsentation des Spalts durch N' (N' gerade) Sender und Zusammenfassung in Paaren, die die halbe Spaltbreite voneinander entfernt sind.

Strichgitter lassen sich herstellen durch *Ritzen* einer *Glasplatte* mit einem *Diamant.* Solche Gitter werden auch **Rowland-Gitter** genannt, nach dem amerikanischen Physiker H. A. Rowland (1848–1901), der diese Kunst der Gitterherstellung zu hoher Perfektion entwickelt hat. Man erreicht über tausend Striche pro Millimeter.

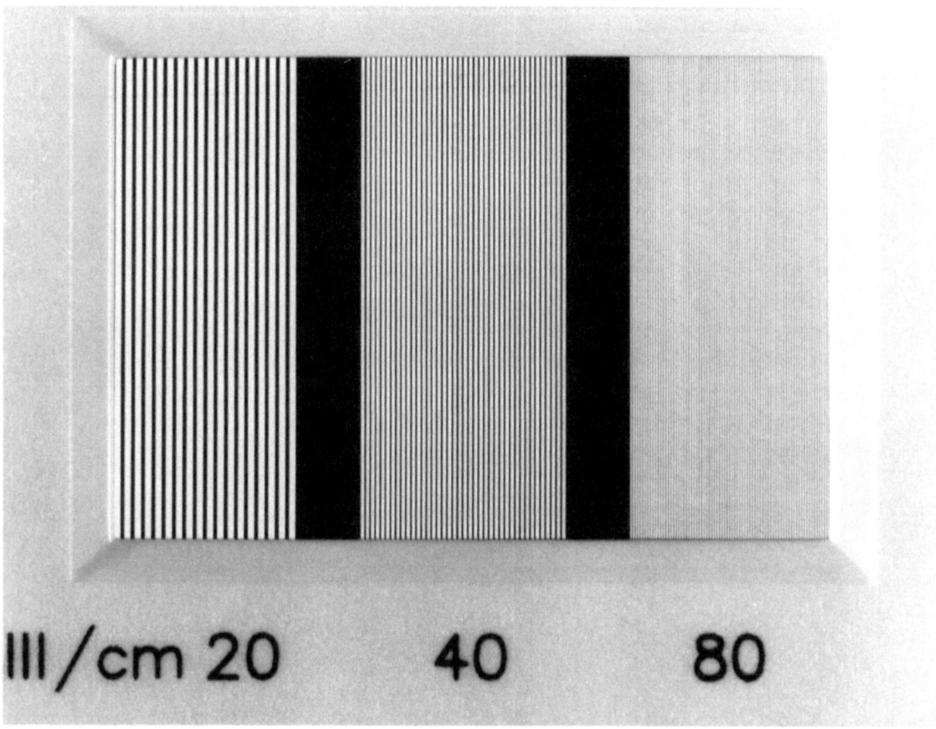

Abb. 2.42 Drei Strichgitter für Demonstrationsexperimente. Unten angeschrieben die Zahl der Striche pro cm.

Nicht viel schlechter als ein so original geritztes Gitter ist eine *Kopie,* die man durch Photographie erhält.

Verspiegelt man den Teil, der im normalen Strichgitter den Spalten entspricht, so erhält man ein *Spiegelgitter,* das natürlich in *Reflexion* benutzt wird: *Reflexionsgitter.* Man kann auch einen *Hohlspiegel* ritzen und erhält so ein Reflexionsgitter mit Fokussierung, also eine Intensitätssteigerung ohne Anwendung einer Linse. Das ist wichtig für das ferne Ultraviolett, für das es keine brauchbaren Linsen gibt.

Echelette-Gitter

Das *Echelette-Gitter,* das seinen Namen von franz. échelette = kleiner Maßstab, kleine Stufe hat, ist ein Spiegelgitter mit einem Profil, das in Abb. 2.43 skizziert ist. Man erreicht die Konzentration praktisch der gesamten Intensität in einer einzigen Ordnung.

Phasengitter

Haben die bisher besprochenen Gitter über *Intensitätsmodulation* durch Absorption oder Spiegelung funktioniert, so wirken die nun zu besprechenden Phasengitter über eine *Modulation* der *Phase,* die natürlich schlußendlich auch in eine Intensitätsmodulation münden muß. Abb. 2.44 zeigt zwei Ausführungsformen von Phasengittern, ein Stufengitter und ein Gitter mit kontinuierlicher Variation. Die Wirkungsweise eines Phasengitters kann man sich am einfach-

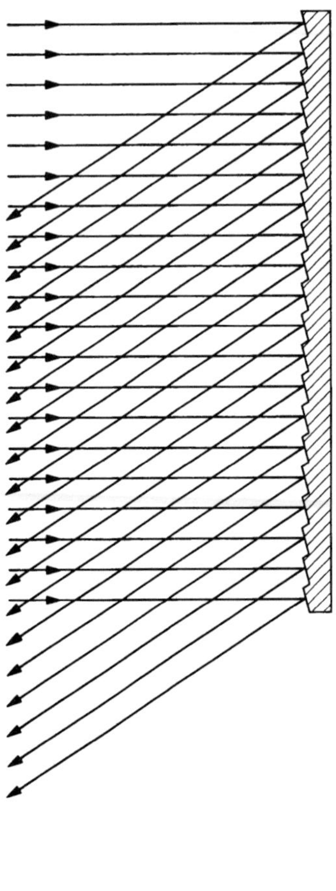

Abb. 2.43 Echelette-Gitter.

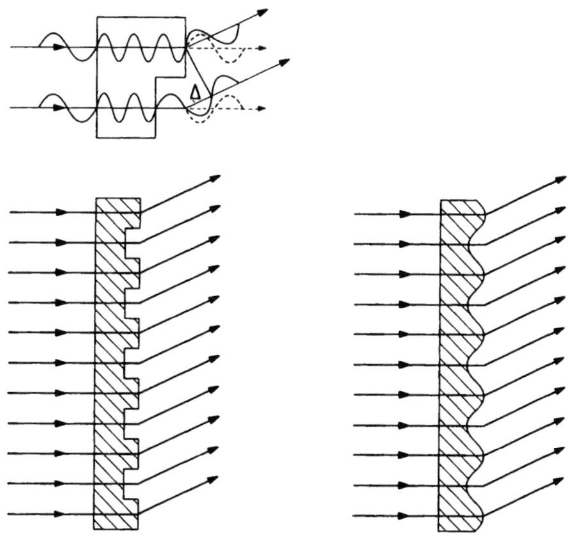

Abb. 2.44 Zwei Ausführungsformen von Phasengittern (unten) und Wirkungsweise des Stufengitters (oben). Δ Weglängenunterschied.

sten am Phasen-Stufengitter klarmachen. Denkt man sich einen erhabenen und einen vertieften Bereich durch je einen Elementarsender wie in Abb. 2.44 präsentiert, so werden beim senkrechten Einfall einer ebenen Welle die beiden Elementarsender wegen der verschiedenen optischen Weglänge nicht in Phase erregt. Dadurch entsteht, wie man sich leicht klarmacht, ebenfalls ein strukturiertes Beugungsbild, aus dem sich die Vakuumwellenlänge des Lichtes (praktisch die Wellenlänge in Luft) ermitteln läßt.

Mit einem Gitter allein kann man noch nicht viel anfangen. Seine Beleuchtung und die Beobachtung des fallenden Lichts müssen gut gewählt werden. Dazu benutzt man einen *Spektralapparat* mit Gitter. Der Strahlengang ist dabei grundsätzlich genauso wie im Prismenspektrographen (Abb. 1.94), nur ist das Prisma durch das Gitter ersetzt, und man stellt das Gitter senkrecht zum einfallenden Primärstrahl (Einfallswinkel null). Spektralapparate für Gebiete, in denen die Luft stärker absorbiert (vor allem Ultrarot, aber auch fernes Ultraviolett), besitzen eine Vakuumkammer im Gebiet des Strahls.

Gitter werden vor allem zur *Messung* der *Wellenlänge* λ benutzt. Dazu muß die Breite d eines Elementarbereichs, die *Gitterkonstante,* bekannt sein. Das wird bei praktisch allen im optischen Bereich verwendeten Gittern aufgrund der Herstellung der Fall sein. Man kann jedoch auch umgekehrt bei Gittern und gitterartigen Strukturen die Gitterkonstante oder die ihr äquivalente Größe durch Messung des Beugungsbildes unter Benutzung von Licht bekannter Wellenlänge ermitteln. Außer zur Messung der Wellenlänge kann man Gitter auch als *Monochromator* benutzen, also zur *Ausblendung* praktisch *monochromatischen Lichts* aus polychromatischem.

Abb. 2.45 zeigt einen Gitterspektrographen mäßiger Auflösung und das Spektrum einer Hochdruck-Quecksilberdampflampe (Näheres über Auflösung von Gittern s. Abschn. 2.5.2).

Wir sehen uns noch zwei Versuche an, die aus dem bisherigen Rahmen fallen. Bisher haben wir die Gitter in senkrechter Inzidenz bestrahlt. Das ist aber keineswegs notwendig. Bei *schräger* und insbesondere *streifender Inzidenz* finden wir grundsätzlich die gleichen Verhältnisse

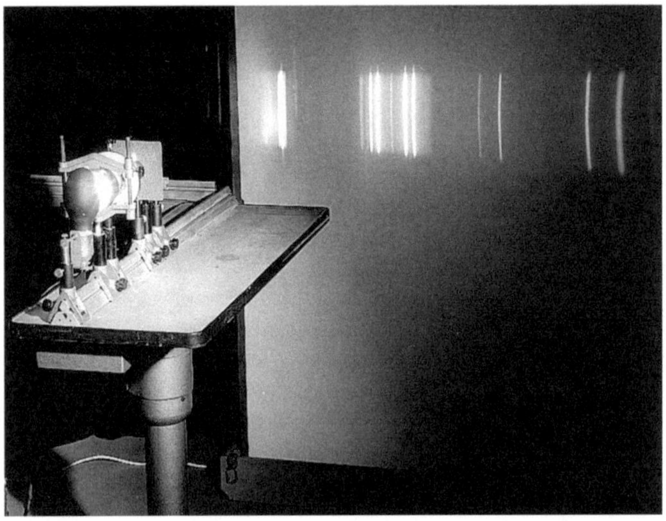

Abb. 2.45 Gitterspektrograph und Spektrum einer Hg-Hochdrucklampe. Mäßige Auflösung. Lampe auf optischer Bank vorne montiert. Im Spektrum links Violett, rechts Rot. Wegen des hohen Gasdrucks Stoßverbreiterung der Linien, wegen der hohen Temperatur Kontinuum, auf dem die Linien sitzen.

vor, nur wird die wirksame Gitterkonstante entsprechend verkürzt. Abb. 2.46 skizziert den besonders wichtigen Fall des Strichgitters mit parallel ausfallenden Lichtstrahlen. Ist das Gitter gegenüber der Einfallsrichtung (Wellenvektor $\boldsymbol{k}$) um den Winkel α gedreht und beobachtet man gegenüber $\boldsymbol{k}$ im Winkel ϑ, so ist $\vartheta = \alpha - \beta$. Man rechnet elementargeometrisch leicht nach, daß die effektive Gitterkonstante d_{eff}, wie sie für ein fiktives Gitter bei senkrechter Inzidenz auftreten würde, für $\vartheta \ll 1$ durch $d_{\text{eff}} = d \cos \alpha$ gegeben ist; für das oben angegebene ϑ kann man die Formeln aus Abschn. 2.3.2 anwenden. Abb. 2.47 zeigt eine entsprechende Versuchsanordnung und das Resultat; als Gitter wurde hier ein Millimetermaßstab benutzt (Reflexionsgitter mit hohem Reflexionsgrad infolge streifender Inzidenz).

Ein Gitter anderer Art wird bei dem im folgenden beschriebenen Versuch benutzt (Abb. 2.48). Man erzeugt in einer Flüssigkeit *stehende Wellen* von *Ultraschall.* Man läßt die Ultraschallwelle quer zur Einfallsrichtung des Lichts laufen (laufende Welle) oder erregt eine stehende Welle in derselben Richtung. Da Schall- und Ultraschallwellen Druck- und damit Dichtewellen sind und die Brechzahl von der Dichte abhängt, resultiert ein *Phasengitter.* Die (fortlaufende) Schallwelle bewegt sich mit der Geschwindigkeit v im Medium; also müssen es auch die „Sender", mit denen wir uns das Gitter belegt denken, tun. Wir beobachten aber im „ruhenden" System, also gibt es eine (winkelabhängige) Dopplerverschiebung (Dopplereffekt erster Ordnung, vgl. Abschn. I, 7.4.3). Wie sind die Verhältnisse bei einer stehenden Welle?

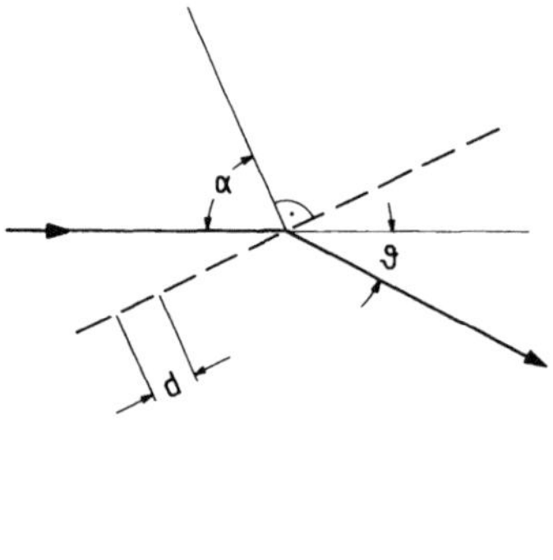

Abb. 2.46 Beugung am schräggestellten Strichgitter, Gitterkonstante d.

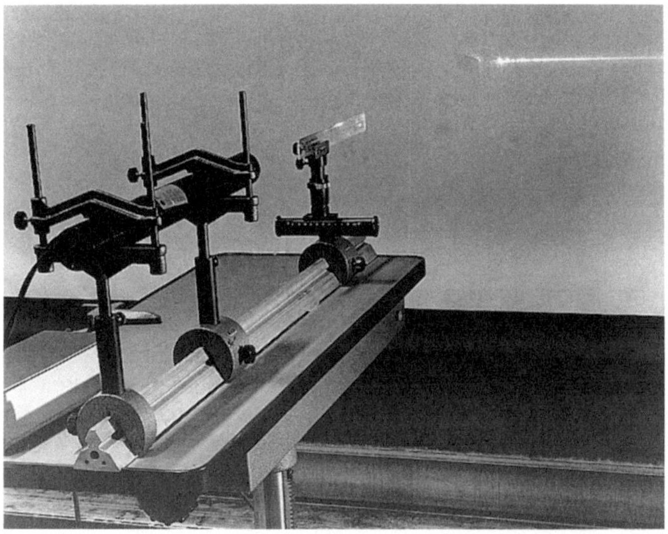

Abb. 2.47 Lineal als Beugungsgitter (Reflexionsgitter). Gitterkonstante 1 mm, streifender Einfall. Laserlicht.

Eine stehende Welle kann als Superposition zweier laufender aufgefaßt werden. Es muß also für jeden Beobachtungswinkel ϑ gleichzeitig zwei Doppler-verschobene Linien geben, eine mit höherer und eine mit tieferer Frequenz als die der eingestrahlten Welle. Zu demselben Resultat kommen wir auch auf einem ganz anderen Wege. Bei einer stehenden Welle gibt es Zeitpunkte (Maxima und Minima der Welle), in denen das Medium maximal strukturiert ist (Dichte-Gitter), und Augenblicke (Nulldurchgänge), bei denen das Medium überhaupt nicht strukturiert

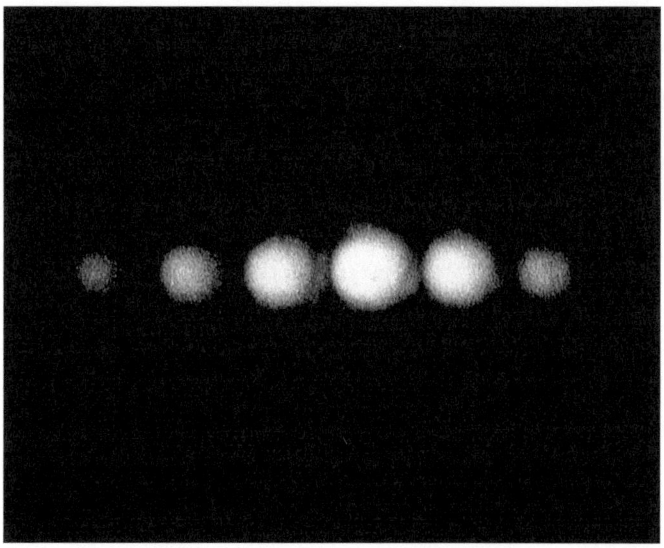

Abb. 2.48 Beugung von Licht am Ultraschallgitter. Im wesentlichen stehende Ultraschallwelle.

ist; dazwischen treten natürlich alle Übergangsstadien auf. Insgesamt „erscheint" und „verschwindet" das Gitter also periodisch, wir haben eine *Amplitudenmodulation*. Dabei treten nach Abschn. II, 2.12.8 Seitenbänder mit Summen- und Differenzfrequenzen auf. In jedem Fall ist das gebeugte Licht moduliert. Diesen Effekt kann man zur *Lichtmodulation* benutzen und tut es auch in der Praxis.

2.3.6 Beugung an Flächengittern

Unter einem *Flächengitter*, auch *Kreuzgitter* genannt, verstehen wir eine *zweidimensionale Anordnung* von *periodischen Strukturen* (Elementarbereichen). Abb. 2.49 zeigt zwei Ausführungsformen, einmal mit Löchern und das andere Mal mit Spalten. Für die Ablenkung nach y in der yz-Ebene (s. die Abbildung) erwarten wir im wesentlichen ein Beugungsbild wie beim entsprechenden eindimensionalen Gitter, z. B. Strichgitter für den Fall Abb. 2.49 rechts; dieses Beugungsbild muß jedoch mit dem Beugungsbild des eindimensionalen Gitters für die Ablenkung nach x in der xz-Ebene *moduliert* sein. Daraus ziehen wir die Folgerung: Maxima im zweidimensionalen Beugungsbild gibt es nur dort, wo Maxima sowohl in der yz-Ebene als auch der xz-Ebene auftreten. Abb. 2.50 zeigt einen entsprechenden Versuch.

Im folgenden wollen wir die Verhältnisse quantitativ und allgemeiner betrachten. Wir lassen insbesondere zu, daß die Achsen der periodischen Strukturen *nicht senkrecht* aufeinander stehen, mit anderen Worten, daß das Koordinatensystem in der Ebene nichtkartesisch ist; ebenso lassen wir zu, daß der Strahl schräg auf die Gitterebene einfällt. Indem wir wie in Abb. 2.49 die Koordinaten in der Ebene des Gitters mit x und y bezeichnen und sonst die Geometrie von Abb. 2.46 für einen Schnitt in der yz-Ebene übernehmen, gewinnen wir die Gleichungen

$$d_1(\cos\alpha_1 - \cos\beta_1) = m_1\lambda \tag{2.35}$$

für Hauptmaxima in x-Richtung und

$$d_2(\cos\alpha_2 - \cos\beta_2) = m_2\lambda \tag{2.36}$$

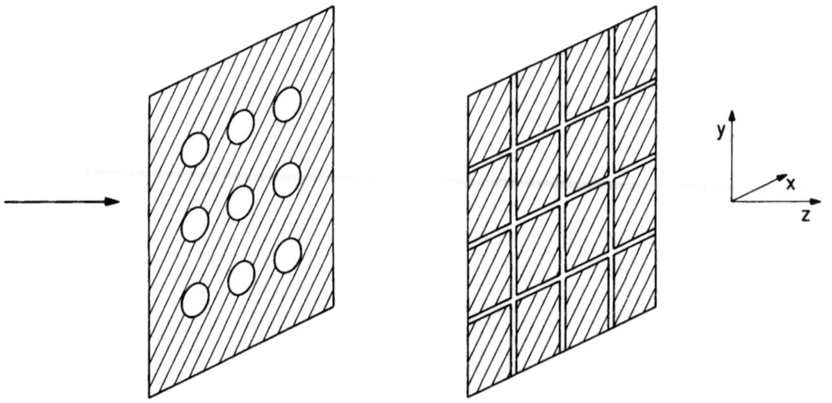

Abb. 2.49 Flächengitter. Links Lochstruktur, rechts Struktur aus gekreuzten Spalten.

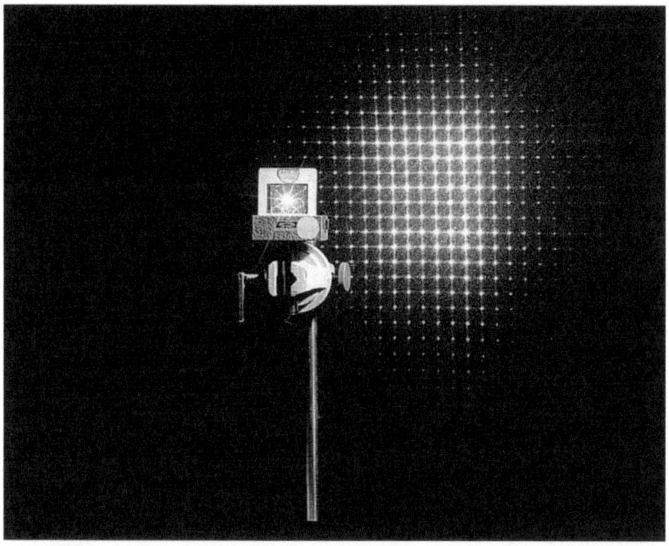

Abb. 2.50 Beugung am Flächengitter (Kreuzgitter). Im Diarähmchen das Gitter, rechts davon das Beugungsbild auf einem Schirm. Laserbestrahlung vom Vordergrund aus.

für Hauptmaxima in y-Richtung; hierbei bezieht sich der Index „1" auf die x-Richtung, der Index „2" auf die y-Richtung, und m_1 und m_2 sind ganze Zahlen. Wenn wir für die Geometrie der Gleichung (2.35) die ganze Figur um die y-Achse drehen, so daß das gesamte einfallende Licht auf dem Konus mit dem (vollen) Öffnungswinkel $2\alpha_1$ liegt, ist das gesamte ausgehende (gebeugte) Licht auf einem Konus ebenfalls um die y-Achse mit dem (vollen) Öffnungswinkel $2\beta_1$ für jedes m_1 konzentriert. Entsprechendes gilt bei Drehen um die x-Achse mit den dann entstehenden Konen der Öffnungswinkel $2\alpha_2$ bzw. $2\beta_2$. Alle Konen *schneiden sich* für die gewählte Geometrie bei einigen Werten von m_1, m_2. Dementsprechend werden wir *Hauptmaxima* genau in diesen Richtungen erwarten (Beobachtung nach wie vor mit ausgehendem Parallelstrahl); vgl. dazu den folgenden Abschnitt.

Die im vorigen Abschnitt gemachten Ausführungen sind sicher etwas formal. Wir brauchen sie aber zur Vorbereitung auf die theoretisch und praktisch sehr wichtigen Verhältnisse bei einem Raumgitter, denen wir uns im nächsten Abschnitt zuwenden wollen.

2.3.7 Beugung an Raumgittern

Raumgitter entstehen durch gleichmäßiges Hintereinandersetzen von zueinander parallelen Flächengittern. Das räumliche Koordinatensystem x, y, z, in dem entsprechende Punkte der Gitterebene bezeichnet werden, braucht wie beim Flächengitter keineswegs kartesisch zu sein, sondern kann sehr wohl *schiefwinklig* sein. Abb. 2.51 zeigt so ein Raumgitter.

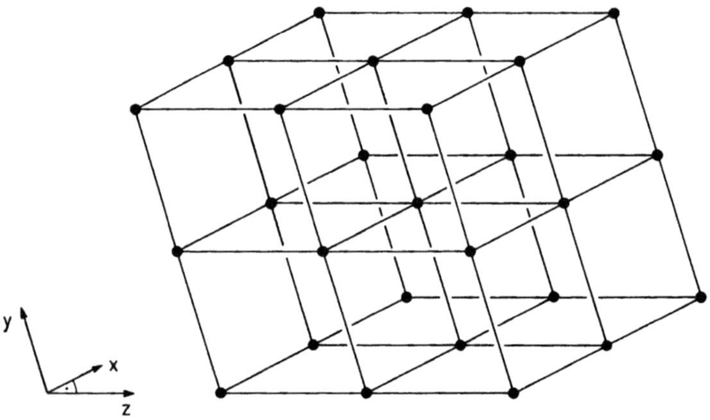

Abb. 2.51 Raumgitter (schiefwinkelig).

Beim Raumgitter kommt zu den Gleichungen (2.35) und (2.36) eine dritte hinzu. Indem wir mit dem Index „3" die z-Richtung bezeichnen, lautet diese dritte Gleichung analog

$$d_3(\cos\alpha_3 - \cos\beta_3) = m_3\lambda\,. \tag{2.37}$$

Zur weiteren Behandlung des Raumgitters wollen wir die Vereinfachung einführen, daß x, y, z die Koordinaten eines kartesischen Systems sind. Wir formen jetzt die Gleichungen (2.35) bis (2.37) etwas um und summieren:

$$\sum_1^3 \left(\frac{m_\nu^2}{d_\nu^2}\,\lambda^2 - 2\,\frac{m_\nu}{d_\nu}\,\lambda\,\cos\alpha_\nu + \cos^2\alpha_\nu\right) = \sum_1^3 \cos^2\beta_\nu\,.$$

Hier ist die Summe der Quadrate der Kosinusse jeweils eins, weil es sich um Richtungskosinusse in einem kartesischen Koordinatensystem handelt. Das so ermöglichte Kürzen vereinfacht die Bestimmung von λ entscheidend:

$$\lambda = \frac{2\sum\limits_1^3 \dfrac{m_\nu}{d_\nu}\cos\alpha_\nu}{\sum\limits_1^3 \dfrac{m_\nu^2}{d_\nu^2}}\,. \tag{2.38}$$

Diese Beziehung ist gültig für alle Maxima außer dem Maximum nullter Ordnung, für das die Summe der Quadrate der m_ν verschwindet. Das ist physikalisch sinnvoll: Aus dem ungebeugten Strahl, der das Maximum nullter Ordnung liefert, läßt sich natürlich nichts über die Wellenlänge λ entnehmen. Um den physikalischen Faden nicht zu verlieren, erinnern wir uns daran, daß die α_ν die *Glanzwinkel* des *einfallenden Strahls* sind.

Wichtiger als Gl. (2.38) ist die auf entsprechende Weise erhaltene analoge Gleichung

$$\lambda = -\frac{2\sum\limits_1^3 \dfrac{m_\nu}{d_\nu}\cos\beta_\nu}{\sum\limits_1^3 \dfrac{m_\nu^2}{d_\nu^2}}\,, \tag{2.39}$$

Tab 2.3 Beispiel für eine Lösung der Gleichungen (2.38) und (2.39)

$m_1^2 + m_2^2 + m_3^3$	m_1	λ
1	1	$2d$
2	1	d
3	1	$2d/3$

die für alle Kombinationen von m_ν außer dem Maximum nullter Ordnung gilt, das $m_1 = m_2 = m_3 = 0$ aufweist. Die β_ν sind die *Glanzwinkel* des *gebeugten Strahls.* Bisher haben wir Gleichungen aufgestellt, die erfüllt sein müssen, damit Beugung am Raumgitter stattfinden kann. Wir wissen aber noch nicht, ob diese *Bedingungsgleichungen* überhaupt erfüllbar sind; mit andern Worten, ob es z. B. für eine vorgegebene Wellenlänge λ überhaupt irgendwelche Winkelkombinationen α_ν sowie $\beta_\nu\,(\nu = 1, 2, 3)$ gibt, bei denen die Gleichungen (2.38) und (2.39) erfüllt sind. Zunächst überzeugen wir uns, daß es für jedes Tripel $\alpha_\nu\,(\nu = 1, 2, 3)$, für das bei einem Tripel der m_ν Gl. (2.38) erfüllt ist, auch ein Tripel β_ν gibt, für das Gl. (2.39) erfüllt ist, natürlich mit *demselben* Tripel der m_ν. Dazu brauchen wir nur

$$\beta_\nu = \pi + \alpha_\nu$$

zu setzen. Es genügt also, um die Existenz mindestens einer Lösung von Gln. (2.38) und (2.39) zu zeigen, zwei Tripel α_ν und m_ν zu finden, die Gl. (2.38) befriedigen. Das machen wir mit folgendem Beispiel.

Wir setzen willkürlich $\alpha_1 = 0$; dann müssen α_2 und α_3 jeweils $\pi/2$ betragen. Wir legen ferner ein *kubisches Gitter* mit $d_1 = d_2 = d_3 = d$ zugrunde und stellen eine Tabelle für die m- und λ-Werte auf (Tab. 2.3).

Wie die Tabelle zusammen mit Gl. (2.38) unter den von uns gewählten Experimentierbedingungen zeigt, gibt es einen größten λ-Wert λ_{max}. Die λ-Werte sind *diskret.* Analoges gilt offensichtlich bei irgendwelchen fest vorgegebenen Werten der α_ν. Ohne Beweis sei die Umkehrung mitgeteilt: Wenn wir für alle α_ν geeignete Werte auswählen, ist Gl. (2.39) für $\lambda = \lambda_{max}$ immer erfüllbar. Damit haben wir für die Praxis ungeheuer viel gewonnen.

Raumgitter spielen vor allem eine Rolle bei der *Beugung von Röntgenstrahlen.* Wir werden sie im nächsten Kapitel besprechen.

2.4 Beugung von Röntgenstrahlen

2.4.1 Laue-Verfahren

Obgleich wir das vorige Kapitel unter die Generalüberschrift „Beugung von Licht“ gesetzt haben, gelten die dort gemachten Ausführungen grundsätzlich genauso für Röntgenstrahlen. Der einzige Unterschied besteht ja darin, daß das Röntgen-„Licht“ wesentlich kürzere Wellenlängen als das sichtbare Licht hat. Für *langwellige* Röntgenstrahlung, sogenannte *weiche Röntgenstrahlung,* können wir übrigens genauso wie bei (sichtbarem) Licht verfahren, nämlich z. B. ein (sehr feines) durch Ritzen

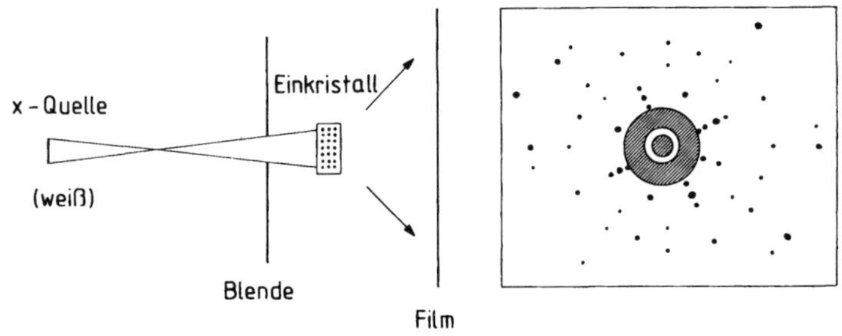

Abb. 2.52 Aufnehmen eines Laue-Diagramms (links) und Diagramm (Negativ, Film „umgeklappt“) (rechts), Skizzen.

hergestelltes Strichgitter verwenden. Für kurzwellige Röntgenstrahlung, sogenannte *harte Röntgenstrahlung,* ist das nicht mehr möglich. Wir sind bei ihr auf periodische Strukturen angewiesen, die uns die Natur in Form der *Kristalle* bereithält.

Das **Laue-Verfahren,** erdacht (1912) von dem deutschen Physiker Max von Laue (1879–1960) und experimentell (1912) durch von Laue, Friedrich und Knipping umgesetzt, war historisch das erste Verfahren zur Beugung von Röntgenstrahlen. Seine historische Bedeutung liegt in der Bestätigung der *Wellennatur* der Röntgenstrahlung. Seine jetzige Rolle besteht in der *Untersuchung* von *Kristallstrukturen.*

Abb. 2.52 skizziert die Anordnung. Das Röntgenlicht fällt *gerichtet* auf das Raumgitter. Dieses Gitter muß ein großes Einzelgitter, bei einem Kristall also ein *Einkristall* (vgl. Abschn. I, 6.3.1) sein. Für eine feste Wellenlänge werden wir, da wir ja die Einfallsrichtung auf das Raumgitter, also die α_ν vorgegeben haben, nur bei „zufälliger“ Erfüllung der Gleichung (2.38) Beugungsmaxima und damit ein auswertbares Beugungsbild erhalten. Man geht daher anders vor: Man bedient sich einer Röntgenquelle, die *polychromatisches Röntgenlicht* aussendet, häufig etwas lax als „weißes“ Röntgenlicht bezeichnet. Ist der Spektralbereich der Röntgenröhre genügend breit, wird er immer Wellenlängen enthalten, bei denen es Beugungsmaxima gibt. Aus dem so gewonnenen Beugungsbild kann man dann, nicht immer ohne Mühe, die *Gitterkonstanten* des Raumgitters bestimmen. Es sei hier noch ausdrücklich erwähnt, daß es bei vorgegebener Kristallstruktur durchaus mehr als drei Gitterebenen geben kann, deren Normalen einen dreidimensionalen Raum aufspannen. Die

Abb. 2.53 Laue-Diagramm. Si-Kristall, Netzebene (100) (s. Abschn. IV, 3.1.2).

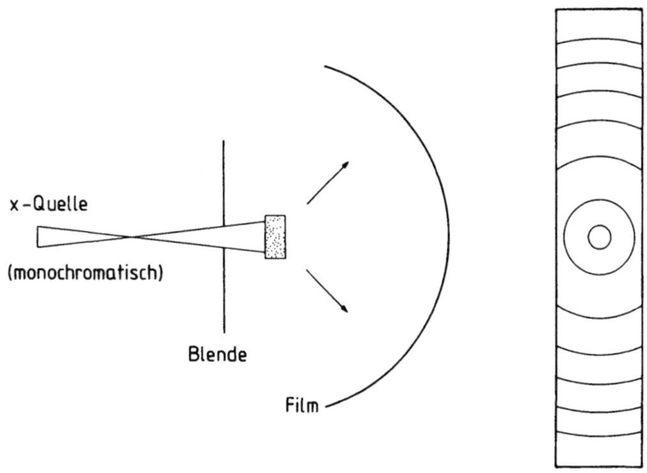

Abb. 2.54 Aufnehmen eines Debye-Scherrer-Diagramms (links) und Diagramm (Negativ, Film „umgeklappt" und auf Ebene abgewickelt) (rechts), Skizzen.

Streuzentren bei Röntgenlicht sind die im Gitter angeordneten *Atome* oder *Ionen*. Diese Streuzentren können als Sender von Elementarwellen aufgefaßt werden. Abb. 2.53 zeigt ein nach dem Laue-Verfahren aufgenommenes Beugungsbild, ein sogenanntes *Laue-Diagramm*. Wir heben hervor:

- *Laue-Diagramme entstehen bei der Bestrahlung von Einkristallen mit weißem Röntgenlicht.*

2.4.2 Debye-Scherrer-Verfahren

Das *Debye-Scherrer-Verfahren* (1915), benannt nach P. Debye und dem Schweizer Physiker P. Scherrer (1890–1969), ist in Abb. 2.54 skizziert: Gerichtetes *monochromatisches Röntgenlicht* fällt auf die Probe, die man sich als Addition von sehr vielen zufallsmäßig orientierten kleinen Raumgittern vorstellen kann und deren typische physikalische Form *Pulver* ist. Ein gewisser Bruchteil der Probe ist so orientiert, daß gewisse Röntgen-Beugungsmaxima entsprechend Gln. (2.38) und (2.39) auftreten; ein anderer Bruchteil mit anderer Orientierung ermöglicht gewisse (andere) Maxima. Da praktisch alle Orientierungen gleichmäßig vertreten sind, muß das Gesamtbeugungsbild rotationssymmetrisch um die durch die Mitte von Röntgenquelle und Probe definierte Symmetrieachse sein. Man erhält also auf der zunächst halbkugelförmig zu denkenden Auffängerfläche *Beugungsringe* um diese Achse. In praxi genügt ein schmaler Streifen, der auf Röntgenfilm aufgezeichnet wird (**Debye-Scherrer-Diagramm,** Abb. 2.55). Daraus kann der Fachmann, in vielen Fällen unter Aufwendung von einer Portion Arbeit und Einsatz erheblicher Erfahrung, auf die Kristallstruktur schließen.

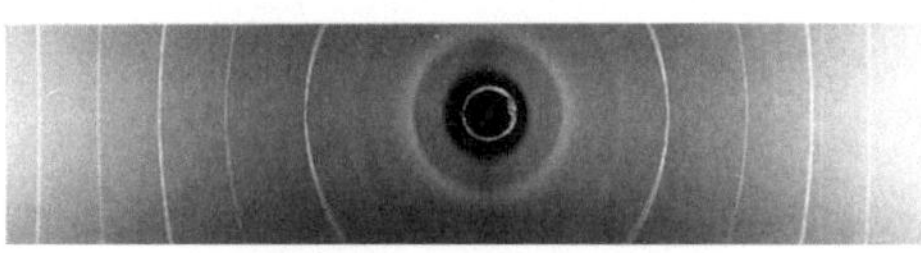

Abb. 2.55 Debye-Scherrer-Diagramm. Nb-Pulver, Cu-K_α-Linie mit Ni-Filter (s. Abschn. IV, 1.4.5).

Abb. 2.56 Beugung von Elektronen (Debye-Scherrer-Verfahren). Elektronenkanone, Probe und Schirm (Leuchtschirm) im selben Glaskolben. Man erkennt das Beugungsbild (Ringe) auf dem Schirm.

Das Debye-Scherrer-Verfahren funktioniert nicht nur mit Röntgenlicht, sondern auch mit anderer Wellenstrahlung genügend kurzer Wellenlänge. Es wird häufig zur *Materialuntersuchung* mit *Neutronen* angewandt. Ein Versuch mit *Elektronen,* der in einer evakuierten Röhre aufgebaut ist, ist in Abb. 2.56 wiedergegeben. Der erste Nachweis des *Wellencharakters* von *bewegten Elektronen („Materiewellen"),* der bei seiner Publikation (1926) sensationell wirkte, gelang den amerikanischen Physikern C. J. Davisson (1881–1958) und R. H. Germer (1896–1971) allerdings nicht mit dem Debye-Scherrer-Verfahren, sondern mit dem im folgenden Abschnitt beschriebenen Bragg-Verfahren.

2.4.3 Bragg-Verfahren

Das von Vater und Sohn Bragg entwickelte Verfahren ist in Abb. 2.57 gezeigt. Röntgenlicht, das unter einem gewissen Glanzwinkel φ auf die *Gitterebene* eines *Kristalls* fällt, wenn es eine geeignete Wellenlänge hat, wird unter dem gleichen Glanzwinkel $\varphi' = \varphi$ *reflektiert.* Die Reflexionsbedingung wollen wir auf zweierlei Art und Weise ableiten: einmal direkt und einmal mit Benutzung unseres in Abschn. 2.3.7 entwickelten Verfahrens.

Direkte Herleitung

Wie man Abb. 2.57 entnimmt, ist die halbe Gangdifferenz zwischen den (parallel einfallenden) Strahlen, die an der k-ten Ebene gestreut werden, und denen, die an der $(k+1)$-ten Ebene gestreut werden,

$$\Delta = 2d \sin \varphi \, .$$

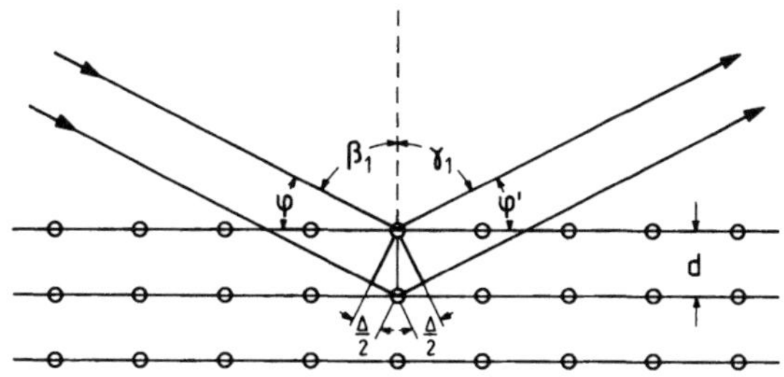

Abb. 2.57 Bragg-Reflexion. Gitterebenen im Abstand d, Gangunterschied Δ, Reflexion bei $\varphi' = \varphi$. Die Winkel β_1 und γ_1 beziehen sich auf den Text in Abschn. 2.3.7. Die Senkrechten zu den ein- und auslaufenden Strahlen stellen Wellenfronten dar. Die (geringe) Brechung der Röntgenstrahlen nicht berücksichtigt.

Sie muß ein ganzzahliges Vielfaches der Wellenlänge λ sein, also $m\lambda$, wobei m eine natürliche Zahl ist. Als Bedingung für ein *Maximum* erhält man somit

$$2d \sin \varphi = m\lambda \tag{2.40}$$

(Bragg-Bedingung). Wir fügen hinzu: Für Präzisionsmessungen ist Gl. (2.40) nicht ausreichend. Man muß noch die Brechzahl n für das Röntgenlicht, wiewohl sehr wenig von 1 verschieden, berücksichtigen. Genauer heißt die Bragg-Bedingung also

$$2nd \sin \varphi = m\lambda \, .$$

Bei unserer obigen Herleitung der Bragg-Bedingung haben wir implizit „Reflexion" vorausgesetzt, also Einfallswinkel = Ausfallswinkel oder, was auf dasselbe hinauskommt, Glanzwinkel des Einfalls = Glanzwinkel des Ausfalls. Man überzeugt sich jedoch leicht, daß eine der Bragg-Bedingung Gl. (2.40) analoge Bedingung auch ohne „Reflexion" zu verwirklichen ist (Abb. 2.58). Trotzdem gibt es für $\varphi \neq \varphi'$ kein Maximum: Diejenigen Wellen, die an verschiedenen Atomen einer einzelnen (in Abb. 2.58 waagerechten) Gitterebene gestreut werden, interferieren nicht konstruktiv; das sieht man am einfachsten, wenn man die Wellenfront des einlaufenden Röntgenlichts betrachtet und versucht, die des auslaufenden zu konstruieren. Wir merken uns also:

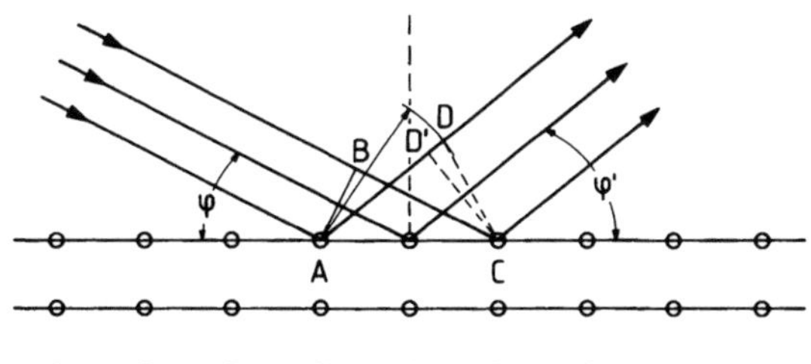

Abb. 2.58 Untersuchung der Bragg-Bedingung. Glanzwinkel des Ausfalls φ' verschieden von Glanzwinkel des Einfalls φ. $\overline{AB}$ Wellenfront der einfallenden Welle. $\overline{CD}$ wäre die Wellenfront der auslaufenden Welle für konstruktive Interferenz der aus A und C ausgehenden Elementarwellen ($\overline{AD} = \overline{BC}$), kann es aber nicht sein, da diese Strecke nicht senkrecht auf den auslaufenden Strahlen steht. $\overline{CD'}$ ist die Wellenfront der auslaufenden Welle; diese Welle enthält aber keine Intensität, da keine konstruktive Interferenz besteht ($\overline{AD'} < \overline{BC}$).

- *Bei der Bragg-Reflexion ist Einfallswinkel gleich Ausfallswinkel.*

In Abb. 2.58 haben wir die Einfallsebene in dieselbe Ebene wie die „Atomreihen" gelegt (alles also in der Zeichenebene). Die Gleichung (2.40) gilt aber auch, wenn bei gleicher Kristallage die Einfallsebene nicht in der Zeichenebene liegt: Die Gangdifferenz einer ebenen Welle zwischen der „Reflexion" an zwei um den Abstand d voneinander getrennten „Spiegeln" ist immer durch Gl. (2.40) gegeben, unabhängig davon, wo man sich die Reflexion an den „Spiegeln" vorstellt (vgl. dazu Abschn. I, 7.5.3).

Herleitung aus dem allgemeinen Formalismus

Für die Reflexion an einer Gitterebene muß mindestens ein m_ν ungleich null sein, z. B. m_1. Diese Gitterebene sei eine der waagerechten Gitterebenen in Abb. 2.57 für die Reflexion. Diese Reflexion ist gleichzeitig die einzige Reflexion; also ist $m_2 = m_3 = 0$. Indem wir die beiden Formeln (2.38) und (2.39) simultan für dieselbe Wellenlänge λ lösen, erhalten wir aus Gl. (2.38) die Gleichung (2.40) mit m_1 statt dem dort angegebenen m; aus Gl. (2.39) folgt dann elementargeometrisch $\varphi = \varphi'$.

Praktische Anordnungen

Praktische Anordnungen, die auf Bragg-Reflexion beruhen, unterteilt man in solche, die mit *Reflexion* und solche, die mit *Transmission* arbeiten. In Wirklichkeit handelt es sich jedoch in beiden Fällen um Bragg-Reflexion. Bei den sogenannten Reflexionsanordnungen wird der Strahl zu derselben Seite des Kristalls reflektiert, von der er gekommen ist. Bei den Transmissionsanordnungen wird er auf die andere Seite des Kristalls durchgelassen. Abb. 2.59 skizziert die Verhältnisse.

Zur *Intensitätserhöhung* bedient man sich häufig eines *gebogenen Kirstalls.* Hier soll nur das Prinzip interessieren; für die praktische Anwendung sind daneben eine Fülle hier unerwähnter Details zu beachten. Abb. 2.60 zeigt eine reflektierende Anordnung mit gebogenem Kristall. Neben der Biegung wird der Kristall noch ausgeschliffen. Der Krümmungskreis der Biegung hat einen Radius, der doppelt so groß ist wie der des Ausschleifens, letzteres natürlich bei gebogenem Kristall gemessen. Durch die Biegung werden die Abstände zwischen den Gitterebenen so verändert,

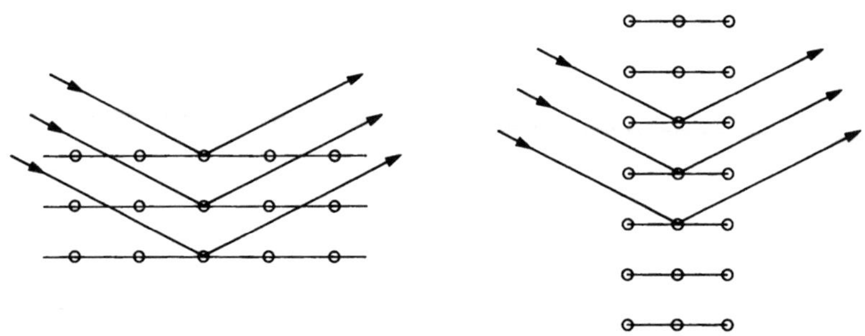

Abb. 2.59 Zwei Anordnungen für Bragg-Reflexion. Links diejenige, die Reflexionsanordnung genannt wird; rechts diejenige, die Transmissionsanordnung genannt wird.

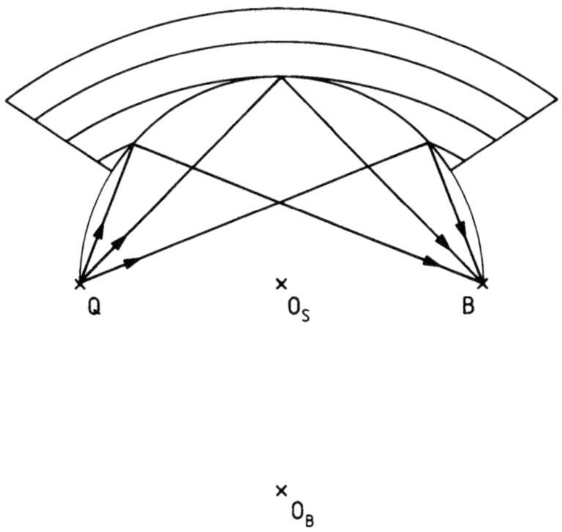

Abb. 2.60 Reflektierende Anordnung mit gebogenem und geschliffenem Kristall. O_S Mittelpunkt des Kreises für das Schleifen, O_B Mittelpunkt des Kreises für das Biegen. Q Quellenort, B Bildort (Ort des Detektors für die ausgesonderte Wellenlänge). Bragg-Reflexion an den Gitterflächen (durch Biegen aus den Gitterebenen entstanden) und nicht etwa ursächlich an der Schleiffläche!

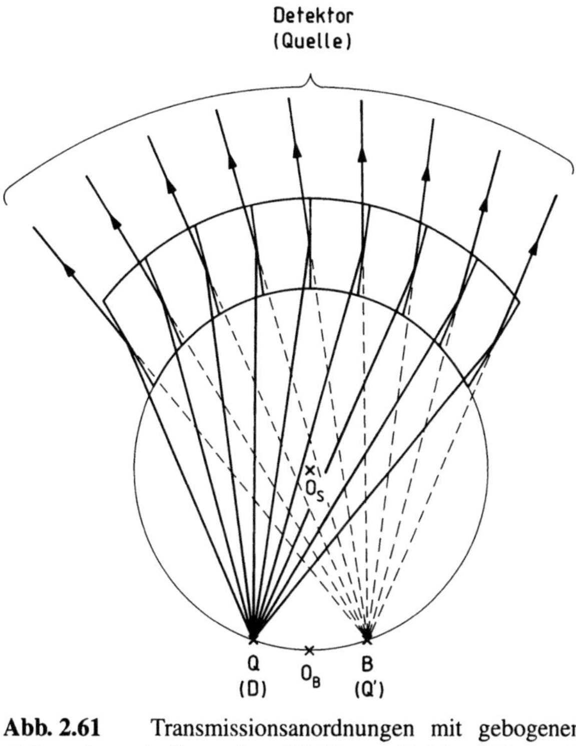

Abb. 2.61 Transmissionsanordnungen mit gebogenem und geschliffenem Kristall; vgl. auch die vorige Abbildung. DuMond-Geometrie: reelle Quelle Q, reeller großer Detektor, Strahlen in Pfeilrichtung laufend, virtuelles Bild B von Q (virtuelle Quelle Q'), Spektrometerbetrieb, Detektor oben im Bild. Cauchois-Geometrie: reelle große Quelle oben im Bild, Fokussierung (für eine bestimmte Wellenlänge) in Q, dort reeller Detektor D (Spektrometerbetrieb) bzw. ausgedehnter ortsempfindlicher Detektor um Q herum (Spektrographenbetrieb), Strahlen entgegen Pfeilrichtung laufend.

daß von allen Gitterebenen konstruktive Interferenz am Ort des Detektors entsteht; vgl. dazu das in Abschn. I, 6.1.2 entwickelte Modell der Biegung eines Balkens. Durch das Schleifen wird die Oberfläche so geformt, daß die gesamte Intensität von der Oberfläche in den Detektor fokussiert wird. In Transmissionsanordnung, Abb. 2.61, gibt es wieder zwei verschiedene Anordnungen, die beide auf den amerikanischen Physiker J. W. DuMond (geb. 1892) zurückgehen. Bei der sogenannten *Cauchois-Geometrie* (1930) laufen Strahlen von einer ausgedehnten Quelle auf einen Punkt zu; jeder Punkt der Quelle strahlt in der Schnittzeichnung Abb. 2.61 nur in einer einzigen Richtung auf den Punkt (Detektor) zu, Strahlung in andere Richtung wird nicht auf den Detektor durch Bragg-Reflexion gelenkt. In der *DuMond-Geometrie* (1930) geht Licht von einer punktförmigen Quelle aus und divergiert nach Verlassen des Kristalls noch stärker; der Detektor muß dann groß sein und wird aus praktischen Gründen gegen Streustrahlung durch einen Bleikollimator geschützt, der nur Strahlen eines kleinen Winkelbereichs durchläßt.

Für die Anwendung der *Bragg-Reflexion* bei *Neutronen* vgl. Abschn. IV, 3.1.3. Die *Reflexion* von *Elektronen* geringer Energie an *Oberflächen* wird in der Oberflächenphysik ausgenutzt. Das Verfahren heißt LEED, eine Abkürzung für Low Energy Electron Diffraction.

Die in diesem Kapitel aufgeführten Verfahren, die die Beugung von Röntgenstrahlen ausnutzen, stellen nur einen Ausschnitt aus einer großen Menge von Verfahren dar.

2.5 Auflösung

2.5.1 Allgemeines zur Auflösung

Die Höhe der *Auflösung begrenzt* die *Leistungsfähigkeit* vieler optischer oder auch sonstiger physikalischer Geräte. Der Begriff „Auflösung“ ist uns schon begegnet. Beim Prismenspektrographen, Abschn. 1.7.5, wird der beleuchtete Spalt auf einen Schirm in der Brennebene der zweiten Sammellinse L_2 in Abb. 1.94 abgebildet. Ein breiter Spalt führt zu einem breiten Bild, und die Bilder zweier benachbarter Spektrallinien überlappen sich, d. h. sie sind nicht aufgelöst. Die Vergrößerung des Mikroskops, Abschn. 1.8.2, kann nicht beliebig hoch gemacht werden, ohne daß das Bild unscharf würde. Die Bilder zweier benachbarter Punkte würden dann ineinander übergehen, also nicht aufgelöst werden.

Wir wollen jetzt den Begriff Auflösung quantitativ erfassen. Dazu seien zwei „Bilder“ mit einem Schirm aufgefangen oder die entsprechenden Kurven aufgezeichnet, z. B. auf Papier oder auf dem Bildschirm eines Computers. Die beiden Bilder sollen von gleichen oder ähnlichen Objekten stammen, jedoch nicht auf derselben Stelle des Schirms oder Entsprechendem liegen. Als konkretes Beispiel, das zugleich in der Optik von besonderer Bedeutung ist, stelle man sich zwei Spektrallinien von Licht ähnlicher, aber nicht genau gleicher Wellenlänge vor; Abb. 2.62 zeigt dieses Beispiel, bei dem die Linien gleiche Intensität haben. Die *resultierende* Linie entsteht, weil es sich um inkohärentes Licht handelt, durch Überlagerung der beiden Einzellinien (resultierende Intensität = Summe der Einzelintensitäten). Bei sehr geringem Frequenz- oder

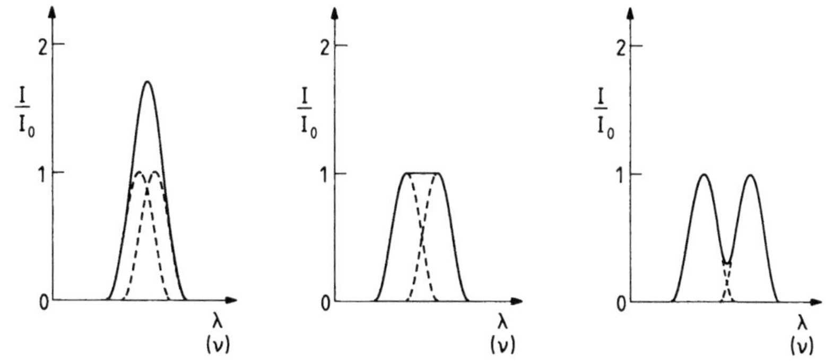

Abb. 2.62 Zur Auflösung. Summenintensität I zweier gleicher Spektrallinien (ausgezogen) im Verhältnis zur Maximalintensität I_0 einer Linie als Funktion von Wellenlänge λ oder Frequenz ν; Einzellinien gestrichelt. Links: Linien nicht getrennt (nicht aufgelöst). Mitte: Linien gerade aufgelöst (Grenzfall). Rechts: Linien aufgelöst (deutlich getrennt).

Wellenlängenunterschied liegt das Maximum der Summenlinie in der Mitte zwischen den Einzellinien und ist höher als jede Einzellinie. Charakterisiert man die **Linienbreite** durch die absolute oder relative Breite, bei der die Intensität nach beiden Seiten auf die Hälfte abgefallen ist, also durch die absolute oder relative *volle Halbwertbreite,* so stellt man eine Verbreiterung der Gesamtlinie fest. Das ist links in Abb. 2.62 dargestellt. Ist die Wellenlängendifferenz dagegen relativ groß (rechts in der Abbildung), so hat man, auch wenn sich die Linien noch überlappen, zwei Maxima ungefähr, aber nicht genau an den Stellen der Maxima der Einzellinien und dazwischen ein *ausgeprägtes Minimum.* Geht man vom links abgebildeten Fall zum rechts abgebildeten über, so muß es, da der Übergang stetig verläuft, eine *genau definierte Wellenlängendifferenz* $\Delta\lambda$ geben, bei der zwischen den Linien *gerade noch ein Minimum* entsteht. Wir wollen nun voraussetzen, daß die „wirkliche" Linienform, wie die Natur sie vorgibt, ein senkrechter „Strich" (von dann natürlich „unendlicher Höhe") ist und die beobachtete Breite rein instrumentell bedingt ist. Wir nennen dann im Falle unseres Beispiels von Spektrallinien die Wellenlängendifferenz $\Delta\lambda$ bzw. die entsprechende Frequenzdifferenz $\Delta\nu$ die **absolute Auflösebreite** der *Apparatur.* Die entsprechenden relativen Größen $\Delta\lambda/\lambda$ bzw. $\Delta\nu/\nu$, wobei λ bzw. ν das arithmetische Mittel der Einzelwellenlängen bzw. Einzelfrequenzen ist, heißen die **relative Auflösebreite**; in der Praxis kann man, wenn die Auflösebreite klein ist, genauso gut eine der beiden Einzelwellenlängen oder -frequenzen anstelle des Mittels nehmen. Praktisch identisch mit obiger Definition ist die Definition der instrumentellen Auflösebreite als die (absolute oder relative) Halbwertbreite einer einzigen gemessenen Linie, in Wellenlängen $\Delta\lambda$ bzw. $\Delta\lambda/\lambda$, die von einer in das Instrument einfallenden Linie der Breite null erzeugt wird (Abb. 2.63). In Wirklichkeit können wir Auflösebreiten nie mit streng monochromatischem einfallendem Licht messen, da es solches Licht nicht gibt. Häufig wird die Breite der Frequenzverteilung des einfallenden Lichts vernachlässigbar gegenüber der instrumentellen Breite sein; andernfalls muß rechnerisch auf diese Breite korrigiert werden, um den genauen Wert der instrumentellen Auflösebreite zu erhalten. In vielen Fällen ist die einfallende Strahlung nicht streng monochromatisch, und es ist interessant, ihre Linienbreite zu messen. Man verfährt dann sinngemäß.

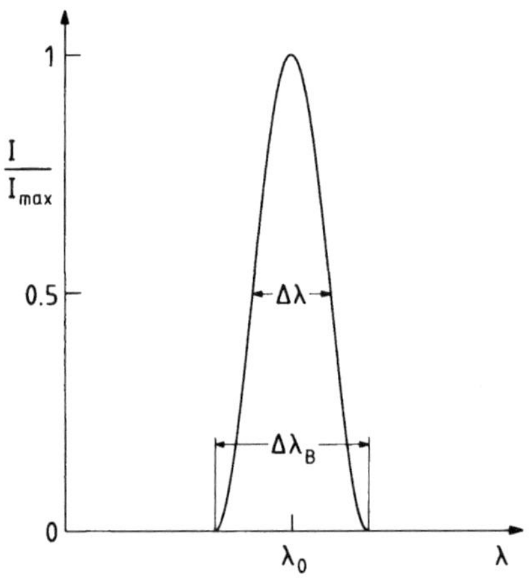

Abb. 2.63 (Volle) Halbwertbreite $\Delta\lambda$ und (volle) Basisbreite $\Delta\lambda_B$ einer Spektrallinie der (mittleren) Wellenlänge λ_0.

Wir haben das Kriterium zur Bestimmung der Auflösebreite allgemein formuliert und nur zur Veranschaulichung Spektrallinien verwendet. Praktisch gleichwertig mit unserer Definition (marginale Unterschiede hängen von Details der Kurvenformen ab) ist das **Rayleighsche Kriterium** für Beugungsbilder:

- *Das Maximum nullter Ordnung des ersten Bildes fällt mit dem ersten Minimum des zweiten Bildes zusammen.*

Statt der relativen Auflösebreite benutzt man häufig deren Kehrwert und nennt ihn **Auflösungsvermögen** $\lambda/\Delta\lambda$ bzw. $\nu/\Delta\nu$. Das Wort „Auflösung" wird in der Literatur sowohl für Auflösungsvermögen als auch für Auflösebreite benutzt, und man nennt manchmal z. B. eine „Auflösung" von 10^{-4} eV „hoch", wenn man die geringe Auflösebreite von 10^{-4} eV herausstreichen will. Wir wollen uns aber Mühe geben, immer genau zu sagen, was wir meinen, und keine schiefen Bilder zu benutzen.

Messungen hohen Auflösungsvermögens sind nicht notwendig Messungen hoher Genauigkeit (Präzision). Wir sprechen von *hoher Präzision,* wenn der *statistische Fehler* des Ergebnisses *gering* ist. Unter Umständen kann man aus einer präzisen Messung mittlerer Auflösung ein genaueres, also mit einem kleineren statistischen Fehler behaftetes Resultat entnehmen als aus einer Messung hoher Auflösung, die mit schlechter Statistik gemacht wurde. In Parenthese sei hinzugefügt, daß „Genauigkeit" oder „Präzision" noch nichts über den *Wahrheitsgehalt* des Meßergebnisses aussagt. Eine Messung hoher Präzision wird sogar „leichter" falsch als eine geringerer, weil sie schon bei kleineren Abweichungen vom „richtigen" Wert als falsch betrachtet werden muß. Es ist üblich, bei Abweichungen, die den dreifachen mittleren Fehler übersteigen, von falschen Messungen zu sprechen. Natürlich ist es zunächst sehr schwierig, ja in den meisten Fällen unmöglich, den in diesem Sinne „richtigen" Wert zu ermitteln. Als Resultat bestehen in der Physik häufig Meßergebnisse nebeneinander, die um mehr als den dreifachen statistischen Fehler der Differenz voneinander abweichen, ohne daß entschieden werden kann, welches der „richtige" Wert ist. Das stellt sich meist erst „im Lauf der Zeit" heraus.

Garantiert hohes Auflösungsvermögen noch keine hohe Präzision, so ist für eine sehr präzise Messung doch ein relativ hohes Auflösungsvermögen erforderlich. Ohne zu großen Aufwand in der Datenverarbeitung kann man bei guter Statistik einen

Meßfehler erreichen, der ca. ein Zehntel der Auflösebreite beträgt; bei speziellen Verfahren ist mit langjähriger Erfahrung manchmal ein Meßfehler der Größenordnung von 1% der Auflösebreite erreichbar.

Die oben definierte Auflösebreite, bei Wellenlängenmessungen $\Delta\lambda$, hat nichts zu tun mit dem *Meßbereich* $\lambda_{max} - \lambda_{min}$, der bei einer einzigen Messung ohne Änderungen am Instrument gleichzeitig überstrichen wird.

2.5.2 Einfache Beispiele zur Auflösung

Auflösung von Röntgenbildern

Indem wir mit Röntgenbildern die Bilder meinen, aus denen Mediziner und Zahnmediziner auf eine für den Laien oft schwer nachvollziehbare Weise ihre Diagnose extrahieren, wollen wir uns als Physiker zunächst selbst kritisieren: Diese Röntgenbilder sind keine Bilder im Sinne einer optischen Abbildung (vgl. Abschn. 1.4.1 und 1.5.4). Es fehlt die Fokussierung der von einem Gegenstandspunkt (schwach) divergent ausgehenden Strahlen in den Bildpunkt. Vielmehr gilt:

- *Gewöhnliche Röntgenbilder entstehen durch Schattenwurf.*

Da der Schatten desto schärfer ist, je besser die Annäherung an eine punktförmige Quelle ist, wird man zur Erzeugung möglichst scharfer Röntgenaufnahmen eine möglichst kleine Strahlenquelle (Anode) benutzen. Man stellt das Objekt zwischen Röntgenröhre und Schirm, im einfachsten Fall einen photographischen Film (Röntgenfilm), für direkte Beobachtung auch einen Fluoreszenzschirm, der dort sichtbares Licht aussendet, wo er von Röntgenstrahlung getroffen wird; modern, aber noch nicht weitgehend in die praktische Anwendung vorgedrungen sind Bildwandler in Verbindung mit einer Art Fernsehkamera und -wiedergabegerät zur Sichtbarmachung des Röntgenbildes, auch mit zwischenzeitlicher Speicherung. Der Vorteil dieser Ausrüstung ist die höhere Empfindlichkeit, die es gestattet, mit geringerer Strahlungsintensität und damit geringerer Strahlungsbelastung auszukommen, außerdem der leichte Anschluß digitaler Datenverarbeitung.

Abb. 2.64 zeigt das Prinzip der Anordnung bei der Aufnahme von Röntgenbildern. Der Durchmesser der Strahlenquelle ist übertrieben gezeichnet. Wie man der Abbil-

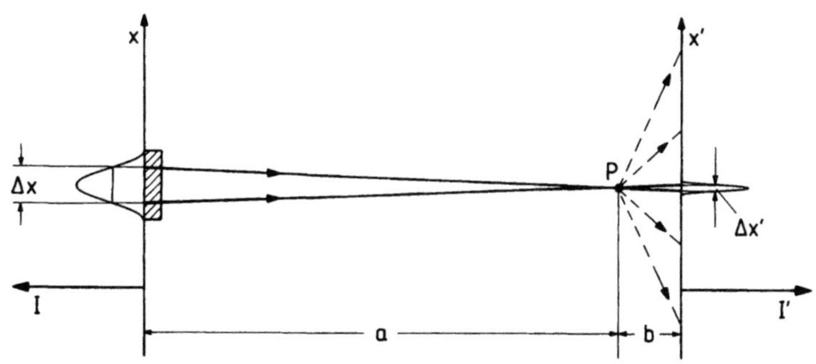

Abb. 2.64 Entstehung eines Röntgen-„Bildes“. Intensitätsverteilungen $I = I(x)$ und $I' = I'(x')$ von Quelle bzw. „Bild“ miteingezeichnet. Im übrigen s. Text.

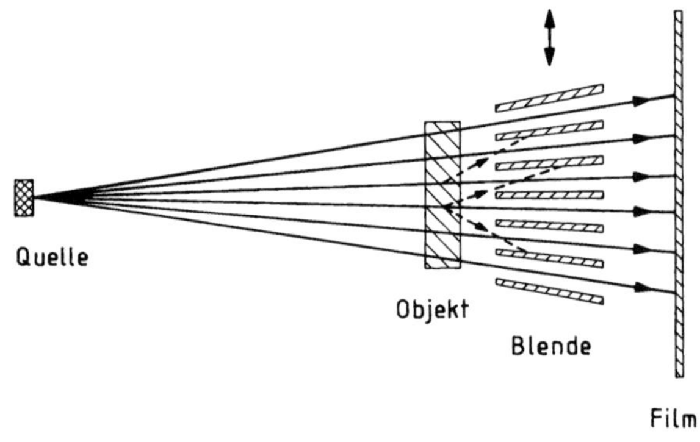

Abb. 2.65 Blende für Streustrahlung. Die gestreute Strahlung (gestrichelt gezeichnet) wird abgefangen, während die ungestreute die Blende passiert.

dung entnimmt, hat man für die Unschärfe auf dem Schirm

$$\Delta x' = \frac{b}{a}\,\Delta x\,,$$

wenn Δx die Ausdehnung der Strahlenquelle ist; Unschärfe und Ausdehnung sind dabei etwa durch die Halbwertbreite ihrer Intensitätsverteilungen definiert. In praxi ist die Bildunschärfe $\Delta x' \gtrsim 0{,}1$ mm.

Welche Eigenschaften des Gegenstandes sind es nun, die sich bei der Röntgenaufnahme abbilden? Die entscheidende Größe ist offenbar die *Extinktion* des Primärstrahls, also die Abnahme der Intensität durch die Wirkung der Materie, die der Strahl durchläuft. Wie in Abschn. II, 3.7.1 ausgeführt, nimmt in homogener Materie die Strahlintensität, vergleichen mit der Intensität ohne Materie, *exponentiell* ab. Hierfür sind *Absorption* und *Streuung* der Primärstrahlung verantwortlich. Da die gestreute Röntgenstrahlung ebenfalls zur Intensität auf dem Schirm beiträgt, nicht aber zum gewünschten Schattenbild, sucht man sie zu vermindern durch Vergrößerung der Entfernung b zwischen Objekt und Schirm in Abb. 2.64, mit dem Nachteil der Verminderung der Bildschärfe, oder durch eine konzentrisch auf die Strahlenquelle zeigende, z. B. wabenförmige *Blende* (Abb. 2.65). Um die Konturen der Blende unsichtbar zu machen, bewegt man die Blende während der Aufnahme transversal zur Strahlung.

Wie wir später in Abschn. IV, 1.4.5 sehen werden, absorbieren schwere Elemente Röntgenstrahlen stärker als leichte. Um aus Gewebe bestehende innere Organe sichtbar zu machen, z. B. den Darm, kann man sie mit einem *Kontrastmittel* füllen, das Material hoher Ordnungszahl enthält. Abb. 2.66 stellt ein vor allem für die Gefäßdarstellung (Angiographie von griech. angeion = (kleines) Gefäß und graphein = zeichnen) konstruiertes Gerät dar.

Eine Weiterentwicklung der normalen medizinischen Röntgen-Durchleuchtungstechnik stellt die *Computertomographie* dar, also „Schnittzeichnung" mit einem Computer, u. a. von griech. tome = Schnitt. Abb. 2.67 zeigt das Prinzip, Abb. 2.68 eine spezielle Anordnung für große Volumina und Abb. 2.69 einen entsprechenden Computertomographen. Man durchleuchtet in der Position 1 der Strahlenquelle in Abb. 2.67 das Objekt, z. B. den menschlichen Oberkörper, und erhält das Röntgenbild 1′, das man mit strahlungsempfindlichen Zählern aufnimmt und im Computer speichert. „Danach" macht man von der Position 2 das Bild 2′, usw. Das allen Strahlenbündeln gemeinsame Zentrum wird jedesmal durchleuchtet, die peripheren Teile nur einmal

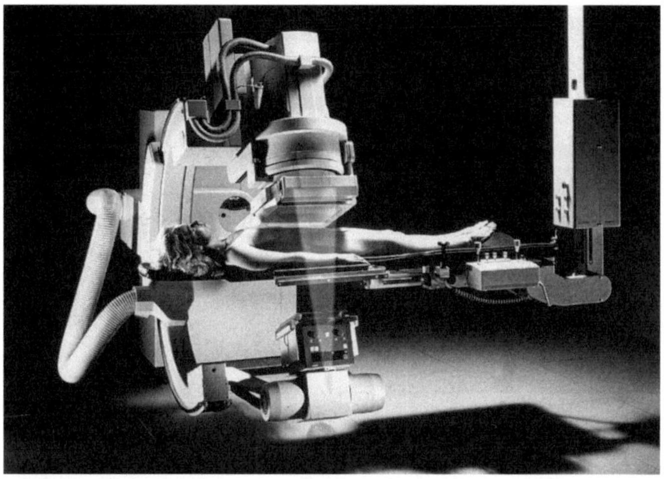

Abb. 2.66 Angiographie-Röntgengerät in der Anwendung.

oder wenige Male. Nimmt man andere Strahlenbündel, wird das gemeinsame Zentrum woanders liegen. Diese Aufnahmen werden in praxi jeweils simultan gemacht. Aus allen gespeicherten Daten errechnet der Computer mit Hilfe eines dafür geschriebenen Programms die Bilder, die einer Scheibe des Körpers entsprechen; um auch die dritte Dimension (Tiefe) zu erhalten,

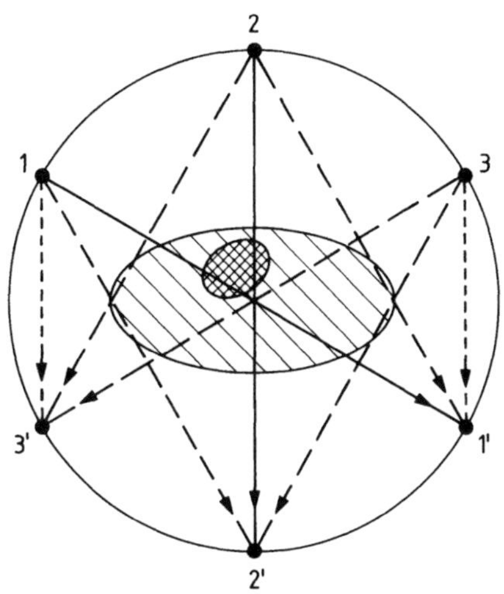

Abb. 2.67 Prinzip der Computer-Tomographie. 1, 2 und 3 Sendeorte; 1′, 2′ und 3′ Empfängerorte (Detektororte). Meist wird ein Sender nacheinander an die verschiedenen Orte gebracht, während mehrere Detektoren gleichzeitig in Funktion sind. Die ausgezogen gezeichneten Strahlen $1 \rightarrow 1'$ und $2 \rightarrow 2'$ durchlaufen das gekreuzt schraffierte kleine Volumen und das einfach schraffierte große Volumen, die langgestrichelt gezeichneten Strahlen $1 \rightarrow 2'$, $2 \rightarrow 1'$, $2 \rightarrow 3'$, $3 \rightarrow 2'$ und $3 \rightarrow 3'$ nur das große Volumen. Die kurzgestrichelt gezeichneten Strahlen $1 \rightarrow 3'$ und $3 \rightarrow 1'$ durchlaufen keines der beiden Volumina. Aus den beim Durchgang erlittenen Schwächungen läßt sich mit einem Computerprogramm der Ort der Schwächung errechnen.

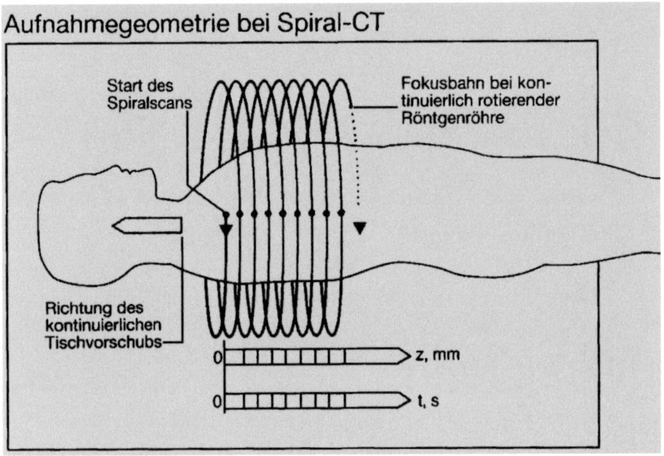

Abb. 2.68 Spiral-Computer-Tomographie. Das Tomographie-System aus Sender (Röntgenröhre) und mehreren Detektoren wird, im Laborsystem betrachtet, auf einer Kreisbahn geführt, während der Patient langsam durch das Tomographie-System gefahren wird. Dadurch entsteht im bewegten System des Patienten eine Spiralbahn (eingezeichnet); Koordinatenachse z und dazugehörige Zeitachse t ebenfalls im System des Patienten.

kann man viele Scheiben hintereinander legen. Es leuchtet ein, daß das Verfahren zeit- und geldaufwendig ist (auch wenn die reine Aufnahmezeit nicht sehr lang ist). Abb. 2.70 zeigt eine Computertomographie des menschlichen Herzes, aufgenommen unter „Luftanhalten“ zwischen zwei Atemzügen.

In Parenthese sei mitgeteilt, daß man auch stereoskopische Röntgenbilder herstellen kann. Dazu macht man zwei normale Röntgenaufnahmen mit etwas verschiedenem Durchstrahlungs-

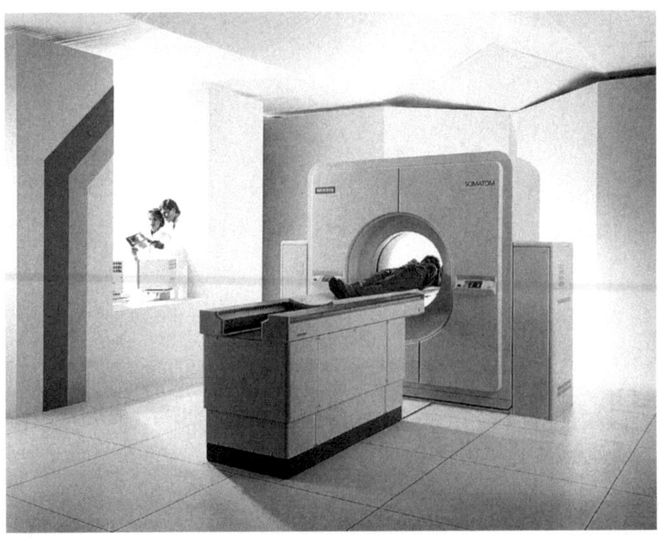

Abb. 2.69 Röntgen-Computer-Tomograph.

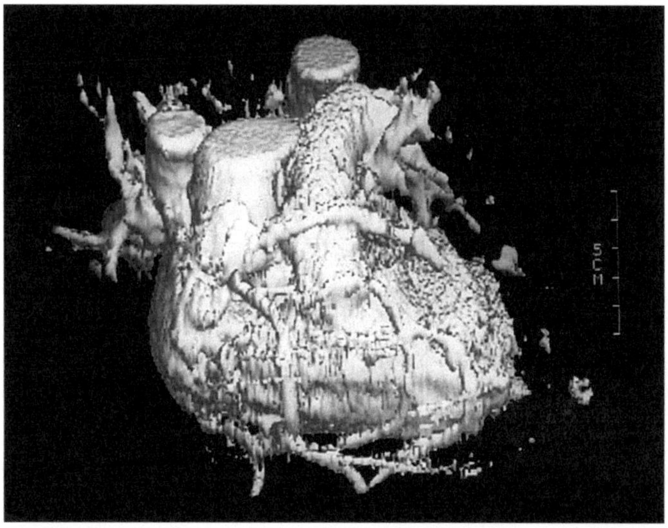

Abb. 2.70 Computer-Tomographie des menschlichen Herzes, aufgenommen mit Röntgenstrahlung.

winkel und betrachtet die beiden Bilder in einem Stereo-Betrachter. Das Verfahren wird jedoch in der Medizin praktisch nicht benutzt, genausowenig wie der erfahrene Feinmechaniker nach perspektivischen Werkstattzeichnungen arbeitet.

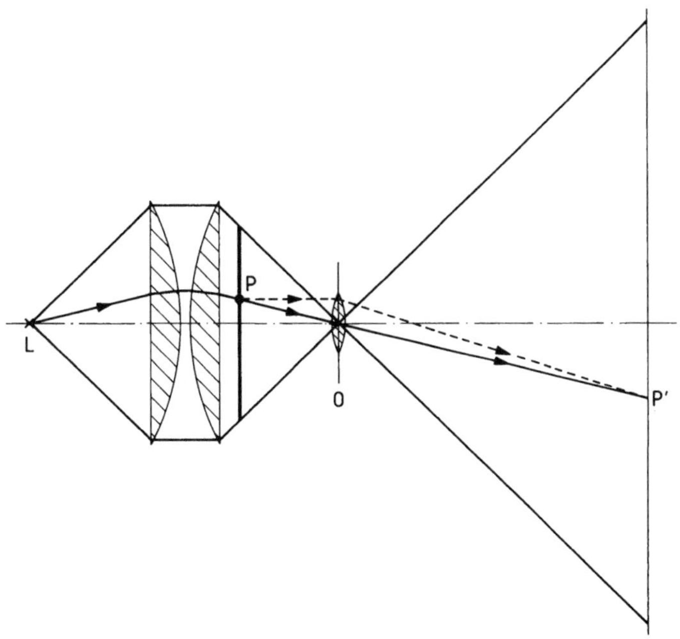

Abb. 2.71 Diaprojektor. Die Beugung am Objektpunkt P führt wegen der Abbildung durch das Objektiv O zu einem „Strahl" (gestrichelt), der ebenfalls im Bildpunkt P auftrifft.

Abb. 2.72 Beugung und Bildauflösung (Versuchsaufbau). Rechts Laser mit Aufweiteoptik, in der Mitte der Gegenstand (Dia), halblinks Linse, links Lochblende (abgebildete Stellung) bzw. Scheibenblende (kleines, im Photo nicht erkennbares Scheibchen, das anstelle der Lochblende in den Strahlengang geschoben werden kann).

Beugung und Streuung bei Abbildung

Wie wir in Abschn. 1.1.2 gesehen haben, führt die Beugung am Gegenstand bei Schattenwurf unter Umständen zu großer Unschärfe (bei den oben behandelten Röntgenaufnahmen spielt Beugung allerdings keine Rolle). Anders verhält es sich in der Regel, wenn wir den Gegen-

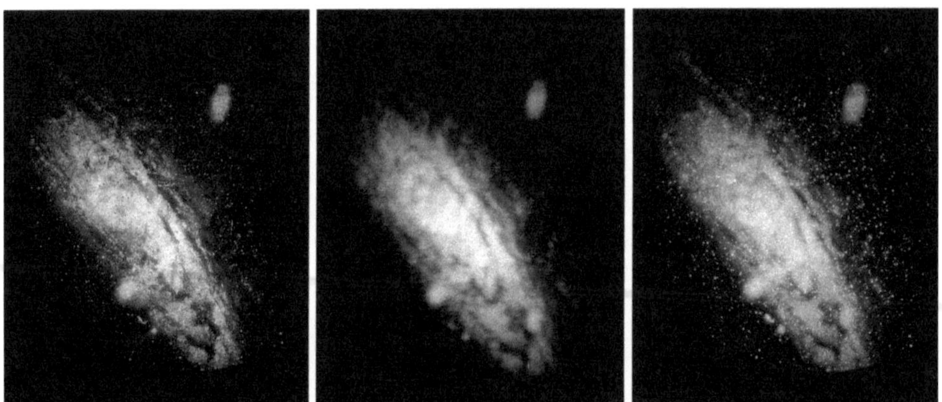

Abb. 2.73 Bilder mit der Anordnung aus der vorigen Abbildung. Links: weder Lochblende noch Scheibenblende im Strahlengang. Mitte: Lochblende; großflächige Strukturen betont, kleine Strukturen (Einzelsterne!) unterdrückt. Rechts: Scheibenblende; großflächige Strukturen unterdrückt (u. a. dunkler), kleine Strukturen betont.

stand *abbilden.* Abb. 2.71 zeigt uns das am Beispiel eines Diaprojektors. Die Beugung oder Streuung an einem Detail des Objekts (Diapositiv) führt in der Tat zwar zu einer Aufweitung des Strahls, aber das so entstehende Bündel wird durch das Objektiv wieder in einem Punkt des Schirms abgebildet, jedenfalls wenn die Bündelaufweitung sich in Grenzen hält. Anders ist das allerdings, wenn die gebeugten Strahlen nicht mit abgebildet werden; darüber Näheres in Abschn. 2.5.3. Hier sei nur das Phänomen durch einen kleinen Versuch vor Augen geführt (Abbn. 2.72 und 2.73). Die Erklärung der Unterschiede in den Photographien Abb. 2.73 ist folgende: Das Licht wird an den mehr punktförmigen Details des Objekts stärker gebeugt als an den grobstrukturierten, mehr flächenhaften Teilen, so daß die Lochblende das die Details maßgeblich wiedergebende Licht aussperrt, während die Scheibenblende die größeren Flächen abdunkelt.

Auflösung des Gitters

Um die Auflösung des Beugungsgitters zu berechnen, betrachten wir zwei benachbarte Spektrallinien mit den Wellenlängen λ_1 und $\lambda_2 = \lambda_1 + \Delta\lambda$. Wir wenden das Rayleigh-Kriterium an. Das Maximum m-ter Ordnung für λ_1 liegt bei

$$d \sin \vartheta_1 = m_1 \lambda_1 \, .$$

Um das benachbarte Minimum zu berechnen, gehen wir von Gl. (2.24) aus, setzen $p = 2$ und erhalten mit $m = Nm_1/2$

$$d \sin \vartheta_2 = m_1 \lambda_1 + \frac{\lambda_1}{N} \, . \tag{2.41}$$

Beim selben Winkel ϑ_2 soll in derselben Ordnung $m_2 = m_1$ ein Maximum für λ_2 sein:

$$d \sin \vartheta_2 = m_2 \lambda_2 = m_1 (\lambda_1 + \Delta\lambda) \, .$$

Durch Gleichsetzen dieser Gleichung mit Gl. (2.41) resultiert, wenn wir in der endgültigen Formel wieder „λ“ statt „λ_1“ und „m“ statt „m_1“ schreiben,

$$\frac{\Delta\lambda}{\lambda} = \frac{1}{Nm}$$

für die (relative) *Auflösebreite* und

$$\frac{\lambda}{\Delta\lambda} = Nm$$

für das (relative) *Auflösungsvermögen,* beides für Wellenlängen angegeben.

- *Das Auflösungsvermögen eines Strichgitters wird bei vorgegebener Ordnung nur durch die Anzahl der Striche bestimmt.*

Es erscheint merkwürdig, daß in die obigen Formeln nur die Anzahl N der Elementarbereiche (z. B. Striche im Fall des Strichgitters) und die Ordnung m eingehen, dagegen nicht die Gesamtbreite $D = Nd$, die Gitterkonstante d und die Struktur des Elementarbereichs, z. B. die Spaltbreite. Der einzige Weg, über den d eine Rolle spielt, ist über die maximal mögliche Ordnung $m_{\max} = d/\lambda$. Betrachtet man hingegen die Auflösebreite bei festem (mittleren) Ablenkwinkel ϑ, so kommt die Überlegenheit des breiteren Gitters zur Geltung: Bei festem ϑ arbeitet es in höherer Ordnung als das schmalere.

Tab. 2.4 Typische Daten optischer Spektralapparate

Apparat	Ordnung m	$\frac{\lambda}{\Delta\lambda}$
Prisma, $B = 10$ cm, $\lvert dn/d\lambda \rvert = 1730$/cm	–	17×10^3
Strichgitter, 600/mm, $D = 16{,}5$/cm ($N = 99000$)	3	297×10^3
Stufengitter, 35 Stufen, 1 cm Stufenhöhe, $n = 1{,}5$	10000	360×10^3
Lummer-Gehrcke, 20 cm, 1 cm dick, $n = 1{,}5$	80000	880×10^3
Perot-Fabry, $R = 95\%$, 10 cm	400000	24000×10^3

Auflösung des Prismenspektrographen

Ohne Ableitung sei hier das Auflösungsvermögen eines Prismenspektrographen angegeben, dessen Prisma die Basis B und die Brechzahl n hat:

$$\frac{\lambda}{\Delta\lambda} = B \left| \frac{dn}{d\lambda} \right| .$$

Hier mag es bemerkenswert erscheinen, daß die Prismenhöhe, also die Höhe des gleichschenkligen Dreiecks senkrecht zu B in Abb. 1.18, ohne Einfluß ist.

Auflösung eines Hochleistungs-Diffraktionsspektrometers vom DuMond-Typ für Gammastrahlung

In diesem Beispiel sei die relative Auflösebreite in Termen der Wellenlänge λ und der Energie E für das „Gams 2,3“ genannte Spektrometer des Instituts Laue-Langevin in Grenoble angegeben, dessen Kristall gemäß einem Kreis mit dem Radius 24 m gebogen ist:

$$\frac{\Delta\lambda}{\lambda} = \frac{\Delta E}{E} \approx 1 \times 10^{-7} \frac{E}{\text{keV}} .$$

Das ist eine experimentell ermittelte Beziehung, die für schmale Quellen und Beobachtung in dritter Ordnung gilt. Die relative Auflösebreite wird desto geringer, je geringer E ist. Diese E-Abhängigkeit ist leicht abzuleiten. Die Auflösebreite wird hier vor allem durch nicht perfekte Kristallgeometrie bedingt.

In Tab. 2.4 sind typische Daten optischer Spektralapparate zusammengefaßt.

2.5.3 Auflösung des Mikroskops

Zur Berechnung der Auflösung des Mikroskops gibt es zwei ganz verschiedene Ansätze, von denen der eine (1873) auf den deutschen Physiker, Optiker und Industriellen E. Abbe (1840–1905) und der andere (1874) auf Helmholtz zurückgeht. Beides sind Näherungen für die Vorgänge im oder am Instrument. Im Gegensatz dazu wird die Auflösung des terrestrisch, also an der Erdoberfläche, aufgestellten Fernrohrs durch Luftunruhe im Bereich außerhalb des Instruments bestimmt.

Die *Auflösung* des Mikroskops, genauer des Lichtmikroskops, ist durch *Beugung begrenzt.* Beugung findet an jedem Gegenstand statt, der sich von seiner Umgebung durch eine andere Brechzahl n unterscheidet. Abbe betrachtet die Beugung am Objekt, Helmholtz die an der Eintrittsblende, in praxi die Objektivfassung. Wir beginnen mit der Helmholtzschen Betrachtungsweise.

Helmholtzsche Theorie

Helmholtz wendet das Rayleigh-Kriterium auf das *Beugungsbild* der *Eintrittsblende* an, die eine Lochblende ist; vgl. dazu Abschn. 2.3.4. Mit D als dem Blendendurchmesser liegt das erste Minimum bei

$$D \sin \vartheta_l = 1{,}22\lambda \,. \tag{2.42}$$

Abb. 2.74 gibt eine Skizze der Geometrie wieder. Der Raum zwischen Objektiv und Gegenstand sei von einem Medium mit der Brechzahl n erfüllt. Der Gegenstand, dessen Lateralausdehnung g zwischen den Punkten 1 (auf der Achse) und 2 (außerhalb der Achse) liegt, bestimmt den Einfallswinkel ϑ_n für Strahlen aus dem Punkt 2. Hinter dem Objektiv, im Raum mit der Brechzahl 1, bildet der von 2 kommende Strahl einen Winkel ϑ mit der Achse, gegeben durch das Snelliussche Brechungsgesetz zu

$$\sin \vartheta = n \sin \vartheta_n \,.$$

Wir nehmen g als klein an, so daß auch ϑ klein ist und wir $\sin \vartheta$ durch ϑ ersetzen können. Nennen wir die gegenstandsseitige Brennweite im Medium mit der Brechzahl n f_n, so ist $\vartheta_n = g/f_n$, also $\vartheta = n\vartheta_n = ng/f_n$. Der durch Gl. (2.42) bestimmte Winkel ϑ_l ist das erste Minimum für Strahlen, die vom Punkt 1 kommen. Der Winkel ϑ gilt für Strahlen, die vom Punkt 2 kommen. Wir setzen nun getreu dem Rayleighschen Kriterium ϑ und ϑ_l gleich. Zusammen mit Gl. (2.42) erhalten wir dann

$$\vartheta = \vartheta_l = \frac{1{,}22\lambda}{D} = \frac{0{,}61\lambda}{R} \,,$$

wobei R der Blendenradius ist. Für $\vartheta = \vartheta_l$ ergibt das die kleinste laterale Entfernung $g_{\min}$ für zwei Punkte, die gerade noch getrennt werden:

$$g_{\min} = 0{,}61 \, \frac{f_n}{nR} \, \lambda = 0{,}61 \, \frac{\lambda}{A} \,; \tag{2.43}$$

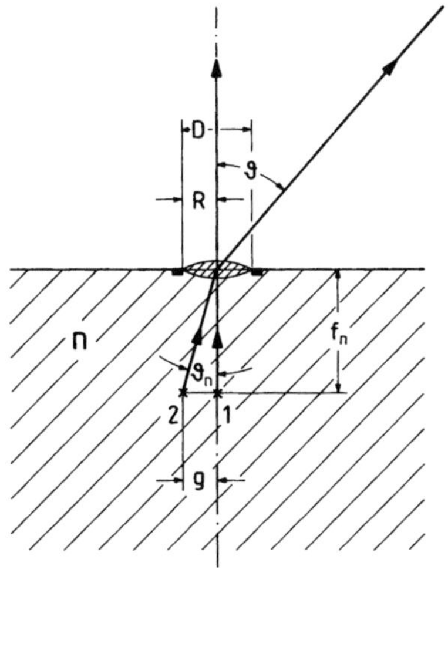

Abb. 2.74 Zur Helmholtzschen Theorie der Mikroskopauflösung; s. Text.

der Ausdruck

$$A = \frac{nR}{f_n} \tag{2.44}$$

wird **numerische Apertur** genannt. Zur Erhöhung der Auflösung, also zur Verringerung von $g_{\min}$, bedient man sich eines Mediums mit $n > 1$. In praxi nimmt man Öl und spricht von *Ölimmersion.* Eine zweite Möglichkeit, die Auflösung zu erhöhen, besteht im Übergang zu kleinerer Wellenlänge λ_n. Ein direkter Weg führt vom sichtbaren Licht zum Ultraviolett.

Eine ganz wesentliche, in praxi „beliebige" Verkleinerung der Wellenlänge bringt die Benutzung von Elektronen statt Licht (ein Röntgenmikroskop ist wegen Fehlens von effektiven Linsen für Röntgenstrahlung nicht praktikabel, aber es wird daran gearbeitet). Man braucht nur Elektronen genügend hoher Geschwindigkeit zu benutzen, vgl. dazu Abschn. 4.2.3.

Setzen wir die Wellenlänge des sichtbaren Lichtes mit 0,50 μm an, die Brechzahl n mit 1,51 (Zedernholzöl, eine gern benutzte Immersionsflüssigkeit) und das Verhältnis f_n/R mit 1 (dem ungefähr erreichbaren Optimum), so resultiert $g_{\min} = 0{,}20$ μm. Bei Elektronenmikroskopen, die mit Elektronen hoher Energie betrieben werden, erreicht man nicht die nach Gl. (2.43) erreichbare Auflösung. Die praktische Grenze ist hier $g_{\min} \approx 1 \times 10^{-10}$ m.

Abbesche Theorie

Um die bei der Abbeschen Theorie betrachtete *Beugung* am *Objekt* einfach behandeln zu können, nehmen wir an, das Objekt sei ein *Strichgitter* (Abb. 2.75). Wie wir aus den Abschnitten 2.3.2 und 2.5.2 wissen, enthält das *Beugungsbild nullter Ordnung keinerlei Information;* „Information" in diesem Sinne ist die Kenntnis über die Gitterkonstante d, deren erkennbarer Minimalwert gleichzeitig die Auflösung charakterisiert. Dagegen geht in das *Beugungsbild erster Ordnung* die Gitterkonstante d ein. Wir folgern mit Abbe aus diesen Betrachtungen, daß das Beugungsbild erster

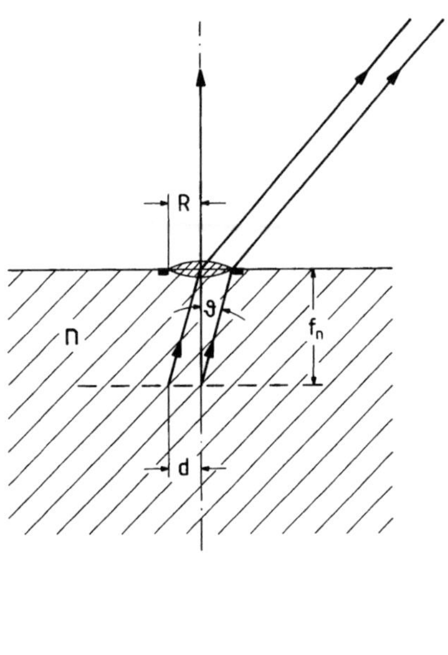

Abb. 2.75 Zur Abbeschen Theorie der Mikroskopauflösung; s. Text.

Ordnung noch zur Abbildung beitragen, also ins Objektiv gelangen muß. Das ist dann der Fall, wenn

$$d \sin \vartheta \geqq \lambda_n = \frac{\lambda}{n}$$

ist, wobei $\lambda_n = \lambda/n$ die Wellenlänge im Immersionsmedium zwischen Objekt und Objektiv, λ die Vakuum-Wellenlänge und n die Brechzahl des Immersionsmediums bedeuten. Ersetzt man in der obigen Gleichung d durch den minimal auflösbaren Abstand g_{min}, ϑ durch den von der Geometrie zugelassenen maximalen Winkel ϑ_{max} und das „größer gleich"-Zeichen durch das Gleichheitszeichen, läßt sich aus der so entstehenden Gleichung g_{min} zu

$$g_{min} = \frac{\lambda}{n \sin \vartheta_{max}} = \frac{\lambda}{A} \tag{2.45}$$

ausrechnen; A ist wieder die *numerische Apertur,* hier durch

$$A = n \sin \vartheta_{max} \tag{2.46}$$

definiert. In der Diskussion dieser beiden Gleichungen erkennen wir gewisse Unterschiede zu den Gleichungen (2.43) und (2.44). Sie erfordern eine nähere Betrachtung.

Zunächst wenden wir uns den „beiden" numerischen Aperturen zu. Nach Abschn. 1.5.1 muß die *Abbesche Sinusbedingung* gelten. Wir haben sie früher in der Form der Gleichung (1.37) geschrieben. In unserem Fall ist $u = \vartheta_{max}$ und $n' = 1$. Damit erhält man

$$\frac{\mathrm{d}a}{\mathrm{d}a'}\, n \sin \vartheta_{max} = \sin u' = \frac{R}{b}, \tag{2.47}$$

wobei b die Bildweite bedeutet. Der Ersatz des Sinus durch das Argument ist wegen des kleinen Objektivdurchmessers und der großen Bildweite zulässig. Nun ist wegen des Übergangs vom Medium mit der Brechzahl n in Luft mit der Brechzahl 1, vgl. dazu auch den vorigen Abschnitt,

$$\frac{\mathrm{d}a}{\mathrm{d}a'} = \frac{f_n}{nb}\,.$$

Das setzen wir in Gl. (2.47) ein, bestimmen daraus $\sin \vartheta_{max}$ und gehen mit dem dafür gefundenen Ausdruck in Gl. (2.46) hinein. Das Resultat ist dann genau dasselbe wie im vorigen Abschnitt, nämlich Gl. (2.44). Unsere beiden Definitionen der numerischen Apertur in Gl. (2.44) und Gl. (2.46) sind also identisch.

Wir haben noch einen weiteren Punkt zu klären. Die Formeln (2.43) und (2.45) unterscheiden sich um den Faktor 0,61. Auch hier liegt kein wirklicher Widerspruch vor. Bisher hatten wir in der Abbeschen Theorie vorausgesetzt, daß das Maximum nullter Ordnung auf der optischen Achse liegt. Das ist aber keineswegs nötig: Man kann, s. Abb. 2.76, etwas schräg beleuchten, so daß das Maximum nullter Ordnung durch den linken Randstrahl ins Objektiv gelangt und das Maximum erster Ordnung wie bisher durch den rechten. Dann träte formal auf der rechten Seite von Gl. (2.45) noch der Faktor 0,5 hinzu. Aber so ist das nicht realistisch: Die Intensität des Strahls für das Maximum nullter Ordnung wie auch die des Strahls erster Ordnung wäre

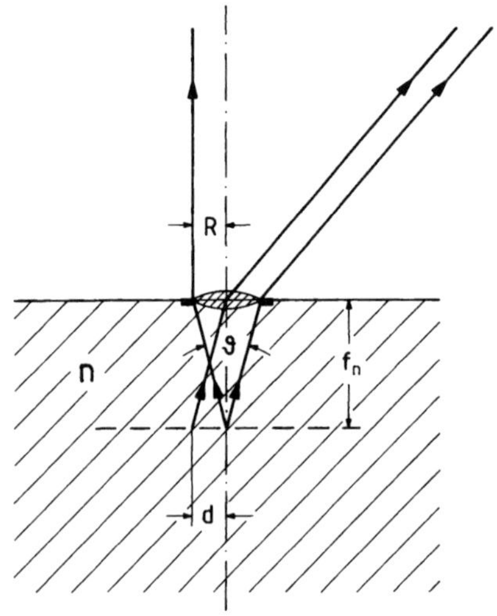

Abb. 2.76 Zur Abbeschen Theorie der Mikroskopauflösung; schräge Beleuchtung; s. Text.

wegen verschwindenden Raumwinkels ebenfalls verschwindend klein. Um endliche Intensitäten zu erhalten, müssen die Strahlen sehr wohl innerhalb des Objektivquerschnitts auftreffen, und damit tritt statt des obigen Faktors 0,5 auf der rechten Seite von Gl. (2.45) ein Faktor hinzu, der etwa 0,6 beträgt (nicht 0,61, so genau ist unsere Ableitung nicht!). Die endgültige Formel wollen wir also als

$$g_{\min} = 0{,}6\,\frac{\lambda}{A}\,, \tag{2.48}$$

schreiben, und das bedeutet überhaupt keinen Widerspruch mehr zu Gl. (2.43); in Gl. (2.48) haben wir bewußt eine Stelle weniger im numerischen Faktor angegeben als in Gl. (2.43).

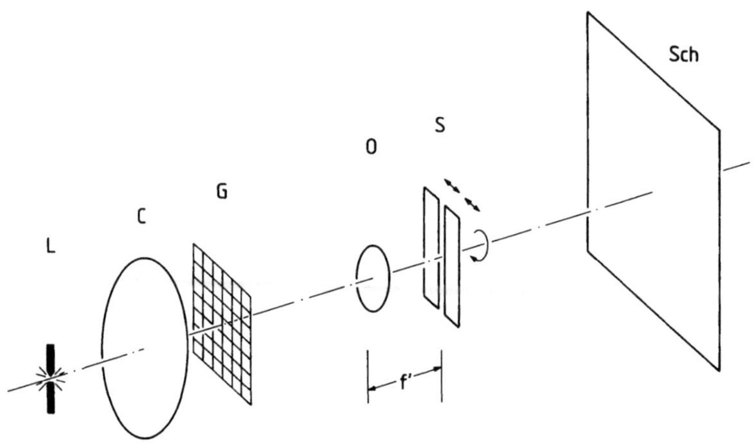

Abb. 2.77 Versuch zur Abbeschen Theorie. Skizze des Versuchsaufbaus. L Lampe (Bogenlampe), C Kondensor, G Gegenstand (Netz), O Objektiv der Brennweite f', S (in der Breite veränderlicher) drehbarer Spalt, Sch Schirm. Das Objektiv bildet den Gegenstand auf dem Schirm ab.

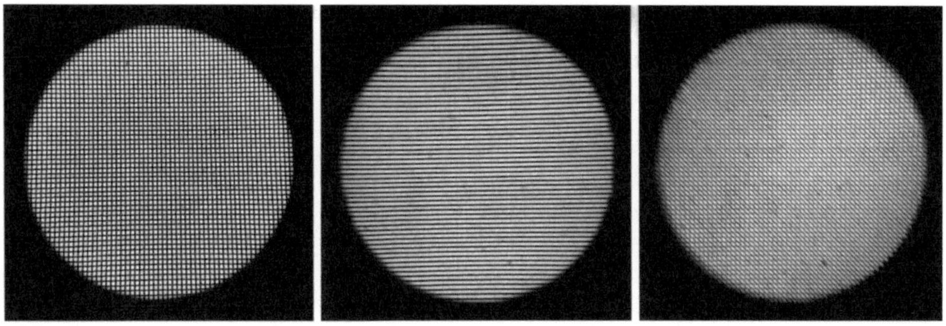

Abb. 2.78 Versuch zur Abbeschen Theorie. Photos des auf dem Schirm erscheinenden Bildes des Netzes. Links: weit geöffneter (und damit wirkungsloser) Spalt. Mitte: schmaler Spalt vertikal (wie in Abb. 2.77 gezeichnet); bei um 90° gedrehtem Spalt würde natürlich ein um 90° gedrehtes Muster erscheinen. Rechts: Spalt um 45° gedreht. Man bemerke die Verwaschenheit der Struktur in beiden Richtungen, horizontal und vertikal.

Abb. 2.77 zeigt eine Versuchsskizze zur Abbeschen Theorie und Abb. 2.78 das Versuchsresultat. Zur Abbildung der Struktur in der Vertikalen – das sind die waagerechten Streifen! – ist ein vertikal stehender Spalt erforderlich, der das in vertikaler Richtung gebeugte Licht durchläßt.

Auf jeden Fall gilt:

- *Das Auflösungsvermögen eines Mikroskops wird durch Beugung begrenzt und ist desto höher, je kürzer die Wellenlänge ist.*

Phasenkontrastverfahren

Das *Phasenkontrastverfahren,* vom holländischen Physiker F. Zernike (1883–1966) eingeführt (1934), erhöht zwar nicht die Auflösung, macht aber bei gleicher Auflösung Objekte ohne Färben sichtbar, die anderweitig unsichtbar wären. Das Sichtbarmachen von Objekten namentlich im biologischen und medizinischen Bereich durch Färben spielt eine wichtige Rolle in der Mikroskopiertechnik, ist jedoch nicht immer durchführbar.

Für die sinnvolle Anwendung des Phasenkontrastverfahrens gehen wir von einem Objekt aus, das *keine* oder nur ungenügende *Amplitudenunterschiede* bei dem an verschiedenen Stellen durchgelassenen Licht ergibt. Zur einfachen gedanklichen Behandlung stellen wir uns das Objekt wieder als Gitter vor, aber eben nicht als Amplitudengitter, sondern als *Phasengitter,* vgl. Abschn. 2.3.5. Ein solches Gitter ist unsichtbar, weil das Auge oder der photographische Film nur Amplitudenunterschiede sieht. Nach Zernike bringt man ein Blättchen auf die optische Achse, das die *Phase* um $\pi/2$ *dreht;* zur Phasendrehung s. Abschn. 2.7.3. Das Licht des Maximums nullter Ordnung geht durch dieses Blättchen und wird in der Phase gedreht, das Licht des Maximums erster Ordnung, das ja um einen endlichen Winkel abgelenkt ist, geht dagegen an dem Blättchen vorbei und behält seine ursprüngliche Phase. Durch die spätere Überlagerung der Lichtamplituden der Maxima nullter und erster Ordnung (sowie evtl. von Maxima höherer Ordnung) wird die geänderte Phasenbeziehung in geänderte Intensität umgesetzt und somit sichtbar.

Nehmen wir ein *absorbierendes Blättchen* anstelle des phasendrehenden, so haben wir eine *Schlierenmethode* vor uns, vgl. Abschn. 1.7.6.

2.6 Holographie

2.6.1 Grundsätzliches zur Registrierung von Bildern

Bildet man unseren dreidimensionalen Ortsraum, in dem wir uns nicht nur als Zeitgenossen, sondern auch als messende und denkende Physiker bewegen, auf einen Schirm ab, so geht dabei eine Dimension verloren: Der wie auch immer geartete Schirm ist geometrisch zweidimensional. Punkt-zu-Punkt-*Abbildungen,* bei denen einem *Punkt* im *Gegenstandsraum* (Objektraum) ein und nur ein *Punkt* im *Bildraum* zugeordnet ist, nennt der Mathematiker *eindeutig.* Ist auch jedem Punkt im Bildraum genau ein Punkt im Objektraum zugeordnet, so heißt die Abbildung eineindeutig. Ist die Dimension des Bildraums kleiner als die des Gegenstandsraums, so ist die *Abbildung entartet* (andernfalls nichtentartet).

Unsere oben besprochene Abbildung des dreidimensionalen Ortsraums in den zweidimensionalen Raum einer Fläche ist also entartet; die dadurch *verloren gegangene Information* ist durch keinen Kunstgriff nachträglich wieder hervorzuzaubern (dasselbe gilt übrigens ebenfalls für den Informationsverlust durch Unschärfe, vgl. Abschn. 2.5.2, auch wenn man z. B. durch Hartkopieren aus unscharfen Bildern wieder Bilder mit scharfen Konturen gewinnen kann). Unsere gebräuchlichen Mittel zur *Registrierung,* also zum Festhalten, von *Bildern* sind Photofilm oder -platte und, mehr und mehr sich ausbreitend, *elektronische Aufzeichnung,* z. B. auf dem Magnetband des Videorecorders oder im Speicher eines Computers. Man kann *analog* aufzeichnen, wobei einer (makroskopisch) kontinuierlichen Verteilung der Eigenschaft eines Gegenstandes eine (makroskopisch) kontinuierliche Verteilung einer (meist andern) Eigenschaft beim Aufzeichner entspricht, oder *digital,* wobei einem gewissen Bereich in der Verteilung der Eigenschaft des Gegenstandes eine (meist ganze) Zahl beim Aufzeichner entspricht. Bei den meisten Aufnahme- und Registrierverfahren geht eine Dimension des Ortsraums verloren. Das ist auch dann der Fall, wenn man durch *stereoskopische Aufnahmetechnik* sogenannte *dreidimensionale Bilder* herstellt, die, mit einem Stereobetrachter angeschaut, einen räumlichen Eindruck hervorrufen.

Vom Ortsraum zu unterscheiden ist der Raum, in dem man physikalische Prozesse beschreibt; man kann auch sagen, in dem sie sich abspielen. Wir haben schon den vierdimensionalen Raum der speziellen Relativitätstheorie in Abschn. II, 4.2.4 kennengelernt. Später (Abschn. 3.5.3) werden wir den sechsdimensionalen Orts- und Impulsraum kennenlernen, und die Quantenmechanik wird gern im unendlichdimensionalen Hilbert-Raum behandelt, ersonnen (1909) von dem deutschen Mathematiker David Hilbert (1862–1943).

Offenbar können wir mit Hilfe des üblichen Schwarzweißfilms über dem zweidimensionalen Ortsraum einen insgesamt dreidimensionalen Raum aufbauen, der als *dritte Dimension* die *Schwärzung* hat. Die zwei Ortskoordinaten spannen dabei einen zweidimensionalen Ortsraum (ebene Fläche) auf, und in jedem Punkt kann man die Schwärzung als „Höhe" über der waagerecht zu denkenden ebenen Fläche auftragen. Das so entstehende Gebilde ist aber wieder eine Fläche (zweidimensionaler Raum), die in den dreidimensionalen euklidischen Raum eingebettet ist. Diese Fläche ist (im allgemeinen) gekrümmt. Es ist deswegen eine Fläche, weil es für jeden Punkt im Ortsraum (ebene Fläche) nur *eine* Schwärzung gibt. Ähnlich ist es bei einem Farbbild. Hier können wir für jede der drei Grundfarben (vgl. Abschn. 2.10.2) drei einzelne (im allgemeinen gekrümmte) Flächen über der ebenen Fläche des zweidimensionalen Ortsraums auftragen. Es resultieren drei voneinander unabhängige zweidimensionale Räume (Flächen).

Hologramme, von griech. holos = vollständig und gramma = Gemälde, manchmal auch *Holographien,* u. a. von griech. graphein = malen, sind uns aus dem täglichen

Leben bekannt. Die Betrachtung eines Hologramms, das mit geeignetem Licht beleuchtet ist, ruft in unseren Augen ein *räumliches Bild* hervor. Das Hologramm ist aber genauso zweidimensional wie eine gewöhnliche Photographie und wie das Bild auf der Netzhaut unserer Augen. Das gilt sowohl für Schwarzweißhologramme als auch für farbige. Für das Folgende wollen wir uns der Einfachheit halber auf Schwarzweißhologramme beschränken.

Auf einem Hologramm sind Schwärzungen und damit *Intensitäten* registriert, *keineswegs Phasen!* Photoplatten und ähnliche Registriermittel sind gegenüber Phasen vollkommen unempfindlich. Allerdings spielen Phasenbeziehungen im Zustandekommen eines Hologramms und damit in der Technik, Hologramme zu erstellen – ein Gebiet, das man ebenfalls Holographie nennt – eine wichtige Rolle. Die Zusammenhänge sind anders, aber ähnlich wie bei der uns schon bekannten Methode, Phasenbeziehungen sichtbar zu machen, dem Phasenkontrastverfahren der Mikroskopie (vgl. vorigen Abschnitt). Wie man Hologramme im Prinzip und in der Praxis herstellt, soll uns in den nächsten beiden Abschnitten beschäftigen.

2.6.2 Prinzip der Holographie

Das Prinzip der Holographie, die von dem Ingenieur und Physiker Dennis Gabor (1900–1979) 1948 und damit schon vor der Verfügbarkeit von Lasern angegeben und realisiert wurde, besteht im Herstellen eines *Interferenzbildes* zwischen *primärem Strahl* und *gestreutem Licht*. Damit ein Interferenzbild entsteht, muß das verwendete Licht *kohärent* sein. Heutzutage liefern Laser bequem das erforderliche Licht; die Herstellung der ersten Hologramme ohne Laser war sehr mühevoll und erforderte großes experimentelles Geschick.

Abb. 2.79 zeigt das Prinzip der Hologrammherstellung. Das Interferenzbild wird latent auf dem Film gespeichert, wobei Intensitäten, also im wesentlichen *Amplitudenquadrate* registriert werden. Da die registrierte Amplitude durch die Überlagerung von primärem und vom Gegenstand wieder emittiertem sekundärem Licht entsteht,

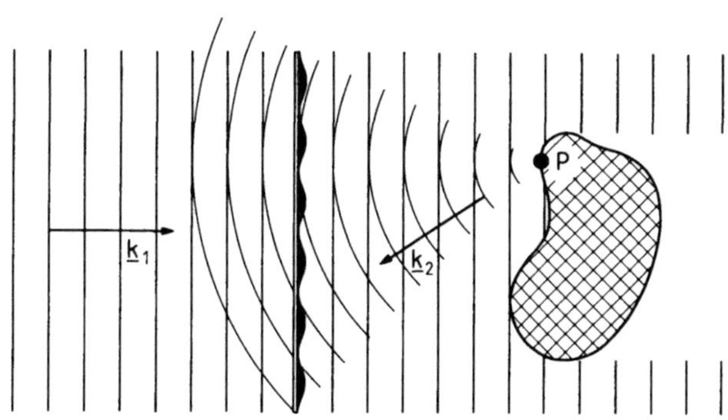

Abb. 2.79 Prinzip der Hologrammherstellung. P ein Punkt des Gegenstandes, von dem Kugelwellen ausgehen; $\boldsymbol{k}_2$ ein herausgegriffener Wellenvektor davon. S. auch Text.

also von der Phasenbeziehung zwischen beiden abhängt, ist die in dieser Phasenbeziehung vorhandene Information nicht verloren gegangen, sondern in Information über Intensität umgewandelt worden:

- *Hologramme enthalten nur Intensitätsinformation.*

Für die Wellenvektoren $\boldsymbol{k}_1$ von primärem Licht bei der Aufnahme und $\boldsymbol{k}_2$ von dem während der Aufnahme vom Gegenstand emittierten gilt $|\boldsymbol{k}_1| = |\boldsymbol{k}_2|$. Nach Umkehrentwickeln (und Fixieren und Trocknen) des Films ist das Hologramm fertig. Um das Hologramm zu betrachten, bestrahlen wir es mit kohärentem Licht derselben Wellenlänge, also bei gleicher Größe des Wellenvektors $\boldsymbol{k}_2$; inwieweit wir genau gleiche Wellenlänge brauchen, wollen wir hier offenlassen. Der Einfachheit halber wollen wir von Nichtlinearitäten im Zusammenhang zwischen Lichtintensität bei der Aufnahme und Schwärzung des Films absehen. Dann haben wir bei der Wiedergabe, Abb. 2.80, bei der kein Gegenstand vorhanden ist, dieselbe Lichtintensität unmittelbar hinter dem Film wie bei der Aufnahme. Durch diese *Intensitätsverteilung* unmittelbar *hinter dem Film* ist aber, gewissermaßen durch „analytische Fortsetzung", die *Intensitätsverteilung* im *ganzen Raum* außerhalb des direkten Strahls vorgegeben; die Einschränkung „außerhalb des direkten Strahls" müssen wir machen, weil dieselbe Bestrahlung des Hologramms durch unterschiedliche Primärlichtquellen möglich ist, z. B. durch einen starken Laser in weiter Entfernung oder einen schwachen, wesentlich näheren Laser.

Warum ist bei Aufnahme und Wiedergabe kohärentes Licht nötig? Für jede Wellenlänge und, etwa bei Kugelwellen, jeden Quellort ist das Interferenzbild anders, und große Unterschiede gibt es wegen der großen auftretenden Längen schon bei kleinem Wellenlängenunterschied $\Delta\lambda$. Die Folge wäre eine strukturlose Graufärbung.

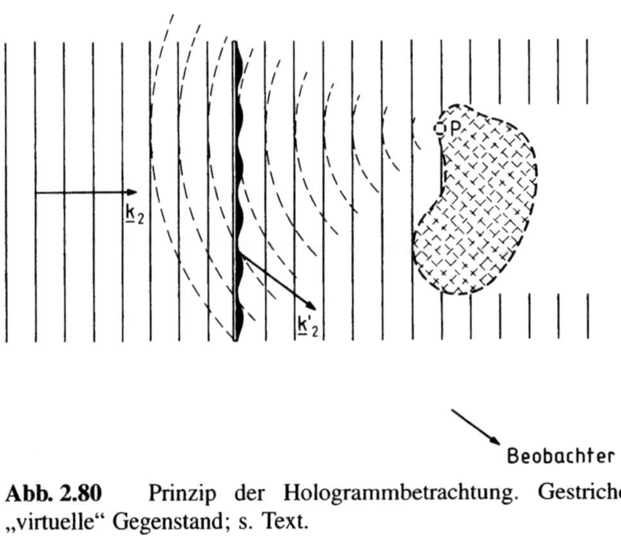

Abb. 2.80 Prinzip der Hologrammbetrachtung. Gestrichelt eingezeichnet der „virtuelle" Gegenstand; s. Text.

2.6.3 Praktische Ausführungsformen

Hologramme können so wie im vorigen Abschnitt geschildert hergestellt werden. In Abb. 2.81 sind Anordnungen mit einem halbdurchlässigen Spiegel für Aufnahme und Betrachtung skizziert. Hier ist ein Laser mit gebündeltem Strahl zusammen mit einer *Strahlaufweitungsoptik* (Zerstreuungslinse) dargestellt, die zusammen Kugelwellen herstellen. Anders als in Abb. 2.79 gelangt der Teil des Primärstrahls, der den Spiegel durchsetzt und den Gegenstand beleuchtet, von der Linse direkt auf den Gegenstand, ohne den Film zu durchstrahlen. Der andere Teil des Primärstrahls wird durch den Spiegel direkt auf den Film geworfen; dort interferiert er mit dem vom Gegenstand ausgehenden Licht.

Man kann ein Hologramm von praktisch allen Seiten betrachten. Hierbei stellt man fest, daß man je nach Betrachtungsrichtung eine verschiedene Sicht auf das Hologramm und damit auf den dargestellten Gegenstand hat. Man kann also um das Hologramm „herumgehen" und es dabei betrachten, wie man auch um den realen Gegenstand herumgehen und ihn von allen Seiten aus betrachten kann. Beim Hologramm wird man jedoch nur das sehen, was am Gegenstand bei der Aufnahme beleuchtet worden ist; ohne Licht bei der Aufnahme kann man auch im Bild nichts sehen!

Ein Hologramm kann man zerbrechen, ohne daß man es damit unbrauchbar gemacht hat. Vielmehr gibt jedes *Bruchstück* (innerhalb gewisser Grenzen) das *ganze Bild* wieder. Man darf aber nicht meinen, eine einfache und billige Methode zur Herstellung beliebig vieler Hologramme gefunden zu haben: Je kleiner das Bruchstück ist, desto geringer ist die Schärfe des Bildes; außerdem fehlen diejenigen Bildteile, die das Hologrammbruchstück vom Gegenstand nicht „sehen" konnte.

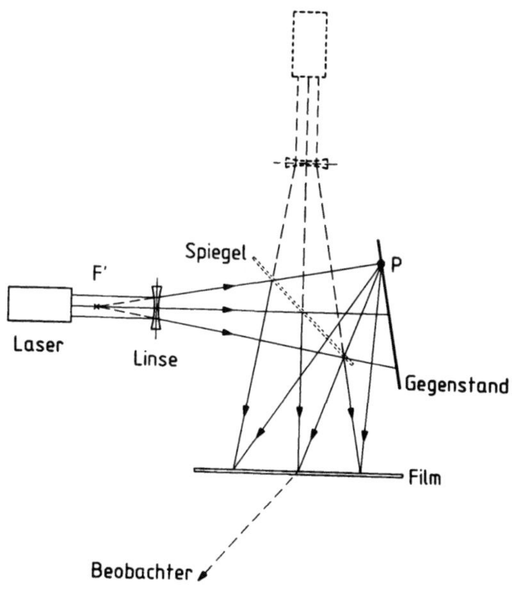

Abb. 2.81 Spiegelanordnung für Aufnahme und Betrachtung eines Hologramms. Spiegel halbdurchlässig (schwach gestrichelt). F' Brennpunkt der Linse der Aufweiteoptik. Spiegelbild des Lasers stark gestrichelt.

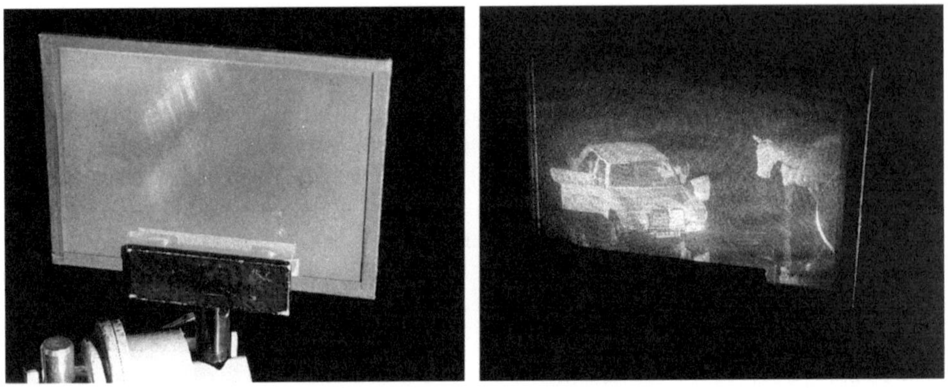

Abb. 2.82 Hologramm. Links mit „normalem“ Licht (Glühlampenlicht), rechts mit Laserlicht beleuchtet.

Farbige Hologramme kann man mit einem *Dreifarbenlaser* herstellen. Alle drei Hologramme lassen sich auf einem einzigen Schwarzweißfilm aufnehmen; die Überlagerung stört kaum. Zur Bildwiedergabe bedient man sich dann zweckmäßigerweise eines Dreifarbenlasers desselben Typs. Betrachtet man hingegen ein „normales“ Hologramm ohne Filterfolie in normalem Licht, so kann man überhaupt nichts von dem gespeicherten Bild erkennen. Abb. 2.82 zeigt links das „normale“ Bild (Photographie) eines Films (photographisches Positiv), auf dem das Hologramm gespeichert ist, dessen Photographie in Abb. 2.82 rechts wiedergegeben ist. Abb. 2.82 (links und rechts) ist natürlich kein Hologramm!

Abb. 2.83 Rundumsichthologramm (Zylindermantel). Beleuchtung von oben; Lichtquelle (gefiltertes Glühlampenlicht) auf der Zylinderachse. Bei der rechten Aufnahme ist das Hologramm etwas gedreht; sonst alles unverändert.

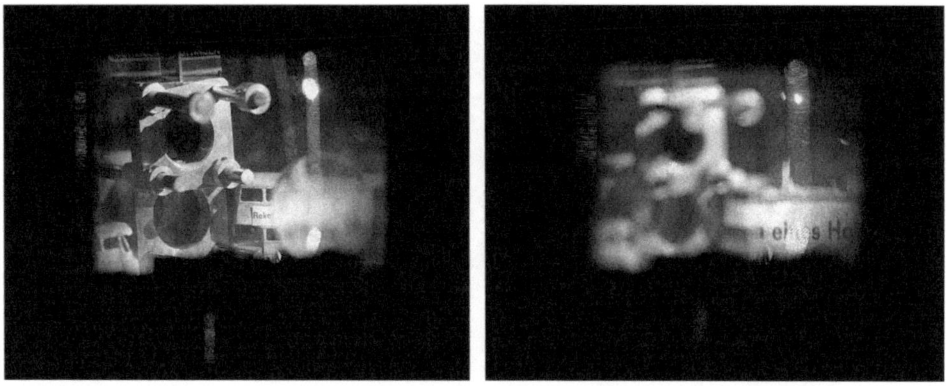

Abb. 2.84 Zwei Aufnahmen eines Hologramms aus derselben Kameraposition mit verschiedener Entfernungseinstellung der Kamera; s. Text.

Abb. 2.83 links stellt eine Aufnahme eines Rundumsicht-Hologramms dar; eine zweite ist im rechten Teil wiedergegeben. Es handelt sich um die Darstellung einer Porzellanfigur! Das in Abb. 2.84 gezeigte Hologramm enthält im rechten Teil des Gegenstands eine Lupe. Im linken Bild ist die Kamera auf den Gegenstandsbereich links von der Lupe scharf eingestellt, im rechten auf den durch die Lupe abgebildeten.

Es gibt Hologramme, die man im normalen Tages- oder Lampenlicht betrachten kann. Hier ist ein entsprechendes Filter eingebaut, das nur genügend monochromatisches Licht durchläßt, oder man macht die Aufnahme mit stehenden Wellen, wobei dann das Hologramm selbst wesentlich dreidimensional ist. Abb. 2.85 zeigt zwei Aufnahmen eines solchen Hologramms, wobei nur die Beleuchtungsrichtung in beiden Fällen verschieden ist; das Original ist farbig.

Hologramme lassen sich nicht nur mit Licht, sondern auch mit *Ultraschall* erzeugen. Das Erstellen eines „künstlichen" Hologramms mit einem Computer ist möglich, erfordert aber sehr viel Rechenzeit. Mit Hologrammen, die man dann zweckmäßigerweise mit Laserlicht erzeugt, lassen sich große Datenmengen auf kleinem Raum speichern.

Abb. 2.85 Zwei Aufnahmen eines Hologramms mit unveränderter Kameraeinstellung und -position, aber verschiedener Beleuchtungsrichtung (angezeigt durch den Schatten unten in den Bildern). Beleuchtung mit normalem Glühlampenlicht.

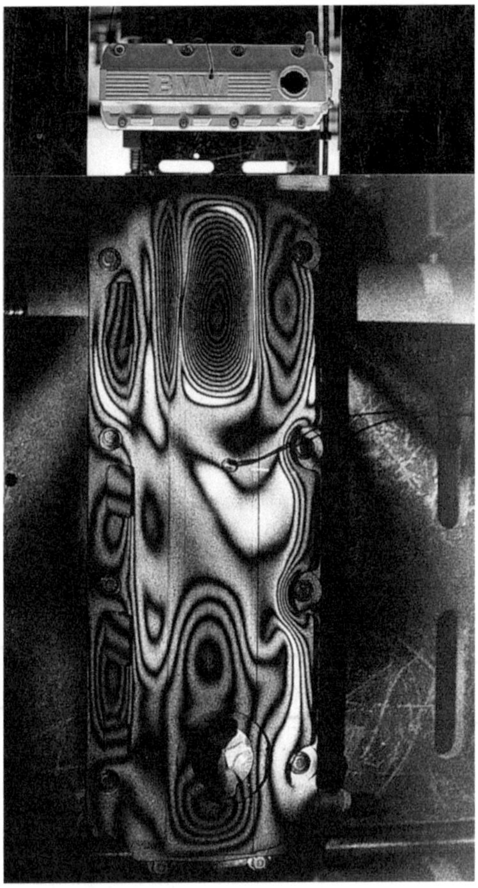

Abb. 2.86 Hologramm eines schwingenden Objekts (Zylinderkopfhaube eines Automobilmotors; Objekt verkleinert und um 90° gedreht oben dargestellt).

Die Holographie findet außer zur Erstellung von Bildern ruhender Objekte oder von einzelnen Momentaufnahmen bewegter Objekte auch zum Studium von Bewegungen, vor allem von Schwingungen kleiner Amplitude, Anwendung. Schwingungen mit Amplituden, die nur einen Bruchteil der Lichtwellenlänge betragen, rufen bereits starke Änderungen des Interferenzbildes und damit des Hologramms hervor. Abb. 2.86 zeigt ein Beispiel. Auch Gasströmungen lassen sich so photographieren.

2.7 Polarisation und Doppelbrechung

2.7.1 Allgemeines zur Polarisation von Licht

Indem wir den Vorwurf, Bekanntes zu wiederholen, in Kauf nehmen, wollen wir im folgenden einige Tatsachen und Definitionen über die *Polarisation* von Licht zusammenfassen.

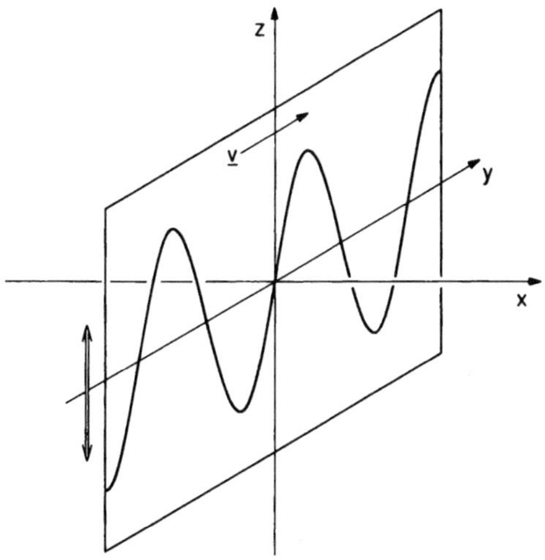

Abb. 2.87 Ebene Welle, linear polarisiert. Fortpflanzung mit Geschwindigkeit $\boldsymbol{v}$ in y-Richtung, Schwingung des $\boldsymbol{E}$-Vektors in z-Richtung (in yz-Ebene).

Elektromagnetische Wellen im Vakuum oder in isotropen Medien sind transversal, d.h. der $\boldsymbol{E}$-Vektor steht senkrecht auf der Fortpflanzungsrichtung. Wir nennen die Wellen *linear polarisiert,* wenn der $\boldsymbol{E}$-Vektor stets in derselben Ebene schwingt (Abb. 2.87). Wir sprechen von *Zirkularpolarisation,* wenn die Projektion des $\boldsymbol{E}$-Vektors auf eine Ebene senkrecht zur Fortpflanzungsrichtung als Funktion der Zeit einen Kreis beschreibt; der $\boldsymbol{E}$-Vektor selber bewegt sich dann auf einer Schraubenlinie (Abb. 2.88). Wir sprechen von einer Rechtsschraube, wenn die Schraubenbewegung, von hinten betrachtet, rechtsherum verläuft, entsprechend einer Schraube mit Rechtsgewinde, die sich nach vorne bewegt, wenn man die Schraube von hinten (vom Kopf aus) betrachtet rechtsherum dreht. Im Falle einer Rechtsschraube nennen wir die Polarisation *rechtszirkular.* Ist die Schraube dagegen eine Linksschraube, ist die Polarisation linkszirkular. In Parenthese: Früher hat man in der Lichtoptik die Schraube von vorne betrachtet und hat eine rechtsgängige Schraube bei (eben von vorne aus betrachtet) Linksdrehung auf sich zukommen sehen und dementsprechend von linkszirkularer Polarisation gesprochen, also genau umgekehrt wie heute. In der Kernphy-

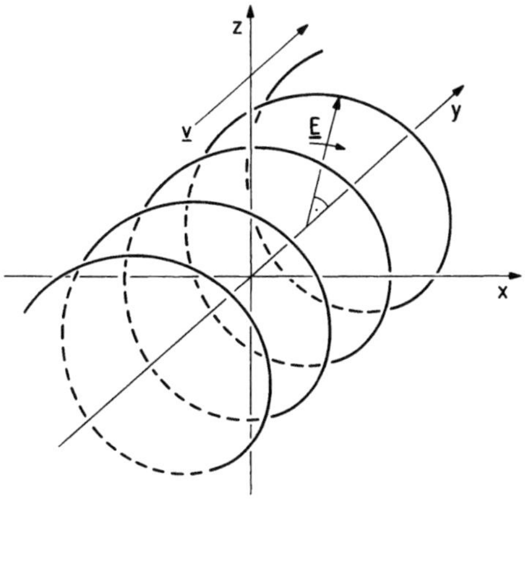

Abb. 2.88 Zirkularpolarisation. Fortpflanzung mit Geschwindigkeit $\boldsymbol{v}$ in y-Richtung, Projektion des $\boldsymbol{E}$-Vektors auf xz-Ebene einen Kreis beschreibend.

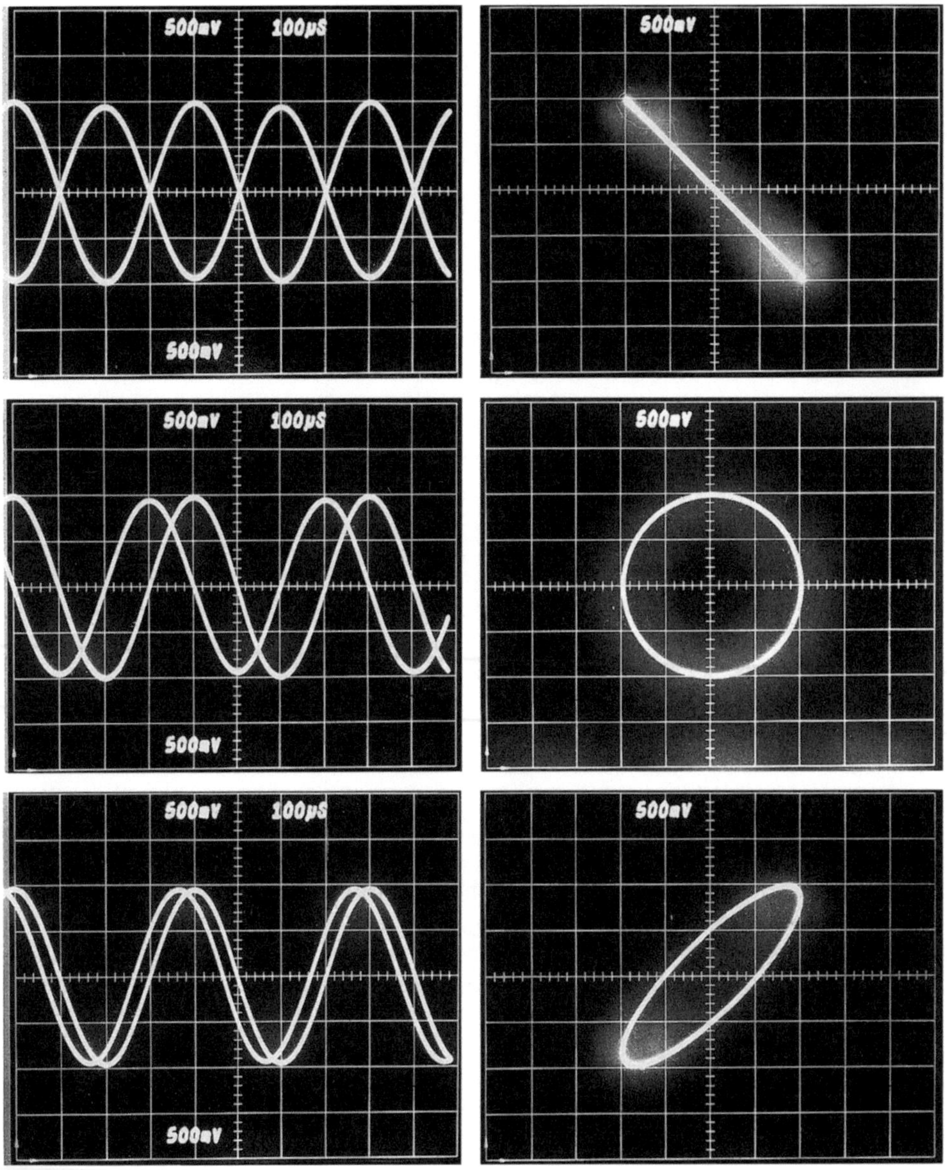

Abb. 2.89 Jeweils zwei elektrische Schwingungen (Sinusschwingungen). Oszilloskopbilder. Schwingungen gleicher Amplitude, aber verschiedener Phasen. Links: Beide Schwingungen einzeln aufgezeichnet. Rechts: beide Schwingungen kombiniert; die Schwingung mit stets gleicher Phase, erkenntlich am selben Zeitpunkt des Nulldurchgangs in den linken Bildern, auf die horizontale Achse (x-Achse) gelegt, die Schwingung mit veränderlicher Phase auf die vertikale Achse (y-Achse). Rechts oben: Linearpolarisation. Rechts Mitte: Zirkularpolarisation. Rechts unten: elliptische Polarisation.

sik hat man Zirkularpolarisation schon immer so definiert, wie es jetzt allgemein, auch in der Lichtoptik, üblich geworden ist. *Elliptisch polarisiertes* Licht liegt vor, wenn die Projektion der Bewegung des $\boldsymbol{E}$-Vektors auf eine Ebene senkrecht zur Fortpflanzungsrichtung eine Ellipse ist. Elliptische Polarisation umfaßt also als Sonderfälle die Zirkularpolarisation (Kreis als Sonderfall der Ellipse) und die Linearpolarisation (Gerade als Sonderfall der Ellipse). In der Praxis ist die Bedeutung von linear polarisiertem Licht einerseits und zirkular polarisiertem Licht andererseits aber größer als die von (echt) elliptisch polarisiertem. Schwingt der $\boldsymbol{E}$-Vektor im Mittel in jeder Richtung senkrecht zur Fortpflanzungsrichtung gleich oft, liegt *unpolarisiertes Licht* vor; analog bei Rechts- und Linkszirkularpolarisation. Abb. 2.89 stellt die Zusammensetzung elektrischer Feldstärken bei gleicher Frequenz und Amplitude im Versuch vor.

Indem wir Späteres (Abschn. 4.1.4) vorwegnehmen, merken wir uns: Jedes einzelne (reelle) Lichtquant (Photon) hat einen *Drehimpuls* $I = \hbar$. Ist die Fortpflanzungsrichtung die z-Richtung, so ist die z-Komponente des Drehimpulses entweder $+\hbar$ oder $-\hbar$; $I_z = 0$ gibt es nicht! Haben alle Photonen eines Strahls ihren Drehimpuls $\boldsymbol{I}$ in Richtung der Ausbreitung, also in Richtung des Poyntingschen Vektors $\boldsymbol{S}$, so ist der Strahl rechtszirkular polarisiert. Haben alle Photonen ihren Drehimpuls entgegengesetzt zu $\boldsymbol{S}$, so ist der Strahl linkszirkular polarisiert. Kommen Photonen mit $I_z = +1$ genauso häufig vor wie solche mit $I_z = -1$, so ist der Strahl nicht zirkular polarisiert. Wir haben uns allerdings nicht ganz exakt ausgedrückt, z. B. hätten wir besser gesagt, ein Strahl ist rechtszirkular polarisiert, wenn die Wahrscheinlichkeit, ein Photon mit $I_z = +1$ zu finden, gleich der Wahrscheinlichkeit ist, überhaupt ein Photon zu finden.

Das mag hier genügen. Indem wir uns wieder der klassischen (also nicht quantenhaften) Optik zuwenden, wollen wir eine formelmäßige Beschreibung sowohl von linear polarisiertem als auch von zirkular polarisiertem Licht geben.

In y-Richtung linear polarisiertes Licht wollen wir durch

$$\boldsymbol{E} = \boldsymbol{E}_1 = \boldsymbol{e}_y E_y \cos(\omega t - kz + \varphi_y) \tag{2.49}$$

definieren, wobei $\boldsymbol{e}_y$ ein Einheitsvektor in y-Richtung ist ($|\boldsymbol{e}_y| = 1$). Entsprechend stellt sich in x-Richtung linear polarisiertes Licht dar:

$$\boldsymbol{E} = \boldsymbol{E}_2 = \boldsymbol{e}_x E_x \cos(\omega t - kz + \varphi_x)\,.$$

Wenn $\varphi_x - \varphi_y = \pm\pi/2$ und $E_y = E_x$ gilt, so ist

$$\boldsymbol{E} = \boldsymbol{E}_1 + \boldsymbol{E}_2$$

der $\boldsymbol{E}$-Vektor für zirkular polarisiertes Licht. Abb. 2.90 stellt die Verhältnisse dar. Ist E_y ungleich E_x, so ist das Licht linear oder echt elliptisch polarisiert, wobei der Kreis als Sonderfall der Ellipse ausgeschlossen ist. Indem wir uns wieder dem zirkular polarisierten Licht zuwenden, kennzeichnen wir *rechtszirkular* polarisiertes Licht durch

$$\varphi_x - \varphi_y = +\frac{\pi}{2}$$

und *linkszirkular* polarisiertes durch

$$\varphi_x - \varphi_y = -\frac{\pi}{2}\,.$$

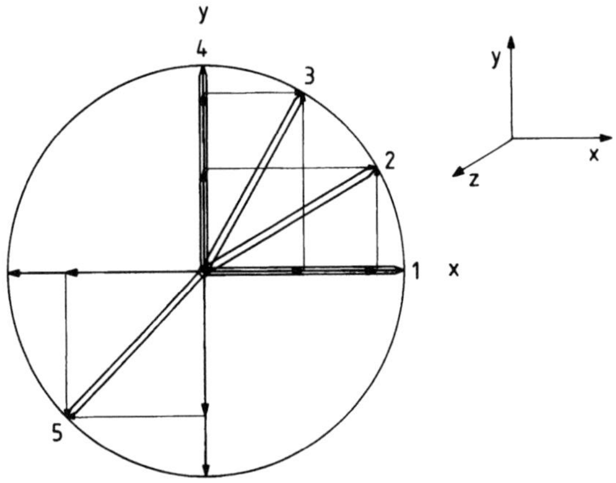

Abb. 2.90 E-Vektoren bei zirkular polarisiertem Licht. Einlinig gekennzeichnete Vektoren: $\boldsymbol{E}_x$ und $\boldsymbol{E}_y$. Doppellinig gezeichnete Vektoren: $\boldsymbol{E} = \boldsymbol{E}_x + \boldsymbol{E}_y$. Der Vektor $\boldsymbol{E}$ nimmt nacheinander die Stellungen 1, 2, 3, 4 und 5 ein. Er rotiert mit konstanter Winkelgeschwindigkeit; sein Betrag bleibt konstant. Die dünnen Striche von den Punkten 1 bis 5 ordnen die jeweiligen Vektoren $\boldsymbol{E}$, $\boldsymbol{E}_x$ und $\boldsymbol{E}_y$ einander zu. Schreitet die Welle in negativer z-Richtung fort, ist sie linkszirkular polarisiert (in positiver: rechtszirkular; aber dann würden wir sie nicht von hinten anschauen).

In beiden Fällen stellen $\boldsymbol{E}_1$ und $\boldsymbol{E}_2$ zwei um $\pi/2$ gegeneinander verschobene Kosinusschwingungen dar:

- *Zirkular polarisiertes Licht ist aus zwei um $\pi/2$ gegeneinander phasenverschobenen linear polarisierten Wellen zusammensetzbar.*

Man überzeugt sich leicht, daß ebenfalls gilt:

- *Linear polarisiertes Licht läßt sich aus zwei gegenläufig zirkular polarisierten Wellen zusammensetzen.*

Es ist klar, daß man zirkular polarisiertes Licht formal in zwei linear polarisierte Wellen zerlegen kann, die in zwei aufeinander senkrecht stehenden Ebenen schwingen und um $\pi/2$ gegeneinander phasenverschoben sind (ebenfalls in Abb. 2.90 enthalten). Die Frage, wie weit man das „wirklich", also physikalisch tun kann, ist nicht so einfach zu beantworten. „Im Prinzip" muß es ja gehen. Das ganze Problem hat große Ähnlichkeit mit der in den Abschnitten I, 2.3.5 und I, 2.3.6 behandelten kinematischen Zerlegung und Zusammensetzung von Schwingungen. Versuche mit Lichtwellen, die die Zerlegung demonstrieren, werden wir im nächsten Abschnitt kennenlernen; dabei spielt das Phänomen „Doppelbrechung" eine wichtige Rolle.

2.7.2 Lineare Doppelbrechung

Phänomenologisches zur Doppelbrechung

Eine Anzahl Stoffe, vor allem Kristalle, zeigen bei geeigneter Wahl der Geometrie eine von der *Polarisationsrichtung* linear polarisierten Lichts *abhängige Brechzahl.*

Abb. 2.91 Doppelbrechung in Kalkspat.

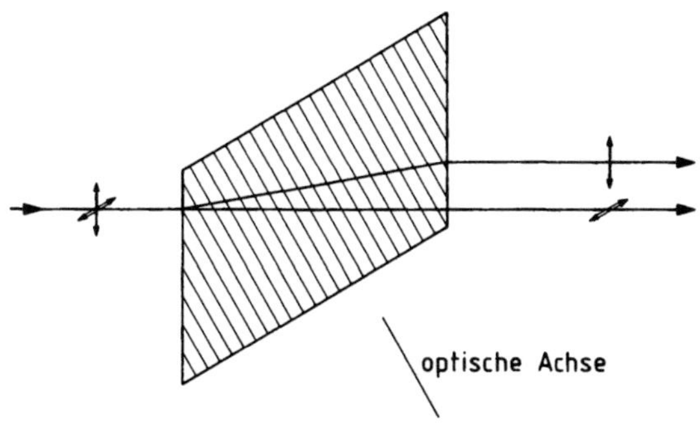

Abb. 2.92 Aufspaltung eines unpolarisierten Lichtstrahls in zwei linear polarisierte; beim Kristallein- und -austritt ist der abgelenkte Strahl in der Zeichenebene polarisiert (Polarisation als einliniger Doppelpfeil gezeichnet), der nicht abgelenkte senkrecht dazu (Polarisation als doppelliniger Doppelpfeil gezeichnet).

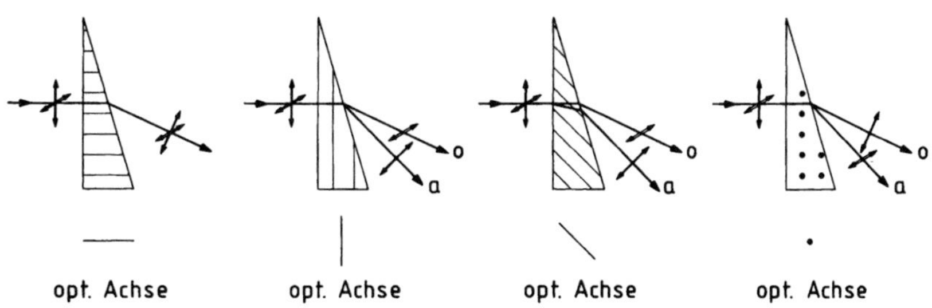

Abb. 2.93 Durchgang unpolarisiert einfallenden Lichts durch ein Prisma bei verschiedener Lage der optischen Achse innerhalb des Prismas. Doppelpfeile mit einfacher Linie gezeichnet: Polarisation in der Zeichenebene, Doppelpfeile mit Doppellinie gezeichnet: Polarisation senkrecht zur Zeichenebene. o: ordentlicher Strahl; a: außerordentlicher Strahl. Rechtes Prisma: optische Achse (opt. Achse) senkrecht zur Zeichenebene. In den übrigen Fällen: optische Achse in Zeichenebene.

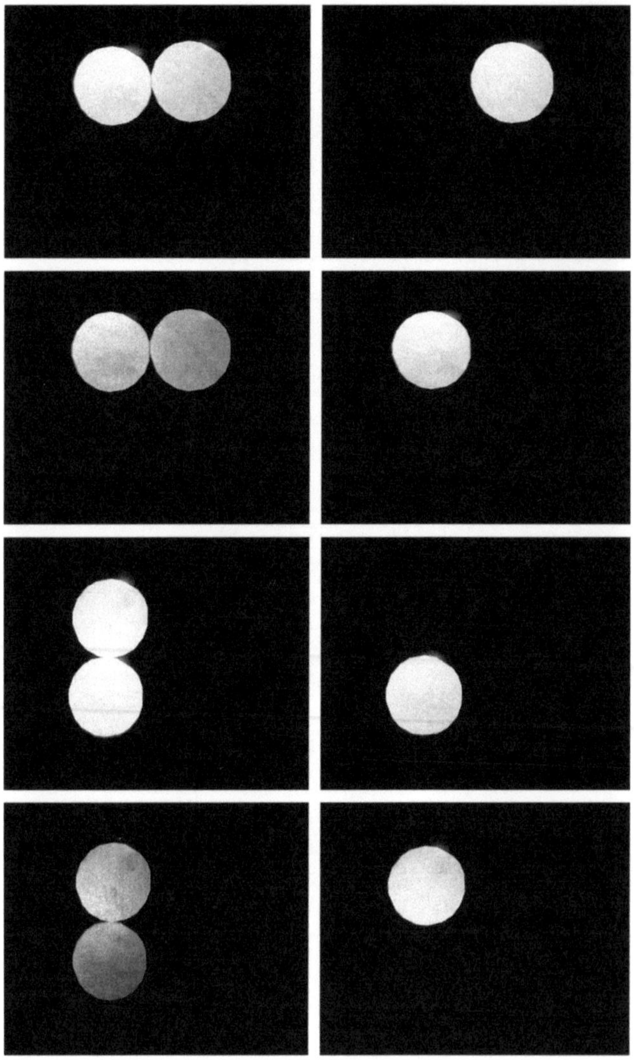

Abb. 2.94 Durchgang von Licht durch einen Kalkspat-Kristall. Eine einzige Lichtquelle; unter Umständen zwei Bildflecken durch Doppelbrechung. Kristall um Achse senkrecht zur Zeichenebene drehbar; dabei wandert die im linken Bild obere Reihe auf der rechten Seite sichtbare Scheibe um die auf der linken sichtbare herum. Im Strahlengang Polarisationsfolie einschiebbar, die nur in einer Richtung linear polarisiertes Licht durchläßt (s. Abschn. 2.8.2); Folie um dieselbe Achse wie der Kristall drehbar. Obere vier Abbildungen: Kristall in Stellung „0°"; untere vier Abbildungen: Kristall in Stellung „90°" (gegenüber oben um 90° rechtsherum gedreht). Bild links oben und Bild dritte Reihe links: ohne Polarisationsfolie, beide Scheiben praktisch gleich hell. Die anderen Bilder mit verschiedener Stellung der Polarisationsfolie (= $\boldsymbol{E}$-Vektor-Richtung): oben rechts und dritte Reihe rechts: Folie senkrecht (90°), nur die „gewanderte" Scheibe sichtbar; zweite Reihe links und unten links: Folie schräg (135°), beide Scheiben „halbhell"; zweite Reihe rechts und unten rechts: Folie waagerecht (0°), beide Scheiben praktisch gleich hell.

Bedingung ist natürlich, daß die Stoffe *anisotrop* sind; bei isotropen Stoffen ist ja definitionsgemäß keine Richtung ausgezeichnet, und deswegen müssen auch alle Polarisationsrichtungen linear polarisierten Lichts gleichwertig sein. Diese *Doppelbrechung* (lineare Doppelbrechung) führt zu überraschenden und interessanten Phänomenen. Abb. 2.91 zeigt ein Bild, mit dem Doppelbrechung demonstriert wird.

Das Phänomen der Doppelbrechung ist recht kompliziert. Wir wollen uns zunächst auf einen einfacheren Fall beschränken, den der sogenannten *optisch einachsigen Kristalle*. In diesen Kristallen wird ein Strahl unpolarisierten Lichts in zwei Teilstrahlen linear polarisierten Lichts aufgespalten (Abb. 2.92). Ein einfallender Strahl polarisierten Lichts wird in zwei Komponenten zerlegt. Diese beiden Strahlen fallen genau dann zusammen, wenn der einfallende Lichtstrahl in einer bestimmten Richtung im Kristall verläuft; mit andern Worten, in diesem Sonderfall findet effektiv keine Aufspaltung statt. Diese bevorzugte Richtung heißt **optische Achse** des Kristalls. Sie hat natürlich gar nichts mit der in Abschn. 1.4.1 definierten optischen Achse der Abbildung in der geometrischen Optik zu tun.

Abb. 2.93 zeigt den Strahlengang durch ein Prisma aus optisch einachsigem Material bei verschiedener Lage der optischen Achse. Wie man der dritten Abbildung von links entnimmt, kann der eine Teilstrahl sehr wohl bei senkrechter Inzidenz gebrochen werden. Man nennt diesen Teilstrahl, dessen Verhalten von dem eines „regulären" Strahls verschieden ist, **außerordentlichen Strahl;** den andern nennt man **ordentlichen Strahl.** Jede Ebene durch die optische Achse heißt **Hauptschnitt** des Kristalls.

Die beobachteten Erscheinungen beim Durchgang unpolarisierten und polarisierten Lichts durch einen Kalkspatkristall stellt das Experiment Abb. 2.94 dar.

Bisher haben wir uns nur mit optisch einachsigen Kristallen befaßt. Wir stellen nun die Frage: Wieviele optische Achsen gibt es oder kann es geben? Wir wollen hier nur das Resultat anführen, ohne es herzuleiten (vgl. weiter unten in diesem Abschnitt): In doppelbrechenden Kristallen kann es nur eine oder zwei optische Achsen geben. Wir nennen die Kristalle mit einer optischen Achse **optisch einachsig,** die mit zwei Achsen **optisch zweiachsig.**

Kristallanisotropie und Doppelbrechung

Kristalle sind ihrem Wesen nach anisotrop. Das folgt aus ihrem geordneten Aufbau unter Beachtung der Symmetrie im Kristall. Trotzdem können gewisse Eigenschaften „isotrop" sein. Im Zusammenhang mit den optischen Eigenschaften ist die *Permittivität* ε und davon der materialabhängige Anteil, die Dielektrizitätszahl ε_r, vgl. Abschn. II, 1.7.4, wichtig. In der Optik dürfen wir aber nicht den elektrostatisch oder bei niedrigen Frequenzen gemessenen Wert verwenden, sondern den für die entsprechende Lichtfrequenz gültigen; darüber mehr in Abschn. 2.9.1. Indem wir den Zusammenhang zwischen dielektrischer Verschiebung $\boldsymbol{D}$ und elektrischer Feldstärke $\boldsymbol{E}$ gemäß Abschn. II, 1.7.4 als Tensor (ε_{ij}) schreiben, erkennen wir Isotropie an $\varepsilon_{xx} = \varepsilon_{yy} = \varepsilon_{zz} = \varepsilon$ und $\varepsilon_{ij} = 0$ für $i \neq j$; ist eine dieser Bedingungen nicht erfüllt, handelt es sich um Anisotropie.

In isotropen Medien, bei denen wir der Einfachheit halber die in der Optik unbedeutenden Fälle mit magnetischer Permeabilitätszahl $\mu_r \neq 1$ ausschließen wollen, ist der Zusammenhang zwischen Phasengeschwindigkeit v des Lichts, Vakuumlichtge-

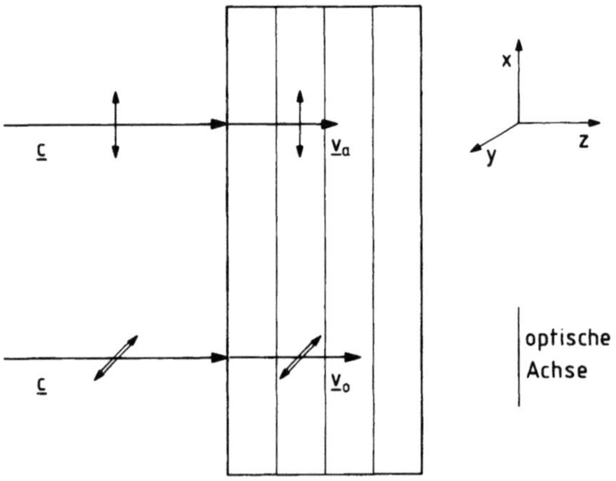

Abb. 2.95 Ausbreitung polarisierten Lichts in einem optisch einachsigen Kristall (Spezialfall); vgl. Abb. 2.93.

schwindigkeit c, Brechzahl n und Dielektrizitätszahl ε_r durch

$$v = \frac{c}{n} = \frac{c}{\sqrt{\varepsilon_r}} \tag{2.50}$$

gegeben. Bei *Doppelbrechung* sind die Phasengeschwindigkeiten v_1 und v_2, im Falle von optisch einachsigen Kristallen die Phasengeschwindigkeiten des ordentlichen und des außerordentlichen Strahls, für aufeinander senkrecht stehende Polarisationsrichtungen linear polarisierten Lichts verschieden. In einfachen Fällen hat man, vgl. Abb. 2.95,

$$v_1 = \frac{c}{\sqrt{\varepsilon_{yy}/\varepsilon_0}} = \frac{c}{n_1}, \qquad v_2 = \frac{c}{\sqrt{\varepsilon_{xx}/\varepsilon_0}} = \frac{c}{n_2}.$$

Ohne Einschränkung gilt:

- *Doppelbrechung setzt Anisotropie des Mediums voraus.*

Bei einachsigen Kristallen gilt für den ordentlichen Strahl Gl. (2.50) *unabhängig* von der *Strahlrichtung* (die Polarisationsrichtung für den ordentlichen Strahl ist eine feste Richtung relativ zum Kristall). Für den ordentlichen Strahl ist der Kristall also isotrop. Bei zweiachsigen Kristallen hingegen sind beide Strahlen außerordentliche Strahlen, charakterisiert dadurch, daß die Phasengeschwindigkeit von der Strahlrichtung abhängt.

Für optisch einachsige Kristalle ist die Phasengeschwindigkeit von ordentlichem und außerordentlichem Strahl in Abb. 2.96 in Polarkoordinaten dargestellt, links für den Fall kleinerer Phasengeschwindigkeit v_a des außerordentlichen Strahls verglichen mit der Phasengeschwindigkeit v_o des ordentlichen Strahls außerhalb der optischen Achse ($v_a \leq v_o$) und rechts für den Fall größerer ($v_a \geq v_o$). Bezugsrichtung ist natürlich die optische Achse. Die Diagramme sind vom Azimutwinkel um die optische Achse unabhängig. v_o, in der Zeichnung ein Kreis, ist in räumlicher Darstellung eine Kugeloberfläche und v_a, in der Zeichnung eine Ellipse, in räumlicher Darstellung ein Rotationsellipsoid. Kristalle des in der Abbildung links gezeigten Verhaltens nennt

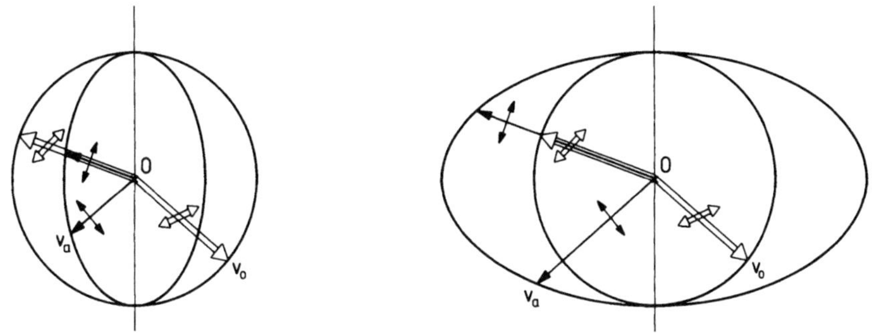

Abb. 2.96 Phasengeschwindigkeit v als Funktion der Richtung für ordentlichen Strahl, Suffix o, und außerordentlichen Strahl, Suffix a. Polarisation eingezeichnet (s. Abb. 2.93). Doppelliniger Pfeil: ordentlicher Strahl, v_o unabhängig von der Strahlrichtung. Einfachliniger Pfeil: außerordentlicher Strahl, $v_a \leqq v_o$ (links) bzw. $v_a \geqq v_o$ (rechts). Die beiden Fälle entsprechen verschiedenen Kristallen! Die Diagramme sind um die optische Achse (Senkrechte in der Zeichenebene) rotationssymmetrisch.

man *einachsig positiv* und die des Typs rechts *einachsig negativ*. Im Kreis bzw. der Kugel für v_o spiegelt sich die in allen Richtungen gleiche Phasengeschwindigkeit des ordentlichen Strahls wider und in der Ellipse bzw. dem Ellipsoid die Richtungsabhängigkeit der Geschwindigkeit für v_a. Wird im Mittelpunkt O von Kreis und Ellipse in Abb. 2.96 eine Elementarwelle erregt, so sind die *Wellenfronten* des *ordentlichen* Strahls *Kugelflächen*, die des *außerordentlichen Rotationsellipsoidflächen*.

In Abb. 2.96 sind die Polarisationsrichtungen für ordentlichen und außerordentlichen Strahl eingezeichnet. Die Polarisation (Linearpolarisation) muß so sein, wie sie angegeben ist: Für jeden vom Zentrum O ausgehenden Strahl in Abb. 2.96 steht die Polarisationsrichtung des ordentlichen Strahls senkrecht auf der Zeichenebene und damit auch senkrecht auf der optischen Achse; da die Kristallanisotropie für die Lichtausbreitung azimutunabhängig um die optische Achse ist (es gibt nur eine einzige optische Achse!), findet der senkrecht zur optischen Achse stehende $\boldsymbol{E}$-Vektor immer die gleichen Verhältnisse vor (Isotropie), entsprechend dem ordentlichen Strahl. Für den außerordentlichen Strahl, mit einer Polarisationsrichtung in der Zeichenebene von Abb. 2.96, trifft das offenbar nicht zu, und so erklärt sich die Anisotropie der Lichtausbreitung dieses Strahls. Aus der Abbildung und dem vorher Gesagten wird uns auch die besondere Rolle klar, die die optische Achse spielt, nämlich Gleichheit der Geschwindigkeiten von ordentlichem und außerordentlichem Strahl: Ist die optische Achse die Ausbreitungsrichtung, steht die elektrische Feldstärke sowohl des ordentlichen Strahls (wie immer) als auch die des außerordentlichen Strahls senkrecht auf der Achse; also finden beide Strahlen dieselben Verhältnisse vor, und ihre Ausbreitungsgeschwindigkeiten müssen gleich sein. Wir fassen zusammen:

- *In Richtung der optischen Achse sind die Geschwindigkeiten von ordentlichem und außerordentlichem Strahl gleich.*

Bei optisch zweiachsigen Kristallen wird alles viel komplizierter. Die Wellenflächen für eine von einem Punkt ausgehende Welle sind Ellipsoide ohne Rotationssymmetrie.

In optisch einachsigen Kristallen finden wir *zwei Hauptlichtgeschwindigkeiten,* eine längs der optischen Achse und eine senkrecht dazu; die erste gilt für ordentlichen und außerordentlichen Strahl, die zweite nur für den außerordentlichen. Entsprechend gibt es in optisch zweiachsigen Kristallen *drei Hauptlichtgeschwindigkeiten,* die alle senkrecht aufeinander stehen. Den Hauptlichtgeschwindigkeiten entsprechen *Hauptbrechzahlen* n_o und n_a (einachsig) bzw. n_α, n_β und n_γ (zweiachsig). Anhang A 2.1 gibt einige Zahlenwerte wieder.

Woher wissen wir die Geschwindigkeiten von ordentlichem und außerordentlichem Strahl und die andern oben erwähnten Details? Wesentlichstes und gleichzeitig einfaches Hilfsmittel zur experimentellen Erforschung dieser Dinge ist die *Brechung.* Natürlich stellt man auch Überlegungen an, die beobachteten Phänomene „unter einen Hut zu bringen".

Wir können fragen, ob es auch „optisch nullachsige" Kristalle mit Doppelbrechung gibt und ob mehr als zwei optische Achsen möglich sind. „Optisch nullachsig" würde heißen, daß in jeder Richtung zwei Strahlen verschiedener Polarisation mit verschiedener Ausbreitungsgeschwindigkeit vorhanden wären. Das kann aber nicht sein. Um das zu beweisen, nehmen wir an, es sei so. Dann müßten für zwei linear polarisierte Strahlen im Kristall (Strahl 1 und Strahl 2), deren Polarisationsrichtungen verschieden sind, die aber sonst zusammenfallen, die Ausbreitungsgeschwindigkeiten v_1 und v_2 immer verschieden sein, z. B. $v_1 < v_2$ (für alle Richtungen; wäre für eine Richtung $v_1 > v_2$ und für eine andere $v_1 < v_2$, so müßte es wegen der Stetigkeit des Überganges mindestens eine Richtung geben, in der $v_1 = v_2$ ist). Nun drehen wir den Kristall um die Strahlachse um den Winkel von 90°. Dadurch geht die Kristallebene, in der die Geschwindigkeit v_1 herrscht, in diejenige über, in der die Geschwindigkeit v_2 beträgt. Da die Geschwindigkeiten v_1 und v_2 durch die Lage der Polarisationsrichtung relativ zum Kristall und die Strahlrichtung bedingt sind, haben wir nun beim zweiten Strahl dieselben Verhältnisse wie früher beim ersten, und umgekehrt. Das heißt aber, daß jetzt $v_1 > v_2$ gülte, im Widerspruch zu unserer Voraussetzung.

Wir kommen nun zu der Frage, ob es Kristalle mit mehr als zwei optischen Achsen geben kann. Dann müßten in drei (oder mehr) Richtungen die Geschwindigkeiten $v_a^{(1)}$ und $v_a^{(2)}$ für zwei Strahlen, die wir außerordentlichen Strahl 1 und außerordentlichen Strahl 2 nennen wollen, gleich sein. Das würde drei (oder mehr) Bedingungsgleichungen für die Elemente des Tensors (ε_{ij}) der Dielektrizitätszahl erfordern. Aus (ε_{ij}) bilden wir den Tensor $(1/\sqrt{\varepsilon_{ij}})$. Das entsprechende Ellipsoid transformieren wir auf Hauptachsen (vgl. Abschn. I, 4.3.3). In den Hauptachsen dieses Ellipsoids wären die Geschwindigkeiten durch die Eigenwerte $1/\sqrt{\varepsilon_{ii}}$, die alle von Null und voneinander verschieden sind, bestimmt. Das ist aber nicht möglich, da unsere drei ursprünglichen Bedingungsgleichungen für die Gleichheit der Geschwindigkeiten $v_a^{(1)}$ und $v_a^{(2)}$ nur die Bestimmung der $1/\sqrt{\varepsilon_{ii}}$ bis auf einen gemeinsamen Faktor gestatten.

2.7.3 Beispiele für lineare Doppelbrechung

Wir betrachten zunächst einen linear doppelbrechenden, optisch einachsigen Kristall, dessen optische Achse schräg zur Oberfläche und zur Einfallsrichtung des Lichtes verläuft (Abb. 2.97). Der ordentliche Strahl durchsetzt den Kristall, der die Form einer planparallelen Platte haben soll, senkrecht zur Oberfläche und wird nicht gebrochen. Die Wellenfronten von Elementarwellen, die vom Eintrittsort ausgehen, sind Teile von Kugelschalen (in der Zeichnung Kreise), die Wellenfront einer einfallenden ebenen Welle ist eine Ebene, die senkrecht auf der Fortpflanzungsrichtung steht. Der außerordentliche Strahl hingegen wird beim Eintritt gebrochen; den entsprechenden

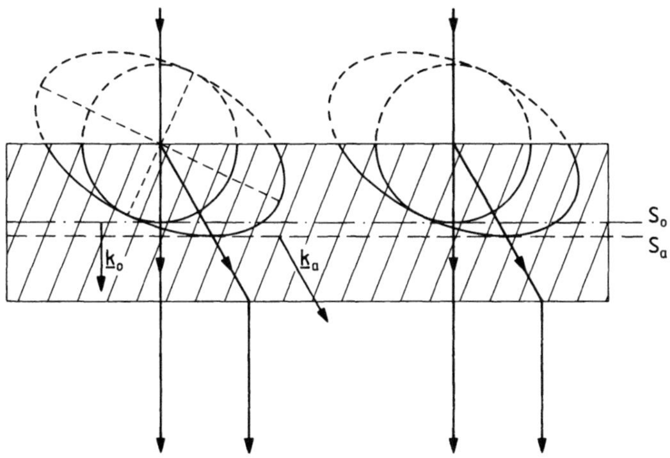

Abb. 2.97 Lichtausbreitung im optisch einachsigen Kristall (einachsig negativ). Optische Achse durch Schrägschraffur angezeigt. $\boldsymbol{k}_0$ ($\boldsymbol{k}_a$) Wellenvektor, S_0 (S_a) Wellenfront des ordentlichen (außenordentlichen) Strahls; s. Text.

Winkel können wir ermitteln, wenn wir die Phasengeschwindigkeit längs der optischen Achse und senkrecht dazu wissen. In diese beiden Komponenten zerlegen wir den einfallenden Strahl. Die Wellenfronten von Elementarwellen, die vom Eintrittsort des Strahls in den Kristall ausgehen, sind Teile von Ellipsoiden (in der Zeichnung: Ellipsen). Die Wellenfront einer einfallenden ebenen Welle ist eine Ebene, die senk-

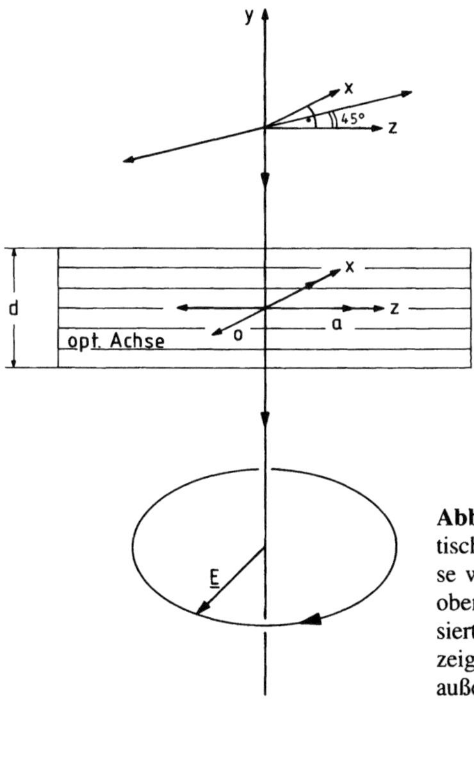

Abb. 2.98 Lichtausbreitung im optisch einachsigen Kristall. Optische Achse waagerecht in der Zeichenebene. (Von oben) einfallendes Licht linear polarisiert, Polarisation oben im Bild angezeigt, Zerlegung in ordentlichen (o) und außerordentlichen (a) Strahl; s. Text.

recht auf dem einfallenden Strahl steht und damit parallel zur Oberfläche, aber nicht mehr senkrecht auf der Fortpflanzungsrichtung im Kristall.

Ein anderes Beispiel ist in Abb. 2.98 gezeigt. Hier ist ein ebenfalls optisch einachsiger Kristall der Dicke d so geschnitten, daß die optische Achse parallel zur Oberfläche des als planparallele Platte geformten Kristalls liegt. Der Strahl falle wieder normal ein. Er sei linear polarisiert, und die Polarisationsebene sei um 45° gegen die optische Achse geneigt. Dann kann man diesen linear polarisierten Strahl in zwei Komponenten zerlegen: eine mit der Polarisationsrichtung in der optischen Achse und eine mit der Polarisationsrichtung senkrecht dazu (Abb. 2.98). Die x-Richtung steht senkrecht zur optischen Achse. Der sich in (negativer) y-Richtung ausbreitende Strahl, dessen $\boldsymbol{E}$-Vektor in x-Richtung schwingt, ist der ordentliche Strahl. Entsprechend ist derjenige Strahl, der sich ebenfalls in (negativer) y-Richtung ausbreitet und dessen Polarisationsebene in z-Richtung liegt, der außerordentliche Strahl. Für das Folgende nehmen wir an, daß seine Geschwindigkeit kleiner sei als die des ordentlichen Strahls. Wir betrachten jetzt den $\boldsymbol{E}$-Vektor des Strahls hinter dem Kristall als Funktion der Dicke d der planparallelen Platte. Im Grenzfall $d \to 0$ ändert sich nichts, und das Licht ist wie beim Einfall linear polarisiert. Für $d > 0$ bleibt der außerordentliche Strahl hinter dem ordentlichen zurück. Wir haben dann hinter dem Kristall die Zusammensetzung von zwei harmonischen Schwingungen für $\boldsymbol{E}$, deren Richtungen nach wie vor aufeinander senkrecht stehen, deren *Phasendifferenz* sich aber als Funktion von *d ändert.* Von $d = 0$ anfangend wird mit wachsendem d das Licht zunächst (echt) elliptisch polarisiert, dann zirkular, dann wieder elliptisch, dann wieder linear, usf. Der *Gangunterschied* (Unterschied der optischen Weglängen) ist offenbar

$$\Delta = d(n_a - n_o)\,,$$

wobei n_a die Brechzahl für den außerordentlichen und n_o diejenige für den ordentlichen Strahl ist. Die entsprechende *Phasendifferenz* beträgt

$$\delta\varphi = k\Delta = 2\pi\,\frac{\Delta}{\lambda} = 2\pi\,\frac{d(n_a - n_o)}{\lambda}\,. \tag{2.51}$$

Für $\delta\varphi = \pi/2$ hat man $\Delta = \lambda/4$: *$\lambda/4$-Blättchen.*

- *Ein $\lambda/4$-Blättchen macht aus linear polarisiertem Licht zirkular polarisiertes (und umgekehrt).*

Meist wird als $\lambda/4$-Blättchen für Licht ein Glimmerblättchen genommen. Allerdings ist Glimmer optisch zweiachsig, wobei die beiden Achsen einen Winkel von 45° miteinander einschließen.

Wie man Gl. (2.51) entnimmt, ist der Phasenunterschied $\delta\varphi$ wellenlängenabhängig; nimmt man in erster Näherung an, daß die beiden Brechzahlen n_a und n_o konstant sind, so ist er umgekehrt proportional zur Wellenlänge λ. Formt man eine Figur, z. B. ein geometrisches Flächenmuster (beliebt ist auch ein Schmetterling), aus Glimmerstückchen verschiedener Dicke und durchstrahlt das Objekt mit weißem linear polarisiertem Licht, so wird das austretende Licht je nach Dicke der Glimmerschicht verschieden polarisiert sein. Sondert man nun mit einem sogenannten Analysator, den wir in Vorgriff auf Abschn. 2.8.1 jetzt schon verwenden wollen, wieder linear polarisiertes Licht aus dem durchgehenden Licht heraus, so wird dessen Intensität je nach Farbe (Wellenlänge) und Dicke der Glimmerschicht verschieden sein; dreht

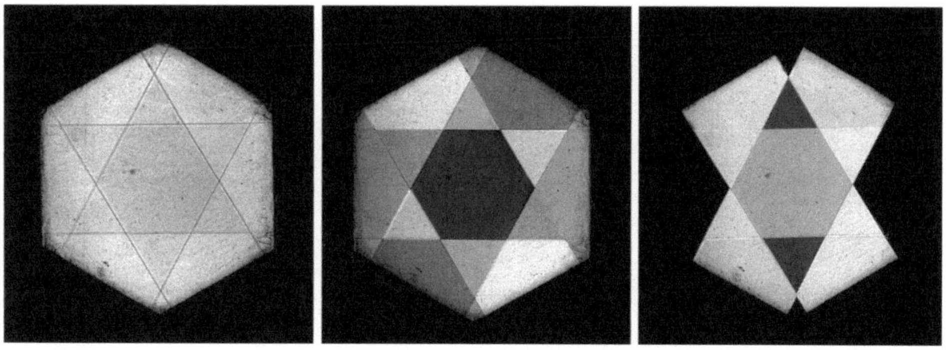

Abb. 2.99 Geometrisches Flächenmuster im polarisierten Licht bei drei verschiedenen Stellungen des Analysators.

man die Polarisationsebene des Analysators, so ändern sich die Intensitäten der verschiedenen Farben. Abb. 2.99 zeigt einen entsprechenden Versuch, bei dessen Wiedergabe wir aus Kostengründen allerdings auf die Farbenpracht verzichten müssen.

Eine mehr praktische Anwendung findet die *Spannungsdoppelbrechung*. Unter „Spannung" ist hier mechanische Spannung im Sinne von Abschn. I, 6.1.1 gemeint. In einem spannungsfrei isotropen Material, als das Plexiglas angesehen werden kann, erzeugt man durch eine *mechanische Spannung Anisotropie*. Diese Anisotropie führt zur *Doppelbrechung*. Man macht die Dop-

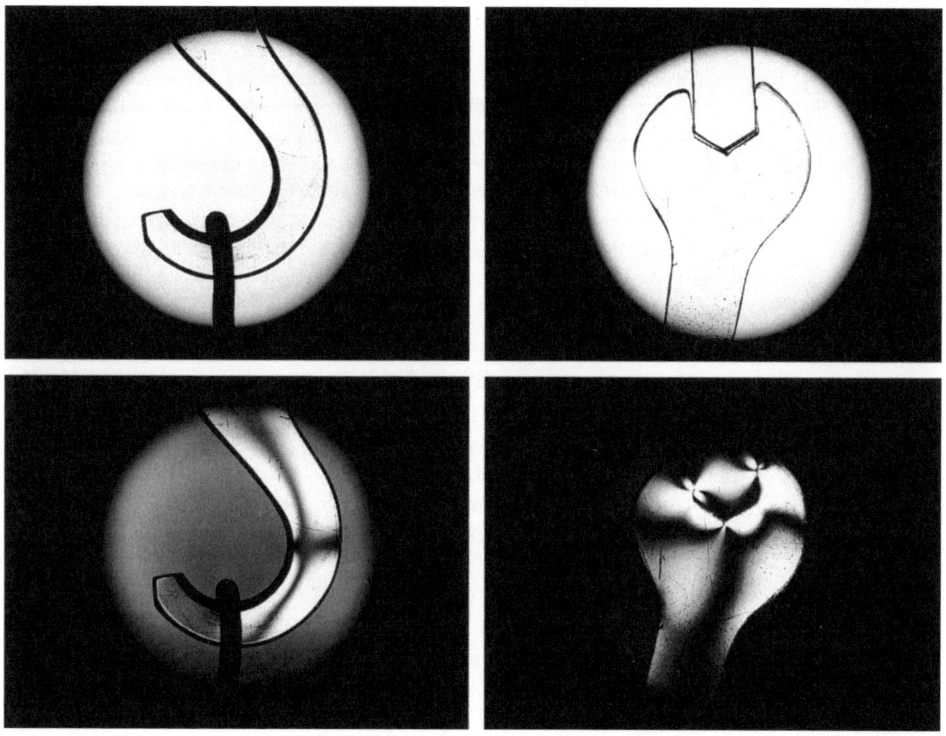

Abb. 2.100 Spannungsdoppelbrechung. Oben ohne Kraft (links) bzw. ohne Drehmoment (rechts), unten mit Kraft bzw. mit Drehmoment.

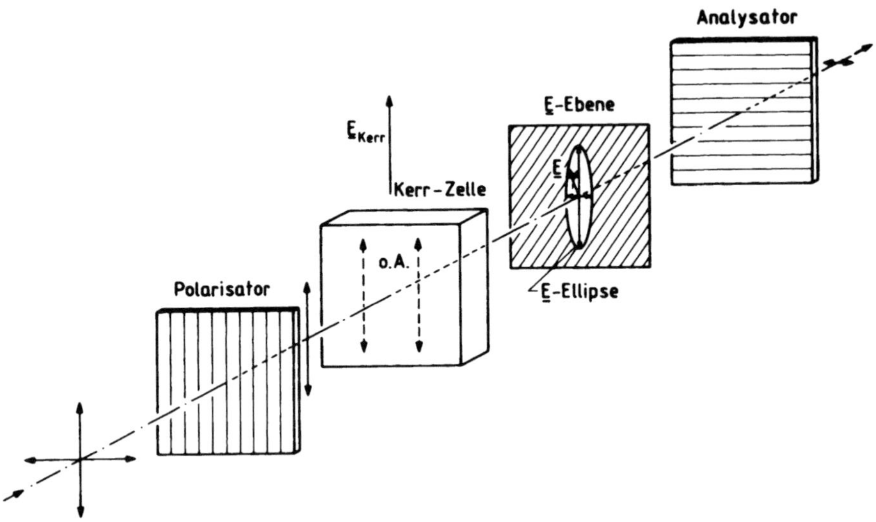

Abb. 2.101 Kerr-Effekt. Jeweilige Durchlaßrichtung für $\boldsymbol{E}$-Vektor des Lichts parallel zu eingezeichneten Geraden bei Polarisator und Analysator. Optische Achse o. A. in Kerr-Zelle bei angelegtem Feld $\boldsymbol{E}_{\mathrm{el}} \equiv \boldsymbol{E}_{\mathrm{Kerr}}$. $\boldsymbol{E}$-Ebene als Projektionsebene von $\boldsymbol{E}$ senkrecht zu Lichtausbreitungsrichtung. Einfall unpolarisierten Lichts von links, Ausgang linear polarisiertes Licht rechts mit von $\boldsymbol{E}_{\mathrm{Kerr}}$ abhängiger Amplitude.

pelbrechung mit Polarisator (Abschn. 2.8.1) und Analysator sichtbar. Abb. 2.100 zeigt zwei Objekte, oben ohne mechanische Spannung und unten damit. Durch die Doppelbrechung wird bei senkrecht zur Polarisationsebene des einfallenden Lichts stehender Durchlaßrichtung des Analysators eine Komponente senkrecht zur ursprünglichen Polarisationsebene herausgeschält, die den Analysator passieren kann; ohne Doppelbrechung ist diese Komponente null. Die unter Spannung stehenden Teile der Probe erscheinen also je nach Größe der Spannung mehr oder weniger hell, während die spannungsfreien Teile dunkel bleiben. Man kann so die *neutrale Faser* (vgl. Abschn. I, 6.1.2) *sichtbar* machen. Das hat früher bei der Konstruktion mechanischer Teile eine Rolle gespielt; heutzutage setzt man für solche Aufgaben fast ausschließlich Computer ein.

Anstelle einer mechanischen Spannung können wir auch durch eine *elektrische Spannung Doppelbrechung* erzeugen. Dieser Effekt heißt nach seinem Entdecker (1875), dem schottischen Physiker J. Kerr (1824–1907), **Kerr-Effekt.** Zu seiner Beobachtung legt man eine elektrische Feldstärke senkrecht zur Ausbreitungsrichtung des Lichts an eine Probe (Abb. 2.101). Licht, das parallel zur angelegten elektrischen Feldstärke $\boldsymbol{E}_{\mathrm{el}}$ linear polarisiert ist, hat dann eine *Brechzahl,* die *verschieden* ist von der für Licht, das senkrecht zu $\boldsymbol{E}_{\mathrm{el}}$ polarisiert ist. Man schreibt

$$\Delta n = n_{\mathrm{p}} - n_{\mathrm{s}} = KE_{\mathrm{el}}^2 = B\lambda E_{\mathrm{el}}^2 ,$$

wobei n_{p} die Brechzahl für Parallel- und n_{s} die für Senkrechtstellung der Polarisationsrichtung relativ zu $\boldsymbol{E}_{\mathrm{el}}$ ist, und nennt sowohl K als auch B *Kerr-Konstante.*

Man kann sich den Kerr-Effekt etwas vereinfacht so vorstellen: In der Substanz befinden sich *ungeordnete* Moleküle ohne permanentes elektrisches Dipolmoment, deren Permittivität ε anisotrop ist. Durch das angelegte elektrische Feld wird ein elektrisches Dipolmoment induziert und damit auf die Moleküle ein Drehmoment

Tab. 2.5 Kerr-Konstante B in $10^{14}\,V^{-2}\,m$ bei $t = 20\,°C$ für die Vakuumwellenlänge $\lambda = 589$ nm

Stoff	Formel	B	Stoff	Formel	B
Benzol	C_6H_6	0,67	Kohlenstoffdisulfid	CS_2	3,59
Chlorbenzol	C_6H_5Cl	11,1	Nitrobenzol	$C_6H_5NO_2$	245
Chloroform	$CHCl_3$	−3,85	Nitrotoluol	$C_5H_7NO_2$	137
Flintglas	–	≈0,1 *	Wasser	H_2O	5,23

* je nach genauer Zusammensetzung stark variierend

ausgeübt, so daß sie partiell *ausgerichtet* werden. Besonders einfach verständlich ist das im Fall einer Flüssigkeit. Dort ist die Ausrichtung entgegen der thermischen Bewegung, die zu Unordnung führt, herzustellen. Wir werden also annehmen, daß zumindest in Flüssigkeiten die Kerr-Konstante mit wachsender Temperatur abnimmt. Das entspricht den Tatsachen. Da das induzierte elektrische Dipolmoment $\boldsymbol{p}$ nach Abschn. II, 1.2.5 proportional zur angelegten elektrischen Feldstärke $\boldsymbol{E}_{el}$ ist und das Drehmoment $\boldsymbol{M}$ proportional sowohl zu $\boldsymbol{p}$ als auch zu $\boldsymbol{E}_{el}$, ist die Ausrichtung der Moleküle im elektrischen Feld proportional zu E_{el}^2; Komplikationen, die sich aus der Anisotropie von ε ergeben, haben wir hierbei ignoriert. Tab. 2.5 führt einige Daten zum Kerr-Effekt auf. Den Fall eines permanenten Moments, der zur gleichen Feldstärkenabhängigkeit führt, behandeln wir im nächsten Abschnitt.

Die auf dem Kerr-Effekt beruhende *Kerr-Zelle* besitzt technische Bedeutung als *schneller Schalter* für Licht und zur *Modulation* von *Licht*. Es lassen sich Schaltzeiten von weniger als 10^{-8} s erreichen. In Parenthese: Kerr-Zellen als Schalter sind durch die ebenfalls auf Kristallanisotropie beruhenden Pockels-Zellen verdrängt worden (Schaltzeit $<10^{-10}$ s möglich).

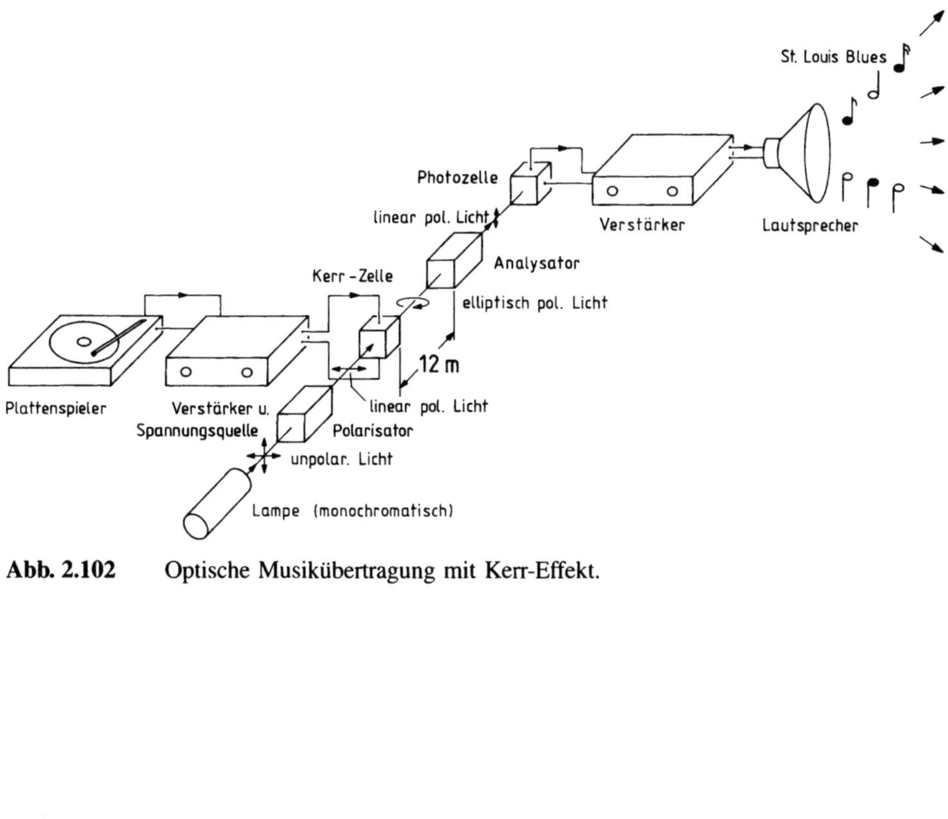

Abb. 2.102 Optische Musikübertragung mit Kerr-Effekt.

Benutzen wir die Kerr-Zelle so, daß der Kerr-Effekt Durchlassen von Licht ermöglicht, während ohne sein Umwandeln von linear polarisiertem Licht in elliptisch polarisiertes Dunkelheit herrschen würde, dann ist die Feldstärke $\boldsymbol{E}$ des durchgelassenen Lichts proportional zu E_{el}^2, die Intensität also proportional zu E_{el}^4. Das ist kein guter Ausgangspunkt für eine Amplitudenmodulation des durchgelassenen Lichts, bei der man Proportionalität zwischen angelegter Feldstärke E_{el} und Lichtintensität anstrebt. Bei dem in Abb. 2.102 dargestellten Versuch zur optischen Musikübertragung, dessen akustische Qualitäten wir allerdings nur im Hörsaal, nicht aber in diesem Buch demonstrieren können, haben wir in der Tat eine ausgezeichnete Musikwiedergabe. Das macht man folgendermaßen: Man legt eine Gleichspannung als Vorspannung an, der eine kleine Wechselspannung zur Modulation überlagert wird. Man hat dann

$$I \propto E^2 \propto E_{\mathrm{el}}^4 = (E_{\mathrm{G}} + E_{\mathrm{W}})^4 = E_{\mathrm{G}}^4 + 4E_{\mathrm{G}}^3 E_{\mathrm{W}} + \dots ,$$

wobei I die durchgelassene Lichtintensität bedeutet, E die elektrische Feldstärke des durchgelassenen Lichts, E_{G} die angelegte Gleichspannung und E_{W} die angelegte Wechselspannung (modulierende Spannung). In praxi kann man den Gleichspannungsterm E_{G}^4 wegkompensieren; zudem fiele ein Gleichspannungsanteil bei der nachfolgenden Wechselspannungsverstärkung sowieso fort.

Was wir in diesem Abschnitt als Kerr-Effekt bezeichnet haben, wird in der Mehrzahl der Lehrbücher so bezeichnet. Es gibt jedoch noch einen magnetooptischen Kerr-Effekt (s. nächsten Abschnitt). Wenn wir Verwechslungen befürchten, können wir den in diesem Abschnitt besprochenen Effekt genauer *elektrischen Kerr-Effekt* nennen.

2.7.4 Magnetooptische Effekte

Legen wir an bestimmte Substanzen ein Magnetfeld an, so beobachten wir unter Umständen eine Beeinflussung des durchgegangenen oder auch reflektierten Lichts durch das Magnetfeld. Die dabei auftretenden Effekte sind im weitesten Sinne *magnetooptische Effekte*. Die Substanzen können dabei ferromagnetisch oder nichtferromagnetisch sein, und die Effekte können linear oder quadratisch von der magnetischen Feldstärke $\boldsymbol{H}$ abhängen. Die Namengebung in der Literatur ist nicht einheitlich. Um einen Anschluß an den vorigen Abschnitt zu haben, beginnen wir mit einem dem elektrischen Kerr-Effekt recht ähnlichen magnetooptischen Effekt, dem Cotton-Mouton-Effekt (1907), benannt nach den französischen Physikern A. Cotton (1869–1951) und H. Mouton.

Cotton-Mouton-Effekt

Beim Cotton-Mouton-Effekt wird ein magnetisches Feld $\boldsymbol{H}_{\mathrm{ma}}$ senkrecht zur Ausbreitungsrichtung des Lichts an die durchstrahlte Substanz angelegt (Abb. 2.103). Beleuchtet man mit linear polarisiertem Licht, so wird der Strahl aufgespalten in einen ordentlichen Strahl mit der Polarisation parallel zu $\boldsymbol{H}_{\mathrm{ma}}$ und einen außerordentlichen mit der Polarisation senkrecht dazu. Man hat eine Differenz der Brechzahlen

$$\Delta n = n_{\mathrm{p}} - n_{\mathrm{s}} = C\lambda H_{\mathrm{ma}}^2 ,$$

wobei C die *Cotton-Mouton-Konstante* ist. Sie beträgt z. B. bei Nitrobenzol $3{,}81 \times 10^{-14}\ \mathrm{A}^{-2}\ \mathrm{m}$.

Das Zustandekommen des Cotton-Mouton-Effekts können wir uns folgendermaßen plausibel machen: Die dia- oder paramagnetischen Substanzen haben Moleküle oder ähnliche Bausteine mit einem permanenten magnetischen Dipolmoment. Das angreifende Magnetfeld führt zu ei-

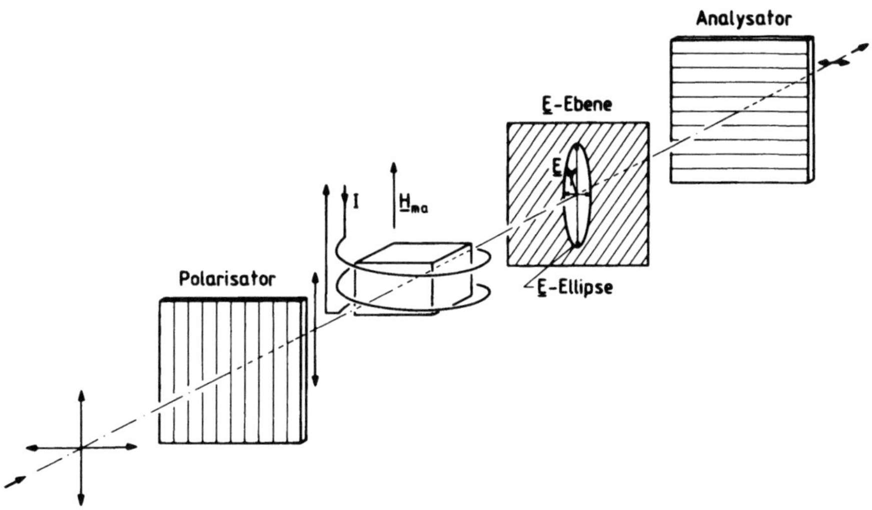

Abb. 2.103 Cotton-Mouton-Effekt.

ner gewissen Magnetisierung, die linear mit $\boldsymbol{H}_{\mathrm{ma}}$ geht. Fragen wir jedoch nach der *Ausrichtung* A der Moleküle, also danach, wieviele parallel (und antiparallel) zu $\boldsymbol{H}_{\mathrm{ma}}$ und wieviele senkrecht dazu liegen, so sind die Verhältnisse anders. Abb. 2.104 zeigt das. In erster Näherung werden, da ohne angelegtes Feld Unordnung, also $A = 0$ herrscht, genauso viele Moleküle in die parallele Richtung wie aus ihr herausgedreht. Ein Effekt zeigt sich erst in zweiter Ordnung in $\boldsymbol{H}_{\mathrm{ma}}$: Bei größerem Drehwinkel macht sich bemerkbar, daß das Drehmoment für das „Hineindrehen" kleiner wird als das für das „Herausdrehen". Wir erhalten also eine gewisse Ausrichtung senkrecht zu $\boldsymbol{H}_{\mathrm{ma}}$.

Wir können uns die Verhältnisse auch formaler klarmachen: Wir haben nur nach der Polarisationsebene (in der der $\boldsymbol{E}$-Vektor der Lichtquelle schwingt) gefragt; ersetzen wir jetzt $\boldsymbol{H}_{\mathrm{ma}}$ durch $-\boldsymbol{H}_{\mathrm{ma}}$, so haben wir nichts geändert, der Effekt kann also *aus Symmetriegründen* nur in

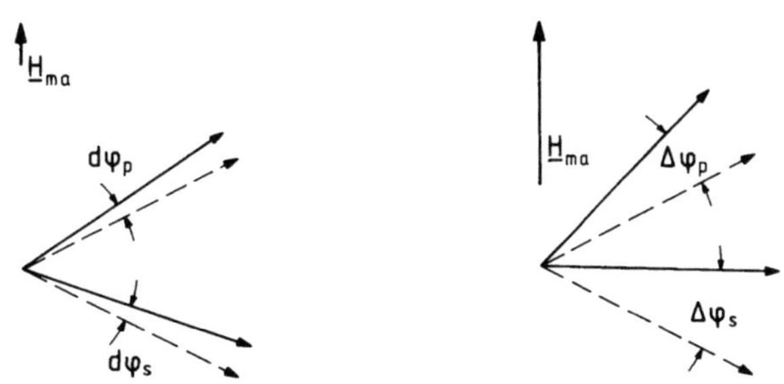

Abb. 2.104 Zur Erklärung des Cotton-Mouton-Effekts. Gestrichelt: zwei Molekülmomente mit im Betrage gleicher, aber ohne angelegtes Magnetfeld $\boldsymbol{H}_{\mathrm{ma}}$ entgegengesetzter Komponente bezüglich $\boldsymbol{H}_{\mathrm{ma}}$. Ausgezogen: die Momente der obigen Moleküle bei angelegtem Feld $\boldsymbol{H}_{\mathrm{ma}}$; Drehung um die Winkel $\mathrm{d}\varphi_{\mathrm{p}}$ (links, schwaches Feld $\boldsymbol{H}_{\mathrm{ma}}$) bzw. $\Delta\varphi_{\mathrm{p}}$ (rechts, starkes Feld $\boldsymbol{H}_{\mathrm{ma}}$) in Richtung parallel zu $\boldsymbol{H}_{\mathrm{ma}}$ und um die Winkel $\mathrm{d}\varphi_{\mathrm{s}}$ bzw. $\Delta\varphi_{\mathrm{s}}$ in Richtung senkrecht zu $\boldsymbol{H}_{\mathrm{ma}}$. Da $\mathrm{d}\varphi_{\mathrm{p}}$ annähernd gleich $\mathrm{d}\varphi_{\mathrm{s}}$ ist, resultiert praktisch keine Ausrichtung der Moleküle; $\Delta\varphi_{\mathrm{p}}$ ist deutlich kleiner als $\Delta\varphi_{\mathrm{s}}$, und damit ergibt sich eine deutliche Ausrichtung der Moleküle in senkrechter Richtung zu $\boldsymbol{H}_{\mathrm{ma}}$.

gerader Potenz auftreten. Gleichzeitig wird aus den obigen Überlegungen verständlich, daß der Cotton-Mouton-Effekt klein ist. In praxi erreicht man mit einer Feldstärke von $\boldsymbol{H}_{\text{ma}} = 10^4$ A/m in Nitrobenzol bei der Temperatur $t = 20\,°\text{C}$ für die Wellenlänge $\lambda = 589\,\mu\text{m}$ ein Δn von $2{,}24 \times 10^{-12}$, bei 1 m Weglänge also einen Gangunterschied von $2{,}24 \times 10^{-12}$ m oder $3{,}80 \times 10^{-6}$ Vakuumwellenlängen.

Wir bemerken noch, daß die im vorigen Absatz angestellten Betrachtungen auch für den Fall des (elektrischen) Kerr-Effekts bei Vorliegen eines permanenten elektrischen Dipolmoments zutreffen; das hat aber keine große Bedeutung, da die Substanzen, die einen starken Kerr-Effekt zeigen, meist kein ausgeprägtes permanentes elektrisches Moment haben. Ebenso gelten die beim (elektrischen) Kerr-Effekt gemachten Ausführungen sinngemäß auch für den Cotton-Mouton-Effekt bei Vorliegen eines induzierten magnetischen Moments. Für die induzierten magnetischen Momente trifft dagegen unser obiges Argument nicht zu, daß für ein sehr schwaches Feld H_{ma} die Momente ohne Vorzugsrichtung, also ungeordnet verteilt wären: Die induzierten Momente haben eine Vorzugsrichtung, eben das angelegte Feld H_{ma}.

Faraday-Effekt

Legt man ein Magnetfeld $\boldsymbol{H}_{\text{ma}}$ an eine Probe und läßt linear polarisiertes Licht parallel zu $\boldsymbol{H}_{\text{ma}}$ einfallen, so wird die *Polarisationsebene gedreht (Faraday-Effekt)*. Man findet für den Drehwinkel

$$\varphi = VlH_{\text{ma}}\,,$$

wobei V ein Proportionalitätsfaktor, l die Länge der durchstrahlten Probe und H_{ma} die Feldstärke des angelegten Feldes ist; die Proportionalitätskonstante V wird, eigentlich zu Unrecht, *Verdet-Konstante* genannt, zu Ehren des französischen Physikers M. Verdet (1824–1866), der genauere Messungen anstellte (1854), nachdem Faraday den Effekt gefunden hatte (1845). Abb. 2.105 zeigt eine Skizze des Faraday-Effekts, Abb. 2.106 macht den Effekt plausibel: Die unter dem Einfluß des elektrischen Fel-

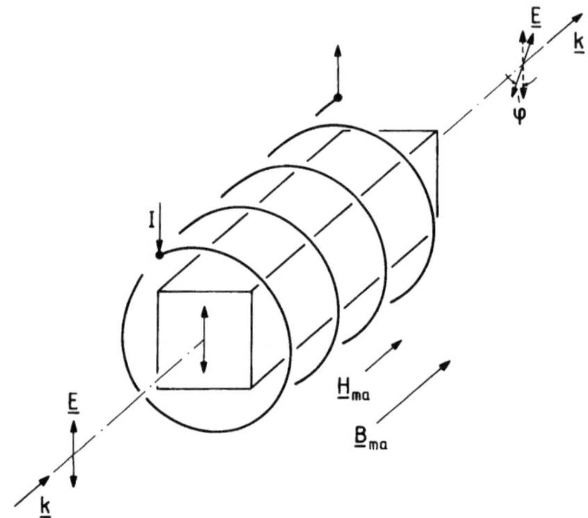

Abb. 2.105 Skizze des Faraday-Effekts. Spule mit Strom I zur Erzeugung des Magnetfelds $\boldsymbol{H}_{\text{ma}}$ und der Induktion $\boldsymbol{B}_{\text{ma}}$ angedeutet. $\boldsymbol{k}$ Wellenvektor. Polarisationsebene des Lichts (Richtung von $\boldsymbol{E}$) durch Doppelpfeil angezeigt; gestrichelt: Polarisationsebene ohne Magnetfeld. Drehung der Polarisationsebene um den Winkel φ.

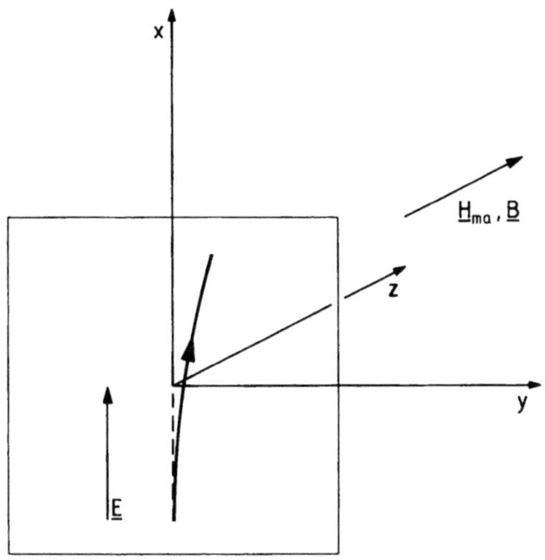

Abb. 2.106 Zur Erklärung des Faraday-Effekts. Ein Elektron, das ohne angelegtes Feld $\boldsymbol{H}_{ma}$, also ohne Induktion $\boldsymbol{B}_{ma}$ in einer Geraden (x-Achse) schwingen würde, wird etwas abgelenkt.

des $\boldsymbol{E}$ der Lichtwelle in transversale Schwingungen versetzten Elektronen erfahren bei ihrer Bewegung senkrecht zu $\boldsymbol{H}_{ma}$ (wir wollen auch annehmen, senkrecht zur magnetischen Induktion $\boldsymbol{B}$) die Lorentz-Kraft, die sie immer senkrecht zur jeweiligen Bewegungsrichtung ablenkt [s. Gl. (II, 2.39)]. Dadurch werden aus den Elektronenbahnen, die ohne Magnetfeld Geraden wären, anfänglich in etwa Rosettenbahnen, die wir vom Foucault-Pendel aus Abschn. I, 5.2.2 kennen. Das so abgelenkte Elektron strahlt seinerseits mit einer um die ursprüngliche Polarisationsrichtung etwas gedrehten Polarisationsrichtung.

Man kann den Faraday-Effekt auch als Resultat von **zirkularer Doppelbrechung** auffassen. Wir sprechen von zirkularer Doppelbrechung, wenn die Brechzahl n_r für rechtszirkular polarisiertes Licht verschieden ist von der Brechzahl n_l für linkszirkular polarisiertes. Durch das angelegte Magnetfeld $\boldsymbol{H}_{ma}$ oder, anders ausgedrückt, durch die in der Probe herrschende Induktion $\boldsymbol{B}$ wird die Substanz zirkular doppelbrechend. Man zerlegt das einfallende linear polarisierte Licht in zwei gegenläufig zirkular polarisierte Komponenten. Sie erfahren beim Durchgang durch die Probe verschiedene Gangunterschiede Δ_r bzw. Δ_l, was nach der Zusammensetzung zu linear polarisiertem Licht hinter der Probe zu einer Drehung der Polarisationsebene verglichen mit dem einfallenden Licht führt.

Tab. 2.6 Einige Werte der Verdet-Konstanten V in Winkelminuten/A für $\lambda = 589$ nm bei Zimmertemperatur

Stoff	V	Stoff	V
Wasser	1,257	Kochsalz	3,45
Nitrobenzol	2,17	Kaliumjodid	7,0

Tab. 2.7 Einige Werte der spezifischen Faraday-Drehung $[\alpha]$ in Winkelgrad/µm für die Wellenlänge λ in nm bei der Temperatur T in K und Sättigungsmagnetisierung

Stoff	T	λ	$[\alpha]$	Stoff	T	λ	$[\alpha]$
Fe	293	546	34,7	$CrCl_3$	1,5	385	0,30
Co	293	546	36,3	$CrBr_3$	1,5	470	50
Ni	293	546	9,8	$Gd_3Fe_5O_{12}$	293	330	9,5
Gd	93	589	−32,5	$Eu_3Fe_5O_{12}$	293	3100	−0,076

Wie man aus der obigen Erklärung ersieht, hängt die Lorentz-Kraft und damit die Verdet-Konstante von dem auf die Elektronen wirkenden $\boldsymbol{B}$-Feld ab. Wir werden daher besonders große Verdet-Konstanten für ferromagnetische Substanzen finden; bei ihnen ist wegen des im allgemeinen nichtlinearen Zusammenhangs zwischen B und H (μ_r ist nicht konstant) allerdings die Angabe der spezifischen Drehung $[\alpha]$ bei Sättigungsmagnetisierung entsprechend

$$\varphi = [\alpha]\, l$$

sinnvoller. Da der Faraday-Effekt nicht auf Molekül- oder Atomausrichtung entgegen der thermischen Bewegung beruht, erwarten wir auch keine starke Abhängigkeit von der Temperatur; aus demselben Grunde ist er bei Stoffen mit $\mu_r \approx 1$ auch linear in $\boldsymbol{H}_{\mathrm{ma}}$. Tabn. 2.6 und 2.7 stellen einige Zahlenwerte zusammen; weitere Daten im Anhang A 2.2.

Abb. 2.107 zeigt den Faraday-Effekt im Experiment.

Abb. 2.107 Faraday-Effekt im Experiment. Links im Bild: Laser als Quelle polarisierten Lichts. In Bildmitte: Magnet, Polschuhe durchbohrt, im Feld Glasstab (Probe). Halbrechts im Bild: Analysator; Polarisationsebene (Durchlaß) durch Pfeil angezeigt. Oben: ohne Magnetfeld, Lichtdurchfluß für horizontale Polarisation (heller Lichtfleck am rechten Bildrand) (links), kein Durchlaß für vertikale (Lichtfleck verschwunden) (rechts). Unten: mit Magnetfeld, eingeschränkter Durchlaß für vertikale Polarisation (schwacher Lichtfleck).

Magnetooptischer Kerr-Effekt

Der magnetooptische Kerr-Effekt ist eng mit dem Faraday-Effekt verbunden. Er besteht in der *Drehung der Polarisationsebene* linear polarisierten Lichts bei *Reflexion* an (metallischen) Spiegeln im *Magnetfeld* mit der Feldrichtung normal zur Oberfläche (parallel zum ein- und ausfallenden Strahl). Der Effekt geht linear mit $\boldsymbol{B}$.

Es gibt noch weitere magnetooptische Effekte, die wir aber übergehen wollen.

2.7.5 Optische Aktivität

Unter *optischer Aktivität* verstehen wir keineswegs zur Schau gestellten Aktionismus, sondern die *Drehung* der *Polarisationsebene* linear polarisierten Lichts durch eine Substanz ohne makroskopisches Magnetfeld; mikroskopische Magnetfelder, z. B. im atomaren Bereich, sind häufig vorhanden und sollen hier nicht ausgeschlossen werden, wenn sie sich nicht zu einem größeren Bereich mit einheitlicher Feldrichtung, Beispiel Permanentmagnet, formieren.

Zum Verständnis der optischen Aktivität rufen wir uns ins Gedächtnis zurück, was wir in Abschn. I, 1.3.2 über Schrauben und Schraubensinn gesagt haben: Eine Rechtsschraube, also eine Schraube mit Rechtsgewinde, wie es sich als gängiges Gewinde jetzt in der ganzen Welt durchgesetzt hat, bleibt immer eine Rechtsschraube, von welcher Seite wir sie auch betrachten. Der Schraubensinn bleibt erhalten. Das gilt auch für *Moleküle,* deren Struktur einen *Schraubensinn* erkennen läßt. In der Natur findet man solche Moleküle vor allem in der organischen Chemie und dort wiederum bei denen, die, wie die Chemiker sagen, ein *asymmetrisches Kohlenstoffatom* tragen (Abb. 2.108). Die optische Aktivität ist hier im *Molekülaufbau* begründet. Optische Aktivität kann z. B. in organischen Flüssigkeiten beobachtet werden. Aber auch viele feste Stoffe (Kristalle) zeigen optische Aktivität; der Grund für die Aktivität ist dabei meist im *Kristallaufbau* zu suchen. Abb. 2.109 zeigt schematisch eine Apparatur, mit der man optische Aktivität messen kann. Der Drehwinkel φ bestimmt sich zu

$$\varphi = [\alpha]\, cl\,,$$

wobei $[\alpha]$ die *spezifische Drehung* oder das *optische Drehvermögen* der zu untersuchenden Substanz, c den Zahlenwert ihrer Massenkonzentration (Masse des gelösten

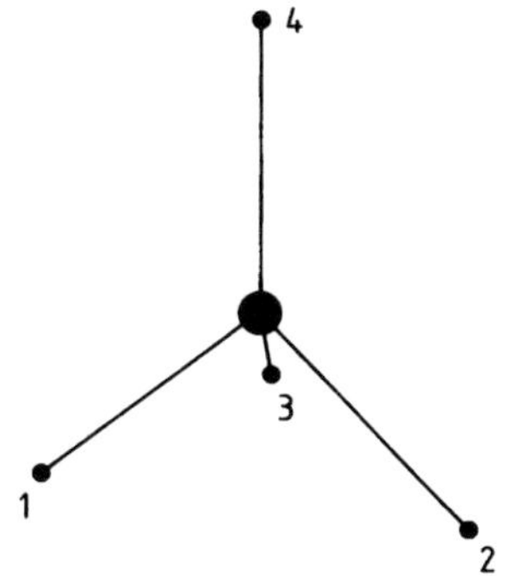

Abb. 2.108 Kohlenstoffatom (Mitte) mit vier Liganden 1–4. Sind alle Liganden (irgendwie) verschieden, heißt das Kohlenstoffatom asymmetrisch. Man kann dann, z. B. über die Drehung um die vom Kohlenstoffatom zu 4 führende Achse, einen Drehsinn 1 → 2 → 3 → 1 definieren, der dem Drehsinn 1 → 3 → 2 → 1 entgegengesetzt ist. Sind zwei Liganden gleich, z. B. 2 und 3, ist das nicht mehr möglich.

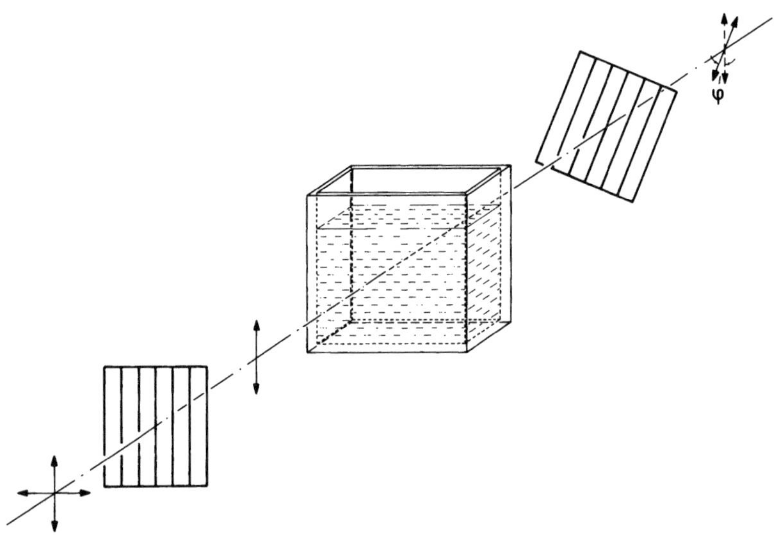

Abb. 2.109 Optische Aktivität. Der links im Bild befindliche Polarisator macht aus dem von links eintretenden unpolarisierten Licht linear polarisiertes (Polarisationsrichtung durch Doppelpfeil angezeigt). Die Polarisationsebene wird durch die Lösung, z. B. Zucker in Wasser, um den Winkel φ gedreht; Analyse im Analysator rechts. In praxi stellt man nicht auf Durchlaß (maximale Intensität) hinter dem Analysator, sondern auf Nichtdurchlaß (Nullwert der Intensität) ein.

Stoffes durch Volumen der Lösung, hier in g/cm^3) und l die Länge der durchstrahlten Probe bedeuten. Diese Formel ist für den praktisch wichtigen Fall der Lösung eines optisch aktiven Stoffes in einem optisch inaktiven Lösungsmittel zugeschnitten, z. B. die Lösung von Zucker in Wasser. So hat man bei einer Rohrzuckerlösung von 2,00 g in 100 cm^3 wäßriger Lösung bei einer Länge der Probe von 5,0 cm mit $[\alpha] = 66{,}41$ Grad/dm bei einer Wellenlänge von $\lambda = 589$ nm $\varphi = 66{,}41$ (Grad/dm) × 0,020 × 0,50 dm = 0,66 Grad. Für reine Flüssigkeiten und feste Stoffe schreibt man sinngemäß

$$\varphi = [\alpha]\, l\,.$$

Tab. 2.8 zeigt das optische Drehvermögen für einige Substanzen bei der angegebenen Temperatur und Lichtwellenlänge; weitere Werte in Tab. 2.9 (weiter unten in diesem Abschnitt) und im Anhang A 2.3. $[\alpha]$ hängt von der Wellenlänge ab. Als *rechtsdrehend* bezeichnet man Stoffe, die die Polarisationsebene rechtsherum drehen, wenn

Tab. 2.8 Optisches Drehvermögen $[\alpha]$ in Winkelgrad/mm (für feste Stoffe) bzw. Winkelgrad/dm (für Lösungen) bei $t = 20$ °C für $\lambda = 589$ nm. + bedeutet Rechts-, − Linksdrehung. Bei Salzen und Zuckern wässerige Lösung

Stoff	$[\alpha]$	Stoff	$[\alpha]$
Quarz	+21,73 Grad/mm	Dextrose D-Glucose	+52,5 Grad/dm
Rochelle-Salz	+29,75 Grad/dm	L-Glucose (β)	−51,4 Grad/dm
Rohrzucker	+66,41 Grad/dm	Invert-Zucker	−19,7 Grad/dm

man dem Strahl *entgegenblickt*. Das ist nicht konsequent im Verhältnis zur Definition von rechtszirkular polarisiertem Licht, aber es ist nun einmal so.

Wir wollen versuchen, die optische Aktivität direkt aufgrund der Kristallstruktur zu verstehen. Dazu schauen wir uns Abb. 2.110 an. Wir simplifizieren den für uns relevanten Teil des optisch aktiven Moleküls durch ein Stück einer *Schraube*, die gleichzeitig die mögliche Bahn für Ladungsverschiebungen (Bewegung der Elektronen) infolge der Feldstärke $\boldsymbol{E}$ der primären Lichtwelle mit der Ausbreitung in Richtung des Wellenvektors $\boldsymbol{k}$ darstellt. Wir haben die Schraube in Abb. 2.110 mit der Achse senkrecht zu $\boldsymbol{k}$ in Richtung von $\boldsymbol{E}$ des linear polarisierten Lichts gezeichnet, weil so der Effekt am größten ist; bei andern Orientierungen ist er kleiner, hat aber nie ein anderes Vorzeichen (eben weil eine Rechtsschraube immer eine Rechtsschraube bleibt). Die Kraft auf eine positive Ladung wirkt in $\boldsymbol{E}$-Richtung, die Elektronenwolke bewegt sich in Abb. 2.110 also auf der Spirale nach unten. Wir zerlegen die Ladungsbewegung in eine Komponente parallel zu $\boldsymbol{E}$ und in eine senkrecht dazu. Die parallele Komponente trägt auf die übliche Weise zur Brechzahl n bei; Quantitatives darüber in Abschn. 2.9.2. Die senkrechte stellt jedoch einen Dipol $\boldsymbol{D}_{\mathrm{v}}$ bzw. $\boldsymbol{D}_{\mathrm{h}}$ in der zu $\boldsymbol{E}$ und $\boldsymbol{k}$ senkrechten Richtung dar; die beiden „vorne“ und „hinten“ an der Schraube entstehenden Feldstärken $\boldsymbol{E}_{\mathrm{v}}$ bzw. $\boldsymbol{E}_{\mathrm{h}}$ sind entgegengesetzt gerichtet, kompensieren sich aber in $\boldsymbol{k}$-Richtung nicht vollständig, da auf der Laufstrecke des Schraubendurchmessers ein Gangunterschied entsteht. Wichtig ist hierbei die Feststellung, daß die Ladung in etwa als Ganzes mit einheitlicher Phase zu $\boldsymbol{E}$ schwingt; würden wir unabhängige „Sender“ für $\boldsymbol{E}_{\mathrm{v}}$ und $\boldsymbol{E}_{\mathrm{h}}$ annehmen, so würden sie mit einer Phasendifferenz schwingen, die Auslöschung in $\boldsymbol{k}$-Richtung ergeben würde.

Die optische Aktivität ist von großer *praktischer Bedeutung* vor allem bei der *Bestimmung* des *Zuckers* im Harn [Diabetes (Zuckerkrankheit)!]. Sie hat seit der Entdeckung der Paritätsverletzung bei der schwachen Wechselwirkung im Jahre 1957, vgl. Abschnitte I, 1.3.2 und IV, 4.2.6, auch großes theoretisches Interesse im Zusam-

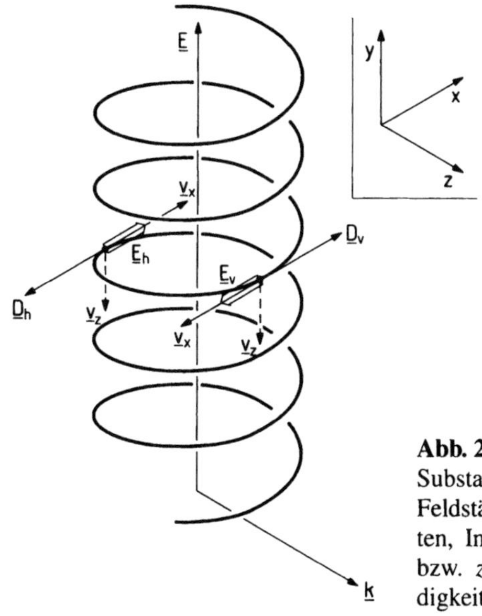

Abb. 2.110 Modell für eine optisch aktive Substanz. „Momentaufnahme“. $\boldsymbol{E}$ elektrische Feldstärke, $\boldsymbol{k}$ Wellenvektor. Index „h“ für hinten, Index „v“ für vorne, $\boldsymbol{D}$ Dipol, v_x, v_z x- bzw. z-Komponente der Elektronengeschwindigkeit.

menhang mit der Entstehung des Lebens auf der Erde gefunden. Um das zu verstehen, müssen wir einige Tatsachen aus der Chemie und Biologie mitheranziehen.

Ist ein bestimmter Stoff optisch rechtsdrehend, so kann man sich immer den entsprechenden linksdrehenden vorstellen. Man kann ihn auch im Labor synthetisch herstellen, wenn man den rechtsdrehenden so herstellen kann. Rechts- und linksdrehende Substanz sind in allen meßbaren physikalischen Eigenschaften, abgesehen natürlich von ihrem Drehsinn, vollständig gleich. Ein Gemisch, z. B. eine Lösung, die gleichviele Anteile derselben rechts- und linksdrehenden Substanz enthält, nennt man *razemisches Gemisch* oder *Razemat.* Das Razemat kann etwas abweichende physikalische Eigenschaften besitzen.

Die schwache Wechselwirkung ist gegenüber der elektromagnetischen Wechselwirkung (Kraft), die die wesentliche Wechselwirkung (Kraft) beim Atom-, Molekül- und Kristallaufbau ist, sehr schwach. Zu erwartende Unterschiede in den physikalischen Eigenschaften rechts- und linksdrehender Substanzen sind so winzig, daß sie sich jeder Messung entziehen.

Es mag daher überraschen, daß man in der *Natur* eine „Vorliebe" für einen *bestimmten Drehsinn* findet. So ist praktisch die gesamte in der Natur zu findende *Desoxiribonukleinsäure* (DNS oder, vom Englischen übernommen, DNA) eine *Doppelhelix* mit *Rechtsschraubensinn.* Es ist vielfach spekuliert worden, ob die Auszeichnung eines Drehsinns in der Natur doch etwas mit der Paritätsverletzung der schwachen Wechselwirkung zu tun hat; der Schraubensinn bei z. B. rechtsdrehenden Substanzen mit asymmetrischem C-Atom beruht natürlich nicht auf Paritätsverletzung. Man macht dabei geltend, daß seit Entstehung des Lebens auf der Erde vor ca. 3×10^9 a sehr viele Generationen niedriger Organismen gelebt haben, so daß sich auch bei einem nur minimalen Vorteil ein bestimmter Drehsinn durch *Selektion* herausgebildet haben kann. In neuerer Zeit neigt man nicht zu dieser Ansicht. Abgesehen davon, daß nicht ersichtlich ist, was für einen Vorteil z. B. eine winzig kleine Erhöhung (oder Verminderung) der Bindungsenergie darstellen sollte, ist der Effekt wohl doch erheblich zu klein. Man ist deshalb mehr für die im wesentlichen auf den deutschen Physiker und Biologen Manfred Eigen (geb. 1927) zurückgehende Erklärung, daß sich eine „Sippschaft", zufällig die mit Rechtsschrauben-DNS, durchgesetzt hat (vereinfacht ausgedrückt, weil sie den „linken" alles weggefressen hat). Im übrigen ist auch DNS mit Linksschraubensinn in der Natur gefunden worden. Das ist aber ein seltener Stoff.

Wir ergänzen die Ausführungen durch ein Beispiel und wählen dafür die Weinsäure, auch Dihydroxibernsteinsäure genannt. Wir geben in Abb. 2.111 drei Formen wieder (chemische *Isomere,* von griech. isomeres = aus gleichen Teilen bestehend, nicht zu verwechseln mit den in Abschn. IV, 4.1.2 zu behandelnden kernphysikalischen Isomeren): rechts- und linksdrehende Weinsäure sowie gewissermaßen eine Verbindung von beiden, Mesoweinsäure genannt. Eine solche Mesoform hat eine Symmetrieebene, sie kann nur bei bestimmten Verbindungen auftreten. Mischen wir rechtsdrehende und linksdrehende Weinsäure zu gleichen Teilen, stellen wir also das Razemat her, haben wir Traubensäure. Die asymmetrischen Kohlenstoffatome sind die

```
    +           -           Meso

  C-OOH       C-OOH       C-OOH
    |           |           |
 HO-C-H       H-C-OH      H-C-OH
    |           |       ----|-----
  H-C-OH     HO-C-H       H-C-OH
    |           |           |
  C-OOH       C-OOH       C-OOH
```

Abb. 2.111 Drei Formen der Weinsäure. Von links nach rechts: rechtsdrehend, linksdrehend und mesomer. Asymmetrische C-Atome unterstrichen.

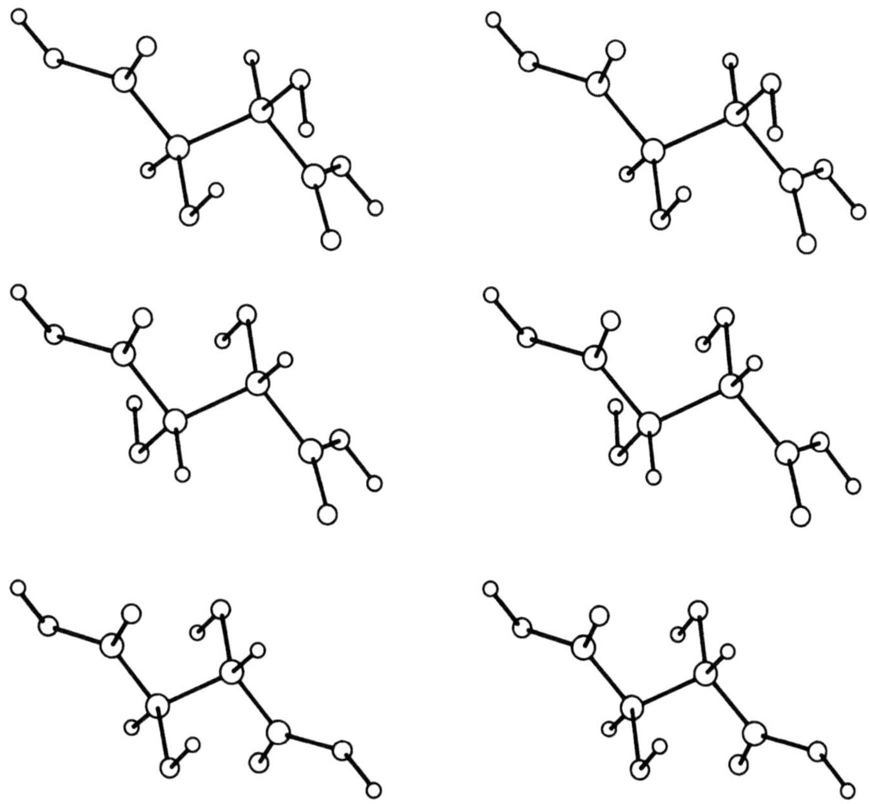

Abb. 2.112 Weinsäure, stereoskopische Darstellung; vgl. die vorige Abbildung. Oben: rechtsdrehend. Mitte: linksdrehend. Unten: mesomer. Betrachtung entweder mit Stereo-Gerät oder, mit oder ohne „Lesebrille", durch Übereinanderfallenlassen der beiden Bildteile im „geistigen" Auge (Augen entspannen).

beiden mittleren; hier hängen an allen vier Valenzen verschiedene Gruppen. Die beiden äußeren C-Atome tragen hingegen einen Sauerstoff in Doppelbindung.

Die zweidimensionalen Zeichnungen der Abbildung 2.111 können die Verhältnisse nur sehr unvollkommen wiedergeben. In Wirklichkeit sind die Moleküle natürlich dreidimensional. Stereoskopisch zu betrachtende Computer-Zeichnungen sind in Abb. 2.112 dargestellt.

In Tab. 2.9 sind Daten über Schmelzpunkt, Dichte und optisches Drehvermögen für die verschiedenen Weinsäureformen zusammengestellt.

Tab. 2.9 Eigenschaften der verschiedenen Formen der Weinsäure bei 20 °C; $[\alpha]$ für 589 nm Wellenlänge. ± bezeichnet das Razemat (Traubensäure)

Isomer	Schmelzpunkt in °C	Dichte in g/cm^3	$[\alpha]$ in Winkelgrad/dm
+	170	1,760	+11,98
−	170	1,760	−11,98
±	205	1,687	0
mesomer	140	1,666	0

2.8 Erzeugung und Nachweis polarisierten Lichts

2.8.1 Linearpolarisation durch Doppelbrechung

Geräte zur Erzeugung polarisierten Lichts aus unpolarisiertem nennt man **Polarisatoren.** Wir wollen zunächst die „klassischen" Methoden zur Erzeugung *linear polarisierten* Lichts aus unpolarisiertem Licht besprechen. Dafür gibt es eine Reihe von Möglichkeiten. Grundlage aller Verfahren ist die *Aussonderung* des in einer Richtung, z. B. x-Richtung, linear polarisierten Anteils. Dabei haben wir eine *Intensitätsminderung* in Kauf zu nehmen.

Man kann die (lineare) Doppelbrechung zur Erzeugung polarisierten Lichts folgendermaßen ausnützen. Man läßt Parallelstrahlen unpolarisierten Lichts in einer solchen Geometrie auf eine Anordnung doppelbrechender Kristalle fallen, daß einer der beiden Strahlen, z. B. der ordentliche, *Totalreflexion* erleidet und ausgelenkt wird, während der andere, in diesem Fall der außerordentliche, die Anordnung, wenn auch durch Reflexion geschwächt, durchläuft und weiterhin zur Verfügung steht.

Abb. 2.113 zeigt ein *Nicolsches Prisma,* auch kurz Nicol genannt nach seinem Erfinder (1828), dem schottischen Physiker W. Nicol (1768–1851). Das Prisma besteht aus *Kalkspat.* Der ordentliche Strahl wird stärker gebrochen und an der Innenfläche des ersten Prismas totalreflektiert (Brechzahlen $n_o = 1{,}658$ bzw. $n_a = 1{,}486$); der Kitt zwischen beiden Prismen, Kanadabalsam mit $n = 1{,}542$, spielt dabei keine Rolle. Der außerordentliche Strahl wird im Doppelprisma parallel versetzt. Er ist in Abb. 2.113 in der Zeichenebene polarisiert, der ordentliche senkrecht dazu.

Ebenfalls auf Doppelbrechung beruht die Wirkungsweise des gleichfalls aus Kalkspat bestehenden **Glan-Thompsonschen Prismas,** benannt nach seinen Erfindern (1877 bzw. 1883), dem deutscher Physiker P. Glan (1846–1898) und dem englischen Physiker S. P. Thompson (1851–1916). Es wird meist, wie in Abb. 2.114 gezeigt, mit der optischen Achse senkrecht zum einfallenden Strahl verwendet; andere Orientierungen der optischen Achse sind allerdings auch möglich und im Gebrauch. Bei dem

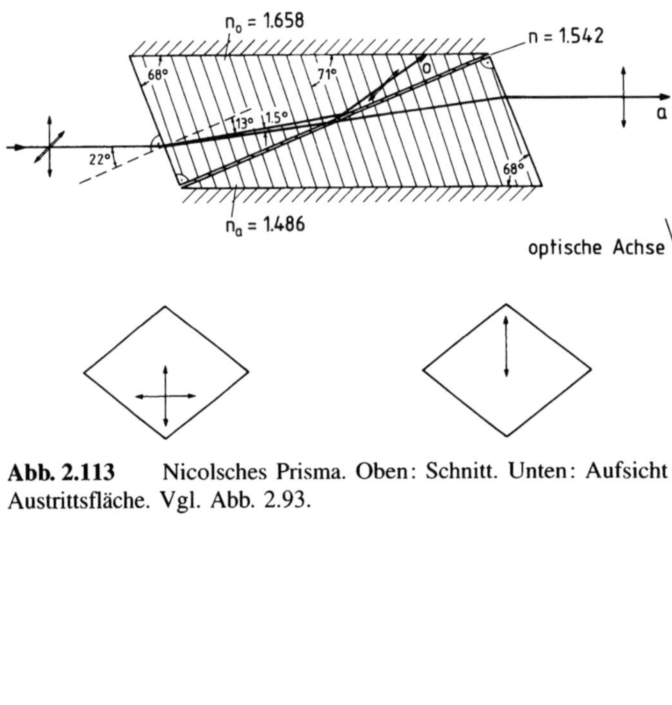

Abb. 2.113 Nicolsches Prisma. Oben: Schnitt. Unten: Aufsicht auf Eintritts- und Austrittsfläche. Vgl. Abb. 2.93.

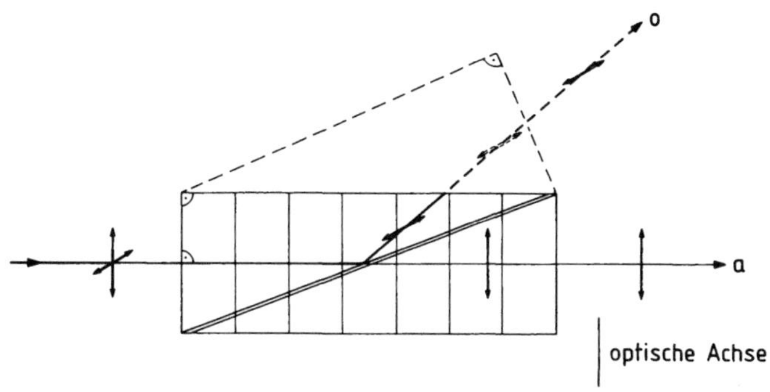

Abb. 2.114 Glan-Thompsonsches Prisma. Vgl. Abb. 2.93.

gezeigten Prisma wird der außerordentliche Strahl in gerader Richtung durchgelassen. Er ist in der Zeichenebene polarisiert. Man kann auf das quaderförmige (Doppel-)Prisma ein weiteres Prisma aufsetzen (in der Abbildung gestrichelt gezeichnet), das den ordentlichen Strahl austreten läßt; dadurch wird die sonst bei der Absorption des Lichts entstehende Erwärmung verhindert.

Das Glan-Thompson-Prisma ist dem Nicolschen überlegen und hat sich als die gebräuchliche Form in Polarisatoren, die auf Doppelbrechung beruhen, durchgesetzt.

Es liegt auf der Hand, wie man mit dem gleichen Apparat, mit dem man linear polarisiertes Licht erzeugt hat, die *Linearpolarisation* von Licht *nachweisen* kann. Geräte, die die Polarisation von Strahlung nachzuweisen gestatten, nennt man **Analysatoren.** Stellt man einen Polarisator, z. B. ein Nicolsches Prisma, in einen Strahl polarisierten Lichts, so wird nur derjenige Anteil durchgelassen, der der Polarisation in der Durchlaßrichtung entspricht. Wir benutzen das Prisma dann als Analysator. Haben wir das polarisierte Licht mit einem Polarisator aus unpolarisiertem gewonnen, so wird die Intensität des durchgelassenen Lichts maximal sein, wenn die Polarisationsrichtung des Analysators, also die Richtung, in der der $\boldsymbol{E}$-Vektor des durchgelassenen linear polarisierten Lichts schwingt, parallel zu der des Polarisators steht. Stehen beide senkrecht aufeinander („gekreuzte Nicols" oder „gekreuzte Prismen"), so ist die durchgelassene Intensität null. Dazwischen befinden sich alle Übergänge, und die Intensität ist durch

$$I = I_{\max} \cos^2 \varphi$$

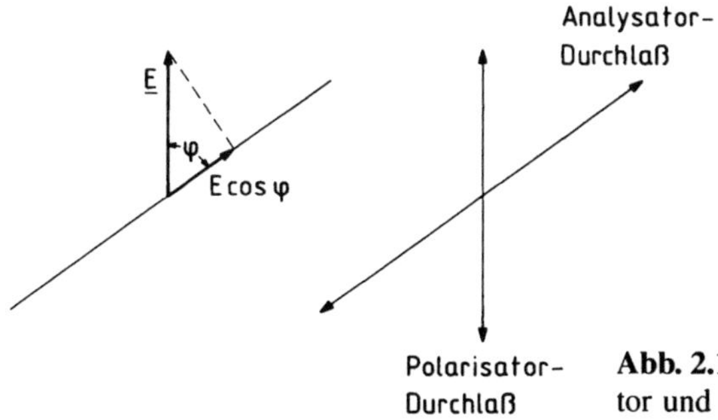

Abb. 2.115 Wirkung von Polarisator und Analysator. S. Text.

gegeben, wobei φ der Winkel zwischen den Polarisationsrichtungen beider Prismen (Polarisator und Analysator) ist (Abb. 2.115); die quadratische Abhängigkeit in der obigen Gleichung kommt daher, daß die Intensität dem Amplitudenquadrat proportional ist.

Außer den oben beschriebenen zwei Anordnungen zur Erzeugung (besser: „Ausblendung") linear polarisierten Lichts gibt es noch eine große Anzahl weiterer, ebenfalls mit Kristallen arbeitender Anordnungen. Sie bringen aber nichts grundsätzlich Neues und sollen deswegen hier nicht beschrieben werden.

2.8.2 Linearpolarisation durch Dichroismus

Unter *Dichroismus,* eigentlich „Zweifarbigkeit", von griech. dichroos = zweifarbig, versteht man die Eigenschaft gewisser Stoffe, Licht in Abhängigkeit von der *Polarisation verschieden* stark zu *absorbieren.* Bei optisch einachsigen Kristallen wird das einfallende Licht in ordentlichen und außerordentlichen Strahl aufgespalten. Bei dichroitischen Kristallen wird der eine Strahl, z. B. der außerordentliche, bei einer bestimmten Wellenlänge stärker absorbiert als der ordentliche *(linearer Dichroismus).* So bleibt beim Durchgang durch eine Probe genügender Dicke (praktisch) nur der ordentliche Strahl übrig. Bei demselben Material, aber anderer Wellenlänge kann man übrigens auch den außerordentlichen Strahl erhalten. Wie wir später in Abschn. 2.9.2 sehen werden, sind Absorption und Brechung eng miteinander verknüpft. Dichroitische Körper sind, außer bei Vorliegen ganz bestimmter Bedingungen, auch doppelbrechend, und ebenso sind doppelbrechende Körper mit derselben Einschränkung auch dichroitisch.

Beschränkt man sich wie hier in der Optik auf einen schmalen Bereich des gesamten elektromagnetischen Spektrums, so tritt meistens die eine oder die andere Eigenschaft, also Doppelbrechung oder Dichroismus, in den Vordergrund, und entsprechend klassifizieren wir die Stoffe.

Bei optisch zweiachsigen Kristallen haben wir zwei außerordentliche Strahlen und ein komplexeres Absorptionsverhalten.

Das „klassische" dichroitische Material ist der *Turmalin.* Grüner Tumalin absorbiert den ordentlichen Strahl bereits in einer Schichtdicke von einem Millimeter praktisch vollständig, während der außerordentliche nur wenig geschwächt wird.

Schwefelsaures Jodchinin (Herapathit) bildet Nadeln, die man in Zellulose *orientiert* einlagern kann. Das Material ist stark dichroitisch. Es wirkt als Polarisator *(Polarisationsfolie).* In einer gestreckten Zellulosehydratfolie, die geeignet gefärbt ist, entsteht Spannungsdoppelbrechung. Auch das ergibt eine Polarisationsfolie. Solche Folien finden in Sonnenbrillen und gelegentlich bei der Photographie Verwendung, um das gespiegelte Licht, das häufig stark polarisiert ist (s. weiter unten), auszuschalten oder zumindest in seiner Intensität zu reduzieren.

Über die Verwendung von polarisiertem Licht in Autoscheinwerfern mit einer Polarisationsfolie als Polarisator und der Windschutzscheibe des entgegenkommenden Wagens als „Analysator", natürlich mit senkrecht aufeinander stehenden Polarisationsrichtungen, ist viel experimentiert und geschrieben worden. Bezweckt wird natürlich die Verminderung der Blendung. Das von den beleuchteten Gegenständen zurückgestrahlte Licht konserviert die Polarisationsrichtung des leuchtenden Lichts nicht, und so werden diese Gegenstände dann (mehr oder weniger gut) sichtbar. Zu einer allgemeinen Einführung ist es bisher nie gekommen. Böse Zungen behaupten, das läge daran, daß die Politiker sich nicht auf eine einheitliche Polarisationsrichtung einigen könnten. Das ist aber wohl nicht wahr. Schließlich hat man sich bei Schrauben (nach mehr als hundert Jahren!) geeinigt, jedenfalls über den Schraubensinn.

2.8.3 Linearpolarisation durch Reflexion

Läßt man unpolarisiertes Licht z. B. senkrecht auf einen optisch einachsigen Kristall fallen, dessen optische Achse nicht in Lichteinfallsrichtung steht, so wird der unpolarisierte Strahl in ordentlichen und außerordentlichen Strahl aufgespalten, die beide linear polarisiert sind. Die Brechzahl ist für beide verschieden. Dann muß nach Abschn. II, 3.2.4 auch das *Reflexionsvermögen* für beide Strahlen *verschieden* sein. Das *reflektierte Licht* ist also (teilweise) *linearpolarisiert.* Man kann jedoch bei der vorausgesetzten senkrechten Inzidenz nur einen verhältnismäßig *geringen Polarisationsgrad* erwarten; unter der **Polarisation** eines **Strahls,** den man in zwei voneinander unabhängige verschieden polarisierte Komponenten mit den Intensitäten I_1 und I_2 zerlegen kann, wollen wir die Größe

$$P = \frac{I_1 - I_2}{I_1 + I_2} \tag{2.52}$$

verstehen und unter dem **Polarisationsgrad** p den Absolutwert von P, also $p = |P|$. Die Polarisation kann somit zwischen $+1$ und -1, der Polarisationsgrad zwischen $+1$ und 0 variieren. Für Linearpolarisation kann man, wenn man eine Richtung senkrecht zum Strahl als Bezugsrichtung vorgibt und die Intensität des in dieser Richtung linear polarisierten Lichtes mit I_p sowie die des dazu senkrecht polarisierten mit I_s

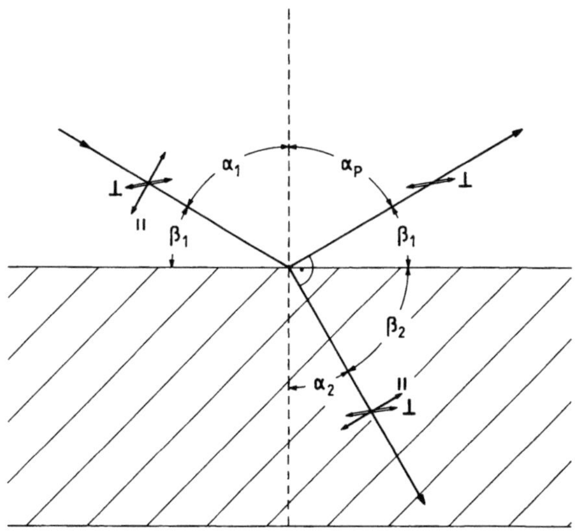

Abb. 2.116 Brewster-Winkel α_p. Einlinige Doppelpfeile: Polarisationsrichtung in Zeichenebene ($\|$); doppelt gezeichnete Doppelpfeile: Polarisationsrichtung senkrecht zur Zeichenebene ($\perp$); s. Text.

bezeichnet, die Polarisation linear polarisierten Lichtes als

$$P = \frac{I_p - I_s}{I_p + I_s}$$

schreiben.

Es gibt jedoch eine wesentlich effektivere Methode zur Herstellung polarisierten Lichts durch Reflexion. Man benötigt dazu keinen doppelbrechenden Kristall, sondern nur einen *Spiegel* aus nicht stark absorbierendem Material. In Abb. 2.116 fällt ein unpolarisierter Lichtstrahl, der in zwei linear polarisierte Strahlen mit Schwingungsrichtung in der Einfallsebene und senkrecht dazu zerlegt ist, schräg auf eine Platte aus Glas (oder einer ähnlichen Substanz). Für den parallel zur Einfallsebene polarisierten Strahl entnehmen wir aus Abschn. II, 3.2.4, daß seine *Intensität* bei einem bestimmten Ausfallswinkel α_P *verschwindet.* α_P *ist der* **Brewster-Winkel** (1813), benannt nach dem schottischen Physiker Sir David Brewster (1781–1868). Der Brewster-Winkel liegt vor, wenn gebrochener Strahl und (nach den Gesetzen der geometrischen Optik) reflektierter Strahl einen rechten Winkel bilden, s. Abb. 2.116. Dagegen verschwindet der bei demselben Winkel reflektierte senkrecht zur Einfallsebene polarisierte Strahl nicht. Man hat also:

- *Der unter dem Brewster-Winkel reflektierte Strahl ist vollständig polarisiert.*

Wir stellen noch fest, daß wir den obigen Sachverhalt nur aus den Stetigkeitsbedingungen der Maxwellschen Gleichungen erschlossen haben. Um die komplizierten und leicht zu mißdeutenden Vorgänge im Medium, und hier besonders in einer dünnen Schicht unterhalb der Oberfläche, brauchen wir uns nicht im einzelnen zu kümmern; wir kommen darauf in Abschn. 2.9.3 zurück. Abb. 2.117 zeigt einen Demonstrationsversuch.

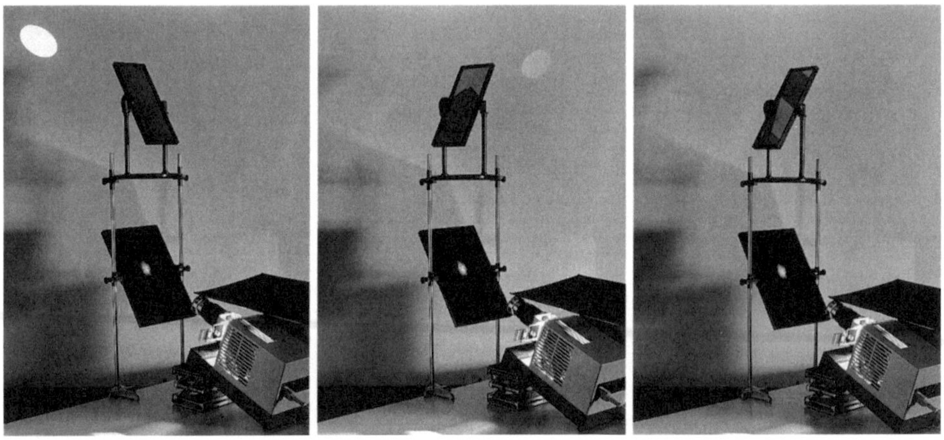

Abb. 2.117 Linearpolarisation durch Spiegelung. Oberer Spiegel um senkrechte Achse drehbar. Unterer Spiegel Polarisator, oberer Analysator. Im Bild links besteht zwischen der Einfallsebene auf den Analysator und der Polarisationsebene des Lichts ein rechter Winkel (maximale Intensität), im mittleren Bild liegt die obige Einfallsebene beinahe in der Polarisationsebene (geringe Intensität), und im rechten liegt sie genau in dieser Ebene (verschwindende Intensität).

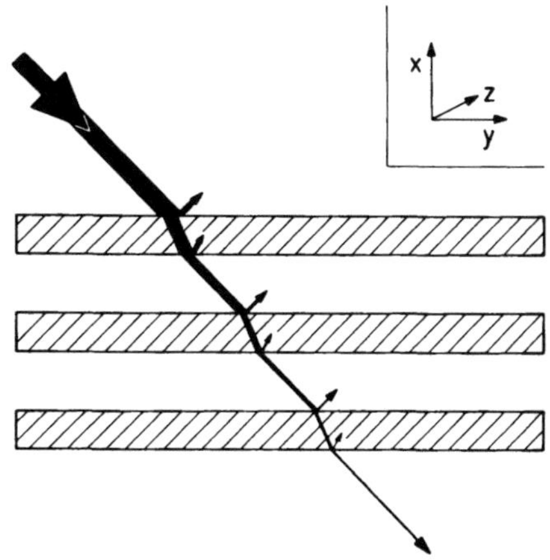

Abb. 2.118 Schwächung eines Lichtstrahls beim Durchgang durch eine Schichtung aus planparallelen Platten.

Was passiert mit dem in der Einfallsebene polarisierten Strahl, der unter dem Brewster-Winkel einfällt? Reflektiert wird er nicht, absorbiert wird er auch nicht (nach Voraussetzung). Also muß die gesamte Intensität in das dichtere Medium eintreten. Was geschieht beim Austritt unter demselben Winkel (planparallele Platte)? Aus denselben Stetigkeitsargumenten, die ja die Zeit und damit die Strahlrichtung gar nicht enthalten, da sie gewissermaßen einer „Momentaufnahme" entsprechen, folgt, daß der Strahl auch ohne Reflexionsverlust wieder austreten muß. Der senkrecht zur Einfallsebene polarisierte Strahl wird hingegen auch beim Austritt teilweise reflektiert. Er wird also insgesamt geschwächt. Legt man sehr viele planparallele Platten hintereinander, so sieht man leicht, daß der parallel zur Einfallsebene polarisierte Strahl bei Vernachlässigung von Absorption ungeschwächt durchgelassen wird, während aus dem senkrecht polarisierten „Primärstrahl", also dem Strahl, der keinerlei Spiegelungen erfahren hat, an jeder Grenzfläche ein gewisser Teil herausgenommen wird (Abb. 2.118). Haben wir hingegen eine einfallende ebene Welle (keine Begrenzung in y-Richtung in Abb. 2.118) oder summieren wir wenigstens über alle y-Werte größer als ein Festwert y_0, so wird durch vielfaches Hin- und Zurückreflektieren (im Grenzfall unendlich vieler Platten) die gesamte Intensität aus der senkrecht polarisierten Welle reflektiert. Den Beweis führt man, wenn man sich das lästige Aufsum-

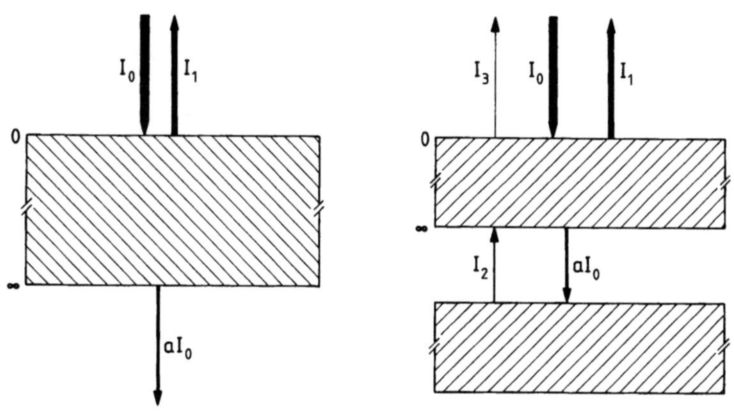

Abb. 2.119 Reflexion an einer unendlichen Schichtung planparalleler Platten. Links: Schichtung unaufgeteilt; rechts: Schichtung in zwei jeweils unendlich viele Platten enthaltende Schichtungen aufgeteilt. S. Text.

mieren ersparen will, sehr einfach, indem man sich die unendlich dicke Schicht in zwei – ja auch wieder unendlich dicke – Schichten aufgespaltet denkt (Abb. 2.119). Man nimmt nun an, von der ersten Schicht, auf die die Intensität $I_0 > 0$ fällt, werde die Intensität aI_0 durchgelassen und somit die Intensität $I_1 = (1-a)I_0$ reflektiert. Letzteres muß zugleich die gesamte reflektierte Intensität sein – die Schicht ist ja unendlich dick! Von der zweiten Schicht, auf die die Intensität aI_0 fällt, wird die Intensität $I_2 = (1-a)\,aI_0$ reflektiert. Die erste Schicht, von hinten mit I_2 bestrahlt, läßt davon nach vorne die Intensität $I_3 = aI_2 = a(1-a)\,aI_0$ durch. I_3 ist zu I_1 zu addieren. I_3 muß aber null sein, da I_1 ja die gesamte reflektierte Intensität ausmachte. $I_3 = 0$ ist nur möglich, wenn $a = 0$ gilt.

Allgemein ist die Erzeugung linear polarisierter elektromagnetischer Wellen durch Reflexion aber in praxi eine umständliche Methode. Sie ist deshalb nur dort angezeigt, wo bessere Möglichkeiten nicht verfügbar sind. Sie wird im *Ultraroten* benutzt, und als Material verwendet man z. B. Selen, Schwefel oder Bleisulfide.

2.8.4 Linearpolarisation durch andere Prozesse

Linear polarisiertes Licht oder allgemeiner linear polarisierte elektromagnetische Strahlung läßt sich noch auf vielfältige andere Art erzeugen. Hier sollen die entsprechenden Methoden nur kurz erwähnt werden. Dabei wollen wir auch die *direkte Erzeugung* linear polarisierter Strahlung nicht ausschließen.

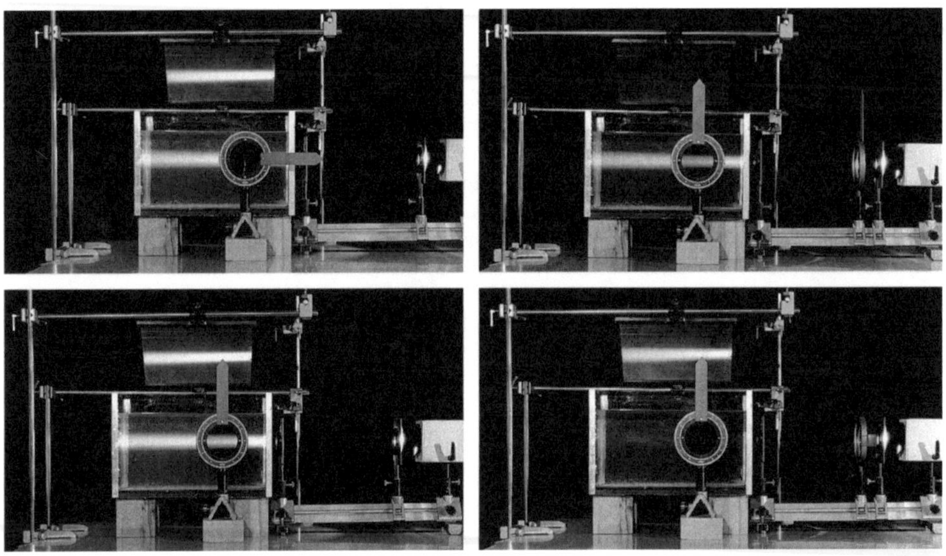

Abb. 2.120 Linearpolarisation durch Streuung. Glühlampenlicht von rechts in Wassertank, Wasser mit Kolophonium eingetrübt. Beobachtung des in 90°-Richtung zur Einfallsrichtung gestreuten Lichts horizontal und (über Spiegel) vertikal; horizontal außerdem durch Polarisationsfolie als Analysator. Links: Einstrahlung unpolarisiert; rechts: Einstrahlung durch Polarisationsfolie als Polarisator polarisiert. Durchlaßrichtung der Polarisationsfolien jeweils durch Pfeil gekennzeichnet. Linke Bilder: Demonstration der Transversalpolarisation des Streulichts. Rechte Bilder: Demonstration der Streuung des polarisierten Lichts in 90°-Richtung relativ zur Polarisationsrichtung des einfallenden Lichts (Pfeil des Polarisators rechts im oberen Bild nach oben gerichtet und im unteren nach vorne, etwas schlecht zu erkennen).

Streuung

Wird elektromagnetische Strahlung an einem isotropen Medium gestreut, so ist die *Streustrahlung,* wie wir aus Abschn. II, 3.7.2 wissen, partiell oder total linear polarisiert. Die Polarisation ist bei Beobachtung im rechten Winkel zum einfallenden Strahl vollständig, der Polarisationsgrad also $p = 1$. Das wird durch den Versuch Abb. 2.120 vor Augen geführt. Wir heben hervor:

- *Streuung führt zu Polarisation.*

Erzeugung linear polarisierten Lichts aus zirkular polarisiertem

In Abschn. 2.7.3 haben wir die Erzeugung zirkular polarisierten Lichts aus linear polarisiertem kennengelernt. Wegen der Zeitumkehrinvarianz der Maxwell-Gleichungen, vgl. Abschn. 1.2.4, kann man den Vorgang auch „rückwärts" laufen lassen und aus zirkular polarisiertem Licht wieder linear polarisiertes herstellen.

Direkte Erzeugung linear polarisierter Strahlung

Die im Rundfunk- und Fernsehbereich verwendete elektromagnetische Strahlung ist von ihrer Erzeugung an linear polarisiert (Abschn. II, 3.2.2). Ebenso ist die Synchrotronstrahlung, s. Abschn. II, 3.6.2, linear polarisiert. Das ergibt sich aus ihrem Entstehungsmechanismus. Laserlicht, vgl. Abschn. IV, 1.4.10, ist ebenfalls polarisiert. Bei geeigneter Beobachtungsrichtung ist das Licht von Atomen, die sich im Magnetfeld befinden (Abschn. IV, 1.4.9), und die γ-Strahlung aus ausgerichteten Kernen (Abschn. IV, 4.2.10) linear polarisiert.

2.8.5 Erzeugung und Nachweis zirkular und elliptisch polarisierter Strahlung

Die Erzeugung zirkular und elliptisch polarisierten Lichts aus linear polarisiertem wurde bereits in Abschn. 2.7.3 behandelt. Manche Stoffe zeigen verschiedene Brechzahlen für rechts- und linkszirkular polarisiertes Licht **(zirkulare Doppelbrechung)** bzw. verschiedene Absorption **(zirkularer Dichroismus).** Beides läßt sich zur Erzeugung und Analyse zirkular polarisierten Lichts verwenden. Elliptisch polarisiertes Licht entsteht bei der Reflexion von linear polarisiertem an metallischen Spiegeln (vgl. Abschn. 2.2.3); bei einmaliger Spiegelung ist die Ellipse allerdings sehr gestreckt. Ebenso entsteht elliptisch polarisiertes Licht bei Spiegelung an absorbierenden Medien; der Grund ist im wesentlichen derselbe wie bei Metallspiegeln. Zirkular polarisierte γ-Strahlung läßt sich bei geeigneter Beobachtungsrichtung aus polarisierten Kernen gewinnen (Abschn. IV, 4.2.10). Ebenso ist die *Bremsstrahlung,* die bei radioaktivem β-Zerfall auftritt, zirkular polarisiert. Atome im Magnetfeld senden in die „richtige" Richtung zirkular polarisiertes Licht aus (Abschn. IV, 1.4.9). Da der Querschnitt für die Streuung von γ-Strahlung an freien Elektronen spinabhängig ist (Abschn. IV, 4.2.10), kann man auch durch *Streuung* an *polarisierten Elektronen zirkular polarisierte γ-Strahlung* herstellen; wichtiger ist dieser Streuprozeß jedoch zum *Nachweis* zirkular polarisierter Strahlung. Die polarisierten Elektronen findet man ausreichend frei in magnetisiertem Eisen (Abschn. II, 2.7.4). Die in der Lichtoptik üblichen Methoden lassen sich für γ-Strahlung (und auch für Röntgen-Strahlung) nicht verwenden, weil die Brechzahl viel zu nahe an 1 liegt und deshalb Differenzen von Brechzahlen a fortiori verschwinden.

2.9 Brechzahl und Dispersion

2.9.1 Phänomenologisches und Qualitatives über Brechzahl und Dispersion

In den meisten durchsichtigen Stoffen ist für Licht die Brechzahl n größer als 1. Sie ist jedoch fast nie von der Kreisfrequenz ω unabhängig. Verändert sich $n = n(\omega)$ mit ω, so sprechen wir von **Dispersion,** von lat. dispersio = Zerstreuung, wegen der „Zerstreuung“ eines weißen Lichtstrahls beim Durchgang etwa durch ein Prisma. Der Grund für Dispersion ist gemäß der Abhängigkeit der Phasengeschwindigkeit v_{Ph} von n, $v_{\text{Ph}} = c/n = 1/\sqrt{\varepsilon\mu}$, Gl. (II, 3.25), die *Frequenzabhängigkeit* von $\varepsilon = \varepsilon_r \varepsilon_0$ und $\mu = \mu_r \mu_0$. Im folgenden wollen wir uns der Einfachheit halber auf $\mu_r = 1$ beschränken; Stoffe mit $\mu_r \neq 1$ spielen in der Optik keine Rolle.

Betrachtet man einen größeren Ausschnitt aus dem elektromagnetischen Spektrum, so sieht eine typische *Dispersionskurve* $n = n(\omega)$ aus wie in Abb. 2.121. Bei kleinen

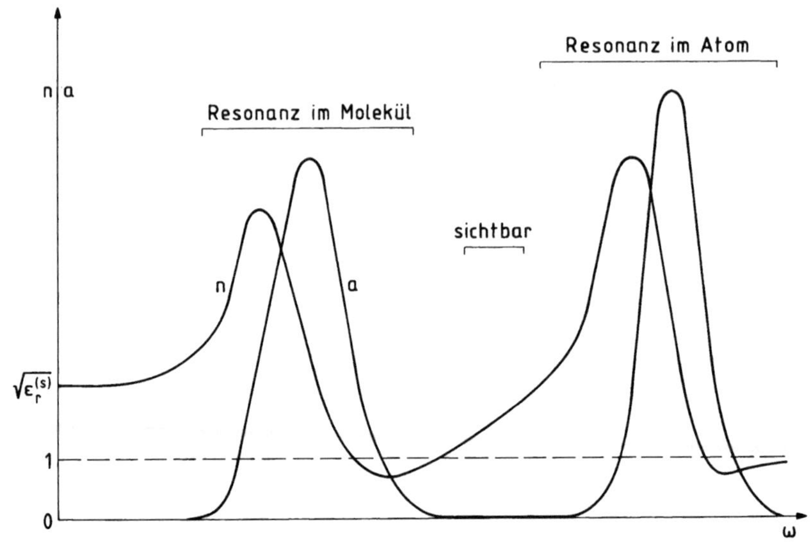

Abb. 2.121 Brechzahl n und Absorptionskoeffizient a, im wesentlichen der in Abschn. II, 3.7.1 eingeführte Extinktionskoeffizient α, als Funktion der Kreisfrequenz ω (schematisch). Mit eingezeichnet der Vakuumwert $n = 1$ und der im Grenzfall kleiner Frequenz geltende, aus dem elektrostatischen Wert $\varepsilon_r^{(s)}$ der Dielektrizitätszahl ε_r folgende Wert $n = \sqrt{\varepsilon_r^{(s)}}$.

Frequenzen wird n durch die *statische Dielektrizitätszahl* $\varepsilon_r^{(s)}$ bestimmt ($n = \sqrt{\varepsilon_r^{(s)}}$). Bei höheren Frequenzen, die aber immer noch unterhalb des sichtbaren Bereichs liegen, steigt n stark an und fällt dann wieder ab, auch auf einen Wert kleiner 1. Im Bereich des sichtbaren Lichtes hat man meist einen kontinuierlichen Anstieg. Ein zweites relatives Maximum gibt es jenseits des sichtbaren Bereichs, z. B. im Ultravioletten. Ihm folgt wieder ein relativ steiler Abfall und schließlich ein langsamer Anstieg, wobei n immer *unterhalb eins* bleibt, sich jedoch diesem Wert asymptotisch nähert (Röntgen- und γ-Strahlen-Gebiet). Der Bereich um das erste Maximum mit dem anschließenden Minimum und ebenso der um das zweite Maximum mit seinem Minimum haben den für **Resonanzen** typischen Verlauf (vgl. Abschn. I, 7.1.3). Nimmt wie in Abb. 2.121 und auch meist in der Realität die Brechzahl im Bereich sichtbaren Lichts mit zunehmender Frequenz zu, ist also

$$\frac{\mathrm{d}n(\omega)}{\mathrm{d}\omega} > 0\,,$$

so sprechen wie von **normaler Dispersion.** Nimmt hingegen die Brechzahl mit wachsender Frequenz ab,

$$\frac{\mathrm{d}n(\omega)}{\mathrm{d}\omega} < 0\,,$$

so liegt **anomale Dispersion** vor.

Die physikalische Ursache für $n \neq 1$ entsprechend $\varepsilon_r \neq 1$ ist, wie wir schon in Kap. II, 1.7) und in Abschn. II, 3.2.3 gesehen haben, die *Polarisierbarkeit* der Materie. Um uns gewisse Komplikationen zu ersparen, wollen wir vorzugsweise an nichtpolare Moleküle denken. In diesen wird durch das anliegende Feld $\boldsymbol{E}_\mathrm{A}$ ein elektrisches Dipolmoment $\boldsymbol{p}$ induziert.

Abb. 2.122 zeigt den Unterschied zwischen Brechung und Dispersion.

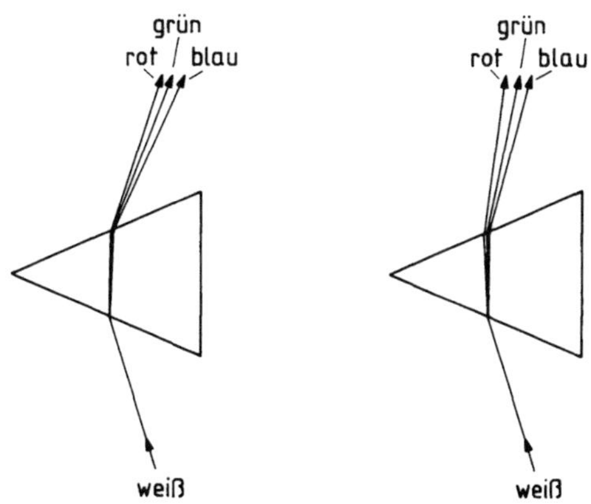

Abb. 2.122 Unterschied zwischen Brechung und Dispersion. Zwei Prismen gleicher Form, aber aus verschiedenem Material zerlegen weißes Licht in seine Komponenten. Die Zeichnung ist quantitativ. Rot: rote Wasserstofflinie, $\lambda = 656{,}2725$ nm. Grün: grüne Quecksilberlinie, $\lambda = 546{,}0740$ nm. Blau: Blaue Cadmiumlinie, $\lambda = 479{,}9914$ nm. Links: Starke Brechung, schwache Dispersion: $n_\mathrm{rot} = 1{,}75$, $n_\mathrm{grün} = 1{,}76$, $n_\mathrm{blau} = 1{,}77$. Rechts: schwache Brechung, starke Dispersion: $n_\mathrm{rot} = 1{,}50$, $n_\mathrm{grün} = 1{,}52$, $n_\mathrm{blau} = 1{,}54$.

2.9.2 Quantitative Behandlung von Brechzahl und Dispersion

Die quantitative Behandlung von $n = n(\omega)$ ist auf zwei Weisen möglich: Entweder entwickeln wir eine „mikroskopische Theorie", das ist eine Theorie, die auf den Eigenschaften der „Einzelteile" aufbaut, oder eine „Kontinuumstheorie", das ist eine Theorie, die auf den Eigenschaften der Materie im Großen basiert.

In der **mikroskopischen Theorie** ist der *Raum* im wesentlichen *leer,* und die Phasengeschwindigkeit v_{Ph} ist gleich der Vakuumlichtgeschwindigkeit c, auch in dem Gebiet, das, makroskopisch betrachtet, mit dem Medium ausgefüllt ist. Über dieses Gebiet sind „Sender" verteilt, die von der einfallenden Lichtwelle erregt werden. Diese Sender strahlen kohärent mit der auf sie einfallenden Welle, aber weisen eine Phasenverschiebung auf. Die resultierende Welle ist dann die Summe *(Überlagerung)* aus der *einfallenden Welle* und den *emittierten Wellen.* Die quantitative Behandlung in der mikroskopischen Theorie ist uns zu mühsam. Das Resultat ist dasselbe wie bei der Kontinuumstheorie.

In der **Kontinuumstheorie** ist das betrachtete Gebiet *homogen* mit dem Medium *gefüllt.* Die Dielektrizitätszahl $\varepsilon_{\text{r}} = \varepsilon_{\text{r}}(\omega)$ bestimmt die optischen Eigenschaften des Mediums ($\mu_{\text{r}} = 1$ der Einfachheit halber gesetzt), und die Phasengeschwindigkeit v_{Ph} ist im Medium (in den meisten Fällen) kleiner als c. Von den Besonderheiten, die zur Laserwirkung (vgl. Abschn. IV, 1.4.10) führen, vor allem das Vorhandensein eines emissionsfähigen Mediums, sehen wir hier ab.

Im folgenden beziehen wir uns auf das in den Abschnitten II, 1.2.5, II, 1.7.3 und II, 1.7.4 über Polarisation und das in Abschn. II, 3.2.3 über erzwungene Schwingungen Gesagte. Wir schreiben das induzierte Dipolmoment eines Atoms oder Moleküls unter Einbeziehung der Dämpfung als

$$\boldsymbol{p} = \alpha\varepsilon_0\boldsymbol{E}_0 \sin(\omega t + \varphi) = \boldsymbol{p}_0 \sin(\omega t + \varphi) = q\boldsymbol{z}\,; \tag{2.53}$$

hierbei bedeutet α die (atomare oder molekulare) Polarisierbarkeit, $\boldsymbol{E}_0$ die Amplitude des erregenden elektrischen Feldes $\boldsymbol{E} = \boldsymbol{E}_0 \sin\omega t$, φ die Phase und $\boldsymbol{z}$ den Ortsvektor des Dipolmoments. Die Amplitude des am Atom oder Molekül wirkenden Feldes $\boldsymbol{E}_{\text{A}}$ setzen wir zunächst gleich der Amplitude $\boldsymbol{E}_0$; später gehen wir davon ab. Schwingt die Masse m, so ist die Differentialgleichung die der erzwungenen Schwingung, Gl. (I, 7.9), wobei eine der Geschwindigkeit $v = \dot{z}$ proportionale Dämpfung mit γ als Proportionalitätsfaktor gemäß Gl. (I, 7.1) angesetzt ist. Diese Differentialgleichung hat die Lösung Gl. (I, 7.10). Die Übertragung auf unsere jetzige, in Gl. (2.53) angegebene Bezeichnung liefert das folgende Resultat:

$$\alpha = \alpha(\omega) = \frac{q^2}{\varepsilon_0 m\sqrt{(\omega_0^2 - \omega^2)^2 + \gamma^2\omega^2}}\,. \tag{2.54}$$

$\varepsilon_{\text{r}} = 1 + n_0\alpha$ [aus Gln. (II, 1.54) und (II, 1.60)], wobei n_0 die Teilchenzahldichte ist, errechnet sich zu

$$\varepsilon_{\text{r}} = \varepsilon_{\text{r}}(\omega) = 1 + \frac{n_0 q^2}{\varepsilon_0 m\sqrt{(\omega_0^2 - \omega^2)^2 + \gamma^2\omega^2}}\,. \tag{2.55}$$

Bei der Ableitung der Gleichungen (2.54) und (2.55) ist vorausgesetzt, daß es nur eine einzige Resonanz mit der Resonanzfrequenz ω_0 gibt. Möchte man aus

Gl. (2.55) $n = n(\omega)$ ausrechnen, so muß man die Wurzel ziehen. Für $|\varepsilon_r - 1| \ll 1$ bzw. $|n - 1| \ll 1$ führt das zu

$$n = n(\omega) = \sqrt{\varepsilon_r} = 1 + \frac{n_0 q^2}{2\varepsilon_0 m \sqrt{(\omega_0^2 - \omega^2)^2 + \gamma^2\omega^2}} . \tag{2.56}$$

Wie wir aus Abschn. I, 7.1.3 wissen, ist die *Leistungsaufnahme* bei *Resonanz* am *größten*, also bei $\omega = \omega_0$. Die Leistung kommt durch *Absorption* der Energie aus dem Strahl zustande. Wo bleibt diese Energie? Das können wir natürlich aus unserem Modell nicht komplett erschließen, da wir noch keine Annahme darüber gemacht haben, wie die Dämpfung zustande kommt. Im Modell unseres gedämpften Resonators, der einen Sender darstellt, ist das aber klar: Die *aufgenommene Leistung* wird *reemittiert*. Wir können statt Absorption und Reemission auch von *Streuung* sprechen. In diesem Sinne wäre es besser, das Wort Absorption durch *Extinktion* zu ersetzen; vgl. dazu Abschn. II, 3.7.1. Jedoch ist im strengen Sinne unseres Bildes aus Abschn. II, 3.7.1 auch der Ausdruck Absorption richtig, weil nämlich absorbierte und reemittierte Strahlung etwas verschiedene Frequenz haben. Der in den meisten Experimenten nicht meßbare Unterschied beruht auf der *Doppler-Verschiebung*. Diese rührt wiederum vom zweifachen Doppler-Effekt her, nämlich einmal bei der Absorption und zum zweitenmal bei der Emission. Der Doppler-Effekt ist in unserem Fall auf die Impulserhaltung zurückzuführen: Der Impuls der absorbierten „Lichtwelle", genauer der des absorbierten Quants, vgl. Abschn. II, 3.5.3, wird von dem Atom aufgenommen. Ein Teil der im Laborsystem gemessenen Energie des Quants geht in allgemeine Schwerpunktsbewegung über, der andere (weitaus größere) in Anregung. Bei der Reemission wird wieder ein kleiner Teil der Gesamtenergie in die Bewegung des Atoms *(Rückstoß)* umgesetzt.

Die Leistungsaufnahme der Resonatoren hat auf den durchlaufenden Lichtstrahl eine viel größere Wirkung, als in der durch Doppler-Verschiebung verursachten Frequenzänderung zum Ausdruck kommt. Beziehen wir uns auf *gerichtet einfallendes* Licht, stellen wir zunächst fest, daß die gesamte absorbierte Energie (wenn man von Sekundärprozessen wie z. B. der Reabsorption gestreuten Lichts absieht) aus dem Primärstrahl genommen wird. Vernachlässigt man den winzigen Bruchteil der Gesamtenergie, der durch Rückstoß in Atombewegung geht, so wird in unserm etwas vereinfachenden Bild die gesamte absorbierte Energie auch wieder als Strahlung reemittiert. Da unsere „Sender" als elektrische Dipole zu betrachten sind, wird das Licht jedoch nicht in Strahlrichtung konzentriert, sondern in (fast) *alle Richtungen emittiert*. Bis auf den geringen Bruchteil, der in ursprünglicher Strahlrichtung reemittiert wird, fehlt also die absorbierte Intensität im Strahl. In Vorwegnahme vom Liniencharakter der von Atomen emittierten elektromagnetischen Strahlung (vgl. Abschn. IV, 1.4.1 und IV, 1.4.2) werden wir also bei „weißem" Licht, das als Strahl durch ein aus Atomen bestehendes Gas geht, bei den *Resonanzfrequenzen* des Atoms *Absorption* und damit *dunkle Linien* im Spektrum sehen; Abb. 2.123 zeigt den Effekt. Die dunklen Linien sind die berühmten **Fraunhoferschen Linien** im *Sonnenspektrum*. Beinahe unnötig hinzuzufügen: Die dunklen Linien sind nicht wirklich „schwarz", sondern von derselben Farbe wie die hellen; sie sind jedoch viel intensitätsärmer als ihre Umgebung und erscheinen unserm Auge deshalb dunkel.

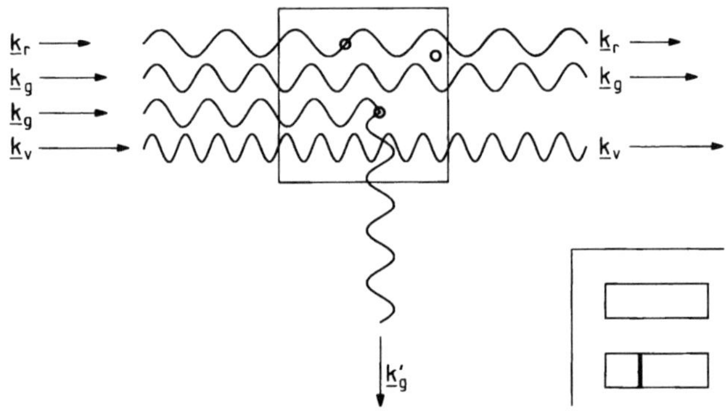

Abb. 2.123 Entstehung der Fraunhoferschen Linien (schematisch). Beispiel Na. $\boldsymbol{k}_r$ ($\boldsymbol{k}_g$, $\boldsymbol{k}_v$) Wellenvektoren des ein- und auslaufenden ungestreuten roten (gelben, violetten) Lichts, $\boldsymbol{k}'_g$ Wellenvektor resonant gestreuten gelben Lichts. Im Eckeinsatz Spektrum des einlaufenden Lichts (oben) und des ungestreut auslaufenden (unten).

Bisher haben wir uns auf ein „dünnes" Medium beschränkt, in dem wir das am Atom direkt wirkende Feld mit der Amplitude E_A gleich der Amplitude des einfallenden Feldes E_0 setzen konnten. Wir gehen nun ganz genauso, wie wir es in Abschn. II, 1.7.5 getan haben, zum *dichten Medium* über. Wir machen wie dort die Voraussetzung $n_0\alpha < 3$ [Gl. (II, 1.72)], setzen $\varepsilon_r = n^2$ und erschließen mit Gl. (2.54) aus Gl. (II, 1.74)

$$n = n(\omega) = \sqrt{1 + \frac{\dfrac{n_0 q^2}{\varepsilon_0 m \sqrt{(\omega_0^2 - \omega^2) + \gamma^2\omega^2}}}{1 - \dfrac{1}{3}\dfrac{n_0 q^2}{\varepsilon_0 m \sqrt{(\omega_0^2 - \omega^2)^2 + \gamma^2\omega^2}}}}\,. \tag{2.57}$$

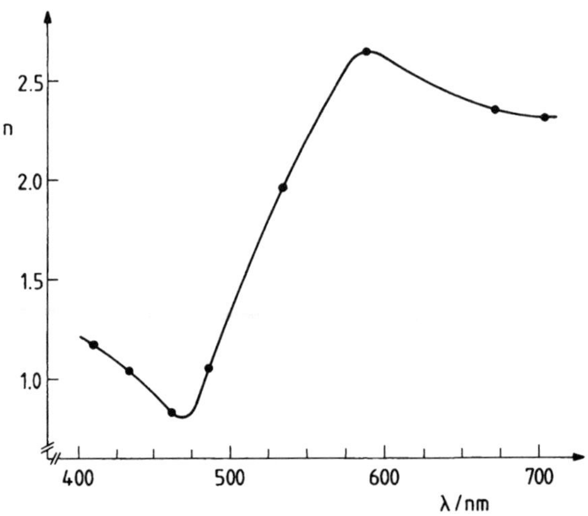

Abb. 2.124 Gemessene Dispersionskurve (Fuchsin in fester Form). Anomale Dispersion im Bereich 470 nm < λ < 590 nm. Man beachte, daß n deutlich unter 1,0 absinkt.

Die so erhaltene Beziehung (1890/91), die eine Korrektur auf die Dichte des Mediums enthält, heißt nun aber nicht, wie in der Elektrodynamik üblich, Clausius-Mosottische Beziehung, sondern **Lorentz-Lorenzsche Beziehung,** benannt nach H. A. Lorentz und dem dänischen Physiker L. Lorentz (1829–1891).

Unsere Ausdrücke, obwohl schon etwas unübersichtlich, sind noch nicht vollständig. Bisher haben wir angenommen, daß nur eine einzige Resonanz auftritt. Meist haben wir es jedoch mit *mehreren Resonanzen* zu tun, über die wir dann *summieren* müssen. Aus den Gleichungen (2.56) und (2.57) wird bei s Resonanzen, wie unmittelbar ersichtlich,

$$n = n(\omega) = 1 + \frac{1}{2\varepsilon_0} \sum_1^s \frac{n_0^{(k)} q_k^2}{m_k \sqrt{(\omega_k^2 - \omega^2)^2 + \gamma_k^2 \omega^2}}$$

bzw.

$$n = n(\omega) = \sqrt{1 + \sum_1^s \frac{\dfrac{n_0^{(k)} q_k^2}{\varepsilon_0 m_k \sqrt{(\omega_k^2 - \omega^2)^2 + \gamma_k^2 \omega^2}}}{1 - \dfrac{1}{3} \dfrac{n_0^{(k)} q_k^2}{\varepsilon_0 m_k \sqrt{(\omega_k^2 - \omega^2)^2 + \gamma_k^2 \omega^2}}}}, \tag{2.58}$$

wobei ω_k die Resonanzfrequenz ω_0 für die k-te Resonanz ist und sich auch sonst der Index k auf die k-te Resonanz bezieht. Der Kuriosität halber sei mitgeteilt, daß ein ganz analoger Effekt bei der Streuung von π-Mesonen an Atomkernen vorkommt, die ja auch ein dichtes Medium sind; hier heißt er aber Ericson-Ericson-Effekt, nach dem schwedischen Physiker T. Ericson (geb. 1930) und der spanischen Physikerin M. Ericson (geb. 1929) (oder in umgekehrter Reihenfolge).

Abb. 2.124 zeigt eine gemessene Dispersionskurve.

2.9.3 Vertiefende Behandlung der Totalreflexion

Bisher haben wir die *Totalreflexion* aus der *geometrischen Optik* gewonnen und uns dabei des Snelliusschen Brechungsgesetzes bedient, vgl. Abschn. 1.2.2. Da wir dieses Gesetz abgeleitet haben, und zwar mit dem (ebenfalls abgeleiteten) Fermatschen Prinzip, befinden wir uns auf sicherem Boden. Überdies haben wir das Brechungsgesetz aus dem (allerdings postulierten) Huyghensschen Prinzip hergeleitet. Das hat unserer Anschauung geholfen. Dennoch werden wir, wenn wir etwas tiefer über die Vorgänge der Totalreflexion mit Berücksichtigung des im vorigen Abschnitt Gesagten nachdenken, auf gewisse Verständnisschwierigkeiten stoßen.

Bisher haben wir die Grenzfläche zwischen zwei Medien 1 und 2 als einen abrupten Übergang angesehen und insbesondere vorausgesetzt, daß die Eigenschaften des Materials in der Oberflächenschicht 3 dieselben sind wie in Bereichen weiter davon entfernt. Das ist bei realen Materialien, wenn wir uns in Schichtdicken der Größenordnung der Lichtwellenlängen bewegen, fast nie der Fall. Glas ist z. B. immer von einer Wasserschicht überzogen, die mehrere Moleküllagen dick ist. Wie man sich leicht überlegt, bricht die Oberflächenschicht 3 das Licht genau in dem Maße, daß sie auf Brechung und Reflexion zwischen den Medien 1 und 2 keinen Einfluß hat.

Von diesen physischen Veränderungen der oberflächennahen Schichten wollen wir indes hier gar nicht reden. Wir gehen vielmehr auf das im vorigen Abschnitt erwähnte mikroskopische Bild zurück, das in Schwingungen versetzte elektrische Dipole als Ursache der von eins verschiedenen Brechzahl zur Grundlage hat. Welches Feld wirkt z. B. auf die Dipole der „ersten" Schicht, also der direkt an der Oberfläche befindlichen Dipole? Ist es im wesentlichen das Feld des Vakuums (beim Übergang Vakuum – Medium), das Feld innerhalb des dichten Mediums oder ein wie auch immer geartetes Mittelding? Und was ist in der zweiten, dritten usw. Schicht unter der Oberfläche?

Im folgenden wollen wir jedoch nicht auf diese realen Änderungen in der Oberflächenschicht eingehen. Wie früher werden wir den Übergang als eine scharfe Grenze zwischen Vakuum und dichtem Medium idealisieren, die wir der Einfachheit halber auch als eben annehmen wollen. Wir betrachten Totalreflexion an der Grenzschicht Dielektrikum – Vakuum. Wie wir aus den Abschnitten 2.9.1 und 2.9.2 wissen, können wir die Brechzahl als durch im Medium kontinuierlich verteilte Resonatoren verursacht ansehen. Dieses Modell wollen wir auch hier benutzen. Damit die Resonatoren z. B. unmittelbar an der Oberfläche zu Schwingungen angeregt werden, muß eine elektrische Feldstärke herrschen. Der Einfachheit halber wollen wir uns senkrecht zur Einfallsebene linear polarisiertes Licht vorstellen. Nach Abschn. II, 1.7.5 ist allgemein die Tangentialkomponente der elektrischen Feldstärke $\boldsymbol{E}$ an der Grenzfläche stetig. In unserem Fall liegt $\boldsymbol{E}$ parallel zur Grenzfläche und ist somit stetig. Es muß also auch im Außenraum ein elektrisches Feld existieren. Andererseits liegt Totalreflexion vor, also gibt es keine auslaufende Welle, die wir auch weit von der Oberfläche entfernt beobachten könnten. Der Widerspruch löst sich, wenn wir annehmen, daß die im *Außenraum* unmittelbar über der Oberfläche vorhandene elektromagnetische *Welle gedämpft* ist. Dann fällt die Intensität mit wachsender Entfernung von der Oberfläche rasch ab:

- *Totalreflexion bedingt eine gewisse Dicke der Schicht des optisch dünneren Mediums.*

Wie weit sind die im vorigen Absatz entwickelten Vorstellungen richtig oder, etwas anders ausgedrückt, inwieweit führen sie zu beobachtbaren Effekten (und sind mit unsern allgemeinen Vorstellungen, also der Maxwellschen Theorie, vereinbar)?

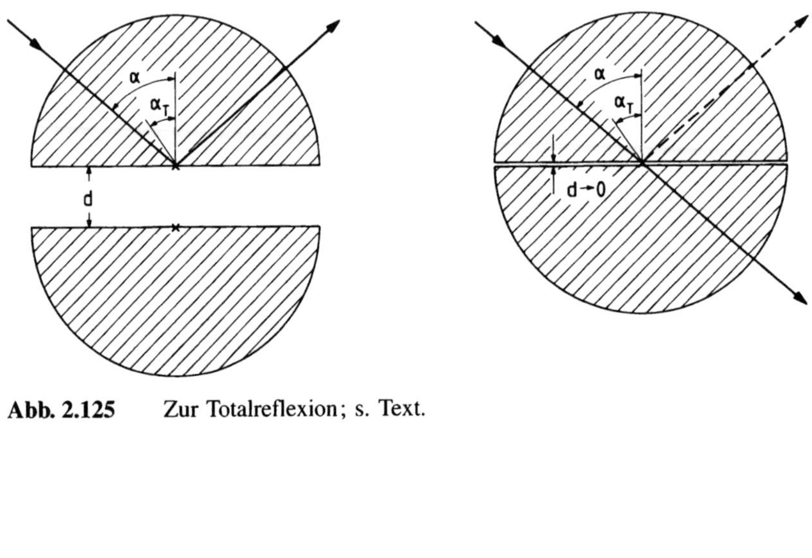

Abb. 2.125 Zur Totalreflexion; s. Text.

Die erste Frage wollen wir einerseits mit einem Gedankenversuch, andererseits mit einem wirklichen Versuch beantworten. Im Gedankenversuch, Abb. 2.125, fällt Licht mit dem Einfallswinkel $\alpha > \alpha_T$ aus dem dichten Medium auf dessen Grenzfläche ein; es findet also nach Abschn. 1.2.2 Totalreflexion statt. Unterhalb und parallel zu dieser Oberfläche befindet sich im Abstand d eine zweite Grenzfläche zum gleichen Medium. Zunächst sei d groß, z. B. wesentlich größer als die Wellenlänge λ des verwendeten Lichts $(d \gg \lambda)$. Dann wird die untere Platte durch ihre Anwesenheit die Totalreflexion überhaupt nicht, d. h. nicht meßbar, beeinflussen. Nun gehen wir zum andern Extrem über: Wir pressen die untere Platte gegen die obere (wirklich

Abb. 2.126 Versuch zur Totalreflexion. Von unterer Stirnfläche her bestrahlter Plexiglas-Lichtleiter. Oben links: locker in Kunststoffring eingespannt, Totalreflexion durch Ring nicht gestört. Oben rechts: fest in Kunststoffring eingespannt, Totalreflexion durch Ring zerstört. Unten: fest in Aluminiumring eingespannt, Totalreflexion ebenfalls zerstört, aber metallische Reflexion (Reflexionsvermögen hier kleiner als 1!). Da Lichtleiter in der messenden Physik wichtig sind, kommt dem Ergebnis dieses Versuches durchaus praktische Bedeutung zu.

plane Oberflächen natürlich vorausgesetzt). Nach unseren Vorstellungen über ein homogenes Medium, als das wir die beiden Platten auffassen, findet an der Grenzfläche der oberen Platte nunmehr keine Totalreflexion, ja überhaupt *keine Reflexion* statt. Nun kommt der eigentliche Versuch: Wir nehmen beide Platten wieder auseinander und nähern die untere, z. B. bei $d = 1$ mm anfangend, der oberen. Zunächst haben wir Totalreflexion. Dieser Fall muß aber *stetig* in den Fall der aufeinandergepreßten Platten übergehen. Die Intensität im gestrichelt gezeichneten reflektierten Strahl geht also mit d gegen null. Wir überzeugen uns von der Richtigkeit dieser Argumente, zumindesten qualitativ, durch einen wirklichen Versuch (Abb. 2.126). In diesem Versuch bilden wir die Oberfläche ab, an der Totalreflexion erfolgen kann. Im Bild wird man dann die totalreflektierenden Stellen hell und die nicht oder weniger stark reflektierenden dunkel sehen. Man entnimmt dem Versuch: Das locker anliegende nichtleitende Material stört die Totalreflexion nicht, das angepreßte Material hebt sie auf und das leitende Material (Metall) ersetzt sie durch metallische Reflexion an seiner Oberfläche.

2.10 Photometrie und Kolorimetrie

2.10.1 Photometrie

In Abschn. 2.1.1 haben wir uns eingehend mit den Begriffen Intensität, Strahlungsemission und Bestrahlungsstärke beschäftigt. Wir haben sie, sieht man von geometrischen Größen wie Raumwinkel und Fläche ab, durch die *Leistung* charakterisiert, sei es einfallende, sei es emittierte Leistung. Leistung messen wir in der Physik vorzugsweise in Watt (oder in davon abgeleiteten Einheiten). Spezielle Bedürfnisse, vor allem in der *Lichttechnik* und der *Beleuchtungstechnik,* sowie vermutlich auch nachwirkende Einflüsse aus früheren Zeiten haben aber bis heute im Internationalen Einheitensystem (SI) eine spezielle Grundeinheit der *Strahlungsleistung* für Licht, der **Lichtstärke** I, bestehen lassen. Diese Einheit ist die **Candela** (Symbol: cd), was auf lateinisch „Wachskerze" heißt (Betonung: Cand**e**la). Sie ist sicher die am wenigsten bedeutsame der sieben SI-Grundeinheiten und „in Wirklichkeit" eine abgeleitete Einheit, wie sich gleich zeigen wird: Eine Lichtquelle strahlt in eine bestimmte Richtung mit der Lichtstärke 1 cd, wenn sie monochromatische Strahlung der Frequenz $5{,}40 \times 10^{14}$ Hz aussendet und die Strahlstärke in dieser Richtung 1/683 W/Steradiant beträgt. Eine isotrop strahlende Lichtquelle der Lichtstärke I strahlt den **Strahlungsfluß** $\Phi = I\Omega$ ab mit Ω als Raumwinkel. Einheit des Strahlungsflusses ist das **Lumen** (Symbol: lm), $\mathrm{lm} \equiv \mathrm{cd} \cdot \mathrm{sr}$ mit sr als Steradiant (= 1). Der Strahlungsfluß Φ ruft eine **Beleuchtungsstärke** E von $E = \Phi/A$ hervor mit A als der senkrecht bestrahlten Fläche. Einheit der Beleuchtungsstärke ist das **Lux** (Symbol: lx), $\mathrm{lx} \equiv \mathrm{lm}/\mathrm{m}^2 = \mathrm{cd} \cdot \mathrm{sr}/\mathrm{m}^2$.

Bestrahlungsstärken und damit Strahlstärken lassen sich im Wellenlängenbereich von größenordnungsmäßig 1 mm bis hinab zu größenordnungsmäßig 1 fm praktisch unabhängig von der Wellenlänge objektiv *kalorimetrisch* messen. Unter einem **Kalorimeter** im weiteren Sinne versteht man in der Physik ein Instrument, das die auftreffende Strahlung total absorbiert [und dann meist in Wärme umsetzt, bei „Kalorimeter" im übertragenen Sinne (Hochenergiephysik!) aber auch in Licht oder freigesetzte elektrische Ladung]. Man mißt z. B. die Erwärmung, die ein bestrahlter Körper erfährt; diese Erwärmung kann man präzise elektrisch messen, etwa durch Widerstandserhöhung in einer Brückenschaltung (vgl. Abschn. II, 2.11.5). Ein solches Instrument wird auch *Bolometer* genannt, u. a. von griech. bole = Strahl. Die Photometrie entwickelt sich, jedenfalls in ihrem wissenschaftlichen Bereich, zu solchen „objektiven" Methoden hin.

In der praktischen Photometrie hat man es jedoch meist nicht mit monochromatischen Lichtquellen zu tun und noch seltener mit solchen der Frequenz $5{,}40 \times 10^{14}$ Hz. Es erhebt sich die Frage, inwieweit man die „Helligkeit" dann, möglichst unabhängig von dem Wellenlängen- oder Frequenzspektrum des Lichts, messen kann. Zu messen sind vor allem die der Bestrahlungsstärke analoge *Beleuchtungsstärke* und die der Strahlstärke analoge *Lichtstärke;* vgl. Abschn. 2.1.1. Sicherlich ist es einfach, zwei Lichtquellen mit verschiedener Strahlstärke, aber gleicher spektraler Verteilung, deren Spektren sich also nur um einen gemeinsamen (frequenzunabhängigen) Intensitätsfaktor unterscheiden, vergleichend zu messen. Man kann einen beliebigen strahlungsempfindlichen Detektor benutzen, der quantitativ mißt. Man kann auch als Strahlungsdetektor das menschliche Auge benutzen und die Intensität der stärkeren Lichtquelle z. B. durch dosiertes Abdecken mit einem Netz bekannter Transmission so weit reduzieren, daß beide Lichtquellen gleich „hell" erscheinen (unser Auge reagiert sehr empfindlich auf „heller" oder „dunkler", ohne jedoch sagen zu können, „wieviel heller" eine bestimmte Lichtquelle ist; außerdem ist es leicht zu täuschen, vgl. Anhang A 1.2). Man kann sich auch einer regelbaren geeichten Vergleichslichtquelle bedienen, manchmal **Pyrometer** genannt (u. a. von griech. pyr = Feuer). Hat man jedoch Lichtquellen verschiedener Farbe, das heißt mit verschiedener spektraler Verteilung, so ist das Messen auf der Basis der Candela schwierig. Sinnvoll ist es, als Meßinstrument für Lichtstärke und Beleuchtungsstärke das Auge eines durchschnittlichen „normalen" Menschen zu benutzen (die Eigenschaften dieses „Normalauges" kann man natürlich nur durch Untersuchung einer großen Anzahl von Menschen mit „gesunden Augen" erhalten). Um z. B. Lichtstärken zu messen, läßt man Tafeln lesen, wie sie der Augenarzt zur Prüfung der Sehtüchtigkeit verwendet, die Buchstaben verschiedener Größe enthalten. Man beleuchtet sie in derselben Geometrie einerseits mit der unbekannten Lichtquelle, andererseits mit einer in Candela geeichten regelbaren Lichtquelle. Die Tafeln müssen farblich „neutral" sein, also z. B. schwarze Schrift auf weißem Grund tragen. Kann der „Normalmensch" bei beiden Beleuchtungsarten die Schrifttafeln aus gleicher Entfernung bis zur selben Schriftgröße hinab lesen, so definiert man beide Beleuchtungsstärken und damit auch beide Lichtstärken als gleich. Es gibt andere, im Grunde ähnliche Verfahren; die Ergebnisse differieren nicht stark voneinander.

Fährt man das sichtbare Spektrum unter Frequenzänderung mit einer (praktisch) monochromatischen Lichtquelle gleicher subjektiver Helligkeit durch, mißt die jeweilige Leuchtstärke (Einheit: Watt) und bildet dann das Reziproke der Leuchtstärke, so erhält man die *Empfindlichkeitskurve* des *menschlichen Auges;* genauer: des menschlichen Auges unter den gewählten Versuchsbedingungen, vor allem der gewählten Helligkeit; diese geht, vor allem wegen des Unterschieds zwischen Zäpfchen- und Stäbchensehen (vgl. Abschn. 1.7.1), in den Kurvenverlauf ein. Abb. 2.127 zeigt eine solche Kurve, aufgenommen bei größerer Helligkeit. Dabei fällt das Maximum der Empfindlichkeitskurve des menschlichen Auges in etwa mit dem Maximum der Intensität der Sonnenstrahlung zusammen.

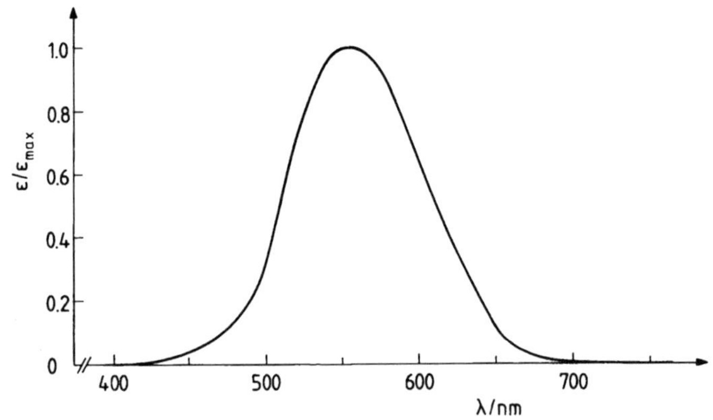

Abb. 2.127 Empfindlichkeitskurve des menschlichen Auges. Aufgetragen ist die Empfindlichkeit ε bei der Wellenlänge λ, dividiert durch die Empfindlichkeit $\varepsilon_{\max}$ bei der Wellenlänge, bei der die Empfindlichkeit maximal ist.

2.10.2 Kolorimetrie

Wie in Abschn. 1.1.1 ausgeführt, sind Farbempfindungen kein Gegenstand der Physik. Empirisch hat man festgestellt, daß sich jeder Farbeindruck, der von monochromatischem Licht bestimmter Frequenz im Auge hervorgerufen wird, auch durch *Addition* **(additive Mischung)** von Licht aus drei geeigneten Lichtquellen, und zwar immer denselben, nur mit wechselnden Intensitäten, herstellen läßt. Der Grund dafür ist vermutlich in einer analogen Arbeitsweise unseres Auges zu suchen: drei Schichten mit verschiedenen Empfindlichkeitskurven in den Zäpfchen, eine im wesentlichen für langwelliges Licht (rot), eine im wesentlichen für den mittleren Bereich (grün) und eine im wesentlichen für das kurzwellige Licht (blau). Im folgenden wollen wir, ähnlich wie im vorigen Abschnitt, nur unser Auge und damit subjektives Farbempfinden entscheiden lassen, ob zwei Farben „gleich" oder verschieden sind. Dann können wir aus der Farbenlehre eine messende Wissenschaft machen, eben die **Kolorimetrie** (u. a. von lat. color = Farbe). Wir können diese drei **Intensitäten** als **Koordinaten** in einem dreidimensionalen (am einfachsten kartesischen) Koordinatensystem auffassen, bei dem jedes Tripel von Beleuchtungs- bzw. Lichtstärkewerten der betreffenden Lichtquelle einer bestimmten Farbe entspricht (und gleichzeitig einer bestimmten gesamten Beleuchtungs- bzw. Lichtstärke). Wählen wir die Lichtquellen geeignet aus, so kommen wir für alle Farben, die unser Auge sehen kann, auf nichtnegative Koordinaten. Das ist für die Praxis günstig, weil wir ja keine negativen Intensitäten herstellen können. Wie wir ebenfalls aus Abschn. 1.1.1 wissen, können wir auf diese Weise nicht nur sämtliche Spektralfarben „simulieren", sondern darüber hinaus Farben erzeugen, die es als reine Spektralfarben nicht gibt. Sind die drei Lichtquellen monochromatisch, etwa je eine Spektrallinie im Roten (R), Grünen (G) und Blauen (B), kommt man um negative Intensitäten nicht herum. Man bedient sich bei der Messung dann eines Kunstgriffs: Man fügt dem zu untersuchenden Licht eine solche Menge desjenigen Lichts hinzu, bei dem sich eine negative Intensität des von R, G und B erzeugten Vergleichslichts ergeben hätte, daß die negative Intensität gerade verschwindet. Wir fassen zusammen:

- *Licht jeder Farbe läßt sich rechnerisch aus Licht von drei Grundfarben, die reine Spektralfarben sind, zusammensetzen.*

Bisher haben wir uns darauf beschränkt, farbiges Licht herzustellen und zu charakterisieren. Unter „Farbe" versteht man jedoch im täglichen Leben und in der Technik nicht nur eine bestimmte Komposition dreier verschiedener Lichtsorten, sondern auch einen Stoff, mit dem man z. B. sein Haus anstreicht. Will man die Eigenschaft von Körpern in bezug auf die Rückstreuung von Licht, zweckmäßigerweise bei Beleuchtung mit weißem Licht, charakterisieren, so genügt es nicht, die Farbkoordinaten des von ihnen rückgestreuten Lichts anzugeben. Es interessiert vielmehr auch, welcher Bruchteil des auftreffenden Lichts eines bestimmten Wellenlängenbereichs rückgestreut wird [*Rückstreugrad* β, in der Astronomie (die) Albedo genannt] und welcher Bruchteil absorbiert wird *(Absorptionsgrad* α*);* man denke sich die Schicht immer so dick, daß Transmission ausgeschlossen ist. Man kann z. B. genau die gleiche Intensität des rückgestreuten Lichts durch Beleuchten eines Stoffes geringer Absorption (starker Rückstreuung) mit wenig Licht (geringe Beleuchtungsstärke) oder durch Beleuchten eines Stoffes hoher Absorption (schwacher Rückstreuung) mit viel Licht (hohe Beleuchtungsstärke) erzielen. Ersichtlich gilt

$$\alpha + \beta = 1 .$$

2.10.3 Der schwarze Körper

In der Physik spielte und spielt neben denjenigen Lichtquellen, die eine einzige oder wenige Linien praktisch monochromatischen Lichts ausstrahlen, eine ganz bestimmte Quelle polychromatischen Lichts, genauer eine Quelle mit *kontinuierlichem Spektrum,* eine besondere Rolle. Das ist der **schwarze Körper.** Er ist dadurch definiert, daß er, unabhängig von der Wellenlänge oder Frequenz, auftreffende elektromagnetische Strahlung weder durchläßt noch zurückwirft, sondern absorbiert; das heißt allerdings nicht, daß er keine Strahlung emittiert.

- *Ein schwarzer Körper absorbiert die gesamte auftreffende elektromagnetische Strahlung.*

Es sei hinzugefügt, daß ein solcher schwarzer Körper real nicht existiert. Man kann ihn aber in beliebig guter Näherung durch einen Kunstgriff realisieren (s. u.).

Noch größere Bedeutung als das Absorptionsverhalten hat das *Emissionsverhalten* des schwarzen Körpers für die Physik. Wie wir später in Abschn. 3.6.3 sehen werden, sind beide Größen bei einem sogenannten **Temperaturstrahler** sehr eng miteinander korreliert: Ihr Verhältnis ist nur eine Funktion der Temperatur, unabhängig von der Lichtfrequenz. Also wird beim schwarzen Strahler sein Emissionsvermögen durch sein Absorptionsverhalten festgelegt.

Bevor wir den Trick besprechen können, mit dem man einen schwarzen Strahler sehr gut annähert, müssen wir noch die *Richtungsabhängigkeit* der emittierten Strahlung behandeln. In Abb. 2.128 ist ein Stück eines schwarzen Körpers dargestellt; es spielt dabei keine Rolle, ob die Oberfläche eben und glatt oder nichteben und rauh ist. In jedem Fall adsorbiert das gezeichnete Flächenelement alle einfallende Strahlung. Da Emissionsvermögen und Absorptionsvermögen in einem festen Verhältnis

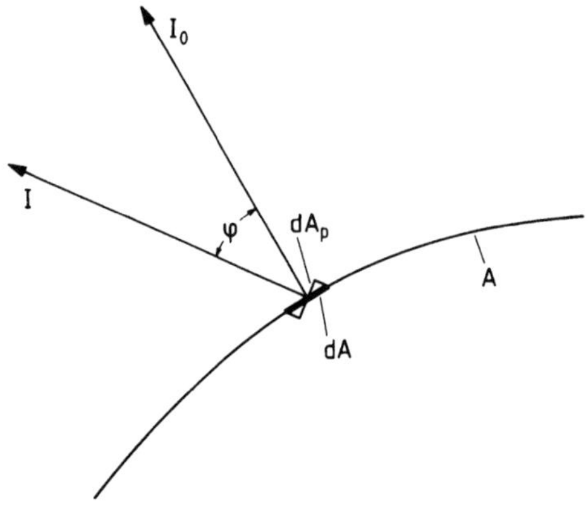

Abb. 2.128 Lambertsches Gesetz beim schwarzen Körper. A Oberfläche, dA Element davon, dA_p dessen zur Beobachtungsrichtung senkrechte Projektion, I_0 Intensität von dA senkrecht zur Oberfläche abgestrahlt, I Intensität von dA in Beobachtungsrichtung abgestrahlt, φ Winkel zwischen Flächennormalen und Beobachtungsrichtung.

zueinander stehen, emittiert dasselbe Flächenelement, unabhängig von seiner sonstigen Beschaffenheit, nach den Gesetzen des schwarzen Körpers auch alle Strahlung in die umgekehrte Richtung. Die auf eine Ebene normal zur Strahlrichtung projizierte Fläche des Flächenelements ist, vgl. Abb. 2.128, mit φ als Winkel zwischen Strahlrichtung und Normalen

$$\mathrm{d}A_\mathrm{p} = \mathrm{d}A \cos\varphi \,. \tag{2.58}$$

Wir setzen nun voraus, daß das Flächenelement dA eben ist, was bei genügend geringer Ausdehnung immer angenommen werden kann. Es ergibt sich unmittelbar

$$I = I_0 \cos\varphi \,, \tag{2.59}$$

wobei I die vom Flächenelement in die Richtung φ emittierte Intensität und I_0 die senkrecht emittierte ist. Das ist das **Lambertsche Gesetz** (1760), benannt nach seinem Entdecker, dem deutschen Mathematiker, Physiker, Astronomen und Philosophen Johann Heinrich Lambert (1728–1777). Da projizierte Fläche und tatsächliche Fläche im selben Verhältnis zueinander stehen wie Intensität und senkrecht emittierte Intensität, Gln. (2.58) und (2.59), hat das Lambertsche Gesetz die aus dem täglichen Leben vertraute Folgerung:

- *Strahler, die nach dem Lambertschen Gesetz strahlen, weisen unabhängig von der Beobachtungsrichtung die gleiche Strahldichte auf, sind also in allen Richtungen „gleich hell".*

Wir haben oben das Lambertsche *Kosinusgesetz,* wie es manchmal auch genannt wird, aus den Eigenschaften des schwarzen Körpers für den schwarzen Körper abgeleitet. Viele Lichtquellen (aktive Strahler) und viele beleuchtete Flächen (passive Strahler) folgen in ihrem Verhalten dem Lambertschen Gesetz. Abb. 2.129 zeigt zwei beleuchtete Flächen (Styropor), die in verschiedenem Winkel zur Kamera stehen, (praktisch) gleich beleuchtet werden und deshalb (praktisch) gleich hell erscheinen. Allerdings strahlen nicht alle aktiven und passiven Strahler gemäß dem Lambertschen Gesetz. Man denke sich eine dünne Schicht aus strahlender Materie, etwas Gas, die im wesentlichen durchsichtig ist. Die Gasatome seien ungeordnet und werden z. B. durch Wärme zum Strahlen angeregt. Dann strahlt jedes Atom im Mittel (zeitliches Mittel über ein Atom oder räumliches Mitttel, gleichzeitig genommen,

Abb. 2.129 Experiment zum Lambertschen Gesetz; s. Text.

über viele Atome) in alle Richtungen gleich. Es ist leicht ersichtlich, daß ein solcher Strahler tangential, also senkrecht zum Lot auf den als dünne Scheibe zu denkenden Strahler am stärksten strahlt. Ähnlich extrem liegen die Verhältnisse bei einem Spiegel: Er strahlt bekanntlich gemäß dem Reflexionsgesetz Einfallswinkel = Ausfallswinkel (Abschn. 1.2.2).

Nach diesen Vorbereitungen ist es nicht mehr schwer, einen praktisch idealen schwarzen Strahler zu bauen. Er besteht aus einem Körper mit *Hohlraum*, der durch

Abb. 2.130 Absorptionsvermögen eines Hohlraums mit einer kleinen Öffnung. Hohlrauminnenflächen und (im Bild sichtbare) Frontfläche aus schwarzem Samt. Frontfläche so stark bestrahlt, daß sie grau (und nicht etwa schwarz) erscheint.

ein *kleines Loch* mit der Außenwelt in Verbindung ist; das Material des Körpers ist selbst schon ungefähr ein schwarzer Strahler (Abb. 2.130). Wir gehen wie oben vor und überzeugen uns zunächst, daß der Körper Licht, das durch das Loch einfällt, praktisch vollständig absorbiert. Tritt nämlich ein Lichtstrahl ein und beleuchtet ein Fleckchen des (praktisch) schwarzen Körpers, so wird das bißchen Licht, das nicht gleich absorbiert wird, fast vollständig so zurückgestreut, daß es wieder auf die Hohlraumwand auffällt, usw. Nun wenden wir, ebenfalls wie oben, den Schluß von der Absorption auf die Emission an und erkennen, daß ein **Hohlraumstrahler** in sehr guter Näherung ein *schwarzer Strahler* ist.

- *Ein schwarzer Körper wird sehr gut durch einen Hohlraum realisiert, der ein kleines Loch aufweist.*

Das Spektrum eines schwarzen Strahlers werden wir in Abschn. 4.1.1 kennenlernen.

Eine weitere Strahlungsquelle mit bekanntem kontinuierlichen Spektrum stellt die Synchrotronstrahlungsquelle dar (vgl. Abschn. II, 4.7.7). Die Leuchtdichte ist stark richtungsabhängig.

Abb. 3.0 Dampfmaschine von J. Watt aus dem Jahre 1788. – Nach Angaben des Deutschen Museums München.

3 Thermodynamik

3.1 Gas in statistischer Beschreibung

3.1.1 Maxwellsche Geschwindigkeitsverteilung: Ableitung mit der Höhenformel

In Abschn. I, 8.1.5 haben wir mit der Verteilung oder, genauer, Verteilungsdichte $n(v_x)$ für die Geschwindigkeit von Gasmolekülen in x-Richtung operiert, ohne daß wir diese Verteilung angeben konnten. Im folgenden wollen wir uns Gewißheit über die Verteilung im Falle des idealen Gases verschaffen. Dazu machen wir einen einfachen *Gedankenversuch.* Wir gehen von der barometrischen Höhenformel Gl. (I, 8.44) aus und setzen *Gleichgewicht* im Schwerefeld voraus, d. h. $T = \text{const}$. Die Wahrscheinlichkeit, ein Molekül mit $0 \leqq v_x \leqq \varepsilon_x$ in dem kleinen Volumen V zu treffen, ist von der Höhe h abhängig. Mit $w(h)$ als dieser Wahrscheinlichkeit schreiben wir

$$\begin{aligned} w(h) &= An(v_x = 0 \text{ bei } h = h_0)\ \varepsilon_x \\ &= A\,\mathrm{e}^{-\frac{mgh}{kT}}\, n(v_x = 0 \text{ bei } h = 0)\ \varepsilon_x = A\,\mathrm{e}^{-\frac{mgh}{kT}}\, w(0)\ \varepsilon_x\,, \end{aligned}$$

wobei A eine Proportionalitätskonstante ist. Wir setzen jetzt voraus, daß unser Gas ein verdünntes ideales Gas ist. Dann sind Stöße zwischen den Gasmolekülen selten, und aus Energiegründen sind die Teilchen mit $v_x = 0$ in der Höhe h_0 identisch mit den Teilchen, die (früher oder später) $v_x = v_0$ bei $h = 0$ haben mit

$$\begin{aligned} &\frac{m}{2}\, v_0^2 = mgh \\ &n(v_x = 0 \text{ bei } h = h_0) = n(v_x = v_0 \text{ bei } h = 0)\,; \end{aligned} \tag{3.1}$$

in dieser Gleichung bedeutet v_0 die x-Komponente der Geschwindigkeit bei $h = 0$. Also ist mit Gl. (3.1)

$$n(v_x = v_0 \text{ bei } h = 0) = \mathrm{e}^{-\frac{mv_0^2}{2kT}}\, n(v_x = 0 \text{ bei } h = 0)\,.$$

Jetzt haben wir einen direkten Vergleich der Werte der Verteilungsfunktion für $v = v_0$ und $v_x = 0$ bei $h = 0$, also am selben Ort. Wir streichen nunmehr, weil überflüssig geworden, den Zusatz „bei $h = 0$" und schreiben einfachheitshalber v_x:

$$n(v_x) = n(0)\,\mathrm{e}^{-\frac{mv_x^2}{2kT}}\,. \tag{3.2}$$

Die Normierung ist bei insgesamt N Teilchen

$$\int_{-\infty}^{\infty} n(v_x)\, \mathrm{d}v_x = N\,. \tag{3.3}$$

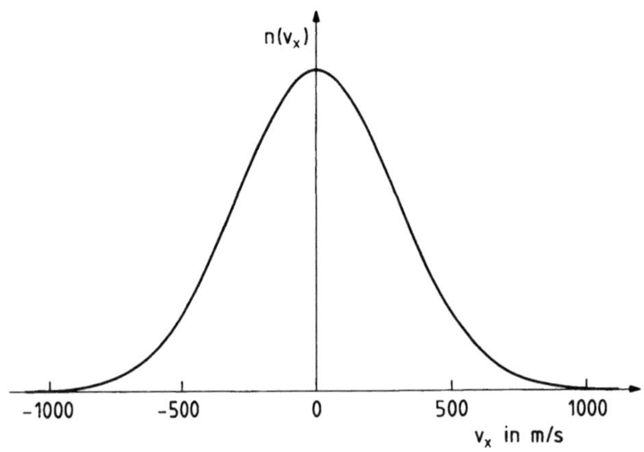

Abb. 3.1 Maxwellsche Geschwindigkeitsverteilung $n(v_x)$ längs einer Richtung (x-Richtung). Die Zahlen stimmen für N_2 bei $T = 293{,}15$ K.

Dann können wir den Faktor $n(0)$ vor der Exponentialfunktion in Gl. (3.2) der Mathematik entnehmen. Das ergibt

$$n(v_x) = N\sqrt{\frac{m}{2\pi kT}}\,e^{-\frac{mv_x^2}{2kT}}\,. \tag{3.4}$$

Die Kurve ist dieselbe wie die Gaußsche Fehlerkurve. Abb. 3.1 zeigt den Verlauf. Wegen der quadratischen Abhängigkeit von v_x und natürlich auch aus physikalischen Gründen ist

$$n(v_x) = n(-v_x)\,.$$

Die Kurve ist also symmetrisch zur Ordinatenachse bei $v_x = 0$. Demzufolge ist die mittlere Geschwindigkeit in x-Richtung null:

$$\langle v_x \rangle = 0\,.$$

Wenn wir uns auf ein „flaches" Volumen um $h = 0$ beschränken oder, was auf dasselbe hinausläuft, ein beliebiges Volumen zulassen, aber Volumenkräfte wieder „abschalten", wird die Verteilung isotrop: Die x-Richtung ist nicht mehr ausgezeichnet. Wir fassen zusammen:

- *Im volumenkräftefreien Gas ist die Geschwindigkeitsverteilung isotrop und der Mittelwert der Geschwindigkeit in jeder Richtung null. Die Verteilung ist um Null glockenförmig („Gaußsche Fehlerkurve").*

Wir entnehmen ferner der Verteilungsfunktion (3.4), daß $n(v_x)$ für keinen Wert von v_x verschwindet. Das mag uns zunächst als Widerspruch zum Satz der Energieerhaltung erscheinen: Ein einzelnes Molekül könnte so, wenn auch mit äußerst geringer Wahrscheinlichkeit, eine kinetische Energie haben, die den Wärmeenergiegehalt des gesamten Gases übersteigt. Es handelt sich jedoch nicht um einen Widerspruch, da wir konstante Temperatur des Gases und natürlich auch der Wände (sonst wäre die Gastemperatur ja auch nicht konstant!) vorausgesetzt haben. Unsere Voraussetzung ist also am leichtesten mit einem Wärmebad zu erfüllen, und da kann durch statistische Schwankungen der momentane Energieinhalt des Gases den mittleren erheblich übersteigen – wenn das auch sehr unwahrscheinlich ist. Natürlich könnten wir auch ein Gas betrachten, das sich zusammen mit den umgebenden Wänden wärmeisoliert im Raum befindet. Dann wäre der gesamte Energieinhalt in der Tat endlich, und es könnten keine unbeschränkten Geschwindigkeiten auftreten. Wir müßten dann aber, außer im Grenzfall mit nach unendlich gehender Stoffmenge, eine Statistik mit nur endlich vielen Teilchen betreiben. Das haben wir aber in Abschn. I, 8.3.1, auf dessen Betrachtungen unsere Ableitung der Maxwellschen Geschwindigkeitsverteilung beruht, wohlweißlich nicht getan; eine solche Statistik ist viel komplizierter.

Für das Weitere wollen wir von der Verteilungsfunktion oder Verteilungsdichte für die Geschwindigkeit $n(v_x)$ für alle (sehr viele!) N Moleküle übergehen zu der **Wahrscheinlichkeitsdichte** $w(v_x)$ für ein bestimmtes Molekül; offensichtlich gilt

$$w(v_x) = \frac{1}{N}\, n(v_x)\,. \tag{3.5}$$

Bisher haben wir nur die Geschwindigkeitsverteilung längs einer Richtung, die wir x-Richtung genannt haben, betrachtet. Diese Verteilung nannten wir $n(v_x)$. Jetzt wollen wir überhaupt nicht nach der Richtung fragen, sondern suchen diejenige Verteilung $n(v)$ oder mit Gl. (3.5) diejenige Wahrscheinlichkeitsdichte $w(v)$, die für die Geschwindigkeit v gilt. Es wird also nicht nach der Richtung, sondern nur nach dem Betrag der Geschwindigkeit gefragt. Wir haben also $v \geqq 0$.

Zunächst suchen wir die Wahrscheinlicheit, daß ein einzelnes Molekül Geschwindigkeitskomponenten in den folgenden Bereichen hat:

$$v_1 < v_x \leqq v_1 + \Delta v_x\,, \qquad v_2 < v_y \leqq v_2 + \Delta v_y\,, \qquad v_3 < v_z \leqq v_3 + \Delta v_z\,. \tag{3.6}$$

Wie in Abschn. I, 8.1.5 sind die v_x-, v_y- und v_z-Verteilungen voneinander unabhängig; explizit ersehen wir das hier aus der Tatsache, daß wir $n(v_x)$ ohne Bezugnahme auf $n(v_y)$ und $n(v_z)$ ableiten konnten. Die Gesamtwahrscheinlichkeitsdichte (Verteilung) $w(\boldsymbol{v})$ mit $\boldsymbol{v} = (v_x,\, v_y,\, v_z)$ ist also das *Produkt* der *einzelnen Verteilungen:*

$$w(\boldsymbol{v})\, \Delta^3 v = w(v_x)\, \Delta v_x \cdot w(v_y)\, \Delta v_y \cdot w(v_z)\, \Delta v_z \tag{3.7}$$

mit

$$\Delta^3 v = \Delta v_x\, \Delta v_y\, \Delta v_z\,. \tag{3.8}$$

Insgesamt ist unter Benutzung von Gl. (I, 8.12) ($v^2 = v_x^2 + v_y^2 + v_z^2$)

$$w(\boldsymbol{v})\, \Delta^3 v = \left(\frac{m}{2\pi kT}\right)^{3/2} \mathrm{e}^{-\frac{mv^2}{2kT}}\, \Delta^3 v\,.$$

In $\boldsymbol{v}$ steckt immer noch die Richtung der Geschwindigkeit, die wir aber gerade nicht berücksichtigen wollen. Wir fragen also, mit welcher Wahrscheinlichkeit eine Geschwindigkeit v im Bereich

$$v_0 < v \leqq v_0 + \Delta v$$

auftritt; v_0 bedeutet hier einen beliebig wählbaren, aber festen Wert der Geschwindigkeit v. Um das bequem ausrechnen zu können, gehen wir in den **Geschwindigkeitsraum,** also den dreidimensionalen Raum, in dem alle Vektoren $\boldsymbol{v}$ liegen ; wir hätten genausogut in den entsprechend definierten **Impulsraum** mit $\boldsymbol{p} = m\boldsymbol{v}$ gehen können,

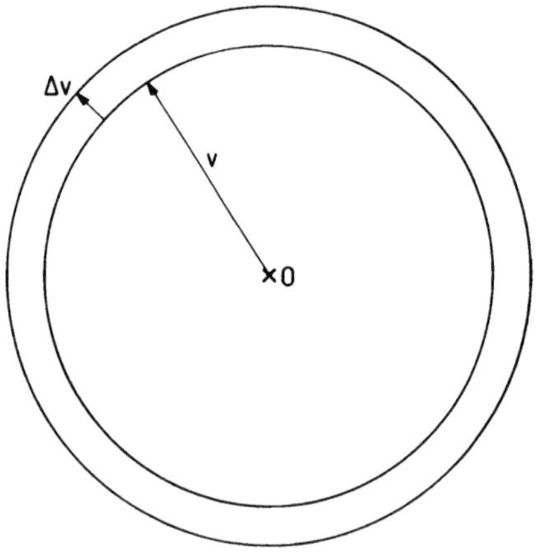

Abb. 3.2 Zur Maxwellschen Geschwindigkeitsverteilung $w(v)$; s. Text.

der in der Physik gebräuchlicher als der Geschwindigkeitsraum ist. Ersichtlich ist $\Delta^3 v$ ein Volumenelement im Geschwindigkeitsraum. Wir rechnen bequemlichkeitshalber aber nicht mit Quadern wie in Gl. (3.8), sondern mit Kugelschalen (Abb. 3.2). Wen das stört, daß wir $\Delta^3 v$ als Quader definiert haben und nun als Kugelschale (natürlich bei gleichem Volumen) verwenden, der möge sich die Kugelschale durch sehr viele kleine Quader „beliebig gut" angenähert denken. Wir gehen nun zu infinitesimalen Differenzen und Volumenelementen über. Wir schreiben „d" statt „Δ" und errechnen unter Berücksichtigung, daß das Volumen einer Kugelschale mit v_0 als Radius und $\mathrm{d}v$ als Dicke $4\pi v_0^2\,\mathrm{d}v$ ist,

$$w(v_0)\,\mathrm{d}v = \int\limits_{v_0 < v \leqq v_0 + \mathrm{d}v} w(\boldsymbol{v}_0)\,\mathrm{d}v_x\,\mathrm{d}v_y\,\mathrm{d}v_z = \left(\frac{m}{2\pi kT}\right)^{3/2} \mathrm{e}^{-\frac{mv_0^2}{2kT}}\, 4\pi v_0^2\,\mathrm{d}v\,.$$

Das Integral ist über die Kugelschale zu nehmen. Schreiben wir schlußendlich v statt v_0, so verbleibt

$$w(v) = \left(\frac{m}{2\pi kT}\right)^{3/2} 4\pi v^2\,\mathrm{e}^{-\frac{mv^2}{2kT}}\,. \tag{3.9}$$

$w(v)\,\mathrm{d}v$ ist die Wahrscheinlichkeit, daß ein bestimmtes Molekül eine Geschwindigkeit zwischen v und $v + \mathrm{d}v$ hat. Gl. (3.9) ist das, was man meist als **Maxwellsche Geschwindigkeitsverteilung** bezeichnet. Die Verteilung ist in Abb. 3.3 dargestellt.

Im Gegensatz zur Komponentenverteilung $w(v_x)$ hat die Geschwindigkeitsverteilung $w(v)$ bei $v = 0$ keineswegs ihr Maximum, sondern ihr Minimum, nämlich den Wert null. Der Anstieg bei Null ist ebenfalls null. Die Geschwindigkeitsverteilung ist nur für nichtnegative Werte $(v \geqq 0)$ angebbar, eben weil v keine negativen Werte annehmen kann. Sie geht wie die Komponentenverteilung für nach unendlich gehende Abszisse gegen null und ist, außer bei $v = 0$, immer positiv:

- *Die Maxwellsche Geschwindigkeitsverteilung erstreckt sich von 0 bis* $+\infty$.

Das *Maximum* wird bei der **wahrscheinlichsten Geschwindigkeit** v_w erreicht. Davon zu unterscheiden ist die **mittlere Geschwindigkeit** $\langle v\rangle$, die etwa bei 1,13 v_w liegt.

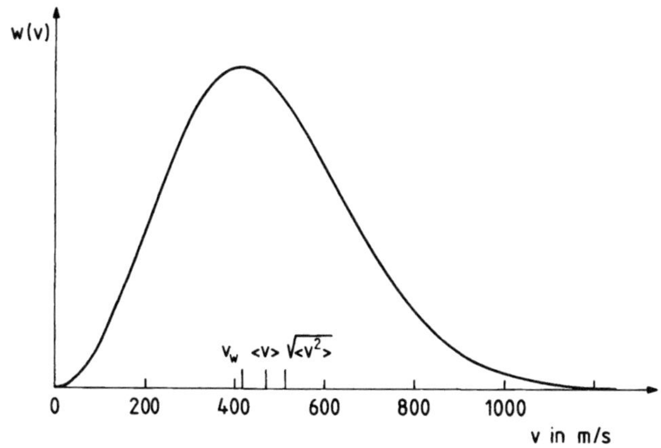

Abb. 3.3 Maxwellsche Geschwindigkeitsverteilung $w(v)$; s. Text. Zahlen wie in Abb. 3.1.

Noch höher liegt die **quadratisch gemittelte Geschwindigkeit** $\sqrt{\langle v^2 \rangle}$, nämlich bei $1{,}22 v_w$. Die verschiedenen Geschwindigkeiten sind in Tab. 3.1 zusammengefaßt. Die dort in der „Formel" überschriebenen Spalte enthaltenen Ausdrücke wendet man etwa im Fall der wahrscheinlichsten Geschwindigkeit für Wasserstoff (H_2) bei $t = 20\ °C$ folgendermaßen an:

$$\begin{aligned}\sqrt{\frac{2kT}{m}} &= (2 \times 1{,}38 \times 10^{-23}\ \mathrm{JK^{-1}} \times 293\ \mathrm{K} \times 3{,}32^{-1} \times 10^{27}\ \mathrm{kg^{-1}})^{1/2} \\ &= (243 \times 10^4\ \mathrm{kg\,m\,s^{-2}\,m\,kg^{-1}})^{1/2} \\ &= 1560\ \frac{\mathrm{m}}{\mathrm{s}}\end{aligned}$$

oder, bequemer,

$$\begin{aligned}\sqrt{\frac{2RT\ \mathrm{mol}}{M_r\ \mathrm{g}}} &= (2 \times 8{,}31\ \mathrm{J\,mol^{-1}\,K^{-1}} \times 293\ \mathrm{K\,mol}\ 2^{-1}\ \mathrm{g^{-1}})^{1/2} \\ &= (2435\ \mathrm{kg\,m\,s^{-2}} \times 10^3\ \mathrm{kg^{-1}})^{1/2} \\ &= 1560\ \frac{\mathrm{m}}{\mathrm{s}}\ .\end{aligned}$$

Die Geschwindigkeitsverteilung von Gasmolekülen läßt sich natürlich messen. Dazu kann man sich einer Anordnung bedienen, die ähnlich der Fizeauschen zur Messung der Lichtgeschwindigkeit ist. Wir haben eine weitere Abart dieser Methode in einer Anwendung, die noch heute aktuell ist, kennen gelernt, nämlich bei der Messung von Neutronengeschwindigkeiten und der Aussonderung von Neutronen bestimmten Geschwindigkeitsbereichs (Abschn. I, 2.2.4 und besonders Abb. I, 2.13). Halbquantitativ veranschaulicht unsere Modellgasparatur die Messung und ihr Ergebnis (Abb. 3.4).

Tab. 3.1 Angaben zur Maxwellschen Geschwindigkeitsverteilung [Wahrscheinlichkeitsdichte $w(v)$, Gl. (3.9)] (Zahlenwerte für Zimmertemperatur, $t = 20$ °C)

Größe	Symbol	Definition	Formel	Wert/v_w	Wert H_2	Wert N_2
mittlere Geschwindigkeit in x-Richtung	$\langle v_x \rangle$	$\dfrac{\int_{-\infty}^{\infty} v_x w(v_x)\,\mathrm{d}v_x}{\int_{-\infty}^{\infty} w(v_x)\,\mathrm{d}v_x}$	0	0	0	0
wahrscheinlichste Geschwindigkeit	v_w	$\left.\dfrac{\mathrm{d}w(v)}{\mathrm{d}v}\right\|_{v=v_\mathrm{w}} = 0$	$\sqrt{\dfrac{2kT}{m}} = \sqrt{\dfrac{2RT\,\mathrm{mol}}{M_\mathrm{r}\,\mathrm{g}}}$	1	1560 m/s	417 m/s
mittlere Geschwindigkeit	$\langle v \rangle$	$\dfrac{\int_0^{\infty} v w(v)\,\mathrm{d}v}{\int_0^{\infty} w(v)\,\mathrm{d}v} = \int_0^{\infty} v w(v)\,\mathrm{d}v$	$\sqrt{\dfrac{8kT}{\pi m}} = \sqrt{\dfrac{8RT\,\mathrm{mol}}{\pi M_\mathrm{r}\,\mathrm{g}}}$	1,13	1760 m/s	470 m/s
quadratisch gemittelte Geschwindigkeit	$\sqrt{\langle v^2 \rangle}$	$\sqrt{\dfrac{\int_0^{\infty} v^2 w(v)\,\mathrm{d}v}{\int_0^{\infty} w(v)\,\mathrm{d}v}} = \sqrt{\int_0^{\infty} v^2 w(v)\,\mathrm{d}v}$	$\sqrt{\dfrac{3kT}{m}} = \sqrt{\dfrac{3RT\,\mathrm{mol}}{M_\mathrm{r}\,\mathrm{g}}}$	1,22	1911 m/s	511 m/s

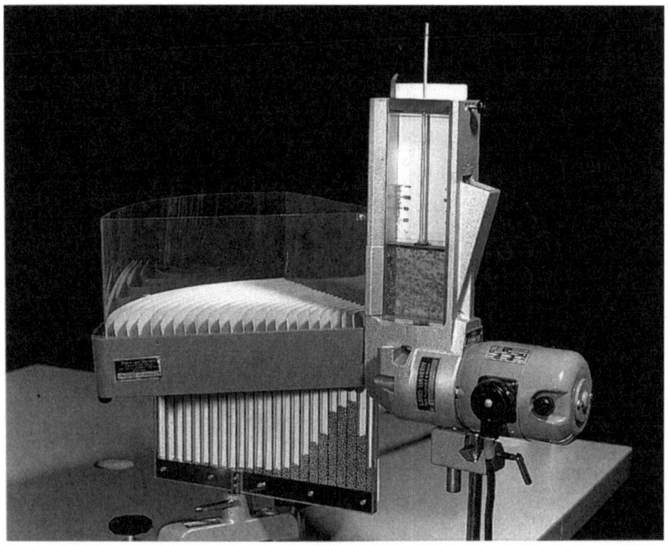

Abb. 3.4 Modellversuch zur Maxwellschen Geschwindigkeitsverteilung $w(v)$; vgl. Abb. I, 8.4. Die Kügelchen entweichen durch eine (im Photo nicht sichtbare) Öffnung im „Gas"-Behälter und werden in Rinnen aufgefangen, die viertelkreisartig um die Austrittsöffnung angeordnet sind; von dort aus fließen sie in Sammelkanäle ab.

Obgleich die Geschwindigkeiten der Gasmoleküle „hoch" sind – bei Stickstoff (N_2) stünde statt 1560 m/s 417 m/s – entfernen sich die Moleküle, makroskopisch betrachtet, erstaunlich langsam vom Ausgangsort. Bei Luft unter Normbedingungen ist die während eines Tages (!) erreichte Entfernung im Mittel 2 m (*Diffusion,* s. auch Abschn. 3.6.4).

3.1.2 Maxwellsche Geschwindigkeitsverteilung: Ableitung mit der Unabhängigkeitshypothese

Die im folgenden dargelegte Ableitung mit der *Unabhängigkeitshypothese* geht direkt auf Maxwell zurück (1860). Wir setzen die Wahrscheinlichkeit, ein Teilchen in den durch Gl. (3.6) gegebenen Geschwindigkeitsintervallen zu finden, als Produkt der Einzelwahrscheinlichkeiten an, wie in Gl. (3.7) angegeben. Das setzt die *Unabhängigkeit* der *Geschwindigkeitskomponenten* voraus. Um es klar auszusprechen: Greifen wir aus der Menge aller Teilchen z. B. diejenigen mit großer x-Geschwindigkeit heraus, so haben diese Teilchen dieselbe y-Geschwindigkeitsverteilung (und natürlich auch dieselbe z-Geschwindigkeitsverteilung) wie die Teilchen mit geringer x-Geschwindigkeit (oder alle Teilchen unabhängig von der Größe ihrer x-Geschwindigkeit). Das ist die Unabhängigkeitshypothese. Wir bezeichnen sie in diesem Abschnitt ausdrücklich als Hypothese. Im vorigen Abschnitt haben wir das nicht getan. Haben wir deswegen geschlampt? Genau besehen nicht; denn dort stand es uns ja frei, Teilchen in beliebiger Höher h zu betrachten und damit Teilchen mit „ursprünglich" beliebiger x-Komponente der Geschwindigkeit auszuwählen. Wegen der vorausgesetzten starken Verdünnung des Gases („beliebig" geringe Wechselwirkung zwischen den Molekülen) hat sich an ihrer y- und z-Geschwindigkeit z. B. beim Aufstieg von Null bis zur Höhe h „beliebig" wenig geändert.

Aus der Isotropie unseres Problems folgt, daß $n(\boldsymbol{v})$ nicht von der Richtung von $\boldsymbol{v}$ abhängen kann. Wir könnten also $n(v)$ schreiben, was aber zu einer Verwechslung mit $n(v)$ von Gl. (3.9) führen könnte; statt dessen schreiben wir $n(|\boldsymbol{v}|)$. Indem wir das unter sinngemäßer Beachtung von Gl. (3.5) in Gl. (3.7) einsetzen, durch Gl. (3.8) dividieren und logarithmieren, erhalten wir

$$\ln n(|\boldsymbol{v}|) = \ln n(v_x) + \ln n(v_y) + \ln n(v_z)\,.$$

Wir differenzieren partiell nach v_x und finden mit Gl. (I, 8.12) ($v^2 = v_x^2 + v_y^2 + v_z^2$)

$$\frac{\partial \ln n(|\boldsymbol{v}|)}{\partial v_x} = \frac{\mathrm{d} \ln n(|\boldsymbol{v}|)}{\mathrm{d}\,|\boldsymbol{v}|}\,\frac{\partial\,|\boldsymbol{v}|}{\partial v_x} = \frac{\mathrm{d} \ln n(|\boldsymbol{v}|)}{\mathrm{d}\,|\boldsymbol{v}|}\,\frac{v_x}{|\boldsymbol{v}|} = \frac{\mathrm{d} \ln n(v_x)}{\mathrm{d}v_x}$$

sowie nach Umformung

$$\frac{\mathrm{d} \ln n(|\boldsymbol{v}|)}{|\boldsymbol{v}|\,\mathrm{d}\,|\boldsymbol{v}|} = \frac{\mathrm{d} \ln n(v_x)}{v_x\,\mathrm{d}v_x}\,. \tag{3.10}$$

Entsprechende Gleichungen gelten für $n(v_y)$ und $n(v_z)$. Die linke Seite in Gl. (3.10) hängt somit weder von v_x noch von v_y oder v_z ab; sie ist also konstant. Damit ist es natürlich auch die rechte Seite. Wir nennen die Konstante -2α. Nun integrieren wir und potenzieren,

$$n(v_x) = \mathrm{e}^{\int \frac{\mathrm{d}\ln n(v_x)\,\mathrm{d}v_x}{\mathrm{d}v_x}} = \mathrm{e}^{-\int 2\alpha v_x\,\mathrm{d}v_x} = a\,\mathrm{e}^{-\alpha v_x^2}\,, \tag{3.11}$$

wobei a eine Integrationskonstante ist. Der Wert von a wird durch die Normierungsbedingung (3.3) zu $N\sqrt{\alpha/\pi}$ bestimmt. Der Wert von α ist durch die kinetische Gastheorie festgesetzt. Die mittlere kinetische Energie für einen Freiheitsgrad, wie sie die Translation in x-Richtung darstellt, ist in Gl. (I, 8.16) enthalten. Mit unserer Verteilung von v_x^2 sieht das so aus:

$$\begin{aligned}\frac{1}{2}\,kT &= \frac{1}{2}\,m\langle v_x^2\rangle \\ &= \frac{ma\int\limits_{-\infty}^{\infty} v_x^2\,\mathrm{e}^{-\alpha v_x^2}\,\mathrm{d}v_x}{2a\int\limits_{-\infty}^{\infty} \mathrm{e}^{-\alpha v_x^2}\,\mathrm{d}v_x} = \frac{m}{2}\,\frac{\sqrt{\pi}}{2\alpha^{3/2}}\sqrt{\frac{\alpha}{\pi}}\,;\end{aligned}$$

im letzten Ausdruck bedeutet hierbei der zweite Faktor das im Zähler des Bruchs links vom letzten Gleichheitszeichen stehende Integral und der dritte Faktor das dort im Nenner stehende Integral, wie man, falls die mathematische Bildung noch fehlt, aus mathematischen Tabellenwerken entnehmen kann. Daraus errechnet sich α zu

$$\alpha = \frac{m}{2kT}\,.$$

Indem wir a und α in Gl. (3.11) einsetzen, erkennen wir, daß die so entstandene Gleichung mit Gl. (3.4) identisch ist.

3.1.3 Mittlere Moleküldichte und Molvolumen

Unter *Teilchendichte* oder **Teilchenzahldichte** wollen wir allgemein die Anzahl der Teilchen dividiert durch das Volumen, in dem sie eingeschlossen sind, bezeichnen. Wir laufen damit nicht Gefahr, die Teilchendichte mit der Massendichte zu verwechseln, die wir nach wie vor auch einfach „Dichte" nennen wollen und die die Masse dividiert durch das Volumen bedeutet (s. Abschn. I, 3.3.3). Unter der mittleren Moleküldichte oder Molekülzahldichte werden wir somit die mittlere Anzahl der Teilchen verstehen, die sich in einem vorgegebenen Volumen befinden. Bezeichnen wir die Anzahl der Teilchen mit N und das Volumen mit V, so ist die Teilchenzahldichte, die wir – je nach den sonst vorkommenden Symbolen – manchmal n, manchmal, wie hier, ν nennen, also

$$\nu = \frac{N}{V}\,. \tag{3.12}$$

In diesem Abschnitt wollen wir ein ideales Gas betrachten. Wegen Gl. (I, 8.1) hat man, wenn n die Stoffmenge bezeichnet, mit $N = N_A n$ und $k = R/N_A$ [Gl. (I, 8.15)]

$$\nu = \frac{N_A n}{V} = \frac{N_A n p}{pV} = \frac{N_A p}{RT} = \frac{p}{kT}\,. \tag{3.13}$$

Wir führen eine grobe Abschätzung für $p = 1$ bar und $T = 300$ K nach Gl. (3.13) durch. Es ist $p \approx 10\,\mathrm{N/cm^2} = 10^5\,\mathrm{N/m^2}$, $k \approx 1{,}4 \times 10^{-23}$ J/K und somit

$$\begin{aligned}\nu &\approx \frac{10^5\,\mathrm{N}}{\mathrm{m^2}}\,\frac{\mathrm{K}}{1{,}4\times10^{-23}\,\mathrm{J}}\,\frac{1}{300\,\mathrm{K}} \approx 2{,}5\times10^{25}\,\frac{\mathrm{Nm}}{\mathrm{m^3\,J}}\\ &\approx 2{,}5\times10^{25}\,\mathrm{m^{-3}} = 2{,}5\times10^{19}\,\mathrm{cm^{-3}}\,.\end{aligned} \tag{3.14}$$

Der Näherungswert Gl. (3.14) gilt relativ gut für fast alle Gase.

Wir errechnen noch das Volumen, das ein Mol eines idealen Gases bei **Normbedingungen** einnimmt. Sie sind durch $p = 1{,}01325$ bar, entsprechend dem mittleren Luftdruck auf Meereshöhe, und $t = 0$ °C definiert. Dazu bilden wir zunächst unter Zuhilfenahme von Gln. (I, 8.3) und (3.13)

$$^{\mathrm{m}}V_{\mathrm{n}} \equiv \frac{V(\text{Normbedingungen})}{n} = \frac{N_A kT}{p}(\text{Normbedingungen})\,.$$

Wir erhalten als Volumen dividiert durch die Stoffmenge, indem wir die entsprechenden Zahlen einsetzen [s. Gl. (3.14)]

$$^{\mathrm{m}}V_{\mathrm{n}} \approx \frac{6\times10^{23}\,\mathrm{m^3}}{\mathrm{mol}\times2{,}7\times10^{25}} \approx 2{,}2\times10^{-2}\,\frac{\mathrm{m^3}}{\mathrm{mol}} = 22\,\frac{\ell}{\mathrm{mol}}\,, \tag{3.15}$$

wobei wir, um der um ca. 10% geringeren Temperatur Rechnung zu tragen, den Faktor 2,7 anstelle 2,5 bei $\nu = p/kT$ gewählt haben; ℓ steht für „Liter". $^{\mathrm{m}}V_{\mathrm{n}}$ ist kein Volumen, sondern Volumen dividiert durch Stoffmenge. Die Größe $^{\mathrm{m}}V_{\mathrm{n}} \times \mathrm{mol}$ ist das gesuchte Volumen, das ein Mol eines idealen Gases unter Normbedingungen einnimmt. Wir nennen $^{\mathrm{m}}V(\text{Normbedingungen})$ allgemein Normvolumen und bezeichnen das Normmolvolumen des idealen Gases, wie es hier angenommen wurde, mit $^{\mathrm{m}}V_0$. Der ungefähre Wert des Normmolvolumens des idealen Gases ist nach Gl. (3.15) ${}^{m}V_0 = 22\ \ell/\text{mol}$, ein besserer Näherungswert 22,4 ℓ/mol; genauer Wert im Anhang I, A 3.2 (dort, in Angleichung an die übliche, aber meines Erachtens irreführende Notation auch als Normvolumen, Symbol V_0, bezeichnet).

3.1.4 Mittlerer Abstand zum nächsten Nachbarmolekül

Um den *mittleren Abstand* zwischen einem Gasmolekül und seinem nächsten Nachbarn zu bestimmen, können wir im Prinzip eine „Momentaufnahme" des Gases machen. Wir gehen alle Moleküle der Reihe nach durch und messen für jedes einzelne den Abstand $r_{\min}$ zum nächsten Molekül; wir messen dabei von Molekülzentrum zu Molekülzentrum, definiert z. B. durch den Schwerpunkt. Dann bestimmen wir den Mittelwert $\langle r_{\min} \rangle$.

Wir wollen hier nicht so vorgehen, sondern uns das Leben leichter machen. Dazu nehmen wir an, alle N Gasmoleküle seien gleichmäßig über das Volumen V, z. B. einen Würfel, verteilt (Abb. 3.5). Ersichtlich können wir dann jedem Molekül ein Würfelchen der Kantenlänge a zuteilen; wir nennen den so erhaltenen Wert vorsichtshalber a und nicht etwa $\langle r_{\min} \rangle$, weil beide Größen doch nicht genau dasselbe sind. Wir haben also

$$Na^3 = V$$

und somit unter Benutzung von Gln. (3.12) und (3.13)

$$a = \sqrt[3]{\frac{V}{N}} = \sqrt[3]{\frac{1}{\nu}} = \sqrt[3]{\frac{kT}{p}}. \tag{3.16}$$

Mit dem Näherungswert für ν aus Gl. (3.14) ergibt das den Näherungswert

$$a \approx 3 \times 10^{-9}\ \text{m} = 3 \times 10^{-7}\ \text{cm}.$$

Wir halten fest: Der Abstand a ist umgekehrt proportional zur *dritten Wurzel* aus dem Druck.

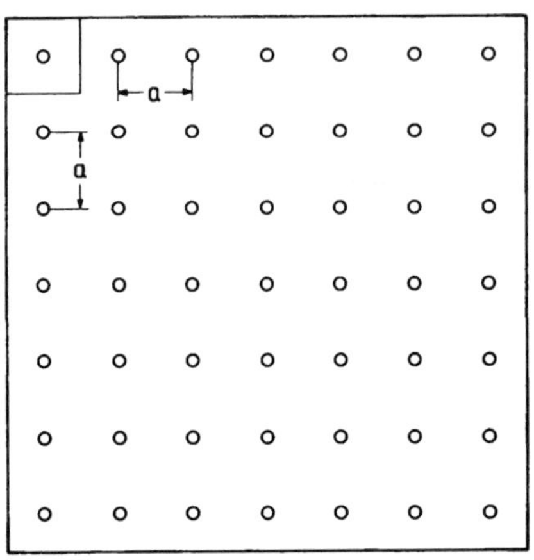

Abb. 3.5 Zum mittleren Abstand a eines Gasmoleküls von seinem nächsten Nachbarn bei gleichmäßiger Verteilung; s. Text.

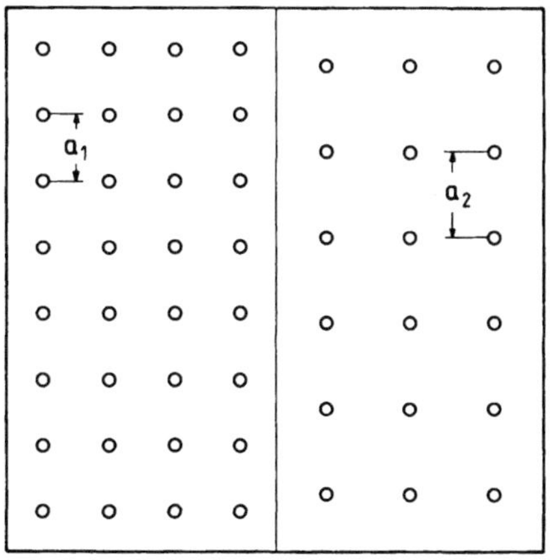

Abb. 3.6 Zum mittleren Abstand eines Gasmoleküls von seinem nächsten Nachbarn bei insgesamt ungleichmäßiger Verteilung. Linke Hälfte 1 mit a_1 als Abstand bei gleichmäßiger Verteilung, Teilchenzahl N_1; entsprechend für die rechte Hälfte 2.

Wir wollen uns noch qualitativ überlegen, was man bei einer ungleichmäßigen Verteilung, wie sie ja in einem Gas in Wirklichkeit vorliegt (Unordnung!), zu erwarten hat. Dazu wählen wir ein etwas gekünsteltes Beispiel. Wir teilen das Volumen in zwei Hälften 1 und 2 (Abb. 3.6). Nehmen wir für jede Hälfte wieder das Würfelmodell, so ist

$$\langle a \rangle = \frac{N_1 a_1 + N_2 a_2}{N_1 + N_2} < a \,, \tag{3.17}$$

wobei a die bei Gleichverteilung mit Gl. (3.16) berechnete Größe bedeutet; daß das Ungleichheitszeichen bei Gl. (3.17) tatsächlich gilt, erkennt man schnell am Extremfall, indem man $N_2 = 0$ setzt, wobei dann sicher $\langle a \rangle = a_1 < a$ gilt. Wir können auch so sagen: Die Verteilung der wirklichen Abstände um den Mittelwert ist unsymmetrisch, weil zwar sehr große Abstände vorkommen können, aber dann naturgemäß in gegebenem Volumen nur wenige Teilchen vorhanden sind. Bei der Mittelwertbildung fallen die Gebiete großer Teilchendichte stärker ins Gewicht als die kleiner.

Offensichtlich ist die oben konstatierte Relation $a \propto p^{-1/3}$ auf $\langle r_{\min} \rangle$ übertragbar, solange das von den einzelnen Gasmolekülen zusammen eingenommene Volumen klein gegenüber dem einschließenden Volumen V ist, d. h. die Dichte relativ gering ist:

- *Bei nicht zu hoher Dichte ist der mittlere Molekülabstand umgekehrt proportional zur dritten Wurzel des Drucks.*

3.1.5 Streuquerschnitt von Gasmolekülen

Bisher haben wir beim idealen Gas zwar Streuung zugelassen, aber nicht näher gesagt, was Streuung ist und wie sie zustandekommt. Wir wiederholen hier expressis verbis, daß die Begriffe „ideales Gas“ und „Streuung“ sich keineswegs ausschließen. Ein ideales Gas ist, vgl. Abschn. I, 8.1.3, durch seine Eigenschaften (1) Befolgen der allgemeinen Gasgleichung und (2) Unabhängigkeit der inneren Energie vom Volumen definiert und durch nichts anderes; über Streuprozesse wird dabei nichts ausgesagt.

Streuprozesse sind uns schon von der Rutherford-Streuung, Abschn. I, 4.2.2, und vor allem aus der allgemeinen Behandlung des Streuquerschnitts in Abschn. II, 3.7.1 und

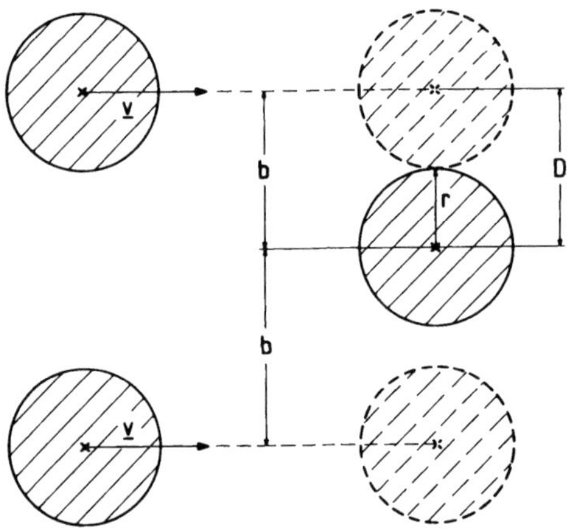

Abb. 3.7 Streuung zweier Gasmoleküle aneinander als (elastischer) Stoß zweier gleicher harter Kugeln, die eine vor dem Stoß ruhend. Ursprünglich ruhende Kugel rechts ausgezogen gezeichnet, bewegte Kugel für zwei Fälle vor dem Stoß (links) ausgezogen gezeichnet, beim Stoß bzw. Passieren der ruhenden (rechts) gestrichelt gezeichnet. Die bewegte Kugel, Geschwindigkeit v, trifft im oben gezeichneten Fall gerade noch die ruhende (Grenzfall Stoßparameter $b = 2r = D$ mit D als Kugeldurchmesser), im unten gezeichneten mit $b > D$ nicht mehr.

der Streuung elektromagnetischer Wellen in Abschn. II, 3.7.2 geläufig. Im jetzt vorliegenden Abschnitt interessieren wir uns für die *Streuung* von *Gasmolekülen* aneinander. Um das Problem zu vereinfachen, denken wir uns zunächst alle Moleküle bis auf eines ruhend; das sich bewegende soll dann an irgendeinem der ruhenden Moleküle gestreut werden. Für die Streuung von Gasmolekülen wollen wir das folgende einfache, aber zu guten Ergebnissen führende Modell verwenden. Wir denken uns die einzelnen Moleküle als harte Kugeln mit dem einheitlichen Radius r, die bei Berührung mit einer andern Kugel (einem andern Gasmolekül) einen elastischen Stoß vollführen, in etwa wie Stahlkugeln. Das haben wir bei unserm Modellglas in Abschn. I, 8.1.4 schon antizipiert. Berührung der Stahlkugeln, damit Stoß und also Streuung tritt offenbar ein, wenn der Stoßparameter $b \leqq 2r$ ist (Abb. 3.7). Also ist der *Streuquerschnitt*

$$\sigma = 4\pi r^2 = \pi D^2 , \tag{3.18}$$

wobei $D = 2r$ der Durchmesser eines Atoms ist. Wir bemerken in Parenthese, daß unser Gas mit kleinen harten Kugeln als Molekülen wegen nicht verschwindenden effektiven Eigenvolumens (vgl. Abschn. I, 8.4.6) kein ideales Gas ist (oder nur im Grenzwert unendlicher Verdünnung ideal wird).

Wir wollen nun die *Streurate* ausrechnen, also die Zahl der Streuprozesse in einer gewissen Zeitspanne dividiert durch diese Zeitspanne. Allgemein merken wir uns:

- *Rate gleich Zahl der Ereignisse durch Zeit.*

In Differentialform mit λ als Rate, N als der Zahl der Ereignisse und t als der Zeit bedeutet dies

$$\lambda = \frac{\mathrm{d}N}{\mathrm{d}t} .$$

Um die Ereignisrate auszurechnen, knüpfen wir an Abschn. II, 3.7.1 an. Wir betrachten die dort angegebene Energieflußdichte φ als durch strömende Teilchen (in unserm Fall Gasmoleküle) verursacht. Wir interpretieren also φ gemäß

$$\varphi = \tilde{n} E_0 v$$

mit $\tilde{n}$ als Teilchenzahldichte der strömenden Teilchen, E_0 der Energie eines Teilchens und v der Geschwindigkeit der Teilchen. Dann ergibt Gl. (II, 3.93) mit dem so interpretierten φ nach Einsetzen von Gl. (II, 3.95) als Ratendichte (Zahl der Ereignisse durch Zeit t und Volumen V)

$$\frac{\lambda}{V} \equiv -\frac{\mathrm{d}\tilde{n}}{\mathrm{d}t} = \tilde{n}\nu\sigma\,\frac{\mathrm{d}x}{\mathrm{d}t} = \tilde{n}\nu\sigma v\,, \tag{3.19}$$

wobei ν die Teilchenzahldichte der (ortsfesten) „Streuzentren" ist.

In Wirklichkeit bewegen sich alle Moleküle. Nennen wir die Streurate bewegter Moleküle an unbewegten λ_{ruh}, wobei im Modell der harten Kugeln der Querschnitt durch Gl. (3.18) gegeben ist, und die Rate, die man unter sonst gleichen Verhältnissen bei Berücksichtigung der Bewegung aller Moleküle anzusetzen hat, λ_{bew}, so gilt, wie hier ohne Ableitung mitgeteilt sei,

$$\lambda_{\text{bew}} = \sqrt{2}\,\lambda_{\text{ruh}}\,.$$

Daß λ_{bew} größer ist als λ_{ruh} ist plausibel: Je schneller man an einem Samstag vor Weihnachten durch die Fußgängerzone der Münchener Innenstadt geht, auf desto mehr Menschen „trifft" man (mit seinem Körper) pro Sekunde, desto öfter „streut" man an einem andern Menschen; desto größer ist aber auch die Streuwahrscheinlichkeit an einem selber für einen herausgegriffenen andern Menschen, der sich mit normaler, also sehr geringer Geschwindigkeit fortbewegt. Es ist wichtig zu beachten, daß man sogar für einen anderen langsameren Passanten eine größere Streurate produziert; daß man selbst mehr Streuprozesse pro Zeiteinheit erfährt, wenn man schneller geht, ist ein trivialer Effekt, der auch beim Ruhen aller anderen Menschen auftritt.

Indem wir zur Erklärung obiger Gleichung etwas quantitativer, nämlich halbquantitativ werden, nehmen wir zur Vereinfachung an, alle Moleküle hätten die gleiche Geschwindigkeit v (gemessen im Laborsystem). Die Relativgeschwindigkeit v' zwischen zwei Molekülen ist dann

$$v' = \sqrt{2v^2 - 2v^2\cos\vartheta} = \sqrt{2}\,v\sqrt{1-\cos\vartheta}\,,$$

wobei ϑ der eingeschlossene Winkel ist und vom Kosinussatz Gebrauch gemacht wurde. Der Mittelwert von v' ergibt sich zu

$$\begin{aligned}\langle v'\rangle &= \frac{\int_0^\pi v'\sin\vartheta\,\mathrm{d}\vartheta}{\int_0^\pi \sin\vartheta\,\mathrm{d}\vartheta} = \frac{\sqrt{2}}{2}\,v\int_0^\pi \sqrt{1-\cos\vartheta}\,\sin\vartheta\,\mathrm{d}\vartheta \\ &= \frac{v}{\sqrt{2}}\int_0^\pi \sqrt{1-\cos\vartheta}\,d(1-\cos\vartheta) = \frac{4}{3}\,v\,;\end{aligned}$$

wegen des Faktors $\sin\vartheta$ vergleiche man mit dem ähnlichen Problem aus Abschn. II, 2.7.2. Entsprechend ist die Streurate um den Faktor $4/3$ höher als bei ruhendem Streuzentrum. In

Wirklichkeit haben nicht alle Moleküle, wie bisher angenommen, die einheitliche Geschwindigkeit $v = \langle v \rangle$ aus Tab. 3.1, sondern eine Geschwindigkeitsverteilung. $4/3 = 1{,}33$ ist vom richtigen Wert $\sqrt{2} = 1{,}41$, der komplizierter abzuleiten ist, nur um wenige Prozent entfernt, offenbar eine Folge davon, daß sich die Geschwindigkeiten der Maxwellschen Verteilung relativ eng um den Mittelwert gruppieren.

3.1.6 Freie Weglänge

Unter *freier Weglänge* oder **mittlerer freier Weglänge** versteht man die Strecke, die ein Gasmolekül im Mittel zurücklegt, bis es auf ein anderes Gasmolekül trifft. Wir können genausogut sagen, die freie Weglänge ist die mittlere Strecke *zwischen zwei Stößen*. Daß diese beiden Definitionen in der Tat identisch sind, liegt am Zufallscharakter der Stöße; der Gedankengang ist der gleiche wie bei der metallischen Leitung in Abschn. II, 2.1.5.

In Abschn. II, 3.7.1 haben wir allgemeine Streutheorie getrieben. Der primäre Fluß wird gemäß Gln. (II, 3.93) bis (II, 3.95) in seiner Intensität vermindert. Offensichtlich scheiden die Teilchen aus dem Primärfluß (Fluß der ungestreuten Teilchen) durch Streuung aus. Wir erhalten also die Intensitätsabnahme im Primärfluß zu

$$I(z) = I_0 \, \mathrm{e}^{-\nu\sigma z}, \tag{3.20}$$

wobei ν die Anzahl der Moleküle durch Volumen bedeutet. Den Wert, bei dem die Intensität auf den e-ten Teil abgesunken ist, gewinnt man aus Gl. (3.20), wie im Anhang A I, 1.4 ausgeführt, zu

$$l \equiv \langle z_{1/\mathrm{e}} \rangle = \frac{1}{\nu\sigma}. \tag{3.21}$$

Das ergibt mit Gl. (3.13)

$$l = \frac{kT}{p\sigma}.$$

Der mittlere $1/\mathrm{e}$-Wert von z ist offensichtlich das, was man mittlere freie Weglänge nennt; sie werde l genannt und sei durch Gl. (3.21) definiert. Es gilt also

- *Die mittlere freie Weglänge ist umgekehrt proportional zum Druck.*

Wir haben die mittlere freie Weglänge mit der Vorstellung (annähernd) parallel fliegender Gasmoleküle abgeleitet. In Wirklichkeit fliegen die Gasmoleküle alle „durcheinander". Trotzdem ist unsere Ableitung gültig. Wir können zunächst diejenigen Moleküle herausgreifen, die annähernd parallel zu einer vorgegebenen Richtung fliegen. Für sie gilt unsere Ableitung direkt. Das können wir aber für jede beliebige vorgegebene Richtung machen. Also gilt die Ableitung auch allgemein.

Tab. 3.2 stellt einige Werte der freien Weglänge bei Normbedingungen zusammen.

Wir bemerken noch den Unterschied in der Dichteabhängigkeit von freier Weglänge und mittlerem Molekülabstand: Der mittlere Molekülabstand hat sich im vorigen Abschnitt umgekehrt proportional zur dritten Wurzel der Teilchendichte ergeben, während die freie Weglänge sich umgekehrt proportional zur Teilchendichte selbst verhält. Die Abhängigkeit ist im Fall des mittleren Abstands direkt aus der Ableitung ersichtlich und trivial. Im Fall der freien Weglänge

Tab. 3.2 Freie Weglänge l bei Normbedingungen

Gas	He	H_2	O_2	Ar	N_2	CO	NH_3	CO_2	Cl_2
ℓ/nm	180	112	65	64	60	58	44	40	29

ist der Zusammenhang nicht so offensichtlich. Dazu stellen wir uns ein bestimmtes, „zu streuendes" Molekül vor, das auf ein der Einfachheit halber ortsfest gedachtes „Streuzentrum", ein zweites Molekül, zufliegt. Den Abstand zwischen momentanem Ort des zu streuenden Moleküls und dem streuenden können wir im Mittel als proportional zu $1/\nu$ annehmen. Die Wahrscheinlichkeit jedoch, daß das zu streuende Molekül wirklich das streuende trifft, ist proportional zum Raumwinkel, der vom momentanen Ort des streuenden Moleküls als „Spitze" und dem Streuquerschnitt σ aufgespannt wird. Durch diesen Raumwinkeleffekt geht der Abstand nochmals ein, und zwar quadratisch, so daß er insgesamt mit der dritten Potenz in die freie Weglänge eingeht, im Einklang mit den Gleichungen (3.16) und (3.21).

3.2 Mehrstoffsysteme

3.2.1 Mischen und Lösen von Gasen

Haben wir uns im vorigen Kapitel nur mit Systemen beschäftigt, die aus einem einzigen Stoff bestehen **(Einstoffsystem),** so wollen wir in diesem Kapitel die Gegenwart mehrerer Stoffe zulassen. Bei mehr als einem Stoff spricht man von einem **Mehrstoffsystem** und insbesondere bei zwei Stoffen von einem *Zweistoffsystem;* die Phasen der einzelnen Stoffe spielen dabei keine Rolle.

Die einfachsten Mehrstoffsysteme sind Mischungen aus zwei idealen Gasen. Sofern die Gase nicht miteinander wechselwirken, ist, wie man sich sofort klarmacht, der Gesamtdruck p gleich der Summe der Einzeldrücke (Partialdrücke) p_i; der **Partialdruck** p_i ist der Druck, der in dem Gefäß herrschen würde, wenn das i-te Gas alleine in dem Gefäß vorhanden wäre. Hat man ein Gasgemisch aus k Komponenten, ist also

$$p = \sum_{1}^{k} p_i \,. \tag{3.22}$$

Man darf aber nicht umgekehrt schließen und erwarten, daß unter allen Umständen eine Mischung idealer Gase wieder ein ideales Gas ergibt, dessen Druck auch noch durch Gl. (3.22) korrekt wiedergegeben würde. Der Grund dafür ist folgender: Bei jedem einzelnen Gas können sich die Effekte von Binnendruck und Eigenvolumen gerade kompensieren oder, anders ausgedrückt, alle Virialkoeffizienten außer dem ersten verschwinden, während das beim Gemisch keineswegs der Fall zu sein braucht; die Gasmoleküle der einen Art wechselwirken ja auch mit denen der anderen Arten, und diese Effekte brauchen sich keineswegs insgesamt zu kompensieren.

In genügender Verdünnung, d. h. bei genügend geringem Druck können wir hingegen die Gase als ideal und ohne intermolekulare Wechselwirkung betrachten. Dann gilt das **Daltonsche Gesetz** [1801 von den englischen Chemiker John Dalton (1766–1844) aufgestellt]:

- *Bei einem Gasgemisch ist der Gesamtdruck gleich der Summe der Partialdrücke.*

Wie schon bemerkt, gilt das Daltonsche Gesetz nur im Grenzfall kleinen Drucks; in guter Annäherung gilt es jedoch in den meisten Fällen, denen der Physiker im Labor begegnet.

Wie wir aus dem täglichen Leben wissen (z. B. vom Hantieren mit Selterswasser oder Champagner), gibt es Lösungen von Gasen in Flüssigkeiten. Das Lösen kann rein „physikalisch“, also ohne chemische Reaktion, oder mit einer chemischen Reaktion vor sich gehen. Ein Beispiel für die erste Art ist das Lösen von Stickstoff (N_2) in Wasser, ein Beispiel für die zweite Art das Lösen von Kohlenstoffdioxid (CO_2) ebenfalls in Wasser. Ohne Berücksichtigung der Dissoziation (vgl. Abschn. II, 2.1.4) hat man folgende Reaktion:

$$CO_2 + H_2O \rightleftharpoons H_2CO_3 \,.$$

Experimentell stellt man bei nicht zu hohem Druck fest, zuerst (1803) von dem englischen Chemiker W. Henry (1775–1836) gefunden **(Henrysches Gesetz):**

- *Die in einer Flüssigkeit gelöste Gasmenge ist dem Partialdruck des Gases über der Flüssigkeit proportional.*

Das Henrysche Gesetz ist aus der mikroskopischen Betrachtung verständlich. Das Gleichgewicht zwischen gelöstem und ungelöstem Gas beruht ja in Wirklichkeit auf einem Prozeß (vgl. auch Abschn. 3.3.2). Bei nicht zu hoher Konzentration, bei der die gelösten Gasmoleküle an der Flüssigkeitsoberfläche praktisch ausschließlich mit Flüssigkeitsmolekülen und nicht mit benachbarten gelösten Gasmolekülen wechselwirken, ist die Rate der aus der gelösten Form in die gasförmige übergehenden Gasmoleküle proportional der Konzentration. Damit Gleichgewicht herrscht, müssen genauso viele Moleküle pro Zeiteinheit aus der Gasform in die gelöste Form übergehen, und diese Rate ist natürlich proportional zum Partialdruck p_p des ungelösten Gases über der Flüssigkeit (daneben gibt es noch den Partialdruck des Gases aus dem Stoff, aus dem die Flüssigkeit besteht; deswegen ist der Ausdruck „Partialdruck“ für den Druck des ungelösten Gases angebracht).

Bezeichnet man das Volumen, das das in einem gegebenen Flüssigkeitsvolumen gelöste Gas als ungelöstes Gas bei derselben Temperatur T wie die Flüssigkeit und dem Druck p_p einnehmen würde, mit V_Gas und das Volumen der reinen Flüssigkeit mit V_Fl, so ist der Quotient

$$a = \frac{V_\mathrm{Gas}}{V_\mathrm{Fl}} \tag{3.23}$$

offenbar ein Maß für die unter den gegebenen Verhältnissen lösbare Gasmenge. Er wird deshalb **Löslichkeitskoeffizient** genannt; da das Gas in der Flüssigkeit absorbiert wird, spricht man auch von einem *Absorptionskoeffizienten.* Tab. 3.3 gibt einige

Tab. 3.3 Löslichkeitskoeffizient (Absorptionskoeffizient) a bei der Temperatur t für Lösungen in Wasser (H_2O) und Ethylalkohol (C_2H_5OH); angegebener Wert $10^2 a$, bei Gas auf Normbedingungen umgerechnet

t/°C	N_2 in H_2O	N_2 in C_2H_5OH	O_2 in H_2O	O_2 in C_2H_5OH
0	2,30	13,9	4,89	24,1
20	1,55	13,7	3,10	22,7

Zahlenwerte wieder; weitere Angaben in Anhang A 3.1. Hier ist, wie üblich, das Gasvolumen auf Normbedingungen umgerechnet, unabhängig von der tatsächlichen Temperatur und dem tatsächlichen Druck. Wie man den Daten entnimmt, fällt unter sonst gleichen Bedingungen die Löslichkeit mit steigender Temperatur. Das steht im Gegensatz zum Verhalten der Löslichkeit namentlich vieler organischer Stoffe in Wasser oder organischen Flüssigkeiten (Beispiel aus dem täglichen Leben: Löslichkeit von Zucker in kaltem und heißem Zitronenwasser). Das Verhalten der Gase wird im molekularen Bild verständlich: Bei höherer Temperatur kommt es häufiger vor, daß ein gelöstes Gasmolekül so viel thermische Energie erhält, daß es entgegen den intermolekularen Kräften die Flüssigkeitsoberflächenschicht verlassen kann und abdampft. Zum Gleichgewicht (und nur über Gleichgewichtszustände sprechen wir) bedarf es dann auch einer höheren Auftreffrate der Gasmoleküle auf die Flüssigkeitsoberfläche, also eines höheren Dampfdrucks.

Sind die Voraussetzungen für die Gültigkeit des Daltonschen und des Henryschen Gesetzes erfüllt, so nimmt die Flüssigkeit aus der über ihr liegenden Mischgasatmosphäre von jeder einzelnen Gasart diejenige Menge in Lösung, die sie auch in Lösung nehmen würde, wenn die andern Gase nicht vorhanden wären **(Henry-Daltonsches Gesetz).** Das folgt aus der Addition der Partialdrücke gemäß dem Daltonschen Gesetz und der Löslichkeit jedes einzelnen Gases gemäß dem Henryschen Gesetz.

Viele organische Flüssigkeiten lösen Gase erstaunlich gut, wesentlich besser als Wasser. Flüssiger Wasserstoff löst trotz seiner tiefen Temperatur nur einige Edelgase in einigermaßen nennenswertem Umfang, jedoch im Vergleich etwa mit Wasser und Stickstoff bei Zimmertemperatur auch nur sehr wenig.

Will man *Flüssigkeiten entgasen,* so kann man das durch *Erhitzen* oder *Abpumpen* erreichen. Ein anderer Weg ist *Spülen („Austreiben"):* Man legt mit Hilfe eines Gasstroms (z. B. durch die Flüssigkeit) über die Flüssigkeitsoberfläche eine Fremdgasatmosphäre, so daß (bei konstantem Gesamtgasdruck) der Partialdruck des in der Flüssigkeit gelösten, auszutreibenden Gases niedrig wird; entsprechend sinkt die Löslichkeit und damit die in der Lösung befindliche Menge.

Festkörper lösen ebenfalls *Gase.* Statt von Löslichkeit spricht man auch von Absorption, sofern eine echte Lösung im Volumen des Festkörpers vorliegt. Die Löslichkeit ist meist sehr gering, und ein Gleichgewicht stellt sich nur langsam ein. Der Grund dafür ist teilweise trivial: Das Gas kann in die kondensierte Phase nur von der Oberfläche her eindringen. In einer Flüssigkeit kommt z. B. beim Umrühren jedes Volumenelement in relativ kurzer Zeit an die Oberfläche, beim Festkörper dagegen nicht. Einige Metalle, z. B. Palladium (Pd), lösen sehr leicht Wasserstoff. Bei kleineren Wasserstoffkonzentrationen (bis zu ca. zehn Atomprozent) liegt der Wasserstoff im Metallgitter *atomar* vor; „atomar" heißt hier, daß das H_2-Molekül aufgebrochen ist. Inwieweit das Elektron noch an den Wasserstoffkern gebunden ist, wollen wir hier nicht untersuchen (das ist von Substanz zu Substanz verschieden). Bei höheren Wasserstoffkonzentrationen geht der Wasserstoff eine Art chemischer Bindung mit dem Palladium ein. *Palladiumfilter* sind, da für Wasserstoff transparent und für andere Elemente nicht, zur Aussonderung und damit auch zur *Reinigung von Wasserstoff* sehr geeignet. Pd und ähnlich agierende Substanzen sind zudem als *Wasserstoffspeicher* z. B. für Fahrzeuge brauchbar.

Von der Lösung eines Gases im Volumen eines festen Körpers ist der *Gaseinschluß* zu unterscheiden. Hier handelt es sich meist nicht um einen echten Gleichgewichtszustand, sondern eben um das Aufbewahren von Gas in einem mit relativ undurchlässigen Wänden versehenen „Behälter". So hat man sich z. B. den Einschluß von Argon in Meteoriten vorzustellen, ein Effekt, auf dem die Kalium-Argon-Methode der Altersbestimmung beruht (vgl. Abschn. I, 1.2.3 und Abschn. IV, 6.1.3).

Ebenfalls von einer Lösung im Volumen zu unterscheiden ist die **Adsorption,** die an der *Oberfläche* des festen Körpers stattfindet. Adsorption ist ohne Volumenlöslichkeit denkbar, und in der Tat sind viele Oberflächen ohne Adsorptionsschicht nur unter sehr großen Schwierigkeiten darstellbar. So ist z. B. *Glas*, auch in (nicht hoch ausgeheizten) Vakuumapparaturen, stets mit einer *Wasserschicht* bedeckt. Die meisten Metalle sind in Luft nur deswegen „stabil", d. h. in einer Zeitspanne von der Größenordnung etwa eines Menschenlebens oder länger haltbar, weil sie sich mit einer Schicht aus irgendwie gearteten Oxiden bedecken. Das Herstellen und Aufrechterhalten freier metallischer Oberflächen ist meist ohne besondere Vorkehrungen nicht möglich. In vielen Fällen hilft Ausheizen bis ca. 1000 °C unter Hochvakuum oder Ultrahochvakuum (oder Aufrechterhalten einer Atmosphäre eines reinen inerten Gases) und Aufrechterhalten des Vakuums (oder der Gasatmosphäre) bei der nachfolgenden Abkühlung. Der experimentell arbeitende Physiker ist gut beraten, wenn er – soweit für sein Experiment von Bedeutung – den Oberflächen seiner Materialien stets mit Mißtrauen begegnet.

3.2.2 Flüssige und gasförmige Zweistoffsysteme

In diesem Abschnitt wollen wir Zweistoffsysteme betrachten, bei denen nur die flüssige und die gasförmige Phase auftreten. Vorgänge wie das Sieden und Phänomene wie die Luftfeuchtigkeit gehören in diesen Abschnitt. Wir beginnen mit der Luftfeuchtigkeit.

Luftfeuchtigkeit

Feuchte Luft, wie sie die Meteorologen verstehen, besteht aus trockener Luft mit einem Zusatz von gasförmigem, flüssigem oder festem H_2O. Wir wollen hier den Zusatz in Form von Gas (Wasserdampf) oder Gas plus Flüssigkeit (Nebel, Regentropfen) behandeln; einen Zusatz von H_2O in fester Form (Schnee, Hagelkörner) wollen wir der Einfachheit halber ausschließen.

Eine wichtige Größe der feuchten Luft ist die Luftfeuchtigkeit η, genauer auch *relative Luftfeuchtigkeit* genannt. Bezeichnen wir den Partialdruck von H_2O in der vorgegebenen Luft mit p_P und den Sättigungsdruck des Wassers unter denselben Bedingungen mit p_S, so ist die Luftfeuchtigkeit als

$$\eta \stackrel{\text{def}}{=} \frac{p_\mathrm{P}}{p_\mathrm{S}} \tag{3.24}$$

definiert. In natürlicher Luft gibt es keine Übersättigung, also mehr Stoff in einer Phase als bei Gleichgewicht, weil immer genügend Kondensationskeime, ähnlich den Keimen für das Sieden (s. unten) vorhanden sind. Damit folgt aus Gl. (3.24)

$$\eta \leqq 100\% . \tag{3.25}$$

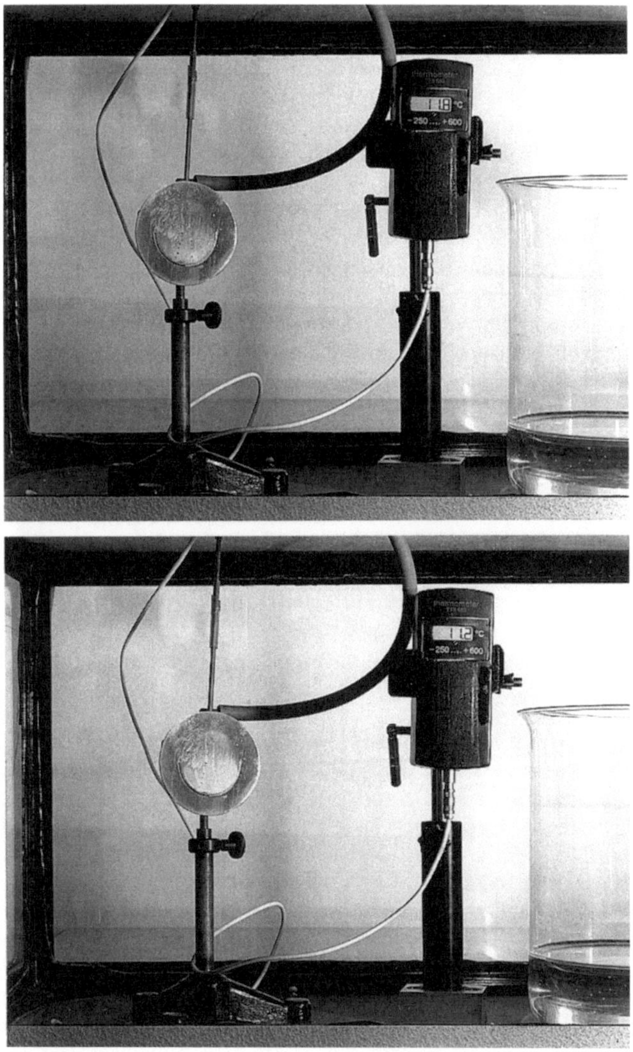

Abb. 3.8 Taupunkthygrometer. Eine blanke Metallscheibe wird gekühlt, bis sie gerade anfängt zu beschlagen. Oben: $t = 11{,}8$ °C, kein (nennenswertes) Beschlagen; unten: $t = 11{,}2$ °C, untere Hälfte der (inneren) Scheibe mit hellem Beschlag belegt. Die ganze Apparatur in einem „Terrarium" mit einem Glas Wasser, um Zugluft fernzuhalten bzw. die Luft zu befeuchten.

Ist die Konzentration an H_2O größer als es den Gleichungen (3.24) und (3.25) entspricht, so muß Wasser auch in kondensierter Form vorhanden sein. Es kommt dann zu Wolkenbildung. Wenn sich die aus den Wolken niedersinkenden Tröpfchen in den niedrigeren Luftschichten nicht auflösen (also nicht wieder verdampfen), haben wir *Niederschlag*, unter Berücksichtigung nur der gasförmigen und flüssigen Phase also *Regen*.

Die Luftfeuchtigkeit mißt man mit einem *Hygrometer*, von griech. hygros = feucht und metron = Maß. Eine absolut eichbare Methode ist die *Taupunkthygrometrie:* Man kühlt ein außen blankes Gefäß auf diejenige Temperatur ab, bei der Tau, also Wassertropfen auf der Oberfläche, anfällt; diese Temperatur ist der *Taupunkt* (Abb. 3.8). Am Taupunkt ist $\eta = 100\%$. Aus der Dampfdruckkurve des Wassers, Abb. I, 8.38, entnimmt man den entsprechenden Partialdruck und setzt ihn in Gl. (3.24) ein. Genauso verfährt man mit dem Sättigungsdruck für die Temperatur, die im Luftvolumen vor Einführung des Taupunkthygrometers herrschte. Die nötige Abkühlung der blanken Oberfläche erreicht man etwa durch Verdunsten von Ether. Ein anderer Typ von Hygrometern beruht auf der Absorption von Wasserdampf in einem *Trockenmittel,* z. B. Phosphorpentoxid (P_2O_5): Man saugt ein gewisses Volumen Luft, etwa durch Abfließenlassen von Wasser aus einer Flasche, durch das Trockenmittel hindurch und bestimmt die Massenzunahme durch Wägung. Für einfach anzuwendende Hygrometer mit rein empirischer Eichung kann man die Verlängerung organischer Fasern oder Gewebe bei Absorption von H_2O ausnutzen (Tennisspieler wissen das und ruinieren ihren mit Darmsaiten bespannten guten Schläger nicht im Regen). Meist verwendet man entfettetes menschliches Haar.

Sieden

Streng genommen gehört das Sieden nicht in dieses Kapitel, weil es, wie wir gleich sehen werden, stets mit Temperaturungleichgewicht und damit Nichtumkehrbarkeit einhergeht (vgl. Abschn. I, 8.5.2). Wir wollen das Sieden trotzdem schon hier besprechen, weil es, jedenfalls grosso modo, ein einfacher Prozeß ist, den wir im folgenden mehrfach hinzuziehen müssen. Wir sprechen vom *Sieden,* wenn sich im Innern der Flüssigkeit *Dampfblasen* (Gasblasen) aus demselben Stoff bilden, aus dem die Flüssigkeit besteht.

Damit sich Blasen bilden können, muß der Dampfdruck innerhalb der Blasen mindestens dem Flüssigkeitsdruck auf die Blasenoberfläche das Gleichgewicht halten. Schließen wir eine überhitzte Flüssigkeit aus, die sich wegen der Dampfblasen auch nicht halten könnte, so stellen wir fest: Im Gleichgewicht wäre der Partialdruck an der Oberfläche gleich dem Dampfdruck bei der Temperatur der Oberfläche. Dann wäre der Dampfdruck im Innern der Flüssigkeit wegen des Binnendrucks in Blasen (vgl. Abschn. I, 6.4.1) innerhalb der Blasen aber größer als an der Oberfläche der Flüssigkeit. Das gilt schon ohne den zusätzlichen hydrostatischen Druck unterhalb der Oberfläche, also auch bei Schwerelosigkeit; im Labor auf der Erde kommt durch das Schwerefeld der Erde noch ein hydrostatischer Druck hinzu, der im selben Sinne wirkt wie der Binnendruck. Dazu müßte aber die Temperatur der Flüssigkeit, die die Blase umgibt, höher sein als die Temperatur der Flüssigkeit an der Oberfläche. Es kann also keinen Gleichgewichtszustand mit Einschluß von Sieden geben. Für den praktischen Gebrauch stellen wir jedoch fest, daß dieser Temperaturunterschied bei mäßigem Sieden nur gering ist.

Definieren wir als *Siedetemperatur* den Grenzwert der Temperatur, bei der Blasenbildung unmittelbar unter der Oberfläche auftritt, kommen wir zu einer genügend genau definierten Siedetemperatur t_b bzw. T_b, auch **Siedepunkt** genannt. Diese Definition ist gleichwertig mit der folgenden, die eine eindeutige Meßvorschrift enthält:

- *Beim Sieden ist der Dampfdruck gleich dem auf der Flüssigkeitsoberfläche lastenden gesamten Gasdruck.*

Gewöhnlich gibt man den Siedepunkt für den Druck bei Normbedingungen ($p = 1{,}01325$ bar) an. Tab. 3.4 enthält die Siedepunkte einiger Stoffe (weitere Angaben in Anhang A 3.2). Abb. 3.9 zeigt einen Versuch zum Einfluß des äußeren Drucks auf das Sieden.

Tab. 3.4 Siedepunkt t_b einiger Stoffe bei Normdruck (p = 1,01325 bar)

Stoff	$t_b/°C$	Stoff	$t_b/°C$
Aluminium	2447	Quecksilber	356,66
Benzol	80,10	Sauerstoff	−182,962
Blei	1751	Schwefel, monoklin (β)	444,6
Cyclohexan	80,74	Schwefeldioxid	−10,02
Eisen	2750	Schwefelhexafluorid	−63,8[a]
Ethylalkohol	78,33	Schwefelwasserstoff	−60,2
Gold	2707	Selen (grau)	684,9
Helium-4 (^4He)	−268,9279	Silber	2180
Indium	2047	Silicium	2355
Kohlenstoffdioxid[a]	−78,479	Stickstoff	−195,806
Kupfer	2595	Wasser (normal)	100,000
Luft[b]	−194,49	Wasser (schweres)	101,42
Natrium	890	Wasserstoff, normal (n-H_2)[c]	−252,753
Platin	4340	Wolfram	≈5500

[a] Sublimationstemperatur
[b] trocken und CO_2-frei
[c] s. Abschn. IV, 2.1.3

Zum Sieden müssen immer kleine freie Oberflächen im Innern der Flüssigkeit vorhanden sein, „beliebig kleine" Bläschen, die sich durch statistische Schwankungen der Molekularbewegung zwar gebildet haben könnten, werden durch den großen Binnendruck sofort wieder zusammengezogen. Diese Oberflächen können durch kleine **Keime** geliefert werden. Um *Siedeverzug* wegen „Oberflächenmangels" zu unterdrücken, benutzen Chemiker häufig *Siedesteinchen*. Physiker nutzen die Keimwirkung zum Sichtbarmachen der Bahnen ionisierender Teilchen in der *Blasenkammer* (vgl. Abschn. IV, 5.1.5).

Wir kommen nun zur Erklärung des Versuchs in Abschn. I, 8.4.2, Sieden durch Abkühlen (Abb. I, 8.32). Im mittleren Photo von Abb. I, 8.32 befindet sich der Kolben praktisch im thermischen Gleichgewicht; die Flüssigkeit siedet nicht. Nun übergießen wir den Kolben mit kaltem Wasser. Dadurch kühlt sich das Gas (wegen seiner geringen Wärmekapazität) stark ab und die Flüssigkeit (wegen ihrer großen Wärmekapazität) nur unbedeutend. Die starke Abkühlung führt zu einer ausgeprägten Verringerung des Gasdrucks, der nun wesentlich kleiner als der Dampfdruck der Flüssigkeit ist: Das System ist aus dem Gleichgewicht geraten, und die Flüssigkeit siedet.

Der in Abb. I, 8.32 gezeigte Versuch ist nur auf den ersten Blick erstaunlich; bei näherem Hinsehen entpuppt er sich als fast trivial. Längerfristig überraschend und, wie jedenfalls der Autor dieses Buches meint, überaus lehrreich ist hingegen der nachfolgende Versuch (Abb. 3.10). Bei ihm haben wir zwei nicht mischbare Flüssigkeiten (Toluol und mit schwarzer Tusche gefärbtes Wasser) übereinandergeschichtet. Zunächst laste ein so hoher Gasdruck (Luft und Dampf der oberen Flüssigkeit) auf den Flüssigkeiten, daß nirgends Sieden stattfindet. Nun erniedrigen wir langsam den Gasdruck. Wir beobachten das Einsetzen von Sieden an der *Grenz-*

fläche beider Flüssigkeiten. Das geschieht oberhalb des Dampfdrucks jeder einzelnen Flüssigkeit bei der angegebenen Temperatur. Die Erklärung ist folgende: Hat sich ein kleines Volumen zwischen beiden Flüssigkeiten gebildet, so enthält es Dampf von beiden Stoffen. Die entsprechenden Dampfdrücke addieren sich, der Gesamtgasdruck ist nach dem Daltonschen Gesetz Gl. (3.22) gegeben. Er ist natürlich größer als jeder Partialdruck, und deswegen setzt das Sieden schon bei höherem äußeren Druck ein.

Abb. 3.9 Sieden bei vermindertem Druck. Wasser von 18 °C in einem auspumpbaren Kolben. Oben: kurz nach Beginn des Pumpens, kein Sieden. Unten: Sieden beim Druck von 19 hPa (= mbar).

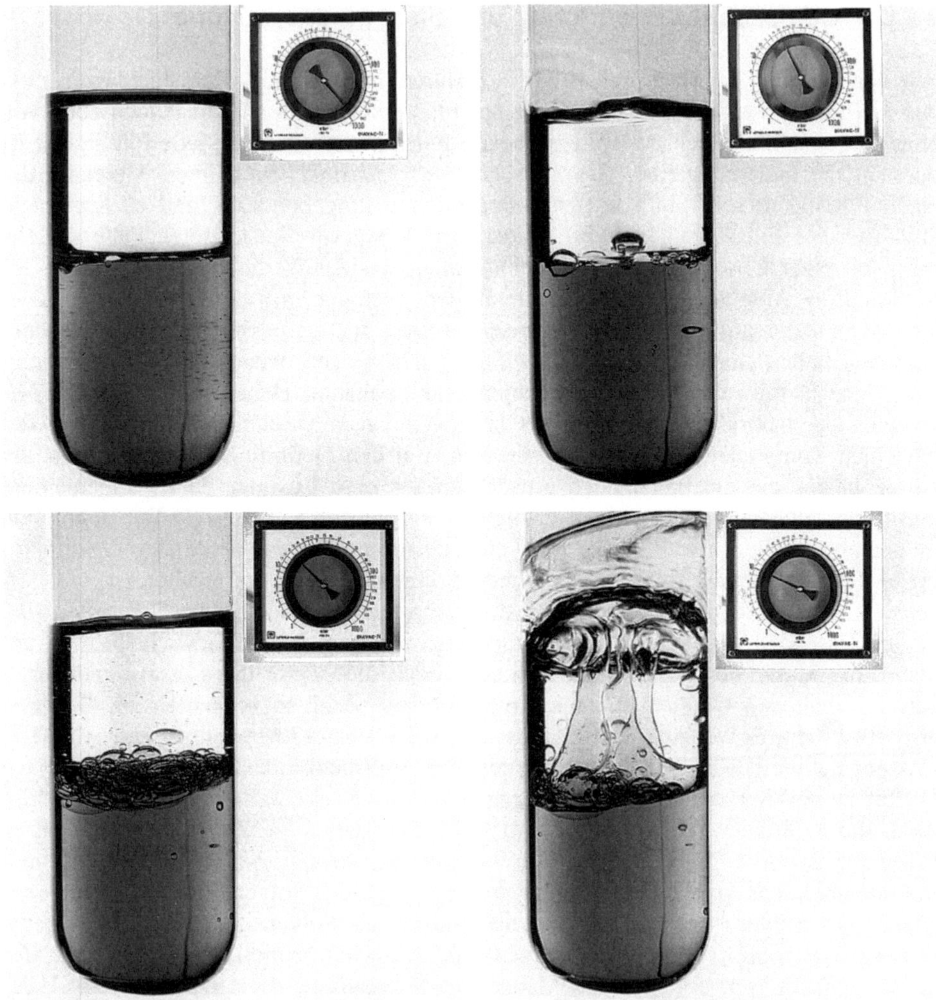

Abb. 3.10 Sieden an der Grenzfläche zweier Flüssigkeiten: Wasser, mit Tusche dunkel gefärbt, und darüber geschichtet Toluol (C_7H_8), farblos. Die als Eckeinsatz gezeigte Barometerskala gibt den Druck in mbar an (Druck nicht mit Ablesung am Wohnzimmerbarometer vergleichbar, da der Druck beim Experiment nicht „auf Meereshöhe reduziert" ist; München liegt 500 m hoch). Einfülltemperatur Zimmertemperatur. Links oben: vor dem Abpumpen. Rechts oben: nach kürzerem Abpumpen, Sieden nur an der *Grenzfläche* von beiden Flüssigkeiten. Links unten: weiteres Abpumpen, ausgeprägtes Sieden an der Grenzfläche, immer noch kein Sieden an der Oberfläche des Toluols. Rechts unten: heftiges Sieden an der Grenzfläche, etwas Sieden auch an der Oberfläche des Toluols (Blasenbildung!). Die Siededaten sind nicht quantitativ zu nehmen, da sich die Flüssigkeit durch das Abpumpen abkühlt: Sieden ist kein Gleichgewichtszustand; im Gleichgewicht gäbe es keine Blasen! Die Blasen sind hier aber nötig, um das Sieden ad oculos zu demonstrieren.

3.2.3 Gefrierpunkterniedrigung und Siedepunkterhöhung

Wir haben schon mehrfach den Begriff „Lösung“ benutzt, vor allem für das Produkt des Auflösens eines festen Stoffes in einer Flüssigkeit. Man spricht jedoch auch von einer Lösung, wenn sich zwei Flüssigkeiten miteinander mischen; jede Flüssigkeit ist dann in der anderen gelöst. Bei *„mischbaren“ Flüssigkeiten* können Moleküle der einen Flüssigkeit sehr gut von denen der anderen umgeben sein, und es liegt nicht etwa die eine Flüssigkeit in Form (reiner) Tröpfchen vor; im letzteren Falle spräche man von einer **Emulsion.** Im folgenden wollen wir das Verhalten einer Lösung als Funktion des Anteils einer Komponente an der gesamten Stoffmenge betrachten. Dieser Anteil kann auf verschiedene Weise definiert und gemessen werden. Aus dem täglichen Leben sind uns, ohne daß wir vielleicht wissen, was genau damit gemeint ist, „Gewichtsprozente“ und „Volumenprozente“ bekannt. Haben wir irgendeine *Mischung,* die makroskopisch betrachtet homogen ist, so wollen wir die Anteile der einzelnen Komponenten wie folgt definieren. Bei den Definitionen benutzen wir der Kürze halber die entsprechenden Ausdrücke für eine Lösung, da es allgemeinere Ausdrücke nicht gibt. Wir nennen das fertige Produkt also „Lösung“. Wir definieren, in manchen Fällen etwas willkürlich, eine bestimmte Komponente der Lösung (in vielen Fällen diejenige flüssige Komponente, deren „Anteil“ am größten ist), als *Solvens* (lat. das Lösende) und eine zweite betrachtete Komponente als *Solvendum* (lat. das zu Lösende). Wir nennen **Massenprozent,** manchmal auch Gewichtsprozent genannt, die Masse des Solvendums dividiert durch die Masse der Lösung und geben den so erhaltenen Quotienten, eine dimensionslose Zahl, in Prozenten an. Hat man also etwa 1,3 g Solvendum in 10 g Lösung, so hat man 13 Massenprozent. Als **Molprozent** definiert man den Quotienten aus der Stoffmenge des betrachteten gelösten Stoffes zu der Summe aller Stoffmengen der Lösung, ebenfalls eine dimensionslose Zahl, die in Prozenten angegeben wird; gibt man die obige Zahl dagegen nicht in Prozenten, sondern als Dezimalzahl an, hat man den *Molenbruch.* Von *Molalität* und Volumenmolalität spricht man, wenn man die Menge des Solvendums in der Masseneinheit des Solvens bzw. in der Volumeneinheit des Solvens bezeichnet (Einheiten mol/kg bzw. mol/m^3). Unter **Konzentration,** gemessen in mol/m^3, häufig auch *Molarität* genannt, versteht man die Menge des Solvendums dividiert durch das Volumen der Lösung. Bestehen die Moleküle des Solvendums in der gelösten Form aus einzelnen Atomen, so spricht man statt von Molprozenten gern von **Atomprozenten.** Das in Mol- oder Atomprozenten angegebene Mischungsverhältnis wird auch häufig Konzentration genannt; so etwas ist so lange zulässig, solange man klar sagt oder es aus dem Zusammenhang eindeutig hervorgeht, was genau gemeint ist. Schließlich wollen wir unter *Massenkonzentration,* gemessen etwa in g/cm^3, die Masse des Solvendums oder allgemeiner einer Komponente dividiert durch das Volumen der Lösung verstehen.

In Abb. 3.11 ist als Kurve der Gefrierpunkt in Abhängigkeit der in Molprozenten gemessenen Konzentration für das System Blei–Zinn (Pb–Sn) aufgetragen. Wie man sieht, ist der Gefrierpunkt für das echte Zweistoffsystem (Konzentrationen von 0 und 100 Molprozenten also ausgenommen) tiefer als für die reinen Stoffe. Von den beiden Grenzwerten reiner Stoffe (0 und 100 Molprozent, Molenbruch 0 bzw. 1) ausgehend gibt es zwei Kurven, die in einen gemeinsamen Punkt münden, bei dem der Gefrierpunkt am tiefsten ist. Der Winkel zwischen beiden Kurven ist von 180° ver-

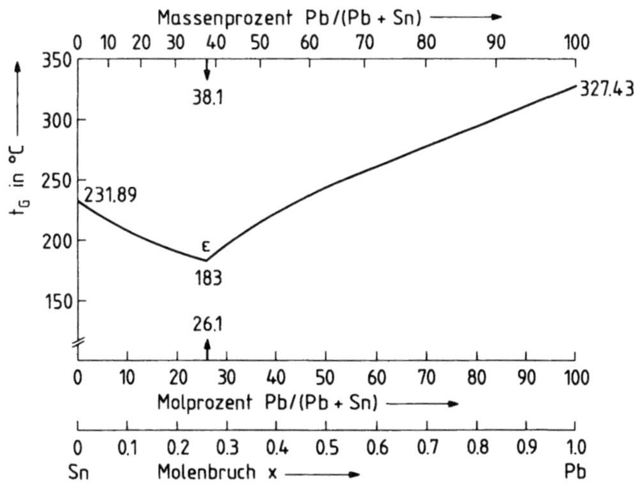

Abb. 3.11 Phasendiagramm eines Zweistoffsystems. Gefrierpunkt t_G als Funktion des Molenbruchs; System Pb und Sn. ε eutektischer Punkt. An der Kurve die Gefrierpunkte der reinen Stoffe und des Eutektikums.

schieden; der Differentialquotient dT_G/dx, wobei T_G die Gefriertemperatur und x den Molenbruch bedeuten, ist an diesem (und nur an diesem) Punkt unstetig. Dieser Punkt heißt **eutektischer Punkt** ε, von griech. eu = gut und tektein = schmelzen. Die Kurve stellt naturgemäß eine Gleichgewichtskurve dar. Im Phasendiagramm, wie es in Abb. 3.11 dargestellt ist, befindet sich also oberhalb der Kurve die flüssige Phase (Lösung) und unterhalb der Kurve mit Ausnahme des eutektischen Punktes zunächst flüssige neben fester Phase. Links vom eutektischen Punkt existiert Stoff 2, in unserm Fall Sn, als fester Bestandteil und rechts davon Stoff 1, in unserm Fall Pb. Unterhalb des Eutektikums gibt es nur die feste Phase; die Zusammensetzung wird dabei durch den Molenbruch gegeben. Der eutektische Punkt selbst ist ein **Quadrupelpunkt,** in dem vier Phasen koexistieren: Stoff 1 in fester Phase, Stoff 2 in fester Phase, Stoff 1 plus Stoff 2 in Lösung (Flüssigkeit) und über der Flüssigkeit ein Gas als Gemisch von Stoff 1 und Stoff 2. Entzieht man, vom Stoff im eutektischen Punkt, dem **Eutektikum** ausgehend, der Probe weiter Wärme, fällt so lange Stoff 1 und Stoff 2 in Kriställchen quasi abwechselnd aus, bis die ganze ursprüngliche Flüssigkeit in den festen Aggregatzustand übergeführt ist. Es bildet sich, von Ausnahmefällen abgesehen, kein Mischkristall. Dabei bleibt die Temperatur konstant. Erst nachdem sich diese Phasenumwandlungen ganz vollzogen haben, wird die Substanz in fester Form weiter abgekühlt [unter weiterem Niederschlag (Sublimation) aus der Gasphase].

Die Gefrierpunkterniedrigung ist eng verknüpft mit der Siedepunkterhöhung, die wir weiter unten in diesem Abschnitt besprechen wollen. Wir wollen daher hier auf die Erklärung des zunächst erstaunlichen Phänomens verzichten. Statt dessen wollen wir uns einige Anwendungen anschauen.

Die Gefrierpunkterniedrigung findet, wie aus dem täglichen Leben bekannt, mannigfaltige Anwendung. Man gibt Frostschutzmittel in das Kühlwasser, z. B. Glycerin oder Ethylenglycol in der Kraftfahrzeugtechnik. Man streut Salz, um Schnee und Eis „aufzutauen“; in Wirk-

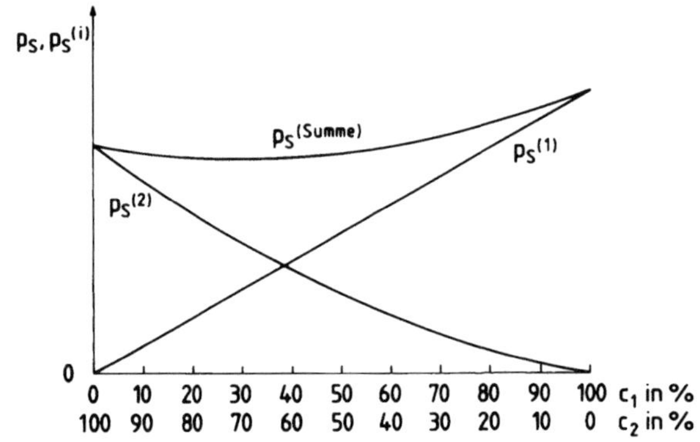

Abb. 3.12 Dampfdrücke über einer Lösung aus zwei Flüssigkeiten als Funktion der Molprozente c_1 und c_2.

lichkeit überführt man das feste H_2O als Solvens in eine Salzlösung, die wegen des gelösten Salzes einen wesentlich tieferen Gefrierpunkt hat als das reine Wasser. Auch heute noch von gewisser Bedeutung sind sogenannte *Kältemischungen,* in Wirklichkeit meist Lösungen. Deren Besprechung gehört allerdings nur teilweise in diesen Abschnitt, weil auch nichtumkehrbare Prozesse, etwa das Lösen unter der damit verbundenen Wärmetönung, beteiligt sind. Das Endprodukt, die kalte Lösung, gehört jedoch in diesen Abschnitt. Als Beispiele für Kältemischungen seien genannt: Mit Eis von 0 °C und Salz (NaCl) von ebenfalls 0 °C läßt sich eine Temperatur von −22 °C erzielen; um sie schnell zu erreichen, stößt man das Eis vorher in einem Mörser klein und mischt es gut mit dem Salz. Festes Kohlenstoffdioxid („Kohlensäure“, CO_2), „Kohlensäureschnee“, ergibt, in Ethylalkohol (C_2H_5OH) von 4 °C geschüttet, −72 °C.

Metallegierungen zeigen häufig einen wesentlichen niedrigeren Schmelzpunkt, als ihn ihre einzelnen Komponenten aufweisen. Um bei niedrigen Temperaturen *löten* zu können, bedient man sich des *Woodschen Metalls* (1860), nach dem amerikanischen Metallurgen gleichen Namens, und verwandter Legierungen. Das Woodsche Metall besteht aus 8 Teilen Blei (Pb), 4 Teilen Cadmium (Cd), 15 Teilen Wismut (Bi) und 4 Teilen Zinn (Sn). Die Schmelztemperatur beträgt 70 °C. Es eignet sich auch als Schmelzsicherung bei Sprinkleranlagen zum Brandschutz.

Für spätere Zwecke vermerken wir noch das Verhalten der Partialdrücke über einer Lösung von zwei Flüssigkeiten (Abb. 3.12). Eingezeichnet sind zwei typische Kurvenverläufe: Partialdruck zwischen beiden Extremwerten (0 und 100 Molprozente) eine Gerade und eine zur Abszissenachse konvexe Kurve.

Siedepunkterhöhung

Verglichen mit dem reinen Stoff führt ein löslicher Zusatz ebenso wie zu einer Gefrierpunkterniedrigung zu einer *Siedepunkterhöhung*. Abb. 3.13 zeigt ein typisches Beispiel (NaCl), Abb. 3.14 einen entsprechenden Versuch. Wir schütten Salz (NaCl; wir vermeiden hier das Wort „Kochsalz“), das wir, da wir ehrliche Menschen sind, vorher ebenfalls auf 100 °C erwärmt haben, in kochendes Wasser. Sofort hört das Sieden auf. Wir überzeugen uns, daß sich die Salzlösung erst um einige Grad Celsius über den Siedepunkt des reinen Wassers hinaus erwärmt haben muß, damit wieder Sieden eintritt.

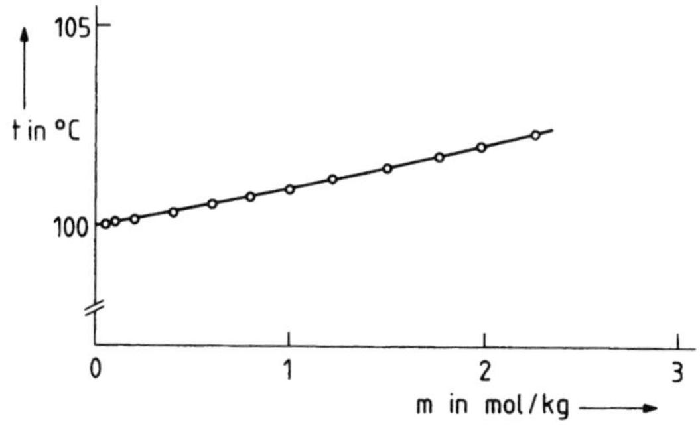

Abb. 3.13 Siedepunktserhöhung. Siedepunkt t als Funktion der Molalität m.

Zur qualitativen Erklärung dieses Phänomens wollen wir zunächst annehmen, daß die gelöste Substanz wie in unserem Beispiel in Abb. 3.14 bei den vorkommenden Temperaturen nur einen sehr kleinen Dampfdruck hat. Wir haben also eine leichtflüchtige und eine schwerflüchtige Komponente. In der Gasphase brauchen wir also nur den Partialdruck der leichtflüchtigen Komponente zu berücksichtigen. An der Oberfläche der Flüssigkeit werden sich jedoch auch Moleküle der schwerflüchtigen Komponente befinden, die in Wechselwirkung mit denen der leichtflüchtigen sind und ihnen außerdem „den Platz wegnehmen"; entsprechend wird die Abdampfrate der leichtflüchtigen Komponente vermindert im Gegensatz zur Auftreffrate der Moleküle aus dem Gas. Die aus dem Gas auf die Flüssigkeitsoberfläche treffenden Moleküle werden absorbiert, gleichgültig ob sie auf ein Molekül der leichtflüchtigen oder eines der schwerflüchtigen Komponente stoßen. Gemäß unseren Gleichgewichtsbetrachtungen in Abschn. I, 8.4.4 wird dadurch der Dampfdruck (Gleichgewichtsdruck!) vermindert. Nach dem vorigen Abschnitt muß aber der Dampfdruck (mindestens) gleich dem äußeren Druck sein, wenn die Flüssigkeit sieden soll. Zum Sieden der Lösung ist also eine höhere Temperatur erforderlich.

Siedepunktserhöhung tritt jedoch auch auf, wenn man einer schwerer flüchtigen Komponente 1 eine leichter flüchtige 2 beimischt. Wie ist das in unserem Bild verständlich? Wir betrachten hier wieder den Dampfdruck der leichter flüchtigen Komponente, auch wenn sie nur in geringem Maße beigemischt ist. Der Dampf, der im Gleichgewicht mit der Flüssigkeit steht, wird eine höhere Konzentration an der leichter flüchtigen Komponente haben als die Flüssigkeit. Es ist also die Auftreffrate der leichter flüchtigen Komponente auf die Flüssigkeitsober-

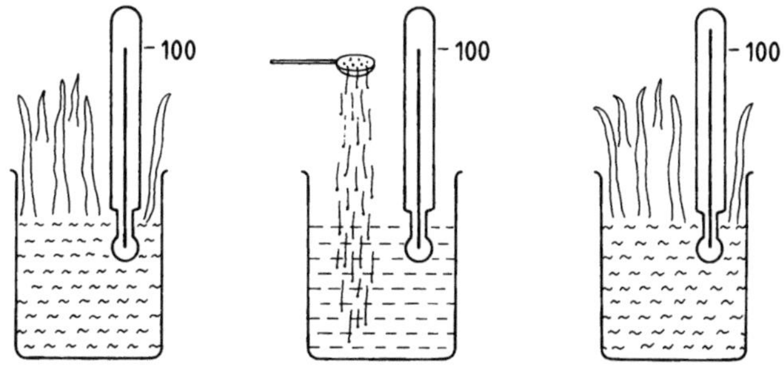

Abb. 3.14 Versuchsskizze zur Demonstration der Siedepunktserhöhung. Links: reines Wasser, unter Normdruck bei 100 °C siedend. Mitte: Die Zugabe von (ebenfalls 100 °C heißem) NaCl stoppt das Sieden urplötzlich. Rechts: erneutes Sieden der Salzlösung, aber bei höherer Temperatur (Thermotersäule über Marke „100").

fläche wieder „zu groß“. Da der Dampfdruck und damit die Verdampfungsrate sehr stark mit der Temperatur steigt, der Gasdruck aber nur mäßig, führt eine Temperaturerhöhung zum Gleichgewicht zurück: Der Dampfdruck und damit der Siedepunkt steigt.

Wir bemerken noch: Wir haben unser Bild ohne Berücksichtigung der intermolekularen Kräfte in der Flüssigkeit abgeleitet. In der Tat treten Gefrierpunkterniedrigung und Siedepunkterhöhung bei den sogenannten *idealen Lösungen* auf, bei denen die Abtrennarbeiten der einzelnen Moleküle aus der Flüssigkeit als unabhängig von dem Stoff angesehen werden, aus dem die Nachbarmoleküle bestehen. Häufig sind die Kräfte zwischen verschiedenartigen Molekülen größer als zwischen gleichartigen. Das führt zu einem unterschiedlichen Verhalten des Dampfdrucks (Gesamtdrucks) über einer Lösung: Bei idealen Lösungen ist der Dampfdruck als Funktion der Konzentration eine Gerade, bei nichtidealen mischbaren Lösungen (meist) eine zur Abszissenachse konvexe Kurve ($p_S^{(2)}$ aus Abb. 3.12). Entsprechende Messungen geben Auskunft über die intermolekularen Kräfte.

In vielen Fällen, zumal bei den idealen Lösungen, ist die relative *Dampfdruckerniedrigung* einfach durch das Verhältnis von gelösten Molekülen zu denen der Lösung gegeben:

$$\frac{p_L - p_0}{p_0} = -\frac{n_1}{n_0 + n_1} = -x_1 \tag{3.26}$$

mit p_L als Dampfdruck der Lösung, p_0 als Dampfdruck des reinen Lösungsmittels, n_1 als Stoffmenge der gelösten Substanz (Solvendum), n_0 als Stoffmenge des Lösungsmittels (Solvens), somit $n_0 + n_1$ als Stoffmenge der Lösung und x_1 als Molenbruch. Wir erklären uns diese Gleichheit, also das Fehlen eines von 1 verschiedenen, von Solvendum und Solvens abhängigen Proportionalitätsfaktors, durch die *Energie,* die in den Molekülen des Solvendums „blokkiert“ ist und also nicht zum Überwinden der Abtrennarbeit eines Solvensmoleküls zur Verfügung steht. Diese Energie wollen wir uns der Einfachheit halber als Translationsenergie eines Gases vorstellen. Sie ist dann im Mittel für jedes Molekül gleich, ob Solvens oder Solvendum, ob groß oder klein, nämlich $3kT/2$. Diese Betrachtung ist natürlich zu simplifiziert, um der Wirklichkeit voll gerecht zu werden, und das umso mehr, als die Wirklichkeit nicht streng durch Gl. (3.26) wiedergegeben wird.

In wässerigen Lösungen von Salzen ist die *Dissoziation* zu beachten.

Quantitativ werden wir Gefrierpunktserniedrigung und Siedepunktserhöhung in Abschn. 3.3.7 behandeln, nachdem wir wichtige Einsichten in nichtumkehrbare Prozesse gewonnen haben.

3.2.4 Legierungen

Das Wort „Legierung“ haben wir schon mehrfach benutzt, ohne genau zu sagen, was darunter zu verstehen ist; allerdings sollte jeweils aus dem Zusammenhang hervorgegangen sein, was damit gemeint war. In diesem Abschnitt wollen wir den Begriff „Legierung“ genauer definieren und die Eigenschaften der verschiedenen Typen von Legierungen untersuchen.

Unter einer *Legierung* versteht man einen *Festkörper,* der aus mehr als einem Stoff besteht. Der einzige „Stoff“, die *Komponente,* kann dabei auch eine chemische Verbindung sein. In den meisten Fällen wird jede Komponente aber ein Element sein. Am gebräuchlichsten sind *Metallegierungen.*

Eine Legierung kann eine einzige Phase besitzen, also eine *einphasige Legierung* sein, oder mehrere Phasen aufweisen *(mehrphasige Legierung). Einphasige* Legierungen sind **homogen,** *mehrphasige* **nicht:** In jedem (genügend kleinen und natürlich passend herausgeschnittenen) Volumenelement der Legierung gibt es nur eine einzige Phase und, wenn die Legierung mehrphasig ist, in einem passend herausgeschnittenen anderen eine andere Phase. Eine mehrphasige Legierung kann durchaus Volumenelemente enthalten, die mit einer einphasigen Legierung (also nicht mit einem reinen Stoff) ausgefüllt sind. Auf jeden Fall stellt eine Legierung eine *Mischung* verschiedener Stoffe *in fester Form* dar.

Die Phasendiagramme von Legierungen, zumal von mehrphasigen, können überaus kompliziert sein. Sie sind in vielen Fällen, auch solchen großer technischer Bedeutung, nur bruchstückhaft bekannt. Wir wollen das an einem Beispiel aufzeigen, das uns scheinbar aus dem täglichen Leben bekannt ist. Wir wählen dazu *Messing,* eine Legierung im wesentlichen aus Kupfer und Zink. Dabei erhalten wir auch einen Einblick in eine Reihe interessanter Phänomene.

Technisch gibt es verschiedene Messingarten. Sie werden durch ihren Kupferanteil in Massenprozenten (technisch: Gewichtsprozenten) an Kupfer charakterisiert. So erhält z. B. „Messing 63", wohl die gebräuchlichste Messingsorte, 63 Massenprozente Kupfer; der Rest ist zum größten Teil Zink, andere Elemente sind mit geringen, aber festgelegten Anteilen vertreten, z. B. Blei; für wiederum andere sind in der technischen Norm Höchstgrenzen festgelegt.

Abb. 3.15 zeigt das Phasendiagramm des Systems Cu–Zn, also nur der beiden Hauptkomponenten des Messings. Man erkennt neben einigen geneigten Kurven auch horizontale, z. B. $\overline{BD}$. Einzelne Phasen des Systems sind durch kleine griechische Buchstaben gekennzeichnet, z. B. α. Teile der im Phasendiagramm wiedergegebenen Fläche sind „hohl", d. h. innerhalb dieser Fläche ist kein Gleichgewicht möglich. Dazu gehört das durch die Punkte *A*, *B* und *D* im linken oberen Teil aufgespannte „Dreieck". Die α- und die η-Phase sind **feste Lösungen.** Die α-Phase besteht aus Zn, in Cu gelöst, die

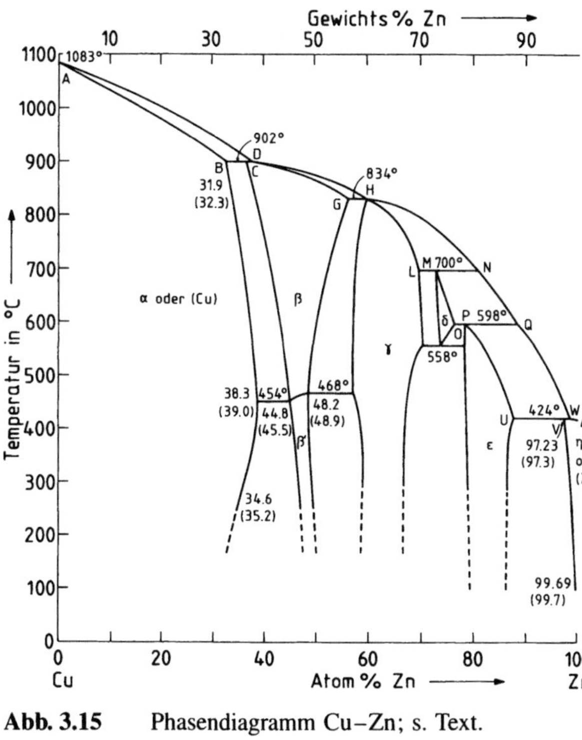

Abb. 3.15 Phasendiagramm Cu–Zn; s. Text.

η-Phase umgekehrt aus Cu, in Zn gelöst. Eine feste Lösung ist eine einphasige Legierung. Die Zusammensetzung in *V* in der Nähe der rechten Bildkante, dem Punkt größter Löslichkeit von Kupfer in Zink, ist 97,3 Massenprozente Cu und 2,7 Massenprozente Zn. Bei tieferen Temperaturen sieht man die ausgezogenen Geraden gestrichelt fortgesetzt. Der Verlauf der gestrichelt gezeichneten Kurven ist unsicher, unterhalb der gestrichelten Kurven ist überhaupt nichts Genaueres über die Phasengrenze bekannt.

Woher weiß man, ob eine Legierung ein- oder mehrphasig ist? Zur Untersuchung gibt es verschiedene Methoden. Eine der gebräuchlichsten ist die Aufnahme eines Debye-Scherrer-Diagramms (vgl. Abschn. 2.4.2). Eine einphasige Legierung zeigt nur einen einzigen Satz von Gitterkonstanten auf, eine zweiphasige immer zwei Sätze.

Wie man z. B. Abb. 3.15 entnimmt, sind die Grenzen zwischen den Phasen Kurven, die von der Temperatur abhängen (Bild um 90° gedreht: Zusammensetzung als Funktion der Temperatur gelesen). Phasen, z. B. feste Lösungen, die bei hohen Temperaturen beständig sind (und aus der Schmelze erhalten werden können), sind bei tiefen Temperaturen nicht stabil. Trotzdem kann man sie, wenn sie einmal hergestellt sind, lange im Labor „am Leben erhalten" und auch in der Technik verwenden. Das Rezept, so eine (bei tiefen Temperaturen) an sich instabile feste Lösung „einzufrieren", besteht in möglichst *plötzlicher Abkühlung (Abschrecken)*. Dann hat die homogene Materie keine Zeit, sich in die wirklich stabilen Phasen zu trennen (zu *entmischen*). Im Labor kann man eine Flüssigkeit der gewünschten Zusammensetzung (Legierung in flüssiger Form) auf eine auf der Temperatur des flüssigen Stickstoffs gehaltene Metallplatte z. B. aus Eisen gießen, um sie abzuschrecken. Das Härten des Stahls in kaltem Wasser ist schon bei Homer (um 800 v. Chr.) beschrieben.

Manche Stoffe, vor allem Metalle mit nur wenig voneinander abweichenden Atomradien (vgl. Abschn. IV, 1.1.2), z. B. Silber (Ag) und Gold (Au), lassen sich in jedem Mischungsverhältnis zu einer einphasigen Legierung mischen, die auch bei Zimmertemperatur als feste Lösung beständig ist. Andere Elemente, z. B. die oben betrachteten Elemente Kupfer und Zink, bei denen die Atomradien merklich voneinander abweichen, lassen sich nur in einem beschränkten Bereich (oder in beschränkten Bereichen) der jeweiligen Zusammensetzung zu einer homogenen festen Lösung (einphasige Legierung) mischen. Wie verhalten sich in den Bereichen der kontinuierlichen Veränderbarkeit des Mischungsverhältnisses die Gitterkonstanten? Antwort darauf gibt die **Vegardsche Regel** (1921), benannt nach dem norwegischen Physiker L. Vegard (1880–1963):

- *Die Gitterkonstanten variieren zwischen den Extremwerten für die reinen Stoffe 1 und 2 linear.*

In praxi gilt die Vegardsche Regel meist nur in guter Näherung. Das Lösen von Wasserstoff in Metallen wie z. B. Palladium (Pd) weitet bei höheren Wasserstoffkonzentrationen das Gitter beträchtlich auf. Auch Stahl ist bis zu einem gewissen Grade für Wasserstoff aufnahmefähig und durchlässig; nur besondere Stähle sind gegenüber Wasserstoff dicht und büßen ihre Festigkeit nicht ein.

3.2.5 Osmose

Für das Verständnis der *Osmose,* von griech. osmos = Schieben, ist die Existenz **semipermeabler Wände (Membranen)** wichtig (semipermeabel von lat. semi- = halb- und permeabilis = durchwanderbar, Membrane von lat. membrana = Häutchen). „Semipermeabel" heißt hier, daß ein Stoff (eine Sorte Moleküle) durchgelassen wird und ein anderer nicht. Man kann sich das so vorstellen, daß diese Membranen winzige Poren haben, durch die die kleinen Moleküle schlüpfen können und die großen nicht.

Es gibt semipermeable Wände, die natürlichen Ursprungs sind, und andere, die künstlich erzeugt worden sind. Semipermeable Wände spielen in der *Biologie,* dort Membranen genannt, eine sehr große Rolle.

Im Gleichgewicht, und nur einen solchen Zustand wollen wir hier betrachten, ist der *Partialdruck* p_d der *durchgelassenen* Komponente auf beiden Seiten der Membran *gleich.* Wäre das nicht der Fall, so würden von der Seite größeren Partialdrucks so lange Moleküle auf die kleineren Partialdrucks hinüberdiffundieren, bis gleiche Partialdrücke herrschen; in diesem (durchaus zutreffenden) Bild ist implizit die Vorstellung enthalten, daß die nichtdurchgelassenen Moleküle nicht die Poren „verstopfen". In vielen Fällen wird das *Lösungsmittel* (z. B. Wasser) *durchgelassen* und die gelöste Substanz (z. B. Zucker) nicht. Der Gesamtdruck ist auf beiden Seiten gleich der Summe der Partialdrücke. Im Ausgangszustand sei auf der einen Seite der Wand das Zweistoffsystem, das aus durchgelassener Komponente und nichtdurchgelassener Komponente besteht, und auf der anderen Seite „Vakuum" (oder durchgelassene Komponente). Dann ist, wenn man die entsprechenden Drücke mit p_2 für das Zweistoffsystem und p_1 für das Einstoffsystem bezeichnet,

$$p_2 = p_d + p_n ,$$

wobei p_n der Partialdruck der nicht durchgelassenen Komponente im Gleichgewicht bedeutet, und

$$p_1 = p_d .$$

Die *Druckdifferenz,* der **osmotische Druck,** ist also

$$\Delta p = p_2 - p_1 = p_n .$$

Bei genügender Verdünnung verhält sich der gelöste Stoff nach dem holländischen Chemiker J. H. van't Hoff (1852–1911) dabei wie ein ideales Gas (1886).

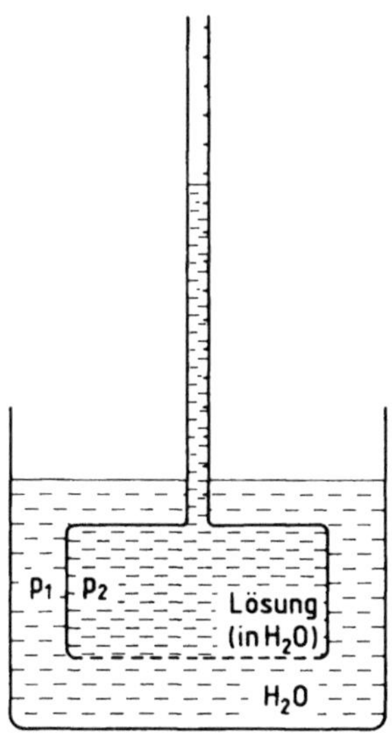

Abb. 3.16 Versuch zur Osmose; Membrane gestrichelt.

Abb. 3.16 stellt einen Schauversuch über Osmose dar.

Die Osmose spielt bei vielen Lebensvorgängen vor allem innerhalb der Zelle eine wichtige Rolle; das Steigen des Saftes von den Wurzeln bis in die Baumkronen, oft mit Osmose in Verbindung gebracht, ist allerdings im wesentlichen auf Kapillarität zurückzuführen (vgl. Abschn. I, 6.4.2). Eine „physiologische Kochsalzlösung“ ist durch denselben osmotischen Druck wie Blut ausgezeichnet; sie ist 0,9-prozentig (Massenkonzentration 9 g/dm^3).

3.3 Direkte Konsequenzen der drei Hauptsätze

3.3.1 Entspannung durch eine Drossel

Unter einer *Drossel* wollen wir eine Vorrichtung verstehen, durch die Gas *ohne* Auftreten von *mechanischer Arbeit* bei gleichen Temperaturen vor und hinter der Drossel von *höherem* zu *niederem Druck* gebracht, also **entspannt** werden kann (die mit der Entspannung unter Umständen verbundene Wärme kann man sich durch Kühlung oder Heizung des entspannten Gases kompensiert denken). Der Entspannung durch eine Drossel sind wir in Abb. I, 8.54 als Beispiel eines nichtumkehrbaren Vorganges begegnet. Im folgenden wollen wir uns solche Prozesse näher ansehen. Zunächst behandeln wir die adiabatische Entspannung. Im Gegensatz zu Abb. I, 8.54 lassen wir aber nicht das Volumen links und rechts von der Drossel konstant, sondern den Druck. Wir sprechen vom **Joule-Thomsonschen Drosselversuch.**

Adiabatische Entspannung

Bei der *adiabatischen Entspannung* wird definitionsgemäß keine Wärme zu- oder abgeführt. Wir drücken ein Volumen V_1 eines Gases mit der inneren Energie U_1

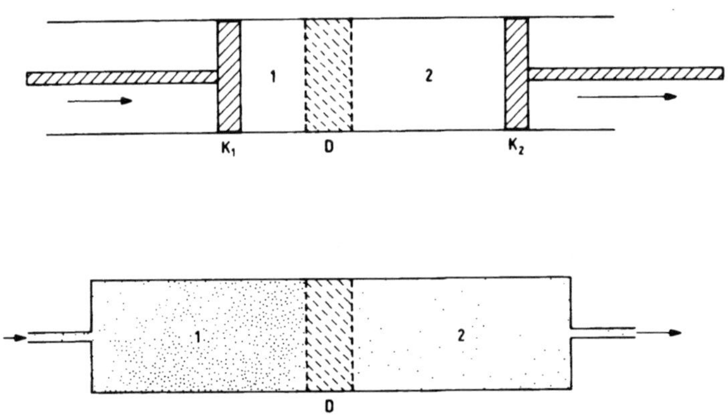

Abb. 3.17 Entspannung durch eine Drossel D bei konstanten Drücken $p = p_1$ links (1) und $p = p_2$ rechts (2); oben mit Druck bzw. Gegendruck durch die Kolben, unten bei Ein- und Ausströmen jeweils bei konstantem Druck (z. B. durch Reduzierventile reguliert, s. weiter unten); $p_1 > p_2$.

unter dem Druck p_1 durch die Drossel und erhalten dieselbe Gasmenge mit dem Volumen V_2 und der inneren Energie U_2 unter dem Druck p_2 (Abb. 3.17). Die Integration von Gl. (I, 8.31) ($\mathrm{d}Q = \mathrm{d}U + p\,\mathrm{d}V$) mit $\mathrm{d}Q = 0$ liefert dann

$$U_2 + p_2 V_2 = U_1 + p_1 V_1 \,. \tag{3.27}$$

Wir definieren, in gewisser Analogie zur in Abschn. I, 8.4.3 eingeführten Umwandlungsenthalpie, allgemein die **Enthalpie**

$$H \stackrel{\text{def}}{=} U + pV \,, \tag{3.28}$$

in Worten

- *Enthalpie gleich innere Energie plus Verdrängungsarbeit.*

Als *molare Enthalpie* definieren wir

$$^{\mathrm{m}}H \stackrel{\text{def}}{=} {}^{\mathrm{m}}U + p\,^{\mathrm{m}}V \,,$$

als *spezifische Enthalpie*

$$h = \frac{H}{m} = \frac{U}{m} + p\,\frac{V}{m} = \frac{U}{m} + \frac{p}{\varrho}$$

mit m als Masse und ϱ als Dichte. Damit können wir den Inhalt von Gl. (3.27) bei adiabatischer Entspannung durch eine Drossel auch durch

$$H = \text{const}$$

oder, durch die Stoffmenge bzw. Masse geteilt,

$$^{\mathrm{m}}H = \text{const} \,, \qquad h = \text{const}$$

beschreiben. Man sagt, der Vorgang sei **isenthalpisch.**

Als Drossel eignet sich jede Vorrichtung, die Gasdurchlaß ohne Mitnahme nennenswerter kinetischer Energie ermöglicht (vgl. Abschn. I, 8.5.2). Abb. 3.18 zeigt Drossel plus Kammern für den Demonstrationsversuch. Praktisch Drosselwirkung besitzt auch ein *Reduzierventil,* dessen Sinn es ist, Flüssigkeit und Gas unter geringerem Druck zur Verfügung zu stellen, als sie in

Abb. 3.18 Drossel für Demonstrationsversuch. Drossel weiße Scheibe aus poröser Keramik. Im Glasgefäß eingeschmolzen rechts und links je ein Thermoelement zur Temperaturmessung (direkte Messung der Temperaturdifferenz).

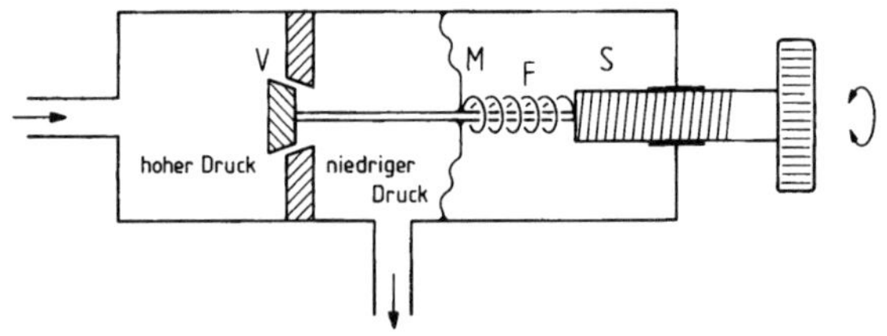

Abb. 3.19 Reduzierventil; s. Text.

der Zuleitung oder dem Vorratsgefäß angeboten werden. In der Technik kennen wir Reduzierventile als *Druckminderer*, z. B. zur Reduzierung des Wasserdrucks im Hausnetz gegenüber dem im kommunalen Netz herrschenden Wert (z. B. von 10 bar entsprechend einer maximalen Steighöhe von 100 m auf 3 bar, wie es den Installationen mit Gummischläuchen im Haushalt, z. B. bei einer Geschirrspülmaschine, adäquater ist). In der Physik benutzt man Reduzierventile häufig, wenn man Gas aus Vorratsflaschen unter hohem Druck, z. B. He von 150 bar, auf niedrigen Druck, unabhängig von der Strömungsgeschwindigkeit, bringen will. Abb. 3.19 zeigt ein Reduzierventil im Schnitt. Wird die Kraft auf den „Kolben", die Membran (hier: biegsame Wand) M des Puffervolumens links von M, größer als die (einstellbare) entgegengesetzt gerich-

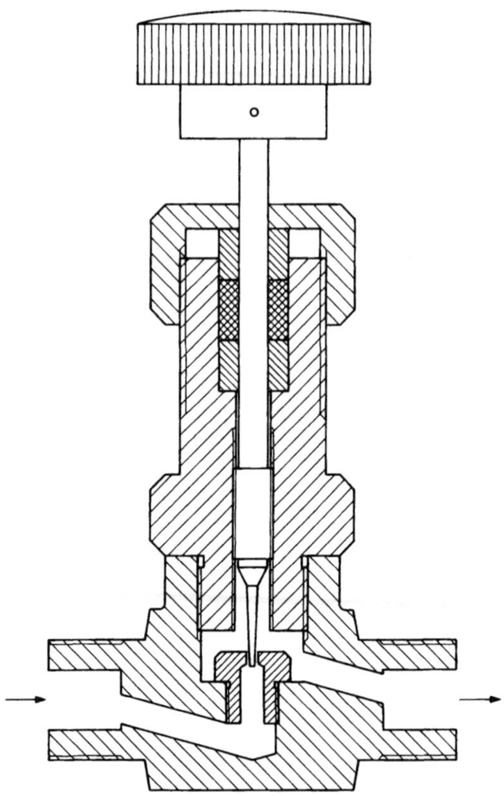

Abb. 3.20 Nadelventil. „Halbtechnische" Zeichnung. Durch Drehen des (oben befindlichen) Rändelknopfes wird die Schraube im Feingewinde in der Höhe verstellt und dadurch die Durchfluß-Querschnittsfläche verändert.

tete Federkraft, so wird die Membrane nach rechts gedrückt, dadurch der Stempel des Ventilverschlusses V vor den Durchlaß gezogen und somit weitere Gaszufuhr verhindert. Den Gasfluß stellt man mit einem *Nadelventil* ein (Abb. 3.20).

Führen wir die isenthalpische Entspannung speziell mit einem *idealen* Gas durch, so kürzt sich die innere Energie wegen ihrer Unabhängigkeit vom Volumen aus Gl. (3.27) heraus, und es verbleibt die Konstanz von $p \times V$. Die Verdrängungsarbeit links und rechts von der Drossel ist also gleich, d. h. es wird netto überhaupt keine mechanische Arbeit geleistet. Ebenso wird insgesamt keine Wärme umgesetzt, der Prozeß verläuft also auch *isotherm*.

Führen wir den Versuch mit einem nichtidealen Gas durch, so ist nach Gl. (3.27) auf jeden Fall die Differenz der inneren Energie gleich dem Negativen der Differenz der Verdrängungsarbeit. Wir können aber aus Zu- oder Abnahme der inneren Energie nicht auf Zu- oder Abnahme der Temperatur schließen. Das zeigt zunächst die Empirie. Abb. 3.21 stellt die Verhältnisse für Stickstoff dar. Aufgetragen ist die Temperatur als Funktion des Druckes mit der Enthalpie als Parameter. Auf diesen **Isenthalpen** bewegt man sich bei der Entspannung durch eine Drossel. Einige der in Abb. 3.21 gezeigten Kurven besitzen an einem Punkt eine horizontale Tangente. In diesem Punkt ändert sich also die Temperatur bei einer infinitesimalen Entspannung nicht. Man nennt den Anstieg

$$\mu \stackrel{\text{def}}{=} \left(\frac{\partial T}{\partial p}\right)_H \tag{3.29}$$

den **Joule-Thomson-Koeffizienten.** Die Temperatur, bei der μ beim Druck p verschwindet, bei der also eine infinitesimale Entspannung durch Drosselung die Tem-

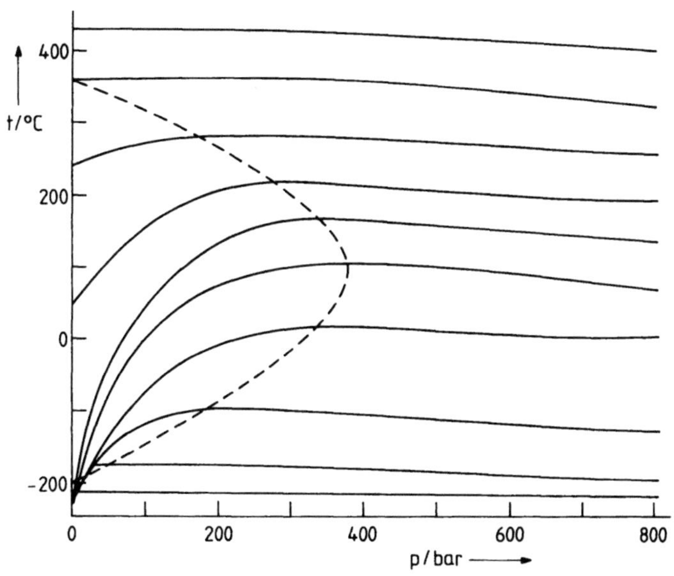

Abb. 3.21 Isenthalpen (ausgezogen) und Kurve verschwindenden Joule-Thomson-Koeffizienten $\mu[t = T_i(p)]$ (gestrichelt). Temperatur t als Funktion des Drucks p. Stickstoff (N_2).

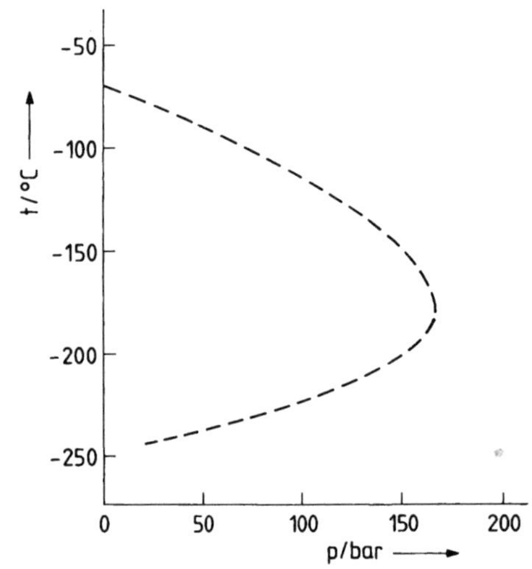

Abb. 3.22 Inversionstemperatur von Wasserstoff (H_2); vgl. die vorige Abbildung.

peratur nicht ändert, ist die **Inversionstemperatur** $T_i(p)$. Das Gebiet links von dieser Kurve ist durch $\mu > 0$ gekennzeichnet, das Gebiet rechts davon (und bei den Isenthalpen ohne horizontale Tangente der ganze Abszissenbereich) durch $\mu < 0$. Man hat also bei Entspannung gemäß Gl. (3.29) für $\mu > 0$ Abkühlung, für $\mu < 0$ Erwärmung. Von besonderem Interesse ist der Maximalwert von $T_i(p)$; dieser Wert wird üblicherweise als „Inversionstemperatur" T_i tabelliert. Abb. 3.22 zeigt $T_i(p)$ für Wasserstoff.

Die Vorgänge, die bei Entspannung durch eine Drossel stattfinden, sind im einzelnen sehr kompliziert. Zunächst erinnern wir uns daran, wie in Abschn. I, 8.5.2 ausgeführt, daß der Prozeß kein Gleichgewichtsprozeß ist und auch nicht der Grenzfall eines Ungleichgewichtsprozesses für nach unendlich gehender Prozeßdauer: Dazu müßte man, wie immer natürlich bei vorgegebenem Versuchsaufbau gedacht, die Druckdifferenz $p_1 - p_2$ gegen Null gehen lassen; dann wäre aber, im Gegensatz zu echten „Gleichgewichtsprozessen" wie etwa dem Verdampfen einer Flüssigkeit (Abschn. 3.2.2), zwischen beiden Zuständen, nämlich dem links von der Drossel und dem rechts von der Drossel, überhaupt kein Unterschied mehr. Lassen wir jedoch eine endliche Geschwindigkeit zu, so handelt es sich um einen Transportvorgang und wir haben eben keine Gleichgewichtszustände mehr, nicht einmal eine sauber definierte Temperatur. Trotzdem wollen wir versuchen, uns die physikalischen Gründe für das Abkühlen (oder Erwärmen) beim Joule-Thomsonschen Drosselversuch, also den **Joule-Thomson-Effekt,** klarzumachen.

Zunächst überrascht es, keinen universellen Zusammenhang zwischen der Änderung der inneren Energie und der Änderung der Temperatur zu finden. Sehen wir uns das Van-der-Waals-Potential und die daraus abgeleitete Kraft an, vgl. Abschn. I, 8.4.5, so erkennen wir bei sehr kleinem Abstand zwischen zwei Molekülen ein positives Potential und damit zusätzliche innere Energie; sie wird bei Abstandsvergrößerung in kinetische Energie, also in höheren Druck und damit Temperaturerhöhung umgesetzt. Bei relativ großen Abständen, jedenfalls rechts vom Potentialminimum, haben wir hingegen ein negatives Potential und Anziehung; diese

Tab. 3.5 Inversionstemperatur T_i und Joule-Thomson-Koeffizient μ; μ für CO_2 bei der Temperatur T und dem Druckverhältnis p/p_{norm}

Gas	T_i in K	T in K	μ in K/p_{norm}		
			$p/p_{norm} \approx 0$	10	100
Ne	231,42				
Ar	779,91	220	2,2855		
Kr	1089,72	250	1,6885	1,7570	
Xe	1455,79	275	1,3455	1,3470	
H_2	204,6	300	1,1070	1,0840	
N_2	620,63	325	0,9425	0,9075	0,5220
O_2	764,43	350	0,8195	0,7850	0,4340
CH_4	967,81	380	0,7080	0,6780	0,3855
Luft	658,79	400	0,6475	0,6210	0,3635

erniedrigt bei weiterer Abstandsvergrößerung durch Entspannung die Molekülgeschwindigkeit und damit die Temperatur. Wir sehen damit qualitativ das in den Abbildungen 3.21 und 3.22 Gezeigte erklärt: Für festgehaltene Einströmtemperatur haben wir bei kleinen Drücken Abkühlung bei Entspannung durch eine Drossel und bei großen Drücken Erwärmung.

Tab. 3.5 stellt einige Daten über Inversionstemperaturen und Joule-Thomson-Koeffizienten zusammen.

Isotherme Entspannung

Die *isotherme Entspannung* durch eine Drossel ist von geringerer Bedeutung als die adiabatische, hat aber den Vorteil, leichter meßbar zu sein. Abb. 3.23 zeigt den Versuchsaufbau (zugeschnitten auf positiven Joule-Thomson-Koeffizienten). Das entspannte Gas wird durch eine Heizspirale so weit aufgeheizt, daß es die vor der Entspannung herrschende Temperatur T_1 wieder erreicht. Bezeichnet man die (kleine) Druckdifferenz mit $\Delta p = p_1 - p_2$, die adiabatisch dadurch entstehende Temperatur-

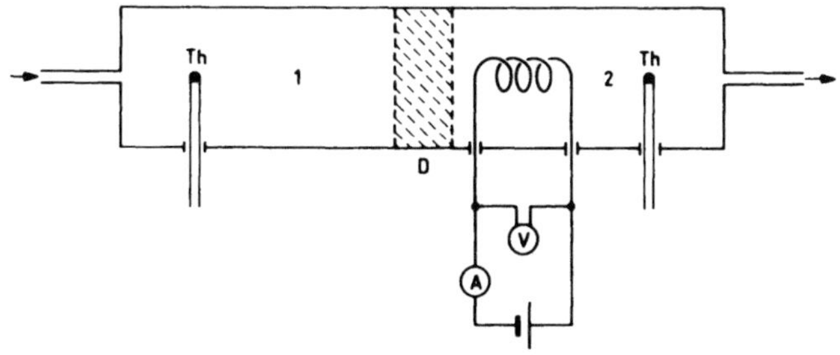

Abb. 3.23 Versuchsaufbau zur Messung des (positiven) Joule-Thomson-Koeffizienten. Das Gas entspannt sich von hohem Druck im Zylinder 1 durch die Drossel D zu niedrigem Druck im Zylinder 2 und wird durch die Heizspirale so weit aufgeheizt, daß die Temperatur auf beiden Seiten gleich ist. Th Thermoelemente zur Temperaturmessung, V Voltmeter und A Amperemeter zur Messung der Heizleistung.

differenz mit ΔT und die pro Mol zugeführte Wärme mit $\Delta^{m}Q$, so ist offenbar

$$\Delta T = \mu \, \Delta p ;$$

ebenfalls gilt mit C_p, der molaren Wärmekapazität bei konstantem Druck,

$$\Delta T = \frac{\Delta^{m}Q}{C_p} ,$$

also zusammengefaßt

$$\mu = \frac{1}{C_p} \frac{\Delta^{m}Q}{\Delta p} .$$

Da der Gesamtvorgang isotherm verläuft, hat man sich nicht groß um Wärmeisolation und die durch unvollkommene Isolation hervorgerufenen Fehler zu sorgen.

Im Prinzip kann man den Versuch auch bei negativen Joule-Thomson-Koeffizienten durchführen, müßte dann jedoch die Heizung durch eine Kühlung genau bekannter Kühlleistung ersetzen, was meßtechnisch weniger günstig ist; alternativ kann man die Temperatur des einströmenden Gases vor einer im Zylinder 1 eingesetzten Heizspirale messen.

Bei positivem Joule-Thomson-Koeffizienten kann man die adiabatische Drosselentspannung zum Abkühlen von Gas, also in einer Kältemaschine benutzen (vgl. Abschn. 3.4.8). *Wasserstoff* von *Zimmertemperatur* hat einen *negativen* Joule-Thomson-Koeffizienten. Bei ausströmendem Wasserstoffgas besteht die Gefahr der Selbstentzündung und damit einer *Knallgasexplosion.*

3.3.2 Gleichgewicht und Entropie

Wir haben den Begriff des *thermodynamischen Gleichgewichts* schon mehrfach benutzt und ihn bisher als einen Zustand ohne Veränderungen definiert. Wir wollen in diesem Abschnitt den Zusammenhang zwischen Gleichgewicht und Entropie aufzeigen. Zunächst wollen wir uns das Gleichgewicht zwischen kondensierter und gasförmiger Phase mikroskopisch vor Augen führen.

Das Bild, das wir uns von diesem Gleichgewichts-„Zustand" machen, ist folgendes: Die verdampfenden Moleküle mischen sich unter die schon vorhandenen Dampfmoleküle (Gasmoleküle), während die auf die Oberfläche auftreffenden Gasmoleküle wegen der intermolekularen Kräfte, vgl. Abschn. I, 6.4.1, an der Oberfläche „kleben" bleiben. Man könnte einwenden, daß sie durch die aus den intermolekularen Kräften resultierende Anziehung zur Oberfläche hin beschleunigt werden und deshalb genügend kinetische Energie besitzen, um nach Reflexion an der Oberfläche wieder aus deren Kräftebereich zu entkommen. Dieses Bild ist aber falsch: Reflexion setzt einen elastischen Stoß ohne Energieverlust des stoßenden Partners, hier des ankommenden Gasmoleküls, voraus, während das Gasmolekül in Wirklichkeit vor allem mit den wenigen Wandmolekülen ganz in der Nähe des Auftreffpunkts in Wechselwirkung tritt und an sie kinetische Energie abgibt. Gleichgewicht ist also ein ständiges Kommen, Verweilen und Gehen. Wieviele Moleküle verlassen z. B. pro Sekunde einen Topf mit kochendem Wasser? Beim Sieden erzeugt, vgl. Abschn. 3.2.2, die siedende Flüssigkeit einen Dampfdruck, der gleich dem äußeren Druck ist;

in unserem Küchenbeispiel ist das 1 bar. Nach der kinetischen Theorie wird dieser Druck durch das Auftreffen der Gasmoleküle auf die Wasseroberfläche (oder sonst irgendeine Oberfläche) erzeugt. Wir gehen auf Gl. (I, 8.9) zurück, integrieren, dividieren durch Δt und vollführen den Grenzübergang $\Delta t \to 0$:

$$\frac{\mathrm{d}N}{\mathrm{d}t} = \frac{\mathrm{d}\int_0^\infty n(v_x)\,\mathrm{d}v_x}{\mathrm{d}t} = \frac{A}{V}\int_0^\infty v_x\,\mathrm{d}N(v_x) = \frac{A}{V}\int_0^\infty v_x\,n(v_x)\,\mathrm{d}v_x\,. \tag{3.30}$$

Links steht die gesuchte Größe, die Auftreffrate der Moleküle auf die Fläche A; das rechts stehende Integral formen wir um:

$$\int_0^\infty v_x n(v_x)\,\mathrm{d}v_x = \langle|v_x|\rangle \int_0^\infty n(v_x)\,\mathrm{d}v_x = \langle|v_x|\rangle\,\frac{N}{2}\,. \tag{3.31}$$

N ist die Anzahl aller Gasmoleküle, die im Volumen V vorhanden sind; das rechte Gleichheitszeichen gilt, weil die Hälfte aller Moleküle eine x-Komponente der Geschwindigkeit zwischen 0 und $+\infty$ hat und weil der Mittelwert von v_x dieser Moleküle gleich dem Mittelwert von $|v_x|$, genommen über alle Moleküle, ist. Wir bemerken noch den Unterschied zwischen Gl. (3.30) und Gl. (I, 8.11), in welche ja der Mittelwert von v_x^2 einging. Der Unterschied rührt daher, daß für den Druck der Impuls und damit die Geschwindigkeit jedes auftreffenden Teilchens als Gewichtsfaktor zählt, während für die Auftreffrate jeder Impuls das gleiche Gewicht hat (abgesehen natürlich von dem in beiden Gleichungen einmal auftretenden Faktor v_x, der aus der Proportionalität zwischen v_x und der Auftreffrate folgt). Wir rechnen noch das links in Gl. (3.31) stehende Integral aus, wobei wir die Verteilung $n(v_x)$ durch Gl. (3.4) ausdrücken:

$$\int_0^\infty v_x\,n(v_x)\,\mathrm{d}v_x = N\sqrt{\frac{m}{2\pi kT}}\int_0^\infty \mathrm{e}^{-\frac{mv_x^2}{2kT}}\,v_x\,\mathrm{d}v_x = \frac{NkT}{m}\sqrt{\frac{m}{2\pi kT}}\,.$$

Das setzen wir in Gl. (3.30) ein:

$$\frac{\mathrm{d}N}{\mathrm{d}t} = A\,\frac{N}{V}\,\frac{kT}{m}\sqrt{\frac{m}{2\pi kT}} = A\,\frac{N}{V}\,\frac{kT}{mc^2}\,c\,\frac{1}{\sqrt{2\pi}}\sqrt{\frac{mc^2}{kT}}\,,$$

wobei c die Lichtgeschwindigkeit ist. Setzen wir für $\nu = N/V$ den Näherungswert aus Gl. (3.14), für T 373 K und für $mc^2 = 18\,\text{GeV}$ sowie $\sqrt{2\pi} \approx 2{,}5$, erhalten wir näherungsweise mit $A = 1\,\text{cm}^2$

$$\frac{\mathrm{d}N}{\mathrm{d}t} \approx \frac{1\,\text{cm}^2 \times 2{,}5 \times 10^{19}\,\text{eV} \times 3 \times 10^{10}\,\text{cm}}{\text{cm}^3 \times 30 \times 18\,\text{GeV} \times \text{s} \times 2{,}5}\sqrt{\frac{18\,\text{GeV} \times 30}{\text{eV}}} \approx 5 \times 10^{23}\,\text{s}^{-1}\,.$$

$\mathrm{d}N/\mathrm{d}t$ ist die Auftreffrate auf den Quadratzentimeter Flüssigkeitsoberfläche. Genauso groß ist die Abdampfrate. Das ist das, was man einen Gleichgewichts-*Zustand* nennt!

Die Entropiezunahme und damit die Entropie, Gln. (I, 8.64) und (I, 8.65), ist nur für Gleichgewichtszustände definiert. In abgeschlossenen Systemen kann nach dem zweiten Hauptsatz die Entropie nicht abnehmen. Besteht für ein isoliertes System noch die Möglichkeit einer Entropiezunahme, so ist eine Veränderung möglich, also noch kein Gleichgewicht erreicht. Wir können somit den Gleichgewichtszustand durch

$$S = S_{\max} \tag{3.32}$$

und

$$\mathrm{d}S = 0 \tag{3.33}$$

beschreiben, wobei $S_{\max}$ den Maximalwert der Entropie des Systems bezeichnet. Wir fassen Gl. (3.32) in Worte:

- *Ein abgeschlossenes System hat im Gleichgewicht maximale Entropie.*

Wie können wir untersuchen, ob Gl. (3.33) erfüllt ist? Dazu gehen wir wie beim mechanischen Gleichgewicht in Abschn. I, 3.3.6 vor. Analog dem dort ausgesprochenen Prinzip der virtuellen Arbeit, das wir zur Gleichgewichtsdefinition benutzt haben, benutzen wir nun Gl. (3.33) für das thermodynamische Gleichgewicht und denken uns die Entropie als Funktion von n Variablen x_1, $x_2 \dots x_n$ ausgedrückt. Die Variation von S, δS, ist dann

$$\delta S = \left(\frac{\partial S}{\partial x_1}\right)_{x_2, x_3 \dots x_n} \delta x_1 + \left(\frac{\partial S}{\partial x_2}\right)_{x_1, x_3 \dots x_n} \delta x_2 + \dots + \left(\frac{\partial S}{\partial x_n}\right)_{x_1, x_2 \dots x_{n-1}} \delta x_n \,,$$

wobei die δx_1, $\delta x_2 \dots \delta x_n$ virtuelle Veränderungen sind.

In einem abgeschlossenen System ist sowohl der Wärmeaustausch $\mathrm{d}Q$ als auch die Verdrängungsarbeit $p\,\mathrm{d}V$ gleich null, also verschwindet nach Gl. (I, 8.31) auch die Änderung $\mathrm{d}U$ der inneren Energie. Da außen immer irgendein Druck p herrscht, muß auch das Volumen V konstant sein. Die virtuellen Änderungen δS der Entropie S müssen also bei konstanten Werten von U und V vor sich gehen, und wegen Gl. (3.32) ist im Gleichgewicht

$$\delta S_{\substack{U = \mathrm{const} \\ V = \mathrm{const}}} \leqq 0 \,.$$

3.3.3 Gleichgewicht und freie Energie

In diesem Abschnitt wollen wir uns Veränderungen und Gleichgewichtsbedingungen bei einem System vor Augen führen, das *isotherm* mit einem *Wärmebad* in Verbindung steht und dessen *Volumen konstant* sei. Wir betrachten zunächst das Wärmebad plus dem System und nennen den Gegenstand unserer Betrachtungen das Gesamtsystem. Wir nehmen es, ohne daß unsere Verfügung über das (eigentliche) System dadurch eingeschränkt wird, als abgeschlossen an. Die Entropie des Gesamtsystems setzt sich additiv aus der Entropie des Wärmebades, S_{B}, und der des eigentlichen Systems, S_{A}, zusammen:

$$S = S_{\mathrm{B}} + S_{\mathrm{A}} \,. \tag{3.34}$$

Für S gilt Gl. (3.33). Die vom Bad B an das System A abgegebene Wärme plus der von A an B abgegebenen ist null:

$$\mathrm{d}Q_{\mathrm{A}} = -\mathrm{d}Q_{\mathrm{B}} \,. \tag{3.35}$$

Das Gesamtsystem befindet sich auf der Temperatur T (isotherm!). Die Entropieänderung des Bades ist wegen Gl. (3.35)

$$dS_B = -\frac{dQ_{A,rev}}{T}, \tag{3.36}$$

und wegen der Volumenkonstanz des Systems A ist

$$dQ_A = dQ_{A,rev} = dU_A. \tag{3.37}$$

Aus den Gleichungen (I, 8.74) ($dS \geqq 0$), (3.34), (3.36) und (3.37) folgt

$$dS = -\frac{dU_A}{T} + dS_A \geqq 0$$

und damit

$$T\,dS_A - dU_A \geqq 0. \tag{3.38}$$

Wir definieren als **freie Energie**

$$F \overset{\text{def}}{=} U - TS. \tag{3.39}$$

Nun können wir den Inhalt von Gl. (3.38), indem wir Gl. (3.39) auf das betrachtete System (isochor und isotherm im Wärmebad) anwenden und den Index „A" fortlassen, auch wie folgt schreiben:

$$dF = dU - T\,dS - S\,dT = dU - T\,dS \leqq 0. \tag{3.40}$$

Der Term TS, um den sich die freie Energie F von der inneren Energie U unterscheidet, kommt offenbar von der Zusatzbedingung, daß das System im Wärmeaustausch mit seiner Umgebung (Wärmebad) steht; wegen der Erhaltung der Gesamtentropie S beim Übergang von einem Gleichgewichtszustand zum andern ist nur die um den Wert TS verminderte innere Energie frei verfügbar.

Gl. (3.40) gilt zunächst für alle möglichen Änderungen unseres Systems A. Speziell im Gleichgewicht gilt für das Gesamtsystem Gl. (3.33) und für das System A

$$dF = 0.$$

Das läßt sich folgendermaßen in Worte fassen:

- *Im Gleichgewicht ist die freie Energie eines isotherm-isochoren Systems ein Minimum.*

Die in diesem Abschnitt festgelegten Zusatzbedingungen „isotherm" und „isochor" sind praxisnäher als die vorherigen Bedingungen „adiabatisch" und „isochor".

3.3.4 Gleichgewicht und freie Enthalpie

Indem wir uns jetzt den Gleichgewichtsübergängen mit *isotherm-isobaren Nebenbedingungen* zuwenden, greifen wir auf die in Abschn. I, 8.4.3 eingeführte Umwandlungsenthalpie zurück, die ja die Summe aus innerer Energie und „Volumenarbeit" ist, s. Gl. (3.28). Wir betrachten wieder ein System A in einem Wärmebad B, halten jedoch den auf A lastenden Druck p_A konstant und haben somit einen *isotherm-*

isobaren Prozeß ($T = \text{const}$, $p = \text{const}$). Analog zum vorigen Abschnitt definieren wir eine **freie Enthalpie**

$$G \overset{\text{def}}{=} H - TS\,. \tag{3.41}$$

Wir erschließen, ebenfalls analog zur freien Energie im vorigen Abschnitt,

$$\mathrm{d}G = \mathrm{d}H - T\,\mathrm{d}S - S\,\mathrm{d}T = \mathrm{d}H - T\,\mathrm{d}S \leqq 0 \tag{3.42}$$

und speziell für das Gleichgewicht

$$\mathrm{d}G = 0: \tag{3.43}$$

- *Im Gleichgewicht ist die freie Enthalpie eines isotherm-isobaren Systems ein Minimum.*

Freie Energie F und freie Enthalpie G werden **thermodynamische Potentiale** genannt.

3.3.5 Gibbssches Phasengesetz

Das *Gibbssche Phasengesetz,* formuliert 1875 von dem amerikanischen Physiker J. B. Gibbs (1839–1903), stellt einen Zusammenhang zwischen der Zahl f der Freiheitsgrade eines Systems, der Zahl c seiner Komponenten und der Zahl q seiner Phasen her. Wir wollen uns mit diesem Gesetz nur in seiner einfacheren Form beschäftigen, in der chemische Reaktionen ausgeschlossen sind. Wir betrachten für den wichtigsten Fall der Nebenbedingungen, $T = \text{const}$ und $p = \text{const}$, also für den isotherm-isobaren Fall, die freie Enthalpie G als Funktion zunächst von Druck p, Volumen V, Temperatur T und den Stoffmengen n_i jeweils eines Stoffes in einer bestimmten, festgehaltenen Phase; es seien m solcher n_i vorhanden. Wir schreiben also

$$G = G(p, V, T, n_1, n_2 \ldots n_m)\,. \tag{3.44}$$

Die Gleichgewichtsbedingung lautet, s. Gl. (3.43),

$$\mathrm{d}G = 0\,,$$

und die Nebenbedingungen sind

$$\mathrm{d}T = 0\,, \qquad \mathrm{d}p = 0\,, \qquad \mathrm{d}n_k = 0 \qquad (k = 1, 2 \ldots m)\,.$$

Jede Phase sei durch p, T und die Molenbrüche x_i ($i = 1, 2 \ldots c$) definiert. Für jede Phase gilt

$$\sum_{i=1}^{c} x_i = 1\,. \tag{3.45}$$

Für das System aus q Phasen gibt es q Gleichungen der Art Gl. (3.45). Weil die Gesamtmenge des Systems konstant ist, kann man aus $c - 1$ Molenbrüchen den letzten, „c-ten“, ausrechnen. Zusammen mit p und T, s. Gl. (3.44), ist also jede Phase durch $c - 1 + 2$ Größen bestimmt, und somit sind es alle Phasen durch $q(c - 1) + 2$ Größen (p und T sind im Gleichgewicht für alle Phasen gleich).

Wir führen die **chemischen Potentiale**

$$\mu_i \stackrel{\text{def}}{=} \left(\frac{\partial G}{\partial n_i}\right)_{T,p,n_j} \qquad (i \neq j) \tag{3.46}$$

ein. Wie man unmittelbar einsieht (und wie explizit bewiesen werden kann), ist im Gleichgewicht für irgendzwei Phasen α und β

$$\mu_i^{(\alpha)} = \mu_i^{(\beta)}$$

und somit auch

$$\mu_i^{(\alpha)} = \mu_i^{(\beta)} = \ldots = \mu_i^{(\nu)} \tag{3.47}$$

für alle q Phasen. Für jeden Stoff, auf q Phasen verteilt, existieren also $q-1$ Bedingungen aus Gl. (3.47), für alle c Stoffe somit $c(q-1)$. Im Gleichgewicht ist die Zahl q der Phasen unveränderlich. Wir können mithin über

$$f = q(c-1) + 2 - c(q-1) = c - q + 2 \tag{3.48}$$

Größen frei verfügen. Das ist das Gibbssche Phasengesetz (für den Fall des Ausschlusses chemischer Reaktionen).

Wir wollen uns den Inhalt des Gibbsschen Phasengesetzes an einigen einfachen Beispielen vor Augen führen. Wir wählen $c = q = 1$, haben also ein einkomponentiges System in einer einzigen Phase vor uns. Wir rechnen aus Gl. (3.48) $f = 2$ aus. Das System hat also zwei Freiheitsgrade, und wir können Druck p und Temperatur T frei wählen. Das wird veranschaulicht durch ein Gas, bei dem nach Vorgabe von p

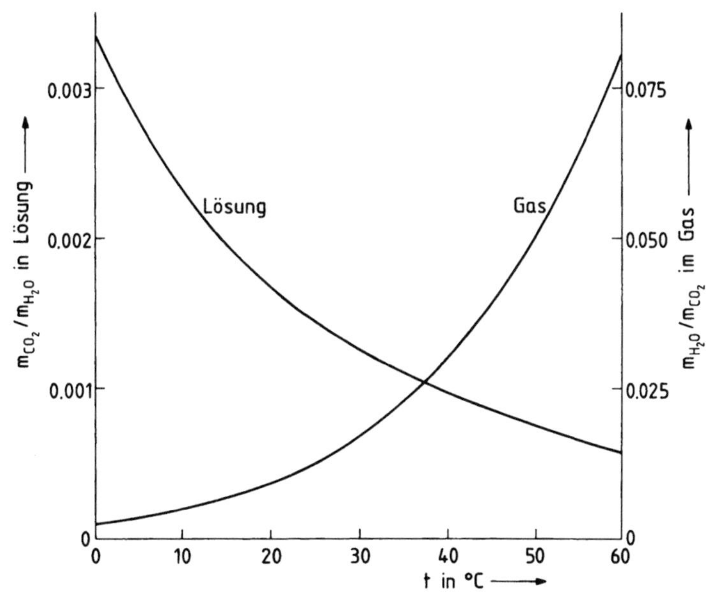

Abb. 3.24 System $CO_2 + H_2O$ im Gleichgewicht bei Temperatur t. Stoffmengenverhältnisse CO_2 zu H_2O, ausgedrückt durch die jeweiligen Molalitäten m, in Lösung und H_2O zu CO_2 im Gas als Funktion von t.

und T die dritte noch in Frage kommende Variable, das Volumen V, bestimmt ist. Natürlich können wir auch z. B. p und V frei wählen; dann ist T festgelegt.

Als zweites Beispiel nehmen wir $c = 1$ und $q = 2$ für ein Gleichgewichtssystem aus Gas und Flüssigkeit. Es ist $f = 1$. Wählbar ist z. B. der Druck p; dann ist die Temperatur T aus der Dampfdruckkurve, s. Abb. I, 8.37, zu entnehmen.

Haben wir ein Gasgemisch und $c = 2$, $q = 1$ vor uns, so ist $f = 3$. Wählbar sind z. B. p, T und der Molenbruch x_1; der zweite Molenbruch x_2 ist dann bestimmt.

Als letztes Beispiel wählen wir einen zweikomponentigen Stoff, der in zwei Phasen vorhanden sein soll, z. B. H_2O und CO_2 als Gas und als Flüssigkeit. Wir errechnen $f = 2$. Wählbar sind etwa p und T. Dann ist das Verhältnis der Molenbrüche x_1 und x_2 in jeder Phase bestimmt, mit $x_1 + x_2 = 1$ also auch x_1 und x_2 einzeln. Abb. 3.24 zeigt uns das Phasendiagramm des Systems.

3.3.6 Weiteres zur thermodynamischen Temperaturskala

In Abschn. I, 8.1.3 haben wir erwähnt, daß man die allgemeine Gasgleichung (I, 8.1) benutzen kann, um eine *absolute Temperatur T* thermodynamisch zu definieren. Dazu benötigen wir ein ideales Gas. Andererseits haben wir im selben Abschnitt das ideale Gas u. a. dadurch definiert, daß es der allgemeinen Gasgleichung gehorcht. Das sieht nach einem Zirkelschluß aus. Der Sachverhalt läßt sich jedoch klären.

Wir gehen *im Prinzip* folgendermaßen vor. Wir stellen irgendeinem Stoff (in praxi: einem *Gas*) ein gewisses Volumen zur Verfügung; für das Folgende vgl. Abb. 3.25. Das Volumen bestehe aus zwei Hälften, in der Abbildung durch je eine Gasflasche mit angeschlossener Rohr- und Hahn-„Hälfte" symbolisiert. Am Anfang, links oben, befinde sich das gesamte Gas mit der Menge n_0 beim Druck p_0 in der einen Hälfte, während die andere leer ist. Nun vergrößern wir ohne Verdrängungsarbeit, also durch adiabatische Entspannung durch den Hahn, das gaserfüllte

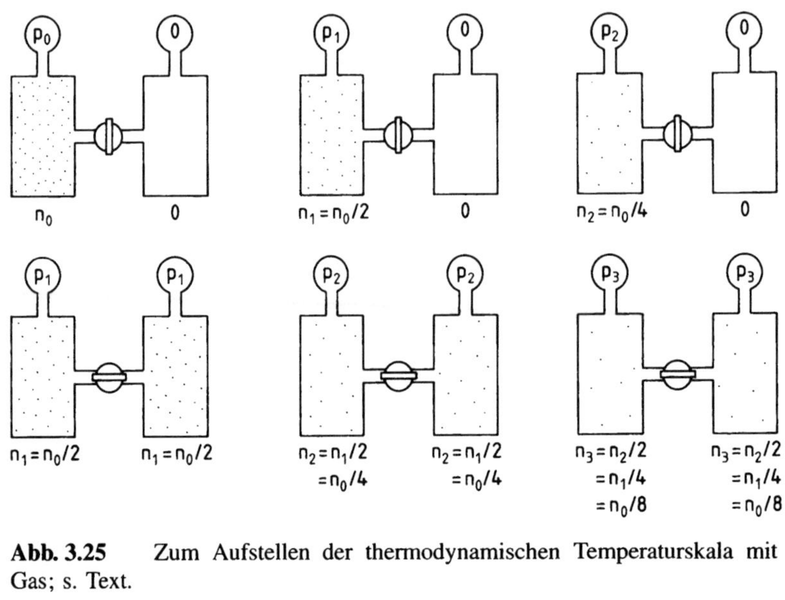

Abb. 3.25 Zum Aufstellen der thermodynamischen Temperaturskala mit einem Gas; s. Text.

Volumen um den Faktor 2. Wir haben nach Druckausgleich in jeder Hälfte die halbe Gasmenge n_1 und konstatieren den Druck p_1 (links unten). Wir schließen den Hahn und entleeren die rechte Hälfte (Mitte oben). Diese Prozedur wiederholen wir (Mitte unten und rechts oben). Nun vergleichen wir die Daten der Stoffmenge vor und nach der Expansion miteinander: Gibt es noch Unterschiede für pV/n, so haben wir noch nicht genug expandiert. Wir setzen das Verfahren so lange fort, bis wir nach mehrfach wiederholter Expansion in keinem Falle mehr Veränderungen für pV/n feststellen (rechts unten; weitere Bilder fortgelassen). Wir haben jetzt ein ideales Gas, mit dem wir, wie in Abschn. I, 8.1.3 angegeben, die thermodynamische Temperaturskala aufstellen, wobei wir noch die zuvor freigebliebene Proportionalitätskonstante C in Gl. (I, 8.5) zu nR/p festsetzen (s. auch unten).

Wir wollen nun einen Satz beweisen, der manchmal als *nullter Hauptsatz* der *Thermodynamik* bezeichnet wird (andere Formulierungen sind gebräuchlich):

- *Sind zwei thermodynamische Systeme A und B jeweils mit einem dritten System C im thermischen Gleichgewicht, so sind sie auch untereinander im Gleichgewicht.*

Der Beweis ist denkbar einfach, impliziert aber das Vorliegen gleicher Temperatur bei thermischem Gleichgewicht: Den Systemen können wir Temperaturen T_A, T_B und T_C zuordnen. Sind A und C miteinander im Gleichgewicht, haben sie dieselbe Temperatur. Es ist also $T_A = T_C$; ebenso ist $T_B = T_C$. Also ist auch $T_A = T_B$, und damit sind A und B miteinander im Gleichgewicht.

Wir kommen jetzt zur Festlegung der *thermodynamischen Temperaturskala* durch den **Carnot-Prozeß.** Wir nehmen wieder an, wir verfügten nicht über eine Temperaturskala. Wir nehmen zwei Wärmereservoire A und B her. Wir bringen erst A in Wärmekontakt mit dem Arbeitsstoff der Menge n in der Carnot-Maschine (z. B. ideales Gas) und dann B (Abb. 3.26). Arbeitet die Maschine nicht, setzen wir fest: Beide Wärmereservoire haben die gleiche „Temperatur“. Komprimiert sich der Arbeitsstoff bei Wärmekontakt mit B, setzen wir fest: $T_A > T_B$. Wir lassen die Carnot-Maschine arbeiten und messen den Wirkungsgrad; dabei ersetzen wir die A in einem Zyklus

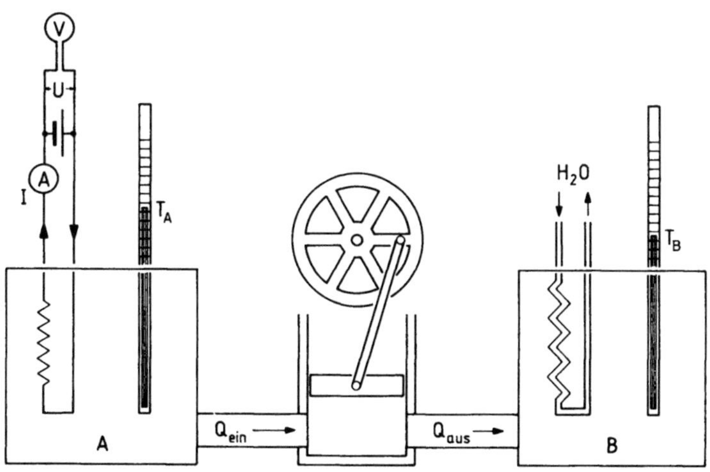

Abb. 3.26 Zum Aufstellen der thermodynamischen Temperaturskala mit einer Carnot-Maschine. Heizung links elektrisch unter Strom- und Spannungsmessung, Kühlung rechts mit Wasser. Im übrigen s. Text.

Tab. 3.6 Fixpunkte der Kelvin-Skala[a]

Stoff	Art[b]	T/K	Stoff	Art[b]	T/K
Al	T_c	1,1796	Ga	T_t	302,924
^{4}He	T_b	4,2221	Hg	T_b	629,81
H_2 (normal)	T_t	13,958	Sb	T_G	903,905
N_2	T_t	63,146	Ag	T_G	1235,08
Xe	T_t	161,392	Cu	T_G	1358,02
H_2O	T_G	273,15	Fe	T_G	1808
H_2O	T_t	273,16	Ti	T_G	1943

[a] Fixpunkte der Celsius-Skala entstehen aus den Fixpunkten der Kelvin-Skala durch $t/°\mathrm{C} = T/\mathrm{K} - 273{,}150$, obgleich die *ursprünglichen* Fixpunkte der Celsius-Skala (T_G und T_b von H_2O) nur mit zwei Dezimalstellen definiert sind

[b] T_c Sprungtemperatur bei Supraleitern, T_b Siedetemperatur bei $p = 1{,}01325$ bar, T_t Tripelpunkt, T_G Schmelzpunkt bei $p = 1{,}01325$ bar

verlorengegangene Wärme durch elektrische Heizung, die wir messen. Durch den gemessenen Wirkungsgrad definieren wir ein *Temperaturverhältnis* $T_B/T_A = T_2/T_1$ mittels Gl. (I, 8.69) [$\eta_C = (T_1 - T_2)/T_1$]. Insgesamt bauen wir uns durch eine Versuchsreihe eine thermodynamische Temperaturskala auf, die wieder bis auf einen Faktor festgelegt ist. Wir setzen diesen Faktor gleich Rn und haben dann die **Kelvin-Skala** (R mol T ist ja eine Energie).

Für den praktischen Gebrauch ist das Aufstellen einer theoretisch begründeten Temperaturskala nicht zu empfehlen. Zur Eichung von Thermometern sollte man durch internationale Gremien akzeptierte **Fixpunkte** benutzen, die bei tiefen Temperaturen durch Sprungtemperaturen von Supraleitern und für höhere Temperaturen durch Phasengleichgewichte bestimmt sind und im Labor relativ leicht und genau **reproduziert** werden können. Tab. 3.6 stellt einige Werte zusammen; weitere Werte im Anhang A 3.3.

3.3.7 Clausius-Clapeyronsche Gleichung

Bisher haben wir nur Gleichgewichte und die Richtung der Verschiebung z. B. bei einer Temperaturerhöhung betrachtet, jedoch nicht allgemein das Ausmaß dieser Verschiebung (nur beim idealen Gas und in Sonderfällen bei einem realen Gas, Abb. I, 8.46, konnten wir Angaben über die Verschiebung des Gleichgewichts Gas zu Flüssigkeit bei isothermer Volumenvergrößerung machen). Jetzt wollen wir uns dem quantitativen Einfluß insbesondere der Temperatur zuwenden. Wir wenden dabei Überlegungen an, die im wesentlichen auf Clausius zurückgehen (1850), nachdem der französische Ingenieur B. Clapeyron (1799–1864) das Gesetz formuliert hatte (1834). Die Betrachtungsweise ist typisch für die theoretische Kontinuumsthermodynamik (also nicht die mikroskopische Analyse der Prozesse).

Man nimmt einen *reversiblen Kreisprozeß* an, führt ihn im *Gedankenversuch* aus und berechnet sein Ergebnis. Im folgenden wollen wir die Abhängigkeit des Dampfdrucks p_S von der Temperatur betrachten.

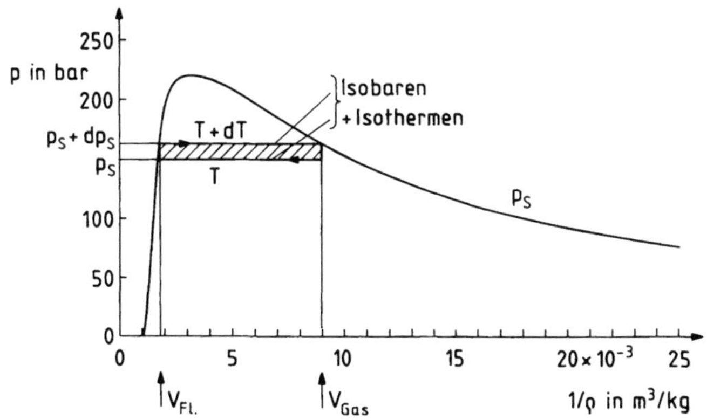

Abb. 3.27 Kreisprozeß zur Ableitung der Clausius-Clapeyronschen Gleichung für die Abhängigkeit des Dampfdrucks von der Temperatur. Im Kreisprozeß umfahrenes Gebiet schraffiert. Die mit p_S bezeichnete Kurve schließt den Koexistenzbereich von Flüssigkeit und Gas ein; oberhalb der Kurve ist nur Flüssigkeit. Quantitativ gilt das Diagramm für Wasser.

Abb. 3.27 ist ein pV-Diagramm eines kondensierbaren Gases. Eingezeichnet sind die Grenzkurve des Koexistenzbereichs zwischen Gas und Flüssigkeit (Abschn. I, 8.4.6) und der Weg, auf dem ein reversibler Kreisprozeß durchfahren werden soll. Charakteristikum dieses Prozesses ist der kleine Druckunterschied dp_S des Sättigungsdrucks p_S der beiden Isobaren, die gleichzeitig Isothermen mit dem Temperaturunterschied dT sind. Der Wirkungsgrad dieses Kreisprozesses ist nach Abschn. I, 8.5.5

$$\eta = \frac{\Delta W}{\Delta Q_1} = \frac{(V_{\text{Gas}} - V_{\text{Fl}})\,dp_S}{H_V} = \frac{dT}{T},$$

wobei H_V die Umwandlungsenthalpie, also die Verdampfungsenthalpie ist und dT im Nenner gegenüber T vernachlässigt worden ist. Daraus gewinnen wir die **Clausius-Clapeyronsche Gleichung** für den Dampfdruck in ihrer *allgemeinen Form*

$$\frac{dp_S}{dT} = \frac{H_V}{(V_{\text{Gas}} - V_{\text{Fl}})\,T} = \frac{{}^{m}H_V}{({}^{m}V_{\text{Gas}} - {}^{m}V_{\text{Fl}})\,T}, \tag{3.49}$$

wobei der rechts stehende Ausdruck durch Division von Zähler und Nenner mit der Stoffmenge n erhalten worden ist.

Wir verschaffen uns eine vereinfachte Form der Gleichung, wenn wir ${}^{m}V_{\text{Fl}}$ gegenüber ${}^{m}V_{\text{Gas}}$ vernachlässigen und das entstandene Gas als ideal annehmen, also Gl. (I, 8.2) ($p\,{}^{m}V = RT$) benutzen dürfen. Man erhält

$$\frac{dp_S}{dT} = \frac{{}^{m}H_V\,p_S}{RT^2}$$

und daraus durch Integration für temperaturunabhängig angenommene molare Verdampfungsenthalpie ${}^{m}H_V$

$$p_S = p_0\,e^{\frac{{}^{m}H_V}{R}\left(\frac{1}{T_0} - \frac{1}{T}\right)},$$

wobei p_0 der Druck bei der Temperatur T_0 ist.

Die Clausius-Clapeyronsche Gleichung kann man für alle Phasenübergänge hernehmen. Wir wollen hier noch den Fall der Gefrierpunktsänderung betrachten. Analog der Schlußweise, die uns zu Gl. (3.49) führte, ergibt sich für den Gefrierpunkt T_G in Abhängigkeit vom äußeren Druck p, indem wir noch das Reziproke der der Gleichung (3.49) entsprechenden Gleichung bilden,

$$\frac{dT_G}{dp} = \frac{(^mV_{Fl} - {}^mV_{Fest})\,T}{^mH_G}\,;$$

hierbei bedeuten $^mV_{Fl}$ und $^mV_{Fest}$ die molaren Volumina für Flüssigkeit und festen Zustand und ^mH_G die molare Schmelzenthalpie.

Um die Siedepunktserhöhung durch Zugabe einer löslichen Substanz (z. B. Zucker in Wasser) auszurechnen, vergleichen wir die Dampfdruckkurve der Lösung (im Beispiel: Zuckerwasser) mit der des reinen Lösungsmittels (im Beispiel: Wasser) (Abb. 3.28). Wir entnehmen der Abbildung

$$\frac{\Delta p}{\Delta T} = \frac{p_0 - p_L}{T_L - T_0}\,.$$

Nehmen wir lineare Abhängigkeit an (für genügend kleine Konzentrationen immer richtig), erhalten wir aus obiger Gleichung links dp_S/dT, also unter Benutzung vom Gl. (3.49)

$$(T_L - T_0)_{p=p_0} = \frac{p_0 - p_L}{dp_S/dT} = \frac{^mV_{Gas} - {}^mV_{Fl}}{^mH_V}\,T_0(p_0 - p_L)_{T=T_0}\,.$$

Damit haben wir die Siedepunktserhöhung $(T_L - T_0)_{p=p_0}$ beim vorgegebenen Druck p_0 (der nach der Bedeutung des Siedepunkts gleichzeitig der äußere Druck ist) auf eine Dampfdruckerniedrigung bei der Siedetemperatur T_0 des reinen Lösungsmittels zurückgeführt.

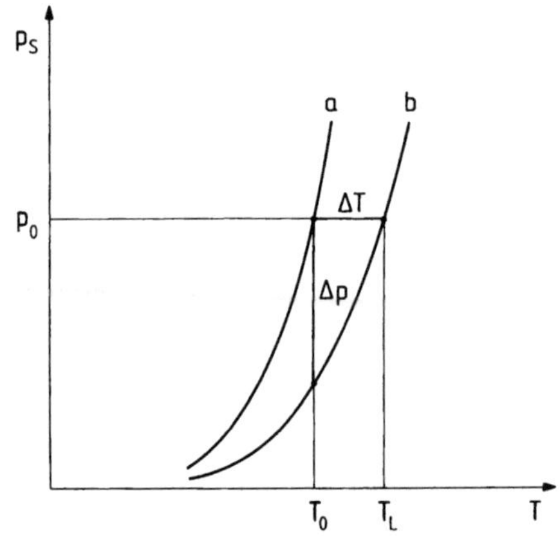

Abb. 3.28 Siedepunkterhöhung durch die Zugabe löslicher Substanz. Dampfdruckkurven von reinem Lösungsmittel (a) und Lösung (b). p_0 Dampfdruck beim Sieden, $T_0(T_L)$ Siedetemperatur des reinen Lösungsmittels (der Lösung).

3.4 Maschinen und Apparaturen zur Umwandlung von Arbeit und Wärme

3.4.1 Kolben-Wärmekraftmaschinen ohne innere Verbrennung

Obgleich Maschinen, die Wärme (teilweise) in mechanische Arbeit umsetzen, eigentlich Wärmearbeitsmaschinen genannt werden müßten, hat sich der aus der älteren Literatur gebräuchliche Ausdruck *Wärmekraftmaschine* erhalten, der von der alten Bezeichnung „Kraft" für das, was wir heute Arbeit oder Energie nennen, herrührt. Abb. 3.29 zeigt das Arbeitsprinzip einer Wärmekraftmaschine. Von „innerer Verbrennung" spricht man, wenn die Verbrennung innerhalb des Arbeitsvolumens vor sich geht; natürlich findet die Verbrennung etwa bei Dampfmaschinen zwar innerhalb der Maschine, aber eben nicht innerhalb des Zylinders statt.

Wir wollen hier zwei Vertreter der Kategorie Kolbenmaschinen ohne innere Verbrennung besprechen, die beide altehrwürdig sind, die *Kolbendampfmaschine* und den *Stirling-Motor.* Die Dampfmaschine hat in der „ersten industriellen Revolution", in England im 18. Jahrhundert eingeleitet und in Kontinentaleuropa und Nordamerika im wesentlichen im 19. Jahrhundert begonnen, eine große Rolle als Quelle mechanischer Energie gespielt. Sie wurde in ihren entscheidenden Merkmalen von J. Watt erfunden (1765); später hinderten Watts weitgefaßte Patente die Entwicklung für eine beträchtliche Zeit. Der Stirling-Motor, 1815 von dem schottischen Geistlichen R. Stirling (1790–1878) erfunden, hat zwar bisher keine wichtige Rolle im Wirtschaftsleben gespielt, besitzt aber im Gegensatz zur Kolbendampfmaschine noch ein beträchtliches Entwicklungspotential; dieses hängt maßgeblich von der Entwicklung genügend hitzebeständiger Werkstoffe ab, vor allem für Dichtungen.

Abb. 3.30 zeigt das pV-Diagramm einer Dampfmaschine; aus der Abbildung sollte die Wirkungsweise der Maschine genügend klar hervorgehen.

Die Arbeitsweise des Stirling-Motors ist in Abbn. 3.31 und 3.32 dargestellt. Diese Wärmekraftmaschine benutzt zur Kraftübertragung vom Gas auf mechanische Bauelemente einen Kolben, wie er uns aus andern Wärmekraftmaschinen geläufig ist: aus der Dampfmaschine, dem Otto-Motor [erfunden (1861) von dem deutschen Ingenieur Nicolaus Otto (1832–1891), der auf dem von dem Erfinder E. Lenoir (1822–1900) angegebenen Gasmotor (1859) aufbaute] und dem Diesel-Motor [erfunden (1893) von dem deutschen Ingenieur Rudolf Diesel (1858–1913)]. Charakteristisch ist hingegen der *Verdränger* im Arbeitszylinder. Seine Aufgabe

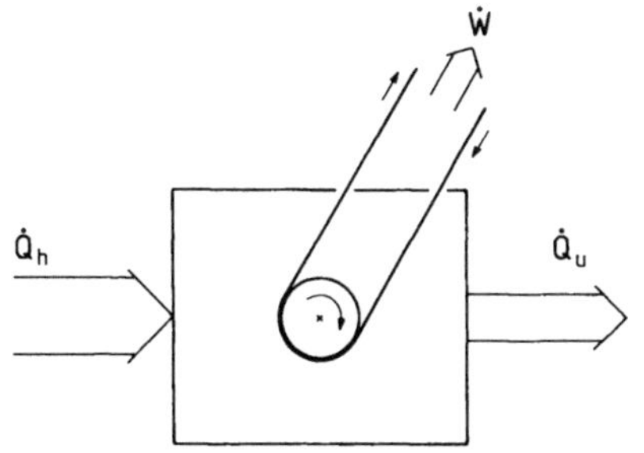

Abb. 3.29 Leistungsfluß einer Wärmekraftmaschine (allgemein). Die Wärme Q_h fließt bei hoher Temperatur mit dem Wärmefluß $\dot{Q}_h$ ein und wird in der Maschine teils in mechanische Arbeit W, Leistung $\dot{W}$, verwandelt, teils fließt die Wärme Q_u bei tiefer Temperatur mit dem Wärmefluß $\dot{Q}_u$ wieder ab.

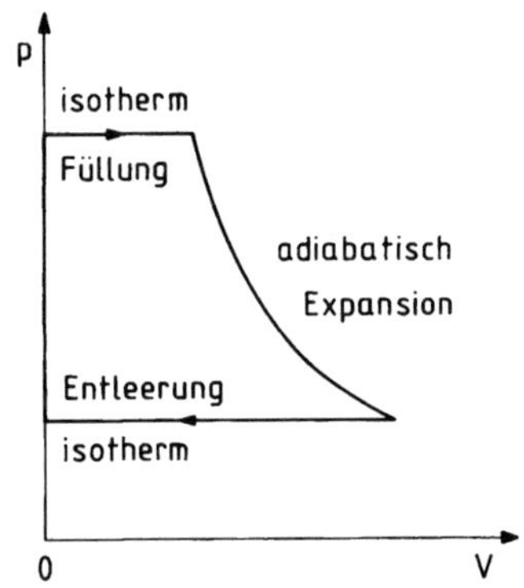

Abb. 3.30 *pV*-Diagramm einer Kolben-Dampfmaschine (idealisiert).

ist es, das Arbeitsmedium (Gas) zwischen kaltem und warmem Teil des Zylinders hin- und herzutransportieren. Der Verdränger soll dabei weder Arbeit aufnehmen noch abgeben; in praxi ist natürlich eine gewisse Arbeitsaufnahme zum Bewegen des Gases nicht zu vermeiden. Eine weitere Eigentümlichkeit des Stirling-Motors ist der *Regenerator,* der zur Rückgewinnung der Wärme dient und am besten verstanden wird, wenn man ihn sich mit sehr großer Wärmekapazität vorstellt; wichtig ist dabei die geringe Temperaturdifferenz zwischen Gas und Regeneratormaterial, z. B. Kupferspänen, in jedem herausgegriffenen Ort des Regenerators, unbeschadet davon, daß zwischen den beiden Enden des Regenerators ein relativ großer Temperaturunterschied besteht. Als Arbeitsmittel dient häufig Luft, aber auch Helium ist angewandt worden.

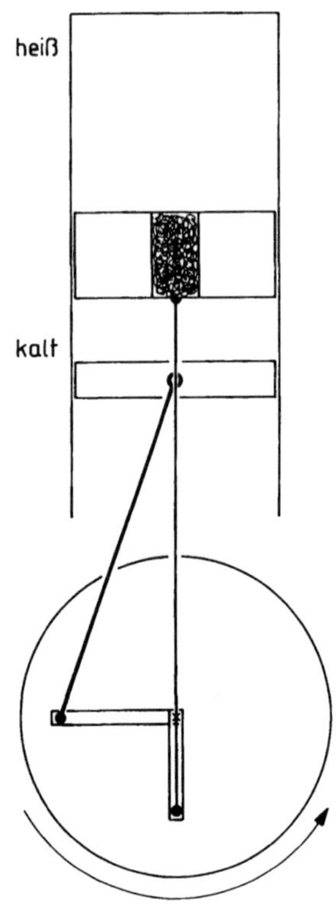

Abb. 3.31 Schematische Darstellung eines Stirling-Motors. Verdränger (mit Regenerator, im gezeichneten Beispiel Knäuel aus Kupferspänen) in tiefster Stellung („unterer Totpunkt"), Kolben in mittlerer Stellung. Charakteristisch die „Phasenverschiebung" von ca. 90° zwischen Verdränger und Kolben.

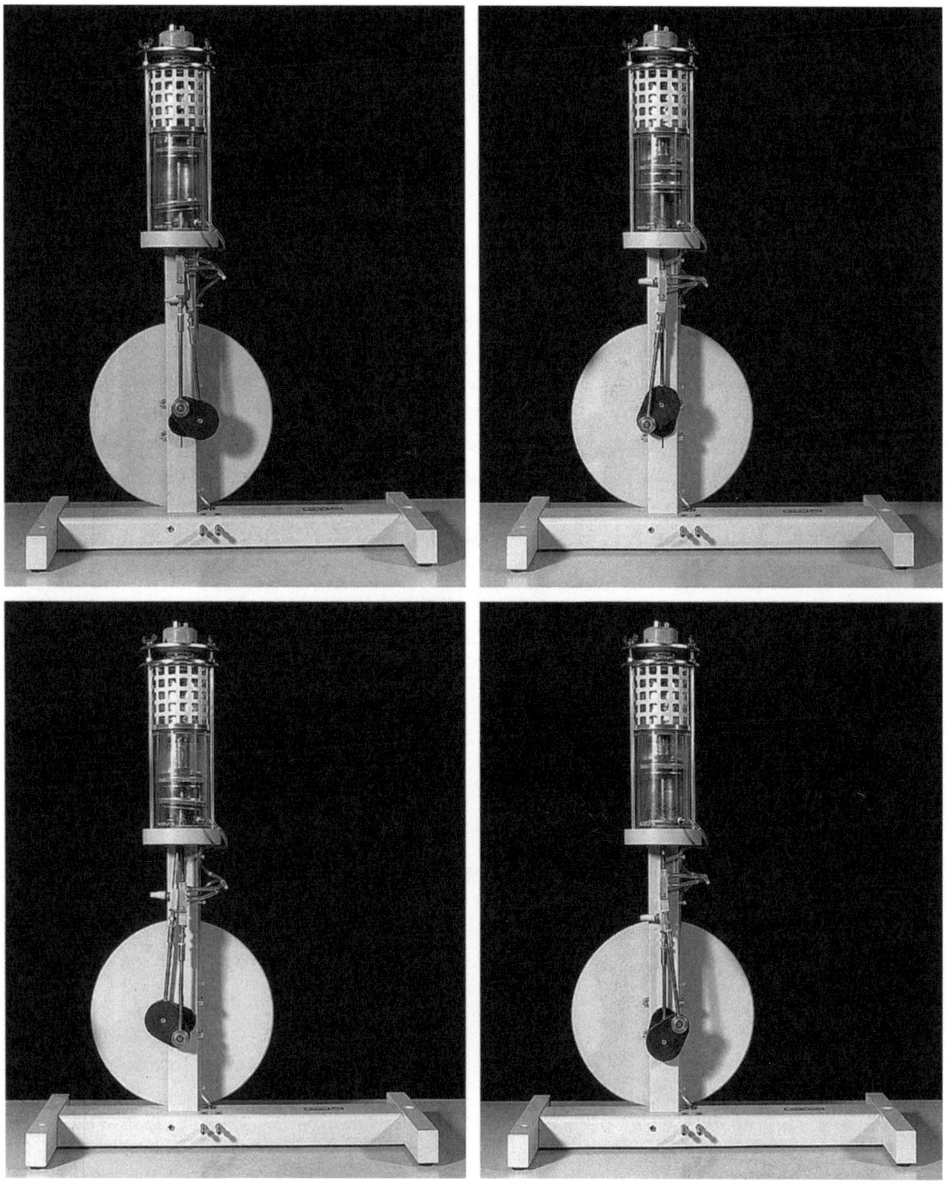

Abb. 3.32 Schauausführung eines Stirling-Motors (mit elektrischer Heizung am Zylinderkopf). Kühlwasserleitung (unten) nicht angeschlossen. Von links nach rechts sowie von oben nach unten vier um jeweils 90° gegeneinander veränderte Stellungen der Welle; die Stellung links unten entspricht Abb. 3.31.

Im vorhergehenden wurde nur eine sehr einfache Form des Stirling-Motors beschrieben. In Wirklichkeit gibt es eine ganze Reihe verschiedener Klassen von Motoren, z. B. mit zwei Zylindern, die zusammen arbeiten, auch mit zwei Kolben in einem Zylinder, mit verschiedenen Arten der Wärmerückgewinnung (Regeneration) usw.

Der Stirling-Motor unterscheidet sich vom Otto-Motor dadurch, daß keine innere Verbrennung stattfindet. Die Wärme muß von außen zugeführt werden. Hierbei ist es vollkommen gleichgültig, was als Wärmequelle verwendet wird. Man kann z. B. eine Steinkohlenfeuerung, aber auch durch Spiegel konzentrierte Sonnenstrahlung benutzen.

3.4.2 Kolben-Wärmekraftmaschinen mit innerer Verbrennung

Kolben-Wärmekraftmaschinen mit innerer Verbrennung stellen heutezutage die weitaus wichtigste Klasse von Wärmekraftmaschinen, ja von Motoren generell dar. Wie aus der Schule und dem täglichen Leben bekannt, gibt es *Zweitaktmotoren* und *Viertaktmotoren*. Die Viertaktmotoren haben zunächst größere wirtschaftliche Bedeutung als ihre Zweitaktkonkurrenten erlangt; das könnte sich mit einer gewissen Wahrscheinlichkeit ändern. Nach der Art der Zündung unterscheidet man zwischen Fremdzündung mit „Zündkerze", einer Funkenstrecke, und Eigenzündung *(Selbstzündung)*, bei der die Zündtemperatur durch Kompression, s. Abschn. I, 8.2.5 und I, 8.2.6, erreicht wird. Fremdzündung wird im *Otto-Motor*, Eigenzündung im *Diesel-Motor* benutzt. Leitgedanke Rudolf Diesels war es, den Wirkungsgrad des Motors durch Temperaturerhöhung zu vergrößern. Das ist nicht in dem ursprünglich erhofften Ausmaß geglückt. Dennoch ist diese Wärmekraftmaschine, wenn auch nach mühsamer Überwindung technischer Schwierigkeiten (Einspritzung!), zu einem vollen Erfolg geworden.

Diesel-Motoren finden nicht nur in Kraftfahrzeugen, sondern auch in Lokomotiven, in Schiffen und als stationäre Motoren mannigfaltige Anwendung. Versuche, die in Deutschland während des Krieges angestellt wurden, einen Dieselmotor als Flugzeugantrieb zu konstruieren, sind als gescheitert anzusehen; offensichtlich war das große Gewicht eines Diesel-Motors im Vergleich zu dem eines gleich starken Otto-Motors, bedingt durch die hohe Verdichtung, doch zu hinderlich.

Die Arbeitsweise sowohl vom Otto- als auch vom Diesel-Motor läßt sich in idealer Form mit Diagrammen eines Prozesses beschreiben, den die Ingenieure *Seiliger-Prozeß* oder auch *vollständigen Idealprozeß* nennen. Die Grenzen dieses Prozesses werden einerseits durch den *höchsten zulässigen Druck* p_{max}, andererseits durch die *tiefste verfügbare Umgebungstempera-*

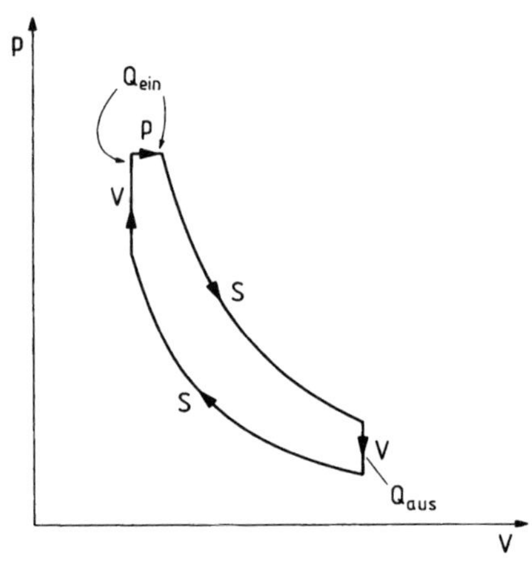

Abb. 3.33 pV-Diagramm des vollständigen Idealprozesses, quantitativ, gültig für Otto- und Diesel-Motor. V, p und S an den Kurven bezeichneten Isochoren, Isobaren bzw. Adiabaten; $\gamma = C_p/C_V = 7/5$ angenommen.

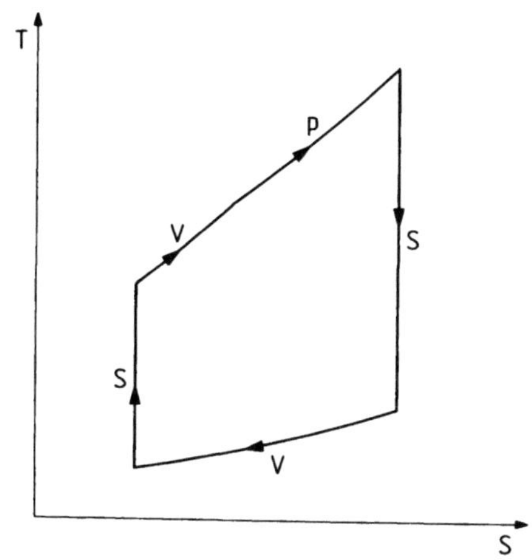

Abb. 3.34 *TS*-Diagramm des vollständigen Idealprozesses; s. die vorige Abbildung. Der Knick zwischen oberer Isochore ($V = \text{const}$) und der Isobaren ($p = \text{const}$) zeichnet sich in dieser (quantitativen!) Darstellung nur schwach ab.

tur $T_{\min} = T_2$ gezogen. Der Druck p ist durch die Bauweise beschränkt: $p > p_{\max}$ birgt die Gefahr mechanischer Schäden in sich. Die tiefste verfügbare Umgebungstemperatur ist naturgemäß wenig zu beeinflussen: Was nützt ein Motor mit hohem Wirkungsgrad, wenn der hohe Wirkungsgrad nur in der Antarktis erreicht wird? Abbn. 3.33 und 3.34 zeigen das *pV*- bzw. *TS*-Diagramm des vollständigen Idealprozesses. Es ist, wie man sieht, *kein Carnot-Prozeß*. Praktische Motorendiagramme verlaufen nur in grober Näherung wie oben angegeben. Motorenbau ist immer noch in starkem Maße auf Empirie angewiesen; deswegen ist die Entwicklung eines neuen Motors so teuer, und das wiederum erklärt die lange Zeit, während der ein bestimmter Grundtyp etwa eines Automobilmotors, wenn auch häufiger in kleinen Schritten verbessert, beibehalten wird (typischer Wert: 20 Jahre). Der Grundtyp des Motors für das Harley-Davidson-Motorrad wurde von 1922 bis 1980 nicht verändert!

3.4.3 Turbinen ohne innere Verbrennung

Unter einer Turbine wollen wir eine Kraftmaschine verstehen, bei der ein *Arbeitsmittel* (Flüssigkeit, Gas) auf ein *Schaufelrad* wirkt, das dadurch in kontinuierliche Umdrehung versetzt wird. Die *Wasserturbinen* sind naturgemäß keine Wärmekraftmaschinen, sondern setzen potentielle und/oder kinetische Energie in Rotationsenergie um. Grundsätzlich genauso arbeiten *Dampfturbinen* und *Abgasturbinen*. Die letzteren nutzen die, z. B. von einem Diesel-Motor kommenden, Abgase als Arbeitsmittel. Der Hauptunterschied zwischen mit Flüssigkeit arbeitenden Turbinen und solchen mit Gas liegt in der verschiedenen Kompressibilität: Flüssigkeiten sind praktisch inkompressibel, während Gase sich bei Druckverminderung, auch beim Leisten äußerer Arbeit, ausdehnen. Im technischen Bereich treten naturgemäß weitere Unterschiede hinzu. Neben den Dichteunterschieden ist hier für Flüssigkeitsturbinen die Gefahr der Kavitation, vgl. Abschn. I, 6.4.2, zu erwähnen. Physikalisch ist der Unterschied zwischen den Wasserturbinen und den Dampfturbinen jedoch nicht so groß, als daß diese Turbinentypen nicht gemeinsam skizziert werden könnten.

In Parenthese wollen wir erwähnen, daß viele Turbinenaggregate, wenn sie von einem Motor angetrieben werden, auch als *Pumpen* und *Kompressoren* verwendet werden.

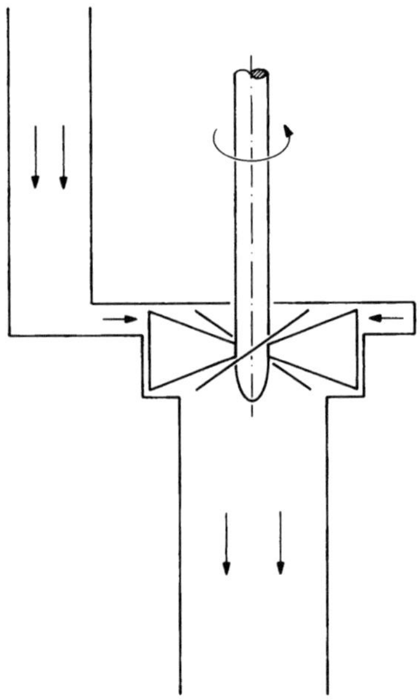

Abb. 3.35 Turbine mit radialem Zufluß und axialem Abfluß des Arbeitsmittels.

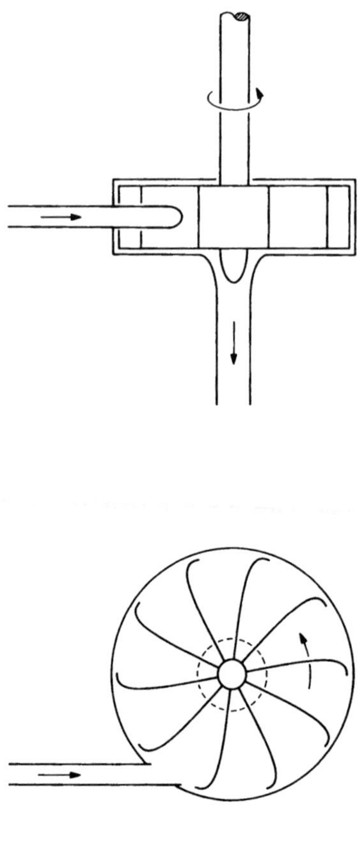

Abb. 3.36 Turbine mit Zufluß in einem engen Azimutbereich.

Abb. 3.37 Schaufelrad einer Pelton-Turbine für ein Wasserkraftwerk.

Die Techniker haben eine Anzahl verschiedener Turbinentypen entwickelt, deren ausführliche Darstellung hier zu weit führen würde. Man kann unterscheiden zwischen einstufigen und mehrstufigen Turbinen. Bei einstufigen Maschinen wird die (kinetische und/oder potentielle) Energie des Arbeitsmittels mit einem Mal möglichst vollständig in Rotationsenergie des Turbinenrades umgesetzt, bei mehrstufigen hingegen in jeder Stufe (bis auf die letzte) nur teilweise. In der einstufigen Maschine verläßt das Arbeitsmittel im (nicht erreichbaren) Idealfall das Turbinenrad mit der (kinetischen und potentiellen) Energie null, in praxi also „langsam". Eine andere Unterscheidung besteht im Weg des Arbeitsmittels, vor allem bei Zufluß und Abfluß. Das Arbeitsmittel kann z. B. radial zufließen und axial wieder abfließen, vgl. Abb. 3.35, oder axial zu- und abfließen. Die Turbinenleitungen, vor allem der Zufluß, können in etwa axialsymmetrisch (azimutunabhängig) oder völlig anders liegen, z. B. kann der Zufluß nur durch ein Rohr innerhalb eines engen Azimutbereichs (Abb. 3.36) erfolgen. Schließlich kann das Arbeitsmittel unter Druck an das Turbinenrad geleitet werden (Energie in Form von potentieller Energie, plus einem gewissen Anteil kinetischer Energie) oder ohne Druck (Freistrahlturbine, Energie nur in Form kinetischer Energie).

Abb. 3.37 zeigt eine *Pelton-Turbine*, erfunden 1878 von dem amerikanischen Ingenieur L. G. Pelton (1829–1908). Es handelt sich um eine einstufige Turbine vom Typ der Frei-

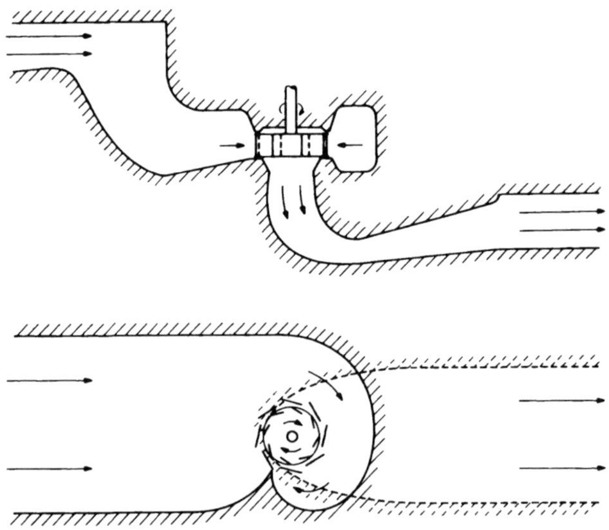

Abb. 3.38 Francis-Turbine. Oben: Turbine in Seitenansicht, Wasserführung im Schnitt. Unten: Aufsicht.

strahlturbine (auch wenn das Arbeitsmittel in einer Röhre zugeführt wird). Sie wird mit Wasser betrieben. Das Wasser wird um beinahe 180° abgelenkt. Wenn die (lineare) Geschwindigkeit der Schaufeln beim Wasserauftreffen halb so groß ist wie die des Wassers, verläßt letzteres die Turbine praktisch mit der Geschwindigkeit null, wie man leicht errechnet. Eine solche Turbine ist in dem historisch bedeutenden Walchensee-Kraftwerk eingebaut.

Für die Ausnützung der Wasserkraft auf der Erde hat die *Francis-Turbine* (1875), benannt nach dem amerikanischen Ingenieur J. B. Francis (1815–1892), die größte Bedeutung erlangt. Der Zufluß ist radial, der Abfluß axial oder das, was die Ingenieure „halbaxial" nennen (Abb. 3.38). Das unter Druck zufließende Arbeitsmittel (meist Wasser) wird durch ein *feststehendes Leitrad* auf die Schaufeln des *umlaufenden Arbeitsrades* gelenkt. Abb. 3.39 stellt eine moderne große Francis-Turbine dar.

Der Wirkungsgrad guter Wasserturbinen liegt bei 90%.

Ähnlich wie die Pelton-Turbine, jedoch für Dampf, ist die *Laval-Turbine* konstruiert, erfunden 1890 von dem schwedischen Ingenieur Gustav de Laval (1845–1913). Es handelt sich um eine einstufige Maschine (Abb. 3.40). Wesentlich ist die **Laval-Düse** (1880), aus der Dampf mit sehr hoher Geschwindigkeit (Überschallgeschwindigkeit) austritt. Ihre Wirkungsweise wollen wir uns mit einigen Näherungen, u. a. der des idealen Gases, vor Augen führen (Abb. 3.41). Die Düse ist nicht nur im Zusammenhang mit Turbinen, sondern im größeren Zusammenhang der Gasdynamik interessant und wichtig, auch in der Grundlagenforschung.

Die Laval-Düse soll potentielle Energie (ruhendes Gas unter hohem Druck) in kinetische Energie (strömendes Gas unter niedrigem Druck) umwandeln. Wir nehmen die Umwandlung als adiabatisch an; wir könnten, um der Wirklichkeit näher zu kommen, polytrope Umwandlung, vgl. Abschn. I, 8.2.6, ansetzen, gewönnen dabei aber nichts grundsätzlich Neues und hätten uns das Problem eingehandelt, den adäquaten Polytropenexponenten zu ermitteln.

Abb. 3.39 Schaufelrad einer Francis-Turbine für ein Wasserkraftwerk.

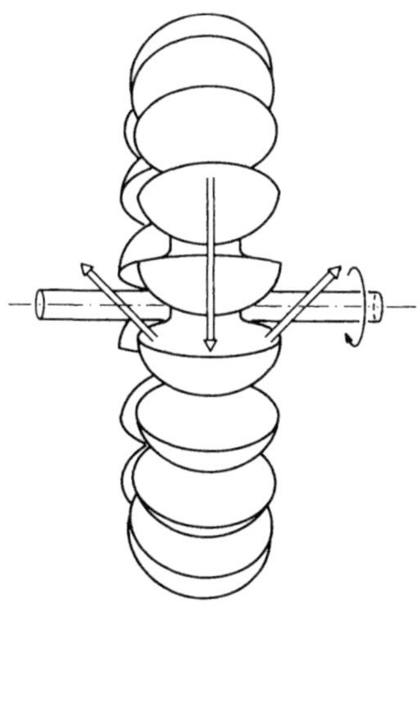

Abb. 3.40 Prinzip der Laval-Turbine.

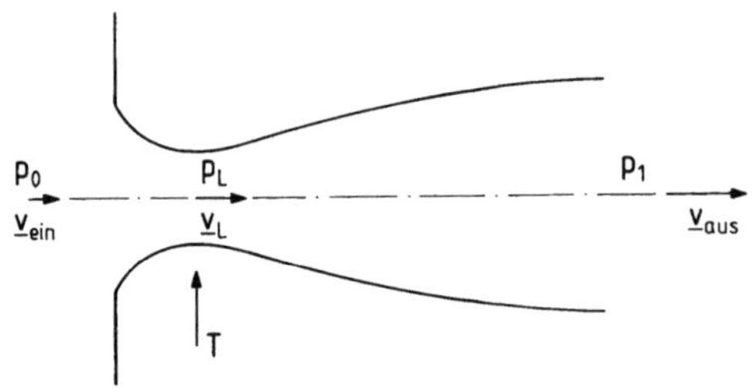

Abb. 3.41 Laval-Düse. Taille T (Ort kleinsten Querschnitts) durch Pfeil bezeichnet. S. auch Text.

Für die adiabatische Entspannung eines idealen Gases hat man nach Gln. (I, 3.39) ($\varrho = m/V$) und (I, 8.40) ($pV^\gamma = \text{const}$)

$$\frac{\varrho}{\varrho_0} = \left(\frac{p}{p_0}\right)^{\frac{1}{\gamma}}. \tag{3.50}$$

Außerdem gilt die Bernoullische Gleichung, die wir aber in Abweichung von Gl. (I, 6.35) für variable Dichte und die Anfangsgeschwindigkeit null schreiben:

$$\frac{v^2}{2} = -\int_{p_0}^{p} \frac{\mathrm{d}p}{\varrho}.$$

Zusammen mit Gl. (3.50) ergibt das nach Radizieren

$$v = \sqrt{\frac{2\gamma}{\gamma - 1}\frac{p_0}{\varrho_0}\left[1 - \left(\frac{p}{p_0}\right)^{\frac{\gamma-1}{\gamma}}\right]}. \tag{3.51}$$

Wir denken uns zunächst die Laval-Düse von ihrer Taille ab in ein (kurzes) Rohr gleichen Querschnitts A fortgesetzt, so daß eine „einfache Düse" entsteht (Abb. 3.42). Durch dieses Rohr muß das durch die Taille hindurchtretende Gas abgeführt werden. Der Transport sei energieverlustfrei und die Strömungsgeschwindigkeit überall konstant, was beides bei der in praxi vorliegenden Turbulenz annähernd erfüllt ist. Der Strom (Massendurchsatz $\dot{m}$) ist dann mit Gln. (3.50) und (3.51)

$$\dot{m} = A\varrho v = A\sqrt{\frac{2\gamma}{\gamma - 1}\varrho_0 p_0\left[\left(\frac{p}{p_0}\right)^{\frac{2}{\gamma}} - \left(\frac{p}{p_0}\right)^{\frac{\gamma+1}{\gamma}}\right]}. \tag{3.52}$$

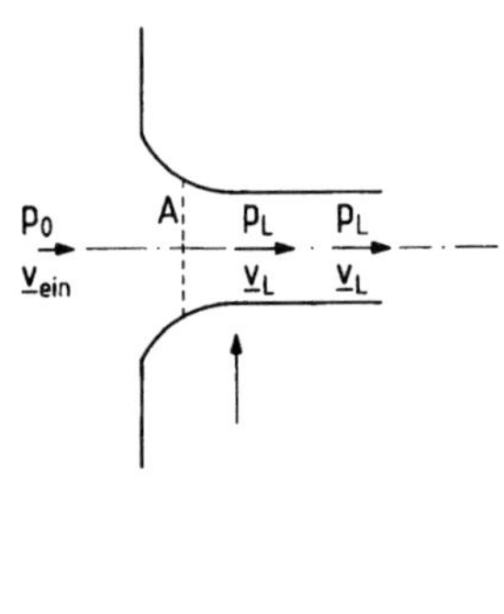

Abb. 3.42 Einfache Düse. Querschnitt vom durch Pfeil bezeichneten Ort ab nach rechts konstant. S. Text.

Er ist ersichtlich null, wenn v oder ϱ verschwindet; das ist bei $p = p_0$ bzw. $p = 0$ der Fall. Dazwischen gibt es ein Maximum, das sich beim *Laval-Druck*

$$p_L = p_0 \left(\frac{2}{\gamma + 1}\right)^{\frac{\gamma}{\gamma - 1}} \tag{3.53}$$

einstellt. Die entsprechende Strömungsgeschwindigkeit ist, wie man durch Benutzung von Gln. (3.50), (3.51) und (3.53) ausrechnet,

$$v_L = \sqrt{\gamma \frac{p_L}{\varrho_L}},$$

wobei ϱ_L die zu p_L gehörende Dichte bedeutet. v_L ist, wie der Vergleich mit Gl. (I, 7.50) lehrt, gerade die beim Druck p_L und der Dichte ϱ_L herrschende Schallgeschwindigkeit. Der *maximale Strom* fließt also mit *Schallgeschwindigkeit.* Höhere Ausströmgeschwindigkeiten sind aus einer „einfachen Düse" wie der in Abb. 3.42 gezeichneten nicht möglich. Um das einzusehen, nehmen wir an, es ströme (ideales) Gas mit $v > v_L$ aus so einer Düse aus. Dann muß auf jeden Fall am Ende $p < p_L$ sein, s. Gl. (3.51). Irgendwo davor auf einer Fläche, etwa auf der in Abb. 3.42 ge-

Abb. 3.43 Mehrstufige Dampfturbine. Sattdampfturbine des Kernkraftwerks Emsland (1341 MW elektrische Leistung, Inbetriebnahme 1988) (Sattdampf = Dampf beim Sättigungsdruck). Das Photo zeigt die Turbosatzmontage, oben die Laufräder, unten Teile der Leiträder.

strichelt angedeuteten, ist $p = p_L$. Durch diese Fläche fließt das Gas mit der Geschwindigkeit v_L. Der Durchsatz (Strom) ist dort maximal mit $\dot{m}$ aus Gl. (3.52) für $p = p_L$. Dieser Durchsatz kann aber bei Abb. 3.42 nicht weiter zu kleineren Drücken abfließen, da sich die Fläche A gleichen Drucks nach rechts verengt. Also ist unsere Annahme, $p < p_L$ am Ende der „einfachen Düse", falsch.

Die Wirkung der Taille der Laval-Düse, in der die Gasgeschwindigkeit gleich der Schallgeschwindigkeit ist, kann man auch so sehen: Eventuelle Druckerniedrigungen stromabwärts der Taille können sich nicht durch die Taille fortsetzen, weil die entsprechende Druckwelle (negativer Amplitude) sich eben nur mit Schallgeschwindigkeit, gemessen im bewegten Medium, fortpflanzen kann.

Die obigen Betrachtungen zeigen zugleich, wie wir vorzugehen haben, um am Ausgang einer Düse doch $v > v_L$ zu erreichen: Wir müssen nach einer Taille den Querschnitt so vergrößern, daß $\dot{m}$ in Gl. (3.52) konstant bleiben kann (Kontinuitätsbedingung, s. Abschn. I, 6.5.2) trotz der Verringerung von p (bis hin zu $p = 0$ entsprechend einem Ausströmen ins Vakuum). Genau das macht man bei der Laval-Düse Abb. 3.41.

Gemeinsame Charakteristika größerer Dampfturbinen verschiedener Typen sind (1) die Hintereinanderschaltung verschiedener Stufen entsprechend verschiedener Druckbereiche des Arbeitsmittels und (2) das *abwechselnde* Auftreten von *Laufrad* und *Umlenkrad*. Durch (1) erreicht man eine Begrenzung der Entspannung pro Stufe; das ist wegen der mit der Entspannung des Gases verknüpften Volumenvergrößerung günstig. Durch (2) wird der Gasstrahl wieder in die zum Betrieb der nächsten Stufe günstige Richtung gebracht. Das Laufrad entnimmt dabei dem Gasstrom Leistung, lenkt ihn aber auch von der Eintrittsrichtung ab. Die Leistung wird auf der Welle abgeführt. Das Umlenkrad, wenn nicht rotierend *Leitrad* genannt, dient zur Rückumlenkung des Gasstromes. Abb. 3.43 zeigt eine große mehrstufige Dampfturbine.

Man kann die nötige Arbeitsmittelumlenkung hinter einem Laufrad statt durch ein (ruhendes) Leitrad auch durch ein zweites Laufrad mit entgegengesetzter Laufrichtung, das ebenfalls Leistung aufnimmt, bewerkstelligen. Davon wird technisch durchaus Gebrauch gemacht.

3.4.4 Turbinen mit innerer Verbrennung

Turbinen mit innerer Verbrennung werden im technischen Bereich häufig *Gasturbinen* genannt; physikalisch ist natürlich jede Turbine, die mit Gas als Arbeitsmittel arbeitet, eine „Gasturbine".

In Abb. 3.44 wird das Arbeitsprinzip einer Turbine mit innerer Verbrennung mit dem eines Kolbenmotors mit innerer Verbrennung verglichen. Im Kolbenmotor fnden Ansaugen, Verdichten, Verbrennung und Expansion (mit Arbeitsleistung) in ein und demselben Volumen, aber nacheinander (periodisch arbeitende Maschine) statt. Dagegen verlaufen diese Prozesse bei einer Turbine mit innerer Verbrennung in verschiedenen Volumina, aber gleichzeitig (kontinuierlich arbeitende Maschine). Folglich besteht eine solche Turbine aus drei Hauptteilen: *Kompressor* mit Ansauger, *Brennkammer* und *Antriebsturbine*. Die Leistung für den Kompressor ist von der Antriebsturbine aufzubringen. Grundsätzlich ist eine Turbine mit innerer Verbrennung ein *Motor*, der seine Energie in Form von Rotationsenergie über eine *Antriebs-*

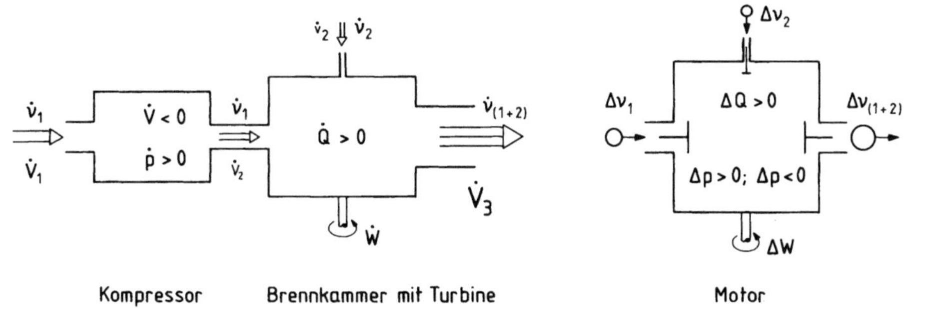

Abb. 3.44 Vergleich von Turbine mit innerer Verbrennung (links) und Kolbenmotor (rechts). Turbine: Mengenflüsse $\dot{\nu}_1$ (Luft), $\dot{\nu}_2$ (Brennstoff), $\dot{\nu}_{(1+2)}$ Verbrennungsgase + Luft; entsprechend die Volumenflüsse $\dot{V}_i$ $[i = 1, 2, (1+2)]$. $\dot{V}_i$: Buchstabengrößen entsprechend den Flüssen. $\dot{W}$ mechanische Leistung.

welle abgibt. Das unterscheidet ihn vom Strahltriebwerk, s. nächsten Abschnitt, das seine mechanische Energie in der Form Schubkraft mal Wegstrecke abgibt.

Pauschal betrachtet ist der Druck am Kompressorausgang gleich dem am Eingang der Antriebsturbine (linke bzw. rechte Begrenzung der Brennkammer). Der Überschuß an mechanischer Leistung, die *Nutzleistung,* kommt also nicht durch Druckunterschiede, sondern durch *Volumenunterschiede* zustande: Das Volumen der zur Verbrennung angesaugten und im Kompressor komprimierten zunächst kalten Luft, das pro Zeiteinheit den Kompressor durchfließt, ist viel geringer als das Volumen der ursprünglich heißen Verbrennungsgase, das pro Zeiteinheit die Antriebsturbine durchsetzt.

Abb. 3.45 zeigt eine moderne Turbine mit innerer Verbrennung, wie sie als *Turboprop-Aggregat* zum Flugzeugantrieb verwendet wird.

Turbinen mit innerer Verbrennung finden bei kleineren und zunehmend auch größeren Flugzeugen, die mit Tragflügeln ausgerüstet sind, sowie zum Antrieb von Hubschraubern Verwendung. Im Straßenfahrzeugbau haben sie sich bisher noch nicht durchsetzen können.

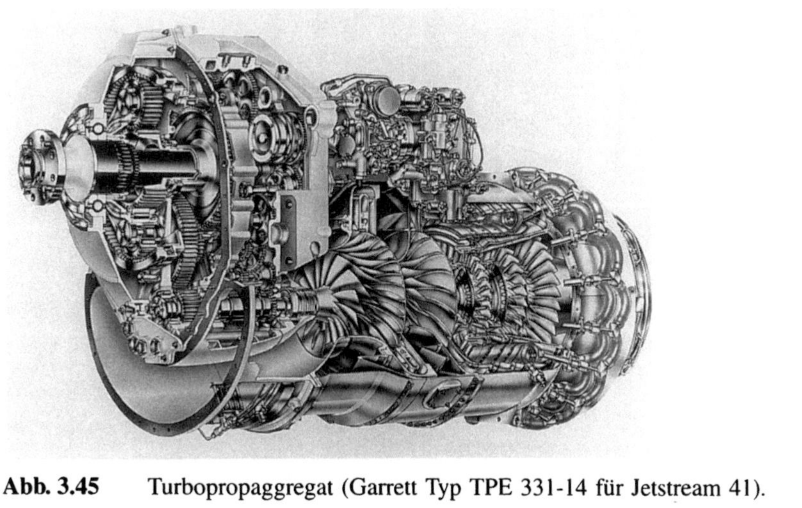

Abb. 3.45 Turbopropaggregat (Garrett Typ TPE 331-14 für Jetstream 41).

3.4.5 Strahltriebwerke

Strahltriebwerke arbeiten nach dem *Rückstoßprinzip,* sollen aber hier von den ebenfalls auf Rückstoß basierenden Raketen dadurch unterschieden werden, daß sie einen Teil des Arbeitsmittels (die zur Verbrennung des Kraftstoffs nötige Luft) ansaugen, während wir unter einem Raketentriebwerk ein Aggregat verstehen wollen, das auch im Vakuum funktionsfähig ist.

Während Raketen schon frühzeitig verwendet wurden, bereits vor 1225 n. Chr. als Waffe, und in neuer Zeit, zuerst 1928, Raketenautos wenn nicht die Straßen, so doch die Versuchsstrecken unsicher machten, ist die erste erfolgreiche Benutzung eines Strahltriebwerks zum Antrieb eines Flugzeuges relativ neuen Datums. Das erste Flugzeug mit Raketenantrieb flog 1939; es handelte sich um die deutsche He 176. Das erste Flugzeug mit Strahltriebwerk, die deutsche Me 262, startete Ende 1941.

Ein modernes Strahltriebwerk ist in Abb. 3.46 zu sehen. Wie man aus der Darstellung erkennt, ist so ein Triebwerk sehr kompliziert. Um einen großen Wirkungsgrad zu erreichen, muß man mit hohen Temperaturen arbeiten. Als Flugzeugantrieb müssen die Aggregate sehr zuverlässig sein. Um die Kosten auf längere Sicht niedrig zu halten, sollen die Apparate außerdem langlebig sein. All diese Punkte machen die hohen Entwicklungskosten neuer Strahltriebwerke verständlich.

Obgleich die Bemühungen bei Verbesserungen und Neuentwicklungen neben Umweltschutzauflagen wie Verminderung des Ausstoßes von Schadstoffen und von Lärm vor allem auf Treibstoffersparnis gerichtet sind, stellt der mitzunehmende Treibstoff (Startgewicht) namentlich für Langstreckenflüge einen großen Teil des Gesamtgewichts dar, s. Abb. 3.47.

Im Gegensatz etwa zum Carnot-Prozeß oder, realiter, zum Stirling-Motor, bei denen wir es mit ein und demselben Arbeitsmittel zu tun haben, stellen Turbinen und Strahltriebwerke Wärmekraftmaschinen mit kontinuierlichem *Durchfluß* des Arbeitsmittels dar; die Dampfmaschine ist streng genommen ebenfalls keine mit einem

Abb. 3.46 Modernes Strahltriebwerk (BWM Rolls-Royce Typ BR 710).

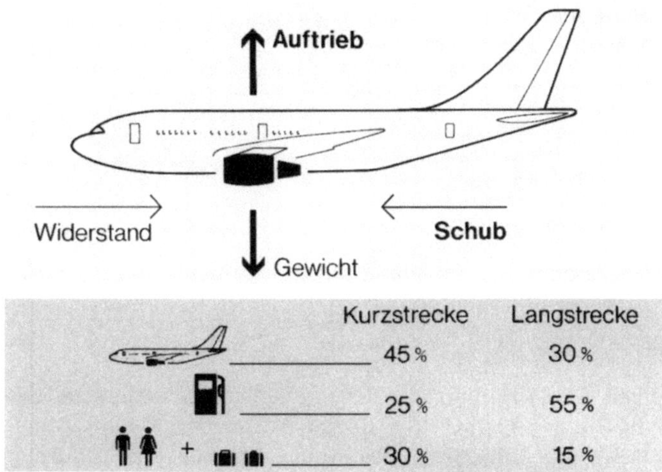

Abb. 3.47 Gewichtsverteilung in einem Verkehrsflugzeug.

Kreisprozeß, sondern mit diskontinuierlichem Durchfluß arbeitende Wärmekraftmaschine. In Reinkultur, nämlich ohne chemische Reaktionen und chemische Veränderungen, verkörpern Turbinen ohne innere Verbrennung Wärmekraftmaschinen mit kontinuierlichem Durchfluß. Zur Veranschaulichung stellen wir uns für das Folgende eine Dampfturbine vor, obgleich die Ausführungen allgemein gelten. Ziel ist die Berechnung der mechanischen Leistung und der bei der tiefen Temperatur T_2 abgeführten Wärme im reversiblen Grenzfall.

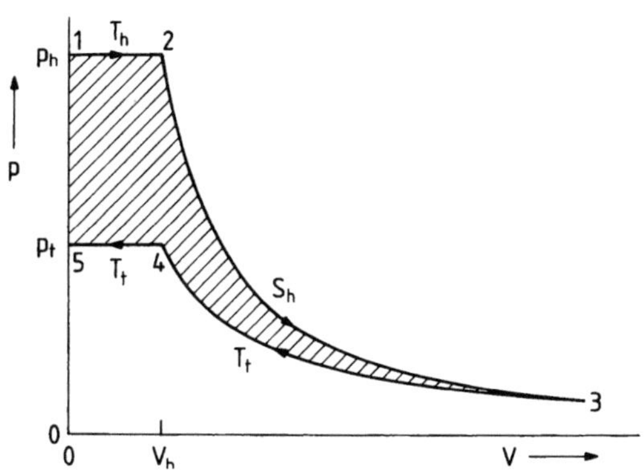

Abb. 3.48 Zum Begriff der technischen Arbeit; s. auch Text. pV-Diagramm. Die technische Arbeit wird durch die schraffierte Fläche repräsentiert. Der zugrundeliegende Prozeß ist isobar-isothermes Einströmen bei der Temperatur T_h von null bis zum Volumen V_h beim Druck p_h ($1 \rightarrow 2$), adiabatische Expansion bei der Entropie S_h ($2 \rightarrow 3$), isotherme Kompression bei der Temperatur $T_t < T_h$ ($3 \rightarrow 4$) und isobar-isothermes Ausströmen ebenfalls bei T_t beim Druck $p_t < p_h$ ($4 \rightarrow 5$). Für Gewinnung mechanischer Arbeit verläuft der Prozeß im Uhrzeigersinn. Er stellt zugleich die maximal zu gewinnende Arbeit (die Exergie) dar. Diagramm quantitativ für ideales Gas mit $\gamma = 7/5$ und $T_h/T_t = 2$.

Bei der Behandlung von Wärmekraftmaschinen mit Durchfluß hat sich der Begriff der **technischen Arbeit** W_{tech} bewährt:

$$W_{\text{tech}} \stackrel{\text{def}}{=} -\int_{p_1}^{p_2} V\,\mathrm{d}p\,. \tag{3.54}$$

Zunächst ist klar, s. Abb. 3.48, daß

$$\oint p\,\mathrm{d}V = -\oint V\,\mathrm{d}p$$

gilt; zum Beweis drehe man die Abbildung um 90° im mathematisch positiven Sinne und setze $p' = -p$, wobei offensichtlich

$$\oint p\,\mathrm{d}V = -\oint V\,\mathrm{d}p'$$

gilt. Die Nützlichkeit der Definition Gl. (3.54) erkennt man besonders für reversibel arbeitende Maschinen mit Ein- und Ausströmen bei jeweils festem Druck p_{ein} bzw. p_{aus}. Zur Veranschaulichung diene ein praktisches Beispiel, das pV-Diagramm der Dampfmaschine (Abb. 3.30). Man hat hier

$$W = \oint p\,\mathrm{d}V = \int_0^{V_{\text{aus}}} p\,\mathrm{d}V - p_{\text{aus}}V_{\text{aus}} = -\int_{p_{\text{ein}}}^{p_{\text{aus}}} V\,\mathrm{d}p\,.$$

Die Leistung ist

$$\dot{W} = -\int_{p_{\text{ein}}}^{p_{\text{aus}}} \dot{V}\,\mathrm{d}p\,.$$

Obgleich nicht zum Thema „Strahltriebwerke" gehörig, wollen wir am Ende unserer Übersicht über Wärmekraftmaschinen fragen, ob wir Menschen selber unsere Muskelarbeit aus einer Wärmekraftmaschine beziehen. Dazu machen wir folgenden Versuch (als Praktikum zu Hause auszuführen): Wir legen uns in eine Badewanne mit Wasser von 37 °C, tauchen unter und bewegen uns. Unser Badewasser dient als Wärmebad. Unser Körper und das ihn ganz umgebende Wasser haben eine Temperatur von 37 °C. Würde unser Körper eine Wärmekraftmaschine darstellen, so könnten wir uns nicht bewegen: Es fehlt nämlich die Temperaturdifferenz zur Umgebung, und nach Gl. (I, 8.69) $[\eta_C = (T_1 - T_2)/T_1]$ ist der maximal erreichbare Wirkungsgrad, der Carnot-Wrkungsgrad, wegen $T_1 = T_2$ dann null.

3.4.6 Kältemaschinen und Wärmepumpen mit Kompressor

In Abschn. I, 8.5.4 haben wir uns in der Theorie angesehen, wie man Wärme (teilweise) über einen Kreisprozeß in mechanische Arbeit verwandelt und mechanische Arbeit zum Pumpen von Wärme verwendet, und in Abschn. 3.4.1 haben wir den Stirling-Motor als Wärmekraftmaschine kennengelernt. In diesem Abschnitt, in dem wir praktisch brauchbare Kühlaggregate und Wärmepumpen besprechen, wollen wir uns zunächst durch einen kleinen Versuch überzeugen, daß durch das in Abschn. I, 8.5.4 beschriebene „Rückwärtslaufenlassen" einer Wärmekraftmaschine tatsächlich Wärme gepumpt wird. Wir nehmen dazu einen Stirling-Motor und treiben ihn mechanisch an (Skizze in Abb. 3.49). Wir erkennen das Pumpen von Wärme durch Auftreten einer Temperaturdifferenz.

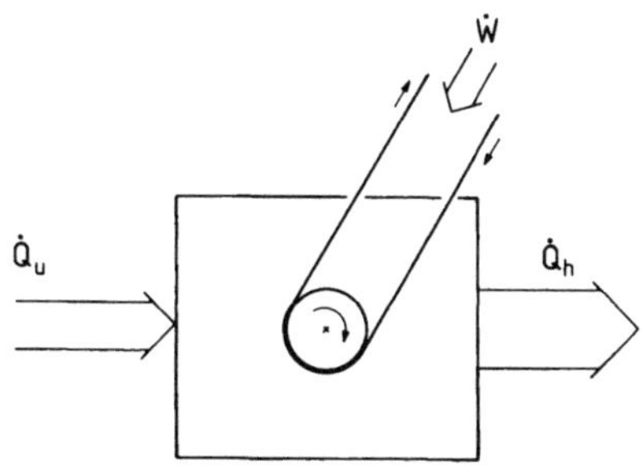

Abb. 3.49 Leistungsfluß von Wärmepumpe und Kältemaschine. $\dot{W}$ mechanische Leistung, $\dot{Q}_u$ Wärmeleistung bei der tieferen Temperatur, $\dot{Q}_h$ Wärmeleistung bei der höheren Temperatur.

Praktische Haushaltskühlschränke arbeiten nicht nach dem Stirling-Prinzip. Nach diesem Prinzip arbeiten hingegen kommerziell erfolgreiche Anlagen zur Gasverflüssigung (System Philips); Näheres darüber im übernächsten Abschnitt.

Die meisten *Kältemaschinen* (Kühlaggregate), wie sie z. B. in Haushaltskühlschränken und Klimaanlagen verwendet werden, beruhen auf *Verdampfung*. Das Kühlmittel tritt als Flüssigkeit in den Verdampfer ein und entzieht ihm Wärme, eben die *Verdampfungsenthalpie* (s. Abschn. I, 8.4.3). Außerhalb des Kühlvolumens komprimiert und kondensiert man das Gas wieder. Dadurch wird die Verdampfungsenthalpie frei. Sie wird über einen Wärmetauscher an die Umgebung abgegeben. Das geschieht bei der höheren Temperatur. *Wärmepumpen* arbeiten ganz genauso, nur wird die Verdampfungsenthalpie in dem zu erwärmenden Volumen abgegeben, während sie bei der tieferen Temperatur aus der Umgebung aufgenommen wird.

Natürlich kondensiert das Arbeitsmittel bei der höheren Temperatur und verdampft bei der tieferen nicht „freiwillig“, sondern man muß etwas dafür tun. Bei den mit Kompressor arbeitenden Kältemaschinen und Wärmepumpen sorgt der höhere Druck dafür, daß das Arbeitsmittel trotz höherer Temperatur kondensiert, und der niedrigere Druck nach der Entspannung da-

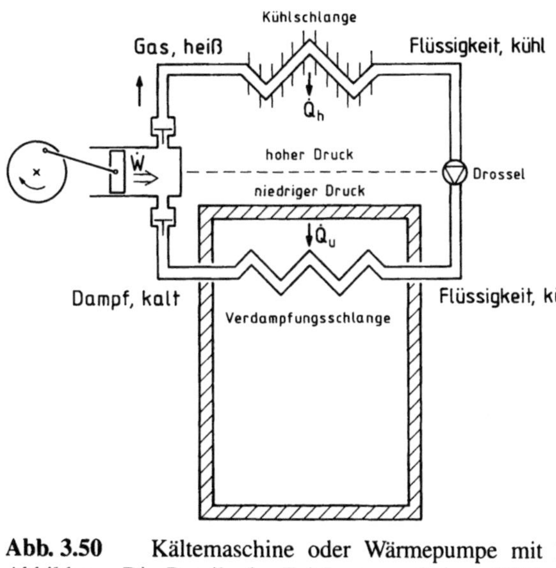

Abb. 3.50 Kältemaschine oder Wärmepumpe mit Kompressor; vgl. die vorige Abbildung. Die Details der Zeichnung auf einen Kühlschrank zugeschnitten. Bei Betrieb als Wärmepumpe zur Raumheizung denke man sich die „Kühlschlange“ als Heizkörper und die Verdampfungsschlange in Wärmekontakt mit dem Grundwasser oder der Außenluft.

für, daß es trotz niedriger Temperatur verdampft. Abb. 3.50 zeigt das Schema einer Kältemaschine oder Wärmepumpe mit Kompressor. Als Arbeitsmittel verwendete man früher Stoffe wie Freon. Bei diesem und fast allen anderen ehemals weit verbreiteten Arbeitsmitteln handelt es sich um halogenisierte Kohlenwasserstoffe. Diese Stoffe sind aus Umweltgründen allerdings obsolet geworden, seitdem man weiß, daß sie, wenn entwichen, zur Zerstörung der Ozonschicht in der oberen Atmosphäre beitragen. Die Ozonschicht spielt eine wichtige Rolle für das Leben auf der Erde, weil sie ultraviolettes Licht absorbiert. Ein diesen Nachteil nicht aufweisendes Arbeitsmittel, das allerdings toxisch ist, stellt Ammoniak (NH_3) dar. Der stechende Geruch, mit dem es sich schon in kleinen Konzentrationen verrät, macht es aber zu einem relativ ungefährlichen Gift. Zur Zeit werden andere Stoffe, die weder giftig sind noch die Ozonschicht gefährden, auf ihre Eignung als Arbeitsmittel hin untersucht oder auch schon angewendet.

3.4.7 Kältemaschinen und Wärmepumpen ohne Kompressor

Zur Kühlung in kleinem Maßstab, z. B. in der Elektronik, werden *Peltier-Elemente* eingesetzt (vgl. Abschn. II, 2.3.2). Es sei an dieser Stelle ausdrücklich betont, daß sie, obgleich überhaupt nicht „mechanisch" oder „chemisch" arbeitend, genauso dem zweiten Hauptsatz unterworfen sind wie die sonstigen Kältemaschinen.

Als kleinerer Haushaltskühlschrank hat der *Absorptionskühlschrank* eine gewisse Bedeutung erhalten. Die Absorption als wesentlicher Prozeß scheint bei den Wärmepumpen durchaus Bedeutung zu erlangen. Der Umlauf des Arbeitsmittels kann mit oder ohne Hilfe einer mechanischen Pumpe aufrechterhalten werden.

Grundsätzlich beruht eine Absorptionskältemaschine oder -wärmepumpe genauso auf *Verdampfung* bei tiefer und *Kondensation* bei hoher Temperatur wie eine Kompressionskältemaschine oder -wärmepumpe. Jedoch wird das kondensierte und dann

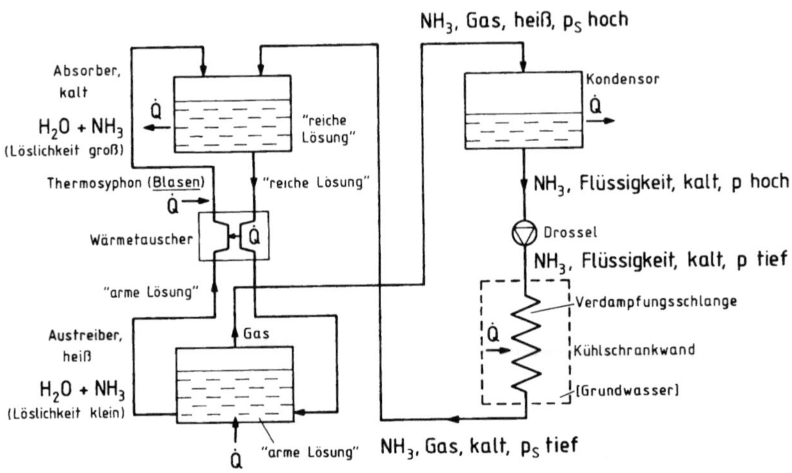

Abb. 3.51 Schema von Absorptionskühlschrank und -wärmepumpe ohne mechanische Pumpe. $\dot{Q}$ Wärmefluß, p Druck, p_S Dampfdruck. Die Details der Zeichnung auf einen Kühlschrank zugeschnitten. Bei Betrieb als Wärmepumpe dient der Kondensor als Heizkörper und die Verdampfungsschlange ist in Wärmekontakt mit der Umgebung, hier mit dem Grundwasser. Zur Wirkungsweise s. Text.

wieder verdampfte Arbeitsmittel nicht allein umgewälzt, sondern zusammen mit einem *Absorptionsmittel.* Im folgenden soll die Funktion eines einfachen Absorptionskühlschranks geschildert werden.

Abb. 3.51 zeigt schematisch eine Anordnung ohne mechanische Pumpe. Als Absorptionsmittel findet Wasser, als eigentliches Arbeitsmittel Ammoniak (NH_3) Verwendung. Wir wollen den Kreislauf vom *Austreiber* an verfolgen. In den Austreiber gelangt warmes $H_2O + NH_3$. Dem Austreiber wird Wärme zugeführt, so daß der Inhalt heiß wird. Die Löslichkeit des Gases NH_3 in H_2O ist dann klein, und es entweicht heißes NH_3-Gas mit mäßig hohem Dampfdruck p_S. Dieses Gas gelangt in den *Kondensor,* der sich wie natürlich auch der Austreiber außerhalb des zu kühlenden Volumens befindet. Die bei der Kondensation (bei einer Temperatur T_K etwas oberhalb der Zimmertemperatur und mäßig hohem Druck) freiwerdende Verdampfungsenthalpie wird an die Umgebung abgegeben. Flüssiges NH_3 der Temperatur T_K verläßt nach unten den Kondensor und durchläuft eine *Drossel.* In der Drossel entspannt sich das NH_3, und der Druck sinkt wesentlich unter den bei T_K herrschenden Dampfdruck. Deshalb verdampft es im *Verdampfer,* einer Kühlschlange. Die hierzu nötige Verdampfungsenthalpie wird von der Umgebung des Verdampfers, der sich im zu kühlenden Volumen, also im Innern des Kühlschranks befindet, entnommen. Das NH_3 gelangt als kaltes Gas niedrigen Dampfdrucks von oben in den sich in etwa auf Zimmertemperatur außerhalb des zu kühlenden Volumens befindlichen *Absorber,* dessen unterer Teil mit H_2O und schon vorher absorbiertem NH_3 gefüllt ist. $H_2O + NH_3$ werden als Flüssigkeit über einen *Wärmetauscher* in den Flüssigkeitsbereich des Austreibers zurückgeführt.

Im Augenblick können wir noch nicht verstehen, wieso der Flüssigkeitstransport vom Absorber zum Austreiber über den Wärmetauscher wirklich vonstatten geht. Dazu bedarf es zusätzlich eines zweiten Weges, im wesentlichen nur für das Absorptionsmittel Wasser, vom Austreiber über den Wärmetauscher in den Absorber. Wichtig für den Transport von H_2O plus viel NH_3 *(„reiche Lösung")* vom Absorber in den Austreiber einerseits und von H_2O plus etwas NH_3 *(„arme Lösung")* vom Austreiber in den Absorber andererseits ist die Zufuhr von *Wärmeleistung* zum Rohr, das die „arme Lösung" transportieren soll. Diese Wärmezufuhr erzeugt Blasen, und dadurch wird der statische Druck in der letztgenannten Leitung, in Abb. 3.51 links gezeichnet, kleiner als in der benachbarten rechten: Das setzt den Umlauf in Bewegung *(„Thermosyphon");* dabei hilft die größere Dichte der reichen Lösung. Der Wärmetauscher arbeitet nach dem *Gegenstromprinzip:* Die „kalten Enden" der beiden Rohre sind benachbart und so in gutem Wärmekontakt, und in gleicher Weise sind es die beiden „heißen Enden". Das wird dadurch erreicht, daß die zu kühlende Flüssigkeit („arme Lösung", in Abb. 3.51 links) entgegengesetzt zur zu erwärmenden („reiche Lösung", in Abb. 3.51 rechts benachbart) fließt.

Legt man den Verdampfer auf tiefe Temperatur außerhalb des Nutzvolumens und den Kondensor auf hohe Temperatur innerhalb des Nutzvolumens, z. B. in das Innere eines Hauses, so hat man eine (einfache) *Absorptionswärmepumpe.*

Absorptionskühlschränke wie der oben beschriebene haben verglichen mit Kompressorkühlschränken den Vorteil, keine mechanisch bewegten Teile zu besitzen; sie sind deswegen praktisch geräuschlos und arbeiten erschütterungsfrei. Ihr Nachteil ist vor allem die schlechtere Kennzahl, vgl. Abschn. I, 8.5.4. Die zum Betrieb notwendige Wärme wird meist elektrisch erzeugt, kann aber auch einer Gasflamme entstammen. Absorptionswärmepumpen haben gegenüber ihren Kompressionskonkurrenten den zusätzlichen Vorteil, daß die dem Austreiber und dem Thermosyphon zuzuführende Wärme „irgendwoher" kommen kann, z. B. auch direkt als Solarenergie, und keine hochwertige mechanische oder elektrische Energie aufgebracht werden muß. Das gilt natürlich im Prinzip auch für Absorptionskühlschränke, spielt da aber aus ersichtlichen praktischen Gründen keine Rolle. Hingegen könnte dieser Vorteil bei *Solarklimaanlagen,* die zwar nicht für unsere Breiten so interessant sind, wohl aber für weiter südlich gelegene Landstriche, durchaus von Bedeutung werden (Bibliothek und Zentraler Hörsaal des Los Alamos National Laboratory in Los Alamos, Neumexiko, USA, werden im Sommer mit einer Solarklimaanlage gekühlt).

3.4.8 Verflüssigung von Gasen durch Abkühlung

Grundsätzlich kann man Gase mit einer beliebigen Kältemaschine verflüssigen, die eine genügend tiefe Temperatur erreicht. Man wird dabei allerdings häufig eine mehrstufige Maschine einsetzen müssen, bei der also etwa die obere Temperatur der Stufe $m + 1$ praktisch gleich der unteren der Stufe m ist ($m = 1, 2, \ldots$). Dazu würden in den meisten Fällen Kühlmaschinen der in den Abschnitten 3.4.6 und 3.4.7 angegebenen Art genügen, natürlich mit jeweils einem dem Temperaturbereich angepaßten Arbeitsmittel. Man geht jedoch (meist) anders vor: Man benutzt Maschinen, die mit einem einzigen Schritt einen sehr großen Temperaturbereich überstreichen, und erreicht so die Verflüssigung von Luft in einem einzigen Schritt und die von Helium in drei Schritten (s. unten). Bei den Gasverflüssigern gibt es zwei Hauptverfahren: einmal *Abkühlung* des Gases durch *Leisten* äußerer *Arbeit* und zum anderen Ausnutzen des *Joule-Thomson-Effekts*.

Den Entzug von Wärme durch äußere Arbeitsleistung haben wir uns schon in Abschn. 3.4.6 in einem Versuch angesehen. Wie dort angegeben, funktionieren die *Kältemaschinen System Philips* in der Tat nach dem Prinzip des „rückwärtslaufenden" Stirling-Motors. Physikalisch ist dazu nichts weiter zu sagen, außer daß nach diesem Prinzip arbeitende Maschinen auch oberhalb der Inversionstemperatur des zu verflüssigenden Gases, vgl. Abschn. 3.3.1, funktionieren. Abb. 3.52 zeigt eine Philips-Maschine.

Natürlich kann man auch andere Wärmekraftmaschinen „rückwärts laufen lassen" und so Kältemaschinen erhalten.

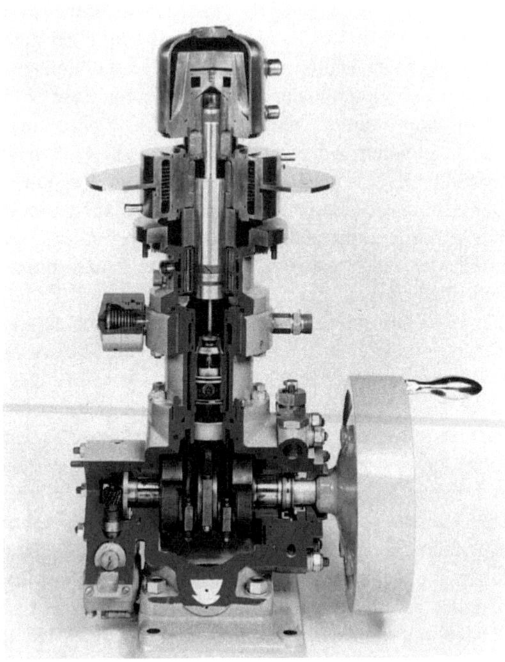

Abb. 3.52 Philips-Kältemaschine (aufgeschnitten).

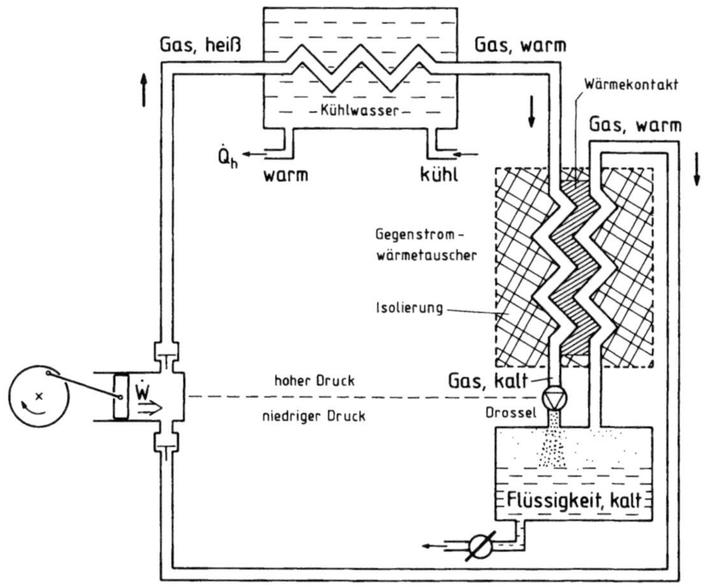

Abb. 3.53 Prinzip der Luftverflüssigung nach Linde.

Das *Linde-Verfahren* zur Luftverflüssigung, entwickelt (1895) von dem deutschen Ingenieur und Unternehmer Karl (von) Linde (1842–1934), das erste industriell in großem Umfang genutzte Verfahren zur Luftverflüssigung, beruht auf dem Joule-Thomson-Effekt. Abb. 3.53 zeigt das Prinzip einer Linde-Maschine. Für die praktische Brauchbarkeit (sparsame Energieverwendung!) ist das *Gegenstromprinzip* wichtig: Derjenige Teil des Arbeitsmittels, der nach der Drosselentspannung gasförmig geblieben ist, umströmt in einem *Wärmetauscher* das unter hohem Druck stehende Gas, so daß dieses die Drossel schon vorgekühlt erreicht.

Durch die Luftverflüssigung wird die Luft automatisch in ihre drei Hauptbestandteile Stickstoff, Sauerstoff und Edelgase, vgl. Abschn. I, 8.4.1, zerlegt. Im physikalischen Labor wird flüssiger Stickstoff, N_2, in vergleichsweise großen Mengen zum Kühlen benutzt. Er wird in sogenannten **Dewar-Gefäßen** aufbewahrt, erfunden 1892

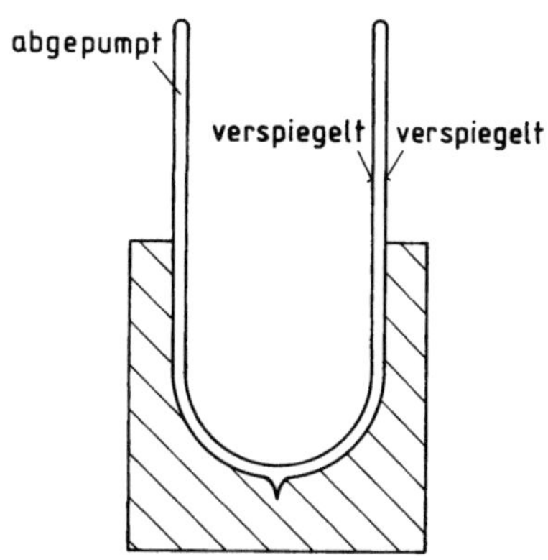

Abb. 3.54 Kleines Dewar-Gefäß (Glas) im Schnitt (Metallgefäß s. nächste Abbildung).

von dem britischen Chemiker (Sir) James Dewar (1842–1923). Abb. 3.54 zeigt einen Schnitt durch ein Dewar-Gefäß (kurz auch Dewar genannt). Die gute Wärmeisolation wird durch das hohe Vakuum zwischen innerer und äußerer Wand erreicht. Früher machte man Dewar-Gefäße meist aus Glas und verspiegelte beide Wände außenseitig. Heute werden größere Gefäße häufig aus rostfreiem Stahl (V2A) hergestellt, der bei entsprechender Zusammensetzung eine erstaunlich geringe Wärmeleitfähigkeit hat (und außerdem, für manche Anwendung vorteilhaft, im Gegensatz zu „gewöhnlichem" Stahl auch nicht ferromagnetisch ist; Hauptvorteil sind natürlich die besseren mechanischen Eigenschaften). Im Dewar-Gefäß wird dem Stickstoff trotz guter Isolation ständig etwas Wärme von außen zugeführt; sie wird als Verdampfungsenthalpie verbraucht. Damit der Druck im Innern nicht über Gebühr ansteigt, muß das so entstehende Gas abziehen können. Dewar-Gefäße, die mit flüssigem Stickstoff gefüllt sind, dürfen also nie fest verschlossen werden. Das ist anders als bei Thermosflaschen, die man mit heißem Kaffee füllt: Hier ist der eventuelle Überdruck (meist entsteht ein Unterdruck) so gering, daß ihn die Flasche auffangen kann. Luftzutritt würde schnelles Abdampfen und damit schnelle Abkühlung nach sich ziehen. Der Kaffee wird im Laufe der Zeit kälter, der flüssige Stickstoff wird dagegen weniger.

Außer zur direkten Kühlung bei der Temperatur im Bereich des Siedepunkts bei 1 bar, $T_S = 77$ K, wird flüssiger Stickstoff in größerem Umfange zur *Verflüssigung* von *Wasserstoff* gebraucht. Die Inversionstemperatur beträgt hier 193 K, die kritische Temperatur 33 K. Da die Inversionstemperatur von H_2 so viel höher ist als die Siedetemperatur von N_2 bei $p = 1$ bar, kann man flüssigen Stickstoff leicht dazu benutzen, die bei der Verflüssigung von Wasserstoff mit dem Joule-Thomson-Effekt anfallende Wärme bei der höheren Temperatur aufzunehmen; dasselbe gilt dann für flüssiges H_2 (Siedepunkt des normalen Isotopengemisches bei $p = 1{,}01325$ bar 20 K) in bezug auf He (Inversionstemperatur 100 K). Flüssiges Helium I, das ist normalfluides He im Gegensatz zum superfluiden Helium II, siedet unter $p = 1{,}01325$ bar bei 4,2 K (über Superfluidität vgl. Abschn. I, 6.5.3). Flüssiges Helium wird also normalerweise in einem dreistufigen Prozeß hergestellt.

Flüssiges Helium stellt ein in der Physik tiefer Temperaturen häufig und gern benutztes *Kältemittel* dar. Man kann es im wesentlichen, außer zur Vorkühlung, auf drei Arten benutzen: Wärmeabführung durch Konvektion (vgl. Abschn.3.6.5), also als umlaufendes Kühlmittel; Wärmeabführung durch Verdampfen unter Atmosphärendruck; und zur Erzielung tieferer Temperatur bis etwas unter 1 K Wärmeabführung durch Verdampfen unter vermindertem Druck, also mit Abpumpen.

Mehr noch als bei der Temperatur des flüssigen Stickstoffs (und des flüssigen Wasserstoffs) muß man bei der Temperatur des flüssigen Heliums auf gute Wärmeisolation achten. In den letzten Jahren hat sich dabei die sogenannte **Superisolation** durchgesetzt. Man kann superisolierendes Material als leicht zu biegende, z. B. einige Millimeter starke Folie kaufen, die sich auch gut schneiden läßt. Die Wirkungsweise wird in Abschn. 3.6.6 erklärt.

Mit flüssiger Luft oder, genauer, flüssigem N_2 – flüssiges O_2 ist als kompakter Sauerstofflieferant nicht ungefährlich – lassen sich einige wirkungsvolle Demonstrationsexperimente anstellen. Ein Gummischlauch, in flüssigen Stickstoff getaucht, wird fest und spröde. Er läßt sich dann zerschlagen (Abb. 3.55). Das Gleiche gilt für Kunststoffschläuche, wie sie oft zum Leiten von flüssigem N_2 oder kaltem gasförmi-

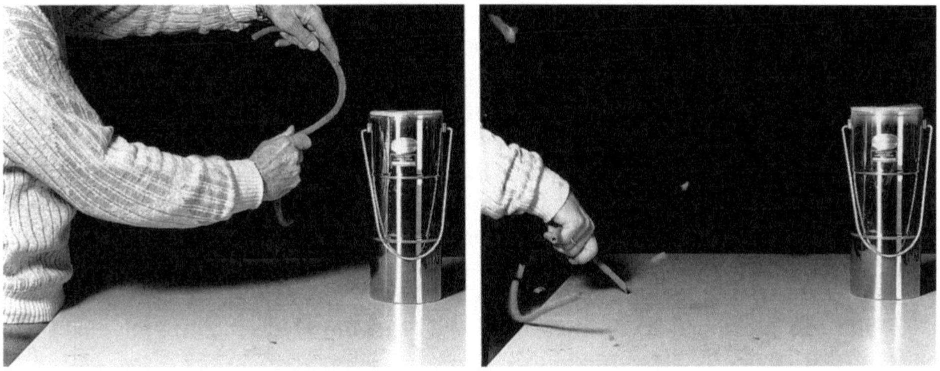

Abb. 3.55 Durch Abkühlen in flüssigem Stickstoff unelastisch gewordener Gummischlauch (links); Zerschlagen des Schlauches (rechts).

Abb. 3.56 Zerschlagen einer Blume; tiefe Temperatur am Reifbelag und der „Dampfentwicklung" erkennbar (in Wirklichkeit: Bildung kleiner Nebelschwaden).

gen N_2 benutzt werden; entsprechend vorsichtig müssen sie beim Experimentieren behandelt werden. Eine Blume, in flüssiges N_2 getaucht, läßt sich vom enttäuschten Rosenkavalier in tausend Splitter zerschlagen (Abb. 3.56).

Seit einigen Jahren geht die Entwicklung auf dem Gebiet der *Supraleitung* durch die Entdeckung der *„heißen Supraleiter"* rapide voran, und im Augenblick kann niemand sagen, wohin sie führen wird. Die „Standardtechnik" der heute schon angewandten Supraleiter ist kurz gesagt folgende: Der stromführende Leiter ist ein Supraleiter hoher kritischer Temperatur (Sprungtemperatur) T_c, z. B. NbTi. Der Supraleiter ist in eine Cu-Matrix eingebettet, die den starken induzierten Strom bei plötzlichem Zusammenbruch der Supraleitung aufnimmt. Zur Kühlung läuft flüssiges Helium (^{4}He) um, das nicht sieden soll. In Abb. II, 2.124 ist ein Querschnitt durch einen Teil einer supraleitenden Spule gezeigt.

In diesem und den beiden vorhergehenden Abschnitten haben wir uns mit der Erzeugung von „Kälte" bei nicht besonders tiefen Temperaturen befaßt. Zur Erzeugung wirklich tiefer Temperaturen, nämlich von Temperaturen wesentlich unterhalb von 1 K, müssen wir auf andere Verfahren als die oben beschriebenen zurückgreifen. Hier sind in erster Linie die **adiabatische Entmagnetisierung** von *paramagnetischen Salzen* und die **^{3}He/^{4}He-Entmischung** im *Mischkryostat* zu nennen. Die Detailschilderung würde den Rahmen dieses Buches sprengen. Um einen gewissen Eindruck zu geben, sei die erstgenannte Methode skizziert.

Bringt man eine paramagnetische Substanz geringer Temperatur T in ein Magnetfeld, so wird bei starkem Feld $\boldsymbol{B}$ und großem magnetischem Moment $\boldsymbol{m}$ infolge Polarisation pro Moment (Ion) (praktisch) die Energie $W_p = -\boldsymbol{m} \cdot \boldsymbol{B}$, Gl. (II, 2.74), frei. Diese Energie führt man als Wärme durch Wärmeleitung an ein angekoppeltes Reservoir ab, das sich auf der Temperatur T befinde. Die durch die Polarisation (etwas) erhitzte Probe kühlt sich so (beinahe) wieder auf die Reservoirtemperatur T ab. Nun verringert man $\boldsymbol{B}$ adiabatisch, also ohne Wärmekontakt zum Reservoir (oder anderswohin). Dadurch werden die Ionen depolarisiert. Die verbliebene Wärme (eine Energie!) verteilt sich auf mehr Freiheitsgrade, und die Temperatur sinkt.

Bei sehr tiefen Temperaturen verhält sich ein paramagnetisches Salz ferromagnetisch, und das Verfahren ist so wie eben beschrieben nicht weiter anwendbar. Man kommt aber durch analoge adiabatische Demagnetisierung *ausgerichteter Kerne* zu noch wesentlich tieferen Temperaturen.

3.5 Entropie und Wahrscheinlichkeit

3.5.1 Wahrscheinlichkeit und Entropie beim idealen Gas

In der Physik besteht ein allgemeiner *Zusammenhang zwischen Entropie und Wahrscheinlichkeit:* Eine große Entropie bedeutet eine große Wahrscheinlichkeit für den betreffenden Zustand, eine kleine Entropie eine kleine Wahrscheilichkeit. Im folgenden wollen wir eine quantitative Ableitung für den Spezialfall des idealen Gases vornehmen, das die konstante Temperatur $T = T_0$ besitzen soll. Die gesamte Gasmenge sei n.

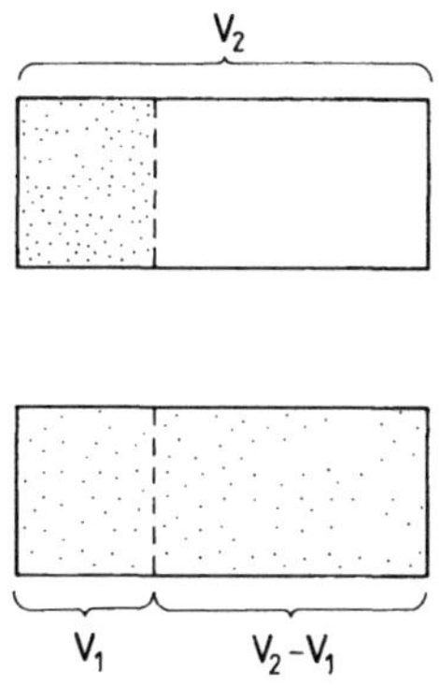

Abb. 3.57 Gasmenge in verschieden großen Volumina; s. Text.

Wir knüpfen an den in Abb. I, 8.53 gezeigten Versuch an, lassen aber die Größe der Teilvolumina V_1 und $V_2 - V_1$, in die wir das Gesamtvolumen V_2 unterteilen, offen. In Abb. 3.57 sehen wir oben einen Zustand gezeichnet, bei dem alle Moleküle zufällig in V_1 versammelt sind, und unten einen Zustand, in dem sie „gleichmäßig", was immer das auch im einzelnen heißt, ganz V_2 ausfüllen. In beiden Fällen haben wir es mit $N = N_A n$ Molekülen zu tun, wobei N_A die *Avogadro-Konstante* ist (Abschn. I, 3.2.1). Die Wahrscheinlichkeit, ein bestimmtes herausgegriffenes Molekül innerhalb V_1 zu finden, ist offenbar

$$w = \frac{V_1}{V_2} .$$

Da wir im idealen Gas alle Moleküle als unabhängig voneinander annehmen können, ist die Wahrscheinlichkeit, alle N Moleküle in V_1 zu finden,

$$w_1 = w^N = \left(\frac{V_1}{V_2}\right)^N .$$

Für den zweiten, unten eingezeichneten Fall führt ein entsprechender Gedankengang zu

$$w_2 = \left(\frac{V_2}{V_2}\right)^N = 1 ;$$

ebenso hätten wir natürlich sagen können, daß die Wahrscheinlichkeit, alle Moleküle irgendwo innerhalb des Gesamtvolumens V_2 zu finden, eins sein muß, wofür wir eben auch $(V_2/V_2)^N$ schreiben können. Wir bilden

$$\frac{w_2}{w_1} = \frac{1}{(V_1/V_2)^N} = \left(\frac{V_2}{V_1}\right)^N .$$

Logarithmiert ergibt das

$$\ln \frac{w_2}{w_1} = \ln w_2 - \ln w_1 = N \ln \frac{V_2}{V_1} = nN_A \ln \frac{V_2}{V_1} . \tag{3.55}$$

Der rechts stehende Ausdruck erinnert uns an die Entropiedifferenz ΔS, die wir in Gl. (I, 8.63) ausgerechnet haben. Dort handelte es sich um die isotherme Expansion eines idealen Gases. Multiplizieren wir Gl. (3.55) mit k und beachten, daß $R = kN_A$ gilt, so erschließen wir mit Hilfe von Gl. (I, 8.63)

$$S_2 - S_1 = \Delta S = k \ln \frac{w_2}{w_1} . \tag{3.56}$$

Diese Gleichung ist mit unserer phänomenologischen Definition der Entropie aus Abschn. I, 8.5.3 für den Spezialfall des idealen Gases abgeleitet. Bevor wir versuchen, allgemeiner gültige Formeln aufzustellen, wollen wir den Begriff „Entropie", dessen Verständnis und dessen Anwendung erfahrungsgemäß einige Mühe verursachen, durch weitere Beispiele erläutern.

3.5.2 Weitere Beispiele zur Entropie

Schmelzentropie

Indem wir die *molare Entropie* ${}^{\mathrm{m}}S$, das ist die Entropie dividiert durch die Stoffmenge, und entsprechend die molare reversibel zugeführte Wärme ${}^{\mathrm{m}}Q$ einführen, haben wir analog zu Gl. (I, 8.65)

$${}^{\mathrm{m}}S = \int_0^1 \frac{\mathrm{d}^{\mathrm{m}}Q_{\mathrm{rev}}}{T} + {}^{\mathrm{m}}S_0$$

und

$$\Delta^{\mathrm{m}}S = \int_0^1 \frac{\mathrm{d}^{\mathrm{m}}Q_{\mathrm{rev}}}{T} .$$

Schmelzen ist ein reversibler Vorgang. Die Temperatur T bleibt dabei konstant. Bezeichnen wir die molare Schmelzenthalpie mit ${}^{\mathrm{m}}H_{\mathrm{G}}$, so ist wegen ${}^{\mathrm{m}}Q_{\mathrm{rev}} = {}^{\mathrm{m}}H_{\mathrm{G}}$

$$\Delta^{\mathrm{m}}S_{\mathrm{G}} = \frac{{}^{\mathrm{m}}H_{\mathrm{G}}}{T_{\mathrm{G}}} ,$$

wobei wie üblich T_{G} die (konstante) Schmelztemperatur ist.

Verdampfungsentropie

Das Verdampfen ist ebenfalls ein reversibler Vorgang. Für konstanten Druck p, der gleich dem Sättigungsdruck p_{S} ist, ist die Temperatur T_{S}, bei der der Sättigungsdruck p_{S} herrscht, konstant. Mit ${}^{\mathrm{m}}H_{\mathrm{V}}$ als *molarer Verdampfungsenthalpie* ist

$$\Delta^{\mathrm{m}}S_{\mathrm{S}} = \frac{{}^{\mathrm{m}}H_{\mathrm{V}}}{T_{\mathrm{S}}} .$$

Bei $p_{\mathrm{S}} = 1$ bar, also praktisch Atmosphärendruck, gilt für Wasser $\Delta^{\mathrm{m}}S_{\mathrm{S}} = 13{,}1R = 109\,\mathrm{J\,K^{-1}\,mol^{-1}}$. Ähnliche Werte gelten für sehr viele Flüssigkeiten. Das ist ein Spezialfall der **Troutonschen Regel,** aufgestellt (1884) von dem englischen Physiker F. Trouton (1863–1922): Die molaren Verdampfungsentropien von Stoffen namentlich mit unpolaren oder wenig polaren Molekülen, normiert auf null beim absoluten Nullpunkt, liegen nahe bei 90 J K^{-1} mol^{-1}. Vom molekularen Bild her ist die Regel verständlich: Hohes T_S bedeutet, daß viel Energie nötig ist, um ein Molekül loszureißen, und damit ist auch ${}^{m}H_V$ groß. Diese Energie muß als Wärme zugeführt werden (kT ist eine Energie). Wir bemerken in Parenthese: Die abgedampften Moleküle haben eine Geschwindigkeitsverteilung $n(v)$, die der Maxwellschen Verteilung für $T = T_S$ entspricht.

Enthalpie-Entropie-Diagramm

Das Enthalpie-Entropie-Diagramm (1904), auch *HS*-Diagramm oder *Mollier-Diagramm* genannt, letzteres nach dem Ingenieur und Physiker R. Mollier (1863–1935), ist gut für die *Gasdynamik* geeignet. Zustandsänderungen durch *Strömung,* z. B. von großem nach kleinem Druck, verlaufen in etwa adiabatisch. Die dabei vom Gas aufgenommene Änderung der kinetischen Energie pro Mol ergibt sich dabei als Differenz der molaren Enthalpie

$$\Delta^{m}E_{\text{kin}} = \Delta \frac{1}{2}\, {}^{m}Mv^2 = \Delta^{m}H\,,$$

wobei ${}^{m}M$ die molare Masse und v die Strömungsgeschwindigkeit ist. Abb. 3.58 zeigt das Mollier-Diagramm von Wasserdampf. Die senkrechten Geraden sind Adiabaten (die Adiabate ist eine Isentrope), die (im Bild rechts) waagerecht verlaufenden Linien sind Isothermen und die schräg von links unten nach rechts oben verlaufenden Kurven sind Isobaren. Die Entropie nimmt wegen

$$\Delta^{m}S = R \ln \frac{V_2}{V_1} = R \ln \frac{p_1}{p_2}\,,$$

gewonnen aus den Gleichungen (3.55) und (3.56) für ein ideales Gas, im rechten Bereich des Diagramms (großes Volumen, kleiner Druck) linear mit dem Logarithmus des Druckverhältnisses zu; die Isothermen sind in diesem Bereich (kleiner Druck, Gas also ungefähr ideal, somit die innere Energie annähernd volumenunabhängig und die Verdrängungsarbeit klein) in etwa waagerecht. Die Isobaren verlaufen schräg, weil die Enthalpie mit dem Volumen anwächst (man bemerke den feinen Unterschied: Die Verdrängungsarbeit auf den Isothermen wächst zwar auch mit dem Volumen, gleichzeitig nimmt aber der Druck ab, während auf den Isobaren der Druck definitionsgemäß konstant ist).

3.5.3 Phasenraum

Indem wir uns wieder der *statistischen Mechanik* zuwenden, erinnern wir uns an die Verknüpfung zwischen Wahrscheinlichkeit und Entropie, wie wir sie für ein ideales Gas in Abschn. 3.5.1 und insbesondere in Gl. (3.56) kennengelernt haben. Im Zuge einer schrittweisen Verallgemeinerung beschränken wir uns zunächst auf ein Gas, das nicht notwendig ideal ist, das wir aber zunächst als einatomig annehmen. Jedes Molekül ist dann durch *sechs Zahlen* festgelegt: drei *Lagekoordinaten* q_i $(i = 1, 2, 3)$, entsprechend unseren früheren Werten x, y, z in einem kartesischen Koordinatensy-

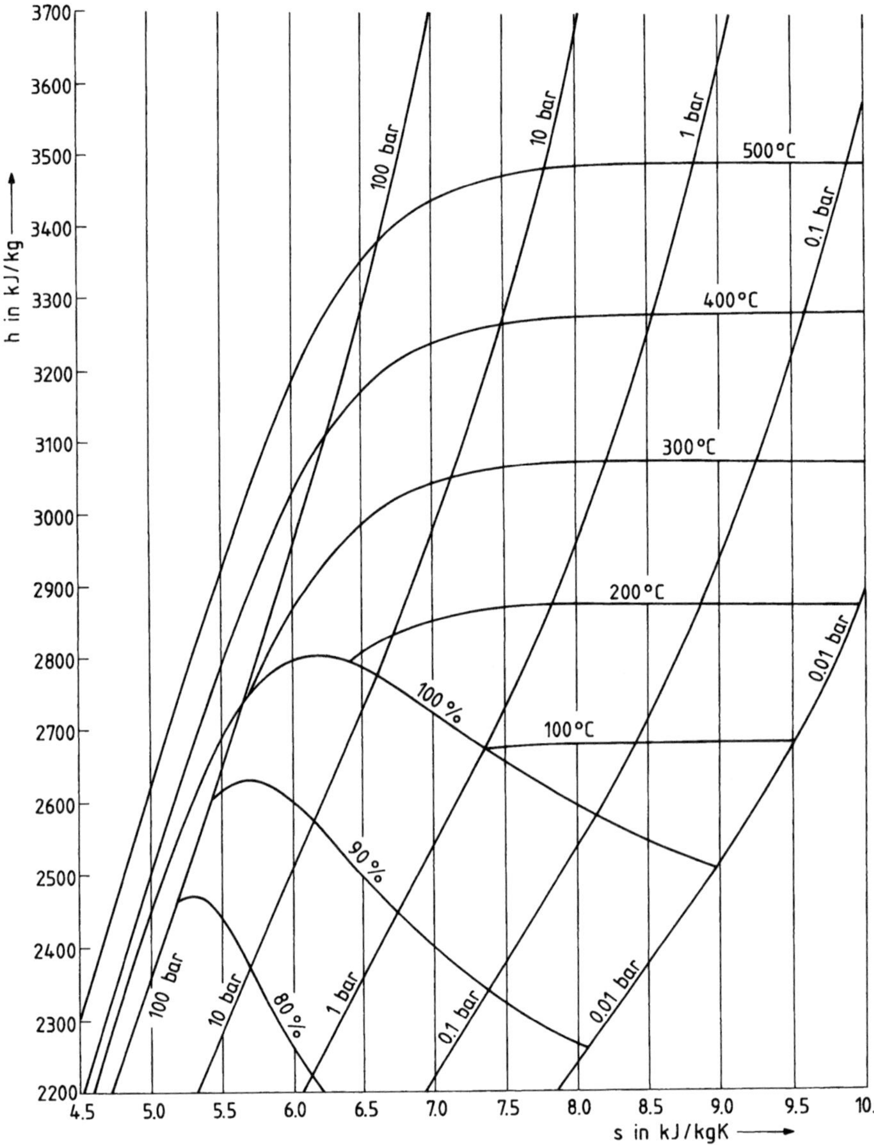

Abb. 3.58 Mollier-Diagramm von Wasserdampf. Auf technische Anwendungen zugeschnitten: spezifische Enthalpie *h* gegen spezifische Entropie *s* aufgetragen. Um z. B. die in einer Turbine aus Dampf von 10 bar und 400 °C bei Entspannung auf 1 bar zu gewinnende spezifische mechanische Arbeit zu erhalten, geht man auf der Isenthalpen von 7,5 kJ/kgK nach unten auf die 1-bar-Kurve. Man liest ab: bei 10 bar $h = 3230$ kJ/kg, bei 1 bar $h = 2710$ kJ/kg, $\Delta h = 520$ kJ/kg.

stem, und drei *Impulskoordinaten* p_i $(i = 1, 2, 3)$. Wir konstruieren uns den *sechsdimensionalen* **Phasenraum** aus den q_i und p_i. Diesen Raum teilen wir in *Zellen* auf (am einfachsten: sechsdimensionale Würfel), die alle gleich groß sein sollen. Auf die Frage wie groß? schweigt sich die klassische Statistik im wesentlichen aus. Wir wollen die Zellen nur als „klein“ voraussetzen, nämlich mit Kantenlängen, die wesentlich kleiner als alle (nicht verschwindenden) vorkommenden Werte der q_i und p_i sind. Wir können uns, wenn wir Schwierigkeiten mit dieser artifiziellen „Quantelung“ befürchten, auf den Grenzwert

$$\Delta q_i \to 0\,, \qquad \Delta p_i \to 0 \qquad (i = 1, 2, 3)$$

zurückziehen, wobei Δq_i und Δp_i die Kantenlängen des sechsdimensionalen Würfels sind. Wir bemerken hier in Parenthese, daß die Quantenmechanik, die ja die „eigentlich“ richtige Mechanik ist, sehr wohl eine Antwort auf die Zellengröße weiß:

$$\Delta p_i \, \Delta q_i = h \qquad (i = 1, 2, 3)\,.$$

Indem wir uns nun wieder unserer klassischen statistischen Mechanik zuwenden, machen wir uns die Dimension des Produktes $p_i q_i$ klar:

$$[pq] = [mvl] = [ml^2 t^{-1}] = [ml^2 t^{-2}]\,[t]\,.$$

Der in der linken Klammer in dem rechten Ausdruck dieser Gleichung stehende Faktor ist eine Energie und der in der rechten stehende eine Zeit. So ein Produkt nennt man eine **Wirkung.** Wir fassen verbal zusammen:

- *Das Produkt von Impuls- und Ortskoordinate hat die Dimension Energie mal Zeit, ist also eine Wirkung.*

Als Impulskoordinate brauchen wir im übrigen nicht die Komponente des linearen Impulses in einem kartesischen Koordinatensystem und als Lagekoordinate nicht eine Komponente im kartesischen Ortsraum zu nehmen, sondern können allgemeinere Koordinaten wählen. Dieses Problem umfassend zu behandeln ist nicht unsere Aufgabe, sondern die der theoretischen Physiker. Wir wollen uns hier nur ein weiteres

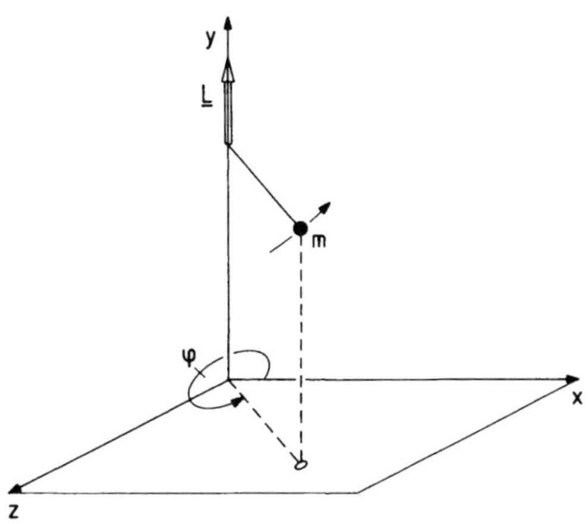

Abb. 3.59 Beispiel für kanonische Koordinaten: Drehimpuls L und Azimutwinkel φ einer die y-Achse umkreisenden Masse m.

Beispiel vor Augen führen: Als eine Impulskoordinate nehmen wir den Drehimpuls um eine Achse und als eine Lagekoordinate den Winkel φ (Abb. 3.59). Der Drehimpuls selbst hat gemäß Gl. (I, 4.28) die Dimension einer Wirkung, der Winkel ist eine dimensionslose Zahl.

3.5.4 Abzählen von Zuständen

Wir wollen einen Zustand „ohne weitere Bedingungen", also ausschließlich dadurch definieren, daß die p_i und q_i in einem gewissen Impuls- bzw. Lagekoordinateninterval liegen:

$$p_i^{(0)} \leqq p_i < p_i^{(0)} + \Delta p\,, \qquad q_i^{(0)} \leqq q_i < q_i^{(0)} + \Delta q \qquad (i = 1, 2, 3)\,; \tag{3.57}$$

Δp und Δq sind dabei die Kantenlängen der Impuls- bzw. Lagekoordinaten des sechsdimensionalen Würfels, der unsere Zelle darstellt. Wir machen nun, wohlgemerkt ohne „weitere Bedingungen" an unser System aus vielen Gasmolekülen zu stellen, eine grundlegende Annahme:

- *Erste statistische Grundannahme: Ohne Vorliegen weiterer Bedingungen ist jeder durch einen gewissen festen Bereich der Impuls- und Lagekoordinaten gekennzeichnete Zustand gleich wahrscheinlich.*

Die Koordinatenbereiche sind dabei durch Gl. (3.57) gegeben. Wir bemerken noch: Die obigen Annahme befindet sich in scheinbarem Widerspruch zur früher abgeleiteten Maxwellschen Geschwindigkeitsverteilung, bei der z. B. Zustände mit sehr hoher Geschwindigkeit in x-Richtung sehr unwahrscheinlich sind, s. Gl. (3.4).

Wir wollen nun unser Bild verallgemeinern. Wir setzen jetzt f Freiheitsgrade für ein Molekül an. Wie uns aus Abschn. I, 8.2.1 geläufig ist, gilt bei nicht zu geringer Temperatur $f = 3$ für einatomige, $f = 5$ für zweiatomige Moleküle usw. Man sagt: Der *Phasenraum* für ein Molekül ist *2f-dimensional* oder auch, die Dimension D dieses Phasenraumes ist gleich $2f$. Wir wollen unser Bild auf N Moleküle ausdehnen, die alle gleichartig und *unterscheidbar* seien (wir können sie uns z. B. numeriert von 1 bis N vorstellen). N soll sehr groß sein. Mit diesen N Molekülen wollen wir Statistik betreiben. Unter unseren Voraussetzungen ist das die **Boltzmann-Statistik.** Es gibt noch eine Reihe anderer Statistiken, wovon später zu reden sein wird. Wir haben nun zwei Möglichkeiten:

$$D = 2Nf$$

(Möglichkeit a) und

$$D = 2f \tag{3.58}$$

(Möglichkeit b). Im Falle (a) besitzt jedes einzelne Molekül seinen individuellen Phasenraum, im Falle (b) kann eine einzelne Zelle sehr stark populiert (besetzt) sein. Es stellt sich die Frage, wie stark? Bevor wir dieser Frage nachgehen, wollen wir klären, wodurch ein *physikalischer Zustand,* z. B. für ein Gas in einem Behälter bei konstantem Volumen V, konstanter Temperatur T und konstantem Druck p, makroskopisch charakterisiert wird.

Physikalischer Zustand

Unter den gerade genannten Bedingungen ist ein physikalischer Zustand in der statistischen Mechanik durch konstante Teilchenzahl N und konstante Gesamtenergie E charakterisiert. Indem wir weiterhin von der oben beschriebenen Möglichkeit (b) Gebrauch machen, teilen wir den Phasenraum in M Zellen auf und setzen M als sehr groß voraus. Wir normieren die Zellen von 1 bis M mit den Besetzungen n_1 bis n_M, also

$$\begin{array}{llll} \text{Zelle:} & 1 & 2 & 3 \ldots i \ldots M\,, \\ \text{Besetzung:} & n_1 & n_2 & n_3 \ldots n_i \ldots n_M\,. \end{array} \tag{3.59}$$

Jedes *M-Tupel* Gl. (3.59) charakterisiert einen **Mikrozustand** μ; die Betonung liegt hier auf „Mikro". Indem wir irgendein i und irgend ein k mit $i \leqq M$ und $k \leqq M$, also zwei beliebige Zellen herausnehmen, haben wir das in Abb. 3.60 angegebene Bild; natürlich können wir nicht sechsdimensional, sondern nur zweidimensional zeichnen (vgl. dazu Abschn. 2.6.1). Da alle Moleküle untereinander gleich sind (sie werden ja nur durch ihre unterschiedliche „Nummer", also nicht physikalisch unterschieden), können wir irgend zwei Moleküle zwischen den Zellen austauschen und behalten dennoch *denselben* Mikrozustand μ bei. Das vermerken wir, um Größen zu erhalten, die der Wahrscheinlichkeit, daß ein bestimmter Mikrozustand μ eingenommen wird, proportional sind. Wir nennen diese Größen *unnormierte Wahrscheinlichkeiten* W_μ und formulieren, wenn wir noch die Vertauschung zweier Elemente miteinander zwischen den Zellen **Permutation** nennen:

- *Zweite statistische Grundannahme (Permutationsaxiom): Die Wahrscheinlichkeit, daß ein bestimmter Mikrozustand $\mu = \mu(n_1, n_2, \ldots, n_M)$ eingenommen wird, ist proportional der Anzahl der Permutationen, die denselben Mikrozustand μ ergeben.*

Mathematisch drücken wir das folgendermaßen aus: Haben wir N, wie die Mathematiker sagen, „Elemente", die auf M Kästchen (unsere Zellen) mit Besetzungszahlen n_i aufgeteilt sind, so ist die Anzahl der Permutationen durch

$$P_\mu = P_\mu(n_1, n_2, \ldots, n_M) = \frac{N!}{n_1!\, n_2! \ldots n_M!} \tag{3.60}$$

gegeben, wobei

$$N = n_1 + n_2 + \ldots + n_M \tag{3.61}$$

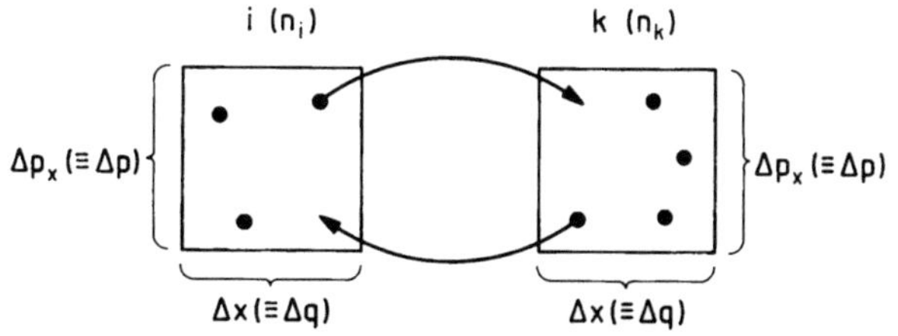

Abb. 3.60 Vertauschung zweier Moleküle zwischen zwei Zellen, der i-ten und der k-ten.

Tab. 3.7 W_μ bei $N = 3$ und $M = 2$

n_1	n_2	W_μ
0	3	$3!/(0!\,3!) = 1$
1	2	$3!/(1!\,2!) = 3$
2	1	$3!/(2!\,1!) = 3$
3	0	$3!/(3!\,0!) = 1$

gilt. Die (unnormierte) Wahrscheinlichkeit ist dann

$$W_\mu = P_\mu = \frac{N!}{n_1!\,n_2!\,\ldots\,n_M!}\,. \tag{3.62}$$

In der elementaren Kombinatorik, aus der wir unser Resultat Gl. (3.60) übernommen haben, werden zwar die Elemente mit der Anzahl n_i als untereinander gleich, aber verschieden von denen der Anzahl n_k $(i \neq k)$ angenommen. Am Abzählen ändert sich dadurch aber nichts.

Die zweite statistische Grundannahme haben wir hier als Axiom eingeführt. Wenn alles „ohne weitere Bedingungen" gilt, ist die zweite statistische Grundannahme aus der ersten ableitbar. Wir fordern aber, daß sie immer gilt, und müssen sie deswegen als Axiom einführen.

Wir sprechen von *Gleichverteilung*, wenn alle n_i gleich sind (auf numerische Einschränkungen für N, das im Prinzip dann durch M teilbar sein müßte, gehen wir nicht ein, weil N immer so groß sein soll, daß N/M noch eine große Zahl ist, wobei es auf eins mehr oder weniger nicht ankommt). Wir fragen nach der Wahrscheinlichkeit W_μ und erwarten intuitiv, daß W_μ für Gleichverteilung ihr Maximum annimmt. Das wollen wir zunächst an einem Beispiel mit, entgegen den obigen Voraussetzungen, kleinen Zahlen $N = 3$, $M = 2$ illustrieren (Tab. 3.7).

In der Realität, der wir uns nun wieder zuwenden, interessieren nur Fälle, in denen nicht nur im Gleichgewichtszustand, sondern auch bei allen anderen Zuständen alle n_i sehr groß sind (man bedenke, daß ein Mol 6×10^{23} Moleküle enthält). Dann können wir die Stirlingsche Formel anwenden. Sie gilt streng im Grenzfall $n \to \infty$ und in vollkommen ausreichender Näherung für alle bei uns vorkommenden Zahlen:

$$n! = \left(\frac{n}{e}\right)^n.$$

Damit wird aus Gl. (3.62)

$$\begin{aligned} \ln W_\mu &= N(\ln N - 1) + \sum_{i=1}^{M} n_i - \sum_{i=1}^{M} n_i \ln n_i \\ &= N \ln N - \sum_{i=1}^{M} n_i \ln n_i\,, \end{aligned} \tag{3.63}$$

wobei von Gl. (3.61) Gebrauch gemacht wurde. Welche Verteilung ist nun am wahrscheinlichsten, d. h. weist den größten Wert $W_\mu^{\max}$ auf? Zur Beantwortung dieser Frage führen wir eine *Variationsrechnung* durch (vgl. Abschn. I, 3.3.6). Wir ersetzen also n_i durch $n_i + \delta n_i$. Wegen der Konstanz der Gesamtmolekülzahl gilt

$$\sum_{i=1}^{M} \delta n_i = 0\,. \tag{3.64}$$

Es findet also nur ein *Austausch* von Molekülen statt. Wir bilden die Variation von Gl. (3.63):

$$\delta \ln W_\mu = \delta(N \ln N) - \sum_{i=1}^{M} \left(\delta n_i \cdot \ln n_i + \frac{\mathrm{d} \ln n_i}{\mathrm{d} n_i}\, \delta n_i \cdot n_i \right),$$

wobei das Multiplikationszeichen in der Klammer rechts bedeuten soll, daß nur n_i, nicht aber der rechts von dem Zeichen stehende Faktor variiert werden soll. Der erste Term auf der rechten Seite der Gleichung ist null, weil die Variation einer Konstanten verschwindet. Wir haben also nach Ausführung der Differentiation

$$\delta \ln W_\mu = -\sum_{i=1}^{M} \delta n_i \cdot (\ln n_i + 1) = -\sum_{i=1}^{M} \delta n_i \cdot \ln n_i\,,$$

letzteres wegen Gl. (3.64). Das Maximum wird erreicht, wenn die Variation verschwindet:

$$\delta \ln W_\mu = -\sum_{i=1}^{M} \delta n_i \cdot \ln n_i = 0\,.$$

Daraus folgt, wie gleich ersichtlich wird,

$$n_1 = n_2 = \ldots = n_M\,.$$

Wären nämlich zwei n_i nicht gleich, z. B. $n_k \neq n_l$, so variiere man sie und nur sie:

$$\delta n_k \cdot \ln n_k + \delta n_l \cdot \ln n_l = 0$$

und, vgl. Gl. (3.64),

$$-\delta n_l \cdot \ln n_k + \delta n_l \cdot \ln n_l = 0\,.$$

Aus der Kombination dieser beiden Gleichungen resultiert also $\ln n_k = \ln n_l$, im Widerspruch zu unserer Annahme.

3.5.5 Boltzmann-Faktor

Im vorigen Abschnitt hatten wir einen physikalischen Zustand auch durch die Konstanz seiner Gesamtenergie E charakterisiert, davon aber keinen Gebrauch gemacht. Das soll nun geschehen. Indem wir mit e_i die Energie eines einzelnen Teilchens in der Zelle i bezeichnen, was sinnvoll ist, weil ja alle Teilchen in der i-ten Zelle wegen der Kleinheit der Zelle als mit gleicher Energie behaftet angesehen werden können, schreiben wir

$$E = \sum_{i=1}^{M} n_i e_i = \text{const} \tag{3.65}$$

und somit

$$\delta E = \sum_{i=1}^{M} \delta n_i \cdot e_i = 0\,.$$

Außerdem gilt Gl. (3.64). Beiden Forderungen tragen wir mit Lagrangeschen Multiplikatoren α, β Rechnung:

$$\delta \ln W_\mu = -\sum_{i=1}^{M} \delta n_i \cdot (\ln n_i + \alpha + \beta e_i) = 0\,. \tag{3.66}$$

Über den Umgang mit Lagrangeschen Multiplikatoren müssen wir hier auf die einschlägigen Lehrbücher der Mathematik verweisen. Indem wir darauf verzichten, über α und β zu verfügen, sondern das „Gl. (3.66)“ überlassen, gewinnen wir die uneingeschränkte Verfügungsgewalt über jedes einzelne δn_i zurück. Deshalb muß jede einzelne Klammer (für jedes i) in Gl. (3.66) verschwinden. Also gilt

$$\ln n_i = -\alpha - \beta e_i \qquad (i = 1, 2, \ldots, M) \tag{3.67}$$

und

$$n_i = \mathrm{e}^{-\alpha}\, \mathrm{e}^{-\beta e_i} \qquad (i = 1, 2, \ldots, M)\,. \tag{3.68}$$

Wir halten ausdrücklich fest: Wir haben *keinerlei Voraussetzungen* über die *Natur* der N Objekte gemacht, aus denen unsere Gesamtheit, unser **Ensemble,** besteht. Wir haben nur als Beispiel ein Gas gewählt, um etwas Konkretes vor Augen zu haben. Gl. (3.68) hat sich ohne weitere Voraussetzungen ergeben; wir haben lediglich den physikalischen Zustand durch konstante Teilchenzahl und konstante Energie charakterisiert. Also muß β eine von der Natur des physikalischen Zustandes *unabhängige Bedeutung* haben. Wir erschließen sie durch Rückgriff auf die Geschwindigkeitsverteilung im einatomigen idealen Gas, die *Maxwellsche Geschwindigkeitsverteilung*. Die Energie e_i ist hierbei kinetischer Natur. Der Vergleich mit Gl. (3.4) lehrt uns also, daß

$$\beta = \frac{1}{kT} \tag{3.69}$$

gelten muß. Der zweite Faktor in Gl. (3.68) ist der besonders wichtige *Boltzmann-Faktor BF,*

$$BF = \mathrm{e}^{-\frac{e_i}{kT}}\,. \tag{3.70}$$

Seine physikalische Bedeutung können wir aus Gl. (3.68) ersehen: Die Besetzung eines Mikrozustands n_i in der i-ten Zelle ist danach proportional zum Boltzmann-Faktor. Sie ist aber auch proportional zur (unnormierten) Wahrscheinlichkeit W_i (sehr wohl zu unterscheiden von unserem früher W_μ, das sich auf die Besetzung aller Zellen bezog), ein bestimmtes Teilchen in dieser i-ten Zelle zu finden. Wir haben also Proportionalität zwischen den beiden letztgenannten Größen:

$$W_i \propto \mathrm{e}^{-\frac{e_i}{kT}}\,.$$

Mit dem Boltzmann-Faktor klärt sich auch der im vorigen Abschnitt erwähnte scheinbare Widerspruch zwischen der ersten statistischen Grundannahme und der

Maxwellschen Geschwindigkeitsverteilung auf: Der Boltzmann-Faktor sorgt dafür, daß Moleküle mit großer Geschwindigkeit v_x in x-Richtung nur sehr selten auftreten. Die „weitere Bedingung", die wir in diesem, aber nicht im vorigen Abschnitt aufgestellt haben, ist die Erhaltung der Gesamtenergie.

Wir haben den Boltzmann-Faktor hier mit Hilfe der Lagrangeschen Multiplikatoren abgeleitet. Das ist zweifellos elegant und geht sehr glatt, hat aber den Nachteil, daß der physikalische Gehalt nicht zu erkennen ist. Das sei nun nachgeholt: Wegen der Konstanz der Gesamtenergie „verbraucht" ein Teilchen hoher Energie unverhältnismäßig viel davon, „auf Kosten" der anderen, die sich mit (durchschnittlich) desto weniger Energie begnügen müssen. Eine solche Häufung der Energie auf ein einzelnes Teilchen muß ein relativ seltenes Ereignis in einem Ensemble bleiben, in dem der Zufall herrscht. Man denke z. B. an ein Gas: Hat ein Teilchen zum betrachteten Zeitpunkt einmal eine hohe Energie, so wird es wahrscheinlich einen großen Teil davon im nächsten Stoß verlieren.

Wir wollen den Gebrauch des Boltzmann-Faktors an einem Beispiel erläutern. Dazu wählen wir die Polarisierung von Atomen oder Kernen im Magnetfeld bei normaler Temperatur (im Fall der Atome) bzw. tiefer Temperatur (im Fall der Kerne).

Wie wir aus Abschn. II, 2.7.2 wissen, ist die potentielle Energie eines Teilchens des magnetischen Moments $\boldsymbol{m}$ in einem Magnetfeld $\boldsymbol{B}$ mit Normierung auf Null ohne Feld durch Gl. (II, 2.74) gegeben. Nach Abschn. II, 2.7.1 ist die Richtung des Teilchens zum Magnetfeld gequantelt. Wir wollen hier der Einfachheit halber annehmen, daß es nur zwei Ausrichtungen gibt, die durch Gln. (II, 2.72) und (II, 2.73) charakterisiert sind. Das ist nicht unphysikalisch, sondern für Teilchen mit Drehimpuls (Spin) „1/2" Realität, vgl. Abschn. IV, 1.2.3. Wir haben also mit $e_1 = -mB$ und $e_2 = +mB$ für die Anzahl der Kerne mit einem magnetischen Moment antiparallel zum Magnetfeld (Energie e_1) bzw. parallel dazu (Energie e_2)

$$n_1 = A\,\mathrm{e}^{\frac{mB}{kT}}\,, \qquad n_2 = A\,\mathrm{e}^{-\frac{mB}{kT}}\,,$$

wobei A eine Konstante ist und $n_1 + n_2 = N$ gilt; hieraus errechnet sich A zu

$$A = \frac{N}{\mathrm{e}^{\frac{mB}{kT}} + \mathrm{e}^{-\frac{mB}{kT}}}\,.$$

Die normierte Wahrscheinlichkeit w_1, einen bestimmten Kern in der Menge n_1, also mit antiparallelem Spin zu finden, und entsprechend für w_2 mit parallelem Spin ist

$$w_1 = \frac{n_1}{N} = \frac{\mathrm{e}^{\frac{mB}{kT}}}{\mathrm{e}^{\frac{mB}{kT}} + \mathrm{e}^{-\frac{mB}{kT}}}\,, \qquad w_2 = \frac{n_2}{N} = \frac{\mathrm{e}^{-\frac{mB}{kT}}}{\mathrm{e}^{\frac{mB}{kT}} + \mathrm{e}^{-\frac{mB}{kT}}}\,.$$

Wir überzeugen uns, daß nach dieser Gleichung $w_1 + w_2 = 1$ herauskommt, wie es natürlich sein muß. Definieren wir die **Polarisation** für ein aus vielen diskreten Teilen bestehendes Gebilde mit

$$P \overset{\text{def}}{=} \frac{n_1 - n_2}{n_1 + n_2} = \frac{w_1 - w_2}{w_1 + w_2} = \frac{W_1 - W_2}{W_1 + W_2}\,,$$

ergibt sich für unseren Fall

$$P = \frac{\mathrm{e}^{\frac{mB}{kT}} - \mathrm{e}^{-\frac{mB}{kT}}}{\mathrm{e}^{\frac{mB}{kT}} + \mathrm{e}^{-\frac{mB}{kT}}}\,.$$

Das vereinfacht sich in den beiden Grenzfällen (1)

$$\frac{mB}{kT} \ll 1$$

und (2)

$$\frac{mB}{kT} \gg 1$$

zu

$$P = \frac{mB}{kT}$$

bzw.

$$P = 1 .$$

Hierzu wollen wir uns einige Zahlen ansehen. (1) Wir setzen $T = 300\,\mathrm{K}$, $m = \mu_B = 5{,}8 \times 10^{-5}\,\mathrm{eV/T}$ (Bohrsches Magneton) und $B = 1\mathrm{T}: P = 5{,}8 \times 10^{-5}\,\mathrm{eV}/2{,}5 \times 10^{-2}\,\mathrm{eV} = 0{,}002$; physikalisch entspricht das einem paramagnetischen Gas bei ca. Zimmertemperatur. (2) $B = 100\,\mathrm{T}$, $m = \mu_N \approx \tilde{m}_e \mu_B / \tilde{m}_p$, wobei $\tilde{m}_e$ die Elektronen- und $\tilde{m}_p$ die Protonenmasse ist (Kernmagneton), und $T = 25\,\mathrm{mK}$. Wir errechnen $kT = 2 \times 10^{-6}\,\mathrm{eV}$, $m_N = 3{,}2 \times 10^{-8}\,\mathrm{eV/T}$ und damit $mB/kT = 1{,}6$, was zu $P \approx 0{,}92$ führt. Dieses Beispiel entspricht Kernen, die bei noch bequem herzustellender tiefer Temperatur im *ferromagnetischen Gitter* einem starken Magnetfeld unterworfen sind (das seinerseits durch ein von außen angelegtes Feld der Größenordnung 1 T hervorgerufen wird). In handfesten Zahlen ausgedrückt: Von 100 Kernen sind im Mittel 92 antiparallel und 8 parallel zum Magnetfeld gerichtet. Natürlich sind das nicht immer dieselben!

3.5.6 Abschließendes über Entropie und Wahrscheinlichkeit

Früher haben wir gesehen, daß die Entropie eines idealen Gases mit der Wahrscheinlichkeit durch Gl. (3.56) zusammenhängt; die Entropie ist dabei phänomenologisch, wir können auch sagen makroskopisch, durch Gl. (I, 8.65) definiert. Jetzt wollen wir den Spieß umdrehen. Wir *definieren* die *Entropie neu,* und zwar allein durch die *Wahrscheinlichkeit.* Es soll also allgemein Gl. (3.56) gelten (nicht nur für das ideale Gas!). Wir haben dann zu zeigen, daß alte und neue Definition gleichwertig sind, d. h. daß die alte Definition aus der neuen folgt und die neue aus der alten; wir bleiben uns dabei bewußt, daß die phänomenologische Definition Gl. (I, 8.65) ebenso wie die wahrscheinlichkeitstheoretische Gl. (3.56) die Konstante S_0 nicht festlegt.

Wir nehmen den ersten Teil unserer Aufgabe in Angriff und zeigen, daß die alte Definition aus der neuen folgt. Wir gehen zurück auf Gl. (3.63) und die, wie wir wissen, verschwindende Klammer in Gl. (3.66), was für $W_\mu = W_\mu^{\max}$ gilt. Wir bilden nun

$$\ln W_\mu^{\max}(E + \mathrm{d}Q) - \ln W_\mu^{\max}(E) = \frac{\partial \ln W_\mu^{\max}}{\partial E}\, \mathrm{d}Q ,$$

wobei E die Gesamtenergie und $\mathrm{d}Q$ eine kleine dem System zugeführte Wärmemenge ist. In diese Gleichung setzen wir unsere oben diskutierten früheren Gleichungen (3.63) und (3.67) ein,

$$\frac{\partial \ln W_\mu^{\max}}{\partial E} = -\frac{\partial \sum_{i=1}^{M} n_i(-\alpha - \beta e_i)}{\partial E} = \frac{\partial(\beta E)}{\partial E} = \beta ,$$

wobei wir hinter dem zweiten Gleichheitszeichen von der Konstanz von N und von Gl. (3.65) Gebrauch gemacht haben. Damit wird aus der letzten Gleichung, wobei S aus der neuen Definition Gl. (3.56) stammt,

$$\frac{dS}{k} = \ln W_\mu^{\max}(E + dQ) - \ln W_\mu^{\max}(E) = \beta \, dQ = \frac{dQ}{kT}$$

mit β aus Gl. (3.69). Die Zustände, die durch $W_\mu^{\max}(E + dQ)$ bzw. $W_\mu^{\max}(E)$ charakterisiert sind, sind *Gleichgewichtszustände* (s. Abschn. 3.5.4). Infolgedessen wird die Wärme dQ *reversibel* zugeführt. Wir können also statt dQ auch dQ_{rev} schreiben. Damit haben wir unser Ziel erreicht, die Gleichung (I, 8.64) abzuleiten.

Man überzeugt sich leicht, daß wir alle logische Schritte umkehren, also den Beweis „rückwärts lesen" können. Damit ist dann auch die Umkehrung bewiesen, d. h. unsere neue Definition Gl. (3.56) folgt aus der alten Definition Gl. (I, 8.65) oder, damit äquivalent, Gl. (I, 8.64).

Aus dem Verschwinden der Entropieänderungen beim Annähern an den absoluten Nullpunkt $T = 0$, einer Forderung des dritten Hauptsatzes, folgt auch, daß die Entropie einer Stoffmenge beim Annähern an $T = 0$ einem Grenzwert zustrebt, der nicht unterschritten werden kann. Es liegt nahe, diesen Grenzwert, den wir S_0 (bzw. ${}^{m}S_0$ für die molare Entropie) nennen wollen, gleich null zu setzen:

$$S_0 = 0 , \qquad {}^{m}S_0 = 0 .$$

Einige mit dieser Festsetzung gültige Werte der molaren Entropie *(„Standardentropie")* sind in Tab. 3.8 enthalten.

Tab. 3.8 Standardentropien bei der Temperatur $T = 298{,}15$ K und dem Druck $p = 1{,}01325$ bar

Stoff	${}^{m}S$ in JK^{-1} mol^{-1}	Stoff	${}^{m}S$ in JK^{-1} mol^{-1}
Gase		Flüssigkeiten	
Wasserstoff	130,59	Quecksilber	76,02
Deuterium	144,77	Brom	152,0
HD	143,7	Wasser	70,00
Stickstoff	191,5	Methanol	127,0
Sauerstoff	205,1	Ethanol	161,0
Chlor	223,0	Benzol	173,0
Wasserstoffchlorid	186,6	Toluol	220,0
Kohlenstoffmonoxid	197,5	n-Hexan	296,0
Kohlenstoffdioxid	213,7	Cyclohexan	205,0
Wasser	188,72	Festkörper	
Ammoniak	192,5	Diamant	2,44
Schwefeldioxid	248,5	Graphit	5,694
Methan	186,2	Silber	42,72
Acetylen	200,8	Kupfer	33,3
Ethen	219,6	Eisen	27,2
Ethan	229,6	Kochsalz	72,38
		$CuSO_4 \cdot 5\,H_2O$	305,0
		$CuSO_4$	113,0

3.6 Transportphänomene

3.6.1 Liouvillescher Satz

Bisher haben wir uns in der Thermodynamik und statistischen Mechanik im wesentlichen für Gleichgewichtszustände interessiert. Wir haben gesehen, daß ein makroskopischer Gleichgewichtszustand durch eine große Wahrscheinlichkeit ausgezeichnet ist, während nahe, aber nicht zu nahe benachbarte Zustände eine viel geringere Wahrscheinlichkeit aufweisen. Dennoch gibt es, wie (im wahrsten Sinne des Wortes!) das tägliche Leben lehrt, makroskopisches *Ungleichgewicht,* also Verhältnisse, die sehr weit vom Gleichgewicht entfernt sind. In der Tat beruht ja unser ganzes Leben auf einem solchen Ungleichgewicht. Hätten wir thermisches Gleichgewicht, gäbe es *keine* makrokopischen *Veränderungen* mehr, die Welt wäre den **Wärmetod** gestorben.

Im Sinne der statistischen Mechanik können wir von Ungleichgewichtszuständen sprechen, ja müssen es sogar, um unsere Abzählmethode (Abschn. 3.5.4) anzuwenden. Im Sinne einer makroskopischen Thermodynamik gibt es keine echten Ungleichgewichtszustände, sondern bei Vorliegen von *Ungleichgewicht* nur **Prozesse:** Es läuft etwas ab, und das Resultat ist *Annäherung* an das *Gleichgewicht.* Es handelt sich also makroskopisch um nichts Statisches, sondern etwas Kinetisches; die Prozesse können dabei stationär sein, in dem Sinne, in dem elektrischer Strom (Gleichstrom) stationär ist, vgl. Abschn. II, 2.1.2. Diese Prozesse sind stets mit irgendeinem *Transport* verknüpft. In Abb. 3.61 sehen wir den Transport von Wärme durch stationäre Wärmeleitung dargestellt. Die Wärme fließt vom wärmeren Ende des Stabes zum kälteren. Damit ist, wie schon in Abschn. I, 8.1.1 hervorgehoben, ein wesentliches Merkmal von Ungleichgewichtsprozessen herausgestellt, die Festlegung einer *Zeitrichtung.*

Im folgenden wollen wir uns auf einen Satz konzentrieren, der eine Mittelstellung zwischen der statistischen Mechanik von Gleichgewichtszuständen und den Transportphänomenen einnimmt. Es handelt sich um den **Liouvilleschen Satz,** aufgestellt (1838) von dem französischen Mathematiker J. Liouville (1809–1892). Der Satz ist sowohl theoretisch als auch praktisch von sehr großer Wichtigkeit und Tragweite. Obwohl seine volle Ausschöpfung weit über den Rahmen dieses Buches hinausgeht und seine (richtige) Anwendung ein tiefes Durchdenken erfordert, können wir nicht umhin,

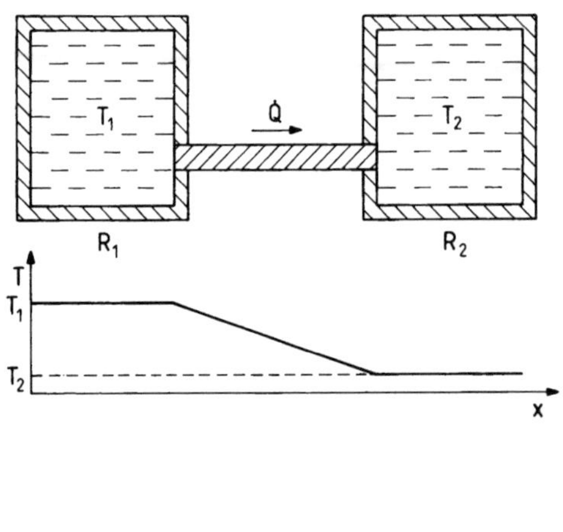

Abb. 3.61 Stationäre Wärmeleitung von Reservoir R_1 mit der Temperatur T_1 zum Reservoir R_2 mit der (tieferen) Temperatur T_2 durch einen Stab. Oben Anordnung, unten Temperaturverlauf.

uns wenigstens etwas mit ihm vertraut zu machen. Der Student mit „normalem" Studiengang wird, wenn er während seines Studiums bei der statistischen Mechanik angelangt ist, auch theoretische Mechanik und hier insbesondere die *Hamiltonsche Theorie,* aufgestellt (1835) von dem irischen Mathematiker und Astronomen (Sir) William Hamilton (1805–1865), kennengelernt haben, die wir im folgenden benutzen werden.

Die Frage, um die es beim Liouvilleschen Satz im wesentlichen geht, lautet: Wie verändert sich das *Volumen* eines kleinen Volumenelements des *Phasenraums,* in dem ΔN Teilchen enthalten sind, die **kanonischen Bewegungsgleichungen** unterworfen sind? Der Phasenraum soll dabei der $2f$-dimensionale Phasenraum sein, vgl. Abschn. 3.5.4, aufgebaut aus „kanonisch konjugierten" Variablen, z. B. Orts- und Impulskoordinaten, und die **Kräfte,** die auf die ΔN Teilchen wirken, sollen **konservativ** sein, vgl. Abschn. I, 3.3.2. Als Volumenelement wählen wir ein Parallelepiped. Seine Kanten seien wie bei unserem $2f$-dimensionalen Würfel Δp_i, Δq_i $(i = 1, 2, \ldots, f)$.

Zunächst machen wir uns klar, was nach unseren statistischen Grundannahmen Abschn. 3.5.4 aus dem Volumen des Parallelepipeds werden muß: Es muß unverändert bleiben. Wir haben mit unserer ersten statistischen Grundannahme die Wahrscheinlichkeit durch den Bereich der Impuls- und Lagekoordinaten charakterisiert, die das Volumen der Zelle bestimmen; daß wir früher eine spezielle Zellenform ($2f$-dimensionaler Würfel) gewählt haben und jetzt die allgemeinere, indem wir unser Volumenelement für den Augenblick mit einer Zelle gleichsetzen, ist natürlich unerheblich. In der klassischen Mechanik geht der Folgezustand naturnotwendig aus dem vorigen hervor (**Kausalität** im Sinne der klassischen Mechanik). Im Laufe der Zeit verändert sich das Parallelepiped durch die Bewegung seiner Teilchen. Der Folgezustand, der ja aus dem Anfangszustand hevorgeht, muß aber nach unserer Abzählmethode gleich wahrscheinlich sein. Das ist nur dann gewährleistet, wenn das Volumen des Parallelepipeds (unserer Zelle) sich nicht geändert hat. Hierbei geht implizit ein, daß wir abzählen können, wann wir wollen. Haben wir Kräfte, die bleibende (irreversible) Änderungen hervorrufen, z. B. eine Reibungskraft, die alle Impulse reduziert, so ist diese Voraussetzung nicht mehr gegeben, und wir dürfen Veränderung des Volumens zulassen, ohne daß die Kausalität in Frage gestellt wird. Reibungskräfte und ähnliches haben wir aber durch die Forderung, daß die Kräfte konservativ sein sollen, ausgeschlossen.

Wir wenden uns nun der mathematischen Behandlung unseres Problems zu. Wir betrachten zwei Arten von Volumenelementen, die beide Parallelepipeds sein sollen: ein differentielles Volumenelement

$$d\tau = dq_1\, dq_2 \ldots dq_f\, dp_1\, dp_2 \ldots dp_f$$

und ein „kleines" Volumenelement

$$\Delta\tau = \Delta q_1\, \Delta q_2 \ldots \Delta q_f\, \Delta p_1\, \Delta p_2 \ldots \Delta p_f\,. \tag{3.71}$$

Für die zeitlichen Änderungen schreiben wir

$$dq_i = \dot{q}_i\, dt\,, \qquad dp_i = \dot{p}_i\, dt\,. \tag{3.72}$$

Mit den Abkürzungen

$$\Delta\tau' = \Delta\tau(t + dt)\,, \qquad \Delta\tau = \Delta\tau(t) \tag{3.73}$$

resultiert durch Einsetzen von Gl. (3.72) unter Beachtung der Definition (3.71)

$$\Delta\tau' = \Delta(q_1 + \dot{q}_1\,\mathrm{d}t)\,\Delta(q_2 + \dot{q}_2\,\mathrm{d}t)\ldots\Delta(p_f + \dot{p}_f\,\mathrm{d}t)\,. \tag{3.74}$$

Ferner gilt

$$\Delta\dot{q}_i = \frac{\partial\dot{q}_i}{\partial q_i}\,\Delta q_i\,, \qquad \Delta\dot{p}_i = \frac{\partial\dot{p}_i}{\partial p_i}\,\Delta p_i\,.$$

Das setzen wir in Gl. (3.74) ein, multiplizieren aus, berücksichtigen nur Glieder bis zur Ordnung dt, benützen noch Gl. (3.71) und erhalten

$$\Delta\tau' = \Delta\tau + \Delta\tau\left(\frac{\partial\dot{q}_1}{\partial q_1} + \frac{\partial\dot{q}_2}{\partial q_2} + \ldots + \frac{\partial\dot{p}_f}{\partial p_f}\right)\mathrm{d}t\,. \tag{3.75}$$

Jetzt machen wir von der konservativen Natur der Kräfte und von der Hamiltonschen Theorie Gebrauch. Danach gilt (wir verweisen auf die einschlägigen Lehrbücher der theoretischen Physik)

$$\dot{q}_i = \frac{\partial H}{\partial p_i}\,, \qquad \dot{p}_i = -\frac{\partial H}{\partial q_i}\,,$$

wobei H die *Hamilton-Funktion* ist, die die (konstante) gesamte *Energie* unseres Systems aus ΔN Teilchen darstellt. Wir differenzieren

$$\frac{\partial\dot{q}_i}{\partial q_i} = \frac{\partial^2 H}{\partial q_i\,\partial p_i}\,, \qquad \frac{\partial\dot{p}_i}{\partial p_i} = -\frac{\partial^2 H}{\partial p_i\,\partial q_i} = -\frac{\partial^2 H}{\partial q_i\,\partial p_i}\,.$$

Das setzen wir in Gl. (3.75) ein und sehen, daß die Klammer verschwindet. Also gilt

$$\Delta\tau' = \Delta\tau \tag{3.76}$$

und damit nach Gl. (3.73) die *zeitliche Konstanz* des *Volumens* unseres Volumenelements *im Phasenraum*. Führen wir noch die **Dichte im Phasenraum**

$$\varrho_{\mathrm{Ph}} \stackrel{\mathrm{def}}{=} \frac{\Delta N}{\Delta V}$$

ein, bemerken wir zunächst: Die Teilchen sind dieselben geblieben, insbesondere ist ihre Zahl ΔN konstant geblieben. Wir können also statt Gl. (3.76) auch

$$\varrho_{\mathrm{Ph}} = \mathrm{const}$$

schreiben. Das wollen wir benutzen, um den erhaltenen Sachverhalt wie folgt verbal auszudrücken:

- *Liouvillescher Satz: Unter der Wirkung konservativer Kräfte bleibt die Dichte im Phasenraum konstant.*

3.6.2 Poincaréscher Wiederkehrsatz

Obgleich es jetzt höchste Zeit wäre, uns das Wirken des Liouvilleschen Satzes an einigen Beispielen vor Augen zu führen, wollen wir uns noch mit einer außerordentlich merkwürdigen Folgerung aus dem Liouvilleschen Satz vertraut machen, die zwar auch bei Transportphänomenen, aber keineswegs nur bei diesen in Erscheinung tritt. Es handelt sich um den **Poincaréschen Wiederkehrsatz,** aufgestellt 1890 von dem französischen Mathematiker Henri Poincaré (1854–1912). Damit er gilt, setzen wir voraus, daß das insgesamt unserem System zugängliche Phasenraumvolumen τ überall endlich ist. Man macht sich den Satz am besten klar, indem man sich das Fortschreiten des Volumenelementes $\Delta\tau$ im Phasenraum τ als das Strömen eines Volumenelementes ΔV einer Flüssigkeit im Ortsraum vorstellt. Entscheidend ist dabei die Inkompressibilität dieser Flüssigkeit, da ja die Dichte im Phasenraum konstant ist. $\Delta\tau$ kommt nach einer gewissen – unter Umständen sehr langen – Zeit ganz genau wieder an den *Ausgangspunkt zurück* oder ihm *beliebig nahe.* Die inkompressible Flüssigkeit strömt entweder *periodisch* – das entspricht dem ersten Fall – oder füllt, wenn auch nach vielleicht sehr langer Zeit – das *ganze Volumen* τ aus. Es kann nämlich nicht sein, daß die Flüssigkeit nur teilweise wieder an ihren Ursprungsort zurückkommt; denn das würde eine scharfe Trennung in zwei verschiedene Gebiete bedeuten, die durch den Stetigkeitscharakter der Bewegung nach der Hamiltonschen Theorie ausgeschlossen ist – anders als im Fall einer realen inkompressiblen Flüssigkeit, deren Strömung man durch eine Wand dermaßen zerschneiden kann, daß ein Teil des ursprünglichen Volumenelementes ΔV an seinen Ursprungsort zurückkehrt, ein anderer aber nicht.

Der Poincarésche Wiederkehrsatz macht keine Aussage darüber, wie lange es dauert, bis ein ursprünglicher Zustand mit Abweichungen kleiner als εq_i, εp_i mit vorgegebenem kleinem ε wieder erreicht ist. Deshalb hat er im Rahmen der klassischen Mechanik, in dem er gilt, keine Bedeutung für die Praxis. Für die Quantenmechanik, wo man grundsätzlich nicht von einem vorgegebenen Zustand zur Zeit t mit Sicherheit auf einen (wohldefinierten) Zustand zur Zeit $t + \mathrm{d}t$ schließen kann, muß er modifiziert werden.

Befindet sich der Liouvillesche Satz oder der daraus gefolgerte Poincarésche Wiederkehrsatz im Widerspruch mit der Erfahrung oder dem zweiten Hauptsatz? In bezug auf die Erfahrung könnte man an ein Experiment ähnlich dem denken, das in Abb. I, 8.53 dargestellt ist. Wir wollen, Realisierbarkeit hin, Realisierbarkeit her, uns den Behälter der (gedanklichen) Einfachheit halber mit für Gasmoleküle vollkommen spiegelnden Oberflächen vorstellen, so daß für jedes einzelne Molekül die Kräfte auch an der Wand konservativ sind. Dann gilt der Liouvillesche Satz separat für das Gas. Trotzdem ist das makroskopische Ergebnis einige Zeit nach Entfernen des Schiebers dasselbe wie früher beschrieben. Die Dichte im Phasenraum ist bei makroskopischer Betrachtung halbiert. Mikroskopisch betrachtet hingegen bleibt die Beziehung zwischen Impuls und Ort als „Information“ erhalten. Wir können sie aber im Rahmen der klassischen Physik wegen mangelnder Meßgenauigkeit in praxi und im Rahmen der Quantenphysik aus prinzipiellen Gründen (vgl. Abschnitte I, 1.1.6, 4.3.7 und 4.3.8) nicht verifizieren. Insoweit sind also Erfahrung und Liouvillescher Satz nicht im Widerspruch zueinander.

Wenden wir uns nun der Beziehung zwischen Wiederkehrsatz und zweitem Hauptsatz zu. Wir betrachten ein klassisches abgeschlossenes System, in dem die Kräfte konservativ sind. Ausgehend von einem Zustand nichtminimaler Entropie müssen wir laut Wiederkehrsatz irgendwann einen Zustand geringerer Entropie vorfinden. Um den zweiten Hauptsatz zu „widerlegen“ – der ja ein Axiom der Thermodynamik, also eine Annahme ist, im Gegensatz zum Liouvilleschen Satz, den wir aus der klassischen Mechanik bewiesen haben – könnten wir vielleicht so schließen: Wir geben ein System mit einem Anfangszustand A und einem Endzustand B vor. Das System soll B bis auf Abweichungen ε erreichen. Wir fordern eine Wahrscheinlichkeit von 50%, daß das in der Zeit Δt geschieht. Δt muß endlich sein; gäbe es nämlich kein endliches Δt, so wäre der Wiederkehrsatz falsch. Er ist aber bewiesen. Wir wiederholen den Versuch, aus A nach B („$\pm\varepsilon$") zu gelangen, so lange, bis es einmal gelingt; die Wahrscheinlichkeit, daß es nie geschieht, ist nämlich „$1/2^\infty$", also null. Bei dem einen Mal, in dem wir von A nach B ($\pm\varepsilon$) gelangt sind, hat die Entropie abgenommen. Also, könnten wir vielleicht schließen, ist der zweite Hauptsatz falsch. Wir sagen aber stattdessen: Unser System war nicht hinreichend groß (vgl. Abschn. I, 8.5.5). Wir machen es hinreichend groß, indem wir $n-1$ Systeme der gleichen Art dazunehmen, und nennen das unser (neues) System. Indem wir n hinreichend groß machen [nachdem die Zeitspanne auf einen frei wählbaren, aber dann fixierten Wert Δt (neu) festgelegt worden ist], machen wir die obige Schlußweise unmöglich. Es kommt hier auf die Reihenfolge der Grenzübergänge an. Ein Beispiel aus einem nichtphysikalischen Gebiet soll das illustrieren (als „Versuch" bei einer Party unter Leuten, die sich mit einigem Recht für wissenschaftlich gebildet halten, auszuführen; bei wissenschaftlich Ungeschulten bleibt man im Vorfeld stecken).

Man unterbreite das folgende Rezept, um durch Münzenwerfen („Adler" oder „Zahl"; auf Neudeutsch „coin flipping") mit Sicherheit theoretisch, d. h. ohne Beschränkung z. B. von Spielzeit und Einsatz, eine Deutsche Mark zu gewinnen. Man behält sich das Recht vor, den Einsatz festzulegen. Man setzt auf „Adler". Der erste Einsatz sei 1 DM. Kommt „Adler", so hat man 1 DM gewonnen, und das Spiel ist aus. Kommt „Zahl", so wiederholt man das Spiel mit 2 DM Einsatz. Kommt weder „Adler" noch „Zahl" (Münze steht auf Schmalseite), so wird der Wurf nicht gezählt, und es wird noch einmal geworfen. Kommt beim 2-DM-Spiel „Adler", so hat man unterm Strich 1 DM gewonnen; kommt „Zahl", so verdoppelt man wieder. Kommt nach n Malen zum erstenmal „Zahl", so hat man wieder unterm Strich 1 DM gewonnen. Nach diesem Schema fährt man fort. Da nicht immer „Zahl" kommen kann (die Wahrscheinlichkeit ist $1/2^\infty$, also null), gewinnt man unterm Strich sicher 1 DM.

Das Rezept funktioniert, auch in der Theorie, nicht – würde es funktionieren, wären unsere Begriffe über Wahrscheinlichkeit und Zufall falsch. Wir haben, lax ausgedrückt, dem Produkt Null $\times$ Unendlich willkürlich einen (falschen) Wert (null) zugeordnet. Die Wahrscheinlichkeit, immer zu verlieren, ist zwar null, der Verlust, wenn man immer verlöre, aber unendlich. Um diesem Produkt den richtigen Wert zuzuordnen, müssen wir erst den Wert bei (festem) n ausrechnen und dann den Grenzübergang $n \to \infty$ vornehmen.

Man setzt die Maximalzahl der Würfe auf n fest; das sei ein „Spiel". Die Wahrscheinlichkeit, bei n Würfen immer zu verlieren, ist $w_\mathrm{V} = (1/2)^n$, der Verlust dann $V = (1+2+4+\ldots+2^{n-1})\,\mathrm{DM} = (2^n-1)\,\mathrm{DM}$. Mit der Wahrscheinlichkeit $w_\mathrm{G} = 1 - w_\mathrm{V} = 1 - 1/2^n$ gewinnt man; der Gewinn ist dann $G = 1$ DM. Im Mittel hat man als Bilanz also

$$\langle B\rangle = w_\mathrm{G}G - w_\mathrm{V}V = \left(1 - \frac{1}{2^n} - \frac{2^n-1}{2^n}\right)\mathrm{DM} = 0\,\mathrm{DM}\,.$$

Das ist für alle natürlichen Zahlen n, also auch im Grenzwert $n \to \infty$ richtig. Würde man dagegen bei jedem Spiel (irgendwann) mit Sicherheit 1 DM gewinnen, so müßte $\langle B\rangle = 1$ DM sein.

3.6.3 Beispiele zum Liouvilleschen Satz

Durchgang eines Teilchenstrahls durch ein Schlitzsystem

Die Geometrie dieses Beispiels ist in Abb. 3.62 gezeigt. Der Einfachheit halber wollen wir annehmen, daß alle Teilchen in Richtung der Strahlachse (z-Richtung) die gleiche Geschwindigkeit haben. Interessieren soll uns nur die Ablenkung in der Höhe (y-Richtung) und der entsprechende Impuls p_y. Die Teilchengeschwindigkeit

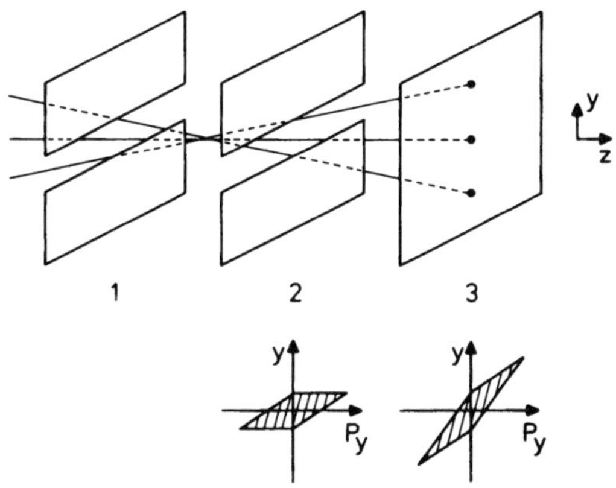

Abb. 3.62 Durchgang eines Strahls durch die Schlitze 1 und 2 und Auftreffen auf einen Schirm 3 (oben); der entsprechende zweidimensionale Phasenraum y, p_y (unten).

sei nichtrelativistisch. Die beiden Blenden definieren durch ihre Schlitze einen Strahl, dessen (zweidimensionales) Volumenelement im Phasenraum unmittelbar hinter dem zweiten Spalt und unmittelbar vor einem Auffangschirm in Abb. 3.62 miteingezeichnet ist. Die drei eingezeichneten Teilchenbahnen bestimmen den Mittelpunkt und die Endpunkte mit maximalem $|p_y|$ des Phasenraumvolumens; die anderen lassen sich aus weiteren Teilchenbahnen ebenso erhalten. Insonderheit sehen wir, daß am zweiten Schlitz die Ortskoordinate y für $y = y_{\max}$ vom Impuls p_y unabhängig ist. Für $y = 0$ ist der maximale Impuls in y-Richtung nur noch halb so groß wie für $y = y_{\max}$. Insgesamt entsteht also das unter den zweiten Schlitz gezeichnete Parallelepiped, das das Volumenelement $\Delta\tau$ des Phasenraums darstellt. Am Schirm hat das Teilchen mit der steilsten Bahn, das den ersten Schlitz an der Unterkante und den zweiten an der Oberkante passiert, sowohl den größten Impuls p_y als auch die größte Auslenkung y. Die Teilchenbahn mit $p_y = 0$ und $y = y_{\max}$ im Schlitz 2 schneidet den Auffänger bei denselben Werten von y und p_y. Der maximal vorkommende Wert für p_y ist natürlich derselbe wie am zweiten Schlitz. Die Ecke unseres Phasenraum-Parallelogramms für maximalen Impuls p_y ist also am Auffänger, verglichen mit derjenigen unmittelbar hinter dem zweiten Schlitz, auf der Senkrechten parallel zur y-Achse nach oben gehoben. Insgesamt ist das rechte Parallelogramm aus dem linken durch Scherung entstanden. Wie uns die Mathematik lehrt (und wie geometrisch unmittelbar einzusehen ist), wird durch Scherung das „Volumen“, in unserem Fall zweidimensional, also eine Fläche, nicht geändert. Wir haben eine „Transformation“ des Phasenraumvolumens beim weiteren Fortschreiten des Strahls, aber keine Dichteänderung, im Einklang mit dem Liouvilleschen Satz.

Abbesche Sinusbedingung

Die Abbesche Sinusbedingung ist uns aus Abschn. 1.5.1 bekannt. Wir kennen sie als Forderung, die zu erfüllen ist, wenn man eine aplanatische Abbildung durch ein weit geöffnetes Lichtbündel erhalten will. Wir nehmen an, wir hätten so ein optisches System, und zeigen nun, daß dann die Abbesche Sinusbedingung aus dem Liouvilleschen Satz folgt. Da wir den Liouvilleschen Satz für „mechanische Teilchen" abgeleitet haben (oder sie uns zum mindesten dabei vorgestellt haben), wollen wir jetzt als zu transportierende „Teilchen" Lichtquanten annehmen.

Wir beziehen uns auf Abb. 1.56. Die Ortskoordinate sei $q = h$, für den Impuls senkrecht zur optischen Achse nehmen wir $\sin u$ als eine dem Impuls proportionale Größe. Verwenden wir im Gegenstandsraum ungestrichene und im Bildraum gestrichene Größen und setzen links und rechts die gleiche Brechzahl voraus, so haben wir

$$\mathrm{d}h \sin u = \mathrm{d}h' \sin u' . \tag{3.77}$$

Lassen wir hingegen links und rechts verschiedene Brechzahlen zu, $n \neq n'$, und berücksichtigen das Brechungsgesetz Gl. (1.13), so erkennen wir, daß $n \sin u$ bzw. $n' \sin u'$ ein Maß für den Impuls in y-Richtung darstellt, und es resultiert die früher auf ganz anderem Wege abgeleitete Abbesche Sinusbedingung Gl. (1.37).

Satz von Helmholtz-Clausius

Der Satz von Helmholtz-Clausius ist uns ebenfalls aus Abschn. 1.5.1 bekannt. Wir wollen ihn hier mit Hilfe des Liouvilleschen Satzes ableiten. Dazu wählen wir in Abb. 1.56 ein Flächenelement $\mathrm{d}A = (\mathrm{d}h)^2$ und ein Raumwinkelelement $\mathrm{d}\Omega = (\mathrm{d}u)^2$. Durch Quadrieren der Sinusbedingung in der Form Gl. (1.39), die wie oben in diesem Abschnitt beschrieben abgeleitet sei, resultiert dann Gl. (1.40). Kippen wir wie in Abschn. 1.5.1 das Flächenelement $\mathrm{d}A$ um den Winkel ϑ und das Flächenelement $\mathrm{d}A'$ um den Winkel ϑ', entsteht der Satz von Helmholtz-Clausius Gl. (1.41). Die emittierte Strahlstärke I_e bzw. die absorbierte Einstrahlstärke I'_e wollen wir mit

$$I_e = L_e \,\mathrm{d}A (\mathrm{d}u)^2 \cos\vartheta , \qquad I'_e = E_e \,\mathrm{d}A' (\mathrm{d}u')^2 \cos\vartheta' \tag{3.78}$$

ansetzen, wobei die Emission um den Winkel ϑ herum in den Raumwinkel $(\mathrm{d}u)^2$ und die Absorption um den Winkel ϑ' herum in den Raumwinkel $(\mathrm{d}u')^2$ erfolgen soll und L_e bzw. E_e Proportionalitätskonstanten für die Emission bzw. die Absorption sind. Wir nehmen nun an, daß sich zwischen $\mathrm{d}A$ und $\mathrm{d}A'$ kein die Intensität veränderndes Material befindet; das impliziert unter anderem $n = n'$. Die Energieerhaltung erfordert dann $I_e = I'_e$. Zusammen mit dem Satz von Helmholtz-Clausius Gl. (1.41) ergibt sich

$$L_e = E_e . \tag{3.79}$$

L_e ist die *Strahldichte* oder, im Fall von Licht, *Leuchtdichte* und E_e die *Bestrahlungsstärke* bzw. *Beleuchtungsstärke*. Wir können sie über den ganzen Spektralbereich (Frequenz $\nu = 0$ bis $\nu = \infty$) oder auch für einen schmalen Ausschnitt davon ($\nu_1 \leqq \nu < \nu_1 + \mathrm{d}\nu$) auffassen. Wir hatten oben Energieerhaltung, d. h. keinen Energieverlust (keinen Verlust an Licht) vorausgesetzt. Das ist das Beste, was man erreichen kann. In praktischen Fällen wird I'_e kleiner als I_e sein. Bei Berücksichtigung des (in praxi unvermeidlichen) Energieverlusts bei der Abbildung ist also

$$L_e < E_e . \tag{3.80}$$

Gln. (3.79) und (3.80) besagen zusammengefaßt:

- *Die Bestrahlungsstärke kann die Strahldichte nie übersteigen.*

Wir fassen jetzt Gl. (3.78) anders auf: I_e soll von einem Strahler emittiert werden und I'_e von einem zweiten Strahler. Der ganze Energiestrom (Leistung) I_e fällt auf den zweiten Strahler und umgekehrt. Der erste Strahler verliert also nur Energie durch Ausstrahlung der Strahlstärke I_e; anderweitig soll er keine Energie verlieren. Er erhält seine Energie vom zweiten Strahler, der die Strahlstärke I'_e ausstrahlt. Von der Leistung I'_e nimmt der erste Strahler den Anteil $\alpha I'_e$ auf; der nicht aufgenommene Teil geht zurück auf den zweiten Strahler. α ist der *Absorptionsgrad*, auch *Absorptionsvermögen* genannt. Analoge Beziehungen sollen für den zweiten Strahler gelten. Insbesondere nimmt er den Anteil $\alpha' I_e$ der vom ersten Strahler abgestrahlten Leistung auf. Wir wollen einen stationären Zustand, also einen Gleichgewichtszustand betrachten. Das beinhaltet

$$\alpha I'_e = \alpha' I_e \,. \tag{3.81}$$

Setzen wir Gl. (3.78) in Gl. (3.81) ein, erhalten wir mit $L'_e = E_e$

$$\alpha' L_e \, dA (du)^2 \cos\vartheta = \alpha L'_e \, dA' (du')^2 \cos\vartheta' \,. \tag{3.82}$$

Aus Gl. (3.77) gewinnen wir, wenn wir noch um den Winkel ϑ bzw. ϑ' kippen,

$$dA (du)^2 \cos\vartheta = dA' (du')^2 \cos\vartheta' \,, \tag{3.83}$$

wobei wir uns wieder auf kleine Winkel du und du' beschränkt haben. Das setzen wir in Gl. (3.82) ein und bekommen nach Division durch α und α'

$$\frac{L_e}{\alpha} = \frac{L'_e}{\alpha'} \,. \tag{3.84}$$

Wir drücken diesen Sachverhalt verbal so aus:

- *Das Verhältnis von Strahldichte zu Absorptionsvermögen ist konstant.*

Wir haben hier die Strahldichte, also eine „absolut" definierte Größe verwendet. Man kann auch eine relativ zum schwarzen Körper gleicher Temperatur definierte Größe benutzen, den **Emissionsgrad** oder das **Emissionsvermögen** ε. Das ist vollkommen gleichwertig, wie man sieht, wenn man in Gl. (3.84) als L'_e und α' die Strahldichte L'_{eo} bzw. das Absorptionsvermögen α'_o des schwarzen Körpers einsetzt. Es entsteht dann mit $\alpha'_o = 1$ und $\varepsilon = L_e / L'_{eo}$ als auf die „neue" Art definiertem Emissionsvermögen

$$\varepsilon = \alpha \tag{3.85}$$

oder in Worten:

- *Emissionsvermögen gleich Absorptionsvermögen.*

Gewöhnlich leitet man die Beziehung (3.84) bzw. (3.85) thermodynamisch mit dem zweiten Hauptsatz ab. Man geht davon aus, daß dieselbe Menge Licht, also dieselbe Energie durch Zeit vom ersten Strahler auf den zweiten und vom zweiten auf den ersten hinüberwechseln muß, damit Gleichgewicht herrscht. Um die der Gleichung (3.84) analoge Beziehung direkt „abzulesen", macht man von der Umkehrbarkeit des Lichtweges Gebrauch. Würde eine solche Beziehung nicht gelten, würde ein Strahler, z. B. der Strahler 1, wärmer werden als der andere. Die so entstehende Temperaturdifferenz könnte man zur Erzeugung mechanischer Arbeit ausnut-

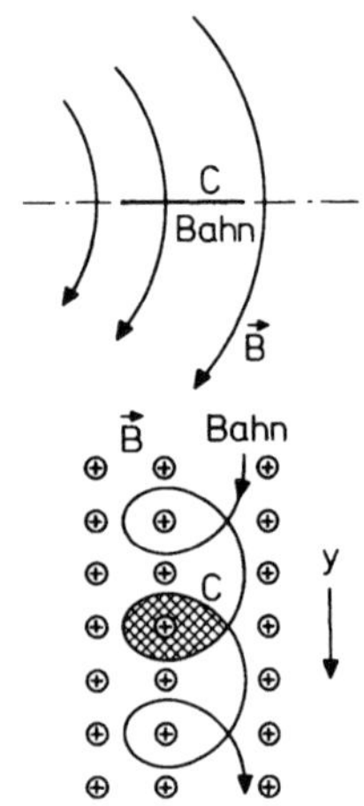

Abb. 3.63 Trochoidenbahnen von Elektronen im inhomogenen Magnetfeld. Oben: Feldlinien. Feld von links nach rechts abnehmend. C Bahnebene (Seitenansicht; Bahnen in Ebene, die senkrecht zur Zeichenebene steht). Unten: Bahnebene mit einer Bahn in Aufsicht, Drift in y-Richtung. Das Driften kommt durch den kleineren Krümmungsradius der Bahn in der linken Bildhälfte verglichen mit der rechten zustande.

zen und damit ohne andere Veränderung Wärme vollständig in mechanische Arbeit verwandeln. Diese Schlußweise ist natürlich richtig, solange die Umkehrbarkeit des Weges gesichert ist; das ist bei Licht (und natürlich auch Wärmestrahlung) der Fall, vgl. Abschn. 1.2.4.

Verwendet man jedoch Elektronen als Strahlung und führt sie geeignet in Magnetfeldern, so ist der Strahlengang nicht mehr umkehrbar; Elektronen als Strahlung zur Wärmeübertragung sind physikalisch durchaus realistisch. Die auf der Umkehrbarkeit des Strahlengangs beruhende Schlußweise ist bei Elektronen nicht mehr anwendbar, während unsere auf dem Liouvilleschen Satz beruhende nach wie vor gültig ist. Wir bemerken dazu noch: Wir haben auch nichtabsorbierte Strahlung zugelassen, die zum ursprünglichen Strahler zurückfindet, aber keine Voraussetzung darüber gemacht, auf welchem Wege das passiert. Diese Betrachtungen sind nicht rein theoretisch: Auf Trochoidenbahnen, wie sie in einem Magnetfeld mit Gradienten möglich sind (Abb. 3.63), ist die Richtung der sogenannten *Driftgeschwindigkeit* im Raum festgelegt. Der Strahlengang ist also nicht umkehrbar. Trotzdem sollte man nicht auf die Idee kommen, auf diese Weise mit Elektronen als Mittel der Wärmestrahlung ein Perpetuum mobile zweiter Art bauen zu können!

Speicher für Teilchen

Im folgenden wollen wir uns mit der Speicherung von Elementarteilchen, Kernen, Atomen und Ionen befassen. Unter einem *Speicher* für solche Teilchen verstehen wir ein Gerät, in dem die Teilchen innerhalb eines vorgegebenen Volumens gehalten werden. Die Teilchen, seien sie geladen oder neutral, sollen in einem reinen Speicher weder beschleunigt werden noch Energie verlieren.

Als vorstellbares Beispiel denken wir an ein *Magnetfeld,* in dem geladene Teilchen, z. B. Elektronen, auf stabilen Bahnen umlaufen (vgl. Abschn. II, 4.7.7). Der Speicher soll zunächst leer sein; die Teilchen werden aus einer Quelle eingespeist („eingeschossen“). Um den Speicher von außen füllen zu können, muß er ein „Loch“ haben; vollkommen dichte Speicher können von außen nicht gefüllt werden! In Parenthese sei bemerkt: Man kann die Teilchen aber innerhalb des Speichervolumens erzeugen und so doch einen „dichten“ Speicher füllen. Abb. 3.64

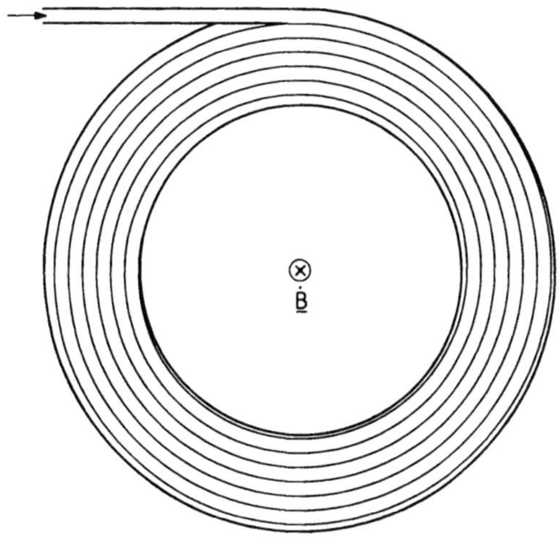

Abb. 3.64 Speicherring (schematisch). Die Teilchenbündel werden durch den oben links angesetzten feldfreien Kanal ins Magnetfeld eingeschossen und bei gleichzeitiger Felderhöhung $\dot{\boldsymbol{B}}$ auf Bahnen kleinerer Radien gebracht. Wenn die ersten Bündel innen angekommen sind, ist der Ring voll, und das Magnetfeld wird nicht mehr verändert. Eingezeichnet ist die Spiralkurve, die mit größtem Radius im Magnetfeld startet; sie passiert nach einmaligem Umlauf den Einschußkanal streifend.

zeigt schematisch einen Speicherring und einen Kanal zum Füllen. Eine Quelle emittiert Elektronen mit einer gewissen Phasenraumdichte ϱ_{Ph}. Bei Vorliegen konservativer Kräfte, wie es in einem einfachen Speicherring der Fall ist, ist die Phasenraumdichte im Speicherring gleich der in der Quelle. Die Anzahl der Teilchen, die der Speicher mit dem Phasenraumvolumen V_{Ph} aufnehmen kann, ist dann

$$N = \varrho_{\mathrm{Ph}} V_{\mathrm{Ph}} \,.$$

Wollte man darüber hinaus Teilchen einfüllen, so würden diese (oder vorher eingefüllte) wieder den Speicher verlassen müssen, z. B. auf den Einfüllkanal treffen und dort absorbiert werden.

Dieselbe Begrenzung hat man natürlich bei ungeladenen Teilchen. Man denke etwa an Neutronen, die man aus einem Reaktor als Quelle in einen magnetischen Speicher füllt; das Magnetfeld übt auf das magnetische Moment des Neutrons durch den Feldgradienten eine Kraft aus (Abschn. II, 2.7.1).

Man kann die Phasenraumdichte im Speicher erhöhen, auch über die der Teilchenquelle hinaus, wenn man in geschickter Weise nichtkonservative Kräfte anwendet (der Liouvillesche Satz bezieht sich nur auf Fälle, in denen alle Kräfte konservativ sind). Auf diesen „Kühlung“ genannten Effekt wurde bereits in Abschn. II, 4.7.7 hingewiesen. Hier sei ergänzt: Die Emission von Bremsstrahlung (Synchrotronstrahlung) wirkt wie eine nichtkonservative Kraft, eine Art „Reibung“. Sie führt unter den meist vorherrschenden Bedingungen ebenfalls zu einer Erhöhung der Phasenraumdichte.

3.6.4 Diffusion

Diffusion, von lat. diffusio = Auseinanderfließen, bedeutet im engeren Sinne das Sichausbreiten eines Stoffes vorzugsweise in einem andern. Die Erscheinung ist makroskopisch beobachtbar und auch makroskopisch beschreibbar. Abb. 3.65 zeigt die Ausbreitung von Cu-Ionen aus einer wäßrigen Lösung von Kupfersulfat, $CuSO_4$, in reines Wasser hinein; die Cu^{++}-Ionen geben der Lösung eine intensiv blaue Farbe.

Obgleich die Diffusion eine äußerlich makroskopische Erscheinung ist, beruht sie doch ganz auf einem *mikroskopischen Effekt,* der *ungeordneten Wärmebewegung* der Moleküle (Brown-

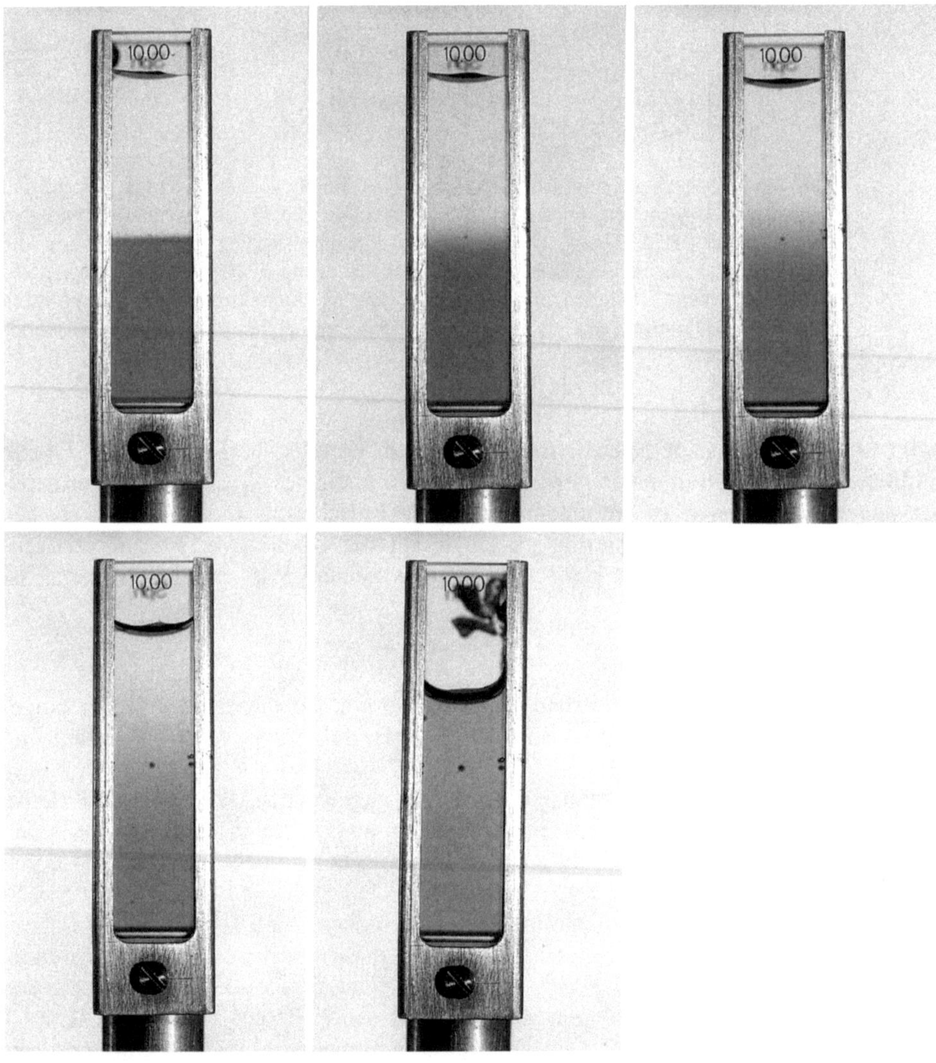

Abb. 3.65 Diffusion von Cu^{++}-Ionen in H_2O. Oben links: H_2O über $CuSO_4$-Lösung geschichtet; Zimmertemperatur, Beginn der Zeitzählung. Oben Mitte bis unten Mitte; nach insgesamt 45 min; 3 h; 20 h; 92 h (schon mit starker Verdunstung und Salzabscheidung).

sche Molekularbewegung, Abschn. I, 8.1.4). Wie kommt dann eine Ausbreitung in einer bestimmten Richtung, ein Transport zustande, wenn die Bewegungen ungeordnet, „zufällig" und somit auch *ohne Vorzugsrichtung* sind? Antwort: Aus dem Gebiet höherer Teilchenzahldichte n kommen, da die Anzahl der wegdiffundierenden Teilchen bei höherer Konzentration größer ist als bei niedrigerer, mehr Teilchen in das Gebiet geringerer Konzentration als umgekehrt.

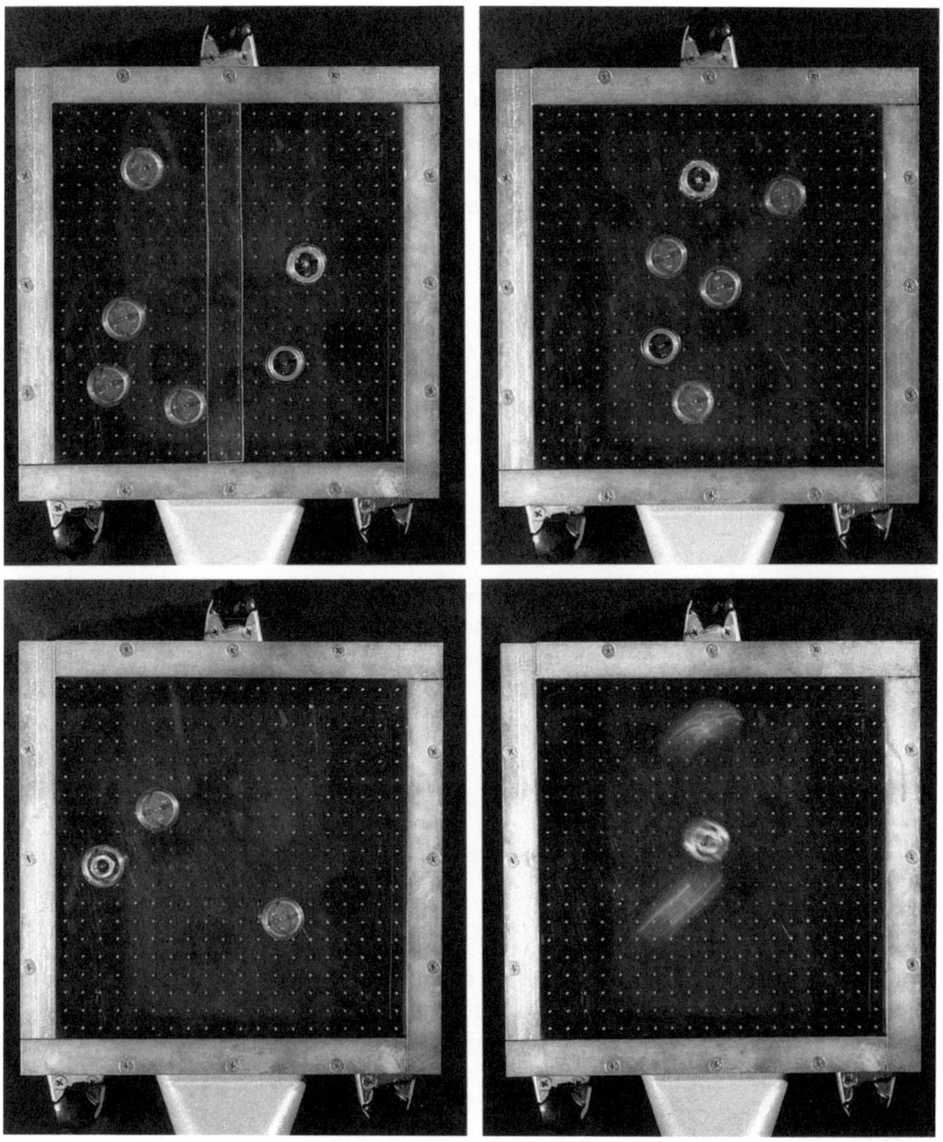

Abb. 3.66 Simulation der Diffusion auf dem Luftkissentisch. Oben: helle und dunkle „Moleküle", alle von gleicher Masse; links getrennt, rechts durcheinanderdiffundiert; Blitzaufnahmen. Unten: zwei leichte „Moleküle", hell, und ein schweres, dunkler (mit Schraubenmutter beschwert); links Blitzaufnahme, rechts Zeitaufnahme (1 s); größere Geschwindigkeit der leichten „Moleküle".

Dazu schauen wir uns den in Abb. I, 8.53 dargestellten Gedankenversuch noch einmal vom Standpunkt der Diffusion an. Am Anfang, bei eingeschobenem Schieber, befindet sich das ganze Gas in der linken Hälfte, während die rechte leer ist. Zur Zeit $t = 0$ ziehen wir den Schieber blitzschnell heraus (im Gedankenversuch geht das ja!). Das Gas diffundiert von diesem Zeitpunkt an sofort in die rechte Hälfte hinein, während umgekehrt nach links nichts diffundieren kann, eben weil die rechte Hälfte leer ist. Der Gastransport hört erst auf, wenn, auch nach Abklingen etwaiger Druckwellen oder zwischenzeitlicher Strömungen, die Teilchenzahldichte überall in dem Gefäß gleich groß ist. Dieser Versuch zeigt allerdings kein typisches Bild der Diffusion: Bei der typischen Diffusion geht alles so langsam, daß keine Schwingungen oder Wellen auftreten. Wir simulieren einen Versuch auf dem Luftkissentisch (Abb. 3.66).

Bei der Berechnung der Diffusion wollen wir uns auf eindimensionale Vorgänge beschränken; der physikalische Inhalt geht dabei nicht verloren. Die Ortsabhängigkeit verlaufe dabei in x-Richtung. Da Diffusion auf Teilchenzahldichte-Unterschieden beruht, muß es zum Transport von Teilchen einen *Gradienten* der *Teilchenzahldichte* $n = n(x, t)$ geben, der nach unserer Verabredung so lautet:

$$\operatorname{grad} n = \left(\frac{\partial n}{\partial x}, 0, 0\right).$$

Bezeichnet A eine Fläche senkrecht zum Gradienten, in unserem Fall also eine Fläche in der yz-Ebene, so stellt, wenn $\mathrm{d}N$ der *Überschuß* an Teilchen ist, die die Fläche A in der Zeit $\mathrm{d}t$ in positiver x-Richtung durchsetzen,

$$j_\mathrm{N} = \frac{1}{A}\,\frac{\mathrm{d}N}{\mathrm{d}t}$$

die resultierende *Teilchenstromdichte* dar. Sicher ist j_N proportional zu $\operatorname{grad} n$ und die Stromrichtung weist in abnehmende Teilchenzahldichte. Wir schreiben allgemein

$$\boldsymbol{j}_\mathrm{N} = -D \operatorname{grad} n$$

und eindimensional

$$j_\mathrm{N} = -D\,\frac{\partial n(x, t)}{\partial x} \tag{3.86}$$

mit D als einer Proportionalitätskonstanten. Offensichtlich ist $D \geqq 0$. Wir nennen D **Diffusionskonstante.**

Zur weiteren Behandlung bilden wir in obiger Gleichung die Divergenz, die nach Abschn. I, 6.5.2 für unser eindimensionales Problem durch partielle Ableitung nach x dargestellt wird. Wir ersetzen j_N durch nv mit v als der Teilchengeschwindigkeit, vgl. Abschn. II, 2.1.1, und wenden die Kontinuitätsgleichung (I, 6.33) an. Das führt zu

$$\frac{\partial n(x, t)}{\partial t} = D\,\frac{\partial^2 n(x, t)}{\partial x^2}\,. \tag{3.87}$$

Die Lösung dieser Gleichung ist in speziellen Fällen einfach. Ist der Vorgang stationär, also zeitunabhängig, so verschwinden beide Seiten der Gleichung. Die erste Integration liefert $\mathrm{d}n/\mathrm{d}x = \text{const}$, und der Vergleich mit Gl. (3.86) zeigt, daß

$$\frac{\mathrm{d}n(x)}{\mathrm{d}x} = -\frac{j_\mathrm{N}}{D}$$

gelten muß, wobei $j_N = \text{const}$ durch die *Randwerte* am Anfang und am Ende bestimmt ist:

$$n(x_2) - n(x_1) = -\frac{j_N}{D}(x_2 - x_1).$$

Hierbei sind $n(x_2)$ und $n(x_1)$ bestimmte vorgegebene Teilchenzahldichten an den Orten x_2 und x_1.

Lassen wir zeitabhängige Lösungen zu, machen wir zur allgemeineren Lösung von Gl. (3.87) den Ansatz

$$n = n(x, t) = C(1 - \mathrm{e}^{-\alpha t})\,\mathrm{e}^{-\beta x^2}, \tag{3.88}$$

wobei C, α und β Konstanten sind. Wir differenzieren partiell nach t und x:

$$\frac{\partial n}{\partial t} = -\alpha n, \qquad \frac{\partial n}{\partial x} = -2\beta x n, \qquad \frac{\partial^2 n}{\partial x^2} = (4\beta^2 x^2 - 2\beta)\,n.$$

Beschränken wir uns auf kleine x-Werte, dann folgt aus Gln. (3.87) und (3.88)

$$-\alpha = -2\beta D.$$

Das ergibt zusammen mit unserem Ansatz Gl. (3.88) als Näherungslösung

$$n = C[\mathrm{e}^{-\beta x^2} - \mathrm{e}^{-\beta(2Dt + x^2)}]. \tag{3.89}$$

Wir fragen jetzt nach der **Wandergeschwindigkeit** eines Gebietes *vorgegebener Konzentration,* also vorgegebener Teilchenzahldichte. Es soll somit $n(x,t) = n_1(x,t) = \text{const}$ sein. Wenn wir, getreu unserer Beschränkung auf kleine x-Werte, im zweiten Exponenten x^2 in Gl. (3.89) vernachlässigen, muß $\mathrm{d}(x^2) = \mathrm{d}(2Dt)$ sein. Wegen $x = 0$ für $n = n_1 > 0$ bei $t = 0$ ist auch $x^2 = 2Dt$. Wir erhalten also als *Geschwindigkeit* der **Diffusionsfront** konstanter Konzentration

$$v(n_1) = \frac{\mathrm{d}x(n_1)}{\mathrm{d}t} = \frac{D}{x} = \sqrt{\frac{D}{2t}}. \tag{3.90}$$

Wir entnehmen dieser Gleichung:

- *Die Geschwindigkeit der Diffusionsfront nimmt mit zunehmender Zeit immer mehr ab.*

Dieser Sachverhalt ist unmittelbar einsehbar: Mit immer weiterer Ausbreitung des diffundierenden Stoffes wird das Konzentrationsgefälle immer kleiner und damit der „Anreiz“ zur Wanderung geringer. Das zeigt auch der Versuch Abb. 3.65. Man könnte unser Problem, insbesondere das Verhalten der Näherungslösung (3.90), noch wesentlich ausführlicher behandeln. Es wären *Randwerte* und/oder *Anfangswerte* festzulegen, aus denen die Konstante C in Gl. (3.88) oder (3.89) zu bestimmen wäre. Wir wollen das hier nicht tun, uns aber noch, am bequemsten anhand von Gl. (3.90), die Dimension von D klarmachen: v hat die Dimension einer Länge dividiert durch eine Zeit, x hat die Dimension einer Länge, also hat D die Dimension Länge^2/Zeit. Die SI-Einheit von D ist somit m^2/s.

Verschiedene Gase haben im allgemeinen verschiedene Diffusionskonstanten und unter sonst gleichen Bedingungen deshalb auch verschiedene Diffusionsgeschwindigkeiten. Wir zeigen das in einem Versuch, bei dem wir Wasserstoffgas mit Luft vergleichen. In einer Tonzelle,

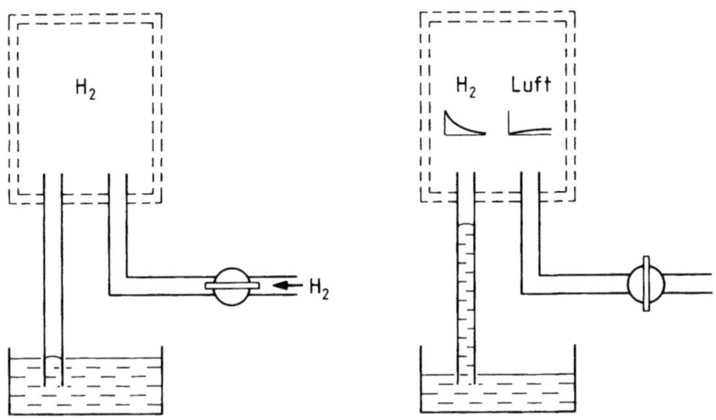

Abb. 3.67 Diffusion von Wasserstoff (H_2) aus einer Tonzelle. Links: Hahn offen, Füllen der Zelle mit H_2; kein Druckunterschied. Rechts: Hahn geschlossen, H_2 diffundiert schnell hinaus; Unterdruck. Luft diffundiert allmählich herein. H_2- und Luftmenge in der Zelle als Funktion der Zeit symbolisiert.

Abb. 3.67, die wir mit Wasserstoff gefüllt haben, nimmt der Druck nach Trennung der Zelle von der Wasserstoffflasche zunächst ab und steigt dann langsam wieder an. Wir deuten den Versuch folgendermaßen: Zur Zeit $t = 0$ ist die Zelle mit H_2 gefüllt, und es besteht kein Unterschied zum äußeren Luftdruck. Die H_2-Moleküle diffundieren aber schneller hinaus, als N_2- und O_2-Moleküle der Außenluft hereindiffundieren können. Dadurch entsteht der Druckabfall. Nach längerer Zeit, wenn praktisch das gesamte H_2 hinausdiffundiert ist und so viel Luft hereindiffundiert ist, daß die Dichte der Luft innerhalb der Zelle gleich der außerhalb der Zelle ist, ist der Druckunterschied wieder verschwunden.

Diffusion findet nicht nur innerhalb von Stoffen statt, bei denen die Moleküle frei verschiebbar sind, also bei Gasen und Flüssigkeiten, sondern auch in Festkörpern. Hierbei können Gase, aber auch Flüssigkeiten und feste Stoffe diffundieren.

Bisher haben wir uns mit der reinen Diffusion befaßt. Der durch das Konzentrationsgefälle bedingten *Diffusionsgeschwindigkeit* kann eine durch irgendeine *äußere Kraft* verursachte Geschwindigkeit *überlagert* sein. In den meisten Fällen von Interesse ist diese letztere Geschwindigkeit durch äußere Einflüsse begrenzt. Der wesentliche äußere Einfluß ist Reibung. Man spricht in solchen Fällen von einer *Driftgeschwindigkeit.* Ein Beispiel dafür bietet der in Abb. 3.16 im Zusammenhang mit der *Osmose* gezeigte Versuch. Infolge des im Zweikomponentensystem höheren Drucks gibt es ständig eine Driftbewegung der Wassermoleküle in das Gebiet tieferen Drucks. Wegen der verschiedenen Teilchenzahldichten gibt es gleichzeitig eine Diffusion in umgekehrter Richtung. Ist der Vorgang stationär geworden, befindet sich das System also im Gleichgewicht, so müssen die beiden entgegengesetzten Stromdichten dem Betrage nach gleich sein. Das gestattet eine einfache Messung der Diffusionskonstanten D. Allerdings handelt es sich hierbei nicht um die Diffusion einer Flüssigkeit in einer Flüssigkeit, sondern um die einer Flüssigkeit in einer semipermeablen Substanz. Wie man sich leicht überlegt, kann man aber eine auf einem solchen Gleichgewicht beruhende Methode zur Messung der Diffusion von Flüssigkeit in Flüssigkeit ausbauen (z. B. indem man statt der einen semipermeablen Wand zwei nimmt, die sich in großem Abstand voneinander befinden und deren Zwischenraum mit Flüssigkeit ausgefüllt ist). Auf Einzelheiten soll hier nicht eingegangen werden.

Zur Messung der Diffusion von Festkörpern in Festkörpern, die bei Zimmertemperatur im allgemeinen sehr langsam verlaufen wird, bedarf es empfindlicher Meßmethoden, die schon kleine Mengen der „angekommenen“ Substanz quantitativ nachzuwei-

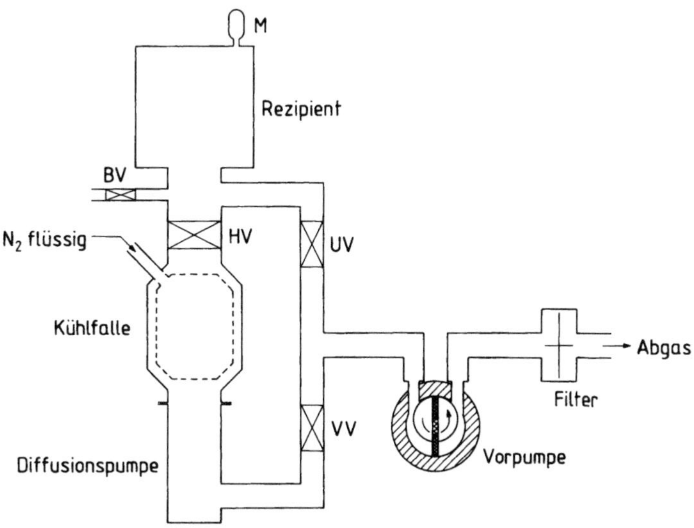

Abb. 3.68 Pumpensystem mit Vorpumpe und Diffusionspumpe, schematisch. HV Hauptventil (groß!), VV Vorvakuumventil, UV Umgehungsleitungsventil, BV Belüftungsventil, M Manometer. Beim Grobabpumpen sind im allgemeinen VV und HV geschlossen, UV ist offen. Nachher wird UV geschlossen und VV geöffnet. Schließlich wird HV geöffnet. Man bemerke die exzentrische Wellenlagerung der Drehschiebervorpumpe. Man kann den Rezipienten belüften, ohne die Diffusionspumpe belüften zu müssen.

sen gestatten. Eine solche Methode stellt die *Markierung* mit *radioaktiven Isotopen,* in dieser Anwendung auch *Tracer* genannt, dar.

Die Diffusion spielt im „gesamten Weltgeschehen" eine große Rolle. Wir wollen uns an dieser Stelle darauf beschränken, eine einzige Anwendung zu behandeln: die **Diffusionspumpe.** Sie wird zur Erzeugung höherer Vakua (Drücke $\lesssim 10^{-6}$ bar) gebraucht. Die Abbildungen 3.68 und 3.69 zeigen den Anschluß einer solchen Pumpe und die Pumpe selbst. Mit einem Treibgas, das durch Erhitzungsverdampfung aus einer Flüssigkeit erzeugt wird und auf einem meist gekühlten Kondensor wieder verflüssigt wird, wird eine ständige Gasströmung erzeugt. In dieses strömende Gas diffundiert das abzupumpende Gas hinein und wird so mittransportiert. Durch eine **Vorpumpe,** meist eine mechanische *Drehschieberpumpe* (s. Abb. 3.68), die bis ca. 10^{-6} bar hinab „geht", wird das Gas dann weiterbefördert (vorzugsweise mit einer Leitung ins Freie, weil die Öltröpfchen in dem von der Vorpumpe abgegebenen Gas schädlich für die Lunge sind). Als *Treibgas* bei den Diffusionspumpen wird meist ein spezielles *Öl* verwendet, das bei Zimmertemperatur einen sehr niedrigen Dampfdruck hat. Will man das Eindringen von Öldämpfen in das auszupumpende Gefäß, manchmal *Rezipient* genannt, unterbinden, baut man eine **Kühlfalle** ein, die man z. B. mit flüssigem Stickstoff betreibt.

Zur Erzielung guter Vakua sind große Rohrquerschnitte für alle Leitungen (auch Ventile!) nötig, die vom Rezipient zur Diffusionspumpe führen; zu lange Leitungen sollte man ebenfalls vermeiden.

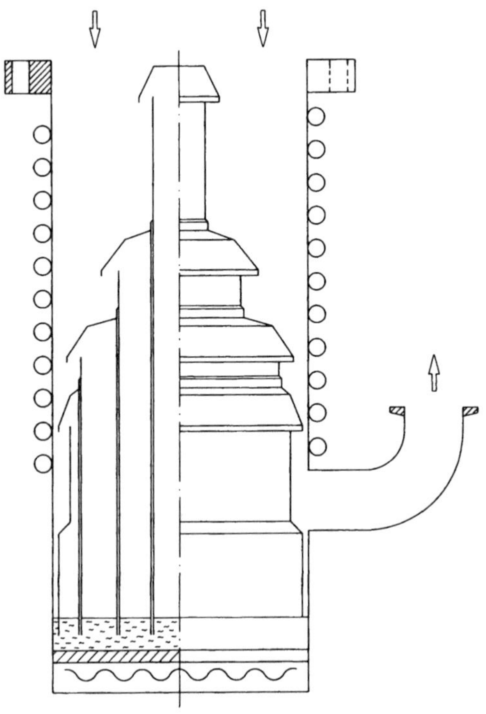

Abb. 3.69 Dreistufige Diffusionspumpe. Rechte Hälfte des Inneren mit entferntem Mantel in Aufsicht, sonst im Schnitt. Elektrische Heizung durch Heizschlange (unten), Kühlung durch Kühlwasserspirale außen am Mantel. In der tatsächlichen Ausführung steckt das Ganze noch in einem äußeren Mantel (nicht gezeichnet).

Obgleich nicht eigentlich zum Kapitel „Diffusion“ gehörend, seien hier einige moderne Typen von Pumpen zur Erzeugung hoher und „ultrahoher“ Vakua *(„UHV“)* wenigstens ansatzweise erwähnt: *Kryopumpe* (Ausfrieren der Gase bei tiefer Temperatur), *Adsorptionspumpe* (Adsorption der Gase an Adsorbermaterial sehr großer Oberfläche, wie Aktivkohle), *Ionengetterpumpe* [Adsorption der Gase an einem Metallgetter (von engl. get = bekommen), das durch Gasentladung im Magnetfeld (lange Elektronenbahn!) und daraus resultierender Kathodenzerstäubung ständig nachgebildet wird] und *Turbomolekularpumpe* (Gastransport durch sehr schnell rotierende Trommel).

3.6.5 Wärmeleitung und Konvektion

Der *Transport* von *Wärme* kann auf drei Arten stattfinden: Wärmeleitung, Wärmestrahlung und Konvektion. Eine strenge Unterscheidung ist nicht immer möglich.

Unter **Wärmeleitung** versteht man den Transport von Wärme in Materie ohne elektromagnetische Strahlung und ohne Mittransport der Materie. **Wärmestrahlung** findet ebenfalls ohne Transport von Materie statt. Hier ist jedoch Materie als „Medium“ nicht nötig; vielmehr wird die Wärme in Form von elektromagnetischer Strahlung transportiert. Das soll uns im nächsten Abschnitt beschäftigen. Unter **Konvektion** (von lat. convectio, Mitführung) schließlich versteht man den Transport von Wärme, die in der Materie (praktisch) ortsfest eingebunden ist, *zusammen* mit der *Materie*. Wärmeleitung findet z. B. innerhalb der Wände eines Zentralheizungskörpers statt; die Wärme wird dabei von der (durch Wasser oder Dampf erwärmten) inneren Wand des Heizkörpers zur äußeren durch Wärmeleitung übertragen. In das Innere des Heizkörpers gelangt die Wärme im wesentlichen durch Konvektion, nämlich als im umlaufenden Wasser oder Dampf mitgeführte Wärme. Die Abgabe der Wärme vom Heizkörper an den Raum findet hauptsächlich durch Konvektion, aber auch durch Wärmeleitung und -strahlung statt. Eine Heizsonne hingegen gibt ihre Wärme vorzugsweise durch Strahlung ab.

Obgleich Konvektion, namentlich in Flüssigkeiten und Gasen, ein sehr komplizierter Vorgang sein kann, ist sie vom Standpunkt des Wärmetransports aus gesehen ziemlich trivial. Wir wollen sie deshalb nicht weiter behandeln. Wir vermerken hingegen ihre große Bedeutung in der Atmosphäre (namentlich im Zusammenhang mit dem Wetter) und in Gewässern, aber auch in der Hülle von Fixsternen. Bei Sternen ist allerdings Wärmestrahlung noch wichtiger.

Grenzt ein Medium mit Wärmeleitung als Wärmetransportmechanismus mit einem über Konvektion wirkenden aneinander, wie es z.B. bei Heizflüssigkeit und Heizkörper oder Heizkörper und umgebender Raumluft der Fall ist, spricht man von **Wärmeübergang** an der *Grenzfläche.* Dort verläuft die Temperatur stetig, aber der Temperaturgradient weist einen Sprung auf (Abb. 3.70). Die Temperaturkurve, Temperatur als Funktion des Orts, ist in der Flüssigkeit gekrümmt. Der Grund ist vornehmlich in der Grenzschicht zu suchen (s. Abschn. I, 6.6.5). Man spricht von einem **Wärmeübergangskoeffizienten** α (Einheit: $\mathrm{W\,K^{-1}\,m^{-2}}$). Sind zwei Flüssigkeiten (oder Gase) durch eine feste Wand getrennt, findet **Wärmedurchgang** statt, wenn eine Temperaturdifferenz besteht; der entsprechende Koeffizient ist der Wärmedurchgangskoeffizient oder *k-Wert* (Einheit ebenfalls $\mathrm{W\,K^{-1}\,m^{-2}}$). Er ist wichtig in der *Bauphysik.*

Wärmetransport durch Wärmeleitung muß streng vom Wärmetransport durch Wärmestrahlung unterschieden werden. Wärmestrahlung kann Materie durchsetzen, ohne daß diese dabei warm wird. Wärmeleitende Materie hat immer die Temperatur, die

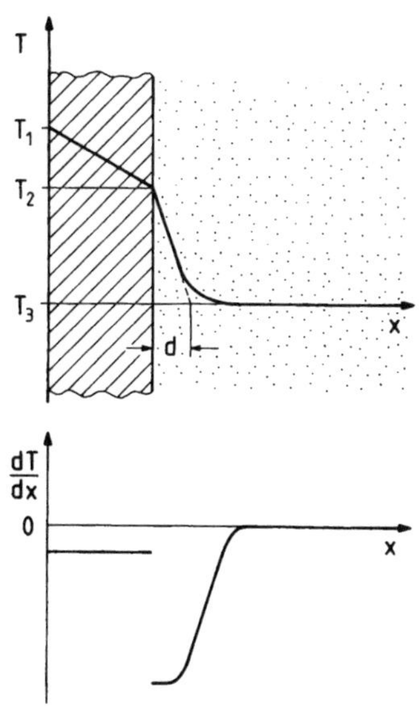

Abb. 3.70 Verlauf der Temperatur (oben) und des Temperaturgradienten (unten) im Heizkörper (schraffiert) und in der umgebenden Raumluft (punktiert). T_1 (T_2, T_3) Temperatur an der Innenfläche des Heizkörpers (Außenfläche des Heizkörpers, im Rauminnern ohne die Grenzschicht), d Dicke der Grenzschicht.

Abb. 3.71 Fokussierung der Wärmestrahlung aus Bogenlampe plus Spiegel durch eine Linse aus Eis.

die „Wärme" selber hat; auf Einzelheiten, z. B. unterschiedliche Temperatur von Elektronen und positiven Ionen, wollen wir hier nicht eingehen. Statt dessen wollen wir uns den Sachverhalt in einem einfachen Experiment vor Augen führen (Abb. 3.71). Wir fertigen uns eine Linse relativ großen Durchmessers und nicht zu großer Brennweite, ein „Brennglas", aus Eis an, indem wir Wasser in einer kalottenförmigen Schale gefrieren lassen. Diese Linse benutzen wir, um die Strahlung aus einem Kohlelichtbogen (vgl. Abschn. II, 2.1.7) im Brennfleck zu konzentrieren. Wir erreichen damit auf Zeitungspapier eine Temperatur, die ausreicht, um das Papier zu entflammen (auf die Druckschwärze fokussieren!).

Wir wollen uns jetzt auf die Wärmeleitung beschränken und erinnern uns zunächst an Beobachtungen aus dem täglichen Leben. Auf Zimmertempartur befindliche Metalle fühlen sich kalt an im Gegensatz zu isolierenden Stoffen wie Holz und Kunststoff; bei einigen sehr gut wärmeisolierenden Stoffen, z. B. Styropor, hat man ein überraschendes Wärmegefühl. Die Erklärung ist einfach: Gute Wärmeleiter, wie sie die Metalle darstellen, können durch Berührung mit unseren Fingern an der Berührungsstelle kaum erwärmt werden, weil die Wärme sofort weitergeleitet wird und eine merkliche Temperaturerhöhung nicht zustande kommt. Bei schlecht wärmeleitenden Stoffen tritt an der Berührungsstelle lokal Erwärmung auf; die „übliche" Ableitung durch die Luft entfällt. Indem wir uns an die gute elektrische Leitfähigkeit der Metalle und die schlechte elektrische Leitfähigkeit von Holz und Kunststoff erinnern, fassen wir unter Beschränkung auf feste Körper als empirischen Befund zusammen (zur Dimension der Wärmeleitfähigkeit s. weiter unten):

- *Elektrische Leitfähigkeit und Wärmeleitfähigkeit fester Körper sind stark miteinander korreliert.*

Wie steht es mit der *Wärmeleitung* von Flüssigkeiten? Stecken wir unsern Finger in eine Flüssigkeit von Zimmertemperatur, so kommt uns die Flüssigkeit kalt vor. Das muß aber nicht auf guter Wärmeleitfähigkeit beruhen, sondern kann auch die Folge (schwer vermeidbarer) Konvektion sein. In der Tat hat z. B. Wasser keine große Wärmeleitfähigkeit. Das zeigt ein einfacher Versuch, der in Abb. 3.72 dargestellt ist. Wir erhitzen im oberen Bereich ein mit Wasser gefülltes Reagenzglas, an dessen Boden ein Stück Eis mit Draht befestigt ist. Obgleich das Wasser oben kocht, schmilzt das Eis unten nur ganz allmählich weg.

Bei *Gasen* ist die Wärmeleitung ohne Konvektion im täglichen Leben noch schwieriger zu beobachten als bei Flüssigkeiten. Aus Erfahrung, z. B. mit den altmodischen, aber sehr wirksamen Doppelfenstern und den neuartigen, nicht unbedingt besser wirkenden (zweischichtigen) Isolierverglasungen wissen wir, daß Luft kein

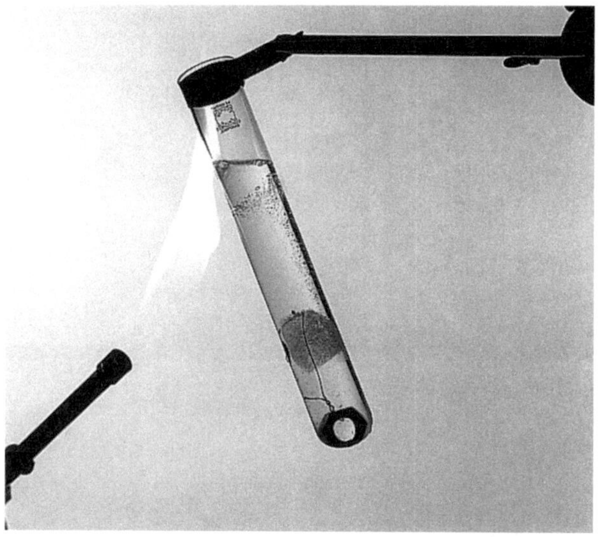

Abb. 3.72 Zur Wärmeleitfähigkeit von Wasser; s. Text.

guter Wärmeleiter ist. Die Fenster würden übrigens noch besser isolieren, wenn es gelänge, die Luftzirkulation zwischen den Scheiben zu unterdrücken; s. dazu auch weiter unten.

Wenn uns ein kalter Wind um die Nase weht, tritt neben der Konvektion noch ein Effekt auf, der die Luft tatsächlich lokal unter das Maß abkühlt, das man großräumiger als Temperatur mißt: Infolge der Strömung gibt es Unterdruck, vgl. Abschn. I, 6.5.3; die Luft expandiert und kühlt sich quasiadiabatisch ab.

Die Wärmeleitfähigkeit λ von Gas demonstrieren wir mit einem Schauversuch (Abb. 3.73). Ein Widerstandsdraht, der durch zwei Kammern geführt ist, wird mit Strom erhitzt. Zunächst befindet sich in beiden Kammern Luft von Atmosphärendruck. Der Strom wird so eingestellt, daß der Draht in beiden Kammern mäßig leuchtet. Nun wird die eine Kammer evakuiert. Sofort beginnt der Draht in diesem Kammerteil hell aufzuleuchten. In einem weiteren Schritt füllen wir dieselbe Kammer mit Helium von Atmosphärendruck. Der Draht leuchtet praktisch nicht mehr.

Führt man diesen Versuch quantitativ aus, so stellt man fest, daß die Temperatur des Drahtes über einen großen Bereich des Drucks konstant ist. Um dieses Phänomen zu verstehen, machen wir uns den Mechanismus der Wärmeleitung in Gasen klar, wobei wir uns der Einfachheit halber auf einatomige Gase beschränken, so daß die gesamte Wärme als (ungeordnete) kinetische Energie (ohne Rotation) vorliegt. Die Anzahl der Moleküle, die pro Zeiteinheit auf den Draht treffen (Auftreffrate), ist sicher der Teilchenzahldichte n und damit dem Gasdruck p proportional. Andererseits ist die Strecke, über die ein erwärmtes Molekül seine zusätzliche Wärme (in Form von höherer kinetischer Energie) ungehindert fortträgt, proportional zur mittleren freien Weglänge l (vgl. Abschn. 3.1.6). l ist nach Gl. (3.21) proportional zu $1/n$ $(= 1/\nu)$. Die Wärmeleitfähigkeit, die dem Produkt von p und l proportional ist, hängt somit nicht vom Druck ab. Ähnlich überlegt man sich, daß die Wärmeleitfähigkeit unter sonst gleichen Verhältnissen proportional zu $1/\sqrt{M_r}$ ist mit M_r als relativer Molekülmasse.

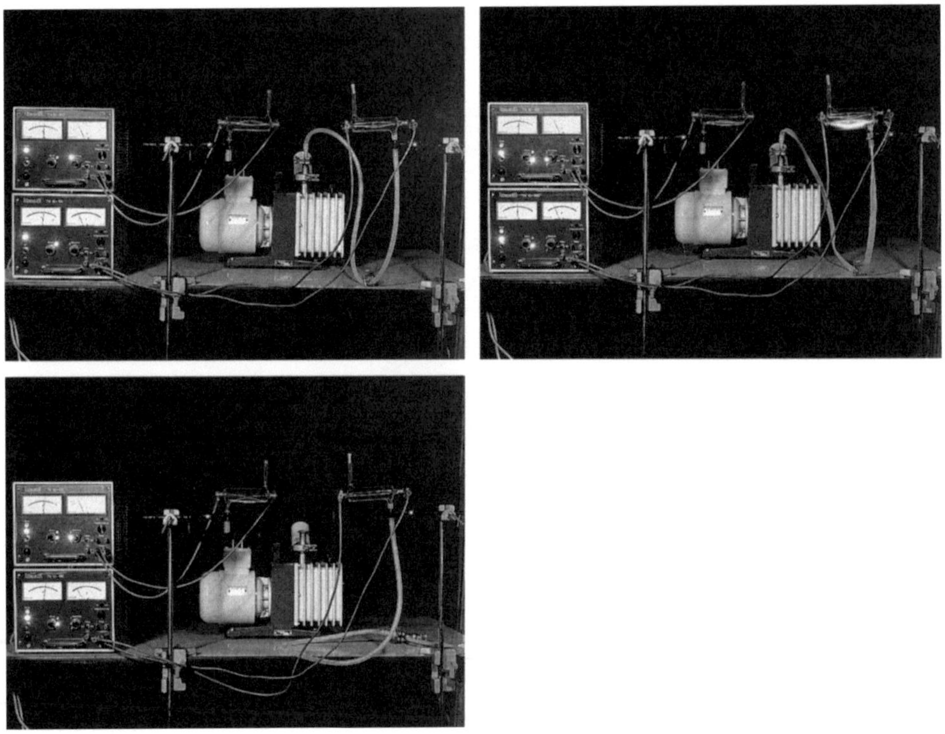

Abb. 3.73 Wärmeleitung von Gas. In der linken Kammer aus Glas immer Luft von Atmosphärendruck. Links oben: in der rechten Kammer ebenfalls Luft von Atmosphärendruck. Rechts oben: rechte Kammer ausgepumpt, erkennbar am zusammengequetschten Schlauch (so einen Schlauch bei Unterdruck zu benutzen ist sonst ein kaum verzeihbarer Kunstfehler!). Links unten: rechte Kammer mit Helium von Atmosphärendruck gefüllt. Man beachte Strom und Spannung für die rechte Kammer (Amperemeter jeweils links, Voltmeter jeweils rechts, Metalldrähte mit Widerstand, der mit der Temperatur ansteigt).

Tab. 3.9 Wärmeleitfähigkeit λ einiger Gase in mW/Km bei dem Druck $p = 1$ bar und der Temperatur T in K

Stoff	T							
	100	200	273	400	600	800	1000	1200
Helium He	72	115	143	183	250	307	360	410
Neon Ne	22	37	46	60	79	96	112	
Argon Ar	6	12	16	23	31	37	44	49
Krypton Kr	5	7	9	12	17	21	25	28
Xenon Xe		4	5	7	11	14		
Wasserstoff H_2	67	128	171	222	295	366	432	500
Stickstoff N_2	10	18	24	33	45	55	60	76
Sauerstoff O_2	9	18	24	34	47	60	71	82
Ammoniak NH_3			22	37	67			
Kohlenstoffdioxid CO_2		9	14	24	40	54	67	79
Luft	9	18	24	34	46	57	67	77

Das ist ebenfalls im Versuch Abb. 3.73 demonstriert. Tab. 3.9 enthält die Wärmeleitfähigkeit einiger Gase bei 1 bar Druck und verschiedenen Temperaturen.

Bei der Betrachtung des vorigen Absatzes haben wir angenommen, daß das Molekül im Mittel wirklich die Weglänge l zurücklegt, bevor es in Wechselwirkung mit anderer Materie tritt. Das ist innerhalb des Gases sicher der Fall, *nicht* aber bei Wechselwirkung mit der Wand. Wird l vergleichbar mit dem Wandabstand, treffen unsere Betrachtungen daher nicht mehr zu, und dies ist in der Tat das Gebiet, in dem die Wärmeleitung von Gasen mit fallendem Druck absinkt. Der Extremfall, wobei die freie Weglänge wesentlich größer als der Abstand zwischen den beiden Wänden ist, wird deshalb zu einer dem Druck proportionalen Wärmeleitfähigkeit führen. Wir fassen zusammen:

- *Die Wärmeleitfähigkeit eines Gases ist unabhängig vom Druck, wenn die freie Weglänge wesentlich kleiner als der Wandabstand ist. Ist dagegen die freie Weglänge wesentlich größer als der Wandabstand, ist die Wärmeleitfähigkeit dem Gasdruck proportional.*

In *Metallen,* die ja gute elektrische Leiter sind, geschieht die Wärmeleitung im wesentlichen über die frei beweglichen *Leitungselektronen* (vgl. Abschn. II, 2.1.5). Wir werden daher qualitativ die gleichen Phänomene erwarten wie bei der elektrischen Leitung. Wir beachten aber den wesentlichen Unterschied: Bei der elektrischen Leitung beschleunigt eine äußere Kraft die Teilchen, mikroskopisch gesehen, geordnet und führt sie, makroskopisch gesehen, mit einer Driftgeschwindigkeit, während bei der Wärmeleitung, mikroskopisch gesehen, die ungeordnete Wärmebewegung der Teilchen den Transport der Wärme bewirkt. Da die Wärmebewegung mit wachsender Temperatur zunimmt, erwarten wir zunächst ein Ansteigen der Wärmeleitfähigkeit mit der Temperatur. Bei hoher Temperatur wächst aber der Streuquerschnitt der Elektronen stark an, wie es eine Betrachtung ähnlich der in

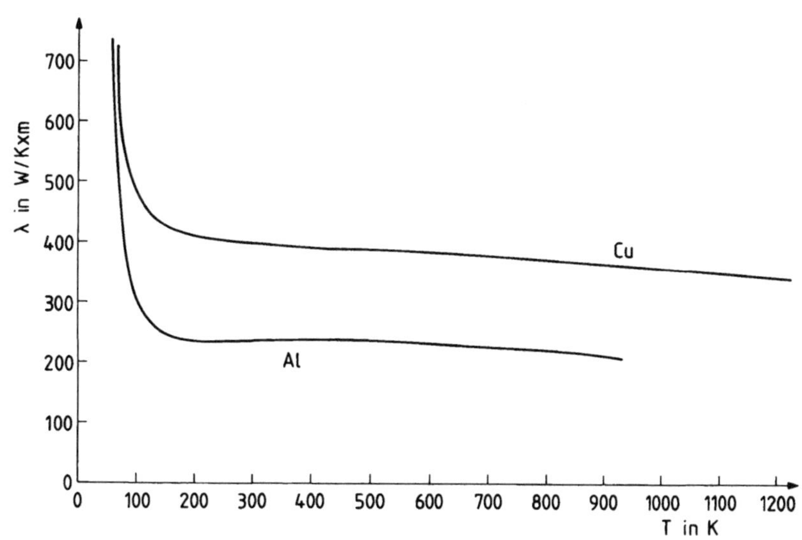

Abb. 3.74 Wärmeleitfähigkeit λ als Funktion der Temperatur T für Kupfer (Cu) und Aluminium (Al).

Abschn. II, 2.1.5 erklärt, was dann zu einem Absinken der Wärmeleitfähigkeit λ mit der Temperatur führt. Abb. 3.74 zeigt zwei Beispiele.

Weil sowohl die Wärmeleitfähigkeit als auch die elektrische Leitfähigkeit proportional zur Anzahl der freien Elektronen (Leitungselektronen) sind, gilt das nach den deutschen Physikern G. H. Wiedemann (1826–1899) und R. Franz (1826–1902) (1853) aufgestellte **Wiedemann-Franzsche Gesetz:**

- *Wärmeleitfähigkeit und elektrische Leitfähigkeit in Metallen sind zueinander proportional.*

Abb. 3.75 zeigt einen Versuch.

Die Proportionalitätskonstante zwischen Wärmeleitfähigkeit und elektrischer Leitfähigkeit hängt von der Temperatur ab. Weil die Wärmeleitung sicher mit steigender Wärmebewegung der Elektronen ansteigt, was für die elektrische Leitfähigkeit natürlich nicht gilt, wird man ein Ansteigen des Verhältnisses Wärmeleitfähigkeit λ zu elektrischer Leitfähigkeit σ erwarten. Wie hier nicht im einzelnen begründet werden soll, ist das Verhältnis in etwa proportional zur Temperatur. Die Proportionalitätskonstante C ist in allen Metallen dieselbe:

$$\frac{\lambda}{\sigma} = CT .$$

Die obige Beziehung wird ebenfalls Wiedemann-Franzsches Gesetz genannt.

In *metallischen Flüssigkeiten* erfolgt die Wärmeleitung wie in festen Metallen auch hauptsächlich über die Leitungselektronen. Diese Flüssigkeiten haben daher auch eine

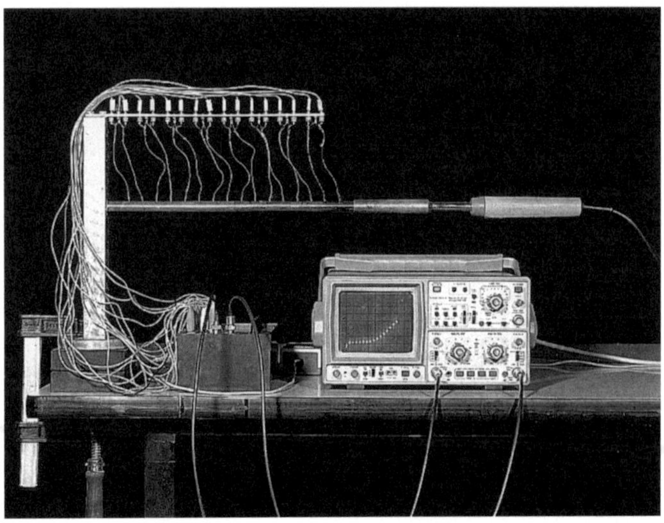

Abb. 3.75 Wärmeleitfähigkeit in zwei Metallen. Zusammengesetzter Metallstab, linke Hälfte Kupfer, rechte Hälfte Stahl; in gleichen Abständen Thermoelemente eingesetzt, Thermospannung am Oszilloskop sichtbar. Metallstab links kalt, rechts heiß (Heizung mit rechts angesetztem Lötkolben); stationär. Im Kupfer praktisch kein Temperaturgradient, entsprechend guter Wärmeleitung (der Punkt ganz links ist ein „Ausreißer"), im Stahl großer Temperaturgradient, entsprechend schlechter Wärmeleitung.

Tab. 3.10 Wärmeleitfähigkeit λ einiger Flüssigkeiten in W/Km bei 20 °C (soweit nicht anders angegeben)

Stoff	λ	Stoff	λ
Wasserstoffchlorid HCl	0,189	Wasser (normal)	0,599
Brom Br_2	0,125	Wasser (schwer)	0,579
Ethylalkohol C_2H_6O	0,168	Blut (Mensch, 38 ° C)	0,51
Aceton C_3H_6O	0,162	Vollmilch	0,55
Benzol C_6H_6	0,146	Vaseline	0,18
Hexan C_6H_{14}	0,119	Olivenöl	0,17

große Wärmeleitfähigkeit (z. B. Kupfer bei $t = 1100$ °C 160 W/Km, im Vergleich zum festen Stoff bei $t = 1000$ °C von 336 W/Km). Nichtmetallische Flüssigkeiten hingegen besitzen ein nur mäßiges Wärmeleitvermögen. Das gilt auch dann, wenn sie als Elektrolyte gute elektrische Leiter sind. Die Ionen sind zu schwer, um sich infolge von Wärme schnell zu bewegen. Man erinnere sich an Gase, bei denen die mittlere Energie pro Freiheitsgrad $kT/2$ ist, unabhängig von der Masse; qualitativ dasselbe erwarten wir in Elektrolyten. Einige Werte sind in Tab. 3.10 zusammengestellt.

Bei *festen Stoffen,* die elektrisch gut *isolieren,* spielt die Elektronenbewegung für die Wärmeleitfähigkeit naturgemäß keine große Rolle. Hier haben wir vielmehr Stöße zwischen den beteiligten Atomen und Molekülen. Im Falle der (kristallin aufgebauten) Festkörper formieren sich die Stöße zu **Gitterschwingungen.** In Parenthese: Solche Gitterschwingungen sind auch in metallischen Gittern vorhanden, leisten aber zur Wärmeleitfähigkeit keinen großen Beitrag. Wir fassen zusammen:

Tab. 3.11 Wärmeleitfähigkeit λ einiger fester Stoffe in W/Km bei der Temperatur t in °C

Stoff	t						
	−200	−100	0	20	100	500	1000
Beryllium Be	1997	382	218	205	170	109	
Aluminium Al	495	43	236	237	240	222	
Phosphor (schwarz) P	37	20	13	12			
Eisen Fe	193	99	83	81	72	45	29
Kupfer Cu	550	421	401	399	393	373	336
Germanium Ge	310	105	67	62	47	275	
Silber Ag	489	431	428	427	422	391	
Gold Au	356	331	322	316	311	275	
Blei Pb	41	37	35	35	34		
Uran U	20	24	27	27	29	38	
Eis H_2O		3,5	2,2				
Quarz SiO_2 $\parallel$[a]			12				
Quarz SiO_2 $\perp$[a]			6,8				
Quarz (nichtkristallin) SiO_2			1,4		1,6		
Calciumcarbonat $CaCO_3$ $\parallel$[a]			5,5				
Calciumcarbonat $CaCO_3$ $\perp$[a]			4,6		3,6		
Natriumchlorid NaCl			6,4		5,4		

[a] $\parallel$ parallel, $\perp$ senkrecht zur c-Achse (s. Abschn. IV, 3.1.1)

- *Isolatoren sind schlechte Wärmeleiter.*

In Tab. 3.11 sind Angaben über die Wärmeleitfähigkeit λ fester Stoffe zusammengestellt; für technisch wichtige Stoffe vgl. Anhang A 3.4. Wie man Tab. 3.11 entnimmt, kann λ in anisotropen Stoffen (Kristallen!) richtungsabhängig sein.

Formal läßt sich die *Wärmeleitung* wie die *Diffusion* eines *Stoffes* beschreiben; es mag in diesem Zusammenhang interessieren, daß Sadi Carnot seinen Kreisprozeß für einen „Wärmestoff" errechnet hat. Eindimensional (in x-Richtung) setzen wir die **Wärmeflußdichte** φ proportional zum *Temperaturgradienten* an. Die Flußrichtung ist natürlich von höherer zu tieferer Temperatur (vgl. Abschn. I, 8.1.1). Wir schreiben

$$\varphi_x \equiv \frac{1}{A}\frac{dQ}{dt} = -\lambda \frac{dT}{dx}, \tag{3.91}$$

wobei dQ die Wärmemenge ist, die in der Zeit dt die Querschnittsfläche A durchströmt (Abb. 3.76), und λ die Wärmeleitfähigkeit. $\lambda \geqq 0$ ist, analog zur elektrischen Leitfähigkeit, eine „Konstante", die material- und temperaturabhängig ist. Die Gleichung ist der Gleichung (3.86) für die Stromdichte bei Diffusion ähnlich. Der Vollständigkeit halber geben wir noch den *Wärmefluß* an:

$$\Phi_x = A\varphi_x .$$

Von der Gleichung für die Wärmeflußdichte, Gl. (3.91), kommt man zu einer Differentialgleichung für die Temperatur analog wie man von Gl. (3.86) zu Gl. (3.87) gelangte. Das Resultat ist

$$\frac{\partial T}{\partial t} = \frac{\lambda}{\varrho c}\frac{\partial^2 T}{\partial x^2} = a\,\frac{\partial^2 T}{\partial x^2},$$

wobei ϱ die Dichte, c die spezifische Wärmekapazität und a die **Temperaturleitfähigkeit,** durch die obige Gleichung definiert, bedeuten. Soweit man λ, ϱ und c oder, schon hinreichend, a als räumlich und zeitlich konstant, d. h. insbesondere temperaturunabhängig ansehen kann, löst man die Gleichung näherungsweise analog zum

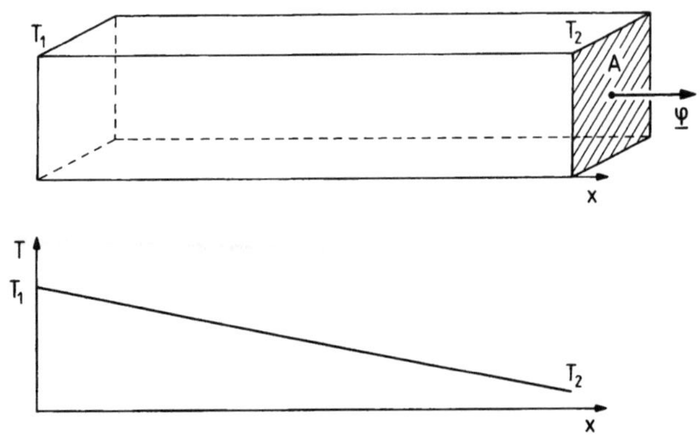

Abb. 3.76 Stationäre Wärmeleitung in einem einheitlichen Stab der Querschnittsfläche A, der an den Enden auf der Temperatur T_1 bzw. T_2 gehalten wird. Oben: Geometrie mit $\boldsymbol{\varphi}$ als Vektor der Wärmeflußdichte; unten: Temperatur als Funktion der Ortskoordinate x.

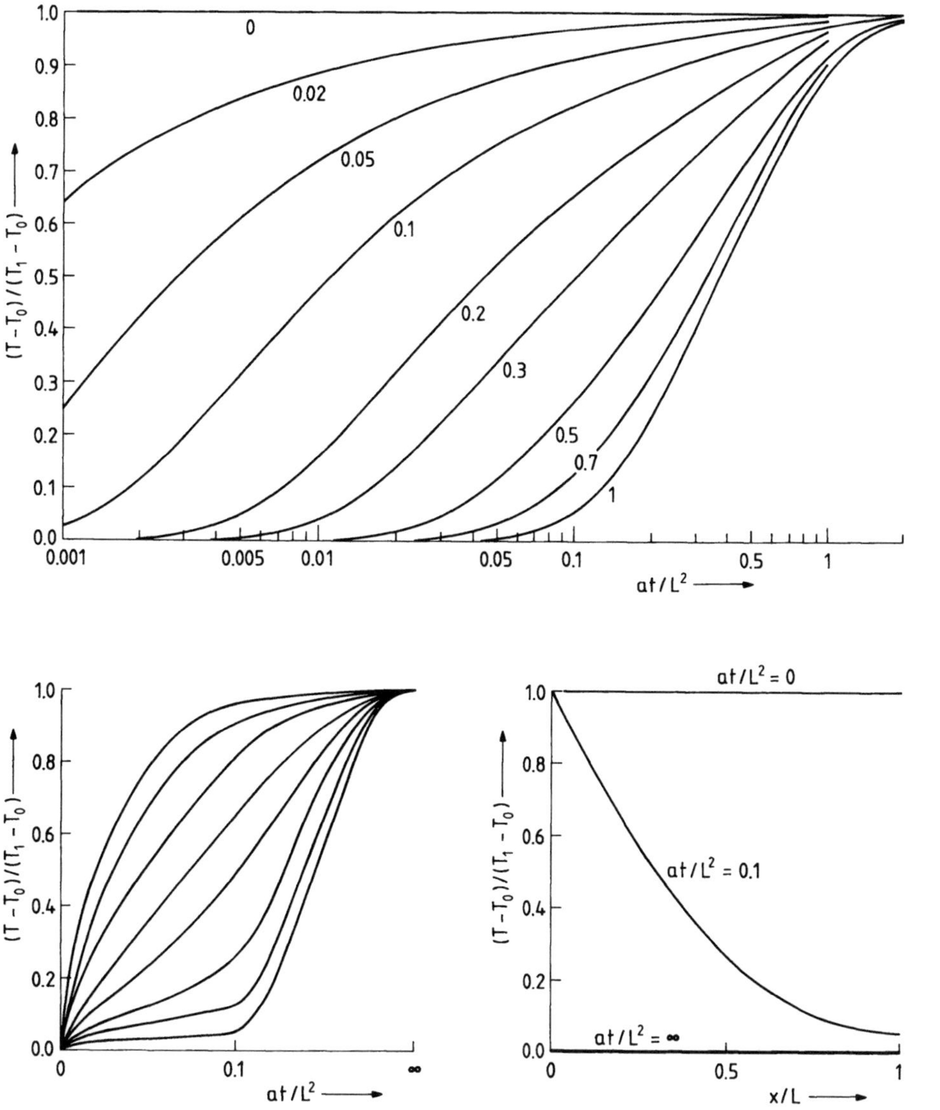

Abb. 3.77 Erwärmung eines Stabs mit konstanter Temperaturleitfähigkeit a als Funktion der Zeit t; s. auch Text. Oben: relative Temperaturdifferenz als Funktion von at/L^2 mit der Ortskoordinate x in der Form x/L als Parameter; Erwärmung von $x = 0$ aus. Quantitative Darstellung. Unten links: symbolische Darstellung, bei der nur die Werte für $at/L^2 = 0$; 0,1 und ∞ quantitativ sind. Rechts unten: Beispiel für die Konstruktion der Temperaturverteilung im Stab für feste Zeit t, hier für $at/L^2 = 0{,}1$. Man entnimmt den (trivialen) Wert für $x/L = 0$ aus der symbolischen Darstellung und die übrigen Werte aus der quantitativen Darstellung; so gelangt man zu der gezeigten Kurve. Außerdem Kurven für $at/L^2 = 0$ und $at/L^2 = \infty$.

Lösungsprozeß für Gl. (3.87) oder streng mit den Methoden, die die mathematische Physik entwickelt hat. Wir wollen uns damit aber nicht aufhalten, sondern ein Beispiel betrachten. In Abb. 3.77 sind die Verhältnisse für einen Stab der Länge L gezeigt, der sich zur Zeit $t < 0$ auf der einheitlichen Temperatur T_0 befindet. Zur Zeit $t = 0$ wird er (wie auch immer) an seinem linken Ende ($x = 0$ in Abb. 3.77) auf die Temperatur $T = T_1$ gebracht; für $0 < x \leq L$ soll keinerlei Wärmezufuhr oder -abgabe von außen erfolgen (eindimensionales Problem!). Die plötzliche Erwärmung des einen Stabendes führt zu einer Erwärmung des Stabinnern, was sich mit wachsender Zeit immer stärker auswirkt. Als Endzustand, $t = \infty$, hat der ganze Stab die Temperatur T_1.

Infolge der sich im Tagesablauf ändernden Sonneneinstrahlung ist die *Erdoberfläche* in Näherung *periodischen Temperaturänderungen* ausgesetzt, wobei die Periode natürlich ein Tag (1 d) ist. Diese Temperaturänderungen pflanzen sich abgeschwächt ins Erdinnere fort. Man hat, wenn man die Temperatur an einem festen Ort innerhalb der Erde verfolgt, neben der *Grundschwingung* mit der Schwingungsdauer 1 d *Oberschwingungen* (vgl. Abschn. I, 7.1.6). Es war in der Tat dieses Problem, das Jean Baptiste Fourier zu einer Theorie der Wärmeleitung anregte und, für uns heute wichtiger, die Fourier-Reihen entwickeln ließ (1822).

3.6.6 Phänomenologische Behandlung der Wärmestrahlung

Wie wir aus den Abschnitten 2.10.3 und 3.6.3 wissen, ist der *schwarze Körper* derjenige Strahler, der bei gegebener Temperatur mit höchster Intensität Strahlung *(Temperaturstrahlung)* emittiert; er ist gleichzeitig der beste Absorber, weil er die gesamte einfallende *Strahlung absorbiert.* Zwischen schwarzen Körpern ist also der Wärmetransport durch Wärmestrahlung effektiver als zwischen irgendwelchen andern Körpern. Gäbe es (für alle Frequenzen) *vollkommen weiße* Körper, so fände bei ihnen *keine Emission* und *keine Absorption* von Temperaturstrahlung statt; zwischen ideal weißen Körpern würde also keine Wärme durch elektromagnetische Strahlung ausgetauscht werden.

Die Strahlungsdichte, integriert über den gesamten Frequenzbereich, ist beim schwarzen Körper durch das **Stefan-Boltzmannsche Gesetz** (1879) gegeben, benannt nach den österreichischen Physikern J. Stefan (1835–1893) und L. Boltzmann. Bevor wir es formulieren, wollen wir noch den Zusammenhang dieser Gesamtstrahlungsdichte mit unserer früheren Konstanten für die Emission in den Raumwinkelbereich $(\mathrm{d}u)^2$ aus Gl. (3.78) herstellen. Dazu haben wir diese Gleichung offenbar über ϑ zu integrieren und durch $\mathrm{d}A$ zu dividieren. So entsteht die **Strahlungsflußdichte** φ:

$$\varphi = \int_0^{\frac{\pi}{2}} L_\mathrm{e} \cos\vartheta \, \mathrm{d}\Omega \,; \tag{3.92}$$

für das differentielle Raumwinkelelement $(\mathrm{d}u)^2$ in Gl. (3.78) haben wir jetzt $\mathrm{d}\Omega$ geschrieben; vgl. dazu Abschn. II, 2.7.2. Das Raumwinkelelement $\mathrm{d}\Omega$ dividiert durch den gesamten Raumwinkel $\Omega\,(4\pi)$ ist dabei offenbar das Verhältnis des in Abb. II, 2.83 herausgehobenen Kreisrings zur Gesamtfläche der Kugel [für den dortigen Winkel φ relativ zum Feld $\boldsymbol{B}$ ist hier der Winkel ϑ relativ zur Flächennormale

(z-Achse) zu nehmen]. Es gilt

$$\frac{\mathrm{d}\Omega}{\Omega} = \frac{\mathrm{d}\Omega}{4\pi} = \frac{2\pi r \sin\vartheta r \,\mathrm{d}\vartheta}{4\pi r^2} = \frac{\sin\vartheta \,\mathrm{d}\vartheta}{2}\,.$$

Setzen wir $\mathrm{d}\Omega = 2\pi \sin\vartheta\,\mathrm{d}\vartheta$ in Gl. (3.92), erhalten wir

$$\varphi = \frac{L_e}{2}\int_0^{\frac{\pi}{2}} \cos\vartheta \sin\vartheta \,\mathrm{d}\vartheta = \frac{L_e}{2}\int_0^1 \sin\vartheta \,\mathrm{d}\sin\vartheta = \frac{L_e}{4}\,.$$

Die Größe φ ist nun, wie in Abschn. 4.1.1 ausgeführt werden wird, proportional zur vierten Potenz der (absoluten) Temperatur; für den Wärmetransport durch Strahlung ist es ja zunächst gleichgültig, durch welche physikalischen Phänomene die Strahlung entsteht. Die Proportionalitätskonstante heißt **Stefan-Boltzmann-Konstante** und wird mit σ symbolisiert. Sie hat ersichtlich die Dimension Leistung $\times$ Länge^{-2} $\times$ Temperatur^{-4}. In Formelsprache lautet das Stefan-Boltzmannsche Gesetz

$$\varphi = \sigma T^4\,. \tag{3.93}$$

Verbal wollen wir es so formulieren:

- *Die Strahlungsleistung eines schwarzen Körpers ist der vierten Potenz seiner Temperatur proportional.*

Wie in Abschn. 2.10.3 dargelegt, kann man die Strahlung eines schwarzen Körpers durch diejenige Strahlung darstellen, die einen Hohlraum durch ein kleines Loch verläßt, die *Hohlraumstrahlung*. Wir wollen uns die Wirksamkeit eines solchen, mit der Außenwelt nur durch ein kleines Loch verbundenen Hohlraum durch ein zunächst verblüffendes Experiment vor Augen führen. In Abb. 3.78 ist eine Platinkugel mit einer Ausbohrung (Loch) zu sehen, die durch Erwärmung von außen zum Glühen gebracht wird. Ihre Temperatur innen kann deswegen nicht höher sein als im Außenbereich. Trotzdem sehen wir im Loch größere Helligkeit als außen drumherum.

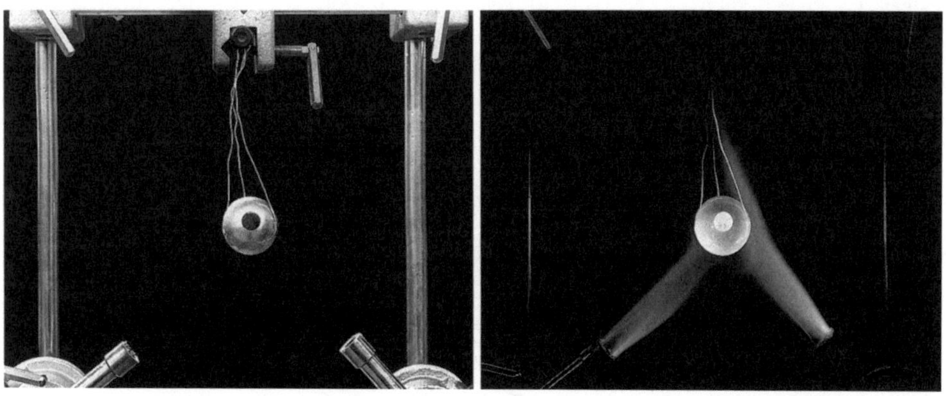

Abb. 3.78 Vesuch zur Hohlraumstrahlung. Links: Platinkugel, kalt, mit den zwei nicht brennenden Bunsenbrennern, Beleuchtung von außen mit Lampen; Hohlraum als schwarzer Fleck auf der Kugel erkennbar. Rechts: Kugel, durch die Brenner zum Glühen gebracht, ohne Beleuchtung mit Lampen; Hohlraum als heller Fleck erkennbar.

Die Erklärung dafür ist so: Die Strahlung der Außenfläche kommt nur durch Emission zustande, während die Strahlung des Teils des Hohlraums, den wir durch das Loch sehen, die Summe von Emissionsstrahlung und rückgestreuter Strahlung ist.

In *Fixsternen* wird Energie im wesentlichen als Wärmestrahlung transportiert. Mit dieser Strahlung ist ein *Strahlungsdruck* verbunden, vgl. Abschn. II, 3.5.3, der dem durch Massenanziehung hervorgerufenen *Gravitationsdruck* die Waage hält. Da der Gravitationsdruck zum Zentrum hin zunimmt, muß auch der Strahlungsdruck zunehmen, wenn Gleichgewicht herrschen soll (was bei Sternen, außer im Fall von Explosion oder Kollaps, der Fall ist). Aus diesen Zusammenhängen gelingt es den Astrophysikern, **Druck** und **Temperatur** im **Sterninnern** zu *berechnen;* Randwert ist dabei die aus Messungen zugängliche Temperatur der uns sichtbaren *Sternatmosphäre,* wobei der Stern näherungsweise als schwarzer Strahler behandelt werden kann. Außerdem benötigt man die *Masse* des Sterns. Auf diese Weise hat man für die Sonne, deren Außentemperatur ja 6×10^3 K beträgt, im Innern eine Temperatur von 15×10^6 K erschlossen.

Nachdem wir uns die drei Arten des Wärmetransports vor Augen geführt haben, können wir die Wirkungsweise der in Abschn. 3.4.8 erwähnten *Superisolation* verstehen. Superisolation kann man aus Kunststoff mit eingelagerten Kügelchen, deren Inneres luftleer ist, aufbauen (Abb. 3.79). Außerdem sind Verspiegelungen angebracht. Konvektion ist offensichtlich ausgeschaltet. Die Wärmeleitung durch den Kunststoff ist gering, weil seine Wärmeleitfähigkeit schlecht und das Material dünn ist und man von einer Außenfläche zur anderen nur auf Umwegen gelangt. Die Wärmeleitung innerhalb der Kügelchen ist naturgemäß zu vernachlässigen. Der Transport durch Wärmestrahlung schließlich (proportional zu T^4!) wird außer durch die Verspiegelungen durch den sehr geringen Temperaturunterschied von einer Oberfläche zur nächsten stark reduziert.

Als Superisolation bezeichnet man auch dünne, einseitig verspiegelte, sonst durchsichtige Plastikfolie, die in vielen Lagen locker um die zu isolierenden Teile gewikkelt wird; das Ganze wird dann ausgepumpt (ebenfalls in Abb. 3.79 dargestellt).

Wichtig ist bei der Superisolation offenbar, daß die Wärmeleitung nur über dünne Zwischenwände und unter Umwegen möglich ist und daß die Strahlung nur durch viele Absorptions- und Reemissionsvorgänge Wärme transportieren kann (viele Lagen nehmen!). Die Verhältnisse sind ähnlich wie bei der magnetischen Abschirmung (Abschn. II, 2.9.3), nur daß bei der Superisolation die feine Unterteilung viel wichtiger ist, sich aber auch relativ einfacher verwirklichen läßt. Man erreicht, im einzelnen von der Temperatur abhängig, bei tiefen Temperaturen λ-Werte unter 4×10^{-5} W/Km.

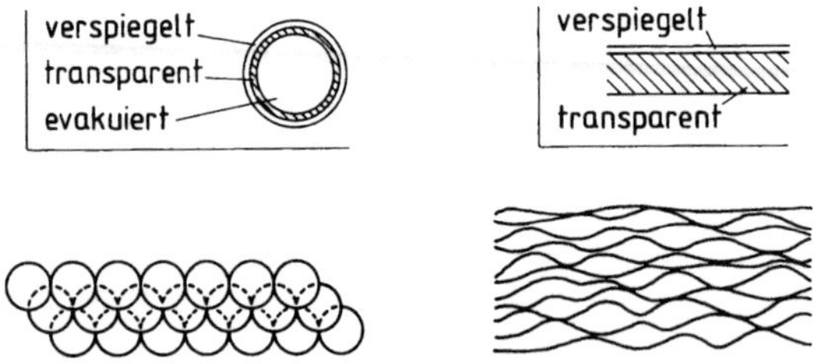

Abb. 3.79 Zwei Arten von Superisolation. In den Eckeinsätzen (jeweils oben) eine Kugel bzw. ein Stück einer einzelnen Lage stark vergrößert herausgezeichnet; auch die unteren Zeichnungen vergrößert.

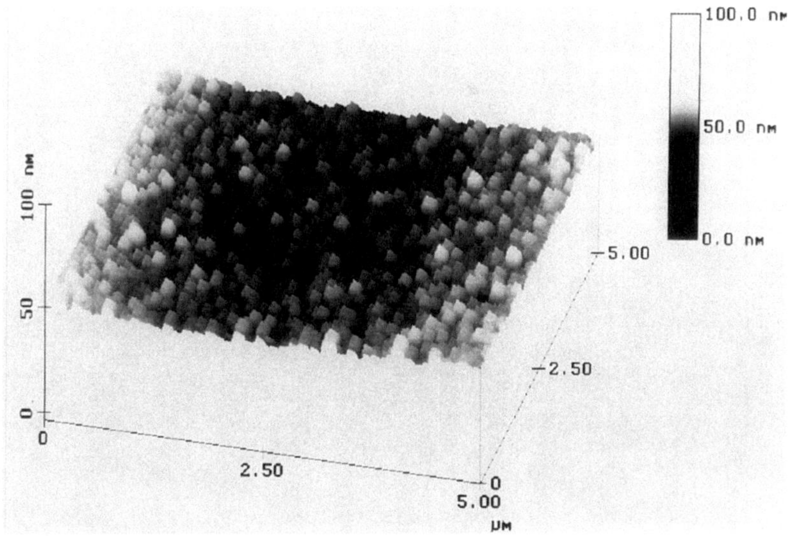

Abb. 4.0 Kraftmikroskopisches Bild. Oberfläche von getempertem $Co_{0,96}Mn_{0,37}Fe_{1,67}O_4$. Kraftmikroskop ähnlich Rastertunnelmikroskop (s. Abschn. II, 2.11.1), aber mit Messung der Kraft (und nicht des Stroms).

4 Einführung in die Quantenphysik

4.1 Quantencharakter elektromagnetischer Strahlung

4.1.1 Spektrum des schwarzen Körpers

Die genaue Untersuchung des Emissionsspektrums des schwarzen Körpers, der durch einen Hohlraumstrahler realisiert ist, hat die *Grundlage* der *Quantentheorie* abgegeben. Zu dieser Untersuchung gehörten einerseits sehr genaue Messungen, andererseits genaue Rechnungen aufgrund von Modellen, die man sich über das Zustandekommen dieser Strahlung machte. Wir wollen uns zunächst mit den experimentellen Tatsachen befassen.

Abb. 4.1 zeigt das Spektrum eines schwarzen Strahlers mit der Temperatur als Parameter. Wir haben zwei verschiedene Darstellungen gewählt, um den Unterschied in der Präsentation für diesen außerordentlich wichtigen Sachverhalt herauszuarbeiten. Wir haben einerseits als Abszisse die Frequenz (Kreisfrequenz) ω, andererseits die Wellenlänge λ hergenommen. Aufgetragen ist jeweils die *spektrale Strahldichte* $L_{e\omega}$ bzw. $L_{e\lambda}$. Sie ist durch

$$dL_e = \frac{dL_e}{d\omega}\, d\omega = L_{e\omega}\, d\omega \tag{4.1}$$

bzw.

$$dL_e = \frac{dL_e}{d\lambda}\, d\lambda = L_{e\lambda}\, d\lambda$$

definiert. $L_{e\omega}\, d\omega$ hat dabei die Dimension Leistung $\times$ Länge^{-2}. $L_{e\lambda}\, d\lambda$ hat natürlich dieselbe Dimension. Die SI-Einheit beider Produkte ist $W \times m^{-2}$. Die Dimension und die Einheit von $L_{e\omega}$ sind aber nicht gleich denen von $L_{e\lambda}$; so wird $L_{e\omega}$ in $Ws \times m^{-2}$ gemessen und $L_{e\lambda}$ in $W \times m^{-3}$. Manchmal fügt man sr^{-1} bei der Dimension von $L_{e\omega}\, d\omega$ und $L_{e\lambda}\, d\lambda$ hinzu, wobei sr für Steradiant steht und die Raumwinkeleinheit bedeutet, also eine eigentlich überflüssige Einheit darstellt, nämlich gleich eins ist; der gesamte Raumwinkel ist bekanntlich $\Omega = 4\pi$; wie wir weiter unten bei der näheren Erläuterung von $L_{e\omega}$ sehen werden, ist der Zusatz „sr^{-1}" insofern irreführend, als die Strahlungsrichtung innerhalb 1 sr nicht immer senkrecht auf der strahlenden Fläche stehen kann.

Wie man den in Abb. 4.1 gezeigten Kurven entnimmt, liegt die spektrale Strahldichte für höhere Temperatur *stets höher* als die für niedrigere. Außerdem vermerkt man eine *Verschiebung* des *Maximums* mit wachsender *Temperatur* zu *höherer Frequenz* und *kleinerer Wellenlänge*. Es ist wichtig, in Erinnerung zu behalten, daß trotz dieser Verschiebung die spektrale Strahldichte bei fester Frequenz bzw. Wellenlänge mit wachsender Temperatur stets ansteigt. Obwohl aus den ja nur mit endlicher Genauigkeit erstellbaren Zeichnungen Abb. 4.1 nicht zu erkennen, ist, wie hier als Tat-

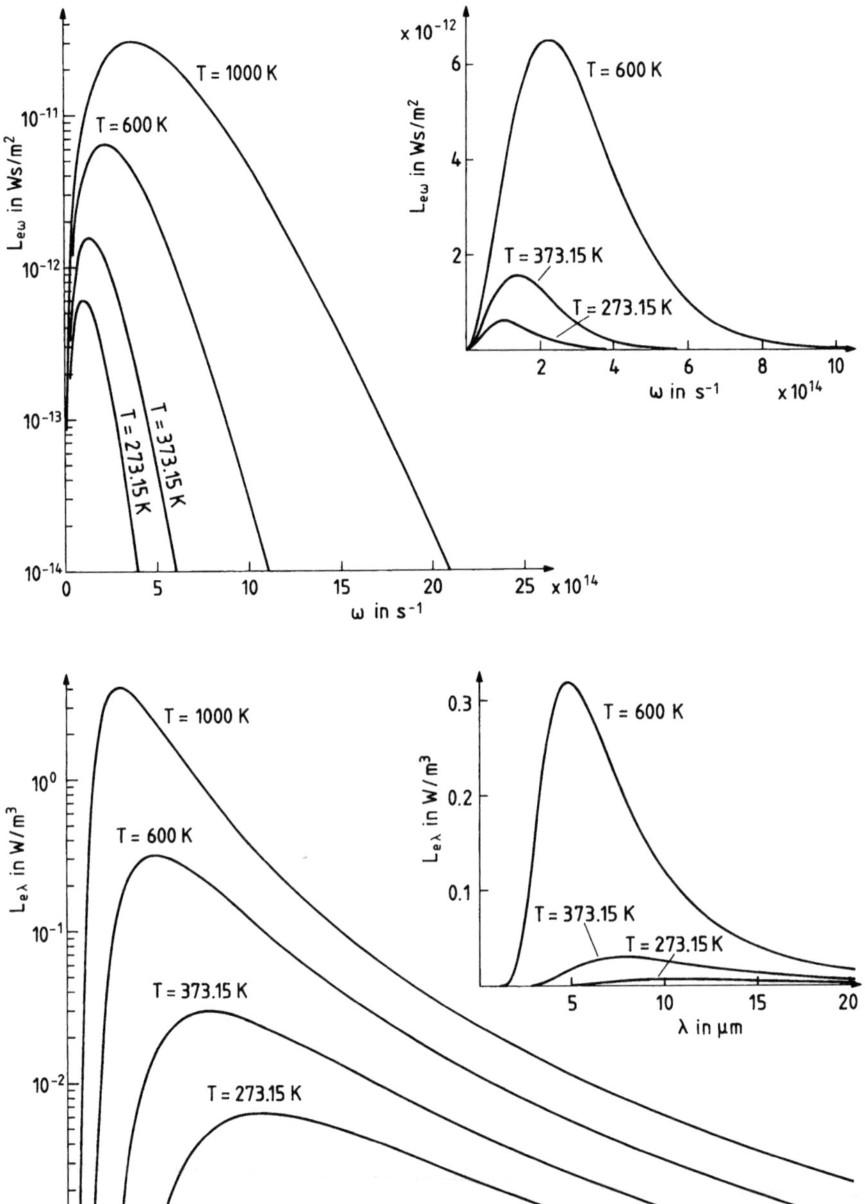

Abb. 4.1 Spektrum des schwarzen Strahlers. Oben: spektrale Strahldichte $L_{e\omega}$ als Funktion der Kreisfrequenz ω, Parameter die Temperatur T. Im Eckeinsatz lineare, sonst halblogarithmische Darstellung. Unten: spektrale Strahldichte $L_{e\lambda}$ als Funktion der Wellenlänge λ; sonst wie oben.

sache mitgeteilt sei, die spektrale Strahldichte eines schwarzen Körpers für alle Frequenzen und ebenso natürlich für alle Wellenlängen größer als null; um nicht mit dem Energiesatz und der Quantelung der Strahlungsenergie in Einheiten von

$$E = \hbar\omega \tag{4.2}$$

in Konflikt zu geraten, wollen wir stillschweigend voraussetzen, daß der Energieinhalt des gesamten schwarzen Strahlers „beliebig" groß ist.

Es soll nun dargelegt werden, wie man zu dem Gesetz kommt, nach dem der schwarze Körper strahlt *(Strahlungsgesetz)*. Dazu stellen wir uns vor, daß die Strahlung in einem Hohlraum eingeschlossen ist. Wir nehmen an, daß im Hohlraum ein harmonischer Oszillator mit der Eigenfrequenz $\omega = \omega_0$ vorhanden ist, der sich mit dem Strahlungsfeld im Gleichgewicht befindet. Den harmonischen Oszillator werden wir in anderm Zusammenhang quantenmechanisch in Abschn. IV, 2.1.4 behandeln; hier brauchen wir nur das dort abgeleitete Ergebnis der mittleren Anregungsenergie bei der Temperatur T

$$\langle E^* \rangle = \frac{\hbar\omega}{e^{\frac{\hbar\omega}{kT}} - 1} \,. \tag{4.3}$$

Des weiteren benötigen wir die Dichte der Eigenschwingungen des elektromagnetischen Feldes im Hohlraum. Das Problem ist ein Spezialfall des allgemeinen Problems, die Dichte beliebiger Eigenschwingungen oder Wellen auszurechnen, seien dies nun elektromagnetische Schwingungen oder Wellen, Teilchenwellen oder Gitterschwingungen. Wegen der großen allgemeinen Bedeutung behandeln wie das (ja zunächst nicht physikalische, sondern mathematische) Problem allgemein:

Mathematisches Intermezzo: Eigenschwingungs- und Wellendichte im Hohlraum

Wir nehmen (zunächst) einen würfelförmigen Hohlraum mit der Kantenlänge a an. Wenn wir stehende Wellen haben wollen, die von der (natürlich innen liegenden) Oberfläche nicht beeinflußt werden, müssen wir Knoten an den Begrenzungsflächen voraussetzen, entsprechend spiegelnden Oberflächen in unserem Spezialfall des elektromagnetischen Strahlungsfeldes. Die entsprechenden Bedingungen für den Wellenvektor

$$\boldsymbol{k} = k_x \boldsymbol{e}_x + k_y \boldsymbol{e}_y + k_z \boldsymbol{e}_z$$

(vgl. Abb. 4.2) sind analog zu dem in Abschn. I, 7.3.2 Gesagten

$$k_i = \frac{\pi}{a} m_i \tag{4.4}$$

($i = x, y, z$). Für großes Volumen $V = a^3$ ist es bei vorgegebenen Werten k_i sinnvoll, nach der Anzahl der Eigenschwingungen (im Zweifelsfall einer Sorte, z. B. einer bestimmten Polarisation) in i-Richtung (z. B. in x-Richtung) im Intervall Δk_i zu fragen, wobei wir Δk_i nach Gl. (4.4) aus Δm_i durch Ersetzen von k_i durch Δk_i und m_i durch Δm_i erhalten:

$$n_i = \frac{\Delta N_i}{\Delta k_i} = \frac{\Delta m_i}{\Delta k_i} = \frac{\Delta m_i \, a}{\Delta m_i \, \pi} = \frac{a}{\pi} \,. \tag{4.5}$$

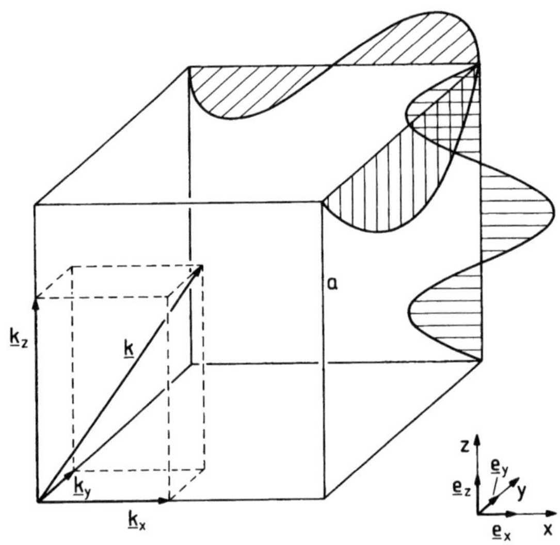

Abb. 4.2 Stehende Wellen in würfelförmigem Hohlraum. In diesem Beispiel Wellenlänge in x-, y- und z-Richtung $\lambda_x = a$, $\lambda_y = 2a$ bzw. $\lambda_z = 2a/3$, Wellenvektoren der Längen $k_x = 2\pi/a$, $k_y = \pi/a$ und $k_z = 3\pi/a$, m_i-Werte $m_x = 2$, $m_y = 1$ und $m_z = 3$; resultierender Wellenvektor $\boldsymbol{k} = (2\pi/a)\,\boldsymbol{e}_x + (\pi/a)\,\boldsymbol{e}_y + (3\pi/a)\,\boldsymbol{e}_z$.

Die Anzahl aller Eigenschwingungen im Bereich $\Delta\boldsymbol{k}$ (also im Dreidimensionalen), d. h. innerhalb Δk_x, Δk_y, Δk_z, ist dann

$$n(\boldsymbol{k}) = \frac{\Delta m_x}{\Delta k_x}\frac{\Delta m_y}{\Delta k_y}\frac{\Delta m_z}{\Delta k_z} = \frac{a^3}{\pi^3}\,.$$

Die Dichte dieser Schwingungen (Eigenschwingungsdichte) ist

$$\varrho(\boldsymbol{k}) \stackrel{\text{def}}{=} \frac{n(\boldsymbol{k})}{V} = \frac{1}{\pi^3}\,. \tag{4.6}$$

Was uns wirklich interessiert, ist aber nicht die Dichte im Wellenvektorintervall zwischen $\boldsymbol{k}$ und $\boldsymbol{k} + \Delta\boldsymbol{k}$ (also auch um eine bestimmte Richtung herum), sondern die Dichte im Intervall zwischen $k = |\boldsymbol{k}|$ und $k + \Delta k$. Wir gehen bei unserem *Wellenvektorraum* genauso wie seinerzeit (Abschn. 3.1.1) bei der Maxwellschen Geschwindigkeitsverteilung im Geschwindigkeits- oder Impulsraum vor, berücksichtigen aber, daß alle k_i größer als null sind, wir also nur ein Achtel der ganzen Kugelschale füllen, und erhalten

$$\varrho(k) \stackrel{\text{def}}{=} \frac{n(k)}{V} = \frac{1}{8}\frac{4\pi k^2}{\pi^3} = \frac{k^2}{2\pi^2}\,. \tag{4.7}$$

Wenn wir statt mit stehenden mit *laufenden Wellen* arbeiten und dabei *periodische Randbedingungen*

$$f(x, y, z) = f(x + a, y + a, z + a)$$

fordern, erhalten wir dasselbe Resultat Gl. (4.7): Zwar lauten die Randbedingungen anstelle von Gl. (4.4) nun

$$k_i = \frac{2\pi}{a}\, m_i$$

($i = x, y, z$), so daß nur halb so viele Wellen für eine $\boldsymbol{k}$-Richtung resultieren, dafür gibt es genauso viele Wellen in ($-\boldsymbol{k}$)-Richtung.

Aus Gln. (4.6) und (4.7) entnehmen wir: Die Schwingungs- und Wellendichten sind bei hinreichender Größe des Würfels vom Volumen unabhängig; die Bedingung für „hinreichende Größe“ ist die Anwendbarkeit von Gl. (4.5), also $k \ll a$. Wir können uns nun auch von unserer Voraussetzung, daß das Volumen ein Würfel sei, freimachen: Wir können ja jedes hinreichend große Volumen durch hinreichend große Würfel approximieren. Wir fassen den Sachverhalt zusammen:

- *Die Schwingungs- und Wellendichten in hinreichend großen Volumina sind von Größe und Form der Volumina unabhängig.*

Wir wollen noch zu der Eigenschwingungsdichte $\varrho(\omega)$ im Frequenzbereich zwischen ω und $\omega + \Delta\omega$ übergehen, wobei wir konstante Phasengeschwindigkeit v_{Ph} voraussetzen. Mit dem dann aus $v_{\text{Ph}} = \omega/k$ [Gl. (I, 7.46)] folgenden $\mathrm{d}k = \mathrm{d}\omega/v_{\text{Ph}}$ ergibt sich aus Gln. (4.5) und (4.7)

$$\varrho(\omega) = \frac{k^2}{2\pi}\frac{\mathrm{d}k}{\mathrm{d}\omega} = \frac{\omega^2}{\pi^2 v_{\text{Ph}}^2}\,\frac{1}{v_{\text{Ph}}} = \frac{\omega^2}{2\pi^2 v_{\text{Ph}}^3}\,. \tag{4.8}$$

Indem wir uns nun wieder der Physik, und zwar unseren Hohlraumeigenschwingungen elektromagnetischer Wellen, zuwenden, bemerken wir zunächst: Die Dichte der gesamten Eigenschwingungen ist um den Faktor 2 größer als Gl. (2.8) angibt, die ja nur für eine einzige Schwingungs- oder Wellenart abgeleitet wurde, weil das gesamte Schwingungsspektrum aus den Einzelspektren zweier senkrecht zueinander linear polarisierter Schwingungen zusammengesetzt gedacht werden kann. Wir haben also im Vakuum für elektromagnetische Wellen

$$\varrho(\omega) = \frac{\omega^2}{\pi^2 c^3} \tag{4.9}$$

mit c als der Lichtgeschwindigkeit. Jeder Eigenschwingung der Frequenz ω kommt die Energie $\langle E^* \rangle$ aus Gl. (4.3) zu; die *Energiedichte* ist also mit Gl. (4.8) für eine Schwingungsart

$$w_\omega = \frac{\omega^2}{2\pi^2 v_{\text{Ph}}^3}\,\frac{\hbar\omega}{e^{\frac{\hbar\omega}{kT}} - 1} \tag{4.10}$$

und mit Gl. (4.9) für das elektromagnetische Strahlungsfeld im Hohlraum

$$w_\omega = \frac{\hbar\omega^3}{\pi^2 c^3 (e^{\frac{\hbar\omega}{kT}} - 1)}\,. \tag{4.11}$$

$Vw(\omega)\,\mathrm{d}\omega$ ist dabei die Energie, die die Strahlung des Frequenzbandes $\mathrm{d}\omega$ im Volumen V besitzt.

Bei der obigen Schilderung des Gedankengangs, der zum Planckschen Strahlungsgesetz führt, haben wir die Summation über alle möglichen Eigenschwingungen des

Hohlraums angegeben. Das ist natürlich richtig, läßt aber einen wichtigen Punkt der Quantentheorie nicht in Erscheinung treten. Wenn wir nämlich die Summation über alle Eigenschwingungen mit der Boltzmannschen Abzählmethode vergleichen, so vermissen wir bei der Abzählung der Eigenschwingungen einen Zahlenfaktor, der aus der Permutation von zwei Eigenschwingungen hervorgeht (vgl. Abschn. 3.5.4). In der *Quantenstatistik,* die wir im Falle der Quantentheorie anwenden müssen, sind physikalische Gebilde wie *Lichtquanten,* gleiche Energie usw. natürlich vorausgesetzt, **nicht unterscheidbar;** deswegen liefert eine fiktive Vertauschung – wenn wir sie gedanklich überhaupt zulassen – keinen neuen Mikrozustand. Wir kommen auf die Statistik von Lichtquanten in Abschn. IV, 1.3.3 zurück.

Der ursprünglich von Planck eingeschlagene Weg, der ihn zu seiner Strahlungsformel führte, dem **Planckschen Strahlungsgesetz,** war ganz anders als der oben geschilderte. Planck hat in seinem Vortrag zur Nobel-Preisverleihung sein Strahlungsgesetz als „eine glücklich erratene Interpolationsformel" bezeichnet; erst etwas später hat er das Gesetz abgeleitet.

Fragen wir nach der spektralen Strahldichte $L_{e\omega}$, mit der die Wand, reflektierend oder nicht, auf jeden Fall aber im Temperaturgleichgewicht, innerhalb des Raumwinkels $d\Omega$ senkrecht in den Hohlraum strahlt, so haben wir eine andere Verteilung zu erwarten, als sie Gl. (4.11) angibt. Wir betrachten zunächst ein kleines Volumenelement ΔV im Hohlraum, das allseitig von der Hohlrauminnenwand bestrahlt wird. Mit einem Gedankengang, der sehr der Ableitung des Gaußschen Satzes in Abschn. II, 1.3.2 ähnelt, erschließen wir für die eingestrahlte Leistung

$$P^*_\omega = 4\pi L_{e\omega}\,. \tag{4.12}$$

Die elektromagnetische Strahlungsenergie bewegt sich nach Abschn. II, 3.5.1 mit der Lichtgeschwindigkeit c, und der Zusammenhang zwischen Energiedichte w_ω und eingestrahlter Leistung ist

$$w_\omega = \frac{P^*_\omega}{c} = \frac{4\pi}{c}\,L_{e\omega}\,.$$

Die spektrale Strahldichte $L_{e\omega}$, beim schwarzen Körper gleich der Emissionsdichte, ergibt sich mit Gl. (4.11) zu

$$L_{e\omega} = \frac{\hbar\omega^3}{4\pi^3c^2(e^{\frac{\hbar\omega}{kT}}-1)}\,. \tag{4.13}$$

Wegen der großen Bedeutung sei hier derselbe Zusammenhang noch einmal etwas anders dargestellt: $AL_{e\omega}\,d\Omega\,t\,d\omega$ ist diejenige Energie dW, die von der (ebenen) schwarzen Fläche A der Temperatur T im (Kreis-)Frequenzintervall zwischen ω und $\omega + d\omega$ in der Zeit t durch Temperaturstrahlung innerhalb des Raumwinkels $d\Omega$ senkrecht abgestrahlt wird. Dasselbe $L_{e\omega}\,d\omega$ gilt auf der Innenfläche eines Hohlraums, in dem Strahlung im Gleichgewicht bei der Temperatur T vorhanden ist, gleichgültig wie im einzelnen die Wand beschaffen ist. Wie schon in den Abschnitten 2.10.3 und 3.6.3 ausgeführt, erfüllt der schwarze Körper das Lambertsche Kosinusgesetz.

Wir geben noch die der Gleichung (4.13) entsprechende Formel für die auf die Wellenlänge bezogene spektrale Strahldichte des schwarzen Körpers an:

$$L_{e\lambda} = \frac{2hc^2}{\lambda^5(e^{\frac{hc}{kT\lambda}}-1)}\,. \tag{4.14}$$

Man erhält sie, da $L_{e\omega}$ und $L_{e\lambda}$ Dichten auch bezüglich der Frequenz resp. der Wellenlänge sind, durch

$$L_{e\lambda} = \left|\frac{dL_e(\lambda)}{d\lambda}\right| = \left|\frac{dL_e(\omega)}{d\omega}\frac{d\omega}{d\lambda}\right| = L_{e\omega}\frac{2\pi c}{\lambda^2}\,,$$

wobei $L_e(\lambda)$ und $L_e(\omega)$ die Strahldichte für Wellenlängen größer als das vorgegebene λ bzw. für Frequenzen größer als das vorgegebene ω ist.

$L_{e\lambda}$, die Strahldichte des schwarzen Körpers „pro Wellenlängeneinheit", hat, wie man Gl. (4.14) (und Abb. 4.1) entnimmt, ein Maximum bei einer bestimmten Wellenlänge λ_{max}. Man errechnet aus Gl. (4.14)

$$\lambda_{max}T = 2{,}898 \times 10^{-3}\,\mathrm{K\,m}\,, \tag{4.15}$$

in Worten,

- *Das Produkt aus der Wellenlänge höchster Strahlungsdichte pro Wellenlängeneinheit und der Temperatur ist konstant.*

(*Wiensches Verschiebungsgesetz,* 1893, nach W. Wien). Wir haben in Gl. (4.15) die Konstante mit ihrem Zahlenwert angegeben, da sie die Lösung einer transzendenten Gleichung ist.

Integrieren wir Gl. (4.12) über den gesamten Frequenzbereich (von null bis unendlich) und über den gesamten zugänglichen Raumwinkelbereich (von 0 bis 2π), so erhält man offensichtlich die *Gesamtstrahldichte* des *schwarzen Körpers.* Wie hier nicht vorgerechnet sei, resultiert dann Gl. (3.93), und die Proportionalitätskonstante σ, die *Stefan-Boltzmann-Konstante,* ergibt sich zu

$$\sigma = \frac{\pi^2 k^4}{60 c^2 \hbar^3} = 5{,}67 \times 10^{-8}\,\frac{\mathrm{W}}{\mathrm{K^4\,m^2}}\,,$$

wobei k die Boltzmann-Konstante und c die Lichtgeschwindigkeit bedeuten. Die Strahlungsdichte des schwarzen Körpers ist, ebenso wie das Wesentliche des Wienschen Verschiebungsgesetzes, ohne Quantenmechanik ableitbar und in der Tat vor Aufstellung der Quantentheorie auch abgeleitet worden; der Grundgedanke beider Ableitungen betrifft dabei die Wirkung, die ein bewegter Kolben auf elektromagnetische Strahlung hervorruft.

Das Spektrum des schwarzen Strahlers kann zur *Messung hoher Temperaturen* herangezogen werden (Pyrometrie, vgl. Abschn. 2.10.1). Dazu benutzt man einen schwarzen Strahler einstellbarer Temperatur, z. B. eine geeichte Wolframglühlampe, und unterlagert den zu messenden Körper. Handelt es sich bei ihm ebenfalls um einen schwarzen Strahler, so kann man ohne Ausblendung eines Spektralbereichs den Eichstrahler so einstellen, daß beide Strahlungsdichten gleich sind. Das erkennt man z. B. daran, daß der Eichstrahler unsichtbar wird (weil er in den erfaßten kleinen Raumwinkelbereich genauso viel Licht emittiert, wie ohne sein Vorhandensein emittiert würde; dieses ohne ihn sichtbare Licht wird von ihm absorbiert). Abb. 4.3 zeigt einen entsprechenden Versuch. Ist der zu untersuchende Strahler kein schwarzer Strahler, so kann man nur, eventuell für jeden interessierenden (unter Umständen sehr kleinen) Frequenzbereich, diejenige Temperatur ermitteln, die ein schwarzer Strahler gleicher Intensität hat. Dabei stört es auch nicht, wenn der zu untersuchende Körper halbdurchlässig ist, z. B. aus leuchtendem Gas (Flamme) besteht: Was der zu untersuchende Körper wegen seiner Durchlässigkeit zu wenig emittiert, wird vom (jetzt) unterlegten schwarzen Körper eben wegen derselben Durchlässigkeit

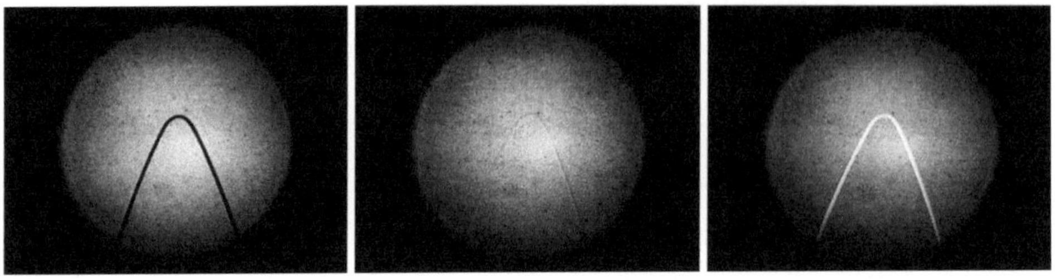

Abb. 4.3 Pyrometrischer Versuch. Geheizter Draht im Strahlengang des zu messenden Objekts. Links: Draht zu schwach geheizt. Mitte: Draht richtig geheizt. Rechts: Draht zu stark geheizt.

geliefert. Auf diese Weise erhält man die *spektrale Strahlungstemperatur (schwarze Temperatur)* T_S des Strahlers bei der betreffenden Frequenz. Sie hat meist nicht viel mit der Temperatur zu tun, auf der sich der strahlende Körper befindet.

Das pyrometrische Verfahren, so wie es bisher geschildert wurde, ergibt bei einem Strahler mit *grauem Spektrum* (grauer Strahler), d. h. gleicher Intensitätsverteilung wie beim schwarzen Strahler gleicher Temperatur, aber geringerer Leuchtdichte, eine höhere spektrale Strahlungstemperatur T_S als die tatsächliche Temperatur T. Dem kann man durch eine Modifikation des Meßverfahrens abhelfen, wobei wir der Einfachheit halber annehmen, daß der Körper lichtundurchlässig ist: Man bestrahlt den Körper, möglichst aus der Beobachtungsrichtung, mit Licht des schwarzen Körpers; das beobachtete Licht ist dann die Summe von reflektiertem und emittiertem. Ist die so beobachtete Leuchtdichte des zu untersuchenden Körpers gleich der eines schwarzen Strahlers, so haben beide tatsächlich die gleiche Temperatur T. Der Grund dafür liegt in der Gleichheit von Emissionsgrad und Absorptionsgrad, vgl. Abschn. 3.6.3.

Wir wenden uns jetzt einer *kosmologischen Anwendung* der Strahlungstheorie zu und vermerken zunächst ein experimentelles Faktum, das sich bei seiner Entdeckung verständlicherweise ungeheuren Interesses erfreute: Im Weltenraum gibt es eine **Untergrundstrahlung,** die einem schwarzen Körper von ca. $T = 3$ K entspricht. Noch aufregender als die Tatsache an sich ist ihre Verbindung zur Kosmologie: Nach der gängigen Theorie der *Weltentstehung* durch einen „Selbstschöpfungsakt" *(Urknall),* vgl. Abschnitte I, 1.2.1 und IV, 6.1.1, ist diese Strahlung aus ursprünglich viel energiereicherer Strahlung (entsprechend einer viel höheren Temperatur) durch die Ausdehnung des Weltalls vom Urknall ab zustandegekommen.

4.1.2 Photoeffekt und Fluoreszenz

Photoeffekt und Fluoreszenz sind für die Quantenphysik historisch sehr wichtig. In letzter Zeit haben beide zudem enorme technische Bedeutung erlangt.

Photoeffekt und Fluoreszenz geben beide einen wesentlich direkteren Zugang zur Quantenphysik als die Strahlung des schwarzen Körpers; bei letzterer hat „nur" der „unerbittliche" Vergleich zwischen Präzisionsmessungen einerseits und (auf der Basis damaliger Theorie) genauen Rechnungen andererseits die Diskrepanz zwischen der Wirklichkeit und der klassischen Physik aufgedeckt. Einen besonders direkten Zugang bietet der Photoeffekt. Wir wollen ihn daher zuerst behandeln.

Photoeffekt

Unter *Photoeffekt* versteht man die *Freisetzung* von *Elektronen* durch auftreffendes *Licht*. Wir haben den Effekt schon in Abschn. II, 2.3.1 kennengelernt. Wir ergänzen die damaligen Ausführungen durch die Photographien eines Versuchs, Abb. 4.4, und die kurvenmäßige Darstellung und die Auswertung der Versuchsergebnisse, Abb. 4.5.

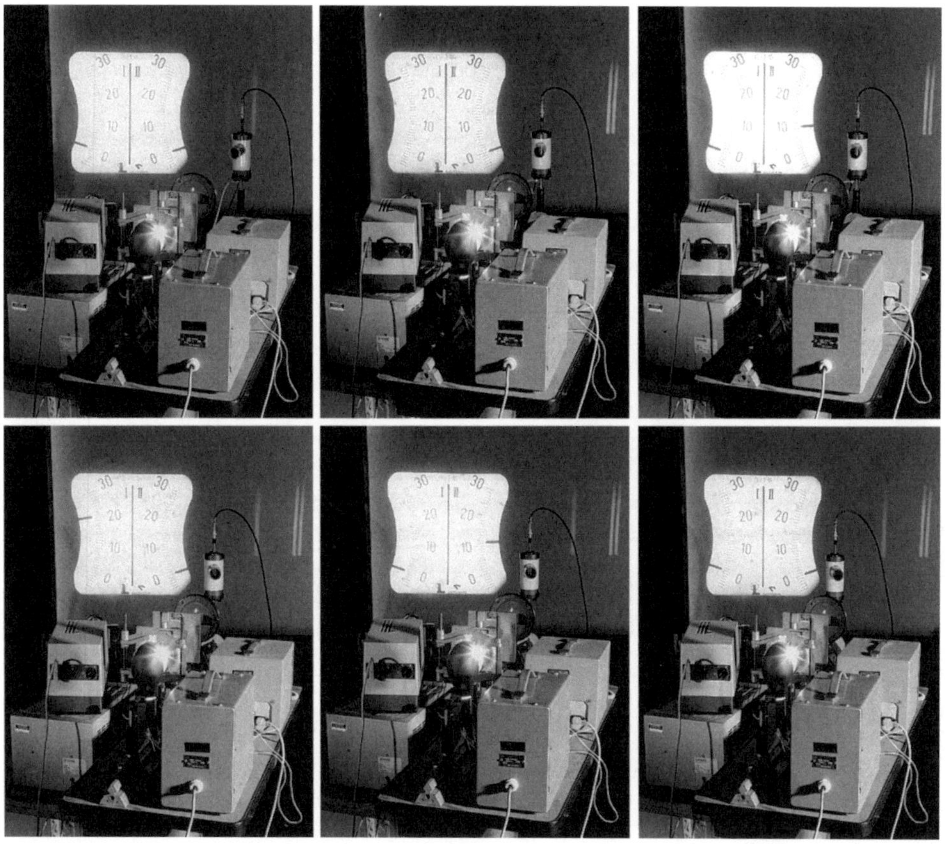

Abb. 4.4 Versuch zur Messung von h. Eine Quecksilberdampflampe (jeweils Bildmitte) durchstrahlt einen Geradsicht-Prismenspektrographen (dahinter), bei dem die hauptsächliche Lichtablenkung im ersten Prisma durch das zweite kompensiert wird bei Erhaltung der Dispersion; wesentliche Linien gelb ($\lambda = 577$ nm, $\nu = 5{,}2 \times 10^{14}$ Hz), grün (546 nm, $5{,}5 \times 10^{14}$ Hz), blau (435 nm, $6{,}9 \times 10^{14}$ Hz) und violett (405 nm, $7{,}4 \times 10^{14}$ Hz). Spektrallinien teilweise auf Schirm oben rechts sichtbar. Die Linien werden nacheinander mit einer schwenkbaren Photozelle abgetastet, an die eine Gegenspannung U angelegt werden kann (Skala II, jeweils rechts; Werte in 0,1 V). Der Strom I der Zelle wird jeweils links (Skala I) gemessen. Man positioniert zunächst ohne Gegenspannung ($U = 0$) auf maximalen Strom und stellt dann diejenige Spannung U ein, bei der I null wird. Man mißt bei der gelben (grünen; blauen; violetten) Linie Spannungen von 0,30 (0,45; 0,95; 1,15) V. Oben links: grün, $U = 0$, I (etwas) größer als null. Oben Mitte: blau, $U = 0$, $I > 0$. Oben rechts: blau, $U = 0{,}95$ V, $I = 0$. Unten links: violett, $U = 0$, $I > 0$. Unten Mitte: violett, $U = 1{,}15$ V, $I = 0$. Unten rechts: ultraviolett, $U = 0$, I (etwas) größer als null. Auswertung s. nächste Abbildung.

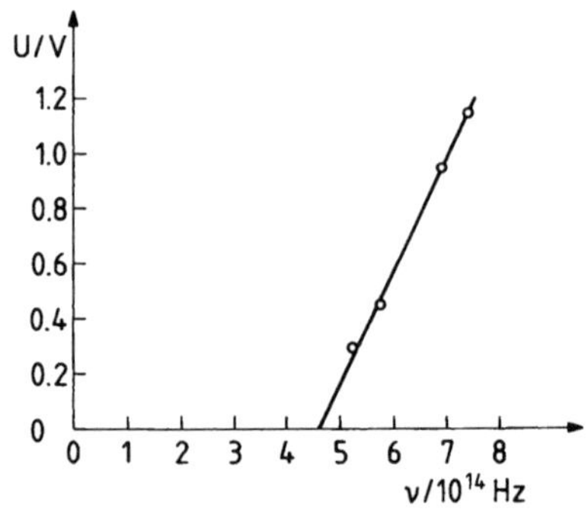

Abb. 4.5 Auswertung des Versuchs Abb. 4.4. Die Energie eines Quants ist $E = h\nu$; das Quant löst ein Elektron ab, wobei $E = eU + \Phi$ mit $T = eU$ als (maximaler) kinetischer Elektronenenergie und Φ als Austrittsarbeit gilt (s. Abschn. II, 2.3.1). Man bildet einerseits $\mathrm{d}E/\mathrm{d}\nu = h$, andererseits $\mathrm{d}E/\mathrm{d}\nu = (\mathrm{d}E/\mathrm{d}U)\,(\mathrm{d}U/\mathrm{d}\nu) = e\,\mathrm{d}U/\mathrm{d}\nu$ und erhält durch Gleichsetzen $h = e\,\mathrm{d}U/\mathrm{d}\nu$. $\mathrm{d}U/\mathrm{d}\nu$ entnimmt man aus der Abbildung zu $1{,}2\ \mathrm{V}/2{,}9 \times 10^{14}\ \mathrm{Hz}$. Also ist $h = e\ 1{,}2\ \mathrm{V}/2{,}9 \times 10^{14}\ \mathrm{Hz} = 1{,}6 \times 10^{-19}\ \mathrm{C} \times 1{,}2\ \mathrm{V}/(2{,}9 \times 10^{14}\ \mathrm{s}^{-1}) = (1{,}6 \times 10^{-19}\ \mathrm{C} \times 1{,}2\ \mathrm{Nm/C})\ \mathrm{s}/(2{,}9 \times 10^{14}) = 6{,}6 \times 10^{-34}\ \mathrm{J\ s}$.

Wir zeigen explizit, daß durch den Photoeffekt *negative* Ladung entfernt wird: In Abb. 4.6 ist ein Versuch wiedergegeben, bei dem ein Elektrometer mit angeschlossener Zinkplatte einmal positiv, das andere Mal negativ aufgeladen wird. Läßt man bei positiv geladenem Elektrometer UV-Licht auf die Zinkplatte treffen, so entlädt sich das Elektrometer trotz der Bestrahlung nicht. Wiederholt man den Versuch hingegen mit negativ aufgeladenem Elektrometer, so führt die Bestrahlung zum Zusammenbruch der Spannung am Elektrometer, also zur Entladung. Wir interpretieren den Versuch mit unserem Modell, wonach negative Teilchen (Elektronen) in beiden Fäl-

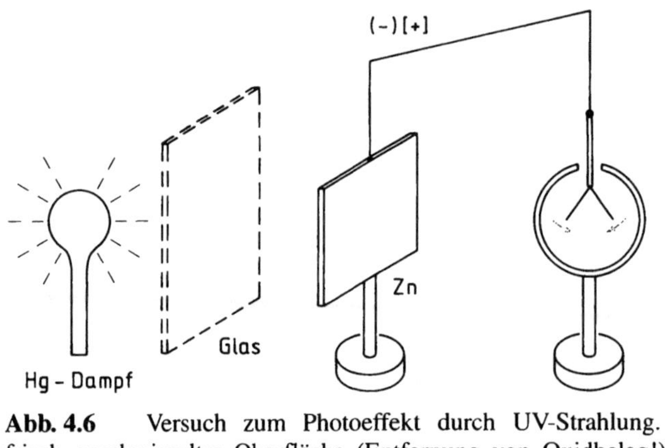

Abb. 4.6 Versuch zum Photoeffekt durch UV-Strahlung. Eine Zinkplatte mit frisch geschmirgelter Oberfläche (Entfernung von Oxidbelag!) wird einmal negativ, das andere Mal positiv aufgeladen. Ohne Beleuchtung durch die Hg-Dampflampe bleibt die Aufladung lange erhalten, ebenso bei brennender Lampe und positiver Aufladung. Bei ungehinderter Beleuchtung wird negative Aufladung schnell abgebaut; wird die Beleuchtung mit UV-Licht durch eine zwischengestellte Glasplatte verhindert, so bleibt die Aufladung ebenfalls lange erhalten.

len durch die UV-Bestrahlung aus der Zinkplatte herausgeschleudert werden. Bei positiver Aufladung werden sie jedoch durch das zwischen der Zinkplatte und ihrer auf der Spannung Null liegenden Umgebung bestehende Feld alsbald auf die Platte zurückgesaugt, während sie bei umgekehrter Aufladung im Feld beschleunigt werden und für immer verschwinden.

Wir wenden uns nun dem mehr quantitativen Experiment aus Abb. 4.4 zu und konstatieren zunächst, wie aus der Variation der Lichtintensität erschlossen: Die Grenzwerte der *Gegenspannungen* U_1 und U_2, unterhalb derer bei Einstrahlung von Licht der Frequenz ν_1 bzw. ν_2 ein Strom gemessen wird, sind unabhängig von der (nicht *zu* hohen) Lichtintensität; sie hängen dagegen von der Frequenz ν des eingestrahlten Lichts ab. Quantitativ ermittelt man experimentell die Gleichung (II, 2.31). Im Sinne der Quantentheorie deuten wir die Frequenz- und Intensitätsfunktion des Photostroms folgendermaßen:

- *Zum Herausschlagen eines Photoelektrons durch ein Lichtquant sind Lichtquanten der Mindestenergie $h\nu$ erforderlich, wobei diese Mindestenergie gleich der Austrittsarbeit, einer Materialkonstanten, ist. Übersteigt die Quantenenergie die Austrittsarbeit, so verbleibt dem Elektron eine kinetische Energie T, die es ganz oder teilweise außerhalb des Körpers davonträgt.*

In der Tat ist die durch Gl. (II, 2.31) gegebene kinetische Energie T die maximale kinetische Energie; das Elektron kann innerhalb des Körpers noch einen *Energieverlust* erleiden. Für die Intensität gilt:

- *Der Strom der Photoelektronen ist der Lichtintensität proportional.*

Einen zum (gewöhnlichen) Photoeffekt, bei dem Elektronen herausgeschlagen werden, analogen Effekt gibt es auch, freilich bei viel höheren Quantenenergien, in Atomkernen. Trifft harte Quantenstrahlung, typischerweise mit einer Quantenenergie von $\gtrapprox 8$ MeV, auf einem Atomkern, so kann ein Nukleon aus dem Kern herausgeschlagen werden: **Kernphotoeffekt.**

Es überrascht nicht, daß sich auch der Kernphotoeffekt überhaupt nicht klassisch, wohl aber quantenphysikalisch, und zwar zwanglos, erklären läßt.

Fluoreszenz

Ein nichtschwarzer Körper absorbiert nicht das gesamte auffallende Licht; sein Absorptionsgrad ist kleiner als 1. Das nichtabsorbierte Licht wird rückgestreut. Ist die Intensität des rückgestreuten Lichts geringer als die des auftreffenden, was bei allen real existierenden Körpern der Fall ist, so ist doch die Frequenz des rückgestreuten Lichts gleich der des primären. Das ist die normale Rückstreuung bei Körpern.

Es gibt jedoch auch Körper, die bei Bestrahlung mit Licht (oder allgemeiner mit elektromagnetischer Strahlung) mit anderer Frequenz emittieren als die Frequenz der elektromagnetischen Strahlung, mit der sie bestrahlt werden. Wir wollen hier Temperaturstrahlung für die Wiederemission ausdrücklich ausschließen. Insonderheit können die Körper kalt sein und trotzdem „leuchten". Mit UV-Strahlung kann man, wie jeder Diskothekbesucher weiß, tolle Leuchteffekte z. B. auf Kunststoffhemden und -blusen hervorzaubern. Wir wollen uns mit unserem physikalischen Hörsaal begnügen und rufen uns einen entsprechenden Versuch ins Gedächtnis zurück (Abb 1.3).

Wir hatten dort einen Leuchtstoffschirm aus Zinksulfid (ZnS) mit UV-Licht bestrahlt und dadurch zum Leuchten gebracht. Wir nennen die Reemission bei anderer Frequenz *Fluoreszenz*. Wie die Beobachtung lehrt, gilt das **Stokessche Gesetz:**

$$\nu_{\text{Fluoreszenz}} < \nu_{\text{primär}}\,, \qquad \lambda_{\text{Fluoreszenz}} > \lambda_{\text{primär}}\,.$$

Daraus folgt für die Quantenenergie des Fluoreszenzlichts und des primären Lichts

$$E^{\gamma}_{\text{Fluoreszenz}} < E^{\gamma}_{\text{primär}}\,.$$

Verbal faßt man zusammen:

- *Bei Fluoreszenz verschiebt sich die Frequenz zu kleineren Werten entsprechend einer kleineren Energie des Fluoreszenzlichtquants verglichen mit dem Primärquant.*

Beachtet man, daß die Energiedifferenz zwischen Primär- und Fluoreszenzlichtquant als zweites Quant (im allgemeinen nicht im sichtbaren Bereich) oder als Wärme manifest wird, stellt man fest: Der Energiesatz ist für jedes einzelne Lichtquant erfüllt.

Es soll nicht verschwiegen werden, daß auch auf Fluoreszenz beruhendes Licht beobachtet wird, das nicht dem Stokesschen Gesetz gehorcht. Man spricht von *antistokesschen Linien*. Sie treten vor allem bei Bestrahlung mit Licht sehr hoher Intensität (Laser) auf und sind leicht erklärbar (s. Abschn. IV, 1.4.10). Antistokessche Linien gibt es auch bei unelastischer Streuung von Licht (s. Abschn. IV, 2.1.5).

Photoeffekt und Fluoreszenz finden, wie schon gesagt, mannigfache Anwendung. Besonders wichtig sind die folgenden.

Photoelektronen-Vervielfacher

Der *Photoelektronen-Vervielfacher,* häufig auch *Sekundärelektronen-Vervielfacher* oder, im Jargon, (Photo-)Multiplier genannt, dient zur Umwandlung von Licht in

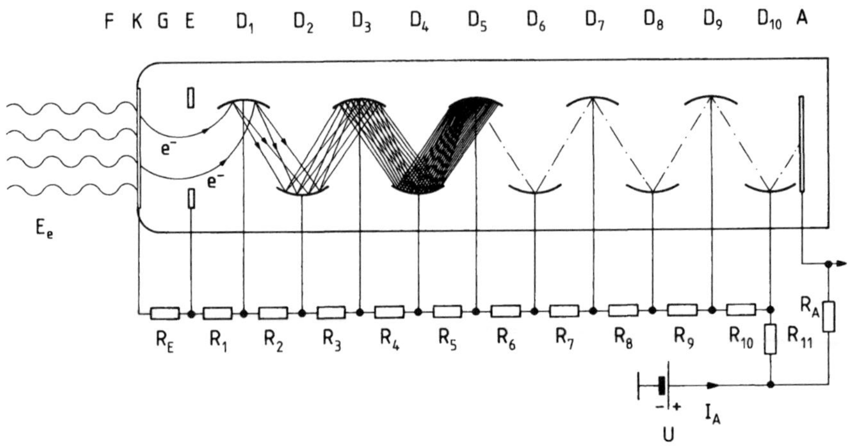

Abb. 4.7 Sekundärelektronen-Vervielfacher (schematisch). F Fenster, G evakuierter Glaskolben, K Kathode, E Fokussierungselektrode, D_1 bis D_{10} Dynode 1 bis Dynode 10, A Anode; R_E, R_1 bis R_{11} Widerstände zur Spannungsteilung; R_A Anodenwiderstand. Bei Fließen des Anodenstroms I_A fällt an R_A eine Spannung ab, die ein Maß für die eingestrahlte Lichtintensität (Bestrahlungsstärke) E_e ist.

Strom oder damit erzeugter Spannung. Das Prinzip ist in Abb. 4.7 dargestellt. Im Innern eines gut evakuierten Kolbens aus Glas, manchmal zum UV-Durchlaß mit einem Quarzfenster, befindet sich eine *Photokathode,* eine Fokussierelektrode, eine größere Anzahl von sogenannten *Dynoden* und eine *Anode*. Man legt eine Spannung an, die zwischen der Photokathode und der Anode, mit der Fokussierelektrode und den Dynoden auf Zwischenpotential, von Null auf 1 bis 2 kV ansteigt. Durch eingestrahltes Licht werden Photoelektronen aus der Photokathode geschlagen und durch die angelegten Spannungen unter Zuhilfenahme der Fokussierelektrode auf die erste Dynode gesaugt. Durch ihr Aufschlagen setzen sie Sekundärelektronen frei, die auf die zweite Dynode gesaugt werden, und so fort. Wichtig ist, daß pro auftreffendes Elektron mehr als ein Sekundärelektron herausgeschlagen wird (das auftreffende „Primärelektron" bleibt meist in der Dynode stecken). Man erreicht das, außer durch eine günstige Spannung, durch Auswahl eines geeigneten Dynodenmaterials, das zudem durch einen *Formierung* genannten Prozeß besonders effizient gemacht wird. Man braucht im Mittel ca. 5 Quanten pro Photoelektron; ein auftreffendes Elektron schlägt auf den Dynoden ca. 10 Sekundärelektronen los. Mit Spezialröhren und Spezialbehandlung, vor allem Kühlen der Photokathode, gelingt es, spontane, vor allem thermische Emission aus der Photokathode gering zu halten. So ist es möglich, wenn auch keineswegs mit der Nachweiswahrscheinlichkeit 1, **einzelne Lichtquanten nachzuweisen.** Unser Auge, das nicht mit dem Photoeffekt, sondern ganz anders arbeitet, benötigt hingegen bei Adaption an Dunkelheit 5 bis 10 Quanten praktisch gleichzeitig, um zu sehen (Abschn. 1.7.1).

Abb. 4.8 Sekundärelektronen-Vervielfacher (Typ: RTC XP11 10).

Abb. 4.8 zeigt einen Photoelektronen-Vervielfacher. Für den praktischen Betrieb ist die Abschirmung gegen Magnetfelder wichtig; schon das Erdfeld würde sich sehr störend auswirken.

Bildwandler

Bildwandler sind Geräte, die ein Bild, das mit irgendwelcher Strahlung erzeugt wird, durch eine Abbildung in ein anderes Bild verwandeln, das als Strahlenquelle wirkt und *andere Strahlung* als die primäre emittiert. Ein einfacher Fluoreszenzschirm, der z. B. Röntgenstrahlung absorbiert und sichtbares Licht emittiert, ist in diesem Sinne kein Bildwandler, weil zwischen Primär- und Sekundärbild keine Abbildung geschaltet ist.

Einen einfachen Bildwandler erhält man, wenn man eine Photokathode mittels der Photoelektronen auf einen Fluoreszenzschirm abbildet, der seinerseits sichtbares Licht emittiert. Abb. 4.9 zeigt schematisch mögliche Ausführungsformen.

Fernsehkameras mit ihren eingebauten kleinen Monitorschirmen oder, wenn man so will, mit den etwa bei einer Liveübertragung angeschlossenen Fernsehempfängern stellen ebenfalls einen Bildwandler dar (man stoße sich nicht daran, daß bei idealer

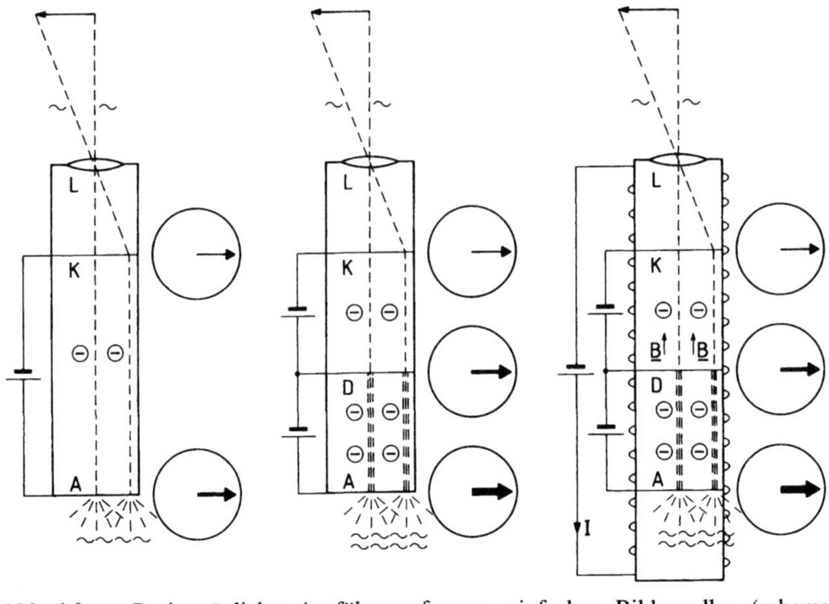

Abb. 4.9 Drei mögliche Ausführungsformen einfacher Bildwandler (schematisch). L (optische) Linse, K Photokathode, A Anode (Fluoreszenzschirm), D Dynode. Wellenstrahlung mit $\sim$ bezeichnet, Elektronen mit $\ominus$. Jeweils rechts neben der Kathoden-, Dynoden- und Anodenebene die entsprechenden Bilder des Gegenstands (Pfeil) symbolisiert, Strichstärke als Intensitätsmaß. Links: einfachste Form, nur mit Photokathode und fluoreszierender Anode. Mitte: mit zwischengeschalteter Dynode zur Sekundärelektronen-Vervielfachung. Rechts: mit zusätzlicher Spule zur Erzeugung eines homogenen longitudinalen Magnetfelds $\boldsymbol{B}$ zwecks Elektronensammlung und somit schärferer Abbildung; Elektronenbewegung auf schraubenähnlicher Bahn mit Schraubenachse in Richtung von $\boldsymbol{B}$ (s. Abschn. II, 2.5.2).

Wiedergabe das vom Bildschirm emittierte Licht dieselbe Farbe wie das vom Objekt emittierte hat). Es ist hier sicher nicht der Ort, Fernsehtechnik im Detail zu beschreiben. Wir wollen jedoch kurz das Prinzip dieser Art von Bildwandlern skizzieren. Mittels sichtbaren Lichts wird das Objekt auf eine Photokathode abgebildet, auf der Ladung freigesetzt wird. Die Kathode wird nach Art eines *Rasters* mit einem Elektronenstrahl *abgetastet,* so daß die Ladung wieder neutralisiert wird. Die dazu jeweils nötige Ladung q liefert ein Signal, das elektronisch verstärkt wird und seinerseits im *Wiedergabeteil* die Intensität eines Elektronenstrahls steuert, der auf einen Leuchtschirm (Fluoreszenzschirm), den *Bildschirm,* fällt. Beide Elektronenstrahlen sind *synchronisiert.*

Bildet man nicht mit sichtbarem Licht, sondern mit Ultrarot ab, das Nebel gut durchdringt und von Antriebsaggregaten, z. B. Strahltriebwerken, emittiert wird (Wärmestrahlung!), so hat man ein auch nachts waches Ultrarot-„Auge". Nimmt man zur Erzeugung des primären Bildes Röntgenstrahlen, so entsteht ein in der Medizin mehr und mehr an Bedeutung gewinnender *Röntgenbildwandler,* der gegenüber normalem Röntgenfilm, auch mit *Verstärkerfolie,* den Vorteil wesentlich größerer Empfindlichkeit und deswegen geringerer Strahlenbelastung hat; über Röntgenbildwandler vgl. auch Abschn. 2.5.2.

Photoelement

Als *Photoelement* oder *Photozelle* bezeichnet man ein Bauelement, das bei Bestrahlung mit *Licht* eine *elektrische Spannung* und, bei Herstellung einer leitenden Verbindung zwischen den beiden Ausgangselektroden, *elektrischen Strom* liefert. Photoelemente, so wie sie heutzutage meistens gebaut werden, beruhen auf einem **lichtelektrischen Effekt,** der dem am Anfang dieses Abschnitts geschilderten Photoeffekt sehr ähnlich ist: Durch die Lichteinstrahlung werden Ladungsträger aus dem Valenzband eines *Halbleiters* in das Leitungsband gehoben (vgl. Abschn. II, 2.1.6). Durch die Anhäufung von Ladungsträgern auf höherem Energieniveau (und die gleichzeitige Verarmung an Ladungsträgern auf tieferem) entstehen Spannung und Strom.

In der Anfangszeit der „elektrischen Belichtungsmesser", wie sie für die Photographie benutzt werden, hat man den Strom aus einem Photoelement als Maß für die Intensität des auffallenden Lichtes gewählt; heute sind diese Photozellen meist durch lichtempfindliche passive Bauelemente (vorzugsweise Photodioden) ersetzt, die zu ihrem Betrieb eine Batterie benötigen.

In den letzten Jahren hat sich dagegen ein neues Anwendungsgebiet der Photoelemente aufgetan: die **Photovoltaik,** die Erzeugung elektrischer Energie aus (großflächigen) Photoelementen oder Batterien von Photoelementen, das Wort Batterie hier im Sinne von „Zusammengestelltem" gebraucht. Dazu benutzt man als *Halbleiter* gern *Silicium* (Si). Neben kristallinem wird auch amorphes Si verwendet. Andere Elemente oder Verbindungen sind möglich; die Entwicklung steht erst am Anfang. Hauptschwierigkeit ist, den Preis pro installiertem kW (oder auch, da die Lebensdauer begrenzt ist, pro installierter kWh) so zu drücken, daß diese Form der Erzeugung elektrischer Energie in etwa konkurrenzfähig mit den mehr konventionellen Formen wird.

4.1.3 Compton-Effekt

Der *Compton-Effekt,* entdeckt (1923) von dem amerikanischen Physiker A. Compton (1892–1962), besteht in der *Streuung* eines γ-*Quants* an einem *Elektron.* Im Gegensatz zum Photoeffekt, durch den das γ-Quant absorbiert wird, „überlebt" es beim Compton-Effekt den Prozeß, wenn auch „geschwächt". Es vermindert seine Energie, so daß bei dem Streuprozeß Energie- und Impulssatz erfüllt sind, wie experimentell (1925) durch den deutschen Physiker Walter Bothe (1891–1957) nachgewiesen wurde; dieses Experiment war nicht nur für die damalige Grundlagenphysik von großem Interesse (es war die Vermutung aufgestellt worden, beim Compton-Effekt seien Energie- und Impulssatz nur im Mittel, nicht aber im Einzelprozeß gültig), sondern auch für die physikalische Meßtechnik von überaus großer Bedeutung: Es war das erste **Koinzidenzexperiment,** bei dem das *zeitliche Zusammenfallen,* eben die *Koinzidenz* von zwei Einzelprozessen (Nachweis des gestreuten Quants, Nachweis des herausgeschlagenen Elektrons) bewiesen und zur Interpretation des Gesamtprozesses, nämlich des Compton-Effekts, benutzt wurde.

Die Energiebilanz des Compton-Effekts, bei dem man das Elektron auch vor der Streuung als (praktisch) freies Teilchen ansieht, ist

$$E_\gamma = E_e + E'_\gamma ,$$

Abb. 4.10 Versuch zum Compton-Effekt. Compton-Streuung an halbkreisförmigem Aluminiumblech. Radioaktive Quelle (^{241}Am) links innen am Blech, Detektor (Szintillationszähler), mit Stativ und Klammer gehalten, rechts innen am Blech, zwischen Quelle und Detektor Abschirmung gegen die direkte Bestrahlung des Detektors; Impulshöhenspektrum (ungefähr entsprechend dem Energiespektrum) auf dem Bildschirm des Vielkanalanalysators sichtbar. Vorne die Bedienungstastatur des Analysators, letzterer im wesentlichen bestehend aus einem Analog-zu-digital-Wandler („Konverter") (ADC) und einem Personalcomputer (PC). Primäre Quantenstrahlung von 60 keV, Compton-Streuung – unabhängig vom Ort des Streuprozesses – näherungsweise stets um 90°, dadurch eine einzige Compton-Linie. Auf dem Bildschirm zwei Versuchsergebnisse gespeichert: in separatem Versuch gemessene ungestreute Linie (Maximum, „*Peak*", durch senkrechte Linie betont) und gestreute Linie geringerer Energie (links neben der ungestreuten Linie).

wobei E_γ die Energie des Quants vor der Streuung, E_e die kinetische Energie des Elektrons nach der Streuung und E'_γ die Energie des γ-Quants nach der Streuung bedeuten. Entsprechend lautet die Impulsbilanz

$$\boldsymbol{p}_\gamma = \boldsymbol{p}_e + \boldsymbol{p}'_\gamma .$$

Benutzt man Energie- und Impulssatz, so kann man die Elektronenenergie als Funktion der Emissionsrichtung des Elektrons mit den Vorstellungen der klassischen (relativistischen) Mechanik ausrechnen. Der Compton-Effekt demonstriert so ausgesprochen direkt und eindrucksvoll den *Impuls* eines *γ-Quants,* Gl. (II, 4.26).

Abb. 4.10 zeigt einen Versuch zum Nachweis des Compton-Effekts.

4.1.4 Paarbildung und Vernichtung

Sehr summarisch gesprochen besteht die *Paarbildung* in der *Umwandlung* eines *γ-Quants* in ein *Elektronenpaar:*

$$\gamma \to e^+ + e^- . \tag{4.16}$$

Dieser Prozeß ist jedoch im Vakuum unmöglich. Energie- und Impulssatz lassen sich nicht gleichzeitig erfüllen. Wie man Gl. (II, 4.24) entnimmt, ist nämlich für jedes Teilchen mit nichtverschwindender Ruhemasse m_0 der Impuls kleiner als bei einem γ-Quant gleicher Energie ($m_0 = 0$). Erfüllt man in Gl. (4.16) also die Energiebilanz, so ist der Gesamtimpuls auf der rechten Seite selbst bei Emission beider Teilchen in dieselbe Richtung kleiner als der Impuls der *γ-Quants* auf der linken Seite. Abhilfe bringt hier ein drittes Teilchen, das schon vor der Paarbildung vorhanden war und die Impulsbilanz in Ordnung bringt. Besonders effektiv und in ihrer Wirkungsweise durchsichtig sind *Atomkerne,* mit deren starkem Coulomb-Feld das entstehende Elektronenpaar wechselwirkt. Wenn man nicht sehr genau rechnet, spielt die Energie, die der Kern bei der Impulsaufnahme ebenfalls aufnimmt, wegen der großen Kernmasse keine Rolle. Man hat dann als Energiebilanz

$$E_\gamma = W^+ + W^- , \tag{4.17}$$

wobei W^+ und W^- die jeweilige Gesamtenergie von Positron bzw. Negatron (einschließlich Ruheenergie) bezeichnen. In Parenthese sei vermerkt: Paarbildung findet auch an atomaren Elektronen statt. Wegen der kleineren Ladung ist der Wirkungsquerschnitt (vgl. Abschn. II, 3.7.1) hier aber wesentlich geringer, und die vom atomaren Elektron aufgenommene Energie darf auch nicht so großzügig vernachlässigt werden.

Legt man die Energiebilanz Gl. (4.17) zugrunde, so erkennt man, daß für Paarbildung eine *Mindestenergie,* auch **Schwelle** oder *Schwellenenergie* genannt, nötig ist, damit Paarbildung überhaupt stattfinden kann; unterhalb der Schwelle ist der Prozeß aus Energiegründen unmöglich. Es muß mindestens die Ruheenergie beider Elektronen aufgebracht werden. Die Ruheenergie eines Elektrons ist

$$W_0 = E_0 = m_0 c^2 = 0{,}51\,\text{MeV} .$$

Die Schwelle liegt also bei

$$E_\gamma^{\min} = 2E_0 = 1{,}02\,\text{MeV} .$$

Positrons

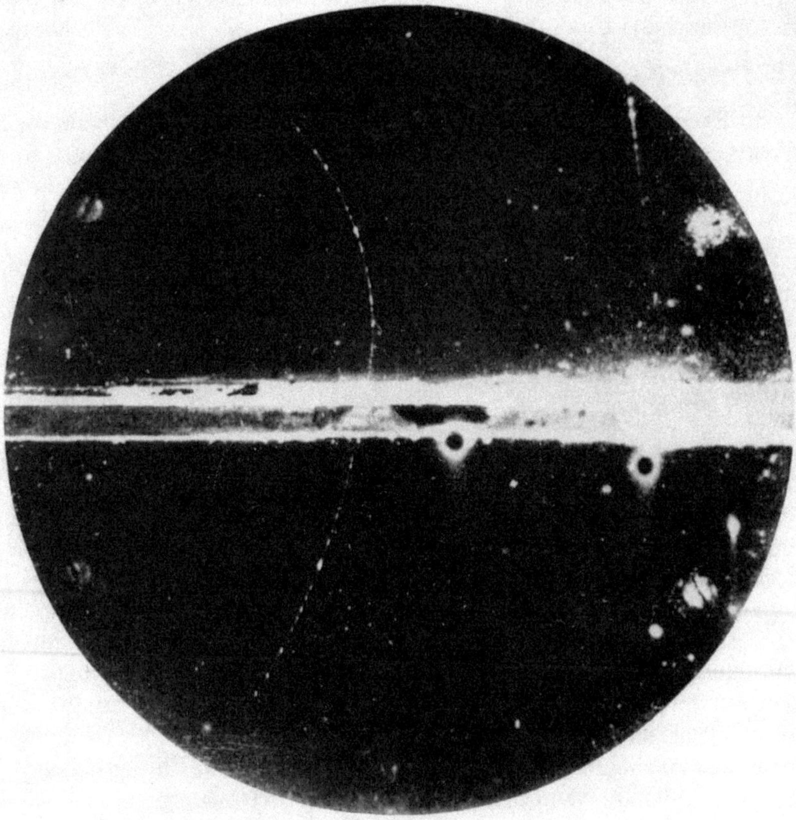

Fig. 46. C. D. Anderson, Phys. Rev. 43, 491 (1933).

Abb. 4.11 Positron. Wiedergabe der Originalaufnahme, die zur Entdeckung des Teilchens als positives Elektron (durch seine Bahnkrümmung im Magnetfeld) führte.

Abb. 4.11 zeigt eine Nebelkammeraufnahme von einem Positron, das durch Paarbildung aufgrund von kosmischer Strahlung, s. Abschn. II, 4.7.6, entstanden ist; die Teilchenbahnen zeichnen sich als Tröpfchenspur (Nebelspur) infolge Kondensation an Ionen, die die Rolle der Kondensationskeime übernehmen, ab (Entstehung der Ionen beim Durchgang der geladenen Teilchen durch das Gas der Kammer). Die Abbildung gibt die Originalaufnahme der Entdeckung des Positrons (1932), des zuerst entdeckten Antiteilchens, wieder. Nebelkammern sind heute veraltet.

Ebenso wie ein γ-Quant im Kernfeld ein Negatron-Positron-Paar erzeugen kann, kann ein solches Paar ein γ-Quant erzeugen. Diesen Prozeß nennt man **Vernichtung** oder *Paarvernichtung,* obgleich es sich in Wirklichkeit um eine Umwandlung handelt. Da bei dem Prozeß

$$e^+ + e^- \rightarrow \gamma$$

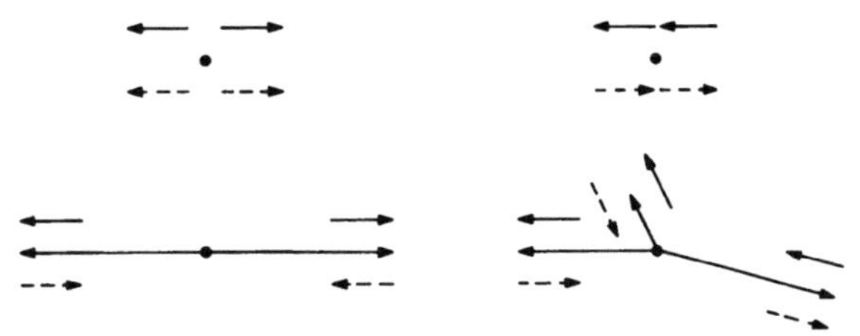

Abb. 4.12 Vernichtung eines Negatron-Positron-Paares ($e^+ - e^-$-Paares) in Ruhe. Oben: (lineare) Impulse null, Drehimpulse kurze Pfeile. Unten: vom Ort des Paares (voller Kreis) die γ-Impulse gezeichnet; neben den Impulsen die γ-Drehimpulse („Spins", vgl. Abschn. IV, 1.2.3). Ausgezogene Drehimpulspfeile oben gehören zu ausgezogenen unten; entsprechend bei gestrichelten. Ausgezogene (gestrichelte) Drehimpulse in den unteren Zeichnungen entsprechen rechtszirkular (linkszirkular) polarisierter γ-Strahlung. Oben: vor der Vernichtung, Negatron-Positron-Paar mit Impuls null und antiparallelen bzw. parallelen Drehimpulsen (links bzw. rechts). Unten: nach der Vernichtung, γ-Quanten mit Impulsen und Drehimpulsen. Links: Zwei-Quanten-Vernichtung; rechts: Drei-Quanten-Vernichtung. Bei der Zwei-Quanten-Vernichtung beide Elektronendrehimpulse (Elektron: Negatron oder Positron!) antiparallel zueinander (ausgezogene und gestrichelte Drehimpulszeichnungen links oben identisch). Bei der Drei-Quanten-Vernichtung zwei Quanten rechtszirkular, das dritte linkszirkular polarisiert, oder umgekehrt; alle drei Quanten koplanar.

nur ein Quant entsteht, spricht man von **Einquantenvernichtung.** Als Umkehrprozeß zur Paarbildung benötigt er ebenfalls die Mithilfe eines Partners, der die Impulsbilanz in Ordnung bringt. Besonders effektiv sind schwere Atomkerne. Günstig ist aus Phasenraumgründen hohe γ-Energie.

Läßt man Positronen nicht zu hoher Energie auf Materie fallen, so werden sie schnell abgebremst und zerstrahlen überwiegend durch **Zweiquantenvernichtung:**

$$e^+ + e^- \rightarrow 2\gamma\,. \tag{4.18}$$

Das kann im Fluge oder in Ruhe geschehen. Sind beide Elektronen vor der Vernichtung in Ruhe, so muß ohne zusätzliche Partner aus Energie- und Impulsgründen ein Paar gleicher γ-Quanten entstehen. Jedes Quant trägt dabei die Ruheenergie eines Elektrons, also 0,51 MeV, fort. Die Quanten werden in entgegengesetzter Richtung emittiert. Da dieser Prozeß keinen weiteren Partner erfordert und die langsamen Positronen aus Energiegründen nicht in ein starkes Coulomb-Feld eindringen können, ist die Zweiquantenvernichtung sehr häufig, während die Einquantenvernichtung außer bei sehr hohen Positronen-Energien vernachlässigbar ist.

Für die Vernichtung ist neben Energie- und Impulssatz auch der Drehimpulssatz wichtig. Die *Drehimpulserhaltung* im Prozeß (4.18) erfordert den gleichen Drehimpuls auf der linken und rechten Seite. Ein Negatron-Positron-Paar kann, wie wir in Abschn. IV, 1.3.4 näher sehen werden, nur einen ganzzahligen Drehimpuls haben (in Einheiten von $\hbar$). Ist insbesondere der Gesamtdrehimpuls auf der linken Seite null, so muß er es auch auf der rechten Seite sein. Jedes γ-Quant hat den Drehimpuls 1, also müssen die Drehimpulse antiparallel sein (Abb. 4.12). Stehen die beiden Elektronendrehimpulse parallel und ist der Gesamtdrehimpuls des Elektronensystems eins, so ist die Vernichtung (Zerstrahlung) in zwei γ-Quanten nicht möglich. Möglich ist hingegen die Zerstrahlung in drei γ-Quanten:

$$e^+ + e^- \rightarrow 3\gamma \tag{4.19}$$

(wenn der Drehimpuls des γ-Quants nicht schon vorher bekannt gewesen wäre, hätte man ihn aus der Positronenvernichtung erschließen können). Bei dem Gesamtimpuls (nicht: Drehimpuls) Null auf der linken Seite muß auch der Gesamtimpuls auf der rechten Seite verschwinden. Deswegen müssen die drei Quanten *koplanar* sein, d.h. in einer gemeinsamen Ebene liegen. Die Energie kann sich ungleichmäßig auf die drei Quanten verteilen. In praxi ist die *Dreiquantenvernichtung* viel seltener als die Zweiquantenvernichtung.

Zweiquantenvernichtung wird zur *Positronenemissions-Tomographie* („PET“) benutzt. Abb. 4.13 zeigt ein Beispiel aus der Medizin.

Energiereiche γ-Strahlung, die auf Materie trifft, wird Elektronenpaare erzeugen, die vor allem durch Bremsstrahlung wieder Quanten produzieren. Diese sekundären

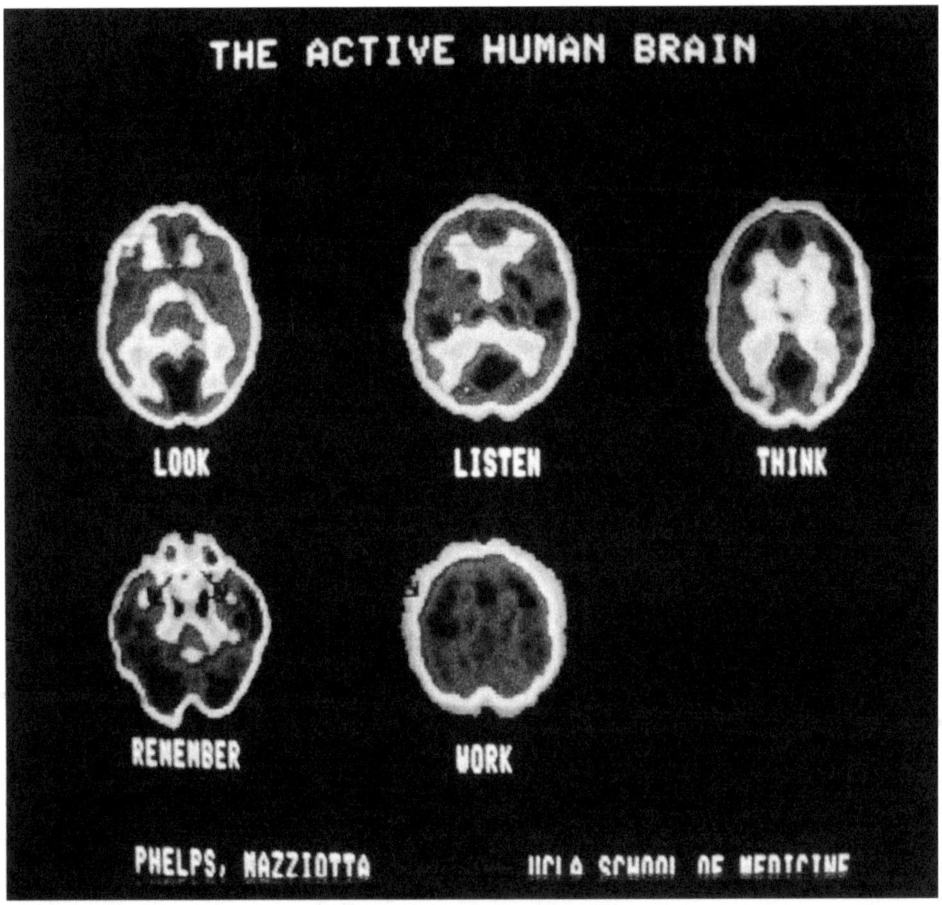

Abb. 4.13 Verteilung einer Positronen-radioaktiven Substanz im Gehirn als Funktion der Gehirntätigkeit. Schwarz-Weiß-Wiedergabe eines Ausdrucks in *Falschfarben* (Falschfarben hier: Farbe als Maß für die Intensität).

Quanten produzieren sekundäre Paare, was zu tertiären Quanten führt, und so fort. Ähnliches passiert, wenn ein einzelnes schnelles Elektron auf Materie trifft. Solche *Paarbildung* und *Bremsstrahlungserzeugung* in *Kaskade* führen zu einem **Schauer.**

Bisher haben wir über Paarbildung durch real existierende γ-Quanten gesprochen. *Virtuelle Paarbildung* ist auch möglich: Strahlungskorrekturen treten, wie uns die Quantenelektrodynamik lehrt, bei vielen Prozessen und in vielen Zuständen auf, bei denen die elektromagnetische Wechselwirkung eine Rolle spielt. Zwei davon, die *Vakuumpolarisation* bei atomaren Niveaus und die *Delbrück-Streuung* von Licht und γ-Quanten (vgl. Abschnitte II, 1.2.2 und 1.2.1), sind uns schon begegnet.

4.1.5 Franck-Hertz-Versuch

Der *Franck-Hertz-Versuch,* ausgeführt (1914) von den deutschen Physikern James Franck (1882–1964) und Gustav Hertz (1887–1975), zeigte direkt die *quantenhafte Aufnahme* von direkt meßbarer *Energie* in einem *Atom.* Das Prinzip ist einfach: Man führt einem Elektron mit einem elektrischen Feld Energie zu und mißt den Energieverlust, den das Elektron in einem mit Gasatomen gefüllten Volumen erleidet. Abb. 4.14 stellt die Anordnung dar und erklärt das Meßprinzip; die Elektronenröhre ist eine gasgefüllte Triode (vgl. Abschn. II, 2.13.3). Erhöht man die zwischen Kathode und Gitter liegende Spannung U_G, so steigt zunächst der über die Anode abfließende Strom I_A an; I_A ist als Funktion von U_G auf dem Oszilloskopschirm sichtbar. Bei Überschreiten einer gewissen Spannung fällt hingegen I_A mit wachsendem U_G; erst nach Durchschreiten eines Minimums haben wir wieder einen Anstieg, der ähnlich wie zwischen Null und dem ersten Maximum aussieht. Dieses Spiel läßt sich

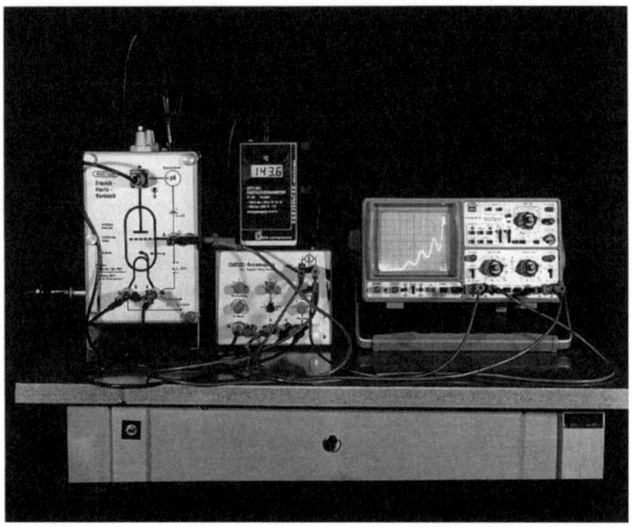

Abb. 4.14 Franck-Hertz-Apparatur in Betrieb. Links mit Hg-Dampf gefüllte Triode im Ofen, in der Mitte unten Netzgerät und oben Anzeigegerät für die Temperatur im Ofen, rechts Oszilloskop mit ständig durchgefahrener Kurve Anodenstrom I_A als Funktion von Gitterspannung U_G.

noch einige Male wiederholen. Die Abstände $\Delta U = U_G^{(k+1)} - U_G^{(k)}$, $k = 1, 2, \ldots$, zwischen den Maxima erweisen sich als konstant. Man hat mit Hg als Füllgas, wenn E die Elektronenenergie bezeichnet,

$$\Delta E = E_2 - E_1 = -q\,\Delta U\,,$$

wobei ΔE als *Energieverlust* eines Elektrons durch *Stoß* mit einem Hg-Atom zu deuten ist. Für Hg mißt man $\Delta U = 4{,}9$ V. Ebenso weiß man, daß es in Hg eine UV-Linie gibt, der eine Quantenenergie von 4,9 eV entspricht.

Wir haben in diesem Kapitel eine Reihe von Phänomenen zusammengestellt, die sich quantentheoretisch zwanglos, klassisch aber entweder überhaupt nicht oder nur unter Aufbau sehr gekünstelter Gedankengebilde erklären lassen. Man könnte die Liste beinahe beliebig fortsetzen. Wir haben uns hier auf Beispiele beschränkt, die entweder historisch sehr wichtig sind oder aber den Quantencharakter der elektromagnetischen Strahlung sehr überzeugend demonstrieren.

4.2 Wellencharakter von Materie

4.2.1 Wellencharakter von Korpuskularstrahlung

Bevor wir uns mit dem Wellencharakter von Korpuskularstrahlung vertraut machen, wollen wir die *früher* übliche Anschauung über den *Unterschied* zwischen *Wellenstrahlung* und *Korpuskularstrahlung* herausstellen: Wellenstrahlung zeigt Interferenz, Korpuskularstrahlung hingegen nicht. Es war eine große Überraschung für die Physiker, als sich herausstellte, daß diese Ansicht falsch ist.

Kehren wir aber zunächst zur klassischen Betrachtung zurück. Die Interferenzerscheinungen bei Licht waren schon lange vor Aufstellung der Maxwellschen Theorie bekannt, und der Wellencharakter von Licht gesichertes Gut der Physiker. Materie stellte man sich jedoch als aus Teilchen bestehend vor, die sich wie harte Kugeln (Modellvorstellung z. B. für Edelgasatome) verhalten. Anhäufung von kondensierter Materie bestand dann im Übereinanderpacken dieser kleinen Stücke; für irgendwelche Interferenzerscheinungen war kein Platz.

Wir wollen ein falsches Gegenbeispiel für eine „Interferenzerscheinung" bei Korpuskularstrahlen bringen: Die Vernichtung eines Elektronenpaares unter gleichzeitiger „Schaffung" eines γ-Quantenpaares, Gl. (4.18), hat nichts mit Interferenz zu tun, sondern stellt die Umwandlung von „Masseenergie" in elektromagnetische Energie dar (wir bestehen aber darauf, daß die bei Zerstrahlung von Materie entstehende Vernichtungsstrahlung den Quantencharakter elektromagnetischer Strahlung untermauert).

Er soll jetzt an einem gültigen Beispiel erläutert werden, was wir unter Wellencharakter von Materiestrahlung zu verstehen haben. In Abb. 4.15 sind eine Neutronenquelle und ein Doppelspalt gezeichnet. Die Neutronenquelle möge monoenergetische Neutronen (n) emittieren, und die durchgelassenen Neutronen werden registriert. Man kann den Vesuch, der hier nur als Gedankenversuch gebracht werden soll, wirklich ausführen, indem man als n-Quelle einen Reaktor mit angeschlossenem Monochromator, vgl. Abschn. IV, 3.2.4, und zum Registrieren einen schmalen Neutronendetektor nimmt, mit dem man die Intensitätsverteilung der Neutronen durch Abfahren ermittelt. Wir machen den Versuch im einzelnen auf folgende drei Arten:

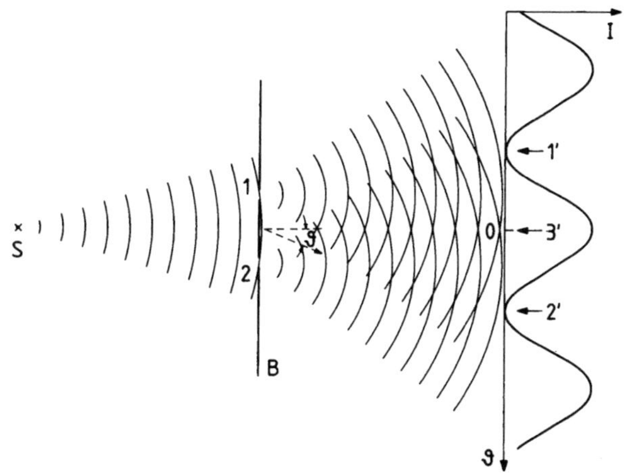

Abb. 4.15 Doppelspaltversuch mit Neutronen. S Neutronenquelle, B Blende mit Doppelspalt. Im Diagramm rechts Intensität I als Funktion des Beugungswinkels ϑ. S. auch Text.

1) Der Spalt 1 ist offen und der Spalt 2 zu. Wir beobachten am Ort 1′, der in gerader Verlängerung der Linie n-Quelle und Spalt 1 liegt, von Zeit zu Zeit ein Neutron, am Ort 3′ aber praktisch nie.
2) Wir wiederholen den Versuch mit dem Spalt 2 und dem Ort 2′. Das Ergebnis ist ganz analog zu dem von Versuch 1.
3) Wir machen die Spalte 1 und 2 gleichzeitig auf. Bei richtiger Wahl der Geometrie, die wir erst später nach Studium von Abschn. 4.2.3 unter Hinzuziehung von Abschn. 2.1.4 ermitteln können, die wir aber im Augenblick als gegeben annehmen wollen, messen wir in den Orten 1′ und 2′ keine Neutronen mehr, dagegen am Ort 3′. Indem wir die Versuche quantitativ machen, stellen wir bei gleicher Größe der Spalte fest: Im dritten Versuch finden wir die vierfache Neutronenintensität im Punkt 3′ verglichen mit der bei Versuch 1 in 1′ und verglichen mit der bei Versuch 2 in 2′. Insgesamt haben wir Erscheinungen, die uns sehr stark an unseren Versuch mit dem *optischen* Doppelspalt in Abschn. 2.1.4 erinnern.

Historisch wurde der Wellencharakter von Korpuskularstrahlung zuerst (1926) von Davisson und Germer nachgewiesen, s. Abschn. 2.4.2. Sie konnten dabei auf die im Entstehen begriffene **Wellenmechanik,** eine Formulierung der *Quantenmechanik,* und den schon etwas älteren Vorschlag (1924) des französischen Physikers Louis de Broglie (1892–1987) zurückgreifen, jedem bewegten Teilchen eine bestimmte Wellenlänge zuzuordnen (s. Abschn. 4.2.3). Sie beobachteten starke, quasiperiodische Änderungen der Intensität als Funktion vom Streuwinkel, ähnlich wie bei Laue-Diagrammen mit Röntgenstrahlung (Abschn. 2.4.1).

Wir rufen uns die Elektronenbeugung nach dem Debye-Scherrer-Verfahren (Abschn. 2.4.2) an polykristallinem Graphit ins Gedächtnis zurück (Abb. 2.56). Man sieht die für diese Beugungsart charakteristischen Ringe.

Ein weiteres historisch sehr wichtiges Beispiel, das den Wellencharakter der Materie, wenn auch indirekt, aufzeigt, liefert der **radioaktive α-Zerfall.** Wie aus der Schulphysik bekannt, besteht er in der Emission eines α-Teilchens, also eines He-

Atomkerns der Massenzahl 4, von einem schweren Atomkern. In den zwanziger Jahren, in denen die „moderne“ Quantenmechanik geschaffen wurde, die die „ältere“ Quantenmechanik (s. nächsten Abschnitt) ablöste, war α-Radioaktivität bei in der Natur vorkommenden schweren Elementen bekannt **(„natürliche Radioaktivität“).** Man hatte eine merkwürdige Beziehung zwischen der Halbwertzeit der Aktivität (s. Abschn. IV, 4.2.2) und der Energie der emittierten α-Teilchen aufgedeckt, die als **Geiger-Nuttallsche Beziehung** (1911) in die Literatur Eingang gefunden hat, benannt nach H. Geiger und dem amerikanischen Physiker J. Nuttal (1890–1958). Abb. 4.16 zeigt uns diese Beziehung und das empirische Material, so wie es sich heute darstellt. Die Halbwertzeit nimmt offenbar mit wachsender α-Energie stark ab, entsprechend einem starken Anstieg der Emissionsrate mit der Energie. Überraschend ist nicht die Zunahme dieser Rate mit der Energie – das ist schon aus Phasenraumgründen zu erwarten – sondern die Stärke dieser Zunahme. Sie war mit der klassischen Physik nicht zu erklären. Dem Physiker G. Gamow (1904–1968) gelang es jedoch (1928), eine quantenmechanische Theorie aufzustellen, die die Beobachtungen wenn auch nicht zahlenmäßig korrekt, so doch im Trend richtig beschreibt. Kernstück der Theorie ist der **Tunneleffekt,** der dadurch zustandekommt, daß sich

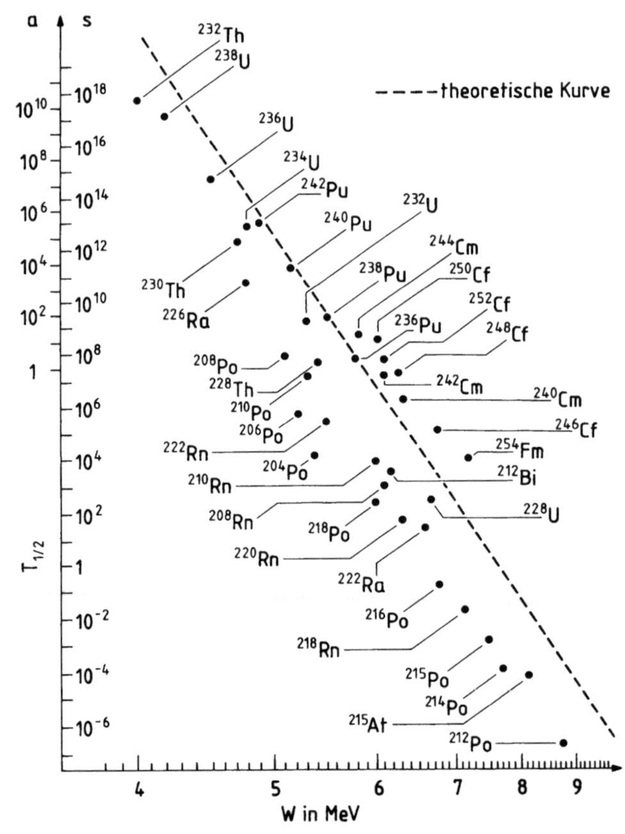

Abb. 4.16 Geiger-Nuttal-Beziehung. Halbwertzeit $T_{1/2}$ (logarithmisch) gegen Energie W aufgetragen ($\sqrt{W}$ in linearem Maßstab).

die das α-Teilchen beschreibende „Wellenfunktion" in Gebiete erstreckt, die für das α-Teilchen klassisch aus Energiegründen verboten sind; das α-Teilchen „durchtunnelt" also diese Barriere. Ein quantitative Beschreibung des Tunneleffekts werden wir in Abschn. 4.3.9 kennenlernen.

4.2.2 Grundkonzept des Bohrschen Atommodells

Im vorigen Abschnitt haben wir uns Experimente angesehen, die den Wellencharakter der Materie aufzeigen. Ebenfalls haben wir uns die Grundzüge theoretischer Modelle vor Augen geführt, die auf der Basis des Wellencharakters der Materie Experimente erklären, die klassisch nicht oder nur unter Verrenkungen zu erklären wären. Schon früher hatte es jedoch Überlegungen und Rechnungen gegeben, die eine Quantenmechanik beinhalten. Wir sprechen von der *„alten"* oder *„älteren" Quantenmechanik.* Herausragend ist hier das **Bohrsche Atommodell.** Es hat (bei hohen Anforderungen an die Genauigkeit) heute nur noch historisches Interesse. Es ist aber zur Veranschaulichung und schnellen Orientierung nach wie vor wertvoll.

Das Bohrsche Atommodell, das auf dem *Rutherfordschen Atommodell* (1911) mit einem Kern der Ladung $Q = Ze$ mit Z als Ordnungszahl und e als Elementarladung beruht, haben wir in Abschn. I, 4.2.3 schon halbklassisch durchgerechnet. Hier interessiert uns die von Bohr ad hoc eingeführte *„Quantisierungsbedingung"*, die erfüllt sein muß, damit das Elektron auf seiner Kreisbahn um den Kern nicht strahlt. Wir haben die Quantisierungsbedingung früher durch eine Quantelung des Drehimpulses ausgedrückt, vgl. Gl. (I, 4.39). Wir wollen sie hier physikalisch vollkommen gleichwertig etwas anders formulieren. Mit p als mechanischem Impuls und s als Bahnlänge auf der Kreisbahn mit dem Radius r schreiben wir

$$ps = m_e v_e 2\pi r = nh\,, \tag{4.20}$$

wobei m_e und v_e Elektronenmasse und -geschwindigkeit bedeuten; n ist die Hauptquantenzahl.

Mit dem Bohrschen Atommodell gelang es, die schon vorher bekannten *Serien* in den *Atomspektren* zu erklären. Die erste dieser Serien war die *Balmer-Serie,* gefunden (1885) von dem Schweizer Mittelschullehrer, Mathematiker und Physiker J. Balmer (1825–1898). Sie entsteht für $n_0 = 2$ aus der allgemeinen Serienformel

$$E = \text{const}\left(\frac{1}{n_0^2} - \frac{1}{n^2}\right) \qquad (n = n_0 + 1,\ n_0 + 2,\ \ldots)\,,$$

wobei n, hier Laufzahl genannt, die uns schon bekannte Hauptquantenzahl der alten Quantenmechanik ist. Wichtig sind noch die *Lyman-Serie,* nach dem amerikanischen Physiker Th. Lyman (1874–1954), mit $n_0 = 1$ und die *Paschen-Serie,* nach dem deutschen Physiker F. Paschen (1865–1940), mit $n_0 = 3$.

4.2.3 De-Broglie-Wellenlänge

Die Wellenmechanik als Teil der Quantenmechanik geht auf den genialen Einfall (viel mehr war es nicht!) von Louis de Broglie zurück:

- *Jedem bewegten Teilchen wird eine Welle bestimmter Wellenlänge zugeordnet.*

Diese Wellenlänge nennt man heute **de-Broglie-Wellenlänge.** Jedes Teilchen, das sich mit der Geschwindigkeit v bewegt, transportiert Energie. In einer Welle wird die

Energie mit der Gruppengeschwindigkeit v_G transportiert (Abschn. I, 7.4.4). Es liegt daher nahe, Teilchen- und Gruppengeschwindigkeit gleichzusetzen:

$$v = v_G \,. \tag{4.21}$$

Das Quadrat der Gesamtenergie E eines Teilchens der Ruhemasse m_0 ist durch Gl. (II, 4.24) gegeben. Zusammen mit Gl. (II, 4.23) errechnen wir daraus, indem wir die Differentiale bilden,

$$v = \frac{\mathrm{d}E}{\mathrm{d}p} \,. \tag{4.22}$$

Die Gruppengeschwindigkeit hängt über $v_G = \mathrm{d}\omega/\mathrm{d}k$, Gl. (I, 7.47), mit der Kreisfrequenz ω und der Wellenzahl k zusammen. Setzen wir Gln. (I, 7.47) und (4.22) in Gl. (4.21) ein, so ergibt sich

$$\frac{\mathrm{d}\omega}{\mathrm{d}k} = \frac{\mathrm{d}E}{\mathrm{d}p} \,. \tag{4.23}$$

Das formen wir um, erweitern mit $\hbar$ und benutzen die Energiequantelung Gl. (4.2):

$$\frac{\mathrm{d}k}{\mathrm{d}p} = \frac{\mathrm{d}\omega}{\mathrm{d}E} = \frac{\mathrm{d}(\hbar\omega)}{\hbar\,\mathrm{d}E} = \frac{1}{\hbar} \,. \tag{4.24}$$

Wir integrieren, indem wir verschwindendem Impuls p verschwindende Wellenzahl k zuordnen, so daß

$$p = \hbar k \tag{4.25}$$

resultiert. Machen wir vom Vektorcharakter von k Gebrauch, vgl. Abschn. I, 7.4.2, so wird mit $\boldsymbol{k}$ als Wellenvektor aus Gl. (4.25)

$$\boldsymbol{p} = \hbar \boldsymbol{k} \,. \tag{4.26}$$

Aus Gl. (4.25) gewinnen wir noch mit Hilfe von Gl. (I, 7.36) ($k = 2\pi/\lambda$)

$$\lambda = \frac{h}{p} \,. \tag{4.27}$$

Diese Wellenlänge λ ist es, die wir nach dem de-Broglieschen Rezept einem Teilchen des Impulses p zuordnen sollen.

Das Konzept der Materiewellen mit der durch Gl. (4.27) gegebenen Wellenlänge entbehrt im Zusammenhang mit dem Bohrschen Atommodell nicht einer gewissen Logik. Dazu schauen wir uns Abb. 4.17 an. Symbolisiert wird hier ein Elektron, das als Welle auf einer „Kreisbahn“ um den Kern läuft. Setzen wir p aus Gl. (4.27) in Gl. (4.20) ein, so resultiert

$$\lambda = \frac{s}{n} \,. \tag{4.28}$$

λ muß also n-mal in s aufgehen, wie es auch in Abb. 4.17 eingezeichnet ist. Wäre diese Bedingung nicht erfüllt, so würde die Welle nach einmaligem Umlauf nicht mit ihrer Ausgangsphase zurückkehren. Um einen stationären Zustand zu haben, der durch eine *Eigenschwingung* gekennzeichnet ist, vgl. Abschn. I, 7.3.2, muß die Welle aber feste Schwingungsbäuche und -knoten besitzen (stehende Welle). Ein (nicht

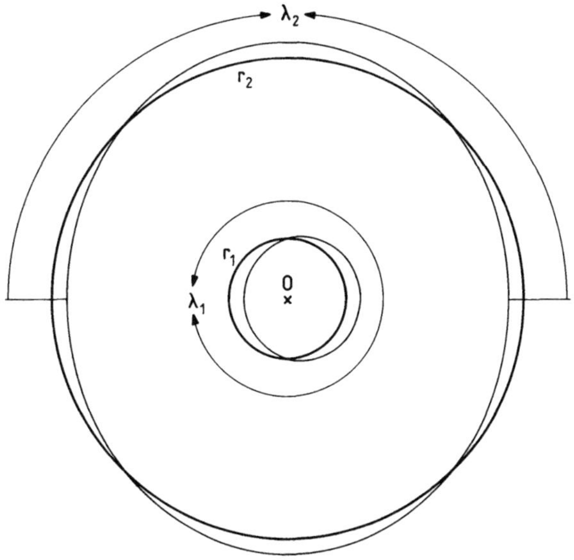

Abb. 4.17 De-Broglie-Wellen im Bohrschen Atommodell. Radien $r_1 = a_B$ im Grundzustand, de-Broglie-Wellenlänge λ_1, und r_2 im ersten angeregten Zustand, de-Broglie-Wellenlänge λ_2. Stehende Wellen. Kreise mit den Radien r_1 und r_2 dick gezeichnet, Wellen der Längen λ_1 und λ_2 als Abweichungen von den Radien dünn gezeichnet. $r_2 = 4r_1$, dementsprechend λ_2 (Welle mit vier Knoten am Umfang) gleich $2\lambda_1$ (Welle mit zwei Knoten am Umfang) und dem Impulsverhältnis $p_2/p_1 = 1/2$ sowie dem Energieverhältnis $E_2/E_1 = 1/4$.

strahlender) stationärer Zustand sollte also die Bedingung Gl. (4.28) und damit die Quantisierungsgleichung (4.20) erfüllen.

Die de-Broglieschen Materiewellen folgen nicht naturnotwendig aus dem Bohrschen Atommodell. Sie sind vielmehr ein zunächst willkürlicher Versuch, die Bewegung von Teilchen zu beschreiben. Das Konzept hat sich aber als sehr tragfähig erwiesen. Es wurde zur Wellenmechanik ausgebaut, von der im nächsten Kapitel die Rede sein wird.

Wir ergänzen die obigen Betrachtungen, indem wir uns die Phasengeschwindigkeit der Materiewellen ansehen. Dazu gehen wir von der Phasengeschwindigkeit v_{Ph} aus, wie sie uns in Gl. (I, 7.46), $v_{\mathrm{Ph}} = \omega/k$, begegnet ist, und erhalten mit Benutzung von Gln. (II, 4.20), (II, 4.23), (4.2) und (4.25)

$$v_{\mathrm{Ph}} = \frac{\omega}{k} = \frac{\hbar\omega}{\hbar k} = \frac{E}{p} = \frac{mc^2}{mv} = \frac{c^2}{v} \geqq c\,. \tag{4.29}$$

Hat das Teilchen eine endliche Ruhemasse $m_0 > 0$, so ist stets $v < c$, und es gilt das Ungleichheitszeichen. Ist hingegen $m_0 = 0$, so ist $v = c$, und es gilt das Gleichheitszeichen. In letzterem Fall gilt auch

$$v_{\mathrm{Ph}} = v_{\mathrm{G}} = v = c\,.$$

Wir wollen noch eine zahlenmäßig zugeschnittene Formel für die de-Broglie-Wellenlänge eines Elektrons angeben, das eine Spannung U durchlaufen hat; wir geben sie ausnahmsweise auch in Å an, weil diese (veraltete) Einheit in der einschlägigen Literatur häufig vorkommt:

$$\lambda = \frac{12{,}2}{\sqrt{U/V}}\,\text{Å} = \frac{12{,}2}{\sqrt{U/V}}\,10^{-10}\,\text{m}\,.$$

Die Formel ist nichtrelativistisch, gilt also nur für verhältnismäßig kleine Spannungen U. Sie liefert z. B. für $U = 10^4$ V $\lambda \approx (12/100)$ Å $= 0{,}12$ Å $= 1{,}2 \times 10^{-10}$ m. Eine entsprechende, ebenfalls nichtrelativistische Formel für Neutronen der kinetischen Energie E_k lautet

$$\lambda = \frac{0{,}29}{\sqrt{E_k/\text{eV}}}\,\text{Å} = \frac{0{,}29}{\sqrt{E_k/\text{eV}}}\,10^{-10}\,\text{m}\,. \qquad (4.30)$$

Für ein thermisches Neutron mit $E_k = 0{,}04$ eV errechnet man $\lambda \approx (0{,}3/0{,}2)$ Å $= 1{,}5$ Å $= 1{,}5 \times 10^{-10}$ m. Wir erinnern uns, daß 1 Å $= 10^{-10}$ m die Größenordnung eines Atomdurchmessers ist.

4.3 Grundzüge der Quantenmechanik

4.3.1 Anforderungen an eine Gleichung für Materiewellen

Nachdem wir im vorigen Kapitel gesehen haben, daß wir der Materie und insbesondere bewegten Teilchen Wellencharakter zuschreiben müssen, wollen wir in diesem Abschnitt untersuchen, wie wir diese „Zuschreibung" mathematisch ausführen. Wir betrachten zunächst eine laufende harmonische Welle (im Gegensatz zur stehenden Welle). Der Einfachheit halber formulieren wir alles eindimensional. Die Welle soll in x-Richtung laufen. Wir legen die Beziehungen Gln. (4.2) und (4.25) zugrunde. Das Teilchen soll durch eine **Wellenfunktion** $\psi = \psi(x, t)$ beschrieben werden und definierte Werte für Energie E und Impuls p haben. Man könnte an Basislösungen unserer Wellengleichung der Gestalt

$$\psi_1 = \cos(kx - \omega t)\,, \qquad \psi_2 = \sin(kx - \omega t)$$

oder

$$\psi_1 = \mathrm{e}^{\mathrm{i}(kx - \omega t)}\,, \qquad \psi_2 = \mathrm{e}^{-\mathrm{i}(kx - \omega t)}$$

denken, wobei i die imaginäre Einheit ist (wir schreiben hier „i" und nicht „j" wie in Abschn. II, 2.12.7, weil keine Verwechslung mit der Wechselstromgröße i zu befürchten ist und in der Quantenmechanik das Symbol „j" für die imaginäre Einheit nicht gebräuchlich ist). Die allgemeine Lösung könnten wir aus den Basislösungen ψ_1 und ψ_2 durch Linearkombination erhalten.

Die Beschreibung durch Wellen fester Frequenz gemäß den obigen beiden Gleichungen hat den wesentlichen Nachteil, daß wir keine Information darüber erhalten, an welchem Ort x sich das Teilchen zur Zeit t befindet. Diesem Nachteil helfen wir durch die Verwendung eines **Wellenpakets** ab. Wie wir aus Abschn. I, 7.1.6 wissen, brauchen wir dann einen ganzen *ω-Bereich*. Das wird in den nächsten Abschnitten noch deutlicher werden. Lieber als sozusagen „fertige Lösungen" hätten wir aber eine **Differentialgleichung** für ψ, um allgemeinere Probleme, z. B. die Beschleunigung im Kraftfeld, behandeln zu können, die sicher mit Wellenlängenänderungen verknüpft sein werden. An diese Differentialgleichung stellen wir die folgenden Anforderungen:

1. Linearität

Linearität benötigen wir, um Interferenzerscheinungen (Überlagerung!) beschreiben zu können, wie sie (s. Abschn. 4.2.1) in der Natur auftreten. Wir brauchen sie ferner, um ein Wellenpaket, das ja durch die Überlagerung von Wellen verschiedener Frequenz zustande kommt, zu ermöglichen.

2. Universalität

Unter Universalität wollen wir folgendes verstehen: Die Koeffizienten der Wellengleichung sollen allgemeine Terme sein, z. B. Produkte aus der (durch 2π dividierten) Planck-Konstante h, der Teilchenmasse m und der Teilchenladung q, nicht aber Größen wie die Energie E, um die Superposition verschiedener Lösungen, z. B. mit verschiedener Energie E, zuzulassen.

Ein *falscher*, aber naheliegender *Ansatz* wäre es, in Analogie zu mechanischen Wellen (Seilwelle, Schallwelle) oder elektrischen Wellen eine allgemeine Wellengleichung der Art Gl. (I, 7.25) herzunehmen, die eine Differentialgleichung zweiter Ordnung ist. Die Geschwindigkeit v ist hierbei nämlich die Phasengeschwindigkeit, die nach Gl. (4.29) die individuellen Größen Energie E und Impuls p enthält. Der Quotient ist außer für verschwindende Ruhemasse nicht universell. Überdies ist diejenige Geschwindigkeit, mit der Energie transportiert wird, die Gruppengeschwindigkeit.

Wir haben in diesem Abschnitt von Forderungen gesprochen, die wir an eine Differentialgleichung stellen, deren Lösung Materiewellen sein sollen. Wir haben noch nicht davon gesprochen, mit welchem Recht wir solche Forderungen stellen. Wir stellen sie nicht (oder zumindesten nicht in erster Linie), um unserer Bequemlichkeit Rechnung zu tragen. Wir stellen sie, weil wir meinen, daß Lösungen einer Gleichung, die diese Forderungen nicht erfüllt, zur Beschreibung der physikalischen Wirklichkeit ungeeignet sind. Die *physikalische Wirklichkeit* wird uns durch das *Experiment* geliefert. So verlangt das Experiment (in gewissem Maße) die Lokalisierbarkeit eines Teilchens; aus der Erfahrung mit den verschiedensten Arten von Wellen, die die Physiker vor Aufstellung der Quantenmechanik gemacht haben, wissen wir, daß wir dann ein Wellenpaket und somit einen ganzen Frequenzbereich benötigen. Das Wellenpaket setzt sich aber aus der Superposition seiner Komponenten zusammen.

4.3.2 Schrödinger-Gleichung

Nachdem *Werner Heisenberg* (1925) durch seine *Matrizenschreibweise* die (neuere) **Quantenmechanik** begründet hatte, stellte *Erwin Schrödinger* (1926) seine berühmte Wellengleichung auf, die unter dem Namen **Schrödinger-Gleichung** bekannt ist. Wir werden in diesem Buch bevorzugt die Schrödinger-Gleichung und damit die Schrödingersche Formulierung der Quantenmechanik benutzen, weil sie direkt an die de-Broglieschen Vorstellungen von Materiewellen anknüpft und viel anschaulicher als die Heisenbergsche ist. Wir wollen zunächst die Schrödinger-Gleichung für ein freies Teilchen behandeln und uns dabei auf das nichtrelativistische Regime beschränken.

Indem wir von Gl. (4.2) und Gl. (I, 3.20) ($T = p^2/2m$) ausgehen, schreiben wir in vollständiger Analogie nebeneinander, wobei wir jetzt die kinetische Energie in beiden Fällen mit E_k bezeichnen:

$$E_k = \frac{p^2}{2m}, \qquad E_k = \hbar\omega = \frac{\hbar^2 k^2}{2m}. \tag{4.31}$$

Wie wir im vorigen Abschnitt gesehen haben, darf die Wellengleichung nicht die zweite zeitliche Ableitung enthalten. Wir versuchen es mit der ersten und haben dann, wenn uns als Lösung eine Zeitabhängigkeit der Form $\exp(\mathrm{i}\omega t)$ vorschwebt, als zeitliche Ableitung im wesentlichen die Frequenz oder, mit $\hbar$ multipliziert, die Energie. Ebenso sollte als zweite räumliche Ableitung eine dem Impulsquadrat proportionale Größe stehen. Wenn wir uns für den eindimensionalen Fall, auf den wir uns zunächst beschränken werden, eine Ortsabhängigkeit der Form $\exp(\mathrm{i}kx)$ vorstellen, steht auf der rechten Seite von der rechten Gleichung (4.31) im wesentlichen die zweite Ableitung nach dem Ort. Wir machen also (versuchsweise!) den Ansatz

$$\frac{\partial\psi}{\mathrm{d}t} = \gamma \frac{\partial^2\psi}{\partial x^2} \tag{4.32}$$

mit γ als einer Konstanten und ψ als der **ψ-Funktion;** die Lösung ist

$$\psi = \psi(x, t) = \mathrm{e}^{\mathrm{i}(kx - \omega t)} \tag{4.33}$$

mit

$$\gamma = \frac{\mathrm{i}\omega}{k^2}. \tag{4.34}$$

Wir machen die Probe, indem wir die letzten beiden Gleichungen in Gl. (4.32) einsetzen:

$$\frac{\partial\psi}{\partial t} = -\mathrm{i}\omega\psi, \qquad \frac{\partial^2\psi}{\partial x^2} = (\mathrm{i}k)^2\,\psi = -k^2\psi.$$

Wir machen von den beiden Gleichungen (4.31) und von Gl. (4.34) Gebrauch und rechnen γ weiter aus:

$$\gamma = \frac{\mathrm{i}\omega}{k^2} = \frac{\mathrm{i}\hbar E}{p^2} = \frac{\mathrm{i}\hbar}{2m}.$$

Das setzen wir in Gl. (4.32) ein, multiplizieren mit $\mathrm{i}\hbar$ und erhalten

$$\mathrm{i}\hbar\,\frac{\partial\psi}{\partial t} = -\frac{\hbar^2}{2m}\,\frac{\partial^2\psi}{\partial x^2}.$$

Wir haben die Gleichung in obiger Form geschrieben, weil, wie man sich sofort überzeugt, die linke Seite mit Benutzung von Gl. (4.2) $E_k\psi$ darstellt; die rechte Seite ist nach Gl. (4.31) gleich $(p^2/2m)\,\psi$.

Wir gehen nun zur dreidimensionalen Gleichung für ein freies nichtrelativistisches Teilchen über. Dazu machen wir von Gl. (4.26) Gebrauch. Außerdem ersetzen wir den Laplace-Operator Δ, der im Dreidimensionalen anstelle der zweiten Ableitung nach x steht, durch das Quadrat des Gradienten. In kartesischen Koordinaten ist der Gradient durch Gl. (I, 3.54) gegeben. Sein Quadrat ergibt offenbar gerade den Laplace-Operator Δ, vgl. Anhang I, A 2.1. Für den Operator grad schreiben wir jetzt jedoch ∇, den **Nabla-Operator,** benannt nach einem alten phönizischen Saiteninstrument dieser Form. In kartesischen Koordinaten schreibt sich der Nabla-Operator also

$$\nabla = \boldsymbol{e}_x \frac{\partial}{\partial x} + \boldsymbol{e}_y \frac{\partial}{\partial y} + \boldsymbol{e}_z \frac{\partial}{\partial z},$$

wobei $\boldsymbol{e}_i$, $i = x, y, z$, ein Einheitsvektor in x-, y- bzw. z-Richtung ist. Diese Schreibweise dient nur der Abkürzung. Zur Schreibweise des Nabla-Operators in andern Koordinatensystemen s. unter „Gradient" in Anhang I, A 2.1.

Wir wollen noch eine weitere Neuerung einführen, die keine Angelegenheit nur der Schreibweise ist, sondern eine tiefergehende Änderung unserer Auffassung über die betreffenden physikalischen Größen ausdrückt. In der aufzustellenden Schrödinger-Gleichung fassen wir *Energie* und *Impuls* als **Operatoren** auf. Der *Energie-Operator* ist also mit E als (allgemeinem) Symbol für die Energie

$$E = \mathrm{i}\hbar \frac{\partial}{\partial t}, \tag{4.35}$$

der *Impuls-Operator*

$$\boldsymbol{p} = -\mathrm{i}\hbar \operatorname{grad} = -\mathrm{i}\hbar\nabla. \tag{4.36}$$

Daneben werden wir Energie und Impuls auch als (mit Dimension behafteten) *Skalar* bzw. *Vektor* auffassen. Es ist für den Anfänger erfahrungsgemäß schwierig zu erkennen, wann die Auffassung als Operator und wann die als Skalar bzw. Vektor anzuwenden ist. Wenn wir Energie und Impuls als Operatoren auffassen, so ist die Meinung dabei stets folgende:

- *Energie und Impuls können durch Operatoren dargestellt werden; diese Operatoren wirken auf die dahinter geschriebene, also rechts vom Operator stehende (oder dort zu denkende) Wellenfunktion.*

Die Schrödinger-Gleichung in unserer neuen Schreibweise, immer noch für ein kräftefreies Teilchen, lautet also

$$\mathrm{i}\hbar \frac{\partial \psi}{\partial t} = -\frac{\hbar^2}{2m} \nabla^2 \psi = -\frac{\hbar^2}{2m} \Delta\psi. \tag{4.37}$$

Die Lösung ist

$$\psi = \psi(\boldsymbol{r}, t) = \mathrm{e}^{\mathrm{i}(\boldsymbol{k} \cdot \boldsymbol{r} - \omega t)}, \tag{4.38}$$

wobei $\boldsymbol{r}$ der Ortsvektor ist.

Wir erweitern die Schrödinger-Gleichung, indem wir eine zeitabhängige *Kraft* zulassen, die konservativ, also der Gradient einer *potentiellen* Energie $U = U(\boldsymbol{r}, t)$ sein soll. Die Gesamtenergie E ist dann nicht mehr durch die rechte Seite der linken Gleichung (4.31) oder, damit äquivalent, durch die rechte Seite von Gl. (4.37) gegeben, sondern durch U zu ergänzen. Wir schreiben

$$\mathrm{i}\hbar \frac{\partial \psi}{\partial t} = -\frac{\hbar^2}{2m} \nabla^2 \psi + U(\boldsymbol{r}, t)\, \psi = -\frac{\hbar^2}{2m} \Delta\psi + U(\boldsymbol{r}, t)\, \psi. \tag{4.39}$$

Das ist die Schrödinger-Gleichung eines Teilchens der Masse m mit der potentiellen

Energie U; wir brauchen hier nicht explizit zu sagen, daß wir im nichtrelativistischen Regime sind, da die *Schrödinger-Gleichung* von Haus aus eine *nichtrelativistische* Gleichung ist.

Da wir rechts in Gl. (4.39) die Gesamtenergie als Summe von kinetischer Energie (erster Term) und potentieller Energie (zweiter Term) stehen haben, können wir auch schreiben:

$$\mathrm{i}\hbar \frac{\partial \psi}{\partial t} = H\psi \tag{4.40}$$

mit

$$H = -\frac{\hbar^2}{2m} \nabla^2 + U(\boldsymbol{r}, t) = -\frac{\hbar^2}{2m} \Delta + U(\boldsymbol{r}, t) \tag{4.41}$$

als dem **Hamilton-Operator** und $H\psi$ als der **Hamilton-Funktion** unseres Teilchens oder allgemeiner des Systems, benannt nach dem irischen Mathematiker, Physiker und Astronomen Sir William Rowan Hamilton (1805–1865); über die Bedeutung der Hamilton-Funktion (und des Hamiltonschen Variationsprinzips) in der klassischen Physik vgl. Lehrbücher der theoretischen Physik.

4.3.3 Physikalische Bedeutung der ψ-Funktion

Im vorigen Abschnitt haben wir eine Differentialgleichung für die ψ-Funktion aufgestellt und für das freie Teilchen auch eine Lösung angegeben. Wir befinden uns nun in der merkwürdigen Situation, eine Differentialgleichung und für einfache Fälle auch ihre Lösungen zur Verfügung zu haben, ohne zu wissen, was wir mit dieser Gleichung anfangen sollen. Die Physiker sind sich in der Tat noch nicht in allen Einzelheiten einig, wie diese ψ-Funktion zu interpretieren ist; soweit wir die Gleichung in diesem Buche benutzen werden, herrscht allerdings Einigkeit über ihre Anwendung und Deutung. Das soll im folgenden erläutert werden.

Die *ψ-Funktion* hat im wesentlichen *zwei Bedeutungen,* die eng miteinander zusammenhängen: Sie ist einmal ein Maß für die *Wahrscheinlichkeit,* ein Teilchen in einem bestimmten Volumen vorzufinden, und zum andern ein Maß für den *Erwartungswert* einer physikalischen Größe, wobei „Erwartung" im Sinne der mathematischen Statistik zu nehmen ist.

1. Wahrscheinlichkeit

Wir setzen die unnormierte Wahrscheinlichkeitsdichte $W = W(\boldsymbol{r}, t)$ proportional dem Absolutquadrat von ψ an:

$$W = W(\boldsymbol{r}, t) \propto |\psi(\boldsymbol{r}, t)|^2 . \tag{4.42}$$

Wir nehmen das Quadrat in Analogie zur elektromagnetischen Strahlung: In der elektromagnetischen Strahlung ist die Energiedichte proportional dem Quadrat der Amplitude der elektrischen Feldstärke $\boldsymbol{E}_0$. Wir nehmen den Absolutbetrag von ψ (oder eine ihm äquivalente Größe), weil ψ eine komplexe Größe ist und die Wahrscheinlichkeit reell sein muß. Integrieren wir die Wahrscheinlichkeitsdichte, das (als vorhanden zugrundegelegte) Teilchen irgendwo im Raum zu finden, über den ganzen

Raum, so muß dieses Integral gerade 1 ergeben:

$$\int\limits_{\text{Raum}} |\psi(\boldsymbol{r}, t)|^2 \, \mathrm{d}\tau = 1 \,. \tag{4.43}$$

ψ stellt ja die Wellenfunktion für ein Teilchen dar, von dem wir wissen, daß es existiert, und irgendwo im Raum muß es dann sein. Wir können also die rechte Seite von Gl. (4.42) mit der *normierten Wahrscheinlichkeitsdichte* gleichsetzen, das Teilchen zur Zeit t an der durch den Ortsvektor $\boldsymbol{r}$ bezeichneten Stelle im Raum zu finden:

$$w = w(\boldsymbol{r}, t) = |\psi(\boldsymbol{r}, t)|^2 \,. \tag{4.44}$$

Wir bemerken noch: Statt des Quadrats des Absolutbetrages von ψ können wir auch das Produkt von ψ mit seinem konjugiert komplexen, $\bar{\psi}$, nehmen:

$$\bar{\psi}(\boldsymbol{r}, t)\, \psi(\boldsymbol{r}, t) = |\psi(\boldsymbol{r}, t)|^2 \,. \tag{4.45}$$

Das ist mathematisch vollkommen äquivalent; es hat sich eingebürgert, $\bar{\psi}$ links von ψ zu schreiben.

1. Erwartungswert

Wir geben ein Teilchen vor, das durch die Wellenfunktion ψ beschrieben wird. Ist a, ein Skalar, oder $\boldsymbol{a}$, ein Vektor, eine Größe, die eine Eigenschaft dieses Teilchens charakterisiert, so bezeichnen wir als *Erwartungswert* von a bzw. $\boldsymbol{a}$

$$\langle a \rangle = \langle a(t) \rangle = \int\limits_{\text{Raum}} \bar{\psi}(\boldsymbol{r}, t)\, a(\boldsymbol{r}, t)\, \psi(\boldsymbol{r}, t) \, \mathrm{d}\tau = \int \bar{\psi} a \psi \, \mathrm{d}\tau \tag{4.46}$$

bzw.

$$\langle \boldsymbol{a} \rangle = \langle \boldsymbol{a}(t) \rangle = \int\limits_{\text{Raum}} \bar{\psi}(\boldsymbol{r}, t)\, \boldsymbol{a}(\boldsymbol{r}, t)\, \psi(\boldsymbol{r}, t) \, \mathrm{d}\tau = \int \bar{\psi} \boldsymbol{a} \psi \, \mathrm{d}\tau \,. \tag{4.47}$$

Die rechts stehenden Ausdrücke sind jeweils als Abkürzung der in der Mitte stehenden aufzufassen. Wir können den Erwartungswert auf zweierlei Weise deuten: Entweder als *Wahrscheinlichkeit,* bei einer einzigen Bestimmung den durch a bzw. $\boldsymbol{a}$ charakterisierten Wert vorzufinden, oder als *Mittelwert* über beliebig viele Bestimmungen, die unter identischen Bedingungen durchgeführt werden; als „Bestimmung" ist vorzugsweise eine *Messung* zu verstehen. In den Integralen der Gleichungen (4.46) und (4.47) sind a und $\boldsymbol{a}$ meist Operatoren.

Wir beleben die Theorie durch einige Beispiele.

1. $\boldsymbol{r}$ sei der Ortsvektor, der den Ort eines Teilchens charakterisiert. Der Erwartungswert von $\boldsymbol{r}$ ist

$$\langle \boldsymbol{r} \rangle = \int \bar{\psi} \boldsymbol{r} \psi \, \mathrm{d}\tau \,.$$

Entsprechend sind die Erwartungswerte der drei kartesischen Ortskoordinaten

$$\langle x \rangle = \int \bar{\psi} x \psi \, \mathrm{d}\tau \,, \qquad \langle y \rangle = \int \bar{\psi} y \psi \, \mathrm{d}\tau \,, \qquad \langle z \rangle = \int \bar{\psi} z \psi \, \mathrm{d}\tau \,.$$

Der Erwartungswert des Ortsvektors hat begrifflich nichts mit der Wahrscheinlichkeit zu tun, das Teilchen in dem (kleinen) Volumenelement $\mathrm{d}\tau$ zu finden. Diese ist nach Gln. (4.44) und (4.45) durch

$$\mathrm{d}w = w \, \mathrm{d}\tau = |\psi|^2 \, \mathrm{d}\tau = \bar{\psi}\psi \, \mathrm{d}\tau \tag{4.48}$$

gegeben, wobei wir der Kürze halber wieder $\psi(\boldsymbol{r}, t)$ durch ψ ersetzt haben.

2. Wir bilden den Erwartungswert der Energie E und schreiben mit Gl. (4.35)

$$\langle E\rangle = \int \bar{\psi} \mathrm{i}\hbar \frac{\partial \psi}{\partial t}\, \mathrm{d}\tau\,.$$

„Zur Übung" bilden wir

$$\langle E\rangle = \int \mathrm{e}^{-\mathrm{i}(\boldsymbol{k}\cdot\boldsymbol{r}-\omega t)}\, \mathrm{i}\hbar(-\mathrm{i}\omega)\, \mathrm{e}^{-\mathrm{i}(\boldsymbol{k}\cdot\boldsymbol{r}-\omega t)}\, \mathrm{d}\tau = \hbar\omega\,.$$

Der rechts stehende Ausdruck ist nach Gl. (4.31) die Energie E selber. Das ist nicht verwunderlich, weil sich E bei einem freien Teilchen, das wir durch Gl. (4.38) ausgewählt haben, nicht ändert; der Erwartungswert der Energie ist eine Konstante, die der Energie selber gleich sein muß.

3. Für den Impuls $\boldsymbol{p}$ bilden wir

$$\langle \boldsymbol{p}\rangle = \int \bar{\psi}(-\mathrm{i}\hbar \operatorname{grad})\, \psi\, \mathrm{d}\tau = \int \bar{\psi}(-\mathrm{i}\hbar\nabla\psi)\, \mathrm{d}\tau\,.$$

Auch hier üben wir uns an einem einfachen Beispiel, dem in x-Richtung fliegenden freien Teilchen:

$$\langle \boldsymbol{p}\rangle = \langle p_x, 0, 0\rangle = \int \mathrm{e}^{-\mathrm{i}(k_x x-\omega t)}\,(-\mathrm{i}\hbar)\, \mathrm{i}k_x\, \mathrm{e}^{\mathrm{i}(k_x x-\omega t)}\, \mathrm{d}\tau = (\hbar k_x, 0, 0)\,.$$

Wie vorauszusehen, erhalten wir auch hier die konstante Komponente p_x.

4.3.4 Energieeigenwerte

Mit Eigenwerten hatten wir schon mehrfach zu tun. Wir erinnern uns z. B. an die schwingende Saite, Abschn. I, 7.3.2, elektrische Hohlraumresonatoren, Abschn. II, 3.2.6, und Antennen, Abschn. II, 3.6.1. Wir können die Eigenschwingungen als stehende Wellen auffassen. Damit eine stehende Welle zustandekommt, muß das „Potential" U, wie man lax häufig für die potentielle Energie sagt (vgl. Abschn. I, 3.3.2 und II, 1.2.4), zeitunabhängig, also nur eine Ortsfunktion sein: $U = U(\boldsymbol{r})$. Wir können uns die wellenmechanischen Verhältnisse, jedenfalls im eindimensionalen Fall, gut mit denen einer schwingenden Saite veranschaulichen.

Eine stehende Welle kann als Produkt einer reinen Ortsfunktion mit einer reinen Zeitfunktion geschrieben werden:

$$\psi = \psi(\boldsymbol{r}, t) = u(\boldsymbol{r})\, f(t) = uf\,.$$

Mit diesem Ansatz gehen wir in die Schrödinger-Gleichung (4.39) ein. Es resultiert

$$\mathrm{i}\hbar u(\boldsymbol{r})\,\frac{\mathrm{d}f(t)}{\mathrm{d}t} = \left[-\frac{\hbar^2}{2m}\,\Delta u(\boldsymbol{r}) + U(\boldsymbol{r})\, u(\boldsymbol{r})\right] f(t)\,. \tag{4.49}$$

Wir dividieren durch $\psi = uf$:

$$\frac{\mathrm{i}\hbar}{f}\,\frac{\mathrm{d}f}{\mathrm{d}t} = \frac{1}{u}\left(-\frac{\hbar^2}{2m}\,\Delta + U\right) u\,. \tag{4.50}$$

Die linke Seite ist eine Funktion von t allein, d. h. keine Funktion von $\boldsymbol{r}$ mehr. Die rechte Seite ist eine Funktion von $\boldsymbol{r}$ allein, d. h. keine Funktion von t mehr. Da beide Seiten gleich sind, ist jede Seite weder eine Funktion von $\boldsymbol{r}$ noch von t, d. h. jede

Seite ist gleich einer Konstanten. Wir nennen diese Konstante E, weil sie sich als Energie entpuppen wird.

Die Methode zur Lösung von Gl. (4.50) ist die **Trennung der Veränderlichen** *(Separation der Variablen)*. Die Gleichung spaltet in zwei Teilgleichungen auf:

$$\frac{\mathrm{i}\hbar}{f}\,\frac{\mathrm{d}f}{\mathrm{d}t} = E$$

und

$$-\frac{\hbar^2}{2m}\,\Delta u + Uu = Eu\,. \tag{4.51}$$

Die Lösung der ersten dieser Gleichungen ist

$$f = f(t) = C\,\mathrm{e}^{-\frac{\mathrm{i}Et}{\hbar}}\,,$$

wobei C eine Konstante ist, die wir für die Normierung benutzen können. Es ist praktisch, f und u analog zu Gl. (4.43) separat auf eins zu normieren; das gibt $C = 1$. Damit schreibt sich ψ

$$\psi = \psi(\boldsymbol{r}, t) = u(\boldsymbol{r})\,f(t) = u(\boldsymbol{r})\,\mathrm{e}^{-\frac{\mathrm{i}Et}{\hbar}}\,. \tag{4.52}$$

Wenden wir den Energieoperator Gl. (4.35) hierauf an, erhalten wir

$$\mathrm{i}\hbar\,\frac{\partial\psi}{\partial t} = \mathrm{i}\hbar u\,\mathrm{e}^{-\frac{\mathrm{i}Et}{\hbar}}\left(-\frac{\mathrm{i}E}{\hbar}\right) = E\psi\,. \tag{4.53}$$

Die resultierende Gleichung

$$\mathrm{i}\hbar\,\frac{\partial\psi}{\partial t} = E\psi \tag{4.54}$$

oder mit Gl. (4.40)

$$H\psi = E\psi \tag{4.55}$$

ist eine **Eigenwertgleichung.** Links steht der Energie-**Operator,** anzuwenden auf die Funktion ψ, rechts der **Eigenwert** dieses Operators bei Anwendung auf ψ. Funktionen, die Lösung einer Eigenwertgleichung sind, heißen **Eigenfunktionen.** Der Eigenwert ist hier eine (benannte) Zahl, ein Skalar. Die Gleichung (4.51) ist ebenfalls eine Eigenwertgleichung, und zwar für *denselben* Eigenwert E. Der Operator ist in diesem Fall der in der Klammer auf der rechten Seite in Gl. (4.50) stehende Ausdruck. Der Operator wirkt auf die rechts von ihm stehende Funktion u; es wäre absolut falsch, diese Funktion gegen die im Nenner vor der Klammer stehende Funktion zu kürzen. Der Operator ist natürlich ebenfalls ein Energieoperator. Die der Gleichung (4.53) zugeordnete zweite Gleichung, ebenfalls mit dem Energieeigenwert E, lautet also

$$\left(-\frac{\hbar^2}{2m}\,\Delta + U\right)u = Eu\,. \tag{4.56}$$

Links steht in Klammern wieder der Energieoperator, anzuwenden auf den ortsabhängigen Faktor $u = u(\boldsymbol{r})$ der Wellenfunktion, rechts der Energieeigenwert E, der, wir wiederholen, derselbe wie in Gl. (4.54) ist; diese Gleichung gestattet keine Bestimmung von E. Dagegen läßt sich E aus Gl. (4.56) ermitteln, wenn uns die *Randbedingungen,* also die Werte von u an den Grenzen des Volumens, innerhalb dessen u bestimmt werden soll, bekannt sind. Ein Beispiel, das gleichzeitig physikalisch sehr wichtig ist, werden wir im nächsten Abschnitt besprechen.

4.3.5 Teilchen im Potentialtopf (eindimensional)

Unter einem **Potentialtopf** verstehen wir ein Potential, das in einem gewissen Bereich konstant, z. B. null ist und außerhalb dieses Bereichs ebenfalls einen konstanten (größeren) Wert hat, der endlich oder unendlich sein kann. Diese Definition beinhaltet (senkrechte) Wände. Im Eindimensionalen mit x als der Ortsvariablen sieht das für unendlich hohe Wände, also unendlich hohes Potential außerhalb eines gewissen Bereiches, wie in Abb. 4.18 gezeichnet aus. Unser Potential soll zeitunabhängig sein. Wir schreiben für das Potential

$$U = U(x) = 0 \quad (-a < x < a)\,, \qquad U = U(x) = \infty \quad (|x| \geqq a)\,.$$

Gl. (4.56) lautet eindimensional mit $U = 0$

$$-\frac{\hbar^2}{2m}\frac{\mathrm{d}^2 u}{\mathrm{d}x^2} = Eu\,. \tag{4.57}$$

Als Randwerte nehmen wir

$$u(a) = u(-a) = 0 \tag{4.58}$$

und begründen das mit der Forderung, daß $u(x)$ für $|x| > a$ verschwinden soll. Eine ausführliche Begründung unserer Forderung Gl. (4.58) wollen wir später in diesem Abschnitt geben. Wie man sich z. B. durch Einsetzen überzeugt, ist

$$u(x) = A \sin \alpha x + B \cos \alpha x \tag{4.59}$$

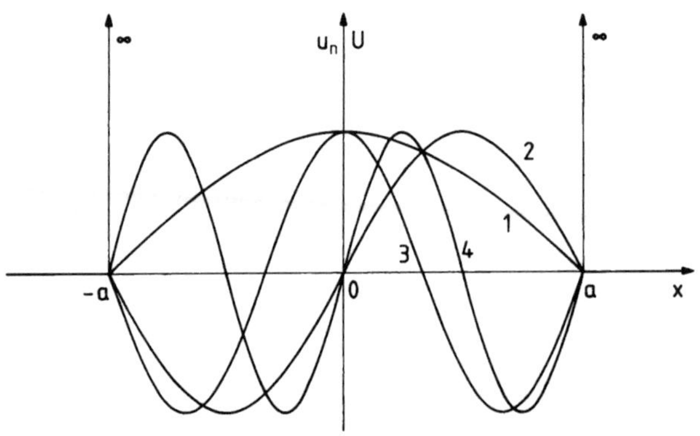

Abb. 4.18 Eindimensionaler Potentialtopf: Potential U mit unendlich hohen Wänden und den ersten vier Eigenfunktionen u_n ($n = 1$ bis $n = 4$) (Basislösungen); Parameter n an den Kurven vermerkt.

mit

$$\alpha = \sqrt{\frac{2mE}{\hbar^2}} \qquad (E > 0) \tag{4.60}$$

bei geeigneter Wahl der Konstanten A und B eine Lösung. Wir wollen die Gesamtheit der durch Gl. (4.59) dargestellten Lösungen in zwei Klassen einteilen:

1. $A = 0\,, \qquad \cos \alpha a = 0$

mit

$$\alpha a = n\,\frac{\pi}{2} \qquad (n = 1, 3, 5, \ldots)\,;$$

2. $B = 0\,, \qquad \sin \alpha a = 0$

mit

$$\alpha a = n\,\frac{\pi}{2} \qquad (n = 2, 4, 6, \ldots)\,.$$

In beiden Fällen errechnet sich E aus Gl. (4.60) zu

$$E = \frac{\pi^2 \hbar^2 n^2}{8ma^2}\,.$$

Natürlich ist die allgemeine Lösung gemäß Gl. (4.59), die Terme aus beiden Klassen enthält, eine Lösung unserer Differentialgleichung (4.57). Wir haben jedoch Gründe, die wir im nächsten Abschnitt besprechen wollen, nur Lösungen aus einer einzigen Klasse zuzulassen. Im Augenblick wollen wir uns weiter beschränken auf einen einzigen Zustand mit einem einzigen Energieeigenwert E. Dann ergibt sich die Normierungskonstante A bzw. B zusammen mit der Normierungsforderung Gl. (4.43), wenn noch $f(t)$ für sich allein auf 1 entsprechend $|C| = 1$ gewählt ist, zu

$$A = \frac{1}{a} \quad \text{bzw.} \quad B = \frac{1}{a}$$

(man bedenke, daß die Länge des Potentialtopfs in x-Richtung $2a$ ist). Unsere vollständigen Lösungen unter Beschränkung auf eine einzige Klasse und ein einziges n lauten also

1. $$u(x) = u_n(x) = \frac{1}{a}\cos\frac{n\pi x}{2a} \qquad (n = 1, 3, 5, \ldots) \quad (|x| \leqq a) \tag{4.61}$$

bzw.

2. $$u(x) = u_n(x) = \frac{1}{a}\sin\frac{n\pi x}{2a} \qquad (n = 2, 4, 6, \ldots) \quad (|x| \leqq a)\,. \tag{4.62}$$

Die ersten vier Eigenfunktionen $u_n(x)$ für $n = 1, 2, 3$ und 4 sind in Abb. 4.18 eingezeichnet.

Wir betrachten jetzt den zweiten am Anfang aufgeführten Fall. Der Potentialtopf habe Wände endlicher Höhe. Es gelte

$$U = U(x) = 0 \quad (-a < x < a)\,, \qquad 0 < U = U(x) = U_0 < \infty \quad (|x| \geqq a)\,. \tag{4.63}$$

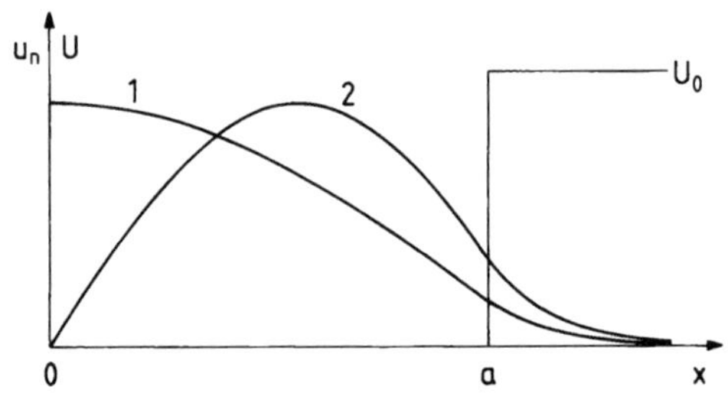

Abb. 4.19 Eindimensionaler Potentialtopf: Potential U mit endlich hohen Wänden der Höhe U_0 und den ersten zwei Eigenfunktionen u_n ($n = 1$ und $n = 2$) (Basislösungen); Parameter n an den Kurven vermerkt. Im Gegensatz zu Abb. 4.18 ist hier nur der Bereich $x \geqq 0$ dargestellt.

Die Verhältnisse sind in Abb. 4.19 dargestellt. Die Gleichung, die wir im Topfinnern zu lösen haben, ist wieder unsere Energie-Eigenwertgleichung (4.57). Wir nehmen jedoch nicht die Randwerte Gl. (4.58) als richtig an, sondern verschaffen uns andere Randwerte durch eine neue Bedingung an die Wellenfunktion ψ:

- *ψ soll überall stetig differenzierbar sein.*

„Stetig differenzierbar" steht dabei für „differenzierbar mit stetiger Ableitung". Zu dieser Forderung fühlen wir uns auch bei einem Potential $U(x)$ im Gebiet $|x| > a$ mit $U - E > 0$ berechtigt, also einem so hohen Potential, daß ein den Gesetzen der klassischen Mechanik gehorchendes Teilchen aus Energiegründen nie in das Gebiet $|x| \geqq a$ eindringen könnte. Wir gehen damit in Analogie zum Eindringen von Lichtwellen in das durch Totalreflexion verbotene Medium vor, vgl. Abschn. 2.9.3. Dort hatten wir mit der Tiefe schnell abklingende Wellen im „verbotenen" Medium kennengelernt. Außerdem können wir für unsere Forderung von Stetigkeit der Wellenfunktion und ihrer Ableitung eine instinktive Scheu vor allen „unnötigen" Unstetigkeiten in unserer Naturbeschreibung ins Feld führen; die Quantentheorie hat uns ja schon genügend unvermeidbare Unstetigkeiten beschert.

A fortiori werden wir die stetige Differenzierbarkeit von ψ im Innern des Volumens fordern. Mit andern Worten: ψ soll überall stetig differenzierbar sein.

Die Forderung einer stetigen Differenzierbarkeit bei $x = \pm a$, die wir eben aufgestellt haben, scheint im Widerspruch zu unseren Lösungen im Falle unendlich hoher Potentialwände zu stehen: Wie man aus den Gleichungen (4.61) und (4.62) entnimmt, die wir hier explizit durch $u(x) = 0$ für $|x| \geqq a$ ergänzen wollen, sind die Lösungen an den Stellen $|x| = a$ zwar stetig und (einseitig) differenzierbar, aber die Ableitungen sind nicht stetig. Wir lösen diesen scheinbaren Widerspruch dadurch auf, daß wir den Fall *unendlich* hoher Wände als *Grenzwert endlicher* Wandhöhe U_0 mit $U_0 \to \infty$ auffassen; etwas „Unendliches" im absoluten Sinne gibt es in der Physik nicht.

Wir beschränken uns zunächst auf das im Topf liegende Gebiet $|x| < a$ und haben als Lösung unserer Differentialgleichung (4.57) wieder Gl. (4.59). Wegen unserer Forderung der stetigen Differenzierbarkeit pflanzt sich die Wellenfunktion ψ aber in das Wandgebiet $|x| \geqq a$ fort, so daß α einen anderen Zahlenwert bekommt. Vor allem aber ist $U = U_0 \neq 0$, und die zu lösende Energie-Eigenwertgleichung lautet [Gl. (4.56) eindimensional]

$$\left(-\frac{\hbar^2}{2m}\frac{\mathrm{d}^2}{\mathrm{d}x^2} + U_0\right) u = Eu\,.$$

Im Wandgebiet ist für den uns hier interessierenden Fall eines Teilchens in *gebundenem Zustand*

$$0 < E < U_0$$

(E reicht nicht aus, um U_0 zu überwinden) die Lösung anders:

$$u = u(x) = C\,\mathrm{e}^{-\beta x} + D\,\mathrm{e}^{\beta x} \tag{4.64}$$

mit

$$\beta = \sqrt{\frac{2m(U_0 - E)}{\hbar^2}}\,. \tag{4.65}$$

Im Gebiet $x > a$ wird $\exp(\beta x)$ für $x \longrightarrow \infty$ selbst unendlich und ist also als Lösung nicht brauchbar [weil z. B. nicht auf 1 normierbar, s. Gl. (4.43)]. Dasselbe gilt im Gebiet $x < -a$ für $\exp(-\beta x)$. Wir haben außerhalb des Topfes also die Lösungen

$$u = u(x) = C\,\mathrm{e}^{-\beta x} \qquad (x > a)$$

und

$$u = u(x) = D\,\mathrm{e}^{\beta x} \qquad (x < -a)\,.$$

Die Stetigkeit von u bei $x = a$ erfordert

$$A \sin \alpha a + B \cos \alpha a = C\,\mathrm{e}^{-\beta a}\,, \tag{4.66}$$

die Stetigkeit der Ableitung

$$\alpha A \cos \alpha a - \alpha B \sin \alpha a = -\beta C\,\mathrm{e}^{-\beta a}\,. \tag{4.67}$$

Stellt man die entsprechenden Gleichungen für $x = -a$ auf und zieht die erste der so entstehenden Gleichungen von Gl. (4.66) ab, so ergibt sich

$$2A \sin \alpha a = (C - D)\,\mathrm{e}^{-\beta a}\,. \tag{4.68}$$

Analog erhält man bei der Addition der zweiten der so entstehenden Gleichungen mit Gl. (4.67)

$$2\alpha A \cos \alpha a = -\beta(C - D)\,\mathrm{e}^{-\beta a}\,. \tag{4.69}$$

Im folgenden wollen wir zunächst den Fall $A = 0,\ C = D$ ausschließen. Wir dividieren Gl. (4.69) durch Gl. (4.68):

$$\alpha \cot \alpha a = -\beta\,. \tag{4.70}$$

Nun wollen wir $B = 0,\ C = -D$ ausschließen und erhalten analog zu Gl. (4.70)

$$\alpha \tan \alpha a = \beta\,. \tag{4.71}$$

Das Produkt dieser Gleichung mit Gl. (4.70) ergibt $\alpha^2 = -\beta^2$, in Widerspruch zu unseren Annahmen über α und β, die beide reell und größer null sein sollten. Die Gleichungen (4.70) und (4.71) können also nicht simultan bestehen. Vielmehr haben wir zwischen

1. $$A = 0\,, \qquad C = D \tag{4.72}$$

und damit Gl. (4.71) oder

2. $$B = 0\,, \qquad C = -D \tag{4.73}$$

und damit Gl. (4.70) zu wählen.

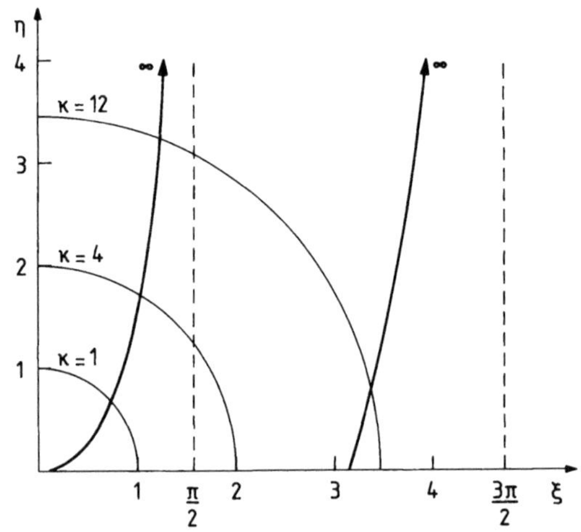

Abb. 4.20 Lösungen der Gleichung (4.71); s. Text.

Wir behandeln zunächst den ersten Fall. Dazu müssen wir Gl. (4.71) lösen. Diese Gleichung ist *transzendent*. Wir können sie numerisch mit dem Computer lösen. Für die Darstellung in einem Lehrbuch eignet sich besser die *graphische Lösungsmethode*. Wir setzen $\xi = \alpha a$ und $\eta = \beta a$. Damit geht Gl. (4.71) in

$$\xi \tan \xi = \eta \tag{4.74}$$

über. Unter Benutzung von Gln. (4.60) und (4.65) bilden wir

$$\xi^2 + \eta^2 = a^2 \left[\sqrt{\frac{2mE}{\hbar^2}}^2 + \sqrt{\frac{2m(U_0 - E)}{\hbar^2}}^2 \right] = a^2 \, \frac{2mU_0}{\hbar^2} = R^2 \, , \tag{4.75}$$

wobei R der Radius eines Kreises im $\eta\xi$-Diagramm ist (Abb. 4.20). Die Verhältnisse werden offenbar maßgeblich von dem *Produkt* aus *Potentialtiefe* U_0 und dem *Quadrat* der *Topfbreite* a bestimmt. In der Abbildung sind die Verhältnisse für drei verschiedene Werte dieses Produktes dargestellt, nämlich $U_0 a^2 = \varkappa \hbar^2/2m$ mit $\varkappa = 1$, 4 und 12. Die Lösungen müssen einerseits auf den Kreisen Gl. (4.75) und andererseits auf der Funktion $\eta = \eta(\xi)$, Gl. (4.74), liegen; beide Bedingungen zugleich sind offensichtlich genau in den *Schnittpunkten* der Kurven beider Arten erfüllt. Man erkennt, daß es für die beiden ersten Potentiale, mit $\varkappa = 1$ und 4, nur je einen Schnittpunkt, also eine einzige Lösung gibt. Für das nächste Potential mit $\varkappa = 12$ gibt es hingegen zwei Lösungen. Die Lösung mit $\varkappa = 1$ ist in der Form $u = u_1(x)$ in Abb. 4.19 dargestellt. Im *Topfinnern* ist sie eine *Sinusfunktion,* im Innern der *Wände* eine mit wachsendem $|x|$ *abfallende Exponentialfunktion*.

Die Lösung unseres Problems im zweiten Fall, Gl. (4.73), kann auf analoge Weise gefunden werden. Die Lösungen sind hier im *Topfinnern Kosinusfunktionen,* im Innern der Wände wie im ersten Fall mit wachsendem $|x|$ abfallende Exponentialfunktionen. Eine Lösung, $u = u_2(x)$, ist in Abb. 4.19 miteingezeichnet.

4.3.6 Parität

Den Begriff der *Parität* haben wir schon im „einführenden“ Teil kennengelernt (Abschn. I, 1.3.2). Hier wollen wir uns mit dem Begriff am Beispiel unserer Lösungen für die Wellenfunktion eines Teilchens in einem eindimensionalen Potentialtopf näher vertraut machen.

Im vorigen Abschnitt hatten wir gesehen, daß es *zwei Klassen* von Lösungen innerhalb des Topfes gibt. Sie sind durch die Gleichungen (4.72) und (4.73) zusammen mit dem Ansatz Gl. (4.59) charakterisiert. Wie wir ebenfalls gesehen haben, entsprechen die Lösungen der ersten Klasse, Gl. (4.72), Kosinusfunktionen und die der zweiten, Gl. (4.73), Sinusfunktionen. Die Paritätsoperation, die einer Raumspiegelung entspricht, bedeutet in unserem eindimensionalen Fall das Ersetzen von x durch $-x$:

$$x \longrightarrow -x\,.$$

Die Kosinusfunktion ist aber vom Vorzeichen des Arguments unabhängig $[\cos(\alpha x) = \cos(-\alpha x)]$. Wir haben also für diese Art Ortsfunktion, die der Mathematiker eine *gerade Funktion* nennt,

$$u(-x) = u(x)\,.$$

Der Physiker sagt, die Funktion $u(x)$ hat eine **gerade Parität.**

Beim zweiten Lösungstyp haben wir als Lösungen im Topfinnern Sinusfunktionen. Der Sinus wechselt sein Vorzeichen mit dem des Arguments $[\sin(\alpha x) = -\sin(-\alpha x)]$. Entsprechend ist für eine sich so verhaltende Ortsfunktion

$$u(-x) = -u(x)\,.$$

Die Mathematiker sprechen von einer *ungeraden Funktion,* die Physiker von **ungerader Parität.** Man überzeugt sich leicht: Dasselbe gilt für die anschließenden Lösungen innerhalb des Wandbereichs $|x| > a$.

Wir verallgemeinern, indem wir eine Wellenfunktion $\psi = \psi(\boldsymbol{r}, t)$, die von allen drei Ortsdimensionen sowie der Zeit abhängt, hernehmen und im Falle *definierter Parität* schreiben:

$$\psi(\boldsymbol{r}, t) = \pm\psi(-\boldsymbol{r}, t)\,.$$

Gilt das Pluszeichen, hat die Funktion gerade Parität, und gilt das Minuszeichen, so hat sie ungerade Parität.

Das Problem „Parität“ rührt weitere Fragen auf: Hat jede physikalisch sinnvolle Wellenfunktion eine definierte Parität? Bleibt die Parität erhalten, wenn sich ein System, das durch eine Gesamtwellenfunktion ψ definierter Parität beschrieben wird, in ein anderes System umwandelt, das durch eine andere Wellenfunktion ψ' beschrieben wird? Diese Probleme haben wir in Kap. I, 1.3 „angekratzt“; Antworten darauf begegnen wir in Abschn. IV, 4.2.6 und Kap. IV, 5.1.

4.3.7 Unschärfe beim freien Teilchen

Unter einem „freien Teilchen“ wollen wir ein keinen Kräften unterworfenes Teilchen verstehen. Wir lassen zu, daß sich das Teilchen in einem Potential befindet. Das

Potential muß aber, da der Gradient des Potentials eine Kraft darstellt, konstant sein. Im folgenden wollen wir annehmen, daß die gesamte Ortsveränderung in x-Richtung stattfindet.

Wir sprechen in der Quantenmechanik von **Unschärfe,** wenn eine Größe aus *prinzipiellen* Gründen *nicht genau* bekannt ist oder ermittelt werden kann, vgl. auch Abschn. I, 1.1.6. Für ein frei bewegliches Teilchen sind die beiden seine Bewegung charakterisierenden Größen *Ort* und *Impuls*. Unser Informationsproblem besteht darin, beide *zugleich* „möglichst genau" kennenzulernen. Dazu ist eine ebene Welle nach Art von Gl. (4.33) nicht geeignet: Eine *ebene Welle* ist über den *ganzen Raum* verteilt (alle x-Werte sind zulässig!). Wir haben daraus schon in Abschn. 4.3.1 gefolgert, daß eine ebene Welle zur Beschreibung eines Teilchens ungeeignet ist. In Parenthese fügen wir hinzu, daß sie zur Beschreibung eines Stroms einlaufender Teilchen sehr wohl taugt.

Wir wollen Ort und Impuls unseres Teilchens möglichst genau, d. h. mit *minimaler Unschärfe* bestimmmen. Dazu machen wir uns klar, was „minimale Unschärfe" heißen soll. Wir definieren die Unschärfe Δz, wobei z hier irgendeine Größe sein kann, durch

$$(\Delta z)^2 \equiv \langle (z - \langle z\rangle)^2\rangle = \langle z^2\rangle - 2\langle z\langle z\rangle\rangle + \langle\langle z\rangle^2\rangle . \tag{4.76}$$

Der zweite, abzuziehende Term auf der rechten Seite ist offenbar gleich $2\langle z\rangle^2$. Beim rechten Term können wir uns die beiden äußeren Klammern als Mittelwertsymbol schenken, weil schon $\langle z\rangle^2$ eine feste Zahl ist und demzufolge ihr Mittelwert dieselbe Zahl darstellt. Gl. (4.76) reduziert sich also zu

$$(\Delta z)^2 = \langle z^2\rangle - \langle z\rangle^2 . \tag{4.77}$$

Die durch Gl. (4.76) definierte Unschärfe, zweckmäßig meist nach Gl. (4.77) berechnet, ist genau das, was die Mathematiker *Varianz* nennen; die auftretenden Mittelwerte, durch die spitzen Klammern gekennzeichnet, nennen die Mathematiker Erwartungswert.

Wir geben hierzu ein Beispiel. In Abb. I, 8.53 ist links ein mit Gas gefülltes Volumen gezeichnet. Wir betrachten nur dieses Gas in seinem augenblicklichen Zustand, lassen also den Schieber geschlossen. Für z (als allgemeines Symbol für eine physikalische Größe aufgefaßt) nehmen wir die Geschwindigkeitskomponente v_y in y-Richtung, die in der Abbildung durch die Vertikale gegeben sei. Da der Behälter ruht und das Gas sich im thermischen Gleichgewicht befindet, hat man sicher $\langle v_y\rangle = 0$ (weil natürlich eine Geschwindigkeit in positiver y-Richtung genauso häufig ist wie in negativer). Die Streuung der Verteilung, gemäß Gl. (4.76) durch $(\Delta v_y)^2 = \langle v_y^2\rangle - \langle v_y\rangle^2 = \langle v_y^2\rangle$ gegeben, verschwindet dagegen keineswegs.

Wir kehren zu unserem Problem der Orts- und Impulsunschärfe eines freien Teilchens zurück, drücken die Impulsunschärfe in x-Richtung analog zu Gln. (4.76) und (4.77) aus und erhalten somit

$$(\Delta p_x)^2 = \langle (p_x - \langle p_x\rangle)^2\rangle = \langle p_x^2\rangle - \langle p_x\rangle^2 .$$

Wir führen zur Abkürzung noch

$$\alpha \equiv x - \langle x\rangle , \qquad \beta \equiv p_x - \langle p_x\rangle \tag{4.78}$$

ein. Diese Größen α und β haben natürlich nichts mit denen aus Gln. (4.59) und (4.64) zu tun. Indem wir für p_x den Operator Gl. (4.36) mit (eindimensional) grad $= \mathrm{d}/\mathrm{d}x$ schreiben, erhalten wir mit

$$\beta = -\mathrm{i}\hbar \left(\frac{\mathrm{d}}{\mathrm{d}x} - \left\langle \frac{\mathrm{d}}{\mathrm{d}x} \right\rangle \right) \tag{4.79}$$

die kombinierte *Orts-* und *Impulsunschärfe*

$$(\Delta x)^2 (\Delta p_x)^2 = \int_{-\infty}^{\infty} \bar{\psi} \alpha^2 \psi \, \mathrm{d}x \cdot \int_{-\infty}^{\infty} \bar{\psi} \beta^2 \psi \, \mathrm{d}x ,$$

wobei wir die Mittelwerte gemäß Gln. (4.46) und (4.47) gebildet haben. Wir können für das erste Integral auf der rechten Seite wegen $\alpha = \bar{\alpha}$

$$\int_{-\infty}^{\infty} \bar{\psi} \alpha^2 \psi \, \mathrm{d}x = \int_{-\infty}^{\infty} (\bar{\alpha} \bar{\psi}) (\alpha \psi) \, \mathrm{d}x$$

schreiben und für das zweite

$$\int_{-\infty}^{\infty} \bar{\psi} \beta^2 \psi \, \mathrm{d}x = \int_{-\infty}^{\infty} (\bar{\beta} \bar{\psi}) (\beta \psi) \, \mathrm{d}x , \tag{4.80}$$

dieses aufgrund von

$$\frac{\mathrm{d}}{\mathrm{d}x} \left(\bar{\psi} \frac{\mathrm{d}}{\mathrm{d}x} \psi \right) = \frac{\mathrm{d}\bar{\psi}}{\mathrm{d}x} \frac{\mathrm{d}\psi}{\mathrm{d}x} + \bar{\psi} \frac{\mathrm{d}^2 \psi}{\mathrm{d}x^2} ,$$

$$\int_{-\infty}^{\infty} \frac{\mathrm{d}}{\mathrm{d}x} \left(\bar{\psi} \frac{\mathrm{d}}{\mathrm{d}x} \psi \right) \mathrm{d}x = \int_{-\infty}^{\infty} \frac{\mathrm{d}\bar{\psi}}{\mathrm{d}x} \frac{\mathrm{d}\psi}{\mathrm{d}x} \mathrm{d}x + \int_{-\infty}^{\infty} \bar{\psi} \frac{\mathrm{d}^2 \psi}{\mathrm{d}x^2} \mathrm{d}x ,$$

$$\int_{-\infty}^{\infty} \frac{\mathrm{d}}{\mathrm{d}x} \left(\bar{\psi} \frac{\mathrm{d}}{\mathrm{d}x} \psi \right) \mathrm{d}x = \int_{-\infty}^{\infty} \mathrm{d} \left(\bar{\psi} \frac{\mathrm{d}\psi}{\mathrm{d}x} \right) = \bar{\psi} \frac{\mathrm{d}\psi}{\mathrm{d}x} \Bigg|_{-\infty}^{\infty} = 0$$

[weil $\psi(\pm\infty) = 0$ ist, da wir für unser Teilchen Lokalisierung gefordert haben], somit

$$\int_{-\infty}^{\infty} \bar{\psi} \frac{\mathrm{d}^2 \psi}{\mathrm{d}x^2} \mathrm{d}x = - \int_{-\infty}^{\infty} \frac{\mathrm{d}\bar{\psi}}{\mathrm{d}x} \frac{\mathrm{d}\psi}{\mathrm{d}x} \mathrm{d}x$$

und $\bar{\beta} = -\beta$ gemäß Gl. (4.79). Zusammengefaßt gilt also

$$(\Delta x)^2 (\Delta p_x)^2 = \int_{-\infty}^{\infty} (\bar{\alpha} \bar{\psi}) (\alpha \psi) \, \mathrm{d}x \cdot \int_{-\infty}^{\infty} (\bar{\beta} \bar{\psi}) (\beta \psi) \, \mathrm{d}x . \tag{4.81}$$

Wir betrachten nun zwei zunächst allgemeine komplexe Funktionen a und b. Dann gilt sicher

$$|a|^2 \, |b|^2 = |ab|^2$$

und, wenn „Integral" irgend ein bestimmtes oder unbestimmtes Integral meint,

$$\int |a|^2 \, \mathrm{d}x \int |b|^2 \, \mathrm{d}x \geqq \left(\int |ab| \, \mathrm{d}x \right)^2 \geqq \left| \int ab \, \mathrm{d}x \right|^2 ; \tag{4.82}$$

die letzte Ungleichung folgt aus der (für jedes Teilstück dx des Gesamtintegrals) wiederholt angewandten in der Mathematik als Dreiecksungleichung bekannten Beziehung.

Setzen wir nun

$$a = \bar{\alpha} \bar{\psi} , \qquad b = \beta \psi , \tag{4.83}$$

so folgt mit $|a|^2 = a\bar{a}$ aus Gln. (4.81) und (4.83)

$$(\Delta x)^2 (\Delta p_x)^2 \geqq \left| \int_{-\infty}^{\infty} (\bar{\alpha}\bar{\psi})(\beta\psi)\,\mathrm{d}x \right|^2 = \left| \int_{-\infty}^{\infty} \bar{\psi}\alpha\beta\psi\,\mathrm{d}x \right|^2 \tag{4.84}$$

(da α gemäß seiner Definition reell ist und, weil kein Differentialoperator, mit ψ und $\bar{\psi}$ vertauscht werden kann). Des weiteren gilt

$$\left| \int_{-\infty}^{\infty} \bar{\psi}\alpha\beta\psi\,\mathrm{d}x \right|^2 = \left| \int_{-\infty}^{\infty} \bar{\psi} \left[\frac{1}{2}(\alpha\beta - \beta\alpha) + \frac{1}{2}(\alpha\beta + \beta\alpha) \right] \psi\,\mathrm{d}x \right|^2$$

$$= \frac{1}{4} \left| \int_{-\infty}^{\infty} \bar{\psi}(\alpha\beta - \beta\alpha)\,\psi\,\mathrm{d}x \right|^2 + \frac{1}{4} \left| \int_{-\infty}^{\infty} \bar{\psi}(\alpha\beta + \beta\alpha)\,\psi\,\mathrm{d}x \right|^2 ; \tag{4.85}$$

die gemischten Terme, die beim Ausrechnen auf der rechten Seite noch entstehen, verschwinden, wie sich mit etwas Rechnerei ähnlich der, die zu Gl. (4.80) führte, zeigen läßt. Indem man auf die Definitionen Gl. (4.78) und auf Gl. (4.79) zurückgeht, erkennt man, daß sich im vorletzten Term von Gl. (4.85)

$$(\alpha\beta - \beta\alpha)\,\psi = -\mathrm{i}\hbar \left[x\frac{\mathrm{d}\psi}{\mathrm{d}x} - \frac{\mathrm{d}}{\mathrm{d}x}(x\psi) \right] = \mathrm{i}\hbar\psi \tag{4.86}$$

ergibt. Insgesamt bekommt man also aus Gln. (4.84) bis (4.86), wenn man noch die Wurzel zieht,

$$\Delta x \cdot \Delta p_x \geqq \frac{\hbar}{2} \,. \tag{4.87}$$

Das ist die berühmte *Heisenbergsche Unschärferelation*, auch Heisenbergsche Unbestimmtheitsrelation genannt, die wir als eines der wichtigsten Resultate der modernen Physik schon in Abschn. I, 1.1.6 kennengelernt haben.

Offenbar kann das Gleichheitszeichen gelten. Wenn in Gl. (4.82) $a = |\gamma|\, b$ mit konstantem γ gilt, steht in der Tat überall das Gleichheitszeichen; wir setzen also ohne wesentliche Einschränkung der Allgemeinheit

$$\alpha\psi = \gamma\beta\psi \tag{4.88}$$

und

$$\int_{-\infty}^{\infty} \bar{\psi}(\alpha\beta + \beta\alpha)\,\psi\,\mathrm{d}x = 0\,.$$

Mit Gln. (4.78) und (4.79) wird aus Gl. (4.88)

$$(x - \langle x \rangle)\,\psi = \gamma \left(-\mathrm{i}\hbar\frac{\mathrm{d}\psi}{\mathrm{d}x} - \langle p_x \rangle\,\psi \right).$$

Daraus folgt

$$\frac{\mathrm{d}\psi}{\mathrm{d}x} = \left[\frac{\mathrm{i}}{\gamma\hbar}(x - \langle x \rangle) + \frac{\mathrm{i}\langle p_x \rangle}{\hbar} \right] \psi$$

mit der Lösung

$$\psi = N\,\mathrm{e}^{\frac{\mathrm{i}}{2\gamma\hbar}(x - \langle x \rangle)^2}\,\mathrm{e}^{\frac{\mathrm{i}\langle p_x \rangle}{\hbar}x} ,$$

wobei N eine Normierungskonstante ist. Sie bestimmt sich aus der Normierungsbedingung, Gl. (4.43), und der Definition von $(\Delta x)^2$, Gl. (4.76), zusammen mit unserer Vorschrift

Gl. (4.46) für die Bildung des Erwartungswertes. Es resultiert

$$\psi = \psi(x) = \frac{1}{[2\pi(\Delta x)^2]^{1/4}}\, e^{-\frac{(x-\langle x\rangle)^2}{4(\Delta x)^2}}\, e^{\frac{i\langle p_x\rangle x}{\hbar}}$$

als schlußendliche Lösung. γ stellt sich als rein imaginär heraus. Für $\langle p_x\rangle/\hbar$ können wir auch k_x schreiben.

Verschwinden die Erwartungswerte für die Ortskoordinate x und für die Impulskoordinate p_x, ist also $\langle x\rangle = \langle p_x\rangle = 0$, so ist die vollständige von *Ort* und *Zeit abhängige Lösung,* wie hier ohne Beweis mitgeteilt sei,

$$\psi = \psi(x, t) = \frac{1}{\left[2\pi\left(\Delta x + \dfrac{i\hbar t}{2m\,\Delta x}\right)^2\right]^{1/4}}\, e^{-\frac{x^2}{4(\Delta x)^2 + \frac{2i\hbar t}{m}}},$$

wobei m die Teilchenmasse bezeichnet; ferner geht $|\psi(x, t)|^2$ aus $|\psi(x, 0)|^2$ durch die Ersetzung

$$(\Delta x)^2 \rightarrow (\Delta x)^2 + \frac{(\Delta p_x)^2\, t^2}{m^2} = (\Delta x)^2 + (\Delta v_x)^2\, t^2$$

hervor. Die rechts stehende Größe wächst linear mit t^2 an:

- *Das Wellenpaket eines freien Teilchens läuft mit wachsender Zeit immer mehr auseinander.*

4.3.8 Veranschaulichung der Unschärferelation

In den vorigen Abschnitten dieses Kapitels haben wir ein Teilchen quantenmechanisch durch eine Welle beschrieben. Mit dieser Vorstellung haben wir im vorigen

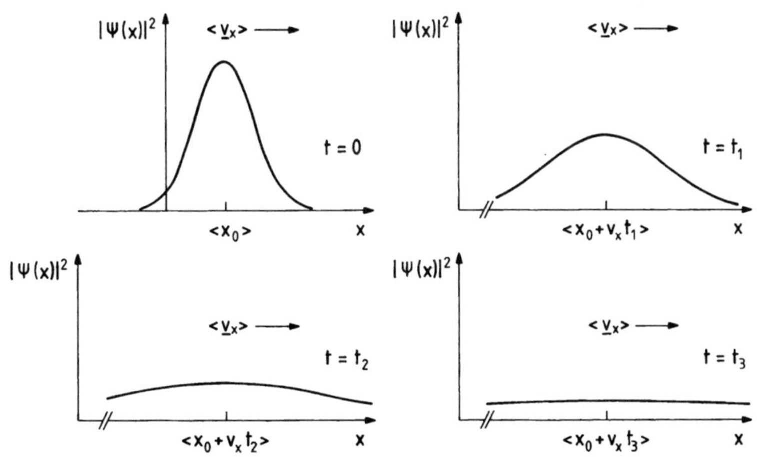

Abb. 4.21 Auseinanderlaufendes Wellenpaket eines freien Teilchens. Wellenpaket zu verschiedenen Zeiten $0 < t_1 < t_2 < t_3$; $t_1 = 3\,\Delta x/\Delta v_x$, $t_2 = 15\,\Delta x/\Delta v_x$, $t_3 = 63\,\Delta x/\Delta v_x$, entsprechend Wahrscheinlichkeitsdichten $|\Psi(x)|^2$ im Maximum (Zentrum) $1/2$, $1/4$ und $1/8$ der von $t = 0$.

Abschnitt eine Unschärferelation abgeleitet. Aus dem Wellencharakter des Teilchens hätten wir auch ohne Rechnung entnehmen können, daß das Teilchen nicht beliebig „scharf" erfaßt werden kann. Schon bei unseren Versuchen mit Wasserwellen in Abschn. I, 7.5.3 haben wir die schlechte Erfaßbarkeit kleiner Hindernisse, gemessen an der Wellenlänge, zur Kenntnis genommen. Natürlich können solche allgemeinen Betrachtungen nicht die Rechnung ersetzen und insbesondere keine quantitativen Angaben liefern.

Wie im vorigen Abschnitt ausgeführt, läuft ein Wellenpaket, das ein freies Teilchen darstellt, mit zunehmender Zeit immer mehr auseinander. Wir geben in Abb. 4.21 ein Wellenpaket zu verschiedenen Zeiten wieder. Man beachte die kleiner werdende Amplitude im Zentrum und das Zerfließen des Pakets. Im folgenden wollen wir noch einige quantitative oder halbquantitative Beispiele für die Unschärferelation geben.

Beugung am Spalt

In Abb. 4.22 ist ein optischer Spalt zusammen mit der hinter dem Spalt beobachteten Intensitätsverteilung gezeichnet (vgl. Abschn. 2.3.3). Von der punktförmig gedachten Lichtquelle ist der Impuls p_x in x-Richtung (quer zur Ausbreitungsrichtung) durch die Spaltbreite b bestimmt (zusammen mit dem Impuls p). Die Impulsunschärfe Δp_x ist desto größer, je schmaler der Spalt und damit je kleiner Δx ist.

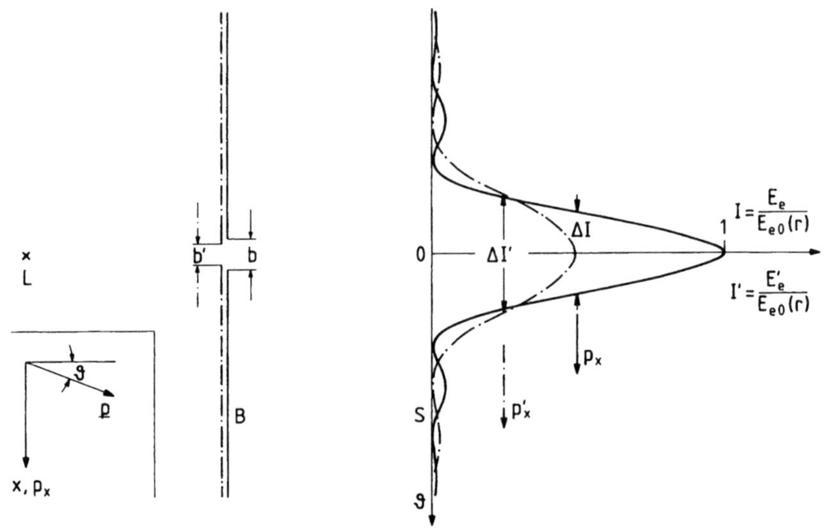

Abb. 4.22 Unschärferelation bei der Beugung am Spalt. (Punktförmige) Lichtquelle L, Spalt der Breite b bzw. b', Intensitätsverteilung in Richtung ϑ. Im Eckeinsatz die Koordinaten. Verhältnisse für b' strichpunktiert. Man bemerke, daß I' auf $E_{e0}(r)$ [und nicht auf $E'_{e0}(r)$] normiert ist; daher ist bei $\vartheta = 0$ $I' = I/2$ (ein Faktor $1/\sqrt{2}$ wegen geringerer in den Spalt einlaufender Intensität, ein zweiter Faktor $1/\sqrt{2}$ wegen breiterer Verteilung). $b' = b/\sqrt{2}$, $\Delta I' = \sqrt{2}\,\Delta I$.

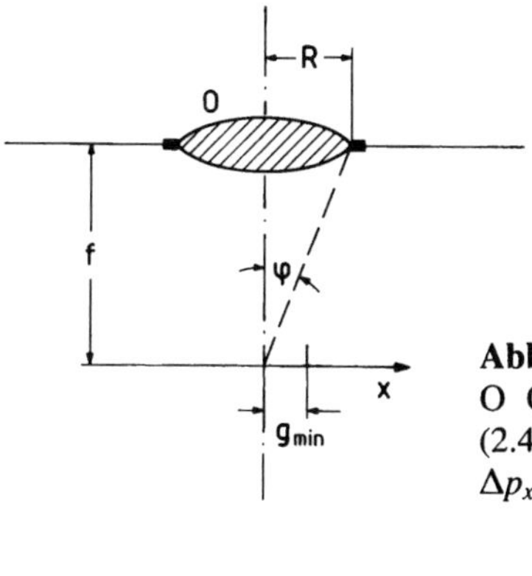

Abb. 4.23 Unschärferelation beim Mikroskop. O Objektiv, $\sin\varphi \approx R/f$, $x = g_{\min} \approx \lambda f/R$ [s. Gl. (2.43)], also $\Delta x \approx \lambda/\sin\varphi$, $\lambda = h/p$ [Gl. (4.27)], $\Delta p_x \approx p \sin\varphi$.

Auflösung des Mikroskops

Die *Auflösung eines Mikroskops,* vgl. Abschn. 2.5.3, läßt sich z. B. mit der Helmholtzschen Theorie ausrechnen. Indem wir hier auf Zahlenfaktoren der Größenordnung 1 keine Rücksicht nehmen, erhalten wir für die Ortsunschärfe Δx, die wir mit der früher definierten minimalen lateralen Entfernung $g_{\min}$ zweier noch trennbarer Punkte gleichsetzen, $\Delta x \approx \lambda/\sin\varphi$ (Abb. 4.23). Die Impulsunschärfe in x-Richtung ist, ähnlich wie im vorigen Beispiel, durch $\Delta p_x \approx p \sin\varphi$ mit p als Impuls gegeben. Drückt man p durch die de-Brogliesche Beziehung (4.27) aus, so erhält man

$$\Delta x \, \Delta p_x \approx h \,.$$

Breite einer Spektrallinie

Nach dem in Abschn. 2.1.4 gebrachten Modell stellt man sich ein strahlendes Atom als gedämpften Oszillator vor. Die Energie nimmt im Laufe der Zeit nach Gl. (I, 7.6) ab. Setzt man die zeitliche Unschärfe Δt mit der Zeitkonstanten der Energie τ gleich, so hat man, wenn man Gl. (I, 7.15) auf diesen Fall anwendet, als Unschärfe der

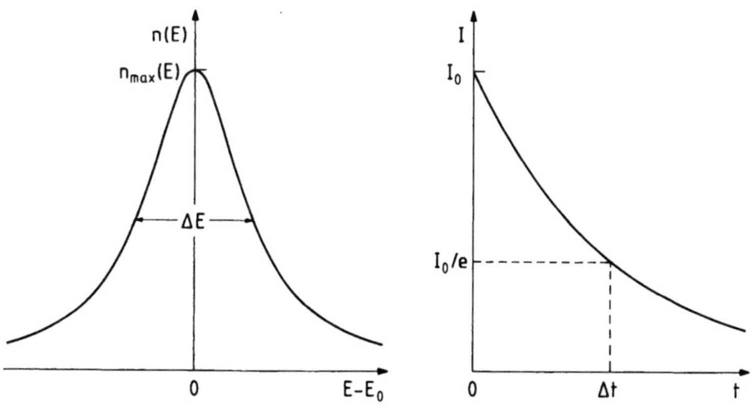

Abb. 4.24 Unschärferelation bei einer optischen Spektrallinie. Links: Form der Spektrallinie, ohne Störungen (wie z. B. durch Stoß) eine Lorentz-Kurve (vgl. Abschn. 2.1.3). Rechts: Abfall der Intensität, exponentiell.

Energie $\Delta E = \hbar/\tau$. Für das nach Gl. (I, 1.3) zu nehmende Produkt gilt also

$$\Delta E \, \Delta t = \frac{\hbar}{\tau} \tau = \hbar \, ; \tag{4.89}$$

hier haben wir ohne Beweis das Gleichheitszeichen verwendet. Wenn wir die Unschärferelation in dieser Form schreiben, bedeutet ΔE die volle Halbwertbreite der Energie, wobei die Spektrallinienform eine Lorentz-Kurve ist, und Δt die Zeit, in der die Intensität auf den e-ten Teil abgefallen ist (Abb. 4.24). Die Beziehung (4.89) ist ein wichtiges Hilfsmittel, um aus einer gemessenen **natürlichen Linienbreite** ΔE auf die **mittlere Lebensdauer** τ (vgl. Anhang I, A 1.4 und Abschn. IV, 4.2.2) oder umgekehrt aus der mittleren Lebensdauer auf die Energiebreite zu schließen; in der Zeitspanne τ geht die Anzahl der Teilchen im Mittel auf den e-ten Teil zurück.

Wir führen uns die Linienbreite bei plötzlichem Einschaltvorgang mit Hilfe eines Zungenfrequenzmessers vor Augen. Dazu erinnern wir uns an den Versuch, der in Abschn. II, 2.12.8 beschrieben ist. Längere Zeit nach dem Anschalten hat nur die auf 50 Hz abgestimmte Zunge mit großer Amplitude geschwungen. Beim Einschaltvorgang hingegen (und ebenso beim Ausschaltvorgang) haben wir in den meisten Fällen ein kräftiges Mitschwingen benachbarter Zungen beobachtet, das jedoch zeitlich schnell abgefallen ist (Dämpfung!).

Bandbreite eines Rundfunksenders

Bisher haben wir uns in unseren quantitativen oder halbquantitativen Beispielen zur Unschärferelation im wesentlichen auf „mikroskopische" Gebilde beschränkt. Jetzt wollen wir etwas so ausgesprochen Makroskopisches wie einen Mittelwellen-Rundfunksender der Frequenz ν mit seiner Antenne in der Größenordnung von 100 m Länge betrachten. Mittelwellensender sind *amplitudenmoduliert* (Abschn. II, 2.12.8). Die nötige Bandbreite beträgt $\Delta\nu \approx 2\nu_{\mathrm{Ton}}$, wobei ν_{Ton} die Frequenz des Signals ist. Die Energieunschärfe beträgt also $2h\nu_{\mathrm{Ton}}$. Als zeitliche Unschärfe bietet sich eine Schwingungsdauer der Tonfrequenz an; also ist $\Delta t = 1/\nu_{\mathrm{Ton}}$. Die Unschärferelation drückt sich somit in

$$\Delta E \, \Delta t = \Delta(h\nu) \frac{1}{\nu_{\mathrm{Ton}}} = h2\nu_{\mathrm{Ton}} \frac{1}{\nu_{\mathrm{Ton}}} = 2h$$

aus; bei Benutzen nur eines Seitenbandes hätten wir $\Delta\nu \approx \nu_{\mathrm{Ton}}$ und somit h anstelle von $2h$ als Unschärfe.

4.3.9 Tunneleffekt

In Abschn. 4.3.5 hatten wir uns mit einem Teilchen in einem Potentialtopf befaßt. Für $|x| > a$ haben wir das Potential dabei als konstant angenommen, Gl. (4.63). Was passiert, wenn U nicht konstant ist, sondern z. B. für $|x| > a + b$ wieder auf Null abfällt? Ein solches Potential ist in Abb. 4.25 dargestellt. Nach den Ausführungen des Abschnitts 4.3.5 wird man dann ein Verhalten erwarten, wie es im Falle einer kosinusförmigen Lösung im Innern des Topfes in Abb. 4.25 miteingezeichnet ist. Vorausgesetzt ist dabei, daß $0 < E < U_0$ gilt.

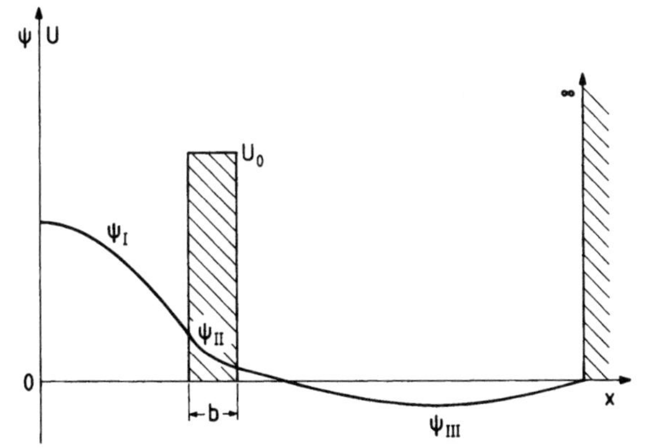

Abb. 4.25 Tunneleffekt (lineare Geometrie). Kosinusförmige Wellenfunktion im Topf angesetzt. Verhältnisse relativ kurz nach dem „Einsetzen" des Teilchens in den Bereich I mit der Wellenfunktion ψ_{I}. S. auch Text.

Zur quantitativen Behandlung teilen wir das gesamte Volumen (eindimensional, mit x als der Ortsvariablen) in drei Gebiete ein: Das Innere des Topfes (I), den Wandbereich (II) und den Außenraum (III). Nach dem, was wir aus der Behandlung des Potentialtopfes schon wissen, werden wir in den drei Bereichen die folgenden Ansätze machen:

$$\begin{aligned} &\text{I:} && \psi_{\mathrm{I}} \approx A \cos \alpha x\,, \\ &\text{II:} && \psi_{\mathrm{II}} \approx B\, \mathrm{e}^{-\beta x}\,, \\ &\text{III:} && \psi_{\mathrm{III}} \approx C \cos(\alpha x + \varphi) \end{aligned} \tag{4.90}$$

mit

$$\alpha = \sqrt{\frac{2mE}{\hbar^2}}\,, \qquad \beta = \sqrt{\frac{2m(U_0 - E)}{\hbar^2}}\,. \tag{4.91}$$

Wir schreiben in Gl. (4.90) „Ungefähr"-Zeichen, weil wir im Gegensatz zum Fall des Teilchens im Potentialtopf genau genommen keinen Zustand, also etwas Stationäres, beschreiben, sondern einen Prozeß, also eine zeitliche Änderung, im Auge haben. Die Teilchen werden also, streng genommen, nicht durch stehende Wellen, sondern durch laufende dargestellt. Nehmen wir die zeitliche Änderung als langsam an, können wir das Problem ganz ähnlich zum stationären Fall behandeln. Aus dem exponentiellen Abfall im Gebiet II entnehmen wir noch die ebenfalls nur näherungsweise gültige Beziehung

$$\frac{C}{A} \approx \mathrm{e}^{-\beta b}\,.$$

Die **Tunnelwahrscheinlichkeit,** also die Wahrscheinlichkeit, daß ein ursprünglich im Topf (Gebiet I) vorhandenes Teilchen praktisch unmittelbar nach dem Auftreffen auf die Barriere (Gebiet II) im Außenraum (Gebiet III) vorgefunden wird, ist dann

$$w_{\mathrm{T}} \approx \left|\frac{C}{A}\right|^2 \approx \mathrm{e}^{-2\beta b} = \mathrm{e}^{-2\sqrt{\frac{2m(U_0 - E)}{\hbar^2}}\, b}\,. \tag{4.92}$$

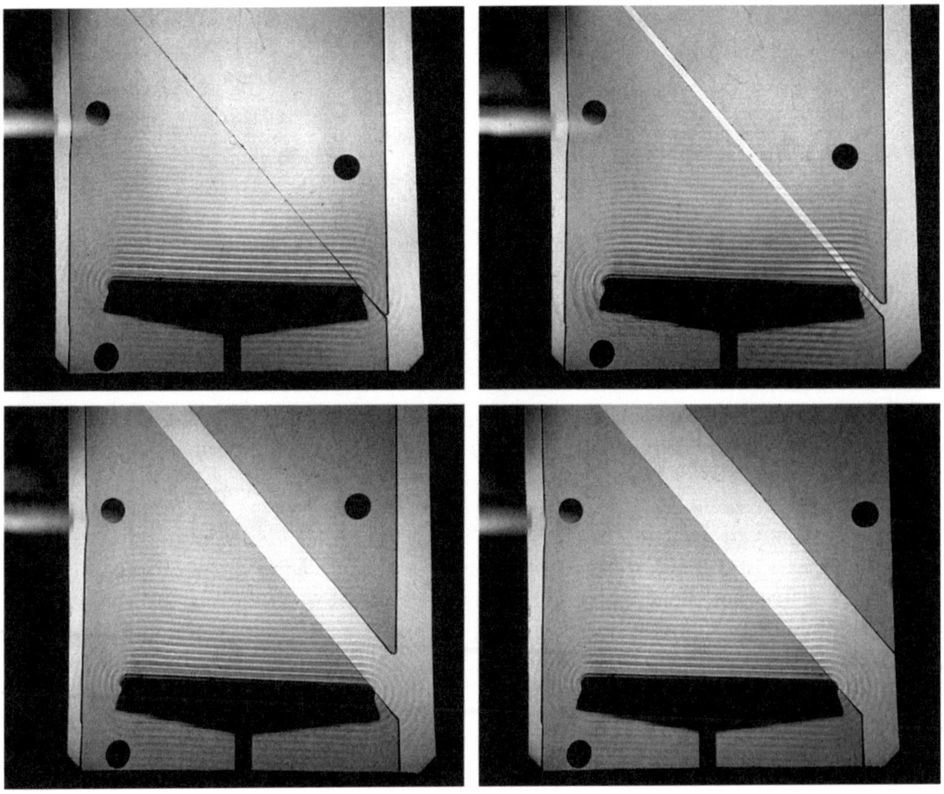

Abb. 4.26 Versuch zur Veranschaulichung des Tunneleffekts mit Wasserwellen (ebene Wellen) (zur Technik vgl. Abschn. I, 7.5.2). Wellen jeweils unten im Bild erzeugt. In den Bildern rechts oben und (rechts und links) unten zwei (dreieckförmige) Flachwassergebiete (dunkel) durch einen (schrägliegenden) Tiefwassergraben (hell) getrennt; im Bild links oben praktisch kein Graben. Mit wachsender Grabenbreite treten die Wellen mit immer geringerer Amplitude in das jeweils rechts oben liegende Flachwassergebiet ein.

Ein – zugegeben nur teilweise treffendes – Modellexperiment zum Tunneleffekt ist in Abb. 4.26 wiedergegeben.

Wir haben oben den Tunneleffekt mit einem *Rechteckpotential* als Barriere berechnet. Bei andern Potentialen, z. B. dem *Coulomb-Potential,* kommt quantitativ etwas anderes, aber qualitativ dasselbe heraus. Indem wir Gl. (4.92) auf den α-Zerfall anwenden, vgl. Abschn. 4.2.1, wollen wir uns die Größenordnung von w_T klarmachen. Die Verhältnisse sind hier nicht ganz so einfach, wie wir sie bei der Ableitung des Tunneleffekts angenommen haben. Insbesondere gibt es keine rechteckige Potentialbarriere. Das Potential, genauer gesagt die potentielle Energie, die ein Teilchen der Ordnungszahl Z_2 im *Coulomb-Feld* eines *Kerns* der Ordnungszahl Z_1 besitzt, ist durch

$$U = \frac{1}{4\pi\varepsilon_0} \frac{Z_1 Z_2 e^2}{d} \tag{4.93}$$

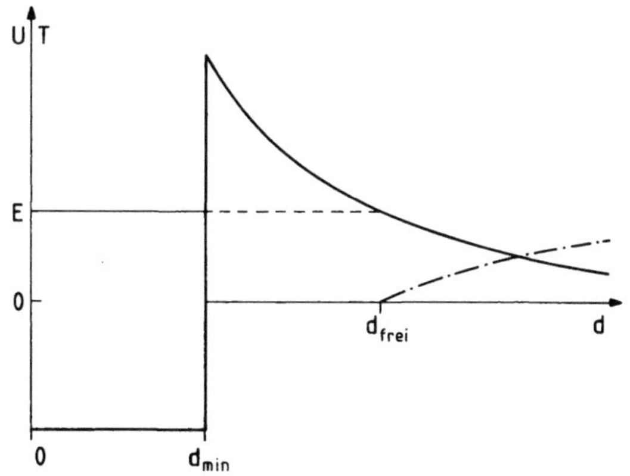

Abb. 4.27 Tunneleffekt beim α-Zerfall (vereinfacht). Kugelsymmetrie. Potentielle Energie *U* (stark ausgezogene Kurve), Energie *E* des α-Teilchens im Kern (dünne ausgezogene Kurve), virtuelle Energie des α-Teilchens beim Tunneln (gestrichelt) und kinetische Energie des durchgetunnelten α-Teilchens (strichpunktiert). *U* im Kern als Rechteckpotential angesetzt; s. Text.

gegeben, wobei *e* die Elementarladung und *d* der Abstand zwischen den Zentren der beiden als kugelförmig angenommenen Teilchen ist (auf Komplikationen, die sich durch teilweises Überlappen der Ladungsverteilungen ergeben, wollen wir hier nicht eingehen). Abb. 4.27 zeigt die Verhältnisse. Welche Energie bindet das α-Teilchen im Kerninnern? Diese Frage können wir nicht leicht und genau durch Rechnung beantworten. Hier hilft uns aber das Experiment: Beim Tunneln nehmen die α-Teilchen weder Energie auf noch geben sie welche ab. Die Energie, die die α-Teilchen in großer Entfernung vom Kern, also für die potentielle Energie Null haben, messen wir direkt als kinetische Energie. Innerhalb des Kerns setzen wir, was das Einfachste und gar nicht mal so falsch (also nicht in grobem Widerspruch zur Erfahrung) ist, die potentielle Energie als konstant an. Ebenfalls der Einfachheit halber nehmen wir für diese Konstante den Wert null. Das α-Teilchen hat dann, wie wir aus Abschn. 4.3.5 wissen, eine positive Gesamtenergie *E*, wie es sein muß (sonst könnte es nicht den Außenraum weit außerhalb des Kerns erreichen und dort beobachtet werden). Es befindet sich also insgesamt in einem Potentialtopf, der ganz ähnlich unserem früher behandelten Topf ist. Insonderheit nehmen wir die Wände (innen) als senkrecht an. Das Potential Gl. (4.93) gilt, solange die Ladungsverteilungen für Kern und α-Teilchen kugelsymmetrisch sind, bis zu einem minimalen Abstand $d_{\min}$, der sich aus der Bedingung ergibt, daß sich die beiden Verteilungen nicht überlappen (vgl. Abschn. I, 3.3.3). Zur Beschreibung von Kern und α-Teilchen hat sich die *homogene Ladungsverteilung*

$$\varrho = \text{const}$$

bewährt (das schließt nicht aus, daß man für eine verfeinerte Betrachtungsweise auch eine Variation der Ladungsdichte ϱ mit dem Radius sowie Abweichungen von der Kugelgestalt, *Kerndeformationen,* berücksichtigen muß). Für den Kernradius, bis zu dem ϱ konstant ist, gilt in guter Näherung

$$R = R_0 A^{1/3}\,,$$

wobei R_0 eine Konstante und A die Massenzahl ist, also die Anzahl der Nukleonen im Kern (vgl. Abschn. I, 3.2.1 und IV, 4.1.1). Durch Messungen hat man

$$R_0 = 1{,}2\ \text{fm} = 1{,}2 \times 10^{-15}\ \text{m}$$

als guten Durchschnittswert gefunden.

Für den α-Zerfall von $^{226}_{88}\text{Ra}$ errechnet sich, wenn man bedenkt, daß man die Folgeprodukte $^{224}_{86}\text{Rn}$ und $^{4}_{2}\text{He}$ nehmen muß, R zu 7,3 fm ($^{224}_{86}\text{Rn}$) bzw. 1,9 fm ($^{4}_{2}\text{He}$), also d_{min} zu 9,2 fm. Eine überschlagsmäßige Rechnung mit $1/4\pi\varepsilon_0 = 9 \times 10^9\ \text{Nm}^2/\text{C}^2$ ergibt im Abstand $d = d_{\text{min}}$ $U = 4{,}3 \times 10^{-12}\ \text{J} = 2{,}7 \times 10^7\ \text{eV} = 27\ \text{MeV}$. Um den Unterschied zwischen dem Coulomb-Potential Gl. (4.93) und dem in Gl. (4.92) angenommenen Rechteckpotential adäquat zu behandeln, setzen wir für U_0 in Gl. (4.92) unser U aus Gl. (4.93) ein; indem wir für b den Abstand d nehmen, integrieren wir über d, und zwar über den ganzen Bereich, in dem das α-Teilchen tunnelt. Dieser Bereich erstreckt sich von $d = d_{\text{min}}$ bis zu der Stelle, an der $U = E$ wird, vgl. Abb. 4.27. Dieser zweite Abstand, den wir d_{frei} nennen wollen, ergibt sich aus Gl. (4.93) zu

$$d_{\text{frei}} = \frac{1}{4\pi\varepsilon_0} \frac{Z_1 Z_2 e^2}{E}\,,$$

mit der gemessenen Energie $E = 4{,}8$ MeV also zahlenmäßig zu $d_{\text{frei}} = 9{,}2\ \text{fm} \times 27\ \text{MeV}/4{,}8\ \text{MeV} = 52$ fm (auf Feinheiten wie den Rückstoß, den der Kern wegen Impulserhaltung beim α-Zerfall erleidet, haben wir hier keine Rücksicht genommen). Nach Gl. (4.92) kommt es offenbar nur auf den Flächeninhalt des Exponenten in einem Diagramm an, das im wesentlichen $\sqrt{U}$ als Funktion von b darstellt. Dem tragen wir durch unser Integral Rechnung:

$$w_{\text{T}} \approx \mathrm{e}^{-2\int\limits_{d_{\text{min}}}^{d_{\text{frei}}} \sqrt{\frac{2m[U(d)-E]}{\hbar^2}}\,\mathrm{d}d}\,. \tag{4.94}$$

Wir fühlen uns dazu umso mehr berechtigt, als wir den hyperbolischen Abfall von $U(d)$ mit d durch eine Treppenkurve beliebig gut annähern können und sich die Tunnelwahrscheinlichkeiten für jedes dieser so entstehenden schmalen Rechteckbarrieren miteinander multiplizieren. Der Exponent in Gl. (4.94) heißt *Gamow-Faktor G*. Wir können ihn mit U aus Gl. (4.93) geschlossen ausrechnen. Die (mühsame) Rechnung liefert

$$\begin{aligned} G &= 2\int\limits_{d_{\text{min}}}^{d_{\text{frei}}} \sqrt{\frac{2m}{\hbar^2}\left(\frac{Z_1 Z_2 e^2}{4\pi\varepsilon_0}\frac{1}{d} - E\right)}\,\mathrm{d}d \\ &= \frac{\sqrt{2}}{2\pi\varepsilon_0}\frac{Z_1 Z_2 e^2}{\hbar}\sqrt{\frac{m}{E}}\left[\arccos\sqrt{\frac{d_{\text{min}}}{d_{\text{frei}}}} - \sqrt{\frac{d_{\text{min}}}{d_{\text{frei}}}\left(1 - \frac{d_{\text{min}}}{d_{\text{frei}}}\right)}\right]. \end{aligned} \tag{4.95}$$

Setzen wir die Zahlenwerte für $^{226}_{88}\text{Ra}$ ein, so erhalten wir $G = 75$ und $w_{\text{T}} \approx 3 \times 10^{-33}$. Die Tunnelwahrscheinlichkeit w_{T} bei diesem α-Zerfall ist also sehr klein.

Mit der Tunnelwahrscheinlichkeit haben wir noch nicht die unmittelbar meßbare Größe, die *Zerfallsrate* λ. $\lambda\,\mathrm{d}t$ ist die Wahrscheinlichkeit, daß ein bestimmter Kern in der (kleinen) Zeit $\mathrm{d}t$ zerfällt. Um die Zerfallsrate abzuschätzen, stellen wir uns primitiv vor, der *Mutterkern,* das ist der Kern vor dem Zerfall, bestehe aus dem *Tochterkern,* dem bei dem Zerfall entstehenden (schweren) Kern, und dem α-Teilchen. Das α-Teilchen fliege mit der Geschwindigkeit

$$v = \sqrt{\frac{2E}{m}} = \sqrt{\frac{2Ec^2}{mc^2}} = \sqrt{\frac{9{,}6\ \text{MeV}}{3{,}7 \times 10^3\ \text{MeV}}}\,c = 0{,}05c \tag{4.96}$$

im Kern „frei“ umher. Durcheilt es dabei den Kern diametral, fliegt also von einem Kernrand zur gegenüber liegenden Stelle, so trifft es mit der Rate

$$\nu = \frac{v}{2R} \tag{4.97}$$

auf den Kernrand. Mit den Zahlen für $^{226}_{88}\mathrm{Ra}$ ergibt das $\nu \approx 2 \times 10^{21}/\mathrm{s}$. Jedesmal durchtunnelt es mit der Wahrscheinlichkeit w_T. Die Zerfallsrate ist also

$$\lambda = \nu w_\mathrm{T}\,, \tag{4.98}$$

in unserem Fall $\lambda \approx 6 \times 10^{-12}/\mathrm{s}$. Der experimentelle Wert ist $\lambda = 1{,}4 \times 10^{-11}/\mathrm{s}$.

Errechneter und experimenteller Wert stimmen nicht genau überein. Das konnten wir aufgrund der vielen Vernachlässigungen und Ungenauigkeiten in den Voraussetzungen und beim Rechenprozeß auch nicht erwarten. Wir müssen zufrieden sein, daß wir die richtige Größenordnung herausbekommen haben.

4.3.10 Zeitabhängige Probleme

Befindet sich ein Teilchen in einem Potentialtopf gemäß Gl. (4.63) und kann nicht zerfallen, ist also stabil, so bleibt es auf ewig in diesem Topf. Der physikalische Zustand ändert sich im Laufe der Zeit nicht. Wir haben es mit einem *zeitunabhängigen Problem* zu tun. Ist der Potentialtopf nicht unendlich „dick“, geht also z. B. das Potential für $|x| > b$ wieder auf null und ist der Topf nicht unendlich hoch, so hat, wie wir im vorigen Abschnitt gesehen haben, der Topf ein *„Leck“* (wir sagen nicht „Loch“, weil das Teilchen überall durch die Wand hindurchtunneln kann). Befindet sich das Teilchen anfangs im Topf, so wird es, wie wir am Beispiel des α-Zerfalls explizit gesehen haben, nach einer gewissen Zeit t nicht mehr mit der Wahrscheinlichkeit 1 im Topf zu finden sein. Wir haben es mit einem *zeitabhängigen Problem* zu tun.

Zur Beschreibung eines solchen Vorgangs oder Prozesses („Zustand“ sollten wir nicht sagen) müssen wir statt der zeitunabhängigen die **zeitabhängige Schrödinger-Gleichung** $\psi = \psi(\boldsymbol{r}, t)$ wählen. Bei der Besprechung des Tunneleffekts im vorigen Abschnitt haben wir uns um eine saubere Behandlung der Zeitabhängigkeit herumgedrückt. Auch in diesem Abschnitt werden wir das zeitabhängige Problem nicht streng lösen, einfach deshalb, weil es in allgemeiner Form nicht streng lösbar ist. Wir werden statt dessen eine *Näherungsmethode* anwenden, die mehr auf langsamere Vorgänge, also geringe Zeitabhängigkeit zugeschnitten ist.

Hauptsächlich zur Abkürzung wollen wir anstelle von Gl. (4.39) jetzt Gl. (4.40) mit H aus Gl. (4.41) benutzen. In unserer Schrödinger-Gleichung (4.40) ist H als Operator aufzufassen.

Bei unserer näherungsweisen Behandlung der zeitabhängigen Schrödinger-Gleichung kommen wir mit einer einzigen Lösungsfunktion ψ nicht aus. Wir müssen *Lösungen überlagern.* Sind ψ_1 und ψ_2 zwei Lösungen, so ist auch

$$\psi_3 = \psi_1 + \psi_2 \tag{4.99}$$

eine Lösung. Diese Möglichkeit zur Überlagerung oder Superposition von Lösungen war ja eine wichtige Forderung, die wir in Abschn. 4.3.1 an eine Gleichung für Materiewellen gestellt haben. Sind ψ_1 und ψ_2 normierte Lösungen, die somit Gl. (4.43) genügen, so ist ψ_3 (außer in Spezialfällen) keine normierte Lösung mehr. Wir müssen also geeignete Normierungskoeffizienten anbringen, damit die Gesamtnormierung wieder stimmt.

Unsere Methode zur Lösung der Zeitabhängigkeit beruht auf **Störungsrechnung.** Der Gedanke, der dieser Methode zugrunde liegt, ist ganz ähnlich dem der in Abschn. II, 4.6.3 angewandten Näherungsmethode zur Berechnung stabiler Teilchenbahnen, die etwas von der Kreisform abweichen. Man kann das Vorgehen bei der Störungsrechnung verbal wie folgt beschreiben. Man betrachtet ein *ungestörtes System* plus einer *Störung*. Man wählt das ungestörte System zweckmäßig so, daß die entsprechende Gleichung (oder die entsprechenden Gleichungen) *lösbar* ist (bzw. lösbar sind). Die Störung soll *klein* sein; deswegen genügt es, ihren Einfluß nur näherungsweise zu behandeln.

Die von uns im folgenden anzuwendende störungsrechnerische Methode ist das, was die Mathematiker *„Variation der Konstanten"* bei der Lösung einer Differentialgleichung nennen. Wir schreiben die Differentialgleichung in der Form Gl. (4.40) und setzen für den Hamilton-Operator

$$H = H_0 + H' \tag{4.100}$$

an, wobei H_0 der Operator des ungestörten Systems und H' der Operator der Störung sein soll. Zu H_0 gehören normierte Eigenfunktionen u_n, die also der Gleichung

$$H_0 u_n = E_n u_n \tag{4.101}$$

genügen, wobei E_n der dazugehörige Energieeigenwert ist. Die u_n sollen **orthogonal** zueinander sein; man nennt zwei Funktionen orthogonal, wenn sie der Bedingung

$$\int \bar{u}_m u_n \,\mathrm{d}\tau = 0 \qquad (m \neq n)$$

genügen. Die Normierung nach Gl. (4.43) hatten wir schon als erfüllt vorausgesetzt. Man kann Orthogonalität und Normierung in

$$\int \bar{u}_m u_n \,\mathrm{d}\tau = \delta_{mn} \tag{4.102}$$

zusammenfassen *(Orthonormalität),* wobei δ_{mn} das **Kronecker-Symbol** ist, nach dem deutschen Mathematiker L. Kronecker (1823–1891). Es hat die Werte

$$\delta_{mn} = 0 \qquad (m \neq n)\,, \qquad \delta_{nn} = 1$$

für irgendwelche natürlichen Zahlen m, n. Es ist also lediglich ein Kurzschriftzeichen.

Ist u_n eine Energieeigenfunktion, so ist die vollständige (also auch die Zeitabhängigkeit mitenthaltende) Eigenfunktion gemäß Gl. (4.52)

$$\psi_n = u_n \,\mathrm{e}^{-\frac{\mathrm{i}E_n t}{\hbar}}\,.$$

Die *vollständige Wellenfunktion* wird durch Überlagerung aller Eigenfunktionen ψ_n mit nichtverschwindender Amplitude gemäß Gl. (4.99) erhalten:

$$\psi = \sum_1^\infty a_n(t)\, u_n(\boldsymbol{r})\, \mathrm{e}^{-\frac{\mathrm{i}E_n t}{\hbar}}\,. \tag{4.103}$$

Die Funktionen u_n enthalten als Energieeigenfunktionen keine Zeitabhängigkeit, die ψ_n haben als einzige Zeitabhängigkeit also den Exponentialterm, der im Betrage konstant ist. Sie beschreiben somit, vgl. Abschn. 4.3.4, jeweils einen *Zustand.* Die „Änderung des Zustands", also der **Vorgang,** steckt ausschließlich in den **zeitabhängigen Koeffizienten** $a_n(t)$. Mit dem Ansatz Gl. (4.103) gehen wir in die Schrödinger-Gleichung (4.40) hinein, wobei wir der Kürze halber die Differentiation nach der Zeit durch einen Punkt symbolisieren und die Summengrenzen fortlassen (Summierung immer von $n = 1$ bis $n = \infty$):

$$\sum \mathrm{i}\hbar \dot{a}_n u_n \,\mathrm{e}^{-\frac{\mathrm{i}E_n t}{\hbar}} + \sum a_n E_n u_n \,\mathrm{e}^{-\frac{\mathrm{i}E_n t}{\hbar}} = \sum a_n (H_0 + H')\, u_n \,\mathrm{e}^{-\frac{\mathrm{i}E_n t}{\hbar}}$$

($\dot{u}_n \equiv 0$!). Wir machen Gebrauch von Gl. (4.101), multiplizieren von links mit $\bar{u}_m$, integrieren über den ganzen Raum und berücksichtigen die Orthogonalität und Normierung der u_n gemäß Gl. (4.102):

$$\mathrm{i}\hbar \dot{a}_m \,\mathrm{e}^{-\frac{\mathrm{i}E_m t}{\hbar}} = \sum a_n \,\mathrm{e}^{-\frac{\mathrm{i}E_n t}{\hbar}} \int \bar{u}_m H' u_n \,\mathrm{d}\tau \,. \qquad (4.104)$$

Wir nennen

$$\int \bar{u}_m H' u_n \,\mathrm{d}\tau \equiv H'_{mn} \qquad (4.105)$$

das **Matrixelement** der Störung, nach der Heisenbergschen Matrizenmechanik (vgl. Abschn. 4.3.2). Des weiteren führen wir die **Bohrsche Kreisfrequenz**

$$\frac{E_m - E_n}{\hbar} \equiv \omega_{mn} \qquad (4.106)$$

ein. Mit diesen beiden Ausdrücken schreibt sich $\dot{a}_m$

$$\dot{a}_m = \frac{1}{\mathrm{i}\hbar} \sum_n H'_{mn} a_n \,\mathrm{e}^{\mathrm{i}\omega_{mn} t} \,. \qquad (4.107)$$

Wir müssen nun die *Dauer* der Störung und die *Anfangsbedingungen* spezifizieren. Es sei

$$H' = 0 \qquad (-\infty < t < 0)\,, \qquad H' = \mathrm{const} \neq 0 \quad (t \geqq 0)\,. \qquad (4.108)$$

Es handelt sich also um eine *Stufenfunktion,* wie sie (in anderm Zusammenhang) in Abb. I, 4.48 veranschaulicht ist. Wir können auch sagen: Die Störung H' wird bei $t = 0$ „angeschaltet". Ferner sei für ein bestimmtes festes n, das wir k nennen wollen,

$$a_k(t) = 1 \qquad (t < 0)\,, \qquad a_n(t) = 0 \qquad (n \neq k) \qquad (t < 0)\,. \qquad (4.109)$$

Das System befinde sich also bis $t = 0$ in einem festen Zustand. Hieraus [und ebenso aus der Gleichung (4.109)] folgt, daß die *Energie E* den *definierten* Wert E_k hat. Das ist kein Widerspruch zur Unschärferelation, da wegen des zugelassenen Zeitintervals $-\infty < t < 0$ die *Zeit* ganz *unscharf* ist ($\Delta t = \infty$). Aus Gln. (4.107) und (4.109) schält sich $a_m = a_m(t)$ zu

$$a_m(t) = \frac{1}{\mathrm{i}\hbar} \int_0^t H'_{mk} \,\mathrm{e}^{\mathrm{i}\omega_{mk} t'} \,\mathrm{d}t' \qquad (t \geqq 0,\ m \neq k) \qquad (4.110)$$

heraus, wobei die Zeit als Integrationsvariable mit t' bezeichnet wird zur Unterscheidung von der Zeit t, bei der wir den Zustand der Wellenfunktion betrachten.

H'_{mk} ist nach Gl. (4.105) zeitunabhängig; Gl. (4.110) ist daher sofort integriert:

$$a_m(t) = -\frac{H'_{mk}}{\hbar}\,\frac{e^{i\omega_{mk}t} - 1}{\omega_{mk}}.$$

Die Wahrscheinlichkeitsdichte, das System zur Zeit $t \geqq 0$ im Zustand m zu finden, ist

$$w_m(t) = |a_m(t)|^2 = \frac{|H'_{mk}|^2\,|e^{i\omega_{mk}t} - 1|^2}{\hbar^2\omega_{mk}^2}. \tag{4.111}$$

Wir werten den in der letzten Gleichung rechts oben stehenden Faktor aus, wobei wir das Argument mit $i\varphi$ abkürzen:

$$\begin{aligned}|e^{i\varphi} - 1|^2 &= (e^{i\varphi} - 1)(e^{-i\varphi} - 1) = 2 - e^{i\varphi} - e^{-i\varphi}\\ &= 2(1 - \cos\varphi) = 2\left[1 - \left(1 - 2\sin^2\frac{\varphi}{2}\right)\right] = 4\sin^2\frac{\varphi}{2}.\end{aligned}$$

Unser (vorläufiges) Endresultat lautet also

$$w_m(t) = |a_m(t)|^2 = \frac{4\,|H'_{mk}|^2\sin^2\dfrac{\omega_{mk}t}{2}}{\hbar^2\omega_{mk}^2}. \tag{4.112}$$

Die Ähnlichkeit mit Gl. (2.33) für die Beugung am Spalt bei Beschränkung auf kleine Winkel ist rein äußerlich.

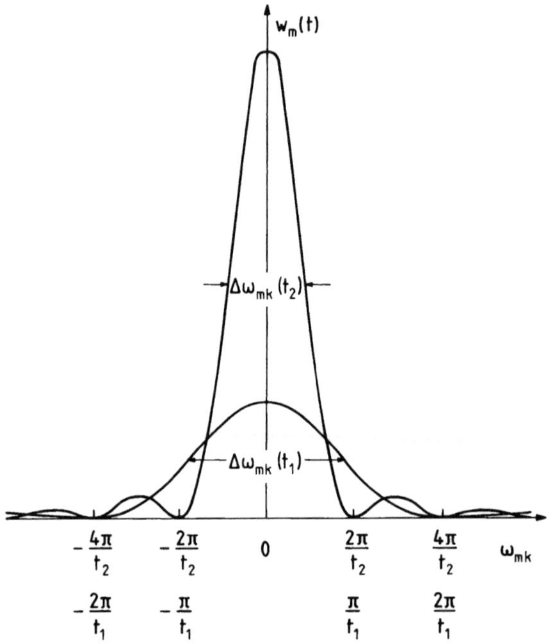

Abb. 4.28 Wahrscheinlichkeitsdichte $w_m(t)$ als Funktion der Übergangsfrequenz ω_{mk} für zwei verschiedene feste Zeiten t_1 und $t_2 = 2t_1$. Höhe der Kurven proportional t^2, Breite proportional $1/t$.

Wir gehen zur Interpretation der Gleichung (4.112) über. ω_{mk} ist keine genau definierte feste Zahl. Das folgt aus der Unschärferelation bei Beachtung der endlichen Beobachtungszeit t. Physikalisch sinnvolle Aussagen erhalten wir also, wenn wir über die Energie, also über $\hbar\omega_{mk}$ integrieren. Indem wir von der Konstanz von H'_{mk} Gebrauch machen, Gl. (4.108), führen wir diese Integration aus. Abb. 4.28 stellt uns den wesentlichen Teil des Integranden als Funktion von ω_{mk} dar. Wir multiplizieren also Gl. (4.112) mit $\hbar\,\mathrm{d}\omega_{mk}$:

$$\hbar w_m(t)\,\mathrm{d}\omega_{mk} = \frac{4\,|H'_{mk}|^2 \sin^2 \dfrac{\omega_{mk} t}{2}}{\hbar\omega_{mk}^2}\,\mathrm{d}\omega_{mk}\,. \tag{4.113}$$

Hierbei haben wir zunächst einen einzigen, durch die Zahl m bezeichneten Zustand im Auge. Wir integrieren Gl. (4.113) über ω_{mk}. Wenn wir die (z. B. durch die Unschärferelation nach unten begrenzte) Breite der Frequenzverteilung ω_{mk} mit $\Delta\omega_{mk}$ bezeichnen und den Wert des bestimmten Integrals von $-\infty$ bis $+\infty$ einer mathematischen Formelsammlung entnehmen, erhalten wir

$$\int\limits_{-\infty}^{\infty} \hbar w_m(t)\,\mathrm{d}\omega_{mk} = \langle w_m(t)\rangle\,\Delta E = \frac{2\pi\,|H'_{mk}|^2\,t}{\hbar}\,. \tag{4.114}$$

Mit dieser Gleichung können wir uns für manche Zwecke begnügen. Wir wissen aber, daß wir durch die Energie E_m allein keinen Zustand definieren. Das gilt umso mehr, wenn wir ein gewisses Energieintervall

$$\Delta E_m = \hbar\,\Delta\omega_{mk} \tag{4.115}$$

zulassen. So haben wir in Abschn. 3.1.1 die Anzahl der Zustände „abgezählt", die in einem (schmalen) Geschwindigkeits- und damit auch Impuls- und Energieintervall liegen. Wir nennen die Anzahl der Zustände, die in dem Energieintervall Gl. (4.115) gruppiert um die Energie E_m liegen, ΔN. Indem wir die zu all diesen Zuständen führende Wahrscheinlichkeit $\langle w_m(t)\rangle$ schreiben und Gl. (4.114) unter Beachtung von Gl. (4.115) durch $\hbar\,\Delta\omega_{mk}$ dividieren, ergibt sich

$$\langle w_m(t)\rangle = \frac{2\pi\,|H'_{mk}|^2\,t}{\hbar}\,\frac{\Delta N}{\Delta E} = \frac{2\pi\,|H'_{mk}|^2\,t}{\hbar}\,\varrho(E)\,; \tag{4.116}$$

der auf der rechten Seite dieser Gleichung rechts stehende Faktor ist die Anzahl der Zustände im Energieintervall dividiert durch dieses Intervall, den wir kurz als **Zustandsdichte** bezeichnen wollen:

$$\varrho(E) = \varrho(m) \equiv \frac{\Delta N}{\Delta E}$$

mit

$$E_m - \frac{\Delta E_m}{2} < E < E_m + \frac{\Delta E_m}{2}\,.$$

Der Übergang geschieht hier von einem festen, durch k charakterisierten Zustand zu einer Gruppe von Zuständen, die durch m charakterisiert sind.

Wir sehen auch, daß wir uns auf die Gleichung (4.116) beschränken können: Liegt nämlich nur ein Zustand vor, so ist eben $\varrho(E) = 1/\Delta E$. ΔE ist dann

$$\Delta E = \hbar \, \Delta\omega_{mk} \,.$$

Bevor wir weitergehen und uns den Übergangswahrscheinlichkeiten zuwenden, was im nächsten Abschnitt geschehen soll, schauen wir auf Gl. (4.112) zurück. Beschränken wir uns dort auf sehr kleine Zeiten t, so nimmt nach dieser Formel $w_m(t)$ offenbar *quadratisch* mit t zu. Nach so einer **quadratischen Zeitabhängigkeit,** das System im neuen, durch m charakterisierten Zustand zu finden, ist experimentell des öfteren vergeblich gesucht worden; nach einer neuen Meldung scheint sie erstmalig beobachtet worden zu sein. Für nicht extrem kurze Zeiten t erscheint es nichtsdestoweniger vernünftig, wie wir vorgegangen sind, erst über die Frequenz ω_{mk} zu integrieren und dann nach der Zeitabhängigkeit zu fragen. Wenn wir so verfahren, nimmt, wie wir gesehen haben, $w_m(t)$ *linear* mit t zu, s. Gln. (4.114) und (4.116).

4.3.11 Übergangswahrscheinlichkeit

Die im vorigen Abschnitt definierte und ausgerechnete Größe $\langle w_m(t)\rangle$ haben wir als die Wahrscheinlichkeit kennengelernt, zur Zeit t das System in dem durch m charakterisierten Zustand (bzw. in der durch m charakterisierten Zustandsgruppe) anzutreffen. Aufgetragen als Funktion der Zeit t sind diese Wahrscheinlichkeiten also mit der Zeit wachsende Funktionen, die mit dem Wert 0 zur Zeit $t = 0$ starten. Als **Übergangswahrscheinlichkeit** oder **Übergangsrate** λ_m für den Übergang zu einem durch m charakterisierten Zustand bzw. zu einer durch m charakterisierten Gruppe von Zuständen wollen wir die (zeitliche) Dichte dieser Verteilung nehmen:

$$\lambda_m = \frac{\mathrm{d}}{\mathrm{d}t} \int\limits_{-\infty}^{\infty} w_m(t)\, \mathrm{d}\omega_{mk} = \frac{2\pi}{\hbar} \, |H'_{mk}|^2 \, \varrho(E) \,. \tag{4.117}$$

Die letztere Gleichung wurde von dem Physiker Enrico Fermi (1901–1954) *Goldene Regel Nr. 2* (oder einfach **Goldene Regel**) genannt (als Goldene Regel Nr. 1 bezeichnete er den Energieerhaltungssatz, in Übertragung einer älteren Bezeichnung aus der Mechanik).

Anhang A 1 (zu Kap. 1)

A 1.1 Brechzahlen optischer Gläser

Die Brechzahlen n optischer Gläser sind in Tab. A 1.1 für verschiedene Vakuumwellenlängen λ aufgeführt.

Tab. A 1.1 Brechzahlen optischer Gläser

Wellenlänge λ in nm	365,0	435,8	546,1	589,3	706,5	852,1
Quarzglas	1,4745	1,4667	1,4601	1,4584	1,4552	1,4526
Glas FK 54	1,4486	1,4429	1,4382	1,4370	1,4347	1,4329
Glas BK 7	1,5363	1,5267	1,5187	1,5167	1,5129	1,5098
Glas K 3	1,5399	1,5291	1,5203	1,5815	1,5140	1,5108
Glas F 3	1,6576	1,6342	1,6168	1,6128	1,6054	1,6000
Glas SF 4	1,8333	1,7912	1,7617	1,7550	1,7430	1,7346
Glas SF 59	(absorbiert)	2,0156	1,9635	1,9521	1,9322	1,9186

A 1.2 Machsche Streifen

Unser Sehapparat verstärkt bei der „Datenverarbeitung“ Kontraste (wahrscheinlich, weil sich so schärfere Umrisse vermitteln lassen). Abb. A 1.1 zeigt eine schwarze Scheibe mit weißem Stern, die um die zentrale Achse drehbar ist, links im Stillstand und rechts in schneller Rotation. Man erkennt einen ringförmigen Streifen an der Stelle, wo das Weiß endet und in Grau übergeht. Das ist ein Beispiel eines Machschen Streifens, benannt nach E. Mach.

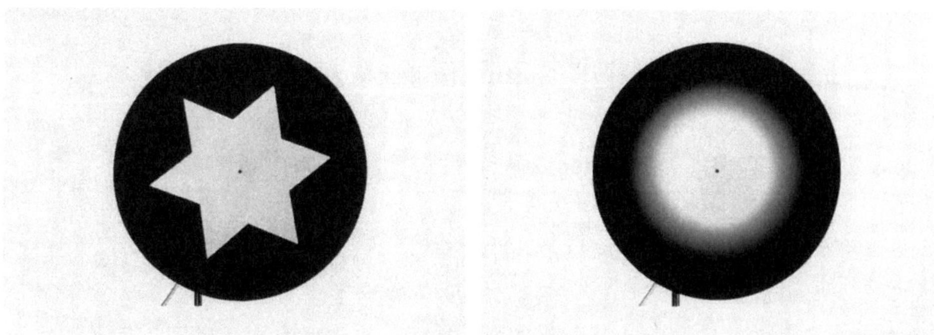

Abb. A 1.1 Machsche Streifen; s. Text.

Anhang A 2 (zu Kap. 2)

A 2.1 Hauptbrechzahlen doppelbrechender Kristalle ($\lambda = 589$ nm)

Tab. A 2.1 Hauptbrechzahlen optisch einachsiger Kristalle

optisch positiv			optisch negativ		
Stoff	n_o	n_a	Stoff	n_o	n_a
Eis	1,309	1,313	Beryll	1,5740	1,5674
Kaliumsulfat	1,4550	1,5153	Turmalin	1,6425	1,6220
Quarz	1,5542	1,5533	Kalkspat	1,6584	1,4864

Tab. A 2.2 Hauptbrechzahlen optisch zweiachsiger Kristalle

Stoff	n_α	n_β	n_γ
Kaliumnitrat	1,3346	1,5056	1,5064
Gips	1,5208	1,5228	1,5298
Rohrzucker	1,5382	1,5658	1,5710
Glimmer	1,5612	1,5944	1,5993
Baryt	1,6361	1,6371	1,6480

A 2.2 Werte der Verdet-Konstanten V ($\lambda = 589$ nm)

Tab. A 2.3 Verdet-Konstante V für Gase in Winkelminuten/A bei 0 °C und 1 bar

Stoff	$10^6 V$	Stoff	$10^6 V$	Stoff	$10^6 V$
H_2	6,3	Cl_2	31,9	H_2S	41,5
He	0,40	CH_4	17,4	HCl	21,5
N_2	6,5	CO_2	9,39	n-C_4H_{10}	44,0
O_2	5,69	NO	−58	Luft	6,27

Tab. A 2.4 Verdet-Konstante V für Flüssigkeiten in Winkelminuten/A bei der Temperatur t in °C

Stoff	t	$10^2 V$	Stoff	t	$10^2 V$
P	33	13,3	Methanol	18,7	0,958
S	114	8,1	Aceton	20,0	1,116
H_2O	20	1,309	Toluol	15,0	2,71
D_2O	20	1,257	Benzol	15,0	3,00
CCl_4	25	1,60	Chlorbenzol	15,0	2,92
$TiBr_4$	46	−5,3	Bromoform	17,9	3,13

Tab. A 2.5 Verdet-Konstante V für feste Stoffe in Winkelminuten/A bei Zimmertemperatur

Stoff	$10^2 V$	Stoff	$10^2 V$	Stoff	$10^2 V$
KCl	2,75	Diamant	2,33	Flintglas (dicht)	9,7
KBr	4,25	ZnS	22,6	Kronglas	11
CaF_2	0,88	SiO_2	1,421	NH_4Fe-Glas	−0,06

A 2.3 Werte des optischen Drehvermögens $[\alpha]$

Tab. A 2.6 Optisches Drehvermögen $[\alpha]$, Winkelgrad/mm (°/mm) bzw. Winkelgrad/dm (°/dm), bei der Wellenlänge λ in nm und gegebenenfalls der Temperatur t in °C. +: Rechtsdrehung; −: Linksdrehung

Feste Stoffe			Flüssigkeiten			
Stoff	λ	$[\alpha]$	Stoff	t	λ	$[\alpha]$
Quarz	3676	+ 0,34°/mm	Arabinose*	20	589	−105,0°/dm
	1342	+ 3,89°/mm	Lactose*	20	589	− 19,7°/dm
	760,4	+ 12,668°/mm	Fructose*	25	589	− 88,5°/dm
	589,593	+ 21,701°/mm	Maltose*	20	589	+138,48°/dm
	410,1	+ 47,481°/mm	Nicotin*	20	589	− 77°/dm
	274,7	+121,05°/mm	Nicotin**	20	589	−164°/dm
	152,5	+776,0°/mm	Nicotin	20	589	−162°/dm
Natriumchlorat	589	+ 3,13°/mm	Nicotin	20	486,1	−253,5°/dm

* Lösung in Wasser
** Lösung in Benzol

Anhang A 3 (zu Kap. 3)

A 3.1 Löslichkeitskoeffizient *a* von Gasen in Flüssigkeiten

Der Löslichkeitskoeffizient einiger Gase in Wasser ist in Tab. A 3.1 enthalten, der von Wasserstoff in einigen organischen Stoffen in Tab. A 3.2.

Tab. A 3.1 Auf Normbedingungen des Gases umgerechneter Löslichkeitskoeffizient (Absorptionskoeffizient) a bei der Temperatur t; angegeben ist $10^2 a$ für Lösung in Wasser

$t/°C$	N_2 [a]	O_2	H_2	CO_2	SO_2	Luft [b]
0	2,354	4,889	2,148	171,3	7979	2,92
10	1,861	3,802	1,955	119,4	5665	2,284
20	1,545	3,102	1,819	87,8	3937	1,868
30	1,342	2,608	1,699	66,5	2716	1,564
40	1,184	2,306	1,644	53,0	1877	
50	1,088	2,090	1,608	43,6		
60	1,023	1,946	1,600	35,9		
70	0,977	1,833	1,60			
80	0,958	1,761	1,60			
90	0,95	1,72	1,60			
100	0,95	1,70	1,60			

[a] „atmosphärischer Stickstoff“: 98,815 Vol.% N_2 + 1,185 Vol.% Ar

[b] CO_2-freie Luft; gelöste Luft sauerstoffreicher (zwischen 34,9 Vol.% O_2 bei 0 °C und 33,6 Vol.% O_2 bei 30 °C)

Tab. A 3.2 Löslichkeitskoeffizient a von Wasserstoff (H_2) in organischen Flüssigkeiten bei der Temperatur t; angegebener Wert: $10^2 a$, das Gas auf Normbedingungen umgerechnet

Flüssigkeit, Name: Flüssigkeit, Formel:	Ethanol C_2H_5OH	Aceton C_3H_6O	Ether $C_4H_{10}O$	Schwefelkohlenstoff CS_2
$10^2 a$ (t = 0 °C)	7,18	7,83	11,2	4,71
$10^2 a$ (t = 20 °C)	7,69	8,94	12,1	3,13

A 3.2 Siedepunkt einiger Stoffe

Der Siedepunkt einiger Stoffe ist in Tab. A 3.3 enthalten.

Tab. A 3.3 Siedepunkt t_b bei Normdruck

Elemente			
Stoff	$t_b/°C$	Stoff	$t_b/°C$
Antimon	1587	Krypton	−153,35
Argon	−185,855	Lithium	1330
Barium	2125	Magnesium	1120
Beryllium	2472	Mangan	2095
Cadmium	765	Nickel	2800
Cesium	685	Niob	≈4900
Chlor	−34,1	Palladium	3565
Chrom	2642	Sauerstoff (Ozon)	−111,3
Cobalt	2880	Tantal	5365
Fluor	−188,2	Tellur (amorph)	989,8
Gallium	2227	Thorium	4200
Germanium	2830	Titan	3287
Iridium	4350	Uran	3930
Jod	182,8	Xenon	−108,09
Kalium	753,8	Zink	907
Verbindungen			
Stoff	$t_b/°C$	Stoff	$t_b/°C$
Ameisensäure	100,6	Kohlenstoffdisulfid	46,3
Ethan	−88,68	Natriumchlorid	1460
Glycerin	290,5	Phenol	181,7
Kaliumchlorid	1413	Propan	−42,1
Kohlenstoffmonoxid	−191,52	Toluol	110,6

Wasser-Ethylalkohol-Mischung					
Gewichts% Alkohol		$t_b/°C$	Gewichts% Alkohol		$t_b/°C$
Flüssigkeit	Gas		Flüssigkeit	Gas	
100	100	78,4	10	61	90,0
91	92	78,2	1	19	98,0
50	80	81,4	0	0	100,0

A 3.3 Fixpunkte der Kelvin-Skala

Tab. A 3.4 enthält weitere Fixpunkte der Kelvin-Skala (die nicht in Tab. 3.6 aufgeführt sind; vgl. Tab. 3.6 zur Erläuterung).

Tab. A 3.4 Weitere Fixpunkte der Kelvin-Skala

Stoff	Art	T/K	Stoff	Art	T/K
Cadmium	T_c	0,519	Quecksilber	T_t	234,308
Zink	T_c	0,851	Quecksilber	T_G	234,314
Indium	T_c	3,4145	Diphenylether	T_t	300,019
Blei	T_c	7,1999	Natrium	T_G	370,969
Deuterium (normal)	T_t	18,729	Wasser	T_b	373,15
Wasserstoff (normal)	T_b	20,397	Benzoesäure	T_t	395,52
Neon	T_t	24,563	Indium	T_G	429,784
Neon	T_b	27,102	Zinn	T_G	505,1181
Sauerstoff	T_t	54,361	Wismuth	T_G	544,592
Stickstoff	T_b	77,344	Blei	T_G	600,652
Argon	T_t	83,798	Zink	T_G	692,73
Argon	T_b	87,295	Schwefel	T_b	717,824
Sauerstoff	T_b [a]	90,188	Kupfer-Aluminium-		
Ethan	T_t	90,35	Eutektikum	T_G	821,41
Methan	T_t	90,686	Aluminium	T_G	933,61
Methan	T_b	111,657	Kupfer-Silber-Eutektikum	T_G	1052,7
Krypton	T_t	115,765	Nickel	T_G	1728
Kohlenstoffdioxid	T_s [b]	194,671	Kobalt	T_G	1768
Kohlenstoffdioxid	T_t	216,579	Palladium	T_G	1828

[a] offiziell ist der Taupunkt bei $p = 1,01325$ bar festgelegt, der aber numerisch dem Tripelpunkt gleich ist

[b] T_s Sublimationstemperatur bei $p = 1,01325$ bar

A 3.4 Wärmeleitfähigkeit von verschiedenen technisch wichtigen Stoffen

Werte für die Wärmeleitfähigkeit verschiedener Stoffe von technischer Bedeutung findet man in Tab. A 3.5.

Tab. A 3.5 Wärmeleitfähigkeit λ verschiedener Stoffe in W/Km

Stoff bei 20 °C	λ	Stoff bei 10 °C	λ
Basalt	2,0	Mörtel	1
Granit	2,9	Beton	2
Marmor	2,8	Mauerstein	1
Sand (trocken)	0,3	Kork	0,05
Erde (feucht)	1	Sperrholz	0,15
Polyethylen (Hochdruck)	0,34	Polyurethan (Schaum)	0,03
Polystyrol	0,16	Schaumglas	0,05
Baumwolle	0,07		
Glas	1		
Aerogel	0,003		

Quellennachweis für Abbildungen

Kopfbild Kap. 1: Photo Deutsches Museum München
Abb. 1.62: Bergmann-Schaefer, Lehrbuch der Experimentalphysik Bd. III, 8. Aufl., de Gruyter, Berlin–New York 1987, S. 122
Abb. 1.85: Carl Zeiss, Oberkochen
Abb. 1.86: Carl Zeiss, Oberkochen
Abb. 1.87: Carl Zeiss, Oberkochen
Abb. 1.89: California Institute of Technology, Pasadena, CA, USA
Abb. 1.90: ESO, Garching bei München
Abb. 1.103: Werksphoto Carl Zeiss

Kopfbild Kap. 2: W. Friedrich, P. Knipping und M. Laue, Ann. Phys. (Lpz.) (4) **41** (1913) 971
Abb. 2.15: nach G. Badurek, H. Rauch und D. Tuppinger, Phys. Rev. A **34** (1986) 2600
Abb. 2.20: nach T. W. Barbee, Jr, in X-Ray Microscopy, Proc. Int. Symp., Göttingen, Sept. 14–16, 1983, G. Schmahl und D. Rudolph (Herausg.), Springer, Berlin 1984, S. 144
Abb. 2.53: Kristallabor der Techn. Univ. München, Garching. Aufnahme G. Neff
Abb. 2.55: Kristallabor der Techn. Univ. München, Garching. Aufnahme G. Neff
Abb. 2.66: Siemens AG, Berlin–München
Abb. 2.68: Siemens AG, Berlin–München
Abb. 2.69: Siemens AG, Berlin–München
Abb. 2.70: Siemens AG, Berlin–München
Abb. 2.86: BMW, München
Abb. 2.112: nach Computervorlagen von J. Bielohradsky, DFA, Techn. Univ. München

Kopfbild Kap. 3: Photo Deutsches Museum München
Abb. 3.15: nach M. Hansen, Constitution of Binary Alloys, 2. Aufl., McGraw-Hill, New York 1958, S. 650
Abb. 3.37: J. M. Voith GmbH, Heidenheim
Abb. 3.39: J. M. Voith GmbH, Heidenheim
Abb. 3.43: Fotostudio Klimmer, Lingen/Ems
Abb. 3.46: BMW AG, München
Abb. 3.46: BMW Rolls-Royce, Oberursel
Abb. 3.47: K. Grasmann, Die modernen Flugtriebwerke, Mittler, Herford–Bonn 1982, S. 3
Abb. 3.52: Stirling Cryogenics and Refrigeration BV, Eindhoven, Niederlande
Abb. 3.62: nach H. Daniel, Beschleuniger, Teubner, Stuttgart 1974, S. 119
Abb. 3.63: nach H. Daniel, Beschleuniger, Teubner, Stuttgart 1974, S. 86
Abb. 3.77: obere Zeichnung nach W. M. Rohsenow, J. P. Hartnett und E. N. Ganić (Herausg.), Handbook of Heat Transfer Fundamentals, 2. Aufl., McGraw-Hill, New York 1985, S. 4–81

Kopfbild Kap. 4: I. Chassaing, J.-P. Bonino, P. Tailhades, A. Rousset und P. Mollard, J. Magn. Magn. Mater. **120** (1993) 274
Abb. 4.11: Photo Deutsches Museum München
Abb. 4.13: Siemens AG, Berlin–München
Abb. 4.16: Berkeley Physik Kurs Bd. 4, E. H. Wichmann, Quantenphysik, 3. Aufl., Vieweg, Braunschweig 1989, S. 184

Häufig benutzte Symbole*

a	Gegenstandsweite
a	Ausfall
A	Fläche; Angularvergrößerung
A	Ampere
a_0	Bohr-Radius
b	Bildweite
b	Siede
B	magnetische Induktion; Kerr-Konstante
c	Vakuumlichtgeschwindigkeit; Wärmekapazität; spezifische Wärmekapazität; Konzentration; Molarität, Molprozent
c	Zenti
C	molare Wärmekapazität; Kurve
d	Abstand; Gitterkonstante
d	Dezi
D	Spaltbreite; Diffusionskonstante; dielektrische Verschiebung
e	elektrische Elementarladung; Einheitsvektor
e	Elektron
e^-	Negatron
e^+	Positron
E	Energie; Energieeigenwert; Intensität (Wellenstrahlung); Bestrahlungsstärke; Beleuchtungsstärke; elektrische Feldstärke
f	Brennweite; gegenstandsseitige Brennweite
f	Femto
F	Brennpunkt; gegenstandsseitiger Brennpunkt; freie Energie
f'	bildseitige Brennweite
F'	bildseitiger Brennpunkt
g	Gramm
G	freie Enthalpie
G	Gefrier
h	Planck-Konstante; Höhe; spezifische Enthalpie
h	Hekto; Stunde
H	Enthalpie; Hamilton-Funktion; Hamilton-Operator; Magnetfeld; magnetische Feldstärke; Hauptebene; gegenstandsseitige Hauptebene
$\hbar$	durch 2π geteilte Planck-Konstante
H'	bildseitige Hauptebene; Hamilton-Operator der Störung
$^{\mathrm{m}}H$	molare Enthalpie
HP	Hauptpunkt; gegenstandsseitiger Hauptpunkt
HP'	bildseitiger Hauptpunkt
i	imaginäre Einheit
I	Intensität; Lichtstärke; Strahldichte
j	Teilchenstromdichte
j	imaginäre Einheit,
J	Joule
k	Boltzmann-Konstante; Wellenzahl; Wellenvektor; kinetisch
k	Kilo
K	Kelvin
l	Länge; mittlere freie Weglänge
L	Lichtweg; optische Weglänge
L_e	Leuchtdichte
$L_{e\omega}$	Emissionsdichte (schwarz)
m	Masse
m	Meter; Milli; molar
M	Masse
M	Mega
n	Stoffmenge; Brechzahl; Hauptquantenzahl; Teilchenzahldichte; Verteilungsdichte
n	Neutron; Nano
N	Verteilung
N	Newton

* Zwischen Vektoren und Skalaren wird hier nicht unterschieden.

n_0 Teilchenzahldichte
N_A Avogadro-Konstante

O Ursprungspunkt

p Druck; Impuls; Dipolmoment
p Proton; Piko
P Polarisation; Leistung; Strahlungsleistung; Aufpunkt; Paritätsoperator
p_c kritischer Druck
p_S Dampfdruck

q Ladung
Q Ladung; Wärme

r Abstand; Radius; Ortsvektor
r reduziert; radial; reflektiert
R Radius; allgemeine Gaskonstante

s Strecke; Weglänge
s Sekunde
S Entropie; Solarkonstante; Eikonal
S Sättigung
S_0 Standardentropie

t Zeit; Temperatur
t tangential; Tripel
T Temperatur; Zeit; Periode; kinetische Energie
T_c kritische Temperatur
T_t Tripelpunkt

u Geschwindigkeit; Öffnungswinkel
u atomare Masseneinheit
U potentielle Energie; Potential; innere Energie
U Umwandlung

v Geschwindigkeit
V Volumen; Verdet-Konstante
V Verdampfung; Volt
v_{Ph} Phasengeschwindigkeit
v_G Gruppengeschwindigkeit
${}^{m}V_c$ kritisches Molvolumen
${}^{m}V_o$ Normmolvolumen

w Energiedichte; Wahrscheinlichkeit
W Wahrscheinlichkeit; Arbeit; Energie
W Watt
W_V Verdrängungsarbeit
W_{tech} technische Arbeit

Z Ordnungszahl

α Winkel; Absorptionsgrad; Polarisierbarkeit; Extinktionskoeffizient; Temperaturleitfähigkeit
$\mathrm{\alpha}$ α-Teilchen
α_A Ausfallswinkel
α_E Einfallswinkel
α_T Winkel für Totalreflexion
$[\alpha]$ spezifische Faraday-Drehung

β Winkel; Rückstreugrad
$\mathrm{\beta}$ β-Teilchen

γ Winkel; Adiabatenexponent
$\mathrm{\gamma}$ γ-Quant; Photon

δ Winkel
$\mathrm{\delta}$ Variationszeichen
Δ Differenzzeichen

ε Permittivität; Emissionsgrad
$\mathrm{\varepsilon}$ Eutektikum
ε_r Dielektrizitätszahl

η Wirkungsgrad
η_C Carnot-Wirkungsgrad

Θ Winkel

$\varkappa$ Polytropenexponent

λ Wellenlänge; Wärmeleitfähigkeit

μ magnetisches Moment; Permeabilität
$\mathrm{\mu}$ Mikro
μ_r Permeabilitätszahl
$\mathrm{\mu}_0$ magnetische Feldkonstante

ν Frequenz; Stoffmenge

ϱ Dichte
ϱ_{Ph} Dichte im Phasenraum

σ Stephan-Boltzmann-Konstante

T Lebensdauer; Zeit

φ Phase; Winkel; Fluß
ϕ Strahlungsfluß

ω Kreisfrequenz; Winkelgeschwindigkeit
Ω Raumwinkel
ω_0 Resonanzfrequenz

Häufig gebrauchte Formeln

[in Klammern der betreffende Abschnitt]

Wellenzahl	$k = \frac{\omega}{v} = \frac{2\pi\nu}{v} = \frac{2\pi}{\lambda} = \frac{1}{\lambda\!\!\!^-}$	[1.1.3]
Brechungsgesetz	$\frac{\sin\alpha_1}{\sin\alpha_2} = \frac{n_2}{n_1} = n_{21}$	[1.2.2]
Optische Weglänge	$L \overset{\text{def}}{=} \int n\,\mathrm{d}s$	[1.3.1]
Fermatsches Prinzip	$\delta \int n\,\mathrm{d}s = 0$	[1.3.1]
Abbildungsformel	$\frac{1}{a} + \frac{n}{b} = \frac{1}{f}$	[1.4.1]
Kugelspiegel	$f' = \frac{r}{2}, \qquad f = -\frac{r}{2}$	[1.4.2]
dünne Linse	$\frac{1}{f} = \frac{1}{f'} = (n-1)\left(\frac{1}{r_1} - \frac{1}{r_2}\right)$	[1.4.3]
Linsengleichung	$\frac{1}{a} + \frac{1}{b} = \frac{1}{f}$	[1.4.3]
dünne Linsen	$\frac{1}{f} = \frac{1}{f_1} + \frac{1}{f_2} - \frac{d}{f_1 f_2}$	[1.4.5]
Sinusbedingung	$n\,\mathrm{d}h \sin u = n'\,\mathrm{d}h' \sin u'$	[1.5.1]
Helmholtz-Clausius	$n^2\,\mathrm{d}A \cos\vartheta\,\mathrm{d}\Omega = n'^2\,\mathrm{d}A' \cos\vartheta'\,\mathrm{d}\Omega'$	[1.5.1]
paraxialer Strahl	$y \ll f', \qquad \frac{\mathrm{d}y}{\mathrm{d}z} = \tan\alpha \ll 1$	[1.5.4]
Abbildungsmaßstab	$M = \frac{y_b}{y_a}$	[1.5.4]
sphärische Aberation	$y_b = a_{03}\vartheta^3$	[1.5.4]
Angularvergrößerung	$A \overset{\text{def}}{=} \frac{\varepsilon_m}{\varepsilon_o}$	[1.8.1]
Interferenz (zwei Sender)	$E_e = E_{e1} + E_{e2} + 2\sqrt{E_{e1}E_{e2}} \cos(kd \sin\vartheta + \varphi_1 - \varphi_2)$	[2.1.2]
Lorentz-Verteilung	$I(\omega) = \frac{W_g}{2\pi} \frac{\Gamma}{(\omega-\omega_0)^2 + \Gamma^2/4}$	[2.1.3]
Maxima Strichgitter	$\Delta = \Delta L = m\lambda = d \sin\vartheta$	[2.3.2]
Minima Spalt	$D\vartheta = \pm n\lambda \quad (n \text{ natürlich})$	[2.3.3]

Bragg-Bedingung	$2d \sin\varphi = m\lambda \quad (2nd \sin\varphi = m\lambda)$	[2.4.3]
Auflösebreite Gitter	$\frac{\Delta\lambda}{\lambda} = \frac{1}{Nm}$	[2.5.2]
Auflösung Mikroskop	$g_{min} = 0{,}6\,\frac{f_n}{nR}\,\lambda = 0{,}6\,\frac{\lambda}{A}$	[2.5.3]
Gangunterschied	$\Delta = \Delta L = d(n_a - n_o)$	[2.7.3]
Strahlpolarisation	$P = \frac{I_1 - I_2}{I_1 + I_2}$	[2.8.3]
anomale Dispersion	$\frac{dn(\omega)}{d\omega} < 0$	[2.9.1]
Lambertsches Gesetz	$I = I_0 \cos\varphi$	[2.10.3]
Geschwindigkeitsverteilung (eindimensional)	$w(v_x) = \sqrt{\frac{m}{2\pi kT}}\, e^{-\frac{mv_x^2}{2kT}}$	[3.1.1]
Geschwindigkeitsverteilung (dreidimensional)	$w(v) = \left(\frac{m}{2\pi kT}\right)^{3/2} 4\pi v^2\, e^{-\frac{mv^2}{2kT}}$	[3.1.1]
freie Weglänge	$l = \frac{kT}{p\sigma}$	[3.1.6]
Joule-Thomson-Koeffizient	$\mu \overset{def}{=} \left(\frac{\partial T}{\partial p}\right)_H$	[3.3.1]
Gleichgewicht (abgeschlossen)	$S = S_{max}$	[3.3.2]
Gleichgewicht (isotherm-isochor)	$dF = d(U - TS) = 0$	[3.3.3]
Gleichgewicht (isotherm-isobar)	$dG = d(H - TS) = 0$	[3.3.4]
Gibbssches Phasengesetz	$f = c - q + 2$	[3.3.5]
Clausius-Clapeyron	$\frac{dp_S}{dT} = \frac{H_V}{(V_{Gas} - V_{Fl})\,T} = \frac{{}^mH_V p_S}{RT^2}$	[3.3.7]
technische Arbeit	$W_{tech} \overset{def}{=} -\int_{p_1}^{p_2} V\,dp$	[3.4.5]
Entropie	$\Delta S = S_2 - S_1 = k \ln \frac{w_2}{w_1}$	[3.5.1; 3.5.6]
Liouvillescher Satz	$\varrho_{Ph} = const$ (konservativ)	[3.6.1]
Emission/Absorption	$\varepsilon = \alpha$	[3.6.3]
Diffusion	$j_N = -D \operatorname{grad} n$	[3.6.4]

Wiedemann-Franz	$\frac{\lambda}{\sigma} = CT$	[3.6.5]
Wärmeflußdichte	$\varphi_x = \frac{1}{A} \frac{\mathrm{d}Q}{\mathrm{d}t} = -\lambda \frac{\mathrm{d}T}{\mathrm{d}x}$	[3.6.5]
Stefan-Boltzmann	$\varphi = \sigma T^4$	[3.6.6]
Strahlungsdichte (schwarz)	$w_\omega = \frac{\hbar\omega^3}{\pi^2 c^3 (e^{\frac{\hbar\omega}{kT}} - 1)}$	[4.1.1]
Emissionsdichte (schwarz)	$L_{\mathrm{e}\omega} = \frac{\hbar\omega^3}{4\pi^3 c^2 (e^{\frac{\hbar\omega}{kT}} - 1)}$	[4.1.1]
Compton-Effekt	$E_\gamma = E_\mathrm{e} + E'_\gamma, \quad \boldsymbol{p}_\gamma = \boldsymbol{p}_\mathrm{e} + \boldsymbol{p}'_\gamma$	[4.1.3]
de-Broglie-Wellenlänge	$\lambda = \frac{h}{p}$	[4.2.3]
Energie-Operator	$E = \mathrm{i}\hbar \frac{\partial}{\partial t}$	[4.3.2]
Impuls-Operator	$p = -\mathrm{i}\hbar \operatorname{grad}$	[4.3.2]
Schrödinger-Gleichung	$\mathrm{i}\hbar \frac{\partial\psi}{\partial t} = H\psi$	[4.3.2]
Hamilton-Operator	$H = -\frac{\hbar^2}{2m} \Delta + U(\boldsymbol{r}, t)$	[4.3.2]
Erwartungswert	$\langle a(t) \rangle = \int_{\mathrm{Raum}} \bar{\Psi}(\boldsymbol{r}, t)\, a(\boldsymbol{r}, t)\, \Psi(\boldsymbol{r}, t)\, \mathrm{d}\tau$	[4.3.3]
Eigenwertgleichung	$H\Psi = E\Psi$	[4.3.4]
Unschärferelation	$\Delta x \cdot \Delta p_x \geqq \frac{\hbar}{2}$	[4.3.7]
Linienbreite	$\Delta E = \frac{\hbar}{\tau}$	[4.3.8]
Übergangsrate	$\lambda_\mathrm{m} = \frac{2\pi}{\hbar} \lvert H'_{mk} \rvert^2 \varrho(E)$	[4.3.11]

Konstanten der Optik und Thermodynamik (abgerundet)

Name	Symbol	Wert (SI)	Wert (nicht SI)
Allgemeine Gaskonstante	R	8,31 J mol^{-1} K^{-1}	
atomare Masseneinheit	u	$1{,}66 \times 10^{-27}$ kg	931 MeV/c^2
Avogadro-Konstante	N_A	$6{,}02 \times 10^{23}$ mol^{-1}	
Boltzmann-Konstante	k	$1{,}38 \times 10^{-23}$ JK^{-1}	$8{,}62 \times 10^{-5}$ eV K^{-1}
Elektronenruhemasse	m_e	$9{,}11 \times 10^{-31}$ kg	$5{,}49 \times 10^{-4}$ u [0,511 MeV/c^2]
Grad Celsius	°C		t/°C = T/K – 273,15
Kelvin	K	$K = T_t/273{,}16^a$	
Lichtgeschwindigkeit (Vakuum)	c	$3{,}00 \times 10^8$ m s^{-1}	
Loschmidt-Konstante	n_0	$2{,}69 \times 10^{25}$ m^{-3}	
Neutronenruhemasse	m_n	$1{,}67 \times 10^{-27}$ kg	1,009 u [940 MeV/c^2]
Normdruck	p_0	1,01325 bar	
Normtemperatur	T_0, t_0	273,15 K	0 °C
Normvolumen	V_0	$2{,}24 \times 10^{-2}$ m^3 mol^{-1} [22,4 ℓ mol^{-1}]	
Planck-Konstante	h	$6{,}63 \times 10^{-34}$ J s	$4{,}14 \times 10^{-21}$ MeV s
Planck-Konstante, reduziert	$\hbar$	$1{,}05 \times 10^{-34}$ J s	$6{,}58 \times 10^{-22}$ MeV s
Protonenruhemasse	m_p	$1{,}67 \times 10^{-27}$ kg	1,007 u [938 MeV/c^2]
Solarkonstante, mittlerer Abstand	S	1,37 kW m^{-2}	
Stefan-Boltzmann-Konstante	σ	$5{,}67 \times 10^{-8}$ W m^{-2} K^{-4}	
Umrechnungsfaktor eV/kT	f	$1{,}16 \times 10^4$	(1 eV ≙ 11600 K)
Umrechnungsfaktor eV/J	g	$1{,}60 \times 10^{-19}$	(1 eV = $1{,}60 \times 10^{-19}$ J)

[a] T_t = Tripelpunkt des Wassers

Wichtige Symbole und Einheiten

Name	Bezugsgrößen	Symbol	SI-Einheit
Absorptionsgrad	Energie/Energie	α	
Arbeit, Energie	Druck × Volumen	$W; E$	$J = kg\ m^2\ s^{-2}$
Beleuchtungsstärke	Strahlungsfluß/Fläche	E	$lx = lm/m^2$
Bestrahlungsstärke	Leistung/Fläche	E_e	$W\ m^{-2}$
Brechzahl	Phasengeschwindigkeitsverhältnis	n	
Drehimpuls	Impuls × Radius	L	$kg\ m^2\ s^{-1}$
Druck	Kraft/Fläche	p	$Pa = Nm^{-2} = 10^{-5}$ bar
Emissionsgrad	Energie/Energie	ε	
Energiedichte	Energie/Volumen	w	$J\ m^{-3} = kg\ m^{-1}\ s^{-2}$
Enthalpie	Energie	H	$J = kg\ m^2\ s^{-2}$
Entropie	Energie/Temperatur	S	$J\ K^{-1} = kg\ m^2\ s^{-2}\ K^{-1}$
Frequenz	Anzahl/Zeit (periodisch)	ν	s^{-1}
Gruppengeschwindigkeit	Weg (Energie)/Zeit	v_G	$m\ s^{-1}$
Impuls	Masse × Geschwindigkeit	p	$kg\ m\ s^{-1}$
Intensität (Wellenstrahlung)	Energie/Fläche × Zeit	E	$J\ m^{-2}\ s^{-1} = kg\ s^{-3}$
Intensität (Teilchenstrahl)	Anzahl/Zeit	I	s^{-1}
Leistung (Wellenstrahlung)	Energiefluß	P	$W = J/s$
Leuchtdichte	Lichtstärke/Fläche	L_e	$cd\ m^{-2}$
Lichtstärke	Leistung/Raumwinkel	I	cd
Massenstrom	Masse/Zeit	$\dot{m}$	$kg\ s^{-1}$
Molvolumen	Volumen/Menge	${}^{m}V$	$m^3\ mol^{-1}$
Phasengeschwindigkeit	Weg (Phase)/Zeit	v_{Ph}	$m\ s^{-1}$
Polarisationsgrad	Intensität/Intensität	P	
Strahldichte	Leistung/Fläche × Raumwinkel	L	$W\ m^{-2}\ sr^{-1}$
Strahlstärke	Leistung/Raumwinkel	I_e	$W\ sr^{-1}$
Strahlungsfluß	Leistung	Φ	$W; lm = cd \cdot sr$

Strahlungsleistung	Leistung	P	W
Wärme	Energie	Q	$\mathrm{J} = \mathrm{kg\ m^2\ s^{-2}}$
Wärmekapazität	Energie/Temperatur	c	$\mathrm{J\ K^{-1}} = \mathrm{kg\ m^2\ s^{-2}\ K^{-1}}$
Wärmekapazität, molare	Energie/Temperatur × Menge	C	$\mathrm{J\ K^{-1}\ mol^{-1}}$
Wärmestrom	Leistung	$\dot{Q}$	$\mathrm{W} = \mathrm{kg\ m^2\ s^{-3}}$
Wellenvektor	1/Länge	$\boldsymbol{k}$	$\mathrm{m^{-1}}$
Wellenzahl	1/Länge	k	$\mathrm{m^{-1}}$
Wirkungsgrad	Leistung (gewünscht)/ Leistung (hinein)	η	

Verzeichnis der Tabellen

Register

(Seitenzahlen in *Kursivschrift:* Tabellen)

Bei Fragen zur Produktsicherheit wenden Sie sich bitte an:
If you have any questions regarding product safety,
please contact:

Walter de Gruyter GmbH
Genthiner Straße 13
10785 Berlin
productsafety@degruyterbrill.com